HANDBUCH DER ASTROPHYSIK

HERAUSGEGEBEN VON

G. EBERHARD · A. KOHLSCHÜTTER

H. LUDENDORFF

BAND II / ZWEITE HÄLFTE

GRUNDLAGEN DER ASTROPHYSIK

ZWEITER TEIL

BERLIN

VERLAG VON JULIUS SPRINGER

1931

GRUNDLAGEN DER ASTROPHYSIK

ZWEITER TEIL

II

BEARBEITET VON

G. EBERHARD · W. HASSENSTEIN

MIT 85 ABBILDUNGEN

BERLIN
VERLAG VON JULIUS SPRINGER
1931

ISBN-13:978-3-642-88852-6 e-ISBN-13:978-3-642-90707-4
DOI: 10.1007/978-3-642-90707-4

Inhaltsverzeichnis.

Kapitel 5.

Photographische Photometrie.

Von Prof. Dr. G. Eberhard, Potsdam.

(Mit 14 Abbildungen.)

Kapitel 6.

Visuelle Photometrie.

Von Prof. Dr. W. Hassenstein, Potsdam.

(Mit 71 Abbildungen.)

Kapitel 5.

Photographische Photometrie.

Von

G. EBERHARD-Potsdam.

Mit 14 Abbildungen.

a) Geschichtlicher Überblick.

1. Erste Anfänge. G. P. Bond. Obwohl der Gedanke, bei Helligkeitsmessungen das Auge durch die photographische Platte zu ersetzen, schon bald nach der Erfindung der Photographie durch DAGUERRE (1839) auftauchte und man schon früh die großen Vorteile erkannte, die dieser neue Zweig der Photometrie darbietet, blieb es doch bis fast zum Ende des 19. Jahrhunderts nur bei einzelnen Versuchen. Die ersten, welche photographisch-photometrische Messungen vornahmen, waren FIZEAU und FOUCAULT[1], die 1844 auf Anregung durch ARAGO die Helligkeit der Sonne mit der irdischer Lichtquellen, z. B. der des elektrischen Bogenlichtes unter Anwendung von Daguerrotypplatten verglichen. 1858 teilte WARREN DE LA RUE[2] Helligkeitsvergleichungen des Mondes mit Jupiter und Saturn mit, welche mit Hilfe von Kollodiumplatten ausgeführt worden waren, und in demselben Jahre berichtete G. P. BOND[3] über die Erfahrungen, die seit 1850 auf der Sternwarte des Harvard College mit photographisch-photometrischen Versuchen gemacht worden waren. Diese Abhandlung BONDs ist so bemerkenswert, daß kurz über ihren Inhalt referiert werden muß. BOND hatte bemerkt, daß mit zunehmenden Belichtungszeiten nicht nur die Schwärzungen der photographierten Sternscheibchen wachsen, sondern auch die Scheibchendurchmesser, welche sich leicht mit Hilfe eines Meßmikroskopes messen lassen. Bezeichnet man die Expositionsdauer mit t, den Durchmesser eines Sternscheibchens auf der Platte mit y, so konnte BOND die Messungen durch die Formel: $y^2 = Pt + Q$ darstellen. Q erwies sich als unabhängig von der Sternhelligkeit und als konstant für alle Platten gleicher Empfindlichkeit, P dagegen als abhängig von der Sternhelligkeit. BOND benutzte daher die Größen P zur Messung der Sternhelligkeiten, und zwar auf folgende Weise. Er machte auf eine Platte eine Reihe Aufnahmen verschiedener Sterne mit wachsender Expositionsdauer (t) und suchte die Bildchen der beiden Sterne heraus, die den gleichen Durchmesser aufweisen. Es sei dann für zwei Sterne beispielsweise $\frac{P_1}{P_2} = \frac{t_2}{t_1}$, wenn t_1 und t_2 die Expositionsdauern für die beiden Sterne sind, bei

---

[1] C R 18, S. 746, 860 (1844). Beide Physiker legten ihren Messungen das Gesetz: it = constans (i Helligkeit, t Expositionszeit) zugrunde, welches als das 1862 aufgestellte BUNSEN-ROSCOEsche photometrische Gesetz bekannt ist. FIZEAU und FOUCAULT bemerkten aber bereits damals, daß dieses Gesetz nur für ein beschränktes Gebiet von it brauchbar ist.

[2] A N 49, S. 81 (1858).

[3] M N 18, S. 54 (1857/58).

welchen die Scheibchendurchmesser gleich sind. Diesen Quotienten benutzte BOND als Helligkeitsmaß der beiden Sterne. Um dann aber auf Helligkeiten bzw. Größenklassen selbst überzugehen, mußte die Beziehung zwischen der Helligkeit und Expositionsdauer gesucht werden. Hierzu machte BOND eine Reihe Aufnahmen der zwei Sterne bei gleicher Expositionsdauer, aber mit verschiedenen, genau bekannten Abblendungen des Objektives (durch Diaphragmen), und suchte dann wiederum diejenigen Scheibchen der beiden Sterne heraus, die gleichen Durchmesser besitzen. Aus der Größe der jenen beiden Bildchen entsprechenden Objektivöffnungen konnte er dann leicht die Größenklassendifferenz der beiden Sterne finden. Den Betrag der Abblendung berechnete er aus dem Durchmesser der kreisrunden Diaphragmen.

Dieses Verfahren ist, wie heute bekannt, für genaue Messungen nicht ohne weiteres brauchbar, aber BOND hat doch als erster photographisch-photometrische Messungen an Sternen ausgeführt, und zwar unter Benutzung der Durchmesser der Bildchen, ein Verfahren, welches später fast ausschließlich und auch heute noch vielfach neben Schwärzungsmessungen im Gebrauch ist. G. P. BOND kann daher wohl als eigentlicher Begründer der photographischen Photometrie angesehen werden.

Im Jahre 1863 untersuchte schließlich ROSCOE[1] die Helligkeitsverteilung auf der Sonnenscheibe mit Hilfe der Photographie.

2. Photographische Himmelskarte. Von da an schien die photographische Photometrie fast 30 Jahre hindurch in Vergessenheit geraten zu sein, obwohl die Erfindung der photographischen Trockenplatte inzwischen erfolgt war (1871). Erst das große Unternehmen der internationalen photographischen Himmelskarte, welches 1887 in Angriff genommen wurde, zwang dazu, sich wieder mit diesem Gebiete zu beschäftigen. Man brauchte für die Sterne des Kataloges und der Karten Helligkeitsangaben, und diese konnten nur auf photographischem Wege erhalten werden; man mußte also eine photographische Größenklassenskala schaffen. In der Tat wurden zahlreiche Untersuchungen ausgeführt, welche dieses Ziel im Auge hatten[2]. Es handelte sich, den vorliegenden Verhältnissen

---

[1] London R S Proc 12, S. 648 (1863).

[2] CHARLIER, Publ A G Nr. 19 (1889). — CHRISTIE, M N 35, S. 347 (1875); 52, S. 125 (1891). — DONNER, Carte photogr. du ciel, Réunion du comité international permanent (1896), S. 70. — DUNÉR, Bull. du comité intern. Carte du ciel 1, S. 453 u. Réunion (1896), S. 64. — HOLDEN, Bull. du comité intern. Carte du ciel 1, S. 291, 308; Publ A S P 1, S. 112 (1889). — PRITCHARD, M N 51, S. 430 (1891); London R S Proc A 41, S. 195 (1887). — SCHAEBERLE, Bull. du comité intern. Carte du ciel 1, S. 302; Publ A S P 1, S. 51 (1889). — SCHEINER, Réunion Carte du ciel (1891), S. 81; Bull. du comité intern. Carte du ciel 1, S. 227. — A N 121, S. 49 (1889); 124, S. 273 (1890); 128, S. 113 (1891). — TRÉPIED, Réunion Carte du ciel (1891), S. 77; Bull. du comité intern. Carte du ciel 2, S. 383. — TURNER, M N 49, S. 292 (1889); 65, S. 755 (1905). — WOLF, Bull. du comité intern. Carte du ciel 1, S. 389; A N 126, S. 81 (1890).

Es seien hier einige Durchmesserformeln angeführt:

CHARLIER: $m = a - b \log D, \quad D = D_0 \sqrt[4]{t}, \quad D_0 = \text{const.}$ (Publ A G Nr. 19)

CHRISTIE: $m = a + 2{,}5 \log(t - b\sqrt{D})$ (M N 52, S. 146 (1891))

KAPTEYN: $m = \dfrac{a}{b + D}$ (Cape Photographic Durchmusterung)

PRITCHARD: $m = a - b \log\left(\dfrac{D}{\frac{1}{t^{\alpha}}}\right), \quad \alpha = 3{,}8$ (Réunion 1891, S. 80)

SCHEINER: $m = a + bD, \quad D = D_0 \sqrt{t}$ (Réunion 1891, S. 80)

TURNER: $m = a - b\sqrt{D}$ (M N 65, S. 774 (1905))

Es bedeuten: m die Helligkeit in Größenklassen ausgedrückt, t die Expositionszeit, D den Sterndurchmesser. Die übrigen Buchstaben sind Konstanten, sie haben aber in jeder Formel einen anderen numerischen Wert.

entsprechend, darum, Beziehungen zwischen den Durchmessern der photographischen Sternbildchen und den Helligkeiten aufzufinden, wie es bereits BOND gemacht hatte. Man brachte aber hierzu visuell beobachtete Helligkeiten in Beziehung zu den Sternbildchendurchmessern, kam also weder zur Herstellung einer rein photographisch-photometrischen (absoluten) Skala, deren Herstellung die eigentliche Aufgabe der photographischen Photometrie ist, noch wurden tiefere Einblicke in das Wesen der letzteren erzielt.

3. E. C. PICKERING. Wenige Jahre (1882) vor Beginn des Himmelskartenunternehmens hatte E. C. PICKERING[1] auf der Sternwarte des Harvard College die Anwendung der Photographie auf astronomische Aufgaben zu studieren begonnen, neben anderen auch auf die Fixsternphotometrie. Hierbei erkannte er zunächst, daß die Messung der Schwärzung der Sternbildchen oder Sternspuren auf der Platte der Messung der Bilddurchmesser vorzuziehen ist, da die Schwärzung nicht nur genauere Werte der Helligkeiten liefert, sondern die Messungen auch weniger durch systematische Fehlerquellen beeinflußt werden. In der Tat ist die Auffassung der immer mehr oder minder verwaschenen Begrenzungen der Scheibchen nicht immer gleich für verschieden helle und verschieden gefärbte Sterne, besonders bei Anwendung der damals meist gebrauchten Objektive, so daß man auch heute Messungen der Schwärzungen denen der Durchmesser vorzieht, wenn es sich um genaueste Beobachtungen handelt.

PICKERING sah ferner ein, daß nur eine rein photographische Skala von Wert sein kann, und sein Bemühen ging (wie das von G. P. BOND) von Anfang an dahin, eine solche zu schaffen. Diese Erkenntnis bildet einen wesentlichen Fortschritt für eine Zeit, wo es allgemein üblich war, die Skalen für die Bestimmung der Sternhelligkeiten durch Benutzung visueller Sternhelligkeiten zu gewinnen. Die Methoden, welche PICKERING zu seinen ersten Arbeiten benutzte, sind freilich nach heutigen Anschauungen nicht geeignet zur Aufstellung einer absoluten Skala. Er verfuhr nämlich so, daß er eine Sterngegend mit verschiedenen Belichtungszeiten aufnahm, die so abgestuft waren, daß jeder Stufe ein Helligkeitsintervall von 1^m entsprach. Hätte er vermocht, die Beziehung zwischen Intensität, Belichtungszeit und Schwärzung genau festzulegen, so wäre gegen dieses Verfahren nichts einzuwenden, offenbar ist das aber nicht der Fall gewesen. Bei einem zweiten Verfahren setzte PICKERING (wie G. P. BOND) kreisrunde Blenden (Diaphragmen) vor das Objektiv, deren Durchmesser so gewählt waren, daß das Objektiv nach rein geometrischer Rechnung um 1^m, 2^m ... weniger Licht auffangen konnte, als bei voller Öffnung. Er photographierte nun wiederum eine Sterngegend mit verschiedenen Blenden, hielt aber die Belichtungszeit konstant und erhielt so die Beziehung zwischen Schwärzung und einwirkender Intensität, d. h. die zur Reduktion nötige Schwärzungskurve. Auch diese Methode wäre einwandfrei, wenn PICKERING die Lichtschwächung durch die Blenden experimentell und nicht rechnerisch bestimmt hätte.

Als erste Resultate seiner Arbeiten veröffentlichte PICKERING drei größere, rein photographisch-photometrische Kataloge: Helligkeiten der Sterne der Polzone, einer Äquatorzone und der Plejaden[2].

Ein weiteres großes Verdienst PICKERINGS ist es, auf die Überlegenheit zusammengesetzter mehrfacher Objektive gegenüber den einfachen astronomischen hingewiesen zu haben. Erstere, mit großem Öffnungsverhältnis und guter Ebenung des Bildfeldes, bieten nämlich den Vorteil, daß man größere Himmelsareale durch eine einzige Belichtung photographieren kann, was mit den astronomischen Objektiven nicht möglich ist, da deren Bildfeldwölbung recht beträchtlich ist.

[1] An Investigation in Stellar Photography. Mem Amer Acad 11, S. 179 (1886).
[2] Harv Ann 18, Part VII, S. 119 (1890).

Seltsamerweise hat man diese Überlegenheit mehrfacher Objektive lange Zeit hindurch nicht beachtet, obwohl sie auch zur Ortsbestimmung der Sterne gut geeignet gewesen wären, vielmehr hat man die Aufnahmen für die internationale Himmelskarte noch mit astronomischen Objektiven gemacht. Erst in neuerer Zeit bedient man sich besonders konstruierter mehrfacher Objektive (z. B. der Triplets) mit möglichst geebneter Bildfläche sowohl für Orts- als auch für Helligkeitsbestimmungen der Sterne.

PICKERING und seine Mitarbeiter auf dem Harvard College-Observatorium haben bis zur heutigen Zeit in zahlreichen Arbeiten die Methoden der photographischen Photometrie weiter ausgebaut und vervollkommnet und eine große Menge genauer Helligkeitsmessungen ausgeführt. Es wird im folgenden noch oft auf die Untersuchungen PICKERINGs und seiner Mitarbeiter zu verweisen sein.

4. K. SCHWARZSCHILD. Einen fast ebenso großen Einfluß auf den Ausbau und die Anwendung photographisch-photometrischer Methoden wie E. C. PICKERING hat SCHWARZSCHILD gehabt[1]. Auch er benutzte die Schwärzungen; da aber die Messung derselben bei so kleinen Flächen, wie es die fokalen Sternscheibchen sind, schwierig und sehr unsicher ist, zum Teil aus physiologischen Gründen, im Vergleich zur Messung größerer Flächen, machte SCHWARZSCHILD, einem Vorschlag JANSSENS[2] folgend, afokale Aufnahmen, d. h. Aufnahmen, die in einigem Abstand vor oder hinter dem Brennpunkt des Objektives gewonnen werden. Dieses Verfahren gewährt außerdem den Vorteil, daß Strukturungleichmäßigkeiten der photographischen Schicht leicht unschädlich gemacht oder doch wenigstens sofort erkannt werden können. Freilich erfordern derartige afokale Bilder wesentlich längere Belichtungszeiten als fokale, so daß man für die schwächsten, mit den heute zur Verfügung stehenden optischen Mitteln eben noch erreichbaren Sterne doch fokale Aufnahmen machen und die Durchmesser dieser Sternscheibchen als Maß der Helligkeiten verwenden muß. Später hat SCHWARZSCHILD ein anderes Verfahren zur Ausbreitung des Sternlichtes über größere Flächen hin verwendet[3]. Er setzte zwar die Platte in den Brennpunkt selbst oder wenigstens in dessen unmittelbare Nähe, erteilte aber der die Platte enthaltenden Kassette eine derartige zweidimensionale Bewegung, daß statt eines Punktes eine Zickzacklinie entsteht (Schraffierkassette). Werden die Bewegungen in den zwei Koordinaten richtig abgestimmt, so daß die feinen durch den Stern beschriebenen Linien nahe genug aneinander liegen, so entstehen kleine, fast gleichmäßig geschwärzte Quadrate, deren Schwärzung sich ebenso sicher messen läßt, wie die guter afokaler Bilder. Für schwache Sterne kann diese Schraffierung mehrfach übereinander ausgeführt werden.

Dieses zweite Verfahren SCHWARZSCHILDs hat den Vorzug, daß die optischen Fehler des Objektives (chromatische Abweichungen, Zonenfehler, Koma usw.), welche sich bei afokalen Bildern (besonders in der Nähe des Brennpunktes) in ungleichmäßiger Schwärzung äußern, nahezu unschädlich gemacht werden. So kann man mit der Schraffierkassette auch ein wesentlich größeres Himmelsareal in einer einzigen Aufnahme erhalten, als es bei afokalen Aufnahmen möglich ist, da bei diesen die Verzerrung der Bilder und die ungleichmäßige Schwärzung störend werden, sobald es sich um Sterne handelt, die einigermaßen weit von der Mitte der Platte entfernt sind. Dies gilt ganz besonders für Aufnahmen mit Spiegeln, welche nur ein kleines Feld gut abbilden, und ebenso für die sehr

---

[1] Publ der VON KUFFNERschen Sternwarte 5 (1900).

[2] C R 92, S. 821 (1881). Sur la photométrie photographique et son application à l'étude des pouvoirs rayonnants comparés du soleil et des étoiles.

[3] MEYERMANN u. SCHWARZSCHILD, Über eine Schraffierkassette zur Aktinometrie der Sterne. A N 170, S. 277 (1906) — Über eine neue Schraffierkassette. A N 174, S. 137 (1907).

großen Objektive, welche dem Typus des gewöhnlichen astronomischen Objektives angehören. Gerade in diesen beiden Fällen hat sich die Schraffierkassette als besonders geeignet gezeigt.

Bei seinen ersten Arbeiten hat SCHWARZSCHILD keine rein photographisch-photometrische Skala benutzt, sondern die Beziehung zwischen einwirkender Intensität und Schwärzung mittels visuell bestimmter Sternhelligkeiten hergestellt. Später, so besonders bei der „Göttinger Aktinometrie", ging er aber zu einer absoluten Skala über, die er nach einem Vorschlag von KAPTEYN[1] gewann. Dieser hatte bereits auf der Konferenz der internationalen Himmelskarte im Jahre 1891 angeregt, ein Gitter von Drähten oder Stäben, dessen Lichtschwächung mit aller wünschenswerten Genauigkeit auf experimentellem Wege bestimmt werden kann, bei der Aufnahme von Himmelsarealen vor das Objektiv zu setzen, dann eine zweite Aufnahme derselben Gegend mit gleicher Belichtungszeit, aber ohne Gitter zu machen. Aus zwei solchen Aufnahmen läßt sich dann (wie später gezeigt werden wird) leicht eine Größenklassenskala ableiten[2], welche zur Umwandlung der Schwärzungen der Sternbildchen in Helligkeiten benötigt wird.

Für die „Göttinger Aktinometrie"[3] wurden zunächst mit Hilfe der Schraffierkassette drei Aufnahmen eines jeden Areales gemacht, und zwar mit einfacher, dreifacher und neunfacher Überdeckung der Schraffierung. Hierdurch erweiterte sich der Größenbereich der Sterne meßbarer Schwärzung; die absolute Helligkeitsskala wurde dann so gewonnen, daß der Gewinn an Größenklassen beim Übergang von einfacher zu dreifacher bzw. neunfacher Überdeckung bestimmt wurde. Hierzu verwendete SCHWARZSCHILD, wie bereits erwähnt, das KAPTEYNsche Verfahren, und es gelang ihm so, in seiner „Göttinger Aktinometrie" einen rein photographisch-photometrischen Sternkatalog der Zone $+0^\circ$ bis $+20^\circ$ Deklination von sehr hoher Genauigkeit herzustellen, der die Grundlage zahlreicher stellarstatistischer und anderer Untersuchungen gab.

Außer diesem seinem photometrischen Hauptwerk hat SCHWARZSCHILD noch eine Reihe teils theoretischer, teils praktischer Untersuchungen durchgeführt oder angeregt, welche fast alle Teile dieses Zweiges der Sternphotometrie betreffen und fast ausnahmslos eine Erweiterung der Kenntnisse oder eine Verbesserung der praktischen Verfahren brachten.

5. Neuere Untersuchungen. Mit der „Göttinger Aktinometrie" beginnt die neueste Phase in der Entwicklung der photographischen Photometrie, und es sollen im folgenden nur die prinzipiell wichtigsten Arbeiten und auch diese nur ganz kurz angeführt werden, da später auf sie ausführlich zurückzukommen ist. Kurz nach der Göttinger Aktinometrie erschien die „Yerkes Actinometry"[4] von J. A. PARKHURST, welche die photographischen und photovisuellen Helligkeiten der Sterne bis zur Größe 7,5 der nördlichen Polzone enthält. PARKHURST hat für diesen Helligkeitskatalog eine absolute Skala mit Hilfe des Röhrenphotometers hergestellt. Eine weitere Methode rührt von HERTZSPRUNG[5] her. Sie besteht darin, daß ein Beugungsgitter (Stab- oder Drahtgitter) mit kleiner Dispersion vor das Fernrohrobjektiv gesetzt wird und mittels dieser Vorrichtung afokale Sternaufnahmen hergestellt werden. An Stelle der Beugungsspektren

[1] Réunion 1891, S. 54.

[2] Vgl. hierzu: WIRTZ, Photographisch-photometrische Untersuchungen. A N 154, S. 317 (1901); WILKENS, Photographisch-photometrische Untersuchungen. A N 172, S. 305 (1906).

[3] Aktinometrie der Sterne der B. D. in der Zone 0° bis $+20^\circ$ Deklination. Teil A. Astronomische Mitteilungen der Königlichen Sternwarte zu Göttingen, 14. Teil, Göttingen (1910); Teil B. Abhandlungen der Königlichen Gesellschaft der Wissenschaften zu Göttingen. Math.-Physik. Kl., Neue Folge 8, Nr. 4, Berlin (1912).

[4] Yerkes Actinometry, Zone $+73^\circ$ to $+90^\circ$. Ap J 36, S. 169 (1912).

[5] Vorschlag zur Festlegung der photographischen Größenskala. A N 186, S. 177 (1910).

entstehen dann kleine runde Scheibchen, die dasselbe Aussehen wie das Zentralbild besitzen. Die Intensitätsunterschiede zwischen dem Zentralbild und den Beugungsbildern der verschiedenen Ordnungen ergeben dann die Skala. HERTZSPRUNG hat in mehreren Abhandlungen die Anwendbarkeit seines Verfahrens und die mit ihm erreichte hohe Genauigkeit dargetan.

6. Internationale Polsequenz. Die praktischen Erfolge, welche mit den verschiedenen Verfahren in den letzten 15 Jahren gewonnen wurden, bestehen neben sehr zahlreichen, für die Entwicklung der Stellarastronomie wichtigen Einzeluntersuchungen speziell in einer Reihe recht genauer Kataloge photographischer Sternhelligkeiten. Von ganz besonderer Bedeutung ist das unter dem Namen der „Internationalen Polsequenz" bekannte Verzeichnis, welches die photographischen und photovisuellen Helligkeiten einer größeren Zahl um den Nordpol herum gelegener Sterne bis zu sehr schwachen hinab gibt. Die Genauigkeit dieser Helligkeitsangaben ist so groß, wie sie heute überhaupt erhalten werden kann, so daß die Polsequenz als Grundlage für alle photographischen Helligkeitsmessungen der nächsten Zeit dienen kann und wird. Man verdankt dieses Verzeichnis E. C. PICKERING und seiner Mitarbeiterin Miss LEAVITT[1] vom Harvard College-Observatorium und insbesondere F. H. SEARES[2] (Mount Wilson-Observatorium), der ihm seine definitive, heute allgemein angenommene Gestalt gegeben hat.

7. Mikrophotometer von J. HARTMANN. Zum Schluß dieses geschichtlichen Überblickes sei noch ein Instrument erwähnt, welches die praktische Anwendung der photographischen Photometrie in hohem Grade erleichtert und gefördert hat, das Mikrophotometer von HARTMANN[3]. Die technische photographische Photometrie besaß vor der Konstruktion dieses Apparates Instrumente, welche für die Ausmessung der Schwärzungen gut geeignet waren, z. B. das Polarisationsphotometer von MARTENS[4], aber für die Messung der Schwärzungen der Sternscheibchen waren sie, der Kleinheit dieser Scheibchen wegen, nicht verwendbar. Man war gezwungen, sich eine irgendwie beschaffene Skala von Schwärzungen (etwa einen photographischen Keil mit dem SCHEINERschen Sensitometer) herzustellen, diese neben die Sternscheibchen auf die Platte zu legen und abzuschätzen, welchen Stufen dieser Skala die Schwärzungen der betreffenden Sternscheibchen entsprachen. Dieses Verfahren besaß, zum Teil aus physiologischen Gründen, nicht die Genauigkeit, welche für die photographische Bestimmung von Sternhelligkeiten verlangt werden mußte. Es ist daher begreiflich, daß das Mikrophotometer in der von HARTMANN gegebenen Originalform oder in einer der zahlreichen, meist nur wenig abgeänderten Anordnungen ganz allgemein in Gebrauch genommen wurde. Neuerdings wird dieses Instrument mit der lichtelektrischen Zelle oder einer Thermosäule in Verbindung gebracht und damit das menschliche Auge ganz aus dem Messungsprozeß, soweit es sich um Helligkeitsmessungen handelt, ausgeschaltet.

Eine weitere, und zwar sehr erhebliche Steigerung der Genauigkeit photographisch-photometrischer Messungen und eine bedeutende Verringerung der Arbeit könnte erreicht werden, wenn es gelänge, die Fehler der photographischen Platten zu verkleinern. Zur Zeit sind die Plattenfehler, die durch ungleiche Dicke der Emulsionsschicht entstehen, der Grund dafür, daß die an sich der

[1] The North Polar Sequence. Harv Ann 71, Nr. 3, S. 47 (1917).

[2] Mt Wilson Contr 70, 80, 81, 97, 98, 234, 235, 287, 288, 289, 305 bzw. Ap J 38, S. 241 (1913); 39, S. 307 (1914); 41, S. 206, 259 (1915); 56, S. 84, 97 (1922); 61, S. 114, 284, 303 (1925); 63, S. 160 (1926).

[3] Z f Instrk 19, S. 97 (1899).

[4] Photogr Korrespondenz 38, S. 528 (1901).

höchsten Genauigkeit fähigen Methoden der photographischen Photometrie nicht eine ihnen entsprechende praktische Genauigkeit in der Helligkeitsbestimmung der Sterne ergeben.

b) Allgemeines, Definitionen, Messung der Schwärzungen.

8. Aufgabe der photographischen Photometrie. Die Aufgabe der photographischen Photometrie ist die absolute oder relative Bestimmung der photographischen oder photovisuellen Helligkeit der Himmelskörper. Eine jede derartige Messung erfordert drei Operationen:

1. Aufnahme des Sternes oder der Sterne, deren Helligkeit gemessen werden soll;
2. Aufnahme des Sternes, welcher als Nullpunkt der Zählung dienen soll, oder an welchen die zu messenden Sterne angeschlossen werden sollen;
3. Aufnahme einer Skala, die eine Beziehung zwischen den irgendwie gemessenen Schwärzungen und den sie erzeugenden wohlbekannten Lichtintensitäten darstellt (Schwärzungskurve oder Schwärzungsskala).

Die Festsetzung der Helligkeit des Sternes, welcher als Nullpunkt der Zählung dient, ist rein konventionell. Man kann die Helligkeit *eines* bestimmten Sternes (Polarstern) oder aber auch mehrerer Sterne (sofern deren Helligkeiten bekannt sind) als Nullpunkt der Zählung benutzen. Die Skala dient dazu, eine Verbindung zwischen den Aufnahmen 1 und 2 zu schaffen. Hierzu wird durch Messung festgestellt, welche Stellen der Skala die gleichen Schwärzungen wie die Aufnahmen 1 und 2 haben. Da nun für die Skala bekannt ist, welche Intensitäten nötig sind, um diese Schwärzungen zu erzeugen, so schließt man, daß auch den Objekten, welche die Schwärzungen der Aufnahmen 1 und 2 erzeugen, diese Helligkeiten zukommen. Als Grundlage einer jeden photographisch-photometrischen Methode gilt nämlich folgende Voraussetzung: Zwei Lichtquellen sind photographisch gleich hell, wenn sie bei gleichen Belichtungszeiten auf zwei gleich großen Feldern ein und derselben Platte gleiche Schwärzungen erzeugen. Es ist dies die sog. „HARTMANNsche Bedingung“[1]. Beide Aufnahmen sind gleichzeitig oder wenigstens zeitlich möglichst nahe nacheinander zu machen, damit die Platte für beide Aufnahmen unter denselben Bedingungen (gleiche Temperatur, gleicher Feuchtigkeitsgehalt usw.) steht.

9. Absolute und relative Helligkeitsmessungen. Man nennt eine Helligkeitsmessung *absolut*, wenn die Schwärzungsskala auf experimentellem Wege erzeugt wird. Sie heißt dagegen *relativ*, wenn man die Schwärzungsskala mittels bereits ihrem Betrage nach bekannter Helligkeiten herstellt, d. h. also, daß durch absolute Messungen bestimmte Helligkeiten vorhanden sein müssen. So erforderte z. B. die Aufstellung der internationalen Polarsequenz absolute photographisch-photometrische Messungen, während die Bestimmung von Sternhelligkeiten mit Hilfe der Polarsequenz eine relative Messung ist.

10. Durchmessermessungen. Anstatt die Schwärzung, die ein Stern auf einer Platte erzeugt, zu messen, kann man bei fokalen Aufnahmen auch die lineare Größe des Durchmessers seines auf der Platte erzeugten Bildchens zur Bestimmung seiner photographischen Helligkeit benutzen. Auch hier sind, wie oben, drei Operationen durchzuführen: die Aufnahme des Sternes, dessen Helligkeit gemessen werden soll, die Aufnahme des als Nullpunkt der Zählung gewählten Sternes und schließlich die Aufnahme einer Skala, welche die Beziehung zwischen dem Durchmesser des Sternbildchens und der Helligkeit des Sternes gibt.

---

[1] Z f Instrk 19, S. 98 (1899).

Die Methoden der absoluten Helligkeitsbestimmung von Sternen unterscheiden sich durch die Art, wie die Schwärzungsskala erhalten wird.

11. Opazität, Dichte, Schwärzung. Bezeichnet man die Intensität[1] des auf einen geschwärzten Teil einer photographischen Platte auffallenden Lichtes mit J_0, die Intensität des durch die geschwärzte Stelle hindurchgegangenen Lichtes mit J, so nennt man in der photographischen Praxis das Verhältnis $\frac{J_0}{J} = O$ die Opazität. In der Photometrie hat sich aber, in Anlehnung an das LAMBERTsche Absorptionsgesetz, als Maß der Schwärzung die Dichte D eingebürgert, welche durch die Gleichung

$$\frac{J_0}{J} = e^D$$

definiert ist, wo e die Basis der natürlichen Logarithmen ist. Der wesentliche Vorzug dieses Maßes ist, daß einer bestimmten Vergrößerung der Dichte D stets dieselbe Auffälligkeit, dieselbe Kontrastwirkung zukommt, wie aus dem FECHNERschen psychophysischen Gesetz folgt[2]. Aus praktischen Gründen verwendet man die gewöhnlichen Logarithmen und nennt

$$D \log e = 0{,}4343\, D = S$$

die Schwärzung; es ist somit

$$\frac{J_0}{J} = 10^S \quad \text{oder} \quad \log\frac{J_0}{J} = S\,.$$

12. Messung der Schwärzung. Diese Schwärzung kann mit geeigneten Instrumenten, z. B. dem MARTENSschen Polarisationsphotometer gemessen werden. Es hat sich aber bald gezeigt, daß der numerische Betrag der Schwärzung in relativ starker Weise von der Art der Messung abhängt. Bei Verwendung von gerichtetem, z. B. parallelem Licht erhält man erheblich größere Werte für die Schwärzung als bei Verwendung von diffusem Licht. ABNEY[3] hatte bereits 1890 darauf aufmerksam gemacht, daß die entwickelte photographische Platte das auffallende Licht nicht nur absorbiert, sondern auch einen großen Teil desselben diffundiert. Diese Beobachtung ABNEYs ist lange Zeit wenig beachtet worden, bis CALLIER[4] wieder auf sie aufmerksam machte und durch Messungen die Richtigkeit der ABNEYschen Beobachtung bestätigte. Beispielsweise fand CALLIER (Tabelle 1) für die Dichten einer Platte, die verschieden starke Belichtungen (L = Logarithmus der Belichtung) erhalten hatte, folgende Werte:

Tabelle 1.

L	Dichte in	
	parallelem Licht	diffusem Licht
0	0,198	0,119
0,3	0,479	0,296
0,6	0,984	0,628
0,9	1,653	1,072
1,2	2,333	1,544
1,5	2,983	2,011
1,8	3,524	2,404
2,1	3,968	2,693

Der Vorgang der Schwächung des eine geschwärzte photographische Platte durchsetzenden Lichtes ist recht verwickelt. Das einfallende weiße Licht wird

---

[1] Vgl. hierzu: EDER, System der Sensitometrie photographischer Platten I, S. 18 (1899) oder Sitzber Akad Wiss Wien 108, Abt. IIa, S. 1407 (1899).

[2] EDER, Jahrb f Photogr 1900, S. 161.

[3] J Soc Chem Ind 1890, Juli.

[4] Z f wiss Photogr 7, S. 257 (1909).

bei seinem Eintritt aus der Luft in die geschwärzte Emulsionsschicht zunächst teilweise spiegelnd, teilweise diffus reflektiert. Die spiegelnde Reflexion ist bei gering geschwärzten Platten stärker als bei großen Schwärzungen; umgekehrt ist die diffuse Reflexion bei letzteren stärker als bei geringen Schwärzungen. Außerdem werden die langwelligen Strahlen (rotes Licht) diffus stärker gespiegelt als die übrigen[1]. Bei weiterem Vordringen des Lichtes wird dann ein gewisser Betrag desselben in der Silber-Gelatineschicht absorbiert und in andere Energien verwandelt, ein anderer Teil wird zerstreut. Diese Absorption und Diffusion sind ebenfalls nicht unabhängig von der Wellenlänge. Der verbleibende Rest des in der Hauptsache diffusen Lichtes wird beim Übergang von der Emulsionsschicht zum Glas teilweise wieder nach der silberhaltigen Schicht zurückgeworfen, teilweise im Glas selbst absorbiert, besonders die kurzwelligen Strahlen. Endlich findet beim Austritt aus dem Glas in die Luft eine nochmalige Reflexion statt. Natürlich erleidet das Licht außerdem beim Durchlaufen durch die verschieden dichten Medien auch noch Brechungen.

Aus diesen Betrachtungen ist ersichtlich, daß der numerische Betrag der Schwärzung abhängig sein muß von der Art der Messung, z. B. ob sie mit gerichtetem oder diffusem Licht ausgeführt wird. Will man daher eine geschwärzte Trockenplatte als lichtschwächendes Mittel verwenden, so muß man die durch sie erzeugte Lichtschwächung unter genau denselben optischen Verhältnissen bestimmen, unter denen die Platte verwendet werden soll. Weiterhin folgt, daß der Betrag der Schwächung auch von der spektralen Zusammensetzung des Lichtes abhängt; man wird verschiedene numerische Werte für die Schwärzung erhalten, je nachdem man die Lichtschwächung visuell, lichtelektrisch[2] oder thermoelektrisch[3] mißt. In der photographischen Photometrie braucht man nun glücklicherweise die nach einer der obigen Gleichungen definierten Werte der Schwärzung überhaupt nicht. Die Schwärzung wird nur als Zwischenglied, als Übertragungselement verwendet und verschwindet dann ganz aus dem Resultat. Man kann die Schwärzungen daher mit einem ganz willkürlichen Maßstab messen, dem kein physikalischer Sinn zu entsprechen braucht. So werden z. B. mit dem HARTMANNschen Mikrophotometer die Messungen mit einem photographischen Keil ausgeführt, dessen Steigung beliebig sein kann, er darf nur keine Unstetigkeiten (lokale Fehler) enthalten. Der Keil kann eine Zeitskala darstellen, d. h. eine Schwärzungsskala, die durch eine konstante Lichtquelle erzeugt wird bei Expositionen, welche eine geometrische Reihe bilden. Ein solcher Keil kann z. B. mit dem Sensitometer von SCHEINER hergestellt werden. Der Keil kann aber auch eine Intensitätsskala sein, welche durch Lichtintensitäten, die eine geometrische Reihe bilden, bei konstanter Expositionszeit erzeugt wird. Einen solchen Keil erhält man am einfachsten durch Kopieren eines neutralen schwarzen Glaskeiles auf eine photographische Platte.

Als Schwärzung einer Stelle eines Negativs bezeichnet man bei Verwendung dieses Mikrophotometers dann diejenige Stellung des Keiles (gegen einen willkürlichen Nullpunkt der Zählung), bei welcher die zu messende Schwärzung und die des Keiles gleich sind. Man liest diese Stellung an einer Millimeterskala ab, welche mit dem Keil fest verbunden ist.

13. Apparate zur Messung der Schwärzungen. Die Scheibchen, welche bei der Aufnahme von Sternen auf der photographischen Platte entstehen, haben stets einen sehr kleinen Durchmesser; selbst wenn man die Aufnahmen außerhalb des Brennpunktes macht, wird man es vermeiden, sich zu weit

[1] Vgl. hierzu: G. EBERHARD, Publ Astroph Obs Potsdam Nr. 84 (1926).
[2] P. P. KOCH, Ann d Phys 29, S. 705 (1912).
[3] MOLL, London Phys Soc Proc 1921, Juni.

von diesem zu entfernen, da durch die Ausbreitung des Sternlichtes auf eine größere Fläche seine Intensität zu stark sinkt und die Belichtungszeiten für schwache Sterne zu sehr anwachsen. Im Durchschnitt dürfte der Durchmesser fokaler und afokaler Sternscheibchen zwischen 0,01 und 0,3 mm liegen. Aber auch bei der Aufnahme von Himmelsobjekten mit größerem Flächenausmaße (Mond, Nebelflecke usw.) wird man gezwungen sein, für die photometrische Ausmessung nur kleine Areale aus dem Bilde zu benutzen, da sich die Helligkeit bei diesen Himmelsobjekten vielfach schon innerhalb kleiner Gebiete der Fläche stark ändert. Nun ist aber bekannt, daß die Messung von Flächenhelligkeiten, wenn die Flächen eine sehr kleine Ausdehnung besitzen, nicht nur anstrengend, sondern auch wenig genau ist. Man hat daher, um größere Flächen für die Messung zu bekommen, für die photometrische Messung astronomischer Aufnahmen Instrumente konstruiert, die eine Vereinigung von Mikroskop und Photometer sind, die sog. Mikrophotometer. Weiterhin ist bekannt, daß die Fähigkeit des Auges, Kontraste wahrzunehmen, stark gesteigert wird, wenn man die zu vergleichenden Felder so nahe als möglich nebeneinander bringt. In dem Mikrophotometer wird dies dadurch erreicht, daß man die Felder durch ein LUMMER-BRODHUN-Prisma[1] oder eine ähnliche optische Vorrichtung direkt nebeneinander bringt. Von diesen Prinzipien ausgehend, hat HARTMANN[2] sein Mikrophotometer konstruiert, das sich bestens bewährt hat und in zahlreichen Exemplaren teils in der ihm von HARTMANN gegebenen Originalform, teils mit kleinen, meist unwesentlichen Abänderungen verbreitet ist. Abb. 1 ist ein senkrechter Durchschnitt durch das Mikrophotometer von HARTMANN, aus welchem man den Strahlengang im Instrument ersehen kann.

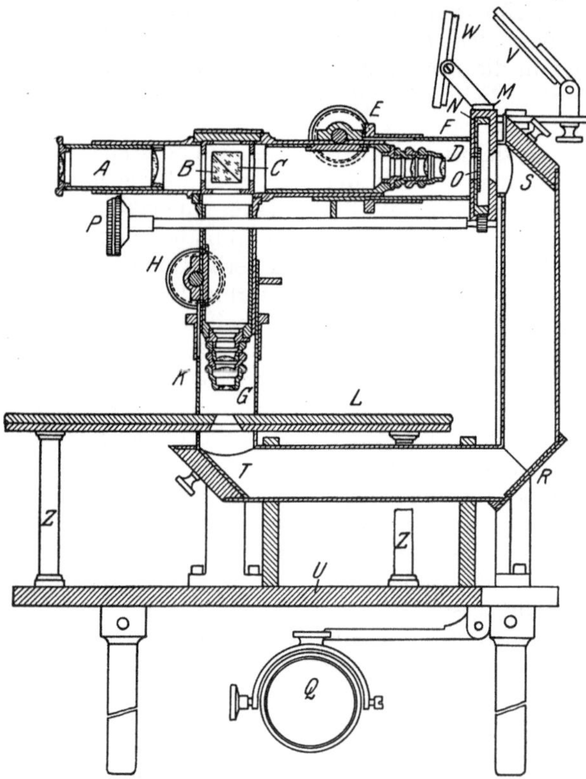

Abb. 1. Schematischer Durchschnitt durch das Mikrophotometer von HARTMANN.

Vor der Milchglasplatte R wird eine elektrische Lampe so aufgestellt, daß die beiden Spiegel S und T eine gleiche Erleuchtung erhalten[3]. Das von diesen

[1] Z f Instrk 9, S. 41 (1889).

[2] Apparat und Methode zur photographischen Messung von Flächenhelligkeiten. Z f Instrk 19, S. 97 (1899).

[3] Bei der Messung sehr großer Schwärzungen kann man statt der Lampe das Licht der Sonne benutzen. Hierzu wird der den Spiegel R tragende Arm und das bei U' befindliche Gelenk herumgeschlagen.

Spiegeln reflektierte Licht erleuchtet nun einerseits durch die Öffnung in der Platte *L* die zu vermessende Stelle des auf der Platte *L* liegenden Negatives, andererseits den photographischen Keil *O*. Senkrecht über der Lichtöffnung des Tisches *L* befindet sich das Objektiv *G* eines gebrochenen Mikroskopes *A B G*, dessen optische Teile so berechnet sind, daß man mittels des durch den Trieb *H* verstellbaren Objektives ein scharfes Bild auf dem kleinen, in der Mitte der Basis des rechtwinkligen Reflexionsprismas *B* befindlichen Silberspiegel *gh* (Abb. 2) entwerfen und mit dem positiven Okular *A* betrachten kann. Das Prisma besitzt die von LUMMER und BRODHUN[1] angegebene Einrichtung: Auf die Basis *ab* des Prismas *B* ist ein zweites gleiches Prisma *C* derart aufgekittet, daß nur auf der kleinen versilberten Fläche *gh* Reflexion stattfindet, während ringsum die Strahlen ungehindert aus dem einen in das andere mit ihm verkittete Prisma übergehen. Durch den so entstandenen Glaswürfel kann man daher in der Richtung *ABD* ungehindert hindurchsehen, während auf dem Silberspiegel *gh* die aus *G* kommenden Strahlen die zu messende Stelle des Negatives abbilden.

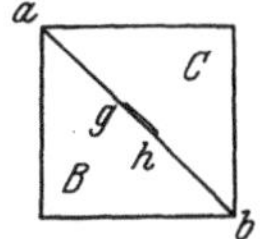

Abb. 2. Querschnitt durch das LUMMER-BRODHUN-Prisma.

In *D* befindet sich ein zweites, mit *G* genau übereinstimmendes Mikroskopobjektiv *D*, welches mittels des Triebes *E* auf die Schicht des in *O* befindlichen Meßkeiles so eingestellt werden kann, daß das Bild ebenfalls in der Mitte des LUMMER-BRODHUN-Prismas liegt. In das Okular *A* sehend, wird man somit in der Mitte des Gesichtsfeldes ein kleines Stück (etwa einen Stern) der auf dem Tische *L* liegenden Platte erblicken, während ringsherum das übrige Gesichtsfeld vom Bilde der betreffenden Stelle des Meßkeiles erfüllt ist. Es wird also beim Mikrophotometer von HARTMANN sowohl das Bild der zu messenden Plattenstelle, als das des Meßkeiles mittels der Mikroskope *G* und *D* auf die Mitte des Würfels, in die Ebene des kleinen Silberspiegels, projiziert und mittels des auf diesen Spiegel scharf eingestellten Okulares *A* betrachtet. Der Lichtweg von der Mattscheibe *R* bis zum Austritt aus dem Mikroskop ist geschlossen und für beide Mikroskope vollkommen gleichartig. Schwankungen in der Helligkeit der Lampe während der Messungen sind also durch diese optische Anordnung unschädlich gemacht, nur muß die Lampe unverrückt an ihrem Ort bleiben, solange die Messungsreihe dauert. Bei den neueren Typen des Instrumentes ist sie deshalb fest angebracht. Ein variabler Widerstand gestattet, der Lampe eine für die Messungen günstige Helligkeit zu geben.

Der Meßkeil ist in einem Schieber *N* (Abb. 1) befestigt, welcher innerhalb des Rahmens *M* durch den Zahntrieb *P* senkrecht zur Mikroskopachse verschoben werden kann. Die Stellung des Schiebers im Rahmen wird an einer mit Nonius versehenen Millimeterteilung abgelesen, die durch die Spiegel *V* und *W* beleuchtet wird und sich für den am Okular sitzenden Beobachter in deutlicher Sehweite befindet.

Da die Sternscheibchen meist sehr klein sind, so würde das vom Spiegel *T* kommende Licht zum Teil neben dem Scheibchen auf das Mikroskopobjektiv fallen und von diesem auf das Scheibchen selbst reflektiert werden, also die Messung verfälschen. SCHWARZSCHILD hat daher zwischen dem Mikroskopobjektiv *G* und der zu messenden Platte noch eine Blende mit kleiner kreisförmiger Öffnung (0,1—0,2 mm) angebracht, die dicht an der Platte anliegt. Alles Licht, welches am Sternscheibchen vorbei auf das Objektiv des Mikroskopes fallen könnte, wird durch sie abgeblendet. Eine ähnliche Einrichtung ist

[1] Z f Instrk 9, S. 41 (1889).

für den Keil O nicht nötig, da er breiter ist als der Durchmesser des Mikroskopobjektives D, so daß Nebenlicht nicht entstehen kann.

Bei neueren Typen des Mikrophotometers befindet sich ein zweiter photographischer Keil unter der Lichtöffnung in dem Tische L und ein ebensolcher zwischen Spiegel S und dem eigentlichen Meßkeil O. Diese beiden Hilfskeile lassen sich meßbar verschieben. Bei verschiedener Durchsichtigkeit (Schleier) der nicht belichteten Teile der zu messenden Platte und des Keiles kann man mittels des einen oder des anderen Hilfskeiles die nicht belichteten Teile auf eine gleiche Helligkeit genau einstellen. Auch zur Untersuchung der Gleichmäßigkeit des Meßkeiles können diese Hilfskeile benutzt werden.

Die Messungen mit dem Mikrophotometer von HARTMANN gehen demnach in folgender Weise vor sich. Man stellt das Okular scharf auf den kleinen Spiegel des LUMMER-BRODHUN-Prismas ein, schiebt die Hülse F bis an den Rahmen M heran und fokussiert mit dem Trieb E so, daß das Korn des Meßkeiles scharf sichtbar ist. Ebenso schiebt man die Hülse K bis nahe an die auszumessende, auf dem Tisch L liegende Platte und fokussiert diese mit dem Trieb H (die SCHWARZSCHILDsche Blende muß natürlich vorher justiert sein). Die Hülsen F und K haben den Zweck, fremdes Licht von der Platte und dem Keil fernzuhalten[1]. Man rückt dann die Platte auf dem Tisch so, daß das zu messende Objekt (Stern) in dem kleinen Spiegel erscheint und verschiebt den Meßkeil durch Drehung des Knopfes P so lange, bis der Stern in der Mitte des Prismas genau das gleiche Aussehen hat wie seine Umgebung, d. h. die betreffende Stelle des Keiles. Die Gleichheit beider Flächen läßt sich sehr genau herstellen, da bei guter Justierung des Apparates die Trennungslinie zwischen den Bildern des Sterns und des Keiles völlig verschwindet. Nun wird die Stellung des Keiles abgelesen, und dann geht man zum nächsten Stern über usw.

In der gleichen Weise mißt man die Aufnahme aus, welche die Skala enthält und durch welche man die Schwärzungen in Beziehung zu den sie erzeugenden Intensitäten i bringt. Trägt man die Messungen der Skala in Millimeterpapier ein, die Schwärzungen als Ordinaten, die $\log i$ bzw. die Größen m als Abszissen, so kann man die Schwärzungskurve zeichnen und aus ihr die den Schwärzungen der Sterne entsprechenden Intensitäten ablesen.

Die Genauigkeit, welche man bei Messungen mit dem Mikrophotometer von HARTMANN erreicht, ist sehr groß. Bei sorgfältiger Einstellung wird der mittlere Fehler einer Messung etwa $0^m,01 - 0^m,02$ betragen. Voraussetzung ist, daß der Meßkeil aus derselben Plattensorte hergestellt ist wie die Aufnahme selbst, damit das Plattenkorn, welches bei der Beurteilung der Gleichheit der Schwärzungen eine große Rolle spielt, auf beiden Platten gleich ist. Es ist zweckmäßig, die Messungen so auszuführen, daß die erste Einstellung bei wachsender, die zweite bei abnehmender Keilablesung erfolgt. Namentlich bei der Messung starker Schwärzungen weichen die Einstellungen in der einen Richtung sehr häufig systematisch von der in der anderen Richtung ab.

Will man ohne Rücksicht auf die Kornstruktur der Platten messen, so kann man mittels der Triebe E und H die Mikroskopobjektive etwas unscharf einstellen, so daß das Plattenkorn nicht mehr sichtbar ist. Messungen dieser Art sind aber meist ungenauer als die bei scharfer Einstellung der Objektive.

Zur schnellen Auffindung der zu messenden Stelle der Platte, z. B. eines Sternes, ist eine besondere Einrichtung vorgesehen. Durch Druck auf einen Knopf kann das LUMMER-BRODHUN-Prisma BC beiseite geschoben und an seine Stelle

[1] Falls der unbelichtete Teil der zu messenden Platte eine andere Durchsichtigkeit als der unbelichtete Teil des Meßkeiles hat, macht man durch Verschieben eines der beiden Hilfskeile zunächst die unbelichteten Teile der Platte und des Meßkeiles gleich.

ein einfaches, B gleiches Reflexionsprisma gebracht werden, welches einen größeren Teil der Platte zu überblicken gestattet. Auf der Basis dieses Prismas ist ein aus zwei feinen Linien bestehendes Kreuz angebracht, auf das man den zu messenden Stern durch Verschiebung der photographischen Platte bringt. Die beiden Prismen sind nun derartig gegeneinander justiert, daß, wenn man das LUMMER-BRODHUN-Prisma wieder zurückschiebt, der zu messende Stern richtig auf dem kleinen Spiegel liegt. Bei den neueren Instrumenten ist die Aufsuchung und Einstellung der zu messenden Plattenstelle noch schneller auszuführen. Es ist nämlich über dem LUMMER-BRODHUN-Prisma noch ein rechtwinkliges Reflexionsprisma derart angebracht, daß man durch ein zweites Okular gleichfalls nach der Platte sehen kann. Der kleine Spiegel des LUMMER-BRODHUN-Prismas erscheint aber hier im Gesichtsfeld als dunkle Marke, auf die man die zu messende Stelle durch Verschiebung der photographischen Platte auf dem Tisch bringt. Beide Prismen sind wieder so justiert, daß man dann im Gesichtsfeld des unteren Okulars diese Stelle richtig auf dem kleinen Spiegel erblickt.

In Abb. 3 ist die Originalform des HARTMANNschen Mikrophotometers abgebildet, welche dem Durchschnitt Abb. 1 entspricht.

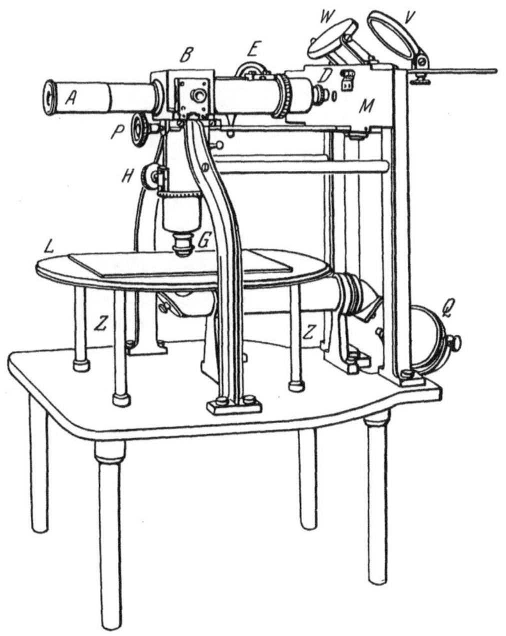

Abb. 3. Originalform des Mikrophotometers von HARTMANN (O. Toepfer & Sohn).

Die neueren Ausführungen des Apparates enthalten weitere Verbesserungen. Die zu messende Platte wird nicht auf den Tisch gelegt, sondern in einen Rahmen eingesetzt, der sich in zwei senkrecht zueinander angeordneten Führungen bewegen läßt. Diese Bewegungen können an Skalen abgelesen werden, so daß man die rechtwinkligen Koordinaten der gemessenen Objekte angenähert erhält. Dem Rahmen selbst läßt sich, bis zu einem gewissen Betrage, eine Drehung erteilen, die Platte kann somit gegen die zwei Führungen justiert werden (Abb. 4). Weiterhin kann das Mikrophotometer durch einige Ergänzungsstücke in Verbindung mit einer Thermosäule gebracht werden (MOLL)[1], so daß bei der Messung der Schwärzungen das Auge ganz ausgeschaltet wird (Abb. 5). Dasselbe kann auch durch Verwendung der lichtelektrischen Zelle (P. P. KOCH, ROSENBERG) erreicht werden.

Eine zweite sehr brauchbare Form des Mikrophotometers ist die von FABRY und BUISSON (Abb. 6). FABRY[2] gibt folgende Beschreibung: Die monochromatische Lichtquelle S (das Licht der grünen Quecksilberlinie) beleuchtet die kleine Öffnung A. Das durch diese hindurchgehende Lichtbüschel wird durch die Linse O parallel gemacht und teilt sich dann in zwei Büschel. Das eine durchsetzt die

[1] MOLL [Versl. Kon Akad van Wetensch Amsterdam 28, S. 566 (1919)] hat wohl als erster die Thermosäule zur Messung von Schwärzungen benutzt. Für den astronomischen Gebrauch hat SCHILT ein geeignetes Instrument mit Thermosäule konstruiert. B A N 1, S. 51 (1922); 2, S. 135 (1924); Publ Astr Lab Groningen Nr. 32 (1924).

[2] FABRY, Leçons de Photométrie S. 109 (1924); Rev d'Opt 1924, Janvier.

Abb. 4. Neuere Ausführung des Mikrophotometers von HARTMANN.

Abb. 5. Mikrophotometer in Verbindung mit einer Thermosäule (Askania-Werke).

photographische Platte *H*, wird am LUMMER-BRODHUN-Prisma *K* reflektiert und fällt dann konvergent auf die Öffnung *B*. Das andere Büschel durchsetzt den Meßkeil *W* und das LUMMER-BRODHUN-Prisma *K* und fällt konvergent gleichfalls auf die Öffnung *B*. Man hat also in *B* zwei zusammenstoßende Bilder von *A*. Hinter *B* befindet sich das Auge des Beobachters. Bevor die Strahlenbüschel in *B* konvergent einfallen, werden sie schon vorher einmal konvergent gemacht, das eine auf der Platte *H*, das andere auf dem Keil *W*, so daß nur sehr kleine Teile dieser Flächen durchsetzt werden. Es projiziert nämlich die Linse L_3 nach der Reflexion am Prisma R_2 ein Bild von *A* auf die Platte *H*, und dieses Bild wird durch die Linse L_2 auf *B* projiziert. Das Analoge wird für das andere Strahlenbüschel durch die Linsen L_1 und L_1' bewirkt. Während bei dem Mikrophotometer von HARTMANN sowohl die zu messende Plattenstelle als auch der Meßkeil auf den Spiegel des LUMMER-BRODHUN-Prismas projiziert werden und man bei Betrachtung mit dem Okular die scharfen Bilder dieser zwei Stellen sieht (das Bild der beiden zu messenden Stellen wird auf die Netzhaut des Auges projiziert), werden bei dem Mikrophotometer von FABRY und BUISSON die kleinen Platten- und Keilstellen auf die Pupille des Auges projiziert, so daß kein Bild dieser Stellen gesehen wird, sondern ein gleichmäßiger Fleck ohne Struktur des Plattenkornes. FABRY glaubt, daß hierdurch die Ausmessung der Platte genauer wird als bei der Anordnung von HARTMANN.

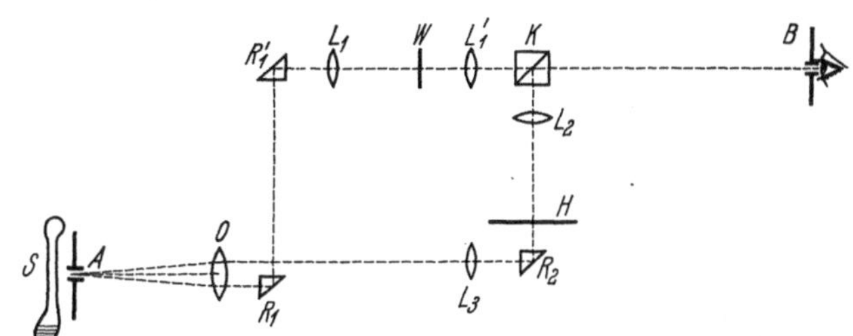

Abb. 6. Schematischer Durchschnitt durch das Mikrophotometer von FABRY u. BUISSON. (FABRY, Leçons de Photométrie S. 109.)

c) Die photographische Platte und ihre Eigenschaften.

14. Die Intensitäts-Schwärzungskurve. Gradation. Macht man auf eine photographische Platte eine Reihe von Belichtungen derart, daß jede Belichtung mit einer größeren bekannten Intensität ausgeführt wird als die vorhergehende, aber alle bei konstanter Belichtungszeit, so erhält man nach dem Entwickeln der Platte eine Reihe Felder mit zunehmender Schwärzung. Mißt man diese aus und trägt die Schwärzungen als Ordinaten, die zugehörigen bekannten Intensitäten (d. h. die $\log J$ oder die Größenklassen m) als Abszissen in Millimeterpapier ein, so erhält man eine Kurve von ungefähr dem Aussehen der Abb. 7, die Intensitäts-Schwärzungskurve.

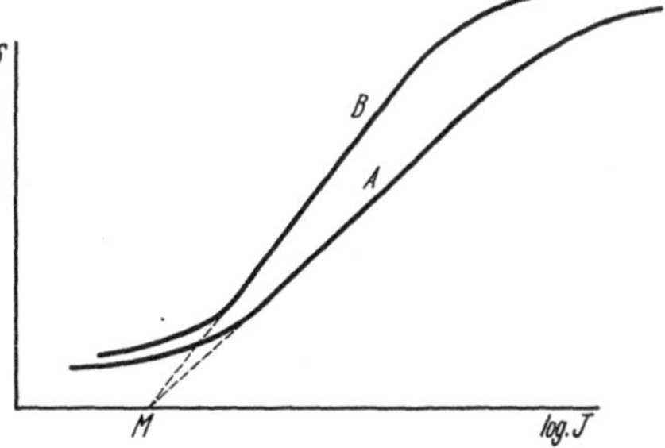

Abb. 7. Intensitäts-Schwärzungskurve. *A* bei normaler, *B* bei sehr starker Entwicklung. (Nach FABRY, Leçons de Photométrie S. 110.)

Das zur Abszissenachse konvexe Stück ist das Gebiet der Unterexposition: die Schwärzung steigt langsam mit zunehmender Intensität an. In dem darauf folgenden, mehr oder minder geradlinigen Stück steigt die Kurve dann stärker und regelmäßig an, es ist das Gebiet der normalen Exposition. Schließlich erreicht die Kurve ein Maximum, vor welchem eine Vergrößerung der Intensität nur eine mäßige Zunahme der Schwärzung und in welchem schließlich eine weitere Vergrößerung der Intensität überhaupt keine Zunahme der Schwärzung mehr hervorruft (Überexposition). Bei noch stärkeren Belichtungen nimmt die Schwärzung wieder ab, man befindet sich im Gebiete der Solarisation.

Für die photographische Photometrie kommt nur das nahezu geradlinige Stück der Schwärzungskurve in Betracht, dessen Länge in der Hauptsache von der Plattensorte abhängig ist. In diesem Gebiete ist die Änderung ΔS der Schwärzung bei einer bestimmten Änderung der Intensität (des $\log J$ oder der Größenklasse m) größer als in den anderen Teilen der Schwärzungskurve, die Kontrastwirkung der Platte ist hier am größten.

Legt man durch einen Punkt der Kurve eine Tangente an diese und nennt den Winkel dieser Tangente gegen die Abszissenachse γ', so bezeichnet man $\operatorname{tg}\gamma' = \frac{\Delta S}{\Delta \log J}$ oder $= \frac{\Delta S}{\Delta m}$ als die Gradation der Platte für die Stelle des Berührungspunktes von Tangente und Kurve oder auch als den Kontrastfaktor. In der englischen Literatur wird nach dem Vorgang von HURTER und DRIFFIELD die Gradation auch „Gamma" (γ) genannt. Je größer $\frac{\Delta S}{\Delta m}$ ist, um so größer ist die Kontrastwirkung und um so genauer werden die photographisch-photometrischen Messungen. In dem nahezu geradlinigen Teil der Schwärzungskurve, der bei einer guten Plattensorte einem Helligkeitsintervall von 3^m bis 4^m entspricht, ist die Gradation also am stärksten. Man sagt wohl auch: die Platte hat hier die „steilste Gradation", im Gegensatz zu den anderen Teilen der Kurve, welche eine „flache Gradation" besitzen.

15. Die Zeit-Schwärzungskurve. Die Schwärzungsgesetze. Man kann nun auch noch eine andere Art von Schwärzungskurven herstellen, indem man nämlich bei konstanter Intensität, aber mit wachsender Expositionszeit t Aufnahmen macht (Zeit-Schwärzungskurve). Trägt man die Schwärzungen als Ordinaten, die $\log t$ als Abszissen in Millimeterpapier ein, so erhält man wiederum eine Kurve, die in ihrer Gestalt von der oben ausführlich besprochenen Intensitäts-Schwärzungskurve nicht wesentlich abweicht und für welche daher alles das gilt, was von letzterer gesagt ist. Man kann diese Zeit-Schwärzungskurve aber nur dann zu Helligkeitsmessungen verwenden, wenn man die Relation zwischen den Intensitäten J und den Expositionszeiten t kennt, welche dieselbe Schwärzung S hervorbringen, d. h. man muß das Schwärzungsgesetz kennen, den funktionalen Zusammenhang $S = \Phi(J, t)$ zwischen den drei Variablen S, J, t.

Nach dem BUNSEN-ROSCOEschen Reziprozitätsgesetz[1] geben gleiche Produkte Jt gleiche (latente) Schwärzungen. Dieses Gesetz hat, wie bekannt, nur eine sehr beschränkte Gültigkeit, wenn es für Bromsilberplatten mit Entwicklung überhaupt angewendet werden darf. Jedenfalls ist stets erst festzustellen, für welche Werte J und t es gültig ist. Das gleiche gilt von dem photographischen Gesetz von SCHWARZSCHILD. Längere Zeit glaubte man, daß dieses Gesetz den gesuchten funktionalen Zusammenhang zwischen den drei Größen: S, J, t in aller Strenge darstelle.

Nach SCHWARZSCHILD ist die photographische Wirkung des Lichtes nicht, wie beim BUNSEN-ROSCOEschen Gesetz, eine Funktion des Produktes Jt, sondern des Produktes Jt^p bzw. $J^q t$, wo p bzw. q für die betreffende Plattensorte charakteristische Konstanten sind. Da SCHWARZSCHILD für die Bestimmung dieser Konstanten einfache und bequeme Methoden angegeben hatte, würde man auch mit Hilfe der Zeit-Schwärzungskurve Helligkeiten leicht bestimmen können.

[1] Ann d Phys 117, S. 529 (1862).

Es hat sich aber gezeigt, daß auch dieses Gesetz nicht allgemein gültig ist. Man erkannte, daß die Voraussetzungen, auf Grund derer SCHWARZSCHILD das Gesetz theoretisch[1] ableitete, nicht zutreffend sind. SCHWARZSCHILD hat das selbst eingesehen und zur Klärung der Sachlage eine eingehende experimentelle Untersuchung des Schwärzungsgesetzes durch E. KRON[2] ausführen lassen. Aus dieser sehr sorgfältigen Arbeit geht hervor, daß ebensowenig wie das BUNSEN-ROSCOEsche Gesetz auch das von SCHWARZSCHILD eine allgemeine und strenge Beziehung zwischen den drei Größen S, J, t ist, sondern daß beide Gesetze etwa als Interpolationsformeln anzusehen sind, die nur für bestimmte Bereiche der drei Variabeln brauchbar sind. KRON konnte die experimentellen Ergebnisse seiner Versuche durch eine ziemlich komplizierte Formel darstellen, er zweifelte aber selbst, ob diese mehr als eine Interpolationsformel ist. In der Tat haben andere Untersuchungen zu Beziehungen geführt, die nicht mit der Formel von KRON übereinstimmen[3]. Die Frage nach dem Schwärzungsgesetz ist zur Zeit trotz zahlreicher neuerer Untersuchungen noch völlig unbeantwortet. Die Verwendung der Zeit-Schwärzungskurve führt demnach nicht ohne weiteres zu einwandfreien Helligkeitsmessungen; man wird andere Wege gehen müssen, wenn es sich darum handelt, größere Helligkeitsintervalle zu überbrücken, als es die Intensitäts-Schwärzungskurve gestattet (3^m bis 4^m). Beispielsweise kann man, wenn ein sehr heller Stern an eine Gruppe schwacher Sterne angeschlossen werden soll, vor das Objektiv des Aufnahmefernrohrs eine lichtschwächende Vorrichtung, z. B. ein Gitter, setzen, welches die Intensität des hellen Sternes sehr nahe auf die der schwachen herabdrückt. Dann hat man für den hellen Stern eine Aufnahme mit Gitter zu machen und eine zweite für die schwachen Sterne auf dieselbe Platte ohne Gitter, aber mit der gleichen Belichtungszeit. Man bestimmt dann aus den gemessenen Schwärzungen auf die übliche Weise die Helligkeiten und hat von der des hellen Sternes nur noch den Betrag der durch das Gitter erzeugten Lichtschwächung abzuziehen, um seine Helligkeitsdifferenz gegen die schwachen Sterne zu erhalten.

16. Abhängigkeit der Schwärzungskurve von der Dicke der Emulsionsschicht. Die Schwärzungskurve und damit auch die Gradation ist außer von der Beschaffenheit der Emulsion selbst in sehr starkem Maße von der Dicke der Emulsionsschicht auf der Platte abhängig. In der folgenden Tabelle 2 sind als Beispiel die Schwärzungskurven einer dünn (0,009 mm) und einer dick (0,050 mm) gegossenen Platte gegeben[4], die gleiche Belichtungen erfahren haben und in ein und derselben Schale gleichzeitig und gleichlange entwickelt worden sind.

Tabelle 2.

S	Schleussner		S	Schleussner	
	dünn	dick		dünn	dick
26	$4^m,00$	—	48	—	$2^m,18$
28	3 ,52	—	50	—	1 ,96
30	3 ,15	—	52	—	1 ,74
32	2 ,83	$4^m,50$	54	—	1 ,55
34	2 ,49	4 ,00	56	—	1 ,35
36	2 ,15	3 ,63	58	—	1 ,20
38	1 ,80	3 ,33	60	—	1 ,05
40	1 ,43	3 ,07	62	—	0 ,91
42	0 ,99	2 ,84	64	—	0 ,80
44	0 ,39	2 ,62	66	—	0 ,70
46	—	2 ,39	68	—	0 ,60

Die Tabelle zeigt, daß die Platte mit

[1] Publ der VON KUFFNERschen Sternwarte 5, S. 8 u. S. 129ff.; EDER, Jahrb f Photogr 1900, S. 161.

[2] Publ Astroph Obs Potsdam 22, Nr. 67 (1913); Ann d Phys 41, S. 751 (1913).

[3] Vgl. z. B. STARK, Ann d Phys 35, S. 461 (1911); A. J. BUSÉ, Physica 2, S. 64 (1922); JONES, HUSE, HALE, J Opt Soc Am 1923, S. 1079; 1925, S. 319; 1926, S. 483.

[4] G. EBERHARD, Publ Astroph Obs Potsdam Nr. 84, S. 28 (1926), Tabelle 1.

dicker Schicht eine wesentlich steilere Gradation besitzt als die mit dünner Schicht, und zwar wächst die Steilheit mit zunehmender Schwärzung bei ersterer, während sie bei letzterer abnimmt. Außerdem läßt sich mit der dick gegossenen Platte ein viel größeres Helligkeitsintervall messen als mit der dünn gegossenen. Erstere verhält sich also günstiger. Die Schichtdicken der hochempfindlichen Platten des Handels unterscheiden sich im allgemeinen nur sehr wenig; es hat sich nämlich in der Praxis der Trockenplattenfabrikation ein gewisses Optimum für die Schichtdicke ergeben, ganz ähnlich, wie sich auch ein Optimum für das Verhältnis $\frac{\text{Bromsilber}}{\text{Gelatine}}$ gefunden hat. Eine stärkere Schichtdicke besitzen meist die für RÖNTGEN-Aufnahmen bestimmten Sorten.

17. Empfindlichkeit der photographischen Platte. Anknüpfend an die obige Tabelle ist noch einiges über die sog. Empfindlichkeit photographischer Platten zu sagen. Streng genommen wird diejenige Platte als die empfindlichste bezeichnet werden müssen, die bei geringster Belichtung einen noch entwicklungsfähigen Eindruck empfängt. Für die photographische Photometrie ist diese Definition nicht zutreffend, denn wie bereits erwähnt, ist hier nur derjenige Teil der Schwärzungskurve brauchbar, der eine gute Gradation besitzt, d. h. im wesentlichen nur der nahezu geradlinige Teil der Schwärzungskurve, da sonst die Messungen zu unsicher werden. Bei je kleineren Belichtungen dieser geradlinige Teil beginnt, als um so empfindlicher wird die Platte im photographisch-photometrischem Sinne zu bezeichnen sein. Es kann daher wohl vorkommen, daß eine (im strengen Sinne) an sich unempfindliche Platte für photographische Helligkeitsmessungen als die empfindlichere erscheint. Ein Beispiel dafür bietet obige Tabelle, aus der ersichtlich ist, daß die Platte mit dick gegossener Schicht wesentlich empfindlicher erscheint als die mit der gleichen Emulsion gegossene dünnschichtige Platte.

18. Abhängigkeit der Schwärzungskurve von der Entwicklung. Die Gestalt (und Lage) der Schwärzungskurve ist ferner von der Entwicklung abhängig, und zwar wirken verschiedene Faktoren auf die Beschaffenheit der Kurve ein. Zunächst kommt die Entwicklungsdauer in Betracht. Bei zu kurzer Entwicklung verläuft die Schwärzungskurve flach, die Gradation wird schlecht und es kann, wie später noch näher ausgeführt wird, ein Nachbareffekt von nicht zu vernachlässigender Größe auftreten. Mit wachsender Entwicklungszeit nähert sich die Schwärzungskurve einem Grenzwert; eine noch weiter verlängerte Entwicklung ergibt dann nur noch eine Parallelverschiebung der Schwärzungskurve, ohne daß sich ihre Gestalt ändert. In der Praxis wird dieser Grenzwert wohl kaum erreicht, da die Platten sich meist schon vorher mit einem Entwicklungsschleier bedecken. Man entwickelt bis zum beginnenden Schleier; die Zeit bis zum Auftreten desselben hängt von der Platte selbst und von anderen Umständen, z. B. der Temperatur des Entwicklers, ab. Die günstigste Entwicklungsdauer ist durch praktische Versuche zu ermitteln.

Weitere Faktoren, die beim Entwickeln die Gestalt der Schwärzungskurve beeinflussen, sind: 1. die Natur des Entwicklers selbst, 2. seine Konzentration, 3. seine Temperatur, 4. gewisse Zusätze zu der Entwicklerflüssigkeit. Näher hierauf einzugehen, ist nicht nötig, da man in den bekannten Handbüchern der Photographie[1] alles Nötige hierüber findet. Es seien daher hier nur kurz einige Erfahrungen aus der Praxis der photographischen Helligkeitsmessung erwähnt. Normale

[1] VON HÜBL, Die Entwicklung der photographischen Bromsilbergelatineplatte bei zweifelhaft richtiger Exposition. 5. Aufl., Halle 1922, und besonders: EDER, System der Sensitometrie photographischer Platten. Sitzber Akad Wiss Wien 108, Abt. IIa, S. 1407 (Nov. 1899); 109, S. 1103 (Dez. 1900); 110, S. 1103 (Okt. 1901).

Schwärzungskurven erhält man bei Verwendung fast aller üblichen Entwickler; besonders bewähren sich: Eisenoxalat nach EDER, Metolhydrochinon, Glyzin und Rodinal. Eine steile Gradation erhält man bei Eisenoxalat und Glyzinentwickler (nach v. HÜBL) durch Zusatz einer geringen Menge von Bromkaliumlösung (10%). Eine flache Gradation wird durch Metol-Pottascheentwickler erzielt, desgleichen mit dem v. HÜBLschen Glyzinentwickler durch Zusatz einer geringen Menge von Natriumhydroxydlösung (10%). Eine hohe Temperatur der Entwicklerlösung (etwa 25° C) macht die Gradation steiler, eine niedrige (etwa 10 bis 12° C) flacher, als sie bei der sonst üblichen Temperatur sein würde. Die Entwicklungszeit ist für hohe Temperatur des Entwicklers kürzer, für niedrige aber sehr wesentlich länger zu nehmen als für normale Temperatur. In gleicher Weise wie die Temperatur wirkt auch die Konzentration des Entwicklers. Hohe Konzentration erzeugt steile, geringe Konzentration flache Gradation. Die Entwicklungszeit ist ebenfalls stark von der Konzentration des Entwicklers abhängig; sie ist um so größer zu nehmen, je verdünnter der Entwickler ist.

Es mag aber noch darauf hingewiesen werden, daß die Verwendung sehr verdünnter Entwickler, wenigstens der alkalischen, stets bedenklich ist, da der Nachbareffekt (vgl. Ziff. 22) sehr schnell mit der Verdünnung anwächst. Standentwicklung ist daher unter allen Umständen zu vermeiden.

Im allgemeinen erhöht eine steile Gradation die Genauigkeit der Messungen, aber es kommen auch Fälle vor, wo eine weniger steile Gradation erwünscht ist. Ein solcher Fall tritt ein, wenn das zu überbrückende Helligkeitsintervall sehr groß ist, z. B. bei der photographischen Helligkeitsmessung eines Sternhaufens. Nimmt die Helligkeit der Sterne vom hellsten bis zum schwächsten ziemlich gleichmäßig ab, so wird man die Belichtungszeiten so wählen, daß auf zwei aufeinanderfolgenden Aufnahmen genügend viele Sterne gemeinsam sind, so daß die eine Aufnahme an die andere mit Sicherheit angeschlossen werden kann, selbst wenn die Gradation der Platten sehr steil ist. Anders aber liegen die Verhältnisse, wenn irgendwo eine größere Lücke in den Sternhelligkeiten vorhanden ist, wie z. B. in den Plejaden. Hier hat man bei sehr steiler Gradation nicht genügend viele gemeinsame Sterne, um die beiden Aufnahmen aneinander anschließen zu können, und die Unsicherheit des Anschlusses wird größer als die Unsicherheit, die bei der Benutzung einer nur wenig steilen Gradation eintritt, welche es ermöglicht, die übereinandergreifenden Teile der Aufnahmen zu vergrößern. Ein geeignetes Mittel, die Gradation flacher zu gestalten, ist Entwicklung bei niedrigerer Temperatur (12 bis 15° C). Die Entwicklungsdauer ist dann aber wesentlich zu verlängern. Der Nachbareffekt wird hierbei nicht vergrößert.

19. Abhängigkeit der Schwärzungskurve von der Wellenlänge des einwirkenden Lichtes. Die Schwärzungskurve ist weiterhin von der Wellenlänge des auf die Platte einwirkenden Lichtes abhängig[1]. Erzeugt man auf einer Platte eine Reihe von Intensitätsskalen, und zwar eine jede mit Licht einer bestimmten Wellenlänge, so findet man, daß diese Schwärzungskurven eine gewisse Abhängigkeit von der Wellenlänge aufweisen, obwohl sie in den Hauptzügen dieselbe Gestalt besitzen (Abb. 8). Es ist insbesondere das für photographisch-photometrische Zwecke in Betracht kommende Stück der Kurve, dessen Gradation derartig beeinflußt wird. Für die photographische Photometrie entstehen demnach dieselben Schwierigkeiten wie bei der visuellen Photometrie durch

[1] F. E. ROSS, Photographic Photometry and the Purkinje Effect. Ap J 52, S. 86ff. (1920); A. HNATEK, Versuche zur Anwendung strenger Selektivfilter bei spektralphotometrischen Untersuchungen. Z wiss Photogr 15, S. 271 (1916).

das sog. PURKINJE-Phänomen. In der Tabelle 3 sind für die Schwärzungen 33 bis 53 des Mikrophotometerkeiles (entsprechend einer Intensitätsdifferenz von etwa 2 Größenklassen) die Intensitäten für die drei Wellenlängen λ 392, 455, 520 angegeben, welche nötig sind, um auf einer Erythrosinbadeplatte diese Schwär-

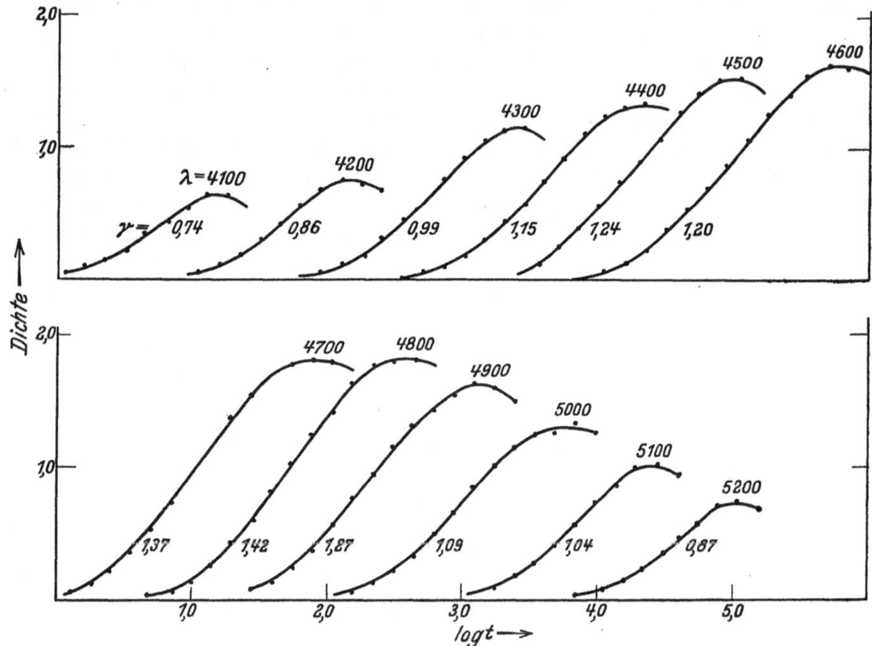

Abb. 8. Charakteristische Kurven für stark blauempfindliche Platten nach F. E. ROSS. (Ap J 52, S. 88.)

zungen zu erzeugen. Bildet man die Differenzen: $\Delta_1 = m_{455} - m_{392}$ usw., so ist sehr deutlich zu erkennen, wie diese Differenzen von dem Betrage der Schwärzung abhängen, genau wie bei dem visuellen PURKINJE-Phänomen die Helligkeitsdifferenz zweier verschiedenfarbiger Lichtquellen von dem absoluten Betrage der Helligkeiten abhängig ist.

Tabelle 3.

s	λ			Δ_1	Δ_2	Δ_3
	392	455	520			
33	$2^m,83$	$4^m,57$	$4^m,08$	$1^m,74$	$0^m,49$	$1^m,25$
38	2 ,21	4 ,05	3 ,57	1 ,84	0 ,48	1 ,36
43	1 ,62	3 ,55	3 ,18	1 ,93	0 ,37	1 ,56
48	1 ,02	3 ,04	2 ,77	2 ,02	0 ,27	1 ,75
53	0 ,48	2 ,54	1 ,34	2 ,06	0 ,20	1 ,86

Die physikalische Ursache des photographischen PURKINJE-Phänomens ist bisher noch nicht restlos erkannt. Man kann nur sagen, daß es zum Teil von der spektralen Eigenempfindlichkeit des emulgierten Silberhalogens, zum Teil von der Absorption (wirkliche Absorption und Diffusion) in der Emulsionsschicht herrührt. Diese Abhängigkeit der Gradation von der Wellenlänge ist jedenfalls eine komplizierte Erscheinung. Die Beobachtungstatsachen sind folgende:

Eine jede photographische Platte zeigt den PURKINJE-Effekt, sein Verlauf und sein Betrag ist von der Art des Silberhalogens (Bromsilber, Jodbromsilber usw.) und seinem kolloidalen Zustand abhängig. Bei den für die photographische Photometrie allein in Betracht kommenden Platten des Handels ist die Steilheit der Gradation im ultravioletten Teile des Spektrums am geringsten, sie nimmt dann allmählich zu nach dem blauen Teile, erreicht hier ein Maximum und nimmt dann ab nach dem grünen Teile hin. Läßt man sehr große Intensitäten einwirken, schwächt aber die blauen und violetten Strahlen durch ein geeignetes, vor den Spalt des Spektrographen gesetztes Filter (Chrysoidin, Dimethylanilin

Tabelle 4.

λ	Agfa Isolar		Schleussner gelbe Et.		Schleussner-blaue Et.		Eastmann *SS*	
380	1^{m},68	—	1^{m},48	—	1^{m},50	—	1^{m},82	—
390	1 61	1^{m},47	1 ,44	1^{m},35	1 ,45	1^{m},68	1 ,77	1^{m},74
400	1 ,55	1 ,43	1 ,39	1 ,31	1 ,41	1 ,65	1 ,73	1 ,69
410	1 ,50	1 ,41	1 ,35	1 ,27	1 ,37	1 ,62	1 ,69	1 ,65
420	1 ,48	1 ,39	1 ,31	1 ,24	1 ,34	1 ,60	1 ,65	1 ,62
430	1 ,47	1 ,38	1 ,28	1 ,21	1 ,31	1 ,57	1 ,62	1 ,59
440	1 ,45	1 ,37	1 ,26	1 ,19	1 ,28	1 ,55	1 ,58	1 ,57
450	1 ,44	1 ,36	1 ,25	1 ,17	1 ,26	1 ,53	1 ,55	1 ,56
460	1 ,44	1 ,36	1 ,26	1 ,16	1 ,26	1 ,51	1 ,53	1 ,56
470	1 ,44	1 ,37	1 ,30	1 ,16	1 ,25	1 ,48	1 ,51	1 ,56
480	1 ,46	1 ,39	1 ,34	1 ,17	1 ,24	1 ,46	1 ,51	1 ,57
490	1 ,48	1 ,44	1 ,38	1 ,22	1 ,24	1 ,44	1 ,51	1 ,58
500	1 ,54	1 ,50	1 ,42	1 ,28	1 ,23	1 ,43	1 ,54	1 ,60
$S_1 - S_2$	34—44	42—52	34—44	42—52	34—44	42—52	32—42	40—50

usw.) genügend stark ab, so zeigt sich, daß bei einigen Platten nach dem Minimum im grünen Spektralteile die Steilheit von neuem erheblich zunimmt und nahezu gleich groß bis etwa zu λ 640 bleibt (Tab. 4 und 5). Macht man die Aufnahmen mit derselben Lichtquelle, z. B. einer konstant brennenden Metallfadenlampe, so zeigt sich, daß die Maxima und Minima der Gradation bei verschiedenen Plattensorten an verschiedenen Stellen des Spektrums liegen. Bei Platten mittlerer Empfindlichkeit (Schleussner, gelbe Etikette; Agfa Isolarplatte) liegt das Maximum im blauen Teil des Spektrums, bei sehr hochempfindlichen (Schleussner, blaue Etikette; Eastmann *SS*) mehr im blaugrünen Teil. Das zweite Minimum (im Grün gelegen) verschiebt sich entsprechend um so mehr nach längeren Wellenlängen, je empfindlicher die Platte ist. Der numerische Betrag: Min. — Max. ist für die verschiedenen Plattensorten verschieden.

Tabelle 5.

λ	Schleussner blau dick		Seed 27° Antihalo	
380	1^{m},70	1^{m},04	2^{m},04	—
390	1 ,62	1 ,00	2 ,04	—
400	1 ,55	0 ,95	2 ,05	1^{m},23
410	1 ,48	0 ,91	2 ,05	1 ,28
420	1 ,42	0 ,87	2 ,05	1 ,33
430	1 ,38	0 ,83	2 ,05	1 ,40
440	1 ,34	0 ,79	2 ,03	1 ,47
450	1 ,30	0 ,76	2 ,02	1 ,54
460	1 ,28	0 ,73	2 ,01	1 ,63
470	1 ,26	0 ,72	2 ,00	1 ,72
480	1 ,25	0 ,71	1 ,99	1 ,81
490	1 ,26	0 ,71	1 ,99	1 ,89
500	1 ,30	0 ,73	1 ,98	1 ,95
510	1 ,30	0 ,74	1 ,94	2 ,00
520	1 ,28	0 ,73	1 ,85	2 ,03
530	1 ,26	0 ,69	1 ,69	2 ,03
540	1 ,21	0 ,66	1 ,53	2 ,00
550	1 ,19	0 ,65	1 ,44	1 ,97
560	1 ,18	0 ,64	1 ,41	1 ,95
570	1 ,18	0 ,63	1 ,42	1 ,94
580	1 ,17	0 ,62	1 ,47	1 ,93
590	1 ,17	0 ,60	1 ,53	1 ,91
600	1 ,17	—	1 ,60	1 ,90
$S_1 - S_2$	34—46	44—52	34—44	42—48

In den Tabellen 4 und 5 sind als Beispiele für einige Plattensorten Zahlen enthalten, welche der Verfasser erhielt, und zwar sind für verschiedene Wellenlängen die Intensitätsdifferenzen gegeben, welche nötig sind, die Schwärzungsdifferenzen 34—44 und 42—52 bzw. 32—42, 40—50 usw. zu erzeugen. Aus den Zahlen ist der Gang dieser Differenzen mit der Wellenlänge deutlich erkennbar, ebenso die Verschiedenheit des Verlaufes des photographischen Purkinje-Effektes für die verschiedenen Plattensorten. Einen eigenartigen Verlauf zeigt die Platte Seed 27°, Antihalo, welche zwei Schichten übereinander besitzt, deren obere eine wesentlich höhere Empfindlichkeit hat als die untere.

Der Verlauf und die Größe des PURKINJE-Effektes hängen von der Dicke der Emulsionsschicht ab in dem Sinne, daß, je größer die Dicke ist, um so stärker der Effekt sich zeigt. Aber auch der Entwickler, seine Konzentration und Temperatur, die Entwicklungsdauer haben Einfluß auf ihn und man kann

Tabelle 6.

λ	S 34—44						
	1	2	3	4	5	6	7
380	1m,23	1m,30	1m,24	1m,30	1m,25	1m,18	—
390	1 ,15	1 ,12	1 ,16	1 ,25	1 ,20	1 ,14	—
400	1 ,08	1 ,09	1 ,11	1 ,19	1 ,15	1 ,10	2m,12
410	1 ,02	1 ,03	1 ,06	1 ,12	1 ,11	1 ,06	2 ,08
420	0 ,98	1 ,00	1 ,03	1 ,06	1 ,06	1 ,03	2 ,06
430	0 ,95	1 ,00	1 ,02	1 ,02	1 ,03	1 ,00	2 ,03
440	0 ,93	0 ,99	1 ,02	1 ,00	0 ,99	0 ,97	2 ,01
450	0 ,92	0 ,99	1 ,03	0 ,99	0 ,98	0 ,95	1 ,97
460	0 ,91	0 ,99	1 ,02	0 ,98	0 ,97	0 ,94	1 ,94
470	0 ,93	0 ,98	1 ,01	0 ,99	0 ,97	0 ,94	1 ,90
480	0 ,95	1 ,02	0 ,99	1 ,00	0 ,99	0 ,97	1 ,86
490	0 ,99	1 ,04	0 ,96	1 ,01	1 ,00	1 ,01	1 ,81
500	1 ,02	0 ,96	0 ,89	0 ,97	0 ,98	1 ,05	1 ,76
510	1 ,02	0 ,92	0 ,83	0 ,93	0 ,95	1 ,01	1 ,71
520	1 ,00	0 ,91	0 ,85	0 ,90	0 ,95	0 ,94	1 ,70
530	—	0 ,92	0 ,91	0 ,92	0 ,98	0 ,87	1 ,72
540	—	0 ,93	0 ,90	0 ,95	0 ,99	0 ,96	1 ,74
550	—	0 ,95	0 ,82	0 ,93	1 ,02	1 ,24	1 ,76
560	—	0 ,95	0 ,83	0 ,93	1 ,04	1 ,48	1 ,77
570	—	0 ,95	0 ,85	—	1 ,04	1 ,35	1 ,76
580	—	—	0 ,87	—	1 ,04	0 ,86	—

Tabelle 7.

λ	ohne	mit
	Acridingelb	
370	1m,50	1m,51
380	1 ,40	1 ,54
390	1 ,32	1 ,56
400	1 ,25	1 ,59
410	1 ,21	1 ,63
420	1 ,18	1 ,69
430	1 ,16	1 ,83
440	1 ,14	1 ,90
450	1 ,13	1 ,89
460	1 ,13	1 ,84
470	1 ,14	1 ,74
480	1 ,16	1 ,57
490	1 ,20	1 ,42
500	1 ,24	1 ,29
510	1 ,27	1 ,21
520	1 ,30	1 ,25
530	—	1 ,33
540	—	1 ,31
550	—	1 ,24

wohl ganz allgemein sagen, daß diejenigen Eigenschaften der Platte und der Entwicklung vergrößernd auf den Effekt wirken, welche an sich die Gradation steiler machen.

Durch Sensibilisation der Platten mit Farbstoffen wird der Verlauf der Gradation wesentlich verändert (Tab. 6, 7, 8). Es zeigt sich ganz allgemein, daß die Gradation an den Stellen des Spektrums steiler wird, wo der Farbstoff die an sich nicht farbenempfindliche Platte sensibilisiert. An den Stellen hingegen, wo der Farbstoff bloß absorbiert, ohne zu sensibilisieren, wird die Gradation flacher. Ein gutes Beispiel für diesen Fall bietet die mit Acridingelb sensibilisierte Schleussnerplatte der Tabelle 7. Dieser Farbstoff absorbiert in sehr starkem Maße die blauen Teile des Spektrums zu beiden Seiten von λ 440. Infolgedessen ist das Gradationsmaximum dieser Platte zwischen λ 430—λ 480 in ein sehr starkes Minimum der Gradation umgewandelt. Dieser Versuch zeigt, daß man durch Baden der Platten in Farbstofflösungen bestimmter Konzentration die Gradation einer Platte ganz nach Wunsch ändern kann. Das gilt sowohl für sensibilisierende als auch für nicht sensibilisierende Farbstoffe.

Tabelle 8.

Pinazyanol	
λ	
399	2m,00
423	2 ,05
455	2 ,10
521	2 ,05
599	1 ,93
641	1 ,78
690	1 ,90
S	32—40

Der Einfluß der Konzentration des Sensibilisierungsbades auf die Gradation wird durch Tabelle 6 gezeigt. Eine Schleussnerplatte (blaue Etikette) ist durch Baden während drei Minuten in wässeriger Erythrosinlösung gefärbt worden. Kolumne 1 zeigt den Verlauf bei der nichtsensibilisierten Platte, in Kolumne 2 hatten 100 ccm des Bades einen Zusatz von Erythrosinlösung (1:1000) in der Stärke von 2 Tropfen. Die Lösungen in Kolumne 3, 4, 5 enthielten 2, 6, 20% der Farbstofflösung (1:1000). Die in Kolumne 6 enthaltenen Zahlen stammen von einer Schleussnerplatte her, die in einem alkoholischen Erythrosinbad (1:1000) behandelt war, wo also der Farbstoff nur die Oberfläche der Emulsionsschicht färbt. Als Vergleich für diese Serie sind in Kolumne 7 noch die Daten einer Platte des Handels: Perutz, Perorto, rote Etikette, mitgeteilt, die als sehr gut farbenempfindlich bekannt ist.

Da die Lage des Schwärzungsmaximum in der Spektralphotographie einer Lichtquelle nicht nur von der Plattensorte abhängt, sondern in sehr viel höherem Grade von der Energieverteilung im Spektrum der Lichtquelle, werden die Maxima der Schwärzung und der Gradation im allgemeinen für verschiedene Lichtquellen bei verschiedenen Wellenlängen liegen.

Im vorhergehenden ist das spektrale Verhalten der Gradation in Intensitäts-Schwärzungskurven besprochen worden, aber die Gradation der Zeit-Schwärzungskurven zeigt wenigstens qualitativ einen analogen Verlauf. Es bleibt also alles, was über erstere gesagt wurde, auch für letztere in Geltung. Auch der numerische Betrag des PURKINJE-Effektes in Zeit-Schwärzungskurven ist von derselben Größenordnung.

20. Farbenempfindlichkeit der photographischen Platte. Die photographische Platte besitzt, ebenso wie das Auge, nicht dieselbe Empfindlichkeit für Licht der verschiedenen Farben. Die Empfindlichkeit der für die Sternphotometrie meist gebrauchten Plattensorten ist im blauen und violetten Teil (etwa λ 400—480) des Spektrums am größten, für die Wellenlängen dagegen, welche das Auge benutzt, nur sehr gering. Es kann aber, wie bekannt, die Empfindlichkeit der Platten für Licht der längeren Wellenlängen durch Baden in geeigneten Farbstofflösungen beträchtlich gesteigert werden, auch gibt es im Handel bereits recht gute farbenempfindliche Platten. Da sich ausführliche Anweisungen für die Farbensensibilisierung und die Behandlung derartiger Platten in fast allen Lehrbüchern der Photographie finden, braucht hier nicht näher darauf eingegangen werden[1]. Dagegen muß die Wirkung dieser ungleichmäßigen Farbenempfindlichkeit der photographischen Platte auf die photometrischen Messungen besprochen werden.

Besitzen zwei irgendwie gefärbte Lichtquellen eine gleiche Energieverteilung in ihrem Spektrum, so entstehen bei der photometrischen Vergleichung derselben natürlich keine Schwierigkeiten. Diese treten erst auf, wenn das Helligkeitsverhältnis zweier Lichtquellen verschiedener Farbe bestimmt werden soll, wie es z. B. das zweier Sterne verschiedener Farbe ist, oder wenn das Helligkeitsverhältnis zweier Spektrallinien, welche nicht die gleiche oder wenigstens sehr nahe gleiche Wellenlänge besitzen, gefunden werden soll. Zur Vereinfachung der Betrachtung werde angenommen, daß die eine Lichtquelle monochromatisches Licht der Wellenlänge $\lambda_b^{(u)}$, die andere monochromatisches Licht der Wellenlänge $\lambda_r^{(u)}$ aussende. Beide Lichtquellen mögen bei einer Expositionsdauer t die Schwärzung S_1 erzeugen. Man kann dann aus der Gleichheit der Schwärzung für die beiden Aufnahmen nicht den Schluß ziehen, daß beide Lichtquellen gleich hell sind, weil die photographische Platte für diese beiden verschiedenen Spektralbezirke verschiedene Empfindlichkeit besitzt. Sind $m_b^{(u)}$ bzw. $m_r^{(u)}$ die der Schwärzung S_1 entsprechenden Helligkeiten (Abb. 9), so ist also $m_b^{(u)} - m_r^{(u)}$ nicht die Energiedifferenz der beiden Wellenlängen in der untersuchten Lichtquelle. Weiterhin sind

[1] E. KÖNIG, Das Arbeiten mit farbenempfindlichen Platten. 2. Aufl. Berlin 1921. — K. JACOBSOHN, Das Arbeiten mit farbenempfindlichen Platten und Filmen. Berlin 1930. — K. JACOBSOHN, Theorie und Praxis der Hypersensibilisierung. Berlin 1930.

die Schwärzungskurven für diese beiden Wellenlängen nach dem oben Gesagten (PURKINJE-Effekt) nicht zueinander parallel, das Intensitätsverhältnis der beiden Strahlungen würde infolgedessen je nach der benutzten Schwärzung sich verschieden ergeben. Man muß, um diese Schwierigkeiten zu umgehen, eine Vergleichslichtquelle zu Hilfe nehmen, und zwar eine solche, deren Energieverteilung aus spektralbolometrischen Messungen bekannt ist, oder aber den schwarzen Körper selbst, dessen Energieverteilung aus der PLANCKschen Gleichung berechnet werden kann, falls die Temperatur bekannt ist. Für diese Vergleichslichtquelle erhält man wiederum Schwärzungen für die Wellenlängen $\lambda_b^{(v)}$ bzw. $\lambda_r^{(v)}$, wo $\lambda_b^{(v)}$ dieselbe Wellenlänge wie $\lambda_b^{(u)}$ ist usw. [Der Index (u) bzw. (v) deutet an, daß sich die Messungen auf die zu untersuchende bzw. die Vergleichslichtquelle beziehen.] Nun ist auch die Schwärzungskurve der $\lambda_b^{(u)}$ der von $\lambda_b^{(v)}$ parallel, ebenso die der $\lambda_r^{(u)}$ der Schwärzungskurve von $\lambda_r^{(v)}$, da es sich ja um Licht derselben Wellenlänge (aber von verschiedener Intensität) handelt. Es seien für die Schwärzung S_1 die Helligkeiten (in Größenklassen ausgedrückt) der Vergleichslichtquelle $m_b^{(v)}$ bzw. $m_r^{(v)}$. Dann gibt $m_b^{(v)} - m_b^{(u)}$ die Helligkeitsdifferenz Δ_b der zu untersuchenden Lichtquelle gegen die Vergleichslichtquelle für die Wellenlänge λ_b. Ganz analog ist $m_r^{(v)} - m_r^{(u)} = \Delta_r$ die Helligkeitsdifferenz der beiden Lichtquellen für die Wellenlänge λ_r. Da die Helligkeiten $m_b^{(v)}$ und $m_r^{(v)}$ der Vergleichslichtquelle bekannt sind, kann man mittelst dieser Helligkeiten und der Differenzen Δ, die aus den Messungen folgen, dann die relative Helligkeit der Spektralstelle $\lambda_b^{(u)}$ gegen die der Spektralstelle $\lambda_r^{(u)}$ berechnen. Auf diese Weise ist die Ungleichmäßigkeit der Farbenempfindlichkeit der photographischen Platte eliminiert und gleichzeitig der PURKINJE-Effekt unschädlich gemacht. Würde man also bei einer anderen Schwärzung (etwa S_2) messen, so würde man denselben Betrag für das Intensitätsverhältnis der beiden Spektralstellen $\lambda_b^{(u)}$ bzw. $\lambda_r^{(u)}$ erhalten, wie bei Benutzung der Schwärzung S_1. Diese Betrachtung zeigt, daß eine photographische Spektralphotometrie, insofern es sich um Bestimmung des Energieverhältnisses zweier verschiedener Spektralbereiche handelt, möglich ist, sobald man eine Lichtquelle als Vergleich zur Verfügung hat, deren spektrale Energieverteilung bekannt ist.

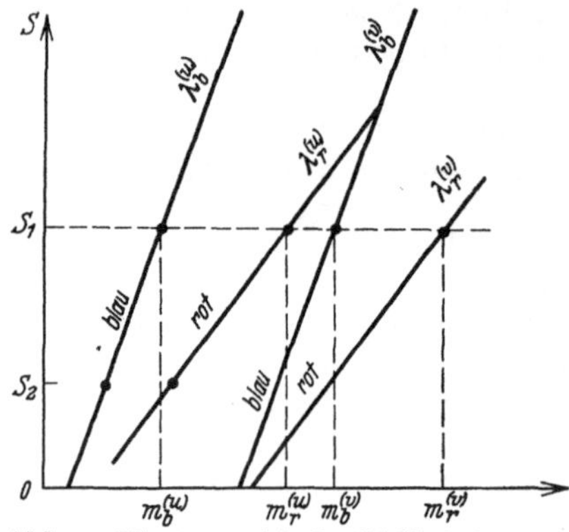

Abb. 9. Photographische Helligkeitsmessung verschiedenfarbiger Lichtquellen. (Spektralphotometrie.)

Wesentlich verwickelter und unübersichtlicher gestalten sich die Verhältnisse bei photographischen Helligkeitsmessungen ohne spektrale Zerlegung des Lichtes, also bei gewöhnlichen Helligkeitsmessungen verschiedenfarbiger Lichtquellen. Man trifft hier dieselben Schwierigkeiten an, wie bei der visuellen Photometrie; Auge und Platte sind für verschiedene Farben nicht nur verschieden empfindliche sondern die Farbenempfindlichkeit hängt auch noch von der Intensität der zu messenden Lichtquelle ab infolge des PURKINJE-Effektes. Es tritt daher zwischen den Messungen verschiedener Beobachter eine mehr oder minder große konstante Differenz auf, die von der Plattensorte und dem Instrumente usw. herrührt, ferner infolge des PURKINJE-Effektes auch noch ein von der Helligkeit der gemessenen Objekte abhängiger Gang. Dieser könnte nur dadurch beseitigt werden, daß alle Messungen bei ein und derselben Schwärzung auf der Platte gemacht werden. Das wird sich aber praktisch kaum ausführen lassen.

21. Der Schleier. Man unterscheidet drei Arten von Schleier. Die erste Art, der sog. chemische Schleier, kommt für die photographische Photometrie nicht in Betracht. Er entsteht, wenn die Emulsion zu lange gereift wird oder wenn die fertigen Platten zu lange aufgehoben worden sind. In beiden Fällen sind, ohne Belichtung, in der Schicht zu viele Reduktionskeime entstanden. Solche Platten wird man für photometrische Untersuchungen nicht verwenden, sondern von vornherein nur solche für diesen Zweck aussuchen, die ohne Belichtung bei normaler Entwicklung schleierfrei bleiben.

Auch die zweite Art Schleier, nämlich der, welcher durch Vor- oder Nachbelichtung der Platte entsteht, braucht hier nicht besprochen zu werden. Man wird beim Einlegen der Platte in die Kassette und beim Entwickeln der belichteten Platte stets mit möglichster Vorsicht verfahren, damit diese Art von Schleier nicht entsteht. Es mag übrigens noch bemerkt werden, daß man die Wirkungsweise einer Vor- oder Nachbelichtung auf das Bild selbst noch nicht kennt[1]. — Dagegen spielt die dritte Art Schleier eine wichtige Rolle: der Schleier, der bei der Belichtung durch zerstreutes Licht (Mondschein, Dämmerung usw.) erzeugt wird, d. h. der gleichzeitig mit dem eigentlichen Bilde entstehende Schleier. Man hat bei seinem Auftreten zwei Fälle zu unterscheiden. Wird die Intensitäts-Schwärzungskurve, die zur Reduktion der Sternaufnahmen dient, gleichzeitig mit den zu messenden Sternen auf derselben Platte erhalten, wie z. B. bei der Objektivgittermethode von Hertzsprung, so erscheinen die Sterne aufgesetzt auf einen gleichmäßig verschleierten Plattengrund und der Schleier ändert nur den Verlauf der Schwärzungskurve, die aus der Platte selbst gewonnen wird, so daß der Einfluß des Schleiers bereits berücksichtigt ist. Im zweiten Fall, wo Skala und Sternaufnahmen auf zwei verschiedenen Platten aufgenommen werden, ist der Schleier auf der Sternaufnahme meist ein anderer als auf der Skalenplatte, es wird eine „Schleierkorrektion" nötig. Das gilt z. B. für Aufnahmen, deren Skala mit dem Röhrenphotometer gewonnen wird. Letztere Aufnahme ist schleierfrei, die Skala auf ihr ist eine andere als auf der Sternaufnahme, welche wenigstens bei längeren Belichtungen einen Schleier besitzt und für die daher eine andere Skala als für die unverschleierte Platte gilt. Es handelt sich nun darum, zu untersuchen, wie ein Schleier auf eine Intensitäts-Schwärzungskurve wirkt, und wie eine Schleierkorrektion für diesen Fall bestimmt werden kann.

Es sei die Helligkeit des Sternes J, die des den Schleier erzeugenden Lichtes ΔJ, dann ist die resultierende Helligkeit J' offenbar

$$J' = J + \Delta J. \tag{1}$$

Es hat sich nun aber aus einem größeren experimentell gewonnenen Material[2] gezeigt, daß diese Gleichung (wenigstens bei der Entwicklung mit einem der meistens gebrauchten alkalischen Entwickler) die Messungen nicht darstellt, daß vielmehr eine Gleichung der Form

$$J' = aJ + \Delta J, \tag{2a}$$

bzw.

$$m' = m_0 - \frac{1}{0,4}\log\left(J + \frac{\Delta J}{a}\right), \qquad m_0 = -\frac{1}{0,4}\log a \tag{2b}$$

gilt, in welcher $a < 1$ ist. Der Fall $a = 1$ würde die Gleichungen (2) in die Gleichung (1) überführen. Daß hier eine allgemeine Erscheinung vorliegt, ergibt

[1] Siehe Nachtrag S. 510. [2] Publ Astroph Obs Potsdam Nr. 84, S. 44 (1916).

sich daraus, daß verschiedene geprüfte Plattensorten (Schleussner, gelbe Etikette; Agfa Isolar; Agfa Isorapid; Seed 27°) sich in ganz gleicher Weise verhalten. Zwischen den Größen a und ΔJ besteht ein funktionaler Zusammenhang derart, daß a um so kleiner wird, je größer ΔJ ist. Beispielsweise ergaben sich für die Schleussnerplatte die Werte in (Tab. 9):

Tabelle 9.

a	ΔJ	a	ΔJ
0,46	0,327	0,76	0,114
47	312	78	101
50	297	0,80	0,090
52	282	82	77
54	266	84	66
56	253	86	55
58	238	88	44
0,60	223	0,90	33
62	208	92	22
64	195	94	13
66	180	95	10
68	167	96	0,007
0,70	151	97	5
72	139	98	4
0,74	0,126	99	4
		1,00	0,004

In der Tabelle 10 ist an einem Beispiel gezeigt, wieviel besser die Gleichung (2b) die Reduktion einer geschleierten Platte (60_{11}) auf eine ungeschleierte (60_2) ergibt als die Gleichung (1).

22. Der Nachbareffekt[1]. Bei den Versuchen über die Einwirkung des Schleiers auf die Sternscheibchen zeigte sich nach den Versuchen des Verfassers, daß die Schwärzung derselben durch den Schleier beeinflußt wird, d. h. durch die Schwärzung der den Sternscheibchen unmittelbar benachbarten Teile der Platte (Nachbareffekt). Dieses Verhalten der photographischen Platte mußte natürlich Bedenken gegen

Tabelle 10.

Pl. 60_2			Pl. 60_{11}			Gleichung (1)	Gleichung (2)
S	m	J	S	m'_{obs}	J'	$m'_{obs}-m'_c$	$m'_{obs}-m'_c$
75p,0	0,43	0,672	71p,6	0m,59	0,581	+0,45	−0,02
74 ,6	0,46	655	71 ,6	0 ,59	581	42	− 4
73 ,8	0,52	620	71 ,3	0 ,71	521	50	+ 4
73 ,5	0,55	605	70 ,7	0 ,65	550	43	− 3
71 ,4	0,70	525	69 ,8	0 ,81	471	47	+ 4
64 ,0	1,16	342	66 ,1	1 ,03	385	38	+ 2
58 ,8	1,51	248	64 ,1	1 ,16	342	31	0
54 ,6	1,60	191	62 ,6	1 ,26	313	26	0
53 ,6	1,88	178	62 ,2	1 ,28	308	25	0
47 ,8	2,39	111	60 ,4	1 ,40	275	15	− 1
37 ,0	3,35	46	57 ,7	1 ,58	233	9	+ 2
32 ,6	3,73	32	57 ,9	1 ,57	235	2	− 2
30 ,6	3,86	28	57 ,6	1 ,59	231	2	− 1
29 ,2	3,97	0,026	57 ,1	1 ,62	0,225	+0,04	+0,01
Schleier: —	—	—	55 ,8	1 ,71	0,207		

ihre Anwendung zu photometrischen Messungen aufkommen lassen, daher ist die Erscheinung vom Verfasser weiter verfolgt worden. Es ergab sich, daß ganz allgemein bei allen geprüften Plattensorten die Mitte eines größeren belichteten Feldes stets geringer geschwärzt ist als die eines ganz gleich belichteten, aber kleineren Feldes.

Die Schwärzung einer belichteten Stelle der photographischen Platte ist somit nicht allein von dem Betrage der einwirkenden Lichtmenge, sondern bis zu einem gewissen Grad scheinbar auch von der Flächenausdehnung dieser Stelle und von der Beschaffenheit der ihr benachbarten Teile der Platte abhängig. In den Tabellen 11 bis 13 sind sowohl die Schwärzungen (in Einheiten p des Meßkeiles) der verschieden großen Kreisflächen (Radius r) mitgeteilt als auch die Intensitäten, welche zur Erzeugung dieser Schwärzungen scheinbar notwendig sein würden. In Wirklichkeit sind natürlich sämtliche Kreisflächen

[1] Publ Astroph Obs Potsdam Nr. 84, S. 45ff. (1926); F. E. Ross, The Mutual Action of Adjacent Photographic Images. Ap J 53, S. 349ff. (1921). Siehe Nachtrag S. 510.

gleichzeitig, gleich lange und mit der gleichen Lichtintensität bestrahlt worden, so daß sie auch gleiche Schwärzungen aufweisen müßten.

Der Betrag des Nachbareffektes ist für alle Plattensorten von derselben Größenordnung; die Empfindlichkeit der Platte spielt keine Rolle, wohl aber ihre Schichtdicke. Je dicker nämlich die Emulsion aufgetragen ist, um so größer wird die Differenz der Schwärzungen zwischen größtem und kleinstem Bild (Tab. 12). Die Gestalt der belichteten Fläche hat dagegen kaum Einfluß auf die Größe des Nachbareffektes, es kommt vielmehr nur die Flächenausdehnung in Betracht.

Tabelle 11.

r	*a*	*b*	*a*	*b*
10,10 mm	21^{p},6	57^{p},5	5^{m},44	1^{m},65
5,00	21 ,9	57 ,8	5 ,41	1 ,62
1.96	22 ,0	58 ,3	5 ,40	1 ,57
1,03	22 ,2	59 ,9	5 ,37	1 ,40
0,48	22 ,2	60 ,3	5 ,37	1 ,36
0,34	22 ,2	62 ,6	5 ,37	1 ,11
0,31	22 ,5	62 ,8	5 ,33	1 ,09
0,30	22 ,5	62 ,6	5 ,33	1 ,11
0,25	22 ,6	65 ,1	5 ,32	0 ,84
0,22	23 ,4	66 ,8	5 ,22	0 ,65
0,18	23 ,1	71 ,1	5 ,26	0 ,18
0,16	22 ,7	73 ,7	5 ,31	0 ,15
Belichtung:	schwach	stark	schwach	stark

Tabelle 12.

r	Schicht	
	dünn	dick
10,10 mm	2^{m},03	2^{m},47
5,00	2 ,20	2 ,50
1,96	2 ,14	2 ,36
1,03	2 ,00	2 ,19
0,48	1 ,97	2 ,06
0,33	1 ,94	1 ,93
0,30	1 ,80	1 ,90
0,25	1 ,69	1 ,83
0,22	1 ,70	1 ,76
0,17	1 ,50	1 ,36

Es fanden sich noch folgende Abhängigkeiten:

1. Der Nachbareffekt ist um so größer, je größer die einwirkende Lichtmenge ist (Tab. 11). Dabei ist es gleichgültig, ob mit großer Intensität kurz oder mit geringer lange belichtet wird. Es ist vielleicht richtiger zu sagen: Der Nachbareffekt ist um so stärker, je größer die Schwärzung ist.

2. Die Größe des Nachbareffektes ist stark abhängig von der Entwicklung. Alle gebräuchlichen organischen (alkalischen) Entwickler geben nahezu einen gleich großen Betrag, wenn sie in normaler Konzentration verwendet werden. Bei sehr hoher Konzentration (Rodinal 1:4) wird er kleiner, ohne daß er aber selbst bei stärkster Konzentration verschwindet. Durch Verdünnung (Tab. 13) des Entwicklers kann er dagegen bis zu beliebiger Höhe gesteigert werden (Verdünnung mit Wasser, mit schon mehrfach gebrauchtem Entwickler, mit Natriumsulfitlösung usw.), so daß das Verfahren der „Standentwicklung“, wie bereits erwähnt, bei photographisch-photometrischen Arbeiten nicht verwendbar ist, zumal der Nachbareffekt auch noch zunimmt, wenn die Schale mit der Entwicklerlösung nicht oder nur wenig bewegt wird. Zusätze zum Entwickler, wie z. B. Bromkaliumlösung 1:10, haben nur geringen Einfluß, wenn sie in der üblichen geringen Menge gemacht werden. Der Nachbareffekt ist dagegen von der Tem-

Tabelle 13.

r	*a*	*b*	*a*	*b*
10,10 mm	51^{p},7	42^{p},6	1^{m},37	+1^{m},83
5,00	52 ,2	42 ,6	1 ,33	1 ,83
1,96	52 ,8	43 ,3	1 ,28	1 ,74
1,03	54 ,0	44 ,0	1 ,20	1 ,64
0,48	55 ,6	46 ,3	1 ,06	1 ,32
0,34	57 ,1	47 ,6	0 ,94	1 ,12
0,31	56 ,7	48 ,4	0 ,98	1 ,00
0,30	56 ,7	49 ,3	0 ,98	0 ,87
0,25	57 ,8	51 ,0	0 ,89	0 ,58
0,22	58 ,7	53 ,2	0 ,82	+0 ,14
0,18	60 ,9	56 ,5	0 ,64	−0 ,67
0,16	62 ,7	59 ,2	0 ,50	−1 ,43
Rodinal:	nicht verdünnt	verdünnt	nicht verdünnt	verdünnt

peratur des Entwicklers unabhängig, z. B. bei einer Abkühlung des Entwicklers auf 12 bis 15° C, vorausgesetzt, daß die Platte entsprechend lange entwickelt wird.

Der Nachbareffekt wird zum Verschwinden gebracht, wenn die Entwicklung der Platte mit dem Eisenoxalatentwickler von EDER[1] erfolgt, statt mit den üblichen organischen Entwicklern. EDER gibt folgendes Rezept:

a)	Neutrales Kaliumoxalat	100 g	b) Ferrosulfat reinst . .	100 g
	Destilliertes Wasser . .	400 g	Destilliertes Wasser .	300 g
			Zitronensäure . . .	1 g

Die Lösung a) ist haltbar, b) wird aber erst unmittelbar vor dem Gebrauch hergestellt. Man gießt in vier Teile von a) einen Teil von b). Zusatz einiger Tropfen Bromkaliumlösung (1:10) verzögert die Entwicklung, ist aber in bezug auf den Nachbareffekt ohne Schaden. Das Gleiche gilt von einem Zusatz schon gebrauchten Entwicklers. Es ist darauf zu achten, daß die Entwicklung nicht vorzeitig abgebrochen, sondern genügend lange durchgeführt wird.

Die Entwicklung mit Eisenoxalat ist wesentlich unbequemer als die mit den gebräuchlichen Entwicklern. Will man letztere verwenden, so sind jedenfalls Vorversuche zu machen über die Größe des auftretenden Nachbareffektes, indem man von zwei gleich belichteten Platten die eine mit Eisenoxalat, die andere mit dem organischen Entwickler hervorruft. Ein Nachbareffekt ist bei allen den Aufnahmen für photometrische Zwecke zu erwarten, bei welchen die Bilder auf der Platte verschieden große Flächen einnehmen, wie z. B. bei schwachen und hellen Sternen. Neuere Untersuchungen haben ergeben, daß bei Bildern mit verwaschenen Rändern, wie etwa bei Sternen, der Nachbareffekt kleiner ist als bei Bildern mit scharfen Rändern, wie z. B. bei den Skalenaufnahmen mittels des Röhrenphotometers. In jedem Fall ist aber zu prüfen, ob ein Nachbareffekt auftritt, da sich allgemeine Regeln für Bilder mit verwaschenen Rändern scheinbar nicht aufstellen lassen.

Der Nachbareffekt zeigt sich übrigens außer bei Sternaufnahmen auch noch bei der Aufnahme großer flächenhafter Objekte, wie z. B. bei Sonne und Mond, indem die Ränder der Bilder stärkere Schwärzungen aufweisen als die mehr nach innen zu gelegenen Teile. Auch diese Art des Effektes (Randeffekt) kann durch Entwicklung der Platten mit Eisenoxalat vermieden werden.

23. Die Fehler der photographischen Platten. Die photographische Photometrie würde einen großen Aufschwung erfahren, wenn die zu der Aufnahme dienenden Platten nicht mit technischen Fehlern behaftet wären, welche die Erzielung hoher Genauigkeit sehr erschweren und zeitraubend machen. Man muß in der Tat, wenn es sich um Messungen handelt, bei welchen das Resultat auf einige hundertstel Größenklassen sicher erhalten werden soll, eine recht große Anzahl Aufnahmen machen, einzig und allein deshalb, weil die Plattenfehler nicht selten Zehntel der Größenklasse betragen. Das Schlimmste ist aber, daß es sich meist nicht nur um zufällige Fehler handelt, sondern um systematische, die sich obendrein bei vielen photometrischen Verfahren summieren können, so daß der Fehler einen beträchtlichen Betrag erreichen kann.

Die Plattenfehler haben ihren Grund nicht in Ungleichmäßigkeiten der Empfindlichkeit der Emulsion über die Platte hin, sondern in Ungleichmäßigkeiten der Schichtdicke, die dadurch veranlaßt sind, daß einerseits das Glas der Platte keine ebene Oberfläche hat, sondern Berge und Täler besitzt (zufällige Fehler), andererseits das Glas keine planparallele, sondern eine prismatische Platte ist (systematische Fehler), was selbst bei Benutzung von Spiegelglas als Träger der Emulsion stets mehr oder minder der Fall ist. Da beim Guß der Emulsion

[1] Rezepte u. Tabellen, Aufl. 10/11 (1921), S. 25.

die Glasplatte auf eine horizontale Unterlage gelegt wird, entsteht bei prismatischem Glase auch eine prismatische Emulsionsschicht, die eine systematisch über die Platte hin ungleichmäßige Empfindlichkeit vortäuscht. Nicht selten kommt es auch vor, daß das Glas eine Zylinderfläche bildet, statt eben zu sein, so daß die Emulsionsschicht sich beim Guß ebenfalls ungleich dick über die Platte hin ausbreitet. Im allgemeinen ist die Schichtdicke auf Filmen wesentlich gleichmäßiger als auf Platten, aber die Verwendung von Filmen bringt andere Schwierigkeiten mit sich, so daß man sie nicht immer als Ersatz für Platten verwenden kann.

Tabelle 14.

Kleine Platten	Große Platten					
	1	2	3	4	5	6
1—2	$+0^m,14$	$0^m,00$	$+0^m,07$	$+0^m,16$	$-0^m,07$	$-0^m,01$
1—3	+ 24	0	+ 8	0	0	+ 21
1—4	+ 12	+ 5	+ 4	+ 14	— 13	+ 10
1—5	+ 21	— 1	+ 17	+ 10	+ 3	+ 11
1—6	+ 13	— 6	+ 8	+ 5	+ 6	+ 8
1—7	— 8	— 16	0	+ 20	+ 4	+ 39
1—8	—	—	+ 13	+ 9	+ 3	+ 38
1—9	—	—	+ 6	+ 10	— 10	+ 17

Tabelle 15.

Größe der Fehler	Anzahl
$0^m,00-0^m,05$	638
0 ,06—0 ,10	142
0 ,11—0 ,15	9
0 ,16—0 ,20	1
$>0^m,20$	0

Tabelle 16.

Maximale Differenz	Zahl der Platten
$0^m,00-0^m,05$	0
0 ,06—0 ,10	14
0 ,11—0 ,15	20
0 ,16—0 ,20	14
0 ,21—0 ,25	1
0 ,26—0 ,30	1
$>0^m,30$	0

Als Beispiel für das Vorkommen von Plattenfehlern sei folgende Versuchsreihe mitgeteilt. Aus sechs Platten vom Format 20×20 cm, die verschiedenen Fabriken entstammten, wurden, nachdem ein Streifen von 2,5 cm von den Rändern fortgeschnitten war, je neun Platten vom Format 5×5 cm gewonnen. Auf diese wurden 16 kreisrunde, in einem Kreis symmetrisch zur Mitte der Platte angeordnete Marken bei streng gleicher Belichtung aufkopiert, indem auf die Platte eine Blende mit entsprechenden kreisrunden, gleich großen Öffnungen aufgelegt und dann belichtet wurde. Mittels Röhrenphotometerskalen sind dann die Schwärzungen dieser Marken in Helligkeiten umgewandelt worden. Aus den sich so ergebenden Helligkeiten wurde für jede Platte des Formates 5×5 cm das Mittel der Helligkeiten gebildet und diese Mittel mit dem Mittel der ersten Platte verglichen (Tab. 14). Wie ersichtlich, sind die Unterschiede zwischen den kleinen aus ein und derselben Platte des Formates 20×20 cm geschnittenen Platten recht erheblich, und es ist nicht zu verwundern, daß selbst auf den kleinen Platten noch große Unterschiede zwischen den 16 einzelnen Marken vorhanden sind. Eine Abzählung der Abweichungen ergibt, wenn man nur den absoluten Betrag in Betracht zieht, die in Tabelle 15 enthaltenen Fehlerhäufigkeiten. Nimmt man noch auf das Vorzeichen der Abweichungen Rücksicht und zählt ab, wieviel Platten maximale Differenzen von einem bestimmten Betrage, z. B. von $0^m,00-0^m,05$, $0^m,06-0^m,10$ usw. haben, so ergeben sich die Zahlen der Tabelle 16.

Dieses Beispiel dürfte wohl zeigen, daß man sich nicht nur mit einigen wenigen Aufnahmen begnügen darf, wenn man sichere photometrische Messungen bekommen will.

d) Die photometrischen Methoden.

24. Das Röhrenphotometer. Die verschiedenen Methoden der photographischen Sternphotometrie unterscheiden sich in der Hauptsache durch die Art, wie die Skala, d. h. die Schwärzungskurve, gewonnen wird. Von der Benutzung eines Schwärzungsgesetzes zur Herstellung dieser Skala wird man, wenn es irgend möglich ist, absehen, da, wie oben ausgeführt ist, ein einwandfreies Gesetz bisher nicht bekannt ist. Aber selbst wenn es ein solches geben würde, müßte der Nachweis erbracht werden, daß es für die spezielle, gerade gebrauchte Platte anwendbar ist, da diese ja große Fehler besitzen kann und eine Anwendung des Gesetzes dadurch zu fehlerhaften Resultaten führen würde. Man hat die Beobachtungen so anzulegen, daß durch sie selbst, d. h. auf experimentellem Wege, die Schwärzungskurve gewonnen wird, welche für die gerade verwendete Platte gilt.

Das einfachste Verfahren dürfte wohl das von PARKHURST und JORDAN[1] mit sehr gutem Erfolge benutzte Prinzip sein, welches dem Röhrenphotometer zugrunde liegt. Es soll daher an erster Stelle das Röhrenphotometer beschrieben werden. Der Hauptteil dieses einfachen Instrumentes besteht aus einer Metallplatte, in welche verschieden große, kreisrunde Öffnungen gebohrt sind, deren Durchmesser durch lineare Messung, etwa mittels eines Meßmikroskopes, bestimmt werden. Das diffuse Licht, welches diese Öffnungen passiert, wird im Verhältnis der Größe dieser Öffnungen abgeschwächt, vorausgesetzt, daß diese Öffnungen klein sind im Vergleich zu ihrem Abstand von der Aufnahmeplatte[2]. Die Intensitätsmessung ist somit beim Röhrenphotometer auf die lineare Messung der Durchmesser dieser Öffnungen zurückgeführt. Es sei d_1 der Durchmesser der größten, d_n der Durchmesser der $n$ten Öffnung, so ist das durch letztere hindurchgelassene Licht

$$J_n = \left(\frac{d_n}{d_1}\right)^2 \qquad \text{oder} \qquad m_n = -5 \log\left(\frac{d_n}{d_1}\right),$$

wenn man die Intensität des durch die größte Öffnung hindurchgelassenen Lichtes als Einheit wählt.

Aus der schematischen Abbildung 10 ist der Aufbau eines Röhrenphotometers leicht zu ersehen.

Der Röhrenkörper *Ph* mit der Lochplatte und der Kassette für die photographische Platte ist den Mattscheiben *Ma II* gegenübergestellt, welche durch eine Metallfadenlampe *L* erleuchtet werden. Um das Licht auf der Mattscheibe *Ma II* möglichst gleichmäßig zu verteilen, ist eine mattierte Lampe gewählt worden, außerdem sind noch weitere Mattscheiben *Ma I* mit 3 bis 5 matten Flächen vor ihr in dem lichtdichten Lampengehäuse angebracht worden. Sowohl die Entfernung der Lampe *L* als auch die der Mattscheibe *Ma II* vom Röhrenphotometer *Ph* läßt sich meßbar ändern, damit man je nach Bedarf verschiedene Helligkeiten zur Verfügung hat. Die Stromstärke in der Lampe läßt sich mittels eines Gleitwiderstandes und eines Präzisionsamperemeters auf ± 1 Milliampere konstant halten. Da es aber nicht möglich war, die Lichtverteilung auf den Mattscheiben *Ma II* völlig gleichmäßig zu gestalten, ist der Photometerkörper *Ph*

---

[1] An Absolute Scale of Photographic Magnitudes of Stars. Ap J 26, S. 244 (1907); vergleiche hierzu auch Publ Astroph Obs Potsdam Nr. 84 (1926).

[2] A. HNATEK, Über die Meßbarkeit sehr großer Helligkeitsunterschiede mit dem Röhrenphotometer. Z f Phys 39, S. 927 (1926).

mittels eines Bajonettverschlusses B an der Achse eines kleinen Elektromotors befestigt, dessen Lauf durch die Schleiffedern S reguliert werden kann. Vor dem Röhrenkörper ist eine Belichtungsklappe K angebracht.

Der Röhrenkörper selbst besteht aus einem Metallzylinder, in welchem 16 gleich weite, innen mit Ruß geschwärzte Röhren konzentrisch und parallel zur Achse des Zylinders in einem Abstande von 20 mm von derselben angebracht sind. An der der Mattscheibe *Ma II* zugekehrten Seite der Röhren befindet sich die Metallplatte mit den 16 verschieden großen kreisrunden Öffnungen, an der anderen Seite der Röhren ein dünnes Metallblech als Blende, welches 16 gleich große kreisförmige Öffnungen enthält und gegen welches die photographische Platte mittels einer Feder angepreßt wird. Diese Blende ist auswechselbar, so daß man auf der photographischen Platte nach Belieben kreisrunde Felder von 0,4 mm oder 2,00 mm Durchmesser erhalten kann. Für die Reduktion extrafokaler Sternaufnahmen wird erstere Blende gewählt, da der Durchmesser ihrer Öffnungen denen der Sterne sehr nahe gleich ist.

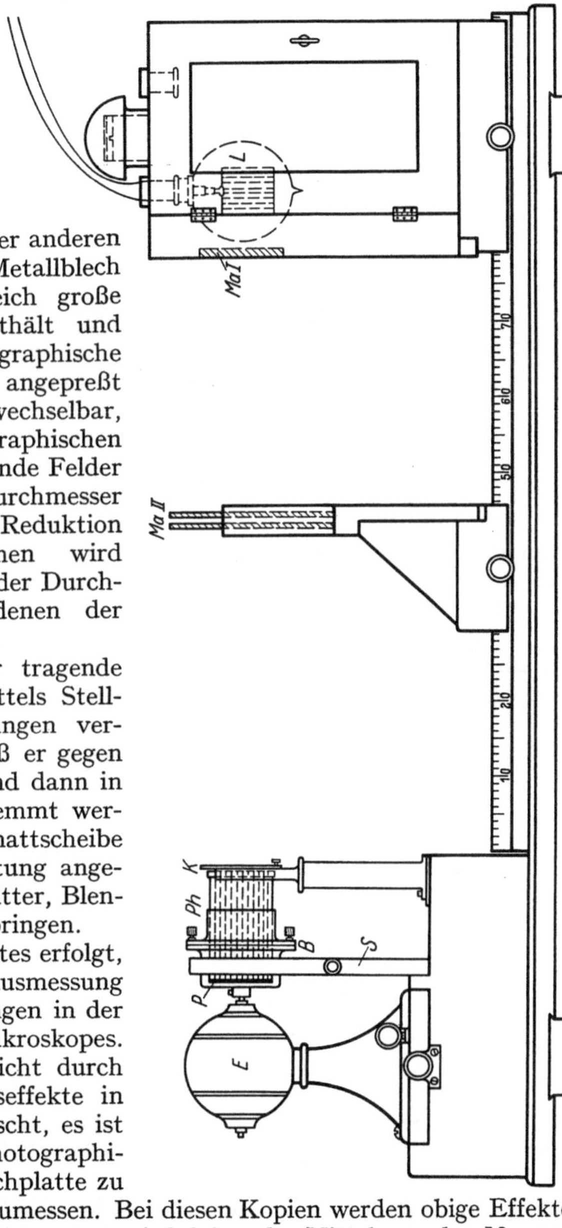

Der den Röhrenkörper tragende Elektromotor läßt sich mittels Stellschrauben in allen Richtungen verschieben und drehen, so daß er gegen die Lampe genau justiert und dann in der richtigen Lage festgeklemmt werden kann. Vor der Lampenmattscheibe *Ma I* ist noch eine Vorrichtung angebracht, die es ermöglicht, Gitter, Blenden, Farbgläser usw. anzubringen.

Die Eichung des Apparates erfolgt, wie bereits erwähnt, durch Ausmessung der Durchmesser der Öffnungen in der Lochplatte mittels eines Mikroskopes. Diese Messungen werden leicht durch Beugungs- und Irradiationseffekte in systematischer Weise verfälscht, es ist daher zweckmäßig, auf photographischem Wege Kopien der Lochplatte zu machen und auch diese auszumessen. Bei diesen Kopien werden obige Effekte in entgegengesetztem Sinne wirken, man wird daher das Mittel aus den Messungen der Lochplatte einerseits und der Kopien andererseits als besten Wert betrachten dürfen. In der folgenden Tabelle 17 sind als Beispiel in Kolumne 2 und 3 die bei dem Potsdamer Instrument durch lineare Messungen erhaltenen Werte, gleich in

Abb. 10. Schematisches Bild des Röhrenphotometers des Potsdamer Astrophysikalischen Observatoriums.

Helligkeiten verwandelt, gegeben, als Vergleich dann in der 4. Kolumne die aus einer großen Zahl photometrischer Messungen gewonnenen Zahlen. Wie ersichtlich, stimmen letztere sehr gut mit den aus den linearen Messungen erhaltenen Werten überein. Als definitives Resultat ist daher das Mittel der drei Bestimmungen angenommen worden. Bei der Öffnung Nr. 10 besteht eine größere Differenz zwischen der photometrischen und der linearen Messung; sie ist hervorgerufen durch einen Grat, welcher bewirkt, daß die Öffnung nicht kreisförmig ist.

Tabelle 17.

Nr.	Lochplatte	Kopie	Photom.	Mittel
1	$0^m,00$	$0^m,00$	$0^m,00$	$0^m,00$
2	0 ,41	0 ,41	0 ,39	0 ,40
3	0 ,78	0 ,78	0 ,76	0 ,78
4	0 ,96	0 ,98	0 ,97	0 ,97
5	1 ,32	1 ,33	1 ,30	1 ,32
6	1 ,66	1 ,68	1 ,69	1 ,68
7	1 ,95	1 ,97	1 ,97	1 ,96
8	2 ,24	2 ,27	2 ,26	2 ,26
9	2 ,51	2 ,55	2 ,53	2 ,53
10	(2 ,77)	(2 ,80)	2 ,72	2 ,72
11	3 ,06	3 ,11	3 ,10	3 ,09
12	3 ,38	3 ,45	3 ,45	3 ,43
13	3 ,76	3 ,84	3 ,84	3 ,81
14	4 ,02	4 ,07	4 ,10	4 ,06
15	4 ,32	4 ,35	4 ,37	4 ,35
16	4 ,51	4 ,56	4 ,55	4 ,54

Da, wie oben ausgeführt, die photographischen Platten fast stets ungleichmäßige Schichtdicke besitzen, ist es zweckmäßig, die Öffnungen nicht in der Weise anzuordnen, daß sie kreisförmig um die Achse herum eine nach der Größe der Durchmesser fortlaufende Reihe bilden, sondern etwa so, daß die zweitgrößte Öffnung diametral der größten gegenüberliegt, die dritt- bzw. viertgrößte in der Mitte zwischen den beiden ersten usw. Hat die photographische Platte dann eine keilförmige Schicht, so wird die Schwärzungskurve zwar große Abweichungen von den einzelnen Punkten aufweisen, durch welche sie hindurchzulegen ist, aber wenigstens nicht in so hohem Grade systematisch gefälscht werden, wie es bei der Anordnung der Öffnungen im Potsdamer Instrument häufig der Fall ist. Jedenfalls sieht man bei obiger Anordnung der Öffnungen sofort, ob Fehler vorhanden und wie groß sie sind, und kann dann stark fehlerhafte Platten von vornherein von der weiteren Verarbeitung ausschließen.

Die Messungen mit dem Röhrenphotometer verlaufen nun so, daß man zunächst extrafokal die Fundamentalsterne photographiert, an welche die unbekannten angeschlossen werden sollen, hierauf diese und dann nochmals die Fundamentalsterne. Auf einem anderen Teil der Platte nimmt man mit dem Röhrenphotometer die Skala auf, natürlich mit derselben Expositionszeit wie bei den Sternaufnahmen. Mittels der Röhrenphotometeraufnahme läßt sich dann unmittelbar die Schwärzungskurve herstellen, aus der die Sternhelligkeiten nach den Schwärzungen der extrafokalen Sternbilder entnommen werden können. Die Reduktion ist also denkbar einfach. Die Vorteile der Röhrenphotometermethode sind folgende: 1. Es wird nur eine Sternaufnahme erfordert, daher können einerseits Störungen durch Veränderungen in der Atmosphäre (Nebelbildung usw.) nicht eintreten, andererseits wird wesentlich an Zeit gespart, da die Skala nicht am Beobachtungsabend selbst, sondern zu beliebiger Zeit vorher oder nachher aufgenommen werden kann. 2. Das Objektiv des Aufnahmefernrohres wird mit voller Öffnung, ohne jede abschwächende Vorrichtung (Gitter, Blende usw.) benutzt. 3. Es können mehrere Skalen auf die Platte aufkopiert werden, so daß sie sich untereinander kontrollieren und ihr Mittel wesentlich sicherer ist, als wenn nur eine einzige Skala benutzt wird.

Die Methode besitzt aber auch Nachteile. Die Skalenbilder gleichen weder in Größe noch in Aussehen ganz den extrafokalen Sternbildern, so daß ein Nachbareffekt wohl immer vorhanden sein wird, falls die Platten nicht mit dem Eisenoxalatentwickler hervorgerufen werden. Weiterhin weicht die Farbe der Lampe, die zur Herstellung der Skala dient, sehr stark von der Sternfarbe ab. Bis zu einem gewissen Grad kann man durch Zwischenschaltung geeigneter blauer Gläser oder Flüssigkeiten die Lampenfarbe der Sternfarbe näherbringen, aber es bleibt doch immer noch eine große Verschiedenheit zurück[1]. PARKHURST und JORDAN haben ihre Skalen durch Belichtung mit diffusem Himmelslicht erzeugt. Dieses Verfahren hat aber den Nachteil, daß die Intensität und die Farbe des Himmelslichtes je nach den meteorologischen Zuständen der Atmosphäre stark wechseln. Es ist auch nicht leicht, jedesmal die passenden Schwärzungen zu treffen. Die Dauer der Exposition soll unter allen Umständen der der Sternaufnahme gleich sein.

25. Die Methode von E. S. KING. Eine gleich einfache Methode ist die von E. S. KING[2]. Befindet sich ein Spiegel bzw. ein Objektiv in gutem Korrektionszustand, so ist das Bild eines Sternes, das sehr weit ab vom Brennpunkt aufgenommen ist, eine kreisrunde Scheibe, welche ganz gleichmäßig geschwärzt ist, abgesehen vom äußersten Rand, an dem infolge der Beugung Abweichungen von der Gleichmäßigkeit der Schwärzung auftreten. Der Durchmesser dieser extrafokalen Scheibchen wächst mit dem Abstand der Platte vom Brennpunkt, während gleichzeitig die Schwärzung abnimmt, gleiche Expositionsdauer natürlich vorausgesetzt. Das Licht des Sternes wird eben auf eine immer größere Fläche ausgebreitet, je weiter ab vom Brennpunkt die Aufnahme erfolgt. Geometrisch-optisch betrachtet ist die Lichtmenge, welche die Flächeneinheit der Platte vom Stern erhält, umgekehrt proportional dem Flächeninhalt der Kreisfläche, auf welche das Sternlicht ausgebreitet ist, bzw. umgekehrt proportional dem Quadrate des Abstandes vom Brennpunkt. Das Helligkeitsverhältnis h_1/h_2 zweier in den Abständen f_1 bzw. f_2 vom Fokus aufgenommener Bilder ist somit

$$\frac{h_1}{h_2} = \left(\frac{\varrho_2}{\varrho_1}\right)^2 = \left(\frac{f_2}{f_1}\right)^2 \qquad \text{oder} \qquad m_1 - m_2 = 5 \log\left(\frac{\varrho_1}{\varrho_2}\right) = 5 \log\left(\frac{f_1}{f_2}\right),$$

wo ϱ_1 und ϱ_2 die Durchmesser der extrafokalen Bilder ($h_1 > h_2$, $\varrho_1 < \varrho_2$) bei den Abständen f_1 bzw. f_2 vom Fokus sind.

Macht man nun eine Reihe extrafokaler Aufnahmen eines Sternes bei gleicher Expositionszeit, aber bei verschiedenem Abstand der Platte vom Brennpunkt, und mißt sowohl die Durchmesser ϱ_1 und ϱ_2 als auch die Schwärzungen der Scheibchen, so erhält man die Beziehung zwischen der Intensität des einwirkenden Lichtes und der von ihm erzeugten Schwärzung, d. h. die Schwärzungskurve. Von diesem Prinzip ausgehend, hat KING seine Messungen angestellt. Die einzigen Bedenken, die man gegen das Verfahren haben kann: ob die auf Grund geometrisch-optischer Betrachtung abgeleitete Gleichung streng gültig ist und ob bei einem Objektiv infolge nicht vollkommener Achromasie Fehler erzeugt werden, hat KING[3] zum Teil experimentell widerlegt, zum Teil werden sie hinfällig durch die ausgezeichnete Übereinstimmung seiner Messungen mit solchen nach anderen Methoden.

KING verfährt bei seinen Messungen folgendermaßen. Er hat an seinem zu den Aufnahmen dienenden Fernrohr eine Schiebekassette angebracht, die es ermöglicht, eine große Reihe einzelner Aufnahmen (z. B. 40) auf ein und dieselbe Platte zu machen. Zunächst werden Aufnahmen des oder der Sterne gemacht, auf deren Helligkeiten die der zu bestimmenden Sterne bezogen werden sollen. KING benutzt hierzu beispielsweise den Polarstern. Hierauf wird der zu messende Stern aufgenommen, und zwar bei solchen Fokalstellungen, daß die Schwärzung möglichst nahe gleich der des Bezugssternes ist. Dann folgen die Aufnahmen zur Erzeugung der Skala. Es wird hierzu ein heller Stern desselben oder nahezu

[1] Publ Astroph Obs Potsdam Nr. 84, S. 67 (1926).
[2] Harv Ann 59, S. 33, 95, 127, 129, 157 (1912).
[3] Harv Ann 59, S. 129 (1912).

desselben Spektraltypus benutzt, der bei einer größeren Anzahl von Fokalstellungen photographiert wird. Zum Schluß erfolgen wieder Aufnahmen des Bezugsternes als Kontrolle. Natürlich wird für sämtliche Aufnahmen die gleiche Expositionszeit verwendet.

Unmittelbar vor der Kassette ist eine Platte angebracht, die in der Mitte eine rechteckige Öffnung von $0{,}5 \times 1$ cm besitzt, so daß die ganze Platte bis auf die Stelle, wo jeweils das extrafokale Bild erzeugt wird, abgedeckt ist. Hierdurch wird verhindert, daß die Platte bei der Aufnahme einer größeren Anzahl von Bildern mehr und mehr vorbelichtet wird. Ein ungleichmäßiger Plattenschleier kann somit nicht entstehen.

Das Verfahren setzt voraus, daß man für alle Fokaleinstellungen den Durchmesser der extrafokalen Sternscheibe kennt. Die Lage des Brennpunktes läßt sich direkt nicht mit genügender Sicherheit bestimmen, somit läßt sich auch nicht der Scheibchendurchmesser aus der Fokaleinstellung berechnen. Eine direkte Messung der Scheibchendurchmesser erweist sich ebenfalls als nicht möglich, da der Rand der Scheibchen infolge der Beugung nicht gut definiert ist.

KING, der vor dem Objektiv eine Blende mit quadratischer Öffnung benutzte und infolgedessen quadratische extrafokale Bilder erhielt, schlug daher folgenden Weg ein. Er spannte einige Drähte in bekanntem Abstande voneinander über die Blende[1], die sich im extrafokalen Bilde so scharf abbilden, daß ihre Distanz mit Sicherheit zu messen ist. Aus der bekannten Distanz der Drähte und aus dem gemessenen Abstand der Bilder dieser Drähte bei verschiedenen Fokaleinstellungen läßt sich dann die Lage des Brennpunktes mit großer Sicherheit extrapolieren, und wenn diese bekannt ist, können auch die Durchmesser (bzw. die Länge der Quadratseiten) aus den Fokaleinstellungen selbst berechnet werden. KING hat vermittelst seiner Methode die Helligkeiten einer großen Zahl heller Sterne bestimmt, und seine Messungen zeichnen sich durch eine hohe Genauigkeit aus. Ein Nachteil des Verfahrens ist, daß es sich nur für einzelne helle Sterne eignet, da es Grundvoraussetzung ist, die Aufnahmen weitab vom Brennpunkt zu machen. In der Nähe desselben sind nämlich die Scheibchen nicht mehr gleichmäßig geschwärzt, außerdem wirkt bei Objektiven auch die mangelhafte Achromasie störend ein. Schwache Sterne wird man aber bei stark extrafokaler Stellung der Platte wegen zu großer Schwächung ihres Lichtes nicht mehr aufnehmen können.

26. Das Verfahren von KAPTEYN-WIRTZ[2]. Der bereits in der Einleitung erwähnte Vorschlag von KAPTEYN, photographische Helligkeitsmessungen mit Hilfe von Objektivgittern zu machen, indem man die zu vermessende Sterngruppe einmal mit Gitter vor dem Objektiv und ein zweites Mal mit freiem Objektiv aufnimmt, wurde wohl zuerst von WIRTZ in größerem Umfange ausgeprobt. Später ist das Verfahren mehrfach und mit gutem Erfolg verwendet worden, beispielsweise von WILKENS[3]. In der Tat besitzt es manche Vorzüge. So kann es sowohl für fokale (Durchmesser-) als auch für afokale (Schwärzungs-) Messungen verwendet werden, denn es wird bei der mit dem Gitter erhaltenen Aufnahme das zentrale Beugungsbild benutzt, welches in Gestalt und spektraler Beschaffenheit sich nicht von dem Bilde der Aufnahme ohne Gitter unterscheidet. Weiterhin erhält man bei jeder Anwendung die Helligkeiten zahlreicher Sterne auf einmal, so daß dieses Verfahren auch recht ökonomisch ist. Meist macht man die beiden Aufnahmen, die mit Gitter und die ohne Gitter, hintereinander auf dieselbe Platte, man kann sie aber auch auf zwei Platten machen, wobei freilich Unterschiede in der Dicke der Emulsionsschicht der

[1] Harv Ann 59 S. 41; Tafel X, Fig. 2.
[2] A N 154, S. 317 (1901).
[3] A N 172, S. 305 (1906).

beiden Platten zu Fehlern systematischer Natur führen können; es ist oft besser, nur eine Platte zu benutzen, die zwar auch Fehler derselben Art, aber meist von kleinerem Betrage, haben wird. Die Schwärzungskurve wird mittels der beiden Aufnahmen selbst gewonnen, ein Verfahren, welches auch bei einigen weiteren Methoden in Anwendung kommt und deshalb weiter unten ausführlich dargestellt werden soll.

Für die Aufnahmen kann man sowohl Stabgitter als auch Gitter aus Drahtgeflecht (Gittertuch usw.) anwenden. Die Lichtabschwächung, die sie beim Vorsetzen vor das Objektiv erzeugen, wird am besten experimentell bestimmt, d. h. auf photometrischem Wege im Laboratorium. Selbst das beste im Handel befindliche Gittertuch besitzt nämlich nicht unbeträchtliche Ungleichmäßigkeiten, so daß eine lineare Ausmessung der Drahtdicken und der Zwischenräume zwischen den Drähten wohl nur in seltenen Fällen in Betracht kommt. Es ist nämlich zu beachten, daß bei Verwendung von Gittertuch[1] das Verhältnis

$$\frac{\text{Intensität des Zentralbildes}}{\text{Intensität des Sternbildes ohne Gitter}} = \frac{H_0}{H} = \left(\frac{s}{s+d}\right)^4$$

ist, oder wenn man zu Größenklassen übergeht:

$$m - m_0 = 10 \log \frac{s}{s+d}\,.$$

Die Gitterkonstante $\frac{s}{s+d}$ muß wegen des Faktors 10 genauer bestimmt werden, als es bei anderen Verfahren nötig ist, falls man die von dem Gitter erzeugte Lichtschwächung auf etwa ein Hundertstel Größenklasse genau haben will. Eine photometrische Bestimmung ist bei Verwendung von Gittertuch unter allen Umständen vorzuziehen; freilich ist zu beachten, daß diese Messung bei derselben optischen Anordnung zu erfolgen hat, in der das Gitter dann später gebraucht wird. Auf die Art dieser Bestimmung wird gleichfalls noch näher eingegangen werden.

Eine Schleierkorrektion wird, wenn beide Aufnahmen auf derselben Platte sind und der Schleier sehr schwach ist, nicht nötig sein. Der Schleier, der bei der ersten Aufnahme entsteht, ist ein mit der Aufnahme gleichzeitig entstehender Schleier. Die zweite Aufnahme kommt dann auf die schon etwas geschleierte Platte, und der von neuem hinzukommende Schleier wird auch die erste Aufnahme beeinflussen, so daß die Verhältnisse recht kompliziert liegen. Wenn aber der Gesamtschleier gering ist, wird man, ohne große Fehler zu begehen, annehmen können, daß beide Aufnahmen in der gleichen Weise vom Schleier affiziert sind, und eine Korrektion für den Schleier ist nicht nötig. Er wird dann nämlich schon bei der Ableitung der Schwärzungskurve berücksichtigt.

Der Nachteil des KAPTEYN-WIRTZschen Verfahrens besteht darin, daß zwei Aufnahmen derselben Belichtungszeit nötig sind, was den Arbeitsaufwand verdoppelt und die Gefahr mit sich bringt, daß sich die atmosphärischen Verhältnisse (Durchsicht, Luftruhe usw.) zwischen den beiden Aufnahmen, namentlich, wenn es sich um lange Belichtungen handelt, ändern. Es wird wohl nur selten Nächte geben, wo einige Stunden hindurch die atmosphärischen Zustände unverändert bleiben, denn wenn auch die Luftdurchsichtigkeit gleich bleibt, pflegt die Luftruhe sehr häufig, selbst in kürzeren Intervallen, zu schwanken. Dieser Nachteil läßt sich nur dadurch beheben, daß man ein Fernrohr mit zwei gleichen Objektiven verwendet, so daß die Aufnahmen mit Gitter und ohne Gitter gleich-

[1] Bei Verwendung eines Stabgitters ist $\frac{H_0}{H} = \left(\frac{s}{s+d}\right)^2$.

zeitig gemacht werden können. In diesem Falle wenigstens hat man aber mit der Verschiedenheit der Platten zu rechnen, die sich dadurch zum Teil unschädlich machen läßt, daß man vor der eigentlichen Belichtung eine Reihe Marken von verschiedener Schwärzung aufkopiert.

Weiterhin wird der Schleier auf der Platte, die ohne Gitter aufgenommen ist, stets stärker sein als auf der Platte mit Gitter, so daß nun eine Schleierkorrektion nötig wird. Störend bei allen Gitteraufnahmen, besonders bei Verwendung von Gittertuch, sind die Gitterspektren der verschiedenen Ordnungen, welche oft zu Überdeckungen mit Sternen führen werden.

27. Das Halbgitterverfahren von SCHWARZSCHILD[1]. Es wird wohl selten der Fall sein, daß zwei gleiche, größere Objektive zur Verfügung stehen, man wird daher bei Anwendung des Verfahrens von KAPTEYN-WIRTZ die Störungen, welche durch Änderungen der atmosphärischen Verhältnisse notwendig eintreten müssen, nicht beseitigen können und, wenn große Genauigkeit verlangt wird, zahlreiche Aufnahmen zu einem Mittelwert vereinigen müssen.

Besonders ungünstig liegen die Verhältnisse, wenn es sich um Aufnahmen für Durchmesserbestimmungen handelt, wo die Ruhe der Luft eine größere Rolle spielt als die Durchsichtigkeit. Erstere pflegt nämlich, wie bereits erwähnt, sehr häufig selbst in kurzen Zwischenräumen zu schwanken, so daß man nur in seltenen Fällen die zwei nötigen Aufnahmen bei gleicher Luftruhe erhalten wird. Für die Photometrie der schwachen und schwächsten Sterne sind aber gerade fokale Aufnahmen nötig, da die Helligkeit dieser Sterne bei weitem nicht hinreicht, um afokale Aufnahmen für Schwärzungsmessungen selbst bei vielstündigen Belichtungen zu erhalten.

Für solche Fälle hat sich nun das sog. Halbgitterverfahren von SCHWARZSCHILD als besonders geeignet erwiesen, welches sich gleichfalls an einen Vorschlag von KAPTEYN[2] anschließt. SCHWARZSCHILD bringt zwischen Objektiv und Platte, etwa 5 cm von der Platte entfernt, ein feines Gitter (Gittertuch) an, das so groß ist, daß es die eine Hälfte der Platte überdeckt, die andere dagegen freiläßt. Wenn nun eine Aufnahme gemacht wird, so bleibt in der Mitte der Platte ein unbenutzbarer Raum (ein Streifen von 5 mm bei einem Objektiv vom Öffnungsverhältnis 1 : 10 und bei 50 mm Abstand des Gitters von der Platte), weil die Strahlenkegel der in diesem Streifen liegenden Sterne zum Teil das Gitter durchsetzen, zum Teil frei verlaufen. Aber sonst wirkt das Gitter wie eine neutrale absorbierende Platte, Gestalt und spektrale Beschaffenheit der Bilder werden durch das Gitter nicht geändert.

Das Verfahren von SCHWARZSCHILD besteht nun darin, daß man den nicht abgeschirmten Teil der Aufnahme mit einer zweiten, die ohne Gitter gemacht ist, vergleicht und (am besten auf graphischem Wege) die zweite Platte auf die unbedeckte Seite der ersten reduziert. Hierdurch werden, wie leicht ersichtlich, alle Störungen durch Veränderung der atmosphärischen Verhältnisse zwischen den beiden Aufnahmen eliminiert, und man kann nun aus der experimentell bestimmten Lichtschwächung, die vom Gitter hervorgerufen wird, und aus den Schwärzungs- bzw. Durchmesserdifferenzen die Skala herstellen. Die Bearbeitung solcher Aufnahmen kann dann folgendermaßen geschehen[3]:

„Sei $S(m)$ die von der Sternhelligkeit m abhängige Größe (Schwärzung oder Durchmesser) bei der ersten (normalen) Aufnahme, $T(m)$ die entsprechende Funktion für die zweite Aufnahme mit halb überdecktem Gesichtsfeld, m_1 die Helligkeit eines Sternes auf der linken, m_2 die eines Sterns auf der rechten Hälfte

---

[1] A N 183, S. 297 (1910). [2] Plan of Selected Areas, S. 27, Groningen (1906).
[3] K. SCHWARZSCHILD, A N 183, S. 297ff. (1910).

des Gesichtsfeldes, k die Absorptionskonstante des Gitters. Dann mißt man, wenn die rechte Hälfte des Gesichtsfeldes überdeckt war, folgende vier Größen:

	Linke Hälfte des Gesichtsfeldes	Rechte Hälfte des Gesichtsfeldes
1. (normale) Aufnahme	$S(m_1)$	$S(m_2)$
2. Aufnahme (rechte Hälfte des Gesichtsfeldes abgeblendet)	$T(m_1)$	$T(m_2 + k)$

Man bilde die Differenz $S(m_1) - T(m_1) = \Delta T(m_1)$ für alle Sterne der linken Plattenhälfte und trage die Differenz ΔT als Funktion von T auf. Dann gibt die (graphisch interpolierte) Funktion ΔT an, wie die auf der zweiten Aufnahme gemessenen Schwärzungen oder Durchmesser auf die der ersten Aufnahme zu reduzieren sind. ΔT ist also gerade der Ausdruck für die . . . Änderungen der Aufnahmebedingungen. Reduziert man nun die Größe $T(m_2 + k)$ von der rechten Plattenhälfte auf die Bedingungen der ersten Aufnahme, indem man bildet:

$$T(m_2 + k) + \Delta T(m_2 + k) = S(m_2 + k),$$

so hat man für jeden Stern der rechten Plattenhälfte die Größen $S(m_2)$ und $S(m_2 + k)$, so als ob man diese Sterne unter genau gleichen Bedingungen einmal ohne und einmal mit Abblendung aufgenommen hätte, und kann auf bekannte Weise mit Kenntnis der Absorptionskonstante k die Sternhelligkeiten ableiten[1]."

Ein Beispiel für die Bearbeitung von Halbgitteraufnahmen ist in der Abhandlung von W. Heinrich: Photographische Messung von Sternhelligkeiten der Coma Berenices[2] gegeben. Das Verfahren hat sich bei Arbeiten auch auf dem Potsdamer Observatorium bewährt, wenn nicht Objektive oder Spiegel mit zu großem Öffnungsverhältnis (z. B. 1:3) benutzt wurden, bei welchen die Gitterbilder ein anderes Aussehen als die Bilder ohne Gitter haben. Für Helligkeitsmessungen größter Genauigkeit ist das Verfahren freilich nicht immer geeignet. Während nämlich beim Objektivgitter das von jedem Stern ausgehende Licht das ganze Gitter durchsetzt, sind bei der Methode von Schwarzschild nur kleine Teile des Halbgitters wirksam, und zwar für jeden Stern eine andere Stelle des Gitters. Lokale Fehler sind nun in dem Gittertuch stets vorhanden, somit würde die Helligkeit eines jeden Sternes, dessen Lichtkegel durch eine solche Stelle geht, fehlerhaft, denn man kann die Gitterkonstante nicht für die einzelnen Stellen des Gitters bestimmen, sondern nur für das ganze Gitter; man reduziert die Messungen daher mit einer mittleren Gitterkonstante, ein Verfahren, das bei dem Objektivgitter einwandfrei ist, weil hier für jeden Stern das ganze Gitter wirksam ist.

Es ist zweckmäßig, die Absorption des Halbgitters für zahlreiche kleinere Stellen zu untersuchen, um ein Urteil über den Betrag des Fehlers zu bekommen, der durch Ungleichmäßigkeiten des Gitters entsteht, und um evtl. ein Gitter mit zu großen lokalen Fehlern von vornherein als nicht brauchbar auszusondern. Eine zweite Schwierigkeit besteht für die Halbgittermethode in der Berücksichtigung des Schleiers, der auf der ohne Gitter gemachten Hälfte der Aufnahme stärker sein wird als auf der anderen. Hierauf wird später bei der Besprechung der Schleierkorrektion zurückzukommen sein.

Natürlich werden ebenso wie bei dem Objektivgitter auch beim Halbgitter Verdeckungen von Sternen durch die zahlreichen Spektra der verschiedenen Ordnungen störend sein.

28. Verwendung von kreisförmigen Blenden (Diaphragmen). Wenn es sich darum handelt, Felder mit zahlreichen, dicht beieinander stehenden Sternen

[1] A N 172, S. 65ff. (1906). [2] A N 183, S. 299ff. (1910).

(z. B. Kugelsternhaufen) zu photometrieren, sind Gitter und Gittertücher nicht zu gebrauchen, da die Beugungsspektren, die das zentrale Beugungsbild umgeben, zu zahlreichen Überdeckungen mit Sternen führen würden. In solchen Fällen ist es zweckmäßig, kreisförmige Blenden als lichtschwächende Apparate vor dem Objektiv anzubringen und die Sternhelligkeiten aus den Durchmessern der Sternscheibchen abzuleiten. Letzteres ist sowieso nötig, da es sich in diesen Fällen fast immer um sehr schwache und sehr nahe nebeneinander stehende Sterne handelt, afokale Aufnahmen für Schwärzungsmessungen also nicht in Betracht kommen, denn die Scheibchen würden sich z. B. in den Kugelsternhaufen überdecken, und außerdem wären zu lange Belichtungszeiten nötig.

Bezeichnet man mit r_0 den Radius des Objektives oder Spiegels, mit r den der kreisförmigen Blende, mit J_0 die Intensität ohne Verwendung der Blende, mit J bei Verwendung der Blende, so ergibt sich, rein geometrisch-optisch gerechnet:

$$\frac{J}{J_0} = \left(\frac{r}{r_0}\right)^2, \quad \text{oder beim Übergang in Größenklassen:} \quad m - m_0 = 5 \log\left(\frac{r_0}{r}\right). \tag{1}$$

Würde man diese so erhaltene Abschwächung ohne weitere experimentelle Prüfung anwenden, so würde man in zahlreichen Fällen systematische Fehler von häufig recht hohem Betrag bekommen. Während nämlich bei der Lichtschwächung durch Objektivgitter das zentrale Bild seiner Gestalt und spektralen Zusammensetzung nach unverändert bleibt, ist dies bei der Lichtschwächung durch Objektivblenden nicht mehr der Fall. Bei der Verwendung solcher Blenden ist eine Reihe von Vorsichtsmaßregeln erforderlich, ohne welche sichere Messungen nicht erhalten werden können. Diese Komplikationen mögen hier zunächst besprochen werden. Ist ϱ der Radius des zentralen Beugungsbildes eines Sternes, D der Radius des Objektivs bzw. Spiegels und λ die Wellenlänge, so besteht bekanntlich die aus der Theorie der Beugung hergeleitete Beziehung:

$$\varrho = 0{,}61 \frac{\lambda}{D}, \tag{2}$$

d. h. das Beugungsscheibchen wird größer, wenn die Objektivöffnung kleiner wird. Eine Anwendung der Beziehung (1) scheint demnach nicht erlaubt zu sein. Ausgedehnte und sehr sorgfältige Versuche von SEARES haben aber ergeben, daß selbst bei sehr starken Abblendungen (der Spiegel von $59^1/_2$ engl. Zoll ist bis auf 6 Zoll abgedeckt worden) der Einfluß der Beugung auf den Aufnahmen nicht mit Sicherheit nachgewiesen werden konnte.

Die Gründe für dieses Nichtzusammenstimmen der Theorie und der praktischen Erfahrung sind leicht anzugeben. Das Sternscheibchen auf der Platte ist selbst bei ganz fehlerfreien Spiegeln immer größer, als es die Theorie verlangt, erstens infolge der stets vorhandenen Luftunruhe und zweitens, wenn auch in geringerem Grade, durch Eigenschaften der photographischen Platte (Korngröße, Lichtdiffusion durch das Plattenkorn usw.). Gerade wenn man von großen Objektivöffnungen zu sehr kleinen übergeht, macht sich der Einfluß der Luftunruhe in besonderer Stärke bemerkbar, da der Luftzylinder, den das Sternlicht bei voller Öffnung des Objektives durchsetzt, einen größeren Querschnitt besitzt als bei starker Abblendung des Objektives. Das Sternlicht wird bei Vorhandensein atmosphärischer Störungen im ersten Fall stärker affiziert als in letzterem. Die Versuche von SEARES, die mit einem Spiegel von sehr hoher optischer Güte vorgenommen wurden, lassen sich auf diese Weise erklären.

Der hauptsächlichste Grund aber, daß weder Gleichung (1) noch Gleichung (2) ganz allgemein anwendbar sind, ist die Fehlerhaftigkeit der Objektive und Spiegel in optischer Beziehung. Nicht selten sind mehr oder minder große Differenzen in der Vereinigung der von den verschiedenen Teilen des optischen Apparates herkommenden Strahlen vorhanden (sphärische Aberration, Zonenfehler, Astigmatismus, mangelnde Achromasie usw.). Besitzt beispielsweise ein Spiegel für die Randzone eine andere Vereinigungsweite als für seine anderen Teile, so wird bei Abdeckung des Randes durch eine Blende das Sternscheibchen einen anderen Durchmesser bekommen, als wenn der Spiegel fehlerfrei wäre und um den gleichen Betrag abgedeckt würde.

Dieser Einfluß der Objektivfehler auf Messungen, die durch Abblendungen mit Diaphragmen gewonnen werden, ist namentlich früher sehr häufig nicht genügend beachtet worden, man hat die Messungen ohne weiteres nach der obigen Gleichung (1) reduziert. Bei großen Objektiven bzw. Spiegeln können schon Änderungen ihrer an sich fehlerfreien Gestalt durch starke Temperaturänderungen oder durch Biegungen die Anwendung von Objektivblenden als nicht ratsam erscheinen lassen.

Ferner ist auch zu berücksichtigen, daß eine etwa vorhandene Bildfeldwölbung durch die Abblendung sehr stark geändert wird in dem Sinne, daß mit Verkleinerung der Öffnung die Krümmung des Bildfeldes abnimmt. Die Reduktion der Helligkeiten der außeraxialen Sterne auf die axialer ändert sich daher mit der Größe der Abblendung, und sie ist für jede einzelne Blende, die man anwendet, besonders zu bestimmen. Diese Gesichtsfeldkorrektur ist bei Spiegeln von großem Öffnungsverhältnis recht erheblich, ebenso bei gewöhnlichen Objektiven. Bei den Triplets ist dagegen meist eine gute Ebenung des Gesichtsfeldes durchgeführt worden. Aber auch bei Verwendung dieser Objektive ändert sich durch die Abblendung die Farbenauffassung. Je stärker nämlich ein Objektiv durch kreisförmige Diaphragmen abgeblendet wird, um so mehr nähert sich sein Zustand dem einer vollkommenen Achromasie, wie sie ein Spiegel besitzt[1]. Bei der Bildfeldwölbung, die ein astronomisches Objektiv besitzt, wird übrigens die Gesichtsfeldkorrektion eine Farbenabhängigkeit von nicht unmerklichem Betrage haben.

Überblickt man die vorhergehenden Betrachtungen, so kann man wohl als Gesamtresultat sagen, daß die Methode der Lichtabschwächung durch Blenden für die Bestimmung absoluter Helligkeiten nicht ohne weiteres zu empfehlen ist, wenn auch von einzelnen Beobachtern, z. B. von SEARES, sehr gute Resultate gewonnen worden sind. Nur wenn der Betrag der Lichtabschwächung nicht mit Hilfe der theoretischen Formeln (1) und (2) berechnet wird, sondern ausschließlich experimentell bestimmt ist, was freilich meist schwierig sein wird, können ganz einwandfreie Resultate erhalten werden. Für relative Messungen dagegen, z. B. den Anschluß schwacher und schwächster Sterne an hellere, kommt die Methode wohl in Betracht, aber auch hier ist die Lichtabschwächung rein empirisch durch Aufnahmen von Sternen bekannter Helligkeit herzuleiten. In bezug auf den Schleier gilt das, was bei der Methode KAPTEYN-WIRTZ gesagt worden ist (Ziff. 26).

29. Die Methode von E. HERTZSPRUNG[2]. Bei dem nun folgenden Verfahren von HERTZSPRUNG werden die Gesetze der Beugung des Lichtes durch ein Stabgitter direkt zur Herstellung der Skala benutzt, welche für die Reduktion der Aufnahmen erforderlich ist. Setzt man vor das Objektiv des Beobachtungsfernrohres ein Stabgitter, so erhält man bekanntlich auf der im Brennpunkte

[1] Die Absorption des Lichtes im Glase des Objektives wird für das abgeblendete Objektiv einen anderen Betrag aufweisen, als für das nicht abgeblendete. Auch dies ist zu berücksichtigen.

[2] A N 186, S. 177 (1910). — CHAPMAN and MELOTTE, On the Application of Parallel Wire Diffraction Gratings to Photographic Photometry. M N 74, S. 50 (1913).

des Objektives befindlichen photographischen Platte eine Beugungsfigur, bestehend aus einem Zentralbild der gleichen Gestalt und spektralen Zusammensetzung, wie sie das Sternbild ohne Vorsetzung des Gitters haben würde, und aus zu beiden Seiten des Zentralbildes liegenden Spektren, deren violettes Ende nach dem Zentralbild hin zeigt. Für photographische Helligkeitsbestimmungen aus Durchmessermessungen würde diese Anordnung nicht brauchbar sein, da die Seitenbilder Spektren und nicht runde Sternscheibchen sind. HERTZSPRUNG fand nun aber, daß, wenn man die Platte nicht in den Brennpunkt des Objektives bringt, sondern in einen geeigneten Abstand vor oder hinter dem Brennpunkt, die Spektren sich in runde Scheibchen verwandeln, die dem Zentralbilde gleichen, und somit die Schwärzungen derselben gemessen werden können. In diesen afokalen Seitenbildern überdecken sich die Farben fast vollständig, so daß die Seitenbilder das Aussehen von Spektren verloren haben. HERTZSPRUNG benutzt nun das Intensitätsverhältnis: $\frac{\text{Seitenbild}}{\text{Zentralbild}}$ zur Herstellung der Skala, indem er dieses Verhältnis aus der Beugungstheorie berechnet.

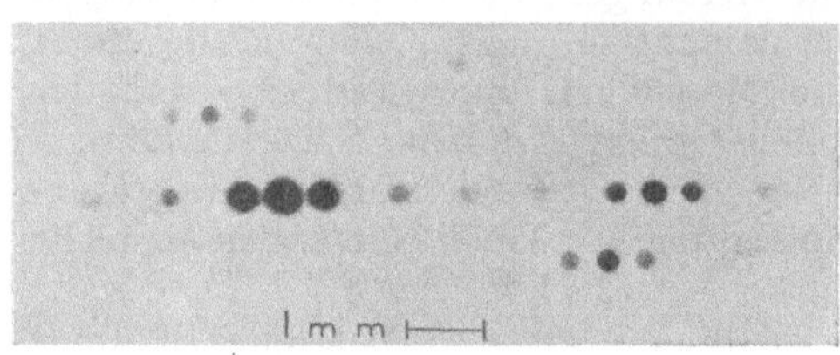

Abb. 11. Extrafokale Aufnahme nach HERTZSPRUNG.

Es sei:

d die Breite der Gitterstäbe oder Gitterdrähte,

s die Breite des Zwischenraumes zwischen den Stäben oder Drähten,

H die Intensität des Sternbildes ohne Vorsetzung des Gitters vor das Objektiv,

H_0 die Intensität des Zentralbildes im Beugungsbilde des Sterns bei Vorsetzung des Gitters,

H_n die Intensität des Spektrums $n$ter Ordnung;

dann ist[1]

$$\frac{H_0}{H} = \left(\frac{s}{s+d}\right)^2, \qquad \frac{H_n}{H} = \frac{1}{(n\pi)^2}\sin^2\frac{sn\pi}{s+d}, \tag{3}$$

oder falls man $H = 1$ setzt und auf Größenklassen übergeht:

$$m_0 = 5\log\frac{s+d}{s}, \qquad m_n - m_0 = 5\left[\log\frac{sn\pi}{s+d} - \log\sin\frac{sn\pi}{s+d}\right]. \tag{4}$$

Sind Stäbe und Zwischenräume von gleicher Breite ($s = d$), so ist

$$H_0 = \frac{1}{4}, \qquad H_n = \frac{1}{(n\pi)^2}\sin^2\frac{n\pi}{2}. \tag{3a}$$

Aus der letzten Formel ist ersichtlich, daß für gerades n ($n = 2, 4 \ldots$) die Spektren verschwinden. In der folgenden Tabelle[2] sind die Werte von m_0 und $m_1 - m_0$ für einen größeren Bereich des Argumentes $\frac{s}{s+d}$ bzw. $\frac{d}{s+d}$ gegeben. Mittels dieser Tabelle ist es leicht, für eine gewünschte Differenz $m_1 - m_0$ das zugehörige Verhältnis $\frac{s+d}{s}$ und gleichzeitig die Lichtschwächung durch das so bestimmte Gitter zu entnehmen. Ist dann f die Brennweite des Objektives bzw. Spiegels, so ist der Abstand D (in cm) des Bildes der Wellenlänge λ von der Mitte des Zentralbildes gegeben durch

$$D = f\frac{\lambda}{s+d}, \tag{5}$$

[1] KAYSER, Handbuch der Spektroskopie Bd. 1, S. 427.

[2] S. CHAPMAN and P. J. MELOTTE, M N 74, S. 53 (1913).

wo f, λ, s, d in cm auszudrücken sind. D ist natürlich so zu wählen, daß das Zentralbild getrennt bleibt von dem Seitenbild. Durch die Formeln (3), (4), (5) sind alle Größen, die in Frage kommen, bestimmt, so daß man das für die beabsichtigten Messungen günstigste Verhältnis $\frac{s}{s+d}$ im voraus festlegen und die Herstellung des Gitters danach einrichten kann. Ist andererseits ein Gitter vorhanden, so hat man, wie obige Formeln zeigen, nur $\frac{s}{s+d}$ zu bestimmen, um sofort Messungen mit diesem Gitter anstellen zu können.

Tabelle 18.

$\frac{s}{s+d}$	$\frac{d}{s+d}$	m_1-m_0	m_0	$\frac{s}{s+d}$	$\frac{d}{s+d}$	m_1-m_0	m_0
0,950	0,050	6^m,402	0^m,111	0,775	0,225	2^m,870	0^m,554
0,925	0,075	5 ,476	0 ,170	0,750	0,250	2 ,614	0 ,624
0,900	0,100	4 ,806	0 ,229	0,725	0,275	2 ,382	0 ,698
0,890	0,110	4 ,583	0 ,253	0,700	0,300	2 ,171	0 ,774
0,880	0,120	4 ,378	0 ,278	0,675	0,325	1 ,978	0 ,854
0,870	0,130	4 ,188	0 ,303	0,650	0,350	1 ,800	0 ,936
0,860	0,140	4 ,012	0 ,328	0,625	0,375	1 ,638	1 ,020
0,850	0,150	3 ,848	0 ,353	0,600	0,400	1 ,486	1 ,109
0,840	0,160	3 ,694	0 ,378	0,575	0,425	1 ,345	1 ,202
0,830	0,170	3 ,547	0 ,404	0,550	0,450	1 ,214	1 ,298
0,820	0,180	3 ,410	0 ,431	0,525	0,475	1 ,093	1 ,399
0,810	0,190	3 ,279	0 ,458	0,500	0,500	0 ,980	1 ,505
0,800	0,200	3 ,155	0 ,484				

Die Ausführung der photometrischen Messungen nach diesem Verfahren gestaltet sich nun folgendermaßen. Nach Vorsetzung des Gitters wird die zu vermessende Sterngruppe photographiert, hierauf aus den Schwärzungen der Zentralbilder und der Seitenbilder die Skala abgeleitet (s. unten), und mittels dieser werden dann aus den Schwärzungen die Helligkeiten der Sterne berechnet. Es ist also für die ganze Helligkeitsbestimmung nur eine einzige Aufnahme nötig, sie liefert sowohl die Skala als auch die gesuchten Helligkeiten. Man ist daher ganz unabhängig von einer Änderung der atmosphärischen Zustände, nur ganz lokale Trübungen können Schaden bringen. Weiterhin fällt die Schleierkorrektion fort, da Bilder und Skala in gleicher Weise affiziert werden. Auch der Nachbareffekt wird einen geringeren Einfluß haben, da alle Bilder sehr nahe gleiche Dimensionen, freilich verschiedene Schwärzungen besitzen. Die Methode von HERTZSPRUNG besitzt somit recht erhebliche Vorzüge vor den meisten anderen Methoden. Als Nachteile sind zu erwähnen, daß das vorgesetzte Gitter die Helligkeit der Sterne schwächt, die Expositionszeit also erhöht wird, auch werden häufig Überlagerungen von Sternen durch die Seitenspektra eintreten, wie bei allen Gittermethoden. Die Seitenbilder besitzen, wie erwähnt, im strengen Sinne nicht dieselbe spektrale Zusammensetzung wie das Sternbild selbst oder das Zentralbild; die Erfahrung hat aber wenigstens bis jetzt gezeigt, daß, wenn man die Aufnahme in geeignetem Abstand vom Brennpunkt macht, eine nahezu vollkommene Überdeckung der verschiedenen Farben in der Mitte der außerfokalen Gitterbilder eintritt, so daß man sie praktisch als ein außerfokales Sternbild ansehen kann.

Die Weite der Skala und ihr Verlauf ist natürlich von der Farbe der Sterne abhängig, die zu ihrer Erzeugung gedient haben. Bestimmt man z. B. die Helligkeiten einer Sterngruppe der früheren Spektraltypen, etwa der Plejaden, mittels dieser Gittermethode und schließt dann an diese Gruppe eine andere Sterngruppe direkt an, deren Glieder aber einem späteren Typus angehören, so werden die auf diese Weise erhaltenen Helligkeiten nicht identisch mit denen sein, welche man durch Aufnahme der zweiten Gruppe mittels Gitter erhält, wo die Skala durch die im Vergleich zur ersten Gruppe röteren Sterne erhalten wird. Dies gilt übrigens für alle Gittermethoden. Mit Hilfe der Farbindizes der Sterne kann man aber beide Bestimmungen leicht aufeinander reduzieren.

30. Die Bestimmung der Gitterkonstante. Bei allen Helligkeitsmessungen, die mit Hilfe von Gittern vorgenommen werden, hängt die Genauigkeit der Resultate sehr wesentlich von der Genauigkeit ab, mit der die Gitterkonstante bestimmt ist. Es ist daher großes Gewicht darauf zu legen, daß diese Bestimmung so sicher als nur möglich ausgeführt wird. Im folgenden sollen daher mehrere Methoden hierfür besprochen werden, so daß man den nach dem einen Verfahren erhaltenen Wert der Gitterkonstante nach einem zweiten oder dritten kontrollieren kann.

a) Es liegt nahe, die Bestimmung von $\frac{s}{s+d}$ mit Hilfe eines Meßmikroskopes vorzunehmen, indem man die Breite der Gitterstäbe bzw. Gitterdrähte und die der Zwischenräume zwischen ihnen mißt. Eine solche Messung kann aber, ähnlich wie die der Öffnungen beim Röhrenphotometer, infolge von Beugung und Irradiation leicht durch systematische Fehler gefälscht sein. Es ist daher gut, auch noch eine photographische Kopie des Gitters herzustellen und auszumessen. Man legt hierzu das Gitter auf eine photographische Platte und läßt paralleles Licht darauffallen.

Diese Art der Bestimmung der Gitterkonstante $\frac{s}{s+d}$ setzt voraus, daß das Gitter fehlerfrei ist, d. h. daß sowohl alle Gitterstäbe gleiche Breite haben, als auch die Intervalle zwischen ihnen gleich sind. Bei sehr sorgfältig gearbeiteten Gittern ist diese Bedingung meist sehr nahe erfüllt, und die Bestimmung der Gitterkonstante durch lineare Ausmessung des Gitters wird genügend genau sein. Bei allen anderen Gittern aber ist $\frac{s}{s+d}$ durch photometrische Messungen selbst zu suchen, wobei darauf zu achten ist, daß das ganze Gitter in Wirkung tritt. Diese photometrische Messung kann nun auf verschiedene Weise geschehen.

b) Man mißt die Lichtabschwächung, die das Gitter erzeugt, wenn es auf eine gleichmäßig erleuchtete Fläche gelegt wird, d. h. das Verhältnis:

$$\frac{\text{Helligkeit der Fläche mit Gitter}}{\text{Helligkeit der Fläche ohne Gitter}} = \frac{H_0}{H} = \frac{s}{s+d},$$

oder in Größenklassen: $m - m_0 = 2{,}5 \log \frac{s}{s+d}$.

Zur Ausführung dieser Messungen verfährt man so, daß man eine Metallfadenlampe genügender Kerzenstärke, deren Helligkeit sich konstant halten läßt, in einen lichtdichten Kasten einbaut, dessen eine Seite aus einer Milchglas- oder Mattglasscheibe von der Form und Größe des Gitters besteht. Diese Scheibe soll über die ganze Fläche hin eine möglichst gleichmäßige Helligkeit besitzen. In einigem Abstand von dieser Vorrichtung wird eine kleine weiße Fläche (Gipsplatte, Kartonblatt usw.) aufgestellt, deren Helligkeit mittels eines Flächenphotometers (etwa des ROSENBERG-Photometers) ausgemessen werden kann, und zwar einmal, wenn die Milchglasplatte mit dem Gitter bedeckt ist, und ein zweites Mal, wenn sie frei ist. Dieses Verfahren gestattet eine hohe Meßgenauigkeit zu erreichen; es ist immer dann anzuwenden, wenn die Gitterfehler so gering sind, daß sie das Beugungsbild eines Sternes nicht wesentlich verändern gegen das Bild, welches bei Benutzung eines fehlerfreien Gitters entsteht.

c) Ist diese Bedingung nicht genügend erfüllt, so verfährt man auf folgende Weise. Man stellt sich mittels einer konstant brennenden Metallfadenlampe einen künstlichen Stern her, den man in eine genügende Entfernung von dem Fernrohr bringt, welches das Gitter trägt. Statt des Okulares bringt man ein Photometer an, welches gestattet, die Helligkeit dieses künstlichen Sternes zu messen, einmal, wenn das Objektiv frei ist, und ein zweites Mal, wenn es mit dem Gitter bedeckt ist (Zentralbild). Ist die Helligkeit des künstlichen Sternes im ersten Fall H, im zweiten H_0, so hat man jetzt:

$$\frac{H_0}{H} = \left(\frac{s}{s+d}\right)^2 \quad \text{bzw.} \quad m - m_0 = 5 \log \frac{s}{s+d}.$$

Diese Messungen sind schwieriger auszuführen und deshalb von geringerer Genauigkeit als die nach dem unter b) beschriebenen Verfahren, sie berücksichtigen aber die Gitterfehler in scharfer Weise, vorausgesetzt, daß die Messungen an dem Fernrohr selbst ausgeführt werden, welches zu den photographisch-photometrischen Messungen benutzt wird. Man hat dieses Verfahren wohl auch im Laboratorium angewendet unter Benutzung eines Fernrohres kleinerer Öffnung, dann wird aber die Gitterkonstante nur für kleinere Teile, nicht für das ganze Gitter erhalten, was gerade von wesentlicher Bedeutung ist, wenn das Gitter Fehler besitzt.

Handelt es sich nicht um ein Stabgitter, sondern um Gittertuch, so hat man:

$$\frac{\text{Helligkeit mit Gitter}}{\text{Helligkeit ohne Gitter}} = \frac{H_0}{H} = \left(\frac{s}{s+d}\right)^4 \quad \text{oder} \quad m - m_0 = 10 \log \frac{s}{s+d}.$$

d) Schließlich kann die Gitterkonstante auch noch mit Hilfe von Sternen bestimmt werden, deren Helligkeiten sehr genau bekannt sind, wie es z. B. bei der Polarsequenz der Fall ist. Man macht eine Reihe von Aufnahmen unter Vorschaltung des Gitters und ohne Gitter, mißt die Schwärzungen aus und setzt diese in Helligkeiten um mit der Schwärzungsskala, welche durch die gemessenen Schwärzungen und die bekannten Sternhelligkeiten gegeben ist. Bei diesem Verfahren gehen natürlich die systematischen Fehler, welche die benutzten Sternhelligkeiten besitzen, in vollem Betrage in den Wert der Gitterkonstante ein. Es ist daher zweckmäßig, mehrere Reihen solcher Aufnahmen zu machen, einen Teil mit den helleren Sternen der Polarsequenz, einen anderen Teil mit den schwächeren. Beide Reihen müssen den gleichen Wert für die Gitterkonstante geben, falls alles in Ordnung ist und die Helligkeiten der benutzten Sterngruppe richtig sind. Hat man die Gitterkonstante auf diese Weise bestimmt, so können freilich die Messungen, welche nun mit diesem Gitter gemacht werden, nicht mehr als absolute Helligkeitsmessungen im strengen Sinne angesehen werden.

e) Bei dem Verfahren von Hertzsprung wird, wie Ziff. 29 angegeben, zur Herstellung der Schwärzungskurve das Verhältnis

$$\frac{H_1}{H_0} = \frac{\text{Intensität des Spektrums 1. Ordnung}}{\text{Intensität des Zentralbildes}}$$

gebraucht, es ist daher, wie Gleichung (3) zeigt, ebenfalls die Konstante $\frac{s}{s+d}$ zu bestimmen. Bei fehlerfreiem Gitter kann diese Konstante durch lineare Ausmessung des Gitters [s. Verfahren a)] erhalten werden, bei nicht fehlerfreiem Gitter durch photometrische Messung [Verfahren b)]. Nach Einsetzen von $\frac{s}{s+d}$ in die Gleichung (4) ist das für die Methode von Hertzsprung nötige Verhältnis gegeben. Sind aber Gitterstäbe und Gitterzwischenräume gleich oder sehr nahe gleich, so wendet Hertzsprung noch ein anderes, indirektes Verfahren zur Bestimmung der Gitterkonstante an, für welches ein visuelles Photometer nicht nötig ist[1]. Er verfährt nämlich folgendermaßen. Man photographiert mit nicht zu langen Expositionszeiten irgend eine Sterngruppe abwechselnd mit und ohne Gitter, so daß alle Expositionen nebeneinander auf dieselbe Platte kommen. Dann werden die Schwärzungen der beiden Arten von Expositionen, nämlich der Bilder bei freiem Objektiv, der der Gitterspektren der ersten Ordnung und der der Zentralbilder ausgemessen. Aus den Expositionen mit Gitter wird in Einheiten der noch unbekannten Sterngrößendifferenz zwischen den Gitterspektren erster Ordnung und dem gleichzeitig erhaltenen Zentralbilde die Abhängigkeit zwischen Schwärzung und Intensität bestimmt. Für jeden Stern wird dann in der erwähnten Einheit die Differenz zwischen Bild bei freiem Objektiv und Zentralbild der Expositionen mit Gitter vor dem Objektiv bestimmt. Aus der bekannten Größe der Normaldifferenz[2] : $2^{m},486$ (evtl. für kleine Abweichungen in der Gestalt des Gitters korrigiert) erhält man dann wieder die Differenz zwischen Gitterspektren erster Ordnung und dem gleichzeitig aufgenommenen Zentralbilde, in Sterngrößen ausgedrückt. HERTZSPRUNG benutzt also das Intensitätsverhältnis zwischen Gitterspektren erster Ordnung und Bild bei freiem Objektiv als Grundlage für die Skala, denn dieses Intensitätsverhältnis wird nur wenig affiziert, wenn die Breite der Gitterstäbe um kleine Beträge von der Breite der Gitterzwischenräume abweicht. Es kann daher, etwa durch lineare Ausmessung, meistens genau genug gefunden werden. Mit Hilfe dieses Verhältnisses bestimmt dann HERTZSPRUNG das für die Helligkeitsmessungen zur Verwendung kommende Verhältnis H_1/H_0. Ein Beispiel hierfür gibt er in seiner obenerwähnten Arbeit. Dieses indirekte Verfahren hat sich übrigens auf dem Potsdamer Observatorium (W. MÜNCH) gut bewährt.

31. Allgemeine Bemerkungen zur Bestimmung der Gitterkonstante. Es ist zu beachten, daß die Gitterkonstante mit möglichst großer Genauigkeit bestimmt werden muß, weil ein Fehler in derselben bei Helligkeitsmessungen, die sich über ein großes Helligkeitsintervall erstrecken, vergrößert wird. Bei der praktischen Durchführung dieser verschiedenen Verfahren, die Gitterkonstante zu bestimmen, hat sich ergeben, daß zwischen den Resultaten, welche einerseits durch lineare Ausmessung des Gitters, andererseits durch photometrische Messung gewonnen wurden, Differenzen von allerdings nur kleinem Betrage (meist nur wenige Hundertstel Größenklassen) bestehen, für deren Auftreten man einen Grund nicht angeben kann. Die Formeln (3) sind, wie bekannt, unter Voraussetzungen abgeleitet, die bei der Anwendung eines Gitters vor einem Fernrohrobjektiv gewiß nicht streng vorhanden sind. Reflexe an den Gitterstäben, aber auch optische Fehler der Objektive können einen gewissen Einfluß ausüben, der nicht in der Formel (3) berücksichtigt ist. Es hat sich aber weiter gezeigt, daß auch die photometrischen Methoden b) und c) meist nicht genau gleiche Werte für die Gitterkonstante ergeben, und auch hierfür hat sich keine Erklärung gefunden.

Man wird daher diejenige Methode für die Bestimmung der Gitterkonstante als besonders geeignet ansehen müssen, welche am meisten der Verwendung des Gitters bei der Bestimmung von Sternhelligkeiten entspricht, d. h. die Methode c), welche freilich experimentell am unbequemsten auszuführen ist, oder aber das indirekte Verfahren e) von HERTZSPRUNG.

Für alle Verfahren, bei welchen zur Erzeugung der Skalen Lichtschwächungen von genau bekanntem Betrage verwendet werden, ist es wichtig, den Betrag

---

[1] A N 186, S. 180 (1910).

[2] $\frac{H_1}{H} = \frac{1}{\pi^2}$, oder falls $H = 1$ gesetzt wird, $m_1 = 5 \log \pi$.

der Lichtschwächung so zu wählen, daß das Resultat, die Sternhelligkeiten, möglichst frei von systematischen Fehlern erhalten werden. Die Erfahrung hat nun gezeigt, daß für Schwärzungsmessungen die günstigste Lichtabschwächung etwa $0^m,5-1^m,5$, für Durchmessermessungen etwa $1^m,0-2^m,5$ beträgt. Wird sie zu groß gewählt, so erhält man zu wenig Punkte für die Konstruktion der Reduktionsskalen; sind sie zu klein gewählt, so geht die Unsicherheit in der Bestimmung der Lichtschwächung zu stark in die Resultate ein.

e) Die verschiedenen Verfahren zur Herstellung der Schwärzungskurve.

32. Direkte Herstellung der Schwärzungskurve. Allgemeine Betrachtungen. Bei den Methoden von Parkhurst (Röhrenphotometer) und von King (Aufnahmen bei verschiedenen extrafokalen Einstellungen) wird, wie bereits erwähnt, die Schwärzungskurve direkt erhalten. Bei allen anderen Methoden ist dies nicht der Fall, sie muß vielmehr unter Benutzung der Lichtabschwächungskonstante des Gitters bzw. der Blende aus den beobachteten Schwärzungen der beiden Aufnahmen abgeleitet werden.

Genau so verhält es sich, wenn photographische Helligkeiten aus fokalen Aufnahmen mit Hilfe der Sterndurchmesser gemessen werden, so daß die folgenden Betrachtungen für beide Meßverfahren gelten.

Ein Stern der Helligkeit m_n erzeuge auf der photographischen Platte die Schwärzung S_n, bei Abblendung des Aufnahmeinstrumentes um k Größenklassen aber die Schwärzung S'_n, dann gelten die Beziehungen:

$$\left.\begin{aligned} S_n &= \varphi(m_n)\,, \\ S'_n &= \varphi(m_n + k)\,. \end{aligned}\right\} \tag{1}$$

Die Verwandlung der beobachteten Schwärzung in Größenklassen erfordert eine Gleichung der Form:

$$m_n = \psi(S_n)\,. \tag{2}$$

Die Funktion ψ würde bekannt sein, wenn die Funktion φ bekannt wäre, aber diese folgt nicht unmittelbar aus den Beobachtungen. Diese zeigen vielmehr nur, welche Schwärzung S_n zu der Schwärzung S'_n gehört, d. h. man kennt nur

$$S' = \chi(S)\,. \tag{3}$$

Trägt man nämlich die Schwärzungen S_n der ersten Aufnahme als Abszissen, die zugehörigen S'_n als Ordinaten in Millimeterpapier ein, so erhält man eine Kurve, welche die Gleichung (3) repräsentiert. Die zu lösende Aufgabe besteht nun in der Aufsuchung der Funktion φ mit Hilfe der bekannten Funktion χ.

Schwarzschild hat dieses mathematische Problem in seiner berühmten Abhandlung: „Über eine Interpolationsaufgabe der Aktinometrie“ behandelt und zur Lösung gebracht[1]. Es ist nicht möglich, den Inhalt dieser Untersuchung hier vollständig wiederzugeben, es soll aber darauf hingewiesen werden, daß jeder, der sich mit photographisch-photometrischen Arbeiten beschäftigt, aus dem Studium derselben großen Nutzen ziehen wird.

33. Graphisches Verfahren. Bevor diejenige Reduktionsmethode Schwarzschilds, welche sich bei größeren praktischen Arbeiten als besonders geeignet gezeigt hat, auseinandergesetzt wird, sei ein höchst einfaches graphisches Verfahren erwähnt, das sich bei häufigem Gebrauch durch den Verfasser gut be-

[1] A N 172, S. 65ff. (1906).

währt hat und hinter den rechnerischen Methoden an Genauigkeit kaum zurücksteht[1].

Man ordne zunächst die Sterne nach den Schwärzungen S und beziffere sie mit 1, 2 ... n. Es habe 1 die geringste, n die stärkste Schwärzung. Dann trägt man die Ziffern als Ordinaten in Millimeterpapier ein in einem Abstand von etwa 0,5 oder 1 cm, die zugehörigen Schwärzungen S als Abszissen und verbindet die Punktreihe durch eine glatte, sich den Punkten möglichst nahe anschließende Kurve. In gleicher Weise trägt man die zu jedem Stern (Ziffer) gehörende Schwärzung S' ein, die durch Vorsetzung einer um k Größenklassen schwächenden Vorrichtung (Gitter) vor das Objektiv erhalten wurde. Es entsteht auf diese Weise

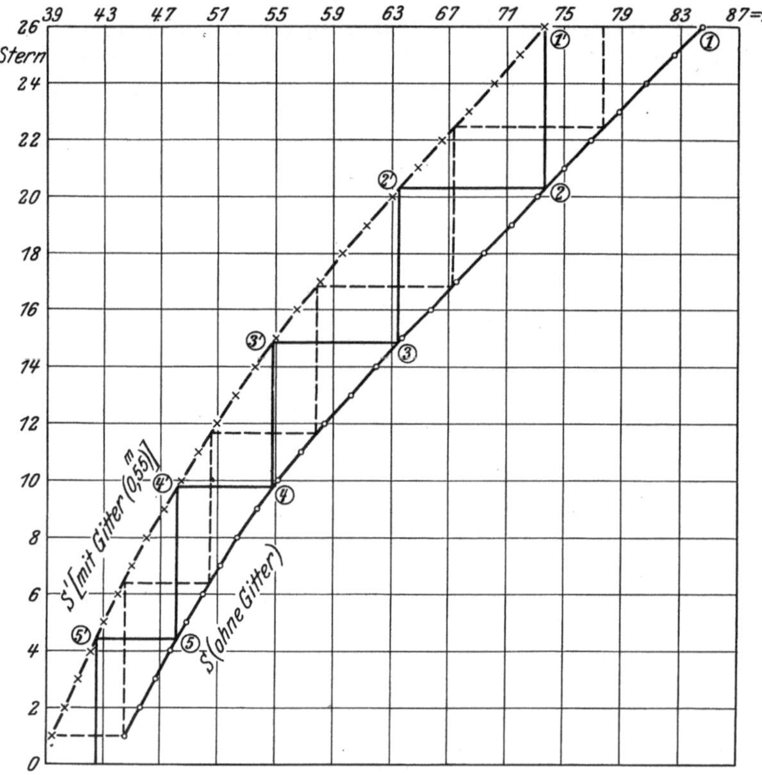

Abb. 12. Konstruktion der Schwärzungskurve aus den Schwärzungen.

eine zweite Kurve. Die Abszissendifferenz $S - S'$ entspricht dann der Abschwächung um k Größenklassen (Abb. 12). Nun zieht man, etwa von dem größten Werte S ausgehend (Punkt (1) der Abbildung) eine zur Abszissenachse parallele Linie (1)(1'), bis diese die S'-Kurve schneidet, hierauf von diesem Schnittpunkte eine zur Ordinatenachse parallele Linie (1')(2). Die Schwärzung S' in (1') ist der Konstruktion nach der Schwärzung S in (2) gleich, somit sind es auch die Intensitäten, welche diese Schwärzung erzeugten. Indem man von (2) horizontal nach (2') und von da vertikal nach (3) geht und dieses Verfahren weiter fortsetzt, erhält man ein treppenartiges Gebilde, in welchem die Höhe einer Stufe k Größenklassen beträgt. Setzt man die Helligkeit des Sternes 26 beliebig an, etwa gleich

[1] Dieses Verfahren ist auch von J. STARK gefunden und benutzt worden. Ann d Phys 4) 35, S. 465 (1911).

$0^m,00$ (der Nullpunkt der Schwärzungskurve ist ja unbestimmt), so ist der Schnittpunkt ② um k Größenklassen schwächer als der Stern 26, der Schnittpunkt ③ um $2k$ Größenklassen, der Schnittpunkt ③ um $3k$ Größenklassen usw. Man trägt nun die zu den Schnittpunkten ①, ②, ③ usw. gehörigen, aus der Zeichnung entnommenen Schwärzungen als Abszissen, die entsprechenden Helligkeiten k, $2k$, $3k$ usw. als Ordinaten in Millimeterpapier ein und verbindet die so erhaltenen Punkte wiederum durch eine glatte, sich den Punkten möglichst eng anschließende Kurve; diese ist dann die gesuchte Schwärzungskurve.

Ist das Intervall k zu groß, um einen sicheren Kurvenzug für die Schwärzungskurve zu bekommen, so wiederholt man das ganze Verfahren, geht jetzt aber von einem anderen Stern aus, etwa vom Stern 1. Man erhält dann eine neue Treppe (in der Abbildung durch punktierte Linien dargestellt), aus der man eine neue Reihe Punkte der Schwärzungskurve entnimmt, so daß sich nun die Schwärzungskurve mit Sicherheit zeichnen läßt. Das Verfahren ist viel einfacher, als es der Beschreibung nach zu sein scheint. Es eignet sich sowohl zur Konstruktion einer Schwärzungskurve als auch zur Kontrolle der nach einem rechnerischen Verfahren erhaltenen Schwärzungskurve.

34. Das Verfahren von SCHWARZSCHILD[1] soll ausführlich und mit SCHWARZSCHILDS eigenen Worten wiedergegeben werden, da eine bessere Darstellung kaum zu geben ist. SCHWARZSCHILD erläutert seine Methode durch ein Rechnungsbeispiel. Er führt die Reduktion der Platte 385 seiner Aktinometrie durch (Tab. 19). Die Platte erhielt drei Belichtungen (Schraffierkassette), deren Expositionszeiten sich wie 1:3:9 verhielten, und es wurde angenommen, daß die Verlängerung der Exposition auf das Dreifache wie eine Vermehrung der Sternhelligkeit um eine Größenklasse wirkt. Mit I, II, III sind die Schwärzungen der Bilder, nach abnehmender Expositionszeit gezählt, bezeichnet. „Die Sterne werden zunächst in Gruppen zusammengefaßt, die durch die Querstriche der Tabelle angedeutet sind, wobei maßgebend war, daß die Mittelwerte der Schwärzungen II der einzelnen Gruppen in einigermaßen gleichmäßigen Intervallen fortschreiten sollten. Dabei wurde durch Subtraktion der Spalte (II—III) von II noch die Spalte III gebildet, welche die Mittelwerte der Schwärzungen der kürzesten Aufnahme angibt. Folgende Tabelle 20 gibt diese Mittelwerte für die einzelnen Gruppen der Tabelle 19. Man beachte zunächst nur die erste Hälfte der Tabelle, welche sich auf die Aufnahme I und II bezieht. Die Schwärzungsdifferenz I—II wurde graphisch als Funktion der Schwärzung II auf Millimeterpapier aufgetragen und durch einen glatten Kurvenzug interpoliert. Diese Kurve stellt die gewünschte Beziehung zwischen den Schwärzungen, die um eine Größenklasse auseinanderliegenden Helligkeiten entsprechen, dar, sie gibt an, um wieviel die Schwärzung ansteigt, wenn man die Helligkeit um eine Größenklasse vermehrt, und zwar immer für die durch die Abszisse gegebene Ausgangsschwärzung. Sie soll „Kurve der Schwärzungsdifferenzen" heißen. Es gilt weiter, daraus die Beziehung zwischen Schwärzungen und Größenklassen, die „Schwärzungskurve" selbst, abzuleiten. Die Kurve der Schwärzungsdifferenzen wurde in ihrem mittleren Stück ersetzt durch eine nahe berührende gerade Linie und die Gleichung dieser geraden Linie gebildet. Ist S die als Abszisse dienende Schwärzung, $S' - S$ die als Ordinate aufgetragene Schwärzungsdifferenz, so laute die Gleichung

$$S' - S = b(S - a). \tag{4}$$

[1] Aktinometrie der Sterne der BD bis zur Größe 7,5 in der Zone 0° bis +20° Deklination. Teil A, S. 12—17 (1910).

Tabelle 19.

Stern Nr.	II	I—II	II—III
1010	75,6	—	14,5
977	70,1	—	13,9
1110	69,7	—	14,5
85	68,7	—	16,4
1094	66,9	—	13,4
999	65,5	—	13,1
990	65,1	—	13,1
1108	65,0	—	12,4
1014	63,6	—	12,0
974	62,7	—	12,0
984	62,6	—	11,4
985	62,2	—	12,1
995	61,7	—	11,4
952	61,2	13,2	11,2
1046	61,0	—	11,4
1113	60,3	—	11,4
1007	59,9	14,2	11,1
968	59,5	14,1	10,4
1059	59,4	13,2	11,1
1095	59,2	12,9	10,6
1102	59,2	13,2	10,5
1079	58,7	13,1	11,1
1035	58,6	13,6	10,6
1111	58,6	13,9	11,1
959	58,3	14,0	10,4
997	58,2	13,9	9,9
1087	57,8	14,0	10,4
1096	57,8	12,7	10,2
1089	57,5	13,9	9,8
1020	57,4	13,4	10,1
1083	56,6	14,2	9,5
970	56,5	13,2	9,1
978	56,4	13,1	9,3
1011	56,3	12,5	9,5
1112	56,2	13,5	9,5
962	56,0	13,1	8,8
1018	55,4	13,4	9,2
969	55,3	12,7	8,9
994	54,6	12,7	7,9
1076	54,6	12,6	9,1
993	54,5	11,8	—
1088	54,5	12,6	8,7
965	54,2	10,8	7,8
1070	53,7	12,7	8,6
1075	53,6	12,2	8,7
1005	53,5	12,3	8,0
966	53,3	11,7	7,4
955	53,0	11,8	7,6
1031	53,0	12,5	7,2
1049	51,9	11,9	6,6
1015	51,8	12,2	6,7
1023	51,6	11,7	6,4
1078	51,0	11,0	7,1
1028	50,9	11,1	6,6
1036	50,9	11,3	6,2
1016	50,2	10,0	6,1
1105	50,1	10,7	6,4
976	49,9	10,1	5,5
1026	49,9	10,7	—
1098	49,9	11,1	—
1065	49,8	10,7	5,5
1042	49,5	10,6	5,4
1065	49,4	9,6	5,3
1066	49,2	10,2	5,4
1006	49,0	10,0	—
987	48,7	9,3	—
1114	48,6	10,1	—
1097	48,5	9,8	—
988	48,4	9,5	—
1001	48,0	8,2	—
1107	48,0	9,7	—
1045	47,9	9,2	—
1047	47,9	8,5	—
1029	47,8	8,8	—
1051	47,8	9,0	—
1077	47,4	10,1	—
1000	47,3	7,4	—
1069	47,0	8,6	—
1019	46,9	7,3	—
971	46,8	7,7	—
989	46,8	7,5	—
1080	46,8	8,4	—
1071	46,7	7,9	—
1092	46,7	8,9	—
953	46,6	7,6	—
979	46,6	7,7	—
1033	46,5	7,1	—
1074	46,4	8,4	—
963	46,2	7,9	—
1008	46,2	7,0	—
1038	46,1	6,6	—
991	45,9	7,2	—
1061	45,9	7,2	—
956	45,7	5,3	—
1003	45,7	6,1	—
1073	45,6	7,6	—
954	45,5	6,3	—
1027	45,5	6,0	—
961	45,4	5,9	—
1043	45,4	5,4	—
1068	45,3	5,2	—
1060	45,2	6,6	—
964	45,0	6,0	—
992	45,0	6,2	—
1009	45,0	5,7	—
957	45,0	6,0	—
981	44,9	4,6	—
1090	44,9	5,4	—
1022	44,8	5,7	—
1040	44,7	6,4	—
1056	44,7	6,1	—
1034	44,6	4,9	—
1067	44,1	5,1	—
1081	44,1	4,8	—
1082	44,0	5,4	—
1101	44,0	4,5	—
1106	44,0	5,7	—
982	43,9	4,6	—

Wäre diese Beziehung durchgehends richtig, so würde für die Beziehung zwischen Schwärzungen S und Größenklassen μ der logarithmische Ausdruck angesetzt werden können:

$$\mu = \frac{\log(S-a)}{\log(1+b)}. \quad (5)$$

In der Tat, ersetzt man hier S durch S', so hat man ja aus Gleichung (4):

$$S' - a = (S-a)(1+b)$$

und damit:

Tabelle 20.

Sternzahl	II	I–II	Sternzahl	III	II–III
10	58,6	13,8	1	61,1	14,5
10	56,9	13,4	3	54,6	14,9
7	54,7	12,4	4	52,6	13,0
9	52,8	12,1	4	50,9	11,9
13	50,0	10,5	4	49,7	11,4
13	47,9	9,1	10	47,9	10,7
13	46,6	7,7	10	47,3	9,6
15	45,5	6,1	7	46,1	8,6
12	44,4	5,3	9	45,3	7,5
			10	44,0	6,0

$$\frac{\log(S'-a)}{\log(1+b)} = \frac{\log(S-a)}{\log(1+b)} + 1 = \mu + 1.$$

Es entspricht also, wie verlangt, der um $S' - S$ vermehrten Schwärzung eine um eine Größenklasse vermehrte Helligkeit. Da nun aber die gerade Linie nur den mittleren Teil der Kurve der Schwärzungsdifferenzen darstellt, so wird die Beziehung (5) auch nur für mittlere Schwärzungen gelten. Indessen ist es leicht, die vollständige Schwärzungskurve zu erhalten, wenn man nur erst ein mittleres Stück derselben hat. Dieses wird am besten ein Beispiel klarmachen. Für Platte 385 wurden der Kurve der Schwärzungsdifferenzen die folgenden Werte von S und $S' - S$ entnommen, aus denen dann gleich das zu jedem S gehörige S' gebildet wurde:

Tabelle 21.

S	$S'-S$	S'	μ	Korr.	μ'	Korr.	m	m'
44,0	5,1	49,1	0,61	−25	1,37	−1	0,36	1,36
46,0	7,1	53,1	0,94	−12	**1,82**	0	0,82	1,82
48,0	9,1	57,1	1,22	− 2	**2,20**	0	1,20	1,20
50,0	10,5	60,5	**1,48**	0	**2,48**	0	1,48	2,48
52,0	11,6	63,6	**1,70**	0	2,70	0	1,70	2,70
54,0	12,45	66,45	**1,91**	0	2,89	+2	1,91	2,91
56,0	13,15	69,15	**2,10**	0	3,06	+4	2,10	3,10
58,0	13,65	71,65	**2,27**	0	3,20	+7	2,27	3,27
59,0	13,8	72,8	**2,35**	0	3,27	+8	2,35	3,35

Die nahe tangierende gerade Linie wurde durch die Punkte mit den Abszissen 50,0 und 52,0 gelegt. Ihre Gleichung lautet:

$$S' - S = 0{,}55\,(S - 30{,}9), \quad (6)$$

damit folgt:

$$\mu = 5{,}25 \log(S - 30{,}9). \quad (7)$$

Die hiernach gerechneten Werte μ und μ' sind oben neben die zugehörigen Schwärzungen S und S' geschrieben. Man sieht zunächst — dies ist Rechnungskontrolle —, daß die Werte μ und μ' für $S = 50{,}0$ und $52{,}0$ gerade um eine Größenklasse auseinanderliegen. Wird die Beziehung (7) zwischen μ und S für das Schwärzungsintervall von $S = 50{,}0$ bis zu der zugehörigen Schwärzung 60,5 als richtig angesehen, was bei der Annäherung der geraden Linie an die Kurve der Schwärzungsdifferenzen erlaubt ist, so sind auch alle die fettgedruckten Werte μ der Tabelle richtig. Sie erhalten die daneben geschriebene Korrektion

Null. Nunmehr ist die Tabelle ohne weiteres fortzusetzen, eben auf Grund der Forderung, daß nebeneinander stehenden Werten S und S' um eine Größenklasse verschiedene Werte μ und μ' entsprechen müssen. Der Wert 2,70 der Spalte μ' erhält noch die Korrektur 0, da er sich von dem danebenstehenden, in das Ausgangsintervall fallenden Wert gerade um $1^m,00$ unterscheidet. Der Wert 2,89 erhält die Korrektur $+ 0^m,02$, um $1^m,00$ größer zu werden als der danebenstehende Wert 1,91. Ähnlich für die folgenden Zahlen. Für die kleineren Werte von μ sieht man zunächst, daß der Wert 1,22 die Korrektion $-0,02$, 0,94 die Korrektion $-0,12$ zu erhalten hat. Daraus leitet man interpolatorisch ab, daß der Wert $\mu' = 1,37$ die Korrektion $-0,01$ zu erhalten hat und findet damit für den ersten Wert μ der Tabelle die Korrektion $-0,25$. Auf diese Weise kann man immer so weit, als überhaupt die Kurve der Schwärzungsdifferenzen reicht, sukzessive die Korrektionen erhalten. Die korrigierten Werte m und m' als Funktionen von S bzw. S' geben die gesuchte Beziehung zwischen Schwärzungen und Größenklassen, die „Schwärzungskurve".

Es ist schließlich noch zu berücksichtigen, daß nicht nur die Differenzen I—II, sondern ebensowohl auch die Differenzen II—III zur Konstruktion einer Schwärzungskurve dienen können. Ist die Abblendung II—III genau dieselbe wie die Abblendung I—II, so sollten die Differenzen II—III, als Funktion der Schwärzung III aufgetragen, auch genau dieselbe Kurve der Schwärzungsdifferenzen geben wie die Differenzen I—II als Funktion der Schwärzung II. Häufig sind aber die Differenzen II—III systematisch größer oder kleiner als die Differenzen I—II. Wenn, wie zu vermuten ist, dieser Unterschied an einer Änderung der Luftdurchsichtigkeit oder ungleichmäßiger Schraffierung liegt, welche die Intensität in der Mitte der Quadrate für irgendeine Aufnahme heruntergesetzt haben mag, so wird man der hieraus hervorgehenden Änderung des Größenunterschiedes der beiden Aufnahmen genähert Rechnung tragen, indem man alle Differenzen II—III mit einem geeigneten Faktor („Verschiebungsfaktor") multipliziert. In der Tat hat sich gezeigt, daß durch eine solche proportionale Änderung die aus den Differenzen II—III hervorgehende Kurve sich stets mit der aus den Differenzen I—II entspringenden genügend zur Deckung bringen ließ. Daher wurde es allgemeine Regel, den Faktor zu suchen, welcher die Differenzen II—III möglichst mit den Differenzen I—II zur Deckung brachte, die Differenzen II—III mit diesem Faktor zu multiplizieren und durch die Gesamtheit der so entstehenden Punkte die Kurve der Schwärzungsdifferenzen zu legen, aus der dann die Schwärzungskurve selbst in der oben beschriebenen Weise abgeleitet wurde.

Die Herstellung der Kurve der Schwärzungsdifferenzen wird durch Abb. 13 erläutert, die sich auf Platte 385 bezieht. Hier ist der Verschiebungsfaktor, mit dem die Differenzen II—III zu multiplizieren sind, 0,88. Die durch die Verschiebung entstehenden Punkte sind in der Abbildung durch kleine Kreise bezeichnet. Durch sie und die den Differenzen I—II entspringenden Punkte wurde die oben verwandte Kurve bestimmt.

Wie groß ist die Differenz II—III in Größenklassen anzusetzen, wenn der Verschiebungsfaktor den Betrag f hat und an der Voraussetzung festgehalten wird, daß die Differenz I—II gerade einer Größenklasse entspricht? Man betrachte das Gebiet der Schwärzungen I und II, für welche die Relation:

$$S' - S = b(S - a)$$

und damit auch die Relation:

$$\mu = m = \frac{\log(S - a)}{\log(1 + b)}$$

gilt. Für zusammengehörige Schwärzungen II und III wird dann gelten:

$$S' - S = \frac{b}{f}(S - a)\,, \qquad S' - a = \left(1 + \frac{b}{f}\right)(S - a)\,.$$

Setzt man diesen Wert S' in die Formel für μ ein, so folgt:

$$m' = \frac{\log(S' - a)}{\log(1 + b)} = m + \frac{\log\left(1 + \frac{b}{f}\right)}{\log(1 + b)}\,.$$

Die Größendifferenz II—III hat daher den Wert:

$$k = \frac{\log\left(1 + \frac{b}{f}\right)}{\log(1 + b)}\,. \tag{8}$$

Für die Platte 385 folgt mit $b = 0{,}55$ und $f = 0{,}88$: $k = 1^{\mathrm{m}}{,}11$. Man kann daher jetzt die Schwärzungen der Platte 385 auf dieselbe Expositionszeit reduzieren

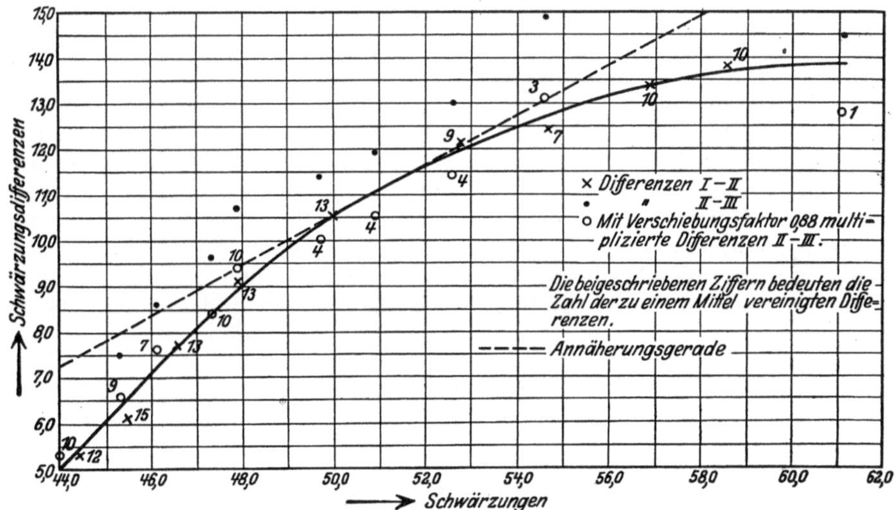

Abb. 13. Kurve der Schwärzungsdifferenzen für die Platte 385. (Abh. Kgl. Ges. d. Wiss. Göttingen Bd. VI, Aktinometrie S. 16.)

und angenähert in Größenklassen verwandeln, indem man mit Hilfe der letzten Spalten der Tabelle 21 von S zu m und S' zu m' übergeht und nach dem Übergang für die zweite Aufnahme $1^{\mathrm{m}}{,}00$, für die dritte $1^{\mathrm{m}}{,}00 + 1^{\mathrm{m}}{,}11 = 2^{\mathrm{m}}{,}11$ zu den unmittelbar erhaltenen Größen addiert. Indessen empfiehlt es sich, vor der Ausführung dieser Operationen schon einen gewissen vorläufigen Anschluß der Platten aneinander zu bewerkstelligen.

Bei der bisherigen Reduktion blieb der Nullpunkt der Größenzählung ganz willkürlich und die Größenintervalle selbst waren aus der Voraussetzung abgeleitet, daß verdreifachte Expositionszeit gerade einen Gewinn von einer Größenklasse gäbe. Beträgt dieses Intervall in Wirklichkeit h Größenklassen, so hat man den bisher erhaltenen Zahlen m noch den Faktor h, den wir „Skalenwert“ nennen wollen, hinzuzufügen. Nimmt man noch eine Nullpunktskorrektion g

hinzu, so ergibt sich zwischen den bisher erhaltenen Zahlen m und wirklichen Größenklassen $\overline{m}$ die lineare Relation[1]

$$\overline{m} = g - hm\,.$$

Nullpunkt g und Skalenwert h ließen sich bestimmen durch Anschluß an bereits fertigreduzierte Platten, welche die neu zu reduzierende Platte ganz oder zur Hälfte überdeckten. Es wurden etwa 20 möglichst gleichmäßig über das gemeinsame Plattenareal verteilte und in Helligkeit möglichst extreme Sterne ausgesucht, für diese wurden mit den gemessenen Schwärzungen die Werte m aus der Tabelle 21 entnommen. Die m-Werte von der zweiten und dritten Aufnahme wurden dabei natürlich um 1 bzw. $1 + k$ vermehrt. Die (bis zu drei) m-Werte, die sich so für jeden Stern ergaben, wurden zu einem Mittel vereinigt, welches (negativ genommen) mit β bezeichnet werden möge. Die aus der fertig reduzierten Platte folgenden Größen derselben Sterne, welche mit α bezeichnet werden mögen, wurden daneben geschrieben. Die Aufgabe war dann, α als lineare Funktion von β darzustellen. Dieses geschah graphisch, indem die Differenzen $\alpha - \beta$ als Funktion von β aufgetragen wurden und durch die entstehenden Punkte eine gerade Linie gelegt wurde. Dieser Geraden waren die Konstanten g und h unmittelbar zu entnehmen. Auch wurden aus ihr direkt die Korrektionen $\alpha - \beta$ abgelesen, die man den Werten m hinzuzufügen hatte, um sie in die verbesserten $\overline{m}$ zu verwandeln. Die verbesserten Größenunterschiede der zweiten und dritten gegen die erste Aufnahme sind h und $h(1 + k)$.

Nunmehr wurde die Verwandlung der Schwärzungen in Größenklassen wirklich ausgeführt. Die Größen $\overline{m}$ wurden als Funktion von S auf Millimeterpapier eingetragen in einem Maßstab, bei dem $0^m,01$ und 0,1 Schwärzungsteile 1 mm groß waren. Dieser Schwärzungskurve wurden alle Größenwerte entnommen, wobei gleich im Kopf für die Bilder II und III die Differenzen h (bei Platte 385 ist $h = 0^m,79$) und $h(1 + k)$ $(= 1^m,66)$ abgezogen wurden".

Das vorstehend beschriebene Verfahren zur Herstellung der Schwärzungskurve hat bisher wohl die häufigste Anwendung erfahren und sich bestens bewährt. Für andere Verfahren sei auf die Originalabhandlung von SCHWARZSCHILD verwiesen, in welcher auch ein Rechnungsbeispiel gegeben ist[2]. Eines dieser Verfahren hat übrigens W. HEINRICH zur Helligkeitsmessung der Sterne der Coma Berenices verwendet und dabei seine praktische Brauchbarkeit bewiesen[3].

f) Die Schleierkorrektion.

35. SCHWARZSCHILDS Verfahren. Wenn Sternaufnahme, Skala und Schleier gleichzeitig auf der Platte erzeugt werden, wie es z. B. bei dem Verfahren von HERTZSPRUNG der Fall ist, bedürfen die aus einer solchen Aufnahme erhaltenen Helligkeiten offenbar keiner Verbesserung. Bei den Verfahren, bei welchen die erste Aufnahme bei unabgeblendetem Objektiv, die zweite auf dieselbe Platte unter Vorsetzung eines Gitters oder Diaphragmas gemacht wird (beispielsweise bei dem Verfahren von KAPTEYN-WIRTZ), ist, streng genommen, eine Schleierkorrektion nötig, denn die zwei Aufnahmen sind nicht gleichzeitig erhalten worden. Die zweite Aufnahme wird nämlich auf die bereits einen Schleier

[1] Das negative Zeichen des Gliedes hm berücksichtigt, daß im vorhergehenden der größeren Helligkeit der größere m-Wert entsprach, während sich die Größen $\overline{m}$ nunmehr der üblichen, entgegengesetzt laufenden Zählweise der Sterngrößen anschließen sollen.

[2] A N 172, S. 73 (1906).

[3] Photographische Messung von Sternhelligkeiten der Coma Berenices. A N 183, S. 299 (1910).

besitzende Platte gemacht, ferner wird der Schleier bei der zweiten Aufnahme evtl. noch zunehmen, so daß auch die Sternbilder der ersten Aufnahme verändert werden. Ist der Schleier aber sehr gering, wie das wohl meist der Fall ist (Platten mit starkem Schleier sind stets, als nicht brauchbar, zu verwerfen), so kann man, ohne großen Fehler zu begehen, annehmen, daß der Schleier auf die Bilder der beiden Aufnahmen so wirkt, als ob er gleichzeitig mit dem Sternbilde bei den Aufnahmen entstanden wäre. Eine Korrektion ist dann nicht nötig.

Wesentlich anders gestalten sich die Verhältnisse bei der Halbgittermethode von SCHWARZSCHILD. Die Aufnahme durch das Halbgitter wird stets einen geringeren Schleier aufweisen als die gleich lange exponierte ohne Halbgitter. Die Skala wird nun aber gerade aus diesen beiden Aufnahmen abgeleitet, sie wird daher stets vom Schleier verfälscht sein. Es kommt als weitere Schwierigkeit hinzu, daß das Gitter auf die Sterne stärker lichtschwächend wirkt, als auf den erleuchteten Himmelsgrund, welcher den Schleier erzeugt. SCHWARZSCHILD[1] hat diesen Fall einer Untersuchung unterzogen, die hier, gleichfalls wörtlich, wiedergegeben werden soll. Zunächst behandelt er den einfacheren Fall: statt eines Gitters soll eine absorbierende Platte zur Abschwächung des Sternlichtes benutzt sein, die auf Sterne und hellen Himmelsgrund in gleicher Weise abschwächend wirkt.

„Es werde vorausgesetzt, daß bereits eine vollständige Reduktion der Aufnahmen erfolgt sei ohne Berücksichtigung des Schleiers und aus derselben für jeden Stern eine gewisse — vorläufige — Größe μ abgeleitet sei. Dabei ergibt sich auch eine gewisse Grenzgröße μ_0 für die Helligkeit eines Sterns, dessen Schwärzung sich von der Schwärzung des Schleiers der freien Plattenhälfte nicht mehr unterscheidet. Um μ_0 scharf bestimmen zu können, muß man bei der Ausmessung darauf achten, daß man auf der bedeckten Plattenhälfte auch noch solche Sterne in genügender Zahl mit mißt, deren Schwärzung gleich der Schleierschwärzung der freien Hälfte ist oder noch etwas darunter liegt.

Da bei Verwendung einer absorbierenden Platte Sterne und diffuses Himmelslicht in genau gleicher Weise abgeschwächt werden, so gehen die Intensitäten beider in die ganze vorläufige Reduktion miteinander verbunden ein. Die vorläufige Größe μ entspricht nicht der reinen Sternintensität J, sondern der Summe von Sternintensität J und Schleierintensität F. Es gilt also

$$\mu = -2{,}5 \log (J + F)\,.$$

Für einen Stern verschwindender Intensität J geht μ in die Grenzgröße μ_0 über. Es ist also

$$\mu_0 = -2{,}5 \log F\,.$$

Zwischen der wahren Sterngröße m und der Intensität J besteht die Beziehung

$$m = -2{,}5 \log J\,.$$

Damit erhält man

$$\mu - \mu_0 = m - \mu_0 - 2{,}5 \log [1 + 10^{0{,}4\,(m-\mu_0)}]\,.$$

Aus dieser Gleichung ergibt sich $\mu - \mu_0$ als Funktion von $m - \mu_0$ und durch Umkehrung $m - \mu_0$ als Funktion von $\mu - \mu_0$. Bildet man die Differenz $(m - \mu_0) - (\mu - \mu_0) = m - \mu$, so erhält man damit die Korrektion $\Delta\mu$, welche man an die vorläufigen Sterngrößen μ anzubringen hat, um sie in wahre

[1] Über die Schleierkorrektion bei der Halbgittermethode zur Bestimmung photographischer Sterngrößen. A N 193, S. 81 (1912).

Sterngrößen m zu verwandeln. Das Resultat dieser Rechnung gibt die folgende Tabelle.

$\mu_0-\mu$	$\Delta\mu$	$\mu_0-\mu$	$\Delta\mu$	$\mu_0-\mu$	$\Delta\mu$	$\mu_0-\mu$	$\Delta\mu$
6^m,0	0^m,00	3^m,0	0^m,07	1^m,2	0^m,43	0^m,5	1^m,08
5 ,5	0 ,01	2 ,5	0 ,12	1 ,0	0 ,55	0 ,4	1 ,28
5 ,0	0 ,01	2 ,0	0 ,19	0 ,9	0 ,61	0 ,3	1 ,55
4 ,5	0 ,02	1 ,8	0 ,23	0 ,8	0 ,70	0 ,2	1 ,95
4 ,0	0 ,03	1 ,6	0 ,28	0 ,7	0 ,81		
3 ,5	0 ,04	1 ,4	0 ,35	0 ,6	0 ,93		

Wir gehen nun weiter zum Falle des Halbgitters. Das Gitter wirkt auf die Sternbilder anders als auf das flächenhaft verteilte Licht, welches den Schleier erzeugt. Wird die Intensität des Zentralbildes eines Sternes im Verhältnis P^2 geschwächt, so erleidet bekanntlich eine Flächenintensität nur eine Abschwächung im Verhältnis P. Ein Stern der Intensität J erzeugt daher auf der freien und der bedeckten Plattenhälfte durch Überlagerung mit dem Schleier die Gesamtintensitäten

$$J + F \quad \text{bzw.} \quad JP^2 + FP.$$

Man spalte nun den Schleier F in zwei Teile F_1 und F_2 gemäß folgendem Ansatz:

$$F = F_1 + F_2, \qquad FP = F_1 P^2 + F_2,$$

woraus sich ergibt:

$$F_1 = F/(1 + P), \qquad F_2 = FP/(1 + P).$$

Die auf beide Plattenhälften wirkenden Intensitäten schreiben sich dann:

$$(J + F_1) + F_2 \quad \text{bzw.} \quad (J + F_1)P^2 + F_2.$$

Der Schleier F_2 ist demnach ein Schleier, der beide Plattenhälften gleichmäßig überdeckt, der infolgedessen schon in die Bestimmung der vorläufigen Schwärzungskurve eingeht und keine weitere Berücksichtigung verdient. Der Schleier F_1 addiert sich einfach zur Sternintensität J, er wirkt genau wie der Schleier im Falle der absorbierenden Platte. Daraus folgt, daß die obige Rechnung auch für den Fall des Halbgitters unverändert gültig bleibt, daß die Tabelle auch für das Halbgitter die Korrektion der vorläufigen auf die richtigen Sterngrößen angibt. Dabei ist μ_0 wiederum die vorläufige Sterngröße, die der Schwärzung des Schleiers der freien Plattenhälfte entspricht.

Nach den Versuchen von EBERHARD ist der Schleiereinfluß mit der im vorausgehenden allein berücksichtigten Superposition der Intensitäten noch nicht erschöpft, vielmehr bewirkt der Schleier außerdem noch im ganzen eine Abnahme der Plattenempfindlichkeit. Die stärker verschleierte Plattenhälfte ist nicht ganz so empfindlich wie die weniger verschleierte bedeckte. Der Schleier wirkt also so, als ob auch die freie Plattenhälfte eine kleine Abblendung Δk erlitte. Die Differenz der Abblendung beider Hälften ist daher mit dem Betrag $k - \Delta k$ in Rechnung zu setzen und die unter Anwendung der Abblendungskonstanten k erhaltenen vorläufigen Sterngrößen sind zunächst noch mit dem Faktor $1 - \frac{\Delta k}{k}$ zu multiplizieren. Dieser Faktor wird sich bei den praktisch in Betracht kommenden Schleiern nur um wenige Prozente von 1 unterscheiden, sein genauer Betrag ist aber a priori schwer festzustellen. Die letzte Genauigkeit in der Festlegung absoluter Sterngrößen wird sich daher nicht mit Aufnahmen erzielen lassen, bei denen ein merklicher Unterschied in der Verschleierung beider Plattenhälften besteht.“

Zu dem letzten Absatz der vorstehenden Ausführungen ist hinzuzufügen, daß die Natur des Nachbareffektes als eines Entwicklungsphänomens zur Zeit, als SCHWARZSCHILD diese Abhandlung schrieb, noch nicht erkannt war. Wie in Abschnitt c) Ziff. 22 gezeigt ist, tritt ein Nachbareffekt bei Entwicklung der Platten mit dem Eisenoxalatentwickler von EDER nicht ein, so daß die Bedenken SCHWARZSCHILDS für derartig entwickelte Platten nicht gelten, sondern nur für Platten, welche mit den üblichen alkalischen (organischen) Entwicklern hervorgerufen worden sind.

Bei Helligkeitsmessungen mit dem Röhrenphotometer wird die Skala oder die die Skala enthaltende Platte ungeschleiert, die Sternaufnahme geschleiert sein. Die Schleierkorrektion kann, wenn der Nachbareffekt fehlt, gleichfalls nach den obigen Vorschriften von SCHWARZSCHILD berechnet werden.

36. Verwendung geschleierter Aufnahmen bei Vorhandensein des Nachbareffektes. Solche Platten eignen sich, wie bereits erwähnt, nicht zur Messung absoluter Helligkeiten, sie können aber verwendet werden zur Verbesserung der individuellen Sternhelligkeiten, vorausgesetzt, daß wenigstens für einige Sterne die von Systemfehlern freien Helligkeiten bekannt sind. Es sei J_n die Helligkeit eines Sternes, J'_n die aus einer geschleierten Platte abgeleitete Helligkeit, $\varDelta J$ die Helligkeit des den Schleier erzeugenden diffusen Himmelslichtes. Dann gilt nach Abschnitt c) Ziff. 21 die Gleichung:

$$J'_n - \varDelta J = a J_n .$$

J_n sei, der Voraussetzung nach, für einige Sterne bekannt, dann kann man mit Hilfe dieser J_n und der bekannten J'_n die beiden Konstanten a und $\varDelta J$ nach der Methode der kleinsten Quadrate berechnen und dann die J_n sämtlicher auf der Platte enthaltenen Sterne finden. Die so erhaltenen Werte können zur Verbesserung der Helligkeiten der einzelnen Sterne dienen, so daß die vorhandenen Platten doch ausgenutzt werden können, wenn auch ein Schleier vorhanden ist.

g) Die Gesichtsfeldkorrektion.

37. Das Wesen der Gesichtsfeldkorrektion. Die Bildfläche eines Spiegels oder eines einfachen astronomischen Objektives ist je nach dem Öffnungsverhältnis und dem Korrektionszustand eine mehr oder minder gekrümmte Fläche. Legt man eine photographische Platte als Tangentialebene so an diese Fläche, daß sie senkrecht zur optischen Achse steht und die Platte von der optischen Achse in der Mitte getroffen wird, so ist ersichtlich, daß nur die Sterne scharf abgebildet werden können, die in der optischen Achse selbst oder in deren unmittelbarer Nähe liegen. Alle übrigen Sterne werden afokal abgebildet, d. h. ihr Licht wird auf eine größere Fläche verteilt als das Licht der in der Mitte der Platte liegenden Sterne. Es kommt hinzu, daß die außeraxialen Aberrationen des optischen Systems, bei Objektiven auch die chromatische Aberration[1], eine noch weitergehende Verbreiterung des außeraxialen Bildes hervorrufen.

Mißt man die Schwärzungen, die zwei gleich helle Sterne auf der Platte erzeugen, von denen der eine in der Mitte der Platte, der andere aber entfernt von der Mitte abgebildet wird, so wird letzterer offenbar eine geringere Schwärzung besitzen als ersterer, somit als zu schwach erscheinen. Die Helligkeit, die aus seiner Schwärzung abgeleitet ist, bedarf einer Korrektion, um sie auf die Helligkeit zu reduzieren, welche der Stern haben würde, wenn er in der Mitte der

[1] Der Farbenindex eines Sternes hängt gleichfalls von dem Abstand des Sternes von der Plattenmitte ab.

Platte abgebildet würde. Diese Reduktion auf die Mitte der Platte nennt man die Gesichtsfeldkorrektion. Sie verläuft offenbar symmetrisch um die Mitte der Platte herum, ist also nur eine Funktion des Abstandes ϱ des Sternes von der Mitte der Platte. Man kann sie in der Form

$$\Delta m = c\varrho^n$$

darstellen, wo c und n Konstanten sind, die aus den Beobachtungen zu bestimmen sind.

38. Die Gesichtsfeldkorrektion bei Schwärzungsmessungen. Verhältnismäßig einfach gestaltet sich die Bestimmung der Gesichtsfeldkorrektion, wenn die Helligkeiten aus den Schwärzungen abgeleitet werden, welche auf Aufnahmen nichtfokaler Bilder gemessen werden. Die afokalen Bildscheibchen zeigen eine ziemlich gleichmäßige Schwärzung auch noch in den Entfernungen von der Plattenmitte, wo die fokalen Bilder schon deformiert sind. Auch andere störende Einflüsse, wie z. B. die Luftunruhe, haben auf die afokalen Bilder eine geringere Wirkung als auf fokale Bilder. Das übliche Verfahren zur Bestimmung der Gesichtsfeldkorrektion besteht darin, daß man von einem Stern oder besser von einer kleinen Sterngruppe (z. B. den Plejaden) eine Reihe afokaler Aufnahmen auf dieselbe Platte macht, bei jeder Aufnahme aber die Lage des Objektes gegen die Mitte der Platte ändert. Nach Messung der Schwärzungen und Überführung derselben in Helligkeiten erhält man eine Beziehung zwischen der Helligkeit eines Sternes und seinem Abstande von der Plattenmitte, indem man die Konstanten c und n der obigen Gleichung berechnet. Beispielsweise erhielt SCHWARZSCHILD für die Aufnahmen seiner Göttinger Aktinometrie die Gesichtsfeldkorrektion[1]

$$-0^{\mathrm{m}},23\left(\frac{\varrho}{10\ \mathrm{cm}}\right)^3.$$

Auch eine graphische Ableitung dieser Korrektur gibt gute Resultate. Man trägt die Abstände der Sterne von der Plattenmitte als Abszissen in Millimeterpapier ein, die zugehörigen Helligkeiten als Ordinaten und verbindet die so erhaltenen Punkte durch eine glatte, sich den Punkten möglichst gut anschließende Kurve.

Dieses Verfahren versagt, wenn das Objektiv infolge günstiger Konstruktion eine weitgehende Bildfeldebnung besitzt, da dann die Gesichtsfeldkorrektion an sich sehr klein wird und zufällige Umstände, wie Wechsel der Luftdurchsichtigkeit zwischen den Aufnahmen, Ungenauigkeiten der Pointierung, Plattenfehler, einen zu großen Einfluß auf die kleinen Werte der Korrektion bekommen. SCHWARZSCHILD benutzte daher eine Anzahl weit über die Platte zerstreuter Sterne und untersuchte, wie sich die relativen Helligkeiten dieser Sterne gegeneinander veränderten, wenn die Lage der ganzen Sterngruppe auf der Platte verschoben wurde. Sind ϱ und ϱ' die Abstände eines Sternes von der Plattenmitte bei zwei solchen Aufnahmen, m und m' die beobachteten Helligkeiten, a der systematische Unterschied der Aufnahmen, dann läßt sich eine Interpolationsformel aufstellen:

$$m' - m = a - b\,(\varrho'^n - \varrho^n)\,,$$

deren Konstanten a, b, n sich aus den entsprechenden Gleichungen, deren Zahl der der Sterne entspricht, berechnen lassen. Zur Bestimmung von n wird man zweckmäßig Hypothesen machen, z. B. die Rechnung für $n = 2, 3, \ldots$ durchführen und denjenigen Wert als den besten ansehen, für welchen die Summe der Fehlerquadrate am kleinsten wird.

---

[1] Göttinger Aktinometrie, Teil A, S. 21.

39. Die Gesichtsfeldkorrektion bei Durchmessermessungen. Wesentlich verwickelter gestalten sich die Verhältnisse, wenn aus Durchmessermessungen fokaler Bilder Sternhelligkeiten bestimmt werden, besonders wenn die Aufnahmen mit Spiegeln von großem Öffnungsverhältnis erhalten werden. Die Intensitätsverteilung in dem außeraxialen Bild unterscheidet sich nämlich viel mehr von der eines axialen Bildes, als bei afokalen Aufnahmen. In dem fokalen außeraxialen Bild, das nicht mehr ein kreisrundes Scheibchen ist, wird ein Teil des Lichtes auf einen kleinen, nach der Plattenmitte hin gerichteten Flächenteil konzentriert, der übrige Teil des Lichtes aber über eine weit größere Fläche gestreut. Helle Sterne außerhalb der Achse werden somit viel größere Flächen einnehmen als solche in der Achse, die Durchmesser und infolgedessen auch die aus ihnen abgeleiteten Helligkeiten werden für außeraxiale helle Sterne zu groß erhalten. Schwache außeraxiale Sterne hingegen werden zu kleine Durchmesser und Helligkeiten bekommen im Vergleich zu schwachen axialen Sternen. Die Gesichtsfeldkorrektion ist also nicht nur eine Funktion des Abstandes des Sterns von der Mitte der Platte, sondern sie kann auch eine Abhängigkeit von der Helligkeit der Sterne aufweisen und muß eventuell einzeln für helle und schwache Sterne bestimmt werden. Auf jeden Fall ist das für photographisch-photometrische Messungen brauchbare Gesichtsfeld bei Spiegelaufnahmen sehr klein. Beispielsweise gibt SEARES[1] an, daß bei dem 60zölligen Spiegel des Mount Wilson-Observatoriums nur ein Kreis von 25 mm (11′,3) Durchmesser verwendbar ist. Bei Abblendung des Spiegels durch kreisförmige Diaphragmen wird das brauchbare Gesichtsfeld größer, die Gesichtsfeldkorrektion kleiner, sie ist also für jedes Diaphragma besonders abzuleiten.

Weiterhin können die fokalen Sternbildchen infolge von Deformationen des Spiegels (Biegungen, thermische Ungleichmäßigkeiten des Spiegelglases) von Abend zu Abend verschiedene Gestalt zeigen; infolgedessen muß sich auch die Gesichtsfeldkorrektion ändern, so daß sie in solchen Fällen besonders bestimmt werden muß. Außer diesen Schwierigkeiten kommen noch solche von mehr oder minder zufälliger Natur hinzu. So beeinflußt die Luftunruhe die fokalen Bilder in einem weit höheren Grade als die afokalen; die Bilddurchmesser heller Sterne werden vergrößert, die der schwachen verkleinert, und diese Einwirkung der Luftunruhe wird sich ebenfalls von Abend zu Abend ändern und somit auch die Gesichtsfeldkorrektion. Das Verfahren zur Bestimmung derselben unterscheidet sich übrigens nicht von dem oben beschriebenen für afokale Bilder, nur werden statt der Schwärzungen die Sterndurchmesser verwendet.

Ähnlich ist die Sachlage, wenn die fokalen Bilder durch ein Objektiv erzeugt werden, nur sind die Schwierigkeiten hier wesentlich geringer, weil die Deformation der Bilder außerhalb der Achse bei gut korrigierten Objektiven, besonders solchen mit weitgehender Bildfeldebnung, viel kleiner ist als bei Spiegeln. Im Prinzip gilt aber für Objektivaufnahmen dasselbe, was vorstehend über Spiegelaufnahmen gesagt wurde. Nur in einem Punkte sind die Ausführungen zu ergänzen. Bei Verwendung von Objektiven legt man die photographische Platte häufig nicht als Tangentialebene an die Bildfläche, sondern etwas weiter nach dem Objektiv zu, so daß sie die Bildfläche schneidet. Der Sternreichtum einer Platte wächst dann bei geeigneter Plattenstellung, deren günstigste durch Versuche zu erproben ist. Die Bildfeldkorrektion ist in diesem Falle in der Mitte der Platte nicht verschwindend, sondern sie erreicht ihren kleinsten Betrag auf der Linie, in welcher die Platte die gekrümmte Bildfläche

[1] Ap J 39, S. 326 (1914) = Mt Wilson Contr 80, S. 20.

schneidet und wächst von da aus nach beiden Seiten hin. Die Gesichtsfeldkorrektion läßt sich dann auch noch auf eine andere Weise, als oben beschrieben, finden, nämlich durch Abzählung der Sterne auf den verschiedenen Stellen der Platte. Um von der Sternverteilung am Himmel, die ja nicht so gleichförmig ist, wie sie dieses Verfahren eigentlich voraussetzt, unabhängig zu werden, sind die Sterne auf einer möglichst großen Zahl von Platten zu zählen, deren jede ein anderes Areal des Himmels wiedergibt. Der Mittelwert zahlreicher solcher Abzählungen ergibt dann die Sterndichte für die verschiedenen Stellen der Platte und damit die Gesichtsfeldkorrektion. Man wird dieses Verfahren nur dann anwenden, wenn sich die Helligkeitsbestimmungen über sehr große Teile des Himmels erstrecken, wie es z. B. bei der photographischen Himmelskarte der Fall ist. Es soll daher hier auch nicht näher darauf eingegangen werden, sondern als Muster einer solchen Untersuchung eine Arbeit von EDDINGTON[1] empfohlen werden.

40. Die nicht achsensymmetrische Gesichtsfeldkorrektion. Liegt die Platte zwar senkrecht zur optischen Achse, wird aber von dieser nicht in ihrer Mitte durchsetzt, so ist die Gesichtsfeldkorrektion nicht mehr symmetrisch um die Plattenmitte herum. Das gleiche ist der Fall, wenn zwar die optische Achse durch die Plattenmitte geht, die Platte aber nicht senkrecht zur Achse steht. In diesen Fällen wird man auf die Darstellung der Gesichtsfeldkorrektion durch eine Formel verzichten und sich eine graphische Tafel herstellen, aus der für jeden Ort auf der Platte diese Korrektion entnommen werden kann. Ihre Bestimmung wird auf dieselbe Art wie bei achsensymmetrischem Verhalten vorgenommen, doch ist eine weit größere Anzahl von Beobachtungen nötig, wenn das Resultat genau werden soll. Als Beispiel einer nichtsymmetrischen Korrektion sei folgende Tafel gegeben, welche für das ZEISS-Triplet des Potsdamer Observatoriums gilt und von W. MÜNCH mit großer Sorgfalt abgeleitet ist. Die Zahlen geben in Einheiten von $0^{m},01$ die Helligkeitsabnahme eines Sterns an, bezogen auf die durch den Haltestern gegebene Plattenmitte, und zwar für intrafokale (2 und 3 mm) Aufnahmen unter Benutzung von Spiegelglasplatten.

Nord (Kreis folgt).

2	0	−2	−3,5	−4	−4	−3	−2	0	3	7,5
2	−1	−3	−4	−5,5	−6	−6	−4	−3	−1	3,5
2	0	−3	−4	−6	−6	−7	−5	−4	−2	1
3	1	−1	−3	−4	−5	−5	−5	−4	−2	0
5	2	0	−0,5	−1	−2	−3	−3	−3	−2	1
6	4	3	2	1	*	0	−1	−0,5	0	2
8	6	5	5	4	3	3	2	2	3	5
9,5	9	8	7	7	6	6	5	5	6	7
10,5	10,5	10	9	9	9	8	9	9	10	10,5
11	11	12	12	11	11	11	12	12	13	14
10	12	12	13	14	14	15	15	15	16	17

Um für einen Stern die Helligkeitsabnahme zu finden, ist die Platte mit der Schicht nach oben so auf obige in geeignetem Maßstab zu schreibende Tafel zu legen, daß der Haltestern auf * fällt und daß, wenn die Platte bei „Kreis folgt" aufgenommen wurde, die nördliche Hälfte der Platte auf „Nord" liegt. Negative Zahlen bedeuten eine Helligkeitszunahme.

41. Allgemeine Bemerkungen zur Bestimmung der Gesichtsfeldkorrektion. Es sei noch auf einen Punkt hingewiesen, der sowohl bei fokalen als auch bei afokalen Aufnahmen die Bestimmung dieser Korrektion erschwert, das ist nämlich die Abweichung der photographischen Platte von einer Ebene, ein Fall, der überaus häufig vorkommt, da die meisten Platten des Handels nicht eben, sondern

[1] M N 73, S. 518 (1913).

teils unregelmäßig, teils regelmäßig gekrümmt (Zylinderflächen) sind. Die Gesichtsfeldkorrektion für eine gekrümmte Platte wird natürlich verschieden sein von der einer ebenen Platte, aber die Berücksichtigung der Krümmung dürfte kaum möglich sein, zum mindesten einen großen Arbeitsaufwand mit sich bringen, da fast jede einzelne Platte eine besondere Krümmung besitzt. Es ist daher, wenn es sich um genaue Messungen handelt, die Verwendung von Spiegelglasplatten vorzuziehen, die wenigstens angenähert eben sind.

Die vorstehenden Erörterungen zeigen, daß für photographische Helligkeitsbestimmungen ein mehrfaches Objektiv mit guter Bildfeldebnung zweifellos das am meisten geeignete Instrument ist. Nur wo es sich um Helligkeitsmessungen der schwächsten Sterne handelt, kann ein großer Spiegel nicht entbehrt werden, aber in diesem Falle muß man eine geringere Genauigkeit neben einem größeren Arbeitsaufwand in Kauf nehmen, da die Bestimmung der Gesichtsfeldkorrektion für einen Spiegel stets mühsam und mehr oder minder unsicher ist.

h) Die Extinktion.

42. Unterschiede gegen die visuelle Extinktion. Die Berechnung der Extinktion für photographische Helligkeitsmessungen unterscheidet sich prinzipiell in keiner Weise von der für visuellen Messungen; es kann daher auf die Ausführungen des Abschnittes g) in Kapitel 1 dieses Bandes hingewiesen werden. Da aber der numerische Betrag der photographischen Extinktion mehr als doppelt so groß ist wie der der visuellen und da für die photographischen Helligkeitsmessungen meist eine größere Genauigkeit, als für die mit dem Auge verlangt wird, treten einige Komplikationen auf, die bei visuellen Messungen wohl nur selten bemerkbar werden. So zeigt sich, daß die Größe der photographischen Extinktion von der Farbe des Sternes bzw. von dem Spektraltypus abhängig ist, und zwar in dem Sinne, daß sie abnimmt, wenn man von den weißen zu den roten Sternen übergeht. Aus einer Beobachtungsreihe des Harvard College Observatory[1] ergab sich der Extinktionskoeffizient für die verschiedenen Spektraltypen zu:

Typus	Extinktion
A	$0^{m},43$
F	0 ,41
G—K	0 ,39
K—M	0 ,38

Bei Messungen von hoher Genauigkeit darf somit diese Abhängigkeit nicht vernachlässigt werden. Weiterhin hängt der Betrag der Extinktion von der Art der Achromatisierung des Fernrohres ab. Ein für die violetten und ultravioletten Strahlen achromatisiertes Objektiv (z. B. das ZEISS-Triplet des Potsdamer Observatoriums) verlangt eine größere Extinktionskorrektion als ein für die blauen Strahlen achromatisiertes, ja selbst die Fokaleinstellung wird die Größe der Extinktion beeinflussen. So werden beispielsweise extrafokale Aufnahmen eine andere Korrektion erfordern als fokale, die mit demselben Fernrohr erhalten wurden. In Betracht kommt sogar die Farbenauffassung der photographischen Platte, die nicht für alle Sorten gleich ist.

Um alle diese Einflüsse, deren Wirkungen sich zum Teil nur schwer bestimmen lassen, möglichst zu verringern, sind alle für photometrische Zwecke dienenden Aufnahmen in möglichst kleinen Zenitdistanzen zu machen und Vergleichungen zweier Himmelsareale dann vorzunehmen, wenn sie beide die

[1] Harv Ann 19, S. 329 (1893). A Photographic Determination of the Atmospheric Absorption.

gleiche Zenitdistanz haben. Für größere Zenitdistanzen wird eine Tafel der mittleren Extinktion kaum brauchbar sein. Hat man keine Möglichkeit, eine Sterngruppe in kleiner Zenitdistanz zu photometrieren, so muß man eine spezielle Untersuchung der Extinktion vornehmen, die sich auf ein größeres Material gründet, damit eine wenigstens für die verschiedenen atmosphärischen Zustände geltende mittlere photographische Extinktion erhalten wird.

43. Mittlere photographische Extinktion. Bisher sind nur wenige und wenig umfangreiche Untersuchungen über den Betrag der mittleren photographischen Extinktion ausgeführt worden. Die Resultate derselben stimmen außerdem nicht besonders gut überein, was in Anbetracht der obigen Ausführungen nicht verwunderlich ist. SCHEINER[1] und E. v. OPPOLZER[2] (letzterer hat Beobachtungen von SCHAEBERLE[3] neu bearbeitet) fanden für das Verhältnis $\frac{\text{photographische Extinktion}}{\text{visuelle Extinktion}}$ den Wert 2,0, ein nicht mit Namen[4] benannter Beobachter des Harvard College Observatory 2,1, SCHWARZSCHILD[5] 2,5, WIRTZ[6] 2,1, E. S. KING[7] 2,35, TERKÁN[8] 2,7, wenn man als brauchbaren Durchschnittswert für den Transmissionskoeffizienten der visuellen Strahlung nach G. MÜLLER[9] 0,835 annimmt, wonach also das senkrecht in die Atmosphäre eindringende Licht eines Sternes im Meeresniveau um $0^m,20$ geschwächt wird. Noch deutlicher erkennt man die Unsicherheit des Betrages der photographischen Extinktion, wenn man die Absorption selbst hinschreibt:

SCHEINER	$0^m,40$
SCHAEBERLE-OPPOLZER	0 ,40
Harv Ann	0 ,42
SCHWARZSCHILD	0 ,50
WIRTZ	0 ,41
E. S. KING	0 ,47
TERKÁN	0 ,55

Die ausführlichste Untersuchung ist die des Harvard College Observatoriums[10]. Hier wurden in den Jahren 1886—1888 und 1890 über 1000 Sterne der verschiedenen Spektraltypen mehrfach in oberer und unterer Kulmination photographiert und aus der Helligkeitsdifferenz in diesen beiden Lagen der Absorptionskoeffizient bestimmt. WIRTZ[6] hat zur Bestimmung der Extinktion sieben auf einem Gürtel um den Himmel herumliegende Sterne in verschiedenen Zenitdistanzen photographiert.

Wahre Z.-D.	Extinktion	Wahre Z.-D.	Extinktion
0°	$0^m,00$	68°	$0^m,66$
10	0 ,01	70	0 ,76
20	0 ,03	71	0 ,82
30	0 ,06	72	0 ,88
40	0 ,12	73	0 ,95
45	0 ,17	74	1 ,03
50	0 ,22	75	1 ,12
55	0 ,30	76	1 ,22
60	0 ,40	77	1 ,34
62	0 ,45	78	1 ,47
64	0 ,51	79	1 ,63
66	0 ,58	80	1 ,81

Nebenstehende Tabelle gibt für die wahren Zenitdistanzen Z.-D. die photographischen Extinktionskorrektionen, welche WIRTZ an seine extrafokalen Messungen am photographischen Refraktor der Sternwarte Wien-Ottakring (Meereshöhe 285 m) anbrachte. Aus dieser Tabelle kann man wenigstens die ungefähre Größe der photographischen Extinktion für einen gegebenen Fall ersehen.

---

[1] Photographie der Gestirne, Leipzig (1897), S. 230.
[2] Ap J 9, S. 317 (1899).
[3] Terrestrial Atmospheric Absorption of the Photographic Rays of Light. Sacramento 1893.
[4] Harv Ann 19, S. 247 (1893).
[5] Göttinger Aktinometrie, Teil A, S. 18.
[6] A N 154, S. 349 (1901).
[7] Harv Ann 59, S. 114 u. 134 (1912).
[8] A N 186, S. 119 (1910).
[9] Photometrie der Gestirne, Leipzig (1897), S. 138.
[10] Harv Ann 19, S. 247 (1893).

i) Die Überbrückung sehr großer Helligkeitsintervalle.

44. Helligkeitsintervall, welches durch eine photographische Platte überbrückt werden kann. Die photographische Platte gestattet nur, ein Helligkeitsintervall von etwa drei Größenklassen zu überbrücken, falls man nicht abnorme Entwicklungsverfahren anwendet, was meist wegen des Auftretens des Nachbareffektes nicht erlaubt ist. Wollte man dieses Intervall überschreiten, so würde man auf der einen Seite in das Gebiet so starker Schwärzungen kommen, daß ihre Messung unsicher oder sogar unmöglich wird; auf der anderen Seite kommt man in das Gebiet sehr geringer Schwärzungen, deren Messung gleichfalls unsicher ist. Es kommt hinzu, daß in diesen beiden Schwärzungsgebieten die Gradation sehr flach verläuft, d. h. großen Helligkeitsänderungen nur geringe Schwärzungsänderungen entsprechen. Durch das Zusammenkommen dieser beiden ungünstigen Momente wird man nur recht ungenaue Resultate erhalten. Etwas günstiger liegen die Verhältnisse, wenn nicht die Messung der Schwärzungen, sondern der Sterndurchmesser zur Bestimmung der Helligkeiten verwendet wird. Die bei diesem Verfahren überbrückbare Helligkeitsdifferenz dürfte etwa fünf Größenklassen betragen. Aber dann sind auch hier Grenzen vorhanden. Die hellen Sterne geben nämlich Bilder, die wegen der verwaschenen, teilweise unregelmäßigen Ränder keine Messung mehr zulassen; die Bilder schwacher Sterne besitzen dagegen alle die gleichen Durchmesser, selbst wenn sie sich auch noch etwas in der Schwärzung unterscheiden.

45. Indirekte Überbrückung eines großen Helligkeitsintervalles. Es bleibt also, wenn man über ein sehr großes Helligkeitsintervall zu photometrieren hat, nichts anderes übrig, als Aufnahmen mit zunehmenden Expositionszeiten zu machen und diese dann aneinander anzuschließen. Eine jede dieser Aufnahmen ist mit der Schwärzungskurve zu reduzieren, welche mit derselben Expositionszeit wie die Sternaufnahme selbst erhalten ist. Zwei solcher Aufnahmen mit verschiedenen Expositionszeiten lassen sich aber nur dann mit Sicherheit aneinander schließen, wenn sie genügend viele gemeinsame Sterne enthalten. Die gemeinsamen Sterne dürfen sich in ihrer Helligkeit nicht zu wenig voneinander unterscheiden, damit etwaige systematische, von den Helligkeiten abhängende Differenzen zwischen den beiden Aufnahmen erkannt werden können. Trotz dieser Vorsichtsmaßregeln wird es sich aber häufig nicht vermeiden lassen, daß bei der Überbrückung eines großen Helligkeitsintervalles, zu welcher eine größere Zahl einzelner Aufnahmen nötig ist, durch Summation kleiner Fehler Ungleichmäßigkeiten entstehen, die ihres systematischen Charakters und ihrer Größe wegen nicht vernachlässigt werden dürfen.

46. Direkte Überbrückung eines großen Helligkeitsintervalles. Die Prüfung einer sich über ein großes Helligkeitsintervall erstreckenden Helligkeitsskala auf direktem Wege, d. h. durch Anschluß der schwachen und schwächsten Sterne an die hellen, ist jedenfalls sehr erwünscht. Im Prinzip ist diese Aufgabe leicht zu lösen. Es wird zunächst eine Aufnahme ohne jede Abblendung des Objektives gemacht, für welche die Expositionszeit so gewählt ist, daß die Bilder der schwächsten Sterne, die mit den hellen verglichen werden sollen, noch gut meßbare Schwärzungen bzw. Durchmesser ergeben. Auf dieselbe Platte wird dann bei gleicher Expositionszeit eine zweite Aufnahme gemacht, nachdem vor dem Objektiv eine Vorrichtung (Gitter, Diaphragma) angebracht ist, welche das Sternlicht um den Betrag schwächt, welcher dem zu untersuchenden Helligkeitsintervall nahezu entspricht. Durch diese Vorrichtung werden die Bilder der hellen Sterne auf der zweiten Aufnahme sehr nahe die Schwärzung bzw. den Durchmesser erhalten, die die Bilder der schwachen Sterne auf der ersten Aufnahme besitzen. Die Helligkeiten der hellen Sterne sind nun stets bekannt oder können auf leichte Weise jederzeit bestimmt werden. Mit Hilfe dieser bekannten Helligkeiten und der gemessenen Schwärzungen bzw. Durchmesser läßt sich eine Reduktionskurve (Schwärzungs- bzw. Durchmesserkurve) zeichnen, mittels welcher man die Helligkeiten der schwachen Sterne der ersten Aufnahme findet. Die so erhaltenen Werte müssen bis auf eine Konstante (das ist die Absorption der vor dem Objektiv angebrachten Lichtschwächungsvorrichtung) mit den früher erhaltenen, zu prüfenden Helligkeiten übereinstimmen, d. h. die Differenzen zwischen den beiden Helligkeitsbestimmungen müssen konstant sein, wenn die durch Aneinanderschließen der einzelnen Aufnahmen erhaltene Skala fehlerfrei ist. Dieses Verfahren bietet den großen Vorteil, daß man die ihrem Betrage nach große Absorptionskonstante der lichtschwächenden Vorrichtung nicht genau zu bestimmen braucht, was mühevoll und auch meist nur mit mäßiger Sicherheit auszuführen ist.

Häufig ist es zweckmäßiger, daß man die schwächsten Sterne nicht direkt an die hellen, sondern beide Gruppen an eine Gruppe mittelheller Sterne anschließt, deren Helligkeiten mit aller wünschenswerten Genauigkeit bestimmbar sind. Diese Abänderung des Verfahrens bietet den Vorteil, daß man die Lichtabschwächung nicht zu weit zu treiben braucht; freilich sind statt zwei dann vier Aufnahmen nötig: die erste Aufnahme für die abgeschwächten hellen Sterne, die zweite für die nicht abgeschwächten mittelhellen Sterne, die dritte für die abgeschwächten mittelhellen Sterne, die vierte für die nicht abgeschwächten schwachen Sterne. Diese direkte Prüfung einer Helligkeitsskala großen Umfanges durch Vergleichung der hellen Sterne mit den schwächsten ist von SEARES[1] bei der Aufstellung der internationalen Polsequenz benutzt worden und hat sich ihm als sehr nützlich erwiesen.

Auf zwei Umstände ist freilich zu achten. Beide Aufnahmen verlangen gleich große, lange Belichtungszeiten, innerhalb welcher sich die atmosphärischen Zustände merklich ändern können und auch oft ändern werden; es ist der Versuch daher öfters zu wiederholen und dabei die Reihenfolge der zwei bzw. vier Aufnahmen zu ändern. Weiterhin sind für diese Versuche nur solche Nächte verwendbar, bei denen das Entstehen eines Schleiers nicht zu befürchten ist, denn die Aufnahmen ohne Abblendung des Objektives werden stets eher schleiern als die mit Abblendung, so daß durch Entstehen eines Schleiers merkbare Fehler entstehen können, welche diese Art der Prüfung illusorisch machen.

k) Die Vergleichung photographisch-photometrischer Kataloge und die internationale Polsequenz.

47. Die Bedingungen, denen ein Katalog genügen muß. Ein jeder Katalog von Sternhelligkeiten stellt ein eigenes System dar, wenn er auf absoluten Helligkeitsbestimmungen beruht, genau so, wie ein Katalog von Sternpositionen, der auf absolute Positionsmessungen gegründet ist. Vergleicht man zwei Helligkeitskataloge miteinander, so wird man wohl fast in allen Fällen finden, daß Differenzen systematischer Natur zwischen ihnen bestehen. Diese Differenzen brauchen nicht Fehler des einen oder anderen Kataloges zu sein. Beispielsweise wird ein Helligkeitskatalog, der aus Aufnahmen mit einem Objektiv resultiert, sich von einem solchen unterscheiden, der durch Aufnahmen mit einem Spiegel gewonnen wurde, denn diese beiden Instrumente besitzen eine verschiedene Farbenauffassung; es besteht daher zwischen den beiden Katalogen eine sog. Farbengleichung, die aber nicht als Fehler

[1] Ap J 38, S. 6 (1913) = Mt Wilson Contr 70.

anzusehen ist und sich außerdem leicht unschädlich machen läßt, wenn die Farben oder ein anderes Farbenäquivalent (Farbenindex, effektive Wellenlänge, Spektrum) der beiden Katalogen gemeinsamen Sterne bekannt sind.

An einen Helligkeitskatalog sind folgende Forderungen zu stellen. Es muß, entsprechend dem FECHNERschen Gesetz, gleichen oder in einer arithmetischen Reihe fortschreitenden Helligkeitsintervallen eine geometrische Reihe der Intensitäten entsprechen, und zwar muß die Skaleneinheit das Intensitätsverhältnis 2,512 (POGSONsche Zahl) sein. Weiterhin muß der Nullpunkt der Skala nach internationaler Vereinbarung so festgelegt sein, daß für Sterne vom Spektraltypus A0 der Harvard-Spektralklassifikation und von der Sterngröße 5,5 bis 6,5 photographische und visuelle Sterngröße gleich sind[1], wobei die visuellen Größen nach der Harvardskala zu zählen sind[2]. Ist die erste Bedingung nicht erfüllt, so besitzt der Katalog eine Helligkeitsgleichung, die als Fehler anzusehen ist. Eine Abweichung von der zweiten Bedingung wird als Nullpunktsfehler bezeichnet. Er stellt eine Verschiebung der zwei Systeme gegeneinander um einen konstanten Betrag für alle Sterne dar, während eine Helligkeitsgleichung sich als ein von der Helligkeit abhängender systematischer Gang zwischen den beiden Systemen bemerkbar macht.

48. Reduktion zweier Kataloge aufeinander. Bezeichnet K_1 die Helligkeit eines Sternes im ersten Katalog, K_2 die Helligkeit desselben Sternes im zweiten, so wird eine Relation zwischen den beiden Katalogen bestehen von der Form:

$$K_1 - K_2 = x + y(K_1 - 6^{\mathrm{m}},0) + zc,$$

wo x die Nullpunktsdifferenz, c der Farbenindex, y der Koeffizient der Helligkeitsgleichung (Skalenfehler) und z der Koeffizient der Farbengleichung ist. Werden die Differenzen $K_1 - K_2$ nicht genügend durch diese Gleichung dargestellt, so sind noch Glieder mit höheren Potenzen hinzuzufügen. Man hat nun so viele Gleichungen für $K_1 - K_2$, als die beiden Kataloge gemeinsame Sterne haben, und kann aus diesen Gleichungen die unbekannten Größen x, y, z nach der Methode der kleinsten Quadrate oder nach einem anderen Verfahren berechnen und so die numerische Beziehung zwischen den beiden Katalogen herstellen. Sie ermöglicht es, die Helligkeiten der Sterne des einen Kataloges auf die des andern zu reduzieren. Beispielsweise besteht zwischen der Mount Wilson-Skala[3] (60 inch reflector) und dem von H. SPENCER JONES[4] (13 inch astrographic equatorial Greenwich) hergestellten Helligkeitskatalog die Relation:

$$\text{Mount Wilson} - \text{Greenwich} = +0^{\mathrm{m}},01 + 0,001\,(m - 10) - 0,04\,c\,.$$

Bei Vorhandensein einer Helligkeitsgleichung ist eine Entscheidung, welcher der beiden Kataloge einen Skalenfehler hat, nicht ohne weiteres zu gewinnen, dieses kann erst durch Vergleich einer größeren Anzahl von Katalogen erreicht werden.

Ist irgendein Farbenäquivalent bekannt, so läßt sich übrigens auf die gleiche Weise ein photographischer Helligkeitskatalog mit einem visuellen vergleichen.

---

[1] A N 186, S. 40 (1910). Göttinger Aktinometrie, Teil B, S. 13.

[2] Fiele die visuelle und photographische Skala für Sterne des Spektraltypus A0 für alle Größenklassen zusammen, so könnte man für die Bestimmung des Nullpunktes beliebig helle oder schwache A0-Sterne benutzen, deren visuelle Helligkeit bekannt ist. Es hat sich aber gezeigt, daß selbst für den gleichen Spektraltypus die Größe des Farbenindex abhängig von der absoluten Helligkeit der Sterne ist, so daß visuelle und photographische Größe für Sterne verschiedener Helligkeit nicht gleich sind. Die visuellen und die photographischen Skalen können somit nicht zusammenfallen. Es kommt hinzu, daß die visuelle Harvardskala in systematischer Beziehung nicht fehlerfrei ist, man würde infolgedessen diesen Fehler in die photographische Skala übernehmen.

[3] Ap J 41, S. 206 (1915) = Mt Wilson Contr 97.

[4] M N 82, S. 34 (1921).

So fand SCHWARZSCHILD z. B. folgende Beziehung zwischen seiner Göttinger Aktinometrie (G) und den visuellen Messungen in Potsdam[1] (P)

$$G - P = 1^{m},03 - 0{,}09(P - 6^{m},5) + 0^{m},63 \cdot \text{Spektrum},$$

wenn die Spektraltypen nach Miss CANNON[2] folgendermaßen in Zahlen angesetzt werden: B = 0,5, A = 1, F = 1,5, G = 2, K = 3, K2 = 3,5, K5 = 4, Ma = 4,5. Die Gleichung zeigt, daß eine Helligkeitsgleichung zwischen den beiden Katalogen besteht, also ein Skalenfehler in einem der beiden vorhanden sein muß. Zwischen der Göttinger Aktinometrie und den visuellen Helligkeiten (H) der Harvard Revised Photometry[3] besteht die Beziehung:

$$G - H = -0^{m},54 - 0{,}03\,(H - 6^{m},5) + 0{,}49 \cdot \text{Spektrum}$$

und zwischen den visuellen Harvard- und Potsdamer Helligkeiten

$$P - H = +0^{m},54 + 0{,}065\,(H - 6^{m},5) - 0{,}15 \cdot \text{Spektrum}.$$

Diese Gleichungen zeigen, daß die Göttinger Aktinometrie um 3% weiter, die Potsdamer um 6,5% enger ist als die in der Mitte liegende Harvardskala, wenn diejenige Skala als weiter bezeichnet wird, die einen größeren Maßstab gebraucht, bei der also eine Größenklasse ein größeres Intensitätsverhältnis bedeutet. Sind keine Farbenäquivalente bekannt, so kann die Differenz zwischen den photographischen und visuellen Helligkeiten als Farbenindex benutzt werden, und mit Hilfe desselben können zwei Kataloge aufeinander bezogen werden. So besteht zwischen den visuellen Potsdamer und den visuellen Harvardhelligkeiten nach SCHWARZSCHILD die Beziehung

$$H - P = -0^{m},27 - 0{,}04(P - 6^{m},5) + 0{,}23\,(G - P)\,.$$

Das zweite Glied rechts ist die Helligkeitsgleichung (Skalenfehler), das dritte die Farbengleichung.

49. Die internationale Polsequenz. Wesentlich einfacher gestalten sich die Verhältnisse, wenn die zu vergleichenden Kataloge auf ein einziges System, ein Fundamentalsystem, bezogen werden (relative Messungen). Es kann freilich auch dann noch eine Nullpunktsdifferenz und eine Helligkeitsgleichung vorhanden sein, aber beide können nur kleine numerische Beträge erreichen.

Als bestes Fundamentalsystem ist zur Zeit die „Internationale Polsequenz" anzusehen, welche mit außerordentlicher Sorgfalt von Miss LEAVITT (auf Veranlassung und unter Leitung von E. C. PICKERING) und SEARES hergestellt worden ist. Sie enthält die photographischen Größen von Sternen der 2,5. bis zur 20. Größenklasse, die photovisuellen Helligkeiten von Sternen der 2. bis zur 17,5. Größenklasse und die dazugehörigen Farbenindizes. Als Ergänzung sind von SEARES noch die photographischen und photovisuellen Helligkeiten, sowie die Farbenindizes weiterer Sterne gegeben. Außer weißen Sternen enthält sie auch rötliche, so daß sie alles gibt, was für relative Messungen gebraucht wird. Aber auch bei absoluten photographischen Helligkeitsbestimmungen sollte die Polsequenz stets mit aufgenommen werden, damit einerseits ein Anschluß des betreffenden Systemes an das internationale Fundamentalsystem vorhanden ist, was eine Vergleichung der verschiedenen Kataloge untereinander erleichtert, andererseits aber auch zur Prüfung der Polsequenz selbst und zu einer evtl. nötig werdenden Verbesserung derselben dienen kann. Bei der großen Wichtigkeit, die die internationale Polsequenz besitzt, wird ein vollständiger Abdruck derselben an dieser Stelle erwünscht sein.

50. Die internationale Polsequenz: Tabelle. Die Sterne, deren AR und Dekl. in der Tabelle gegeben sind, gehören der ursprünglichen Polsequenz an, wie sie

[1] Publ Astroph Obs Potsdam Bd. 9 (1894).
[2] Harv Ann 56, Part 4 (1912).
[3] Harv Ann 50 (1908).

Tabelle 22.

Stern	AR 1900	Dekl. 1900	x 1900	y 1900	Pg	Pv	C	Sp.
1s	1h 22m,6	+88° 46′,4	+ 2131″	+ 1553″	2m,54	2m,08	+0m,46	F8
1	18 4 ,6	+86 36 ,8	+ 234	−12192	4 ,40	4 ,37	+0 ,03	A1
2	22 21 ,3	+85 36 ,3	+14370	− 6610	5 ,30	5 ,28	+0 ,02	A0
3	23 27 ,8	+86 45 ,3	+11570	− 1625	5 ,83	5 ,56	+0 ,27	A2
4	18 7 ,8	+86 59 ,6	+ 378	−10820	5 ,93	5 ,84	+0 ,09	A3
5	0 55 ,6	+88 29 ,3	+ 5285	+ 1308	6 ,43	6 ,45	−0 ,02	A
2s	12 14 ,4	+88 15 ,3	− 6273	− 395	6 ,45	6 ,30	+0 ,15	A5
1r	6 53 ,7	+87 12 ,3	+ 2331	+ 9786	6 ,63	5 ,09	+1 ,54	K5
3s	12 13 ,9	+86 59 ,5	−10810	− 661	6 ,63	6 ,35	+0 ,28	F
6	7 58 ,0	+88 56 ,0	− 1891	+ 3343	7 ,12	7 ,06	+0 ,06	A
7	11 4 ,2	+88 11 ,0	− 6344	+ 1582	7 ,42	7 ,55	−0 ,13	A
2r	19 22 ,5	+88 59 ,3	+ 1282	− 3411	7 ,93	6 ,32	+1 ,61	Ma
8	2 14 ,2	+88 42 ,1	+ 3892	+ 2586	8 ,33	8 ,13	+0 ,20	F
9	2 42 ,2	+88 34 ,1	+ 3912	+ 3353	8 ,91	8 ,83	+0 ,08	A
3r	13 4 ,5	+88 11 ,2	− 6271	− 1810	8 ,96	7 ,57	+1 ,39	K
10	3 18 ,9	+89 41 ,2	+ 728	+ 860	9 ,13	9 ,06	+0 ,07	A
4r	19 43 ,3	+88 41 ,1	+ 2060	− 4262	9 ,21	8 ,27	+0 ,94	K
11	11 35 ,0	+89 29 ,1	− 1845	+ 202	9 ,72	9 ,56	+0 ,16	A
12	13 51 ,5	+89 28 ,9	− 1650	− 873	10 ,06	9 ,77	+0 ,29	A
5r	12 51 ,5	+88 54 ,1	− 3853	− 882	10 ,14	8 ,63	+1 ,51	K
4s	8 30 ,5	+89 32 ,2	− 1017	+ 1319	10 ,26	9 ,83	+0 ,43	G
6r	6 38 ,9	+89 28 ,1	− 324	+ 1885	10 ,46	9 ,24	+1 ,22	G5
13	15 13 ,6	+89 38 ,4	− 860	− 973	10 ,52	10 ,37	+0 ,15	A
7r	15 55 ,1	+89 46 ,2	− 429	− 708	10 ,95	9 ,87	+1 ,08	G2?
14	0 34 ,0	+89 51 ,2	+ 523	+ 78	10 ,97	10 ,56	+0 ,41	A?
5s	15 29 ,3	+89 52 ,8	− 262	− 340	11 ,10	10 ,06	+1 ,04	G5?
15	7 43 ,2	+89 45 ,3	− 384	+ 796	11 ,25	10 ,88	+0 ,37	A
6s	12 53 ,2	+89 41 ,7	− 1065	− 252	11 ,37	10 ,72	+0 ,65	—
8r	16 49 ,3	+89 38 ,6	− 388	− 1221	11 ,45	10 ,46	+0 ,99	G5?
16	20 55 ,2	+89 43 ,2	+ 696	− 725	11 ,60	11 ,22	+0 ,38	A?
17	18 1 ,2	+89 40 ,2	+ 6	− 1186	11 ,88	11 ,30	+0 ,58	—
18	18 43 ,6	+89 43 ,6	+ 186	− 966	12 ,27	11 ,90	+0 ,37	—
10r	13 8 ,0	+89 42 ,7	− 993	− 303	......	12 ,03	......	—
7s	15 24 ,0	+89 53 ,0	− 266	− 328	12 ,65	12 ,04	+0 ,61	—
19	17 33 ,6	+89 52 ,2	− 54	− 467	12 ,71	12 ,24	+0 ,47	—
20	19 46 ,8	+89 55 ,0	+ 134	− 267	12 ,99	12 ,52	+0 ,47	—
11r	14 58 ,4	+89 53 ,3	− 286	− 282	13 ,23	12 ,07	+1 ,16	—
21	17 21 ,6	+89 44 ,6	− 154	− 910	13 ,33	12 ,49	+0 ,84	—
22	18 15 ,6	+89 46 ,2	+ 57	− 825	13 ,48	12 ,84	+0 ,64	—
23	18 30 ,4	+89 58 ,6	+ 12	− 86	13 ,59	13 ,00	+0 ,59	—
12r	19 3 ,6	+89 52 ,1	+ 130	− 458	13 ,80	12 ,47	+1 ,33	
24	17 57 ,7	+89 49 ,6	− 8	− 626	13 ,93	13 ,31	+0 ,62	
25	17 15 ,6	+89 51 ,7	− 96	− 489	14 ,10	13 ,58	+0 ,52	
8s	13 2 ,8	+89 53 ,0	− 402	− 113	14 ,52	13 ,77	+0 ,75	
26	18 17 ,2	+89 54 ,5	+ 25	− 331	14 ,62	13 ,69	+0 ,93	
9s	11 56 ,0	+89 58 ,5	− 87	+ 2	14 ,74	13 ,74	+1 ,00	
27	23 46 ,8	+89 56 ,4	+ 216	− 12	14 ,86	14 ,25	+0 ,61	
28	10 51 ,4	+89 53 ,0	− 403	+ 124	15 ,27	14 ,54	+0 ,73	
10s	3 23 ,3	+89 54 ,5	+ 208	+ 255	15 ,29	14 ,52	+0 ,77	
11s	16 13 ,4	+89 55 ,1	− 132	− 263	15 ,30	14 ,35	+0 ,95	
12s	23 32 ,5	+89 53 ,3	+ 398	− 48	15 ,34	14 ,67	+0 ,67	
13s	3 9 ,4	+89 53 ,3	+ 272	+ 295	15 ,52	14 ,54	+0 ,98	
29	10 19 ,8	+89 54 ,1	− 319	+ 149	15 ,82	15 ,21	+0 ,61	
14s	0 18 ,4	+89 53 ,6	+ 385	+ 31	16 ,00	15 ,05	+0 ,95	
30	11 10 ,0	+89 53 ,1	− 404	+ 90	16 ,18	15 ,44	+0 ,74	

Tabelle 22. (Fortsetzung).

Stern	AR 1900	Dekl. 1900	x 1900	y 1900	Pg	Pv	C
31	15h 59m,2	+89° 55′,9	−125″	−215″	16m,41	15m,62	+0m,79
15s	14 13 ,6	+89 57 ,5	−123	− 81	16 ,57	15 ,71	+0 ,86
32	5 11 ,2	+89 57 ,7	+ 30	+138	16 ,76	15 ,58	+1 ,18
16s	22 20 ,4	+89 55 ,1	+264	−122	16 ,86	15 ,50	+1 ,36
33	18 0 ,0	+89 53 ,1	− 0	−413	17 ,06	15 ,97	+1 ,09
34	15 42 ,7	+89 56 ,2	−127	−186	17 ,24	16 ,29	+0 ,95
35	8 50 ,0	+89 59 ,5	− 22	+ 24	17 ,63	16 ,94	+0, 69
125			−724	−451	15 ,02	14 ,37	+0 ,65
127			−720	−123	14 ,34	13 ,31	+1 ,03
130			−717	−452	15 ,19	14 ,21	+0 ,98
134			−701	−343	14 ,41	13 ,54	+0 ,87
151			−584	− 65	13 ,72	12 ,66	+1 ,06
152			−583	−209	14 ,58	13 ,76	+0 ,82
158			−545	−299	15 ,10	14 ,57	+0 ,53
176			−462	−242	14 ,35	13 ,78	+0 ,57
226			−263	+218	14 ,90	14 ,15	+0 ,75
256			−128	+332	14 ,66	13 ,84	+0 ,82
277			− 21	−540	15 ,33	14 ,56	+0 ,77
311			+165	−619	15 ,02	14 ,34	+0 ,68
319			+180	+476	14 ,46	13 ,61	+0 ,85
329			+228	+495	14 ,35	13 ,51	+0 ,84
334			+247	−397	15 ,20	14 ,44	+0 ,76
338			+271	+619	14 ,73	13 ,84	+0 ,89
341			+278	+440	15 ,15	14 ,02	+1 ,13
345			+300	−647	13 ,79	12 ,05	+1 ,74
350			+320	−640	11 ,02	10 ,71	+0 ,31
358			+361	+377	15 ,24	14 ,34	+0 ,90
362			+375	−219	13 ,08	12 ,27	+0 ,81
378			+472	+162	14 ,13	12 ,81	+1 ,32
389			+535	−595	13 ,61	12 ,90	+0 ,71
391			+539	−602	14 ,62	13 ,83	+0 ,79
401			+641	+234	14 ,50	13 ,70	+0 ,80
403			+649	+111	14 ,49	13 ,83	+0 ,66
424			+746	−473	14 ,52	13 ,77	+0 ,75
426			+760	−607	13 ,85	13 ,38	+0 ,47
427			+761	−412	13 ,27	12 ,05	+1 ,22
439			+814	−473	14 ,78	13 ,49	+1 ,29

Tabelle 23.

Stern	AR 1900	Dekl. 1900	x 1900	y 1900	Pg	Pv	Cm
36	18h 0m,0	+89° 59′,8	0″	− 11″	17m,78	16m,80	+0m,98
37	20 56 ,0	+89 56 ,6	+143	−148	18 ,01	16 ,81	+1 ,20
38	18 58 ,0	+89 56 ,9	+ 46	−178	18 ,20	17 ,05	+1 ,15
39	21 42 ,2	+89 57 ,5	+123	− 82	18 ,58	17 ,13	+1 ,45
40	0 38 ,6	+89 59 ,1	+ 53	+ 9	18 ,87	17 ,29	+1 ,58
41	21 8 ,8	+89 58 ,5	+ 68	− 63	19 ,02	17 ,47	+1 ,55
42	9 52 ,3	+89 57 ,6	−122	+ 76	19 ,18	—	—
43	20 24 ,4	+89 57 ,8	+ 78	−107	19 ,53	—	—
44	20 31 ,3	+89 58 ,0	+ 73	− 94	19 ,59	—	—
45	20 48 ,1	+89 57 ,5	+100	−111	19 ,80	—	—
46	7 34 ,4	+89 58 ,9	− 27	+ 59	19 ,82	—	—
17s	15 43 ,4	+89 54 ,2	−194	−286	17 ,19	15 ,89	+1 ,30
18s	14 28 ,8	+89 57 ,7	−112	− 85	17 ,94	16 ,91	+1 ,03
19s	16 4 ,7	+89 54 ,7	−153	−278	18 ,16	16 ,95	+1 ,21

Tabelle 23. (Fortsetzung.)

Stern	AR 1900	Dekl. 1900	x 1900	y 1900	Pg	Pv	C
20s	2^h 46^m,4	+89° 57′,4	+116″	+103″	18^m,60	17^m,19	$+1^m$,41
21s	15 46 ,4	+89 55 ,3	−155	−235	18 ,65	17 ,33	+1 ,32
22s	21 18 ,1	+89 56 ,9	+143	−122	18 ,75	17 ,13	+1 ,62
23s	14 32 ,0	+89 57 ,3	−128	−100	18 ,70	17 ,41	+1 ,29
24s	11 16 ,6	+89 57 ,5	−146	+ 28	18 ,88	17 ,34	+1 ,54
25s	2 45 ,3	+89 58 ,1	+ 86	+ 73	18 ,84	17 ,38	+1 ,46
26s	3 55 ,6	+89 57, 4	+ 82	+136	18 ,99	—	—
27s	12 26 ,1	+89 57 ,7	−140	− 16	19 ,08	17 ,43	+1 ,65
28s	2 36 ,2	+89 57 ,3	+127	+103	19 ,23	—	—
29s	23 32 ,8	+89 57 ,8	+134	− 16	19 ,28	—	—
30s	20 6 ,7	+89 57 ,9	+ 66	−107	19 ,52	—	—
31s	8 23 ,6	+89 57 ,6	− 84	+116	19 ,49	—	—
32s	19 2 ,4	+89 58 ,8	+ 19	− 68	19 ,56	—	—
33s	18 0 ,0	+89 59 ,5	0	− 32	19 ,68	—	—
34s	12 18 ,6	+89 57 ,7	−135	− 11	19 ,70	—	—
35s	9 26 ,8	+89 59 ,2	− 38	+ 30	19 ,86	—	—
36s	9 12 ,4	+89 58 ,3	− 78	+ 70	19 ,48	—	—
37s	22 7 ,4	+89 58 ,4	+ 86	− 46	19 ,65	—	—
38s	12 21 ,6	+89 57 ,5	−148	− 14	20 ,10	—	—
119			−771	−163	17 ,38	15 ,97	+1 ,41
119a			−755	− 79	17 ,88	16 ,40	+1 ,48
124			−728	−162	16 ,50	15 ,09	+1 ,41
125a			−750	−446	16 ,90	15 ,91	+0 ,99
126			−723	−399	15 ,58	14 ,65	+0 ,93
127a			−695	+ 36	16 ,78	15 ,81	+0 ,97
127b			−664	− 76	18 ,40	16 ,96	+1 ,44
127c			−651	− 70	17 ,01	15 ,50	+1 ,51
127d			−670	−101	18 ,29	17 ,05	+1 ,24
127e			−667	−112	18 ,24	16 ,97	+1 ,27
128			−719	+406	15 ,88	13 ,87	+2 ,01
134a			−649	−365	17 ,52	16 ,22	+1 ,30
134b			−697	−280	17 ,96	16 ,72	+1 ,24
139			−669	−651	15 ,30	13 ,96	+1 ,34
142			−659	−590	14 ,60	13 ,71	+0 ,89
143			−653	−168	16 ,35	15 ,51	+0 ,84
146			−643	−619	14 ,52	13 ,56	+0 ,96
151a			−544	− 93	18 ,66	17 ,21	+1 ,45
151b			−625	− 35	18 ,55	17 ,15	+1 ,40
151c			−636	− 7	18 ,10	16 ,88	+1 ,22
151d			−619	0	18 ,21	16 ,93	+1 ,28
151e			−607	+ 17	18 ,45	17 ,08	+1 ,37
152a			−608	−252	18 ,38	16 ,63	+1 ,75
152b			−608	−321	17 ,56	16 ,74	+0 ,82
152c			−619	−234	17 ,15	16 ,09	+1 ,06
152d			−630	−258	18 ,66	17 ,38	+1 ,28
152e			−622	−364	18 ,52	17 ,12	+1 ,40
154			−570	−547	14 ,95	14 ,36	+0 ,59
154a			−538	−574	17 ,78	16 ,59	+1 ,19
154b			−478	−530	18 ,11	17 ,04	+1 ,07
154c			−536	−580	18 ,40	17 ,13	+1 ,27
158a			−524	−316	18 ,77	17 ,09	+1 ,68
158b			−556	−277	18 ,88	17 ,20	+1 ,68
159			−543	+117	15 ,20	14 ,50	+0 ,70
159a			−648	+145	17 ,80	16 ,34	+1 ,46
159b			−543	+171	18 ,13	16 ,64	+1 ,49
159c			−505	+233	19 ,03	17 ,10	+1 ,93
160			−534	+ 22	16 ,68	15 ,54	+1 ,14
160a			−536	+ 57	18 ,73	16 ,95	+1 ,78
163			−526	+630	15 ,13	13 ,93	+1 ,20
164			−520	−230	16 ,02	15 ,03	+0 ,99
164a			−531	−199	18 ,73	17 ,13	+1 ,60

Tabelle 23. (Fortsetzung.)

Stern	x 1900	y 1900	Pg	Pv	C
169	−488″	− 32″	16^m,855	16^m,02	$+0^m$,83
169a	−520	− 31	18 ,46	16 ,95	+1 ,51
172	−477	+787	13 ,85	12 ,24	+1 ,61
176a	−487	−210	16 ,87	16 ,07	+0 ,80
176c	−415	−333	18 ,22	17 ,15	+1 ,07
183	−432	− 87	16 ,53	15 ,64	+0 ,89
184a	−460	−649	17 ,18	16 ,03	+1 ,15
184b	−422	−836	17 ,14	16 ,14	+1 ,00
184c	−409	−633	18 ,52	16 ,82	+1 ,70
186	−421	− 20	16 ,34	15 ,54	+0 ,80
188	−407	− 48	16 ,29	15 ,27	+1 ,02
190a	−432	+152	17 ,56	16 ,57	+0 ,99
190b	−364	+137	18 ,10	16 ,78	+1 ,32
190c	−452	+169	17 ,87	16 ,95	+0 ,92
190d	−449	+261	17 ,99	16 ,73	+1 ,26
190f	−376	+150	19 ,19	17 ,21	+1 ,98
191a	−392	−146	19 ,17	17 ,53	+1 ,64
202	−360	− 12	16 ,12	15 ,41	+0 ,71
202a	−355	− 22	18 ,80	17 ,21	+1 ,59
205	−355	−641	15 ,97	15 ,08	+0 ,89
207	−336	−564	16 ,69	15 ,73	+0 ,96
208	−331	−526	16 ,67	15 ,93	+0 ,74
208a	−376	−434	18 ,65	17 ,07	+1 ,58
208b	−346	−395	18 ,69	17 ,17	+1 ,52
212d	−227	+130	17 ,81	16 ,88	+0 ,93
212e	−333	+196	17 ,04	16 ,31	+0 ,73
213	−312	+ 73	16 ,81	15 ,75	+1 ,06
214	−310	−761	15 ,39	14 ,66	+0 ,73
214c	−241	−833	18 ,53	16 ,79	+1 ,74
214d	−310	−849	17 ,59	16 ,23	+1 ,36
214e	−358	−830	17 ,88	16 ,73	+1 ,15
214f	−345	−783	18 ,15	16 ,47	+1 ,68
214g	−352	−768	18 ,06	16 ,69	+1 ,37
215	−305	+537	15 ,47	13 ,69	+1 ,78
217	−290	−712	16 ,55	15 ,51	+1 ,04
218	−288	−545	15 ,47	14 ,11	+1 ,36
218a	−278	−515	16 ,82	15 ,59	+1 ,23
218b	−320	−595	17 ,20	16 ,02	+1 ,18
219a	−329	−181	17 ,61	16 ,63	+0 ,98
219b	−304	−156	17 ,53	16 ,20	+1 ,33
219c	−332	−312	17 ,85	16 ,81	+1 ,04
219d	−270	−160	18 ,69	16 ,95	+1 ,74
219e	−254	−168	19 ,03	17 ,50	+1 ,53
219f	−288	−214	18 ,26	16 ,93	+1 ,33
219g	−322	−240	18 ,53	16 ,99	+1 ,54
219h	−342	−285	19 ,11	17 ,50	+1 ,61
224	−267	+ 85	16 ,49	15 ,48	+1 ,01
226a	−311	+251	18 ,45	16 ,79	+1 ,66
226b	−357	+268	18 ,30	16 ,92	+1 ,38
226c	−211	+196	18 ,73	16 ,93	+1 ,80
226d	−172	+174	18 ,79	17 ,11	+1 ,68
226e	−228	+286	18 ,81	17 ,02	+1 ,79
227a	−268	−412	17 ,69	16 ,49	+1 ,20
227b	−209	−394	18 ,15	16 ,99	+1 ,16
227c	−178	−402	18 ,51	17 ,29	+1 ,22
227d	−206	−265	17 ,93	16 ,67	+1 ,26
229	−258	+ 51	16 ,34	15 ,57	+0 ,77
229a	−243	− 73	18 ,23	16 ,99	+1 ,24
229b	−231	− 85	17 ,80	16 ,69	+1 ,11
244	−174	−663	16 ,22	15 ,47	+0 ,75
244a	−181	−599	17 ,93	16 ,68	+1 ,25

Tabelle 23. (Fortsetzung.)

Stern	x 1900	y 1900	Pg	Pv	C
244b	−200″	−685″	18m,75	16m,83	+1m,92
247	−161	+364	16 ,43	15 ,89	+0 ,54
248a	− 80	−954	16 ,30	15 ,23	+1 ,07
254a	− 79	−292	18 ,71	17 ,64	+1 ,07
258	−125	−802	16 ,07	15 ,22	+0 ,85
258a	−140	−791	17 ,45	16 ,17	+1 ,28
277a	− 78	−571	18 ,54	17 ,04	+1 ,50
279a	+ 45	−690	17 ,98	16 ,87	+1 ,11
279b	− 94	−645	18 ,47	17 ,07	+1 ,40
279c	− 57	−691	17 ,73	16 ,27	+1 ,46
279d	− 39	−712	18 ,44	17 ,21	+1 ,23
279e	+ 49	−693	18 ,60	16 ,88	+1 ,72
279f	+ 84	−682	17 ,80	16 ,75	+1 ,05
283	+ 11	+646	14 ,87	13 ,50	+1 ,37
286	+ 14	−805	15 ,97	14 ,96	+1 ,01
288a	− 2	−240	16 ,63	15 ,29	+1 ,34
288b	+ 27	−254	18 ,53	17 ,45	+1 ,08
288c	+ 70	−288	18 ,10	16 ,81	+1 ,29
288d	+ 89	−210	19 ,06	17 ,53	+1 ,53
289a	+ 42	+186	17 ,91	16 ,84	+1 ,07
289b	− 35	+193	18 ,77	17 ,25	+1 ,52
289c	− 28	+224	18 ,76	17 ,21	+1 ,55
289d	+ 2	+353	17 ,44	16 ,29	+1 ,15
289e	+ 51	+311	17 ,52	16 ,55	+0 ,97
292a	− 20	−854	17 ,96	16 ,82	+1 ,14
292b	+109	−780	17 ,27	16 ,16	+1 ,11
292c	+ 52	−912	17 ,49	16 ,77	+0 ,72
292d	+122	−836	18 ,82	16 ,46	+2 ,36
295	+ 95	−517	15 ,57	14 ,93	+0 ,64
295a	+ 68	−530	17 ,97	16 ,95	+1 ,02
295b	+ 37	−489	18 ,09	16 ,88	+1 ,21
295c	+ 26	−429	18 ,85	17 ,53	+1 ,32
295d	+ 11	−406	19 ,26	17 ,68	+1 ,58
297	+103	−922	15 ,81	14 ,79	+1 ,02
297a	+100	−914	18 ,56	17 ,11	+1 ,45
297b	+102	−905	18 ,10	16 ,93	+1 ,17
299	+123	+154	16 ,59	15 ,83	+0 ,76
301	+132	+164	16 ,23	15 ,57	+0 ,66
302a	+162	−286	16 ,91	15 ,97	+0 ,94
302b	+164	−270	18 ,24	16 ,89	+1 ,35
302c	+224	−264	19 ,02	17 ,50	+1 ,52
302d	+230	−339	18 ,97	17 ,33	+1 ,64
311a	+193	−549	17 ,22	16 ,05	+1 ,17
311b	+171	−703	17 ,73	16 ,68	+1 ,05
323a	+178	+242	17 ,55	16 ,55	+1 ,00
323b	+163	+214	18 ,96	17 ,17	+1 ,79
323c	+118	+254	18 ,66	17 ,01	+1 ,65
323e	+245	+194	18 ,81	17 ,18	+1 ,63
323f	+268	+190	18 ,90	17 ,05	+1 ,85
223h	+288	+228	19 ,03	17 ,08	+1 ,95
324a	+207	− 6	17 ,95	16 ,72	+1 ,23
324b	+162	+ 78	18 ,57	17 ,05	+1 ,52
335	+250	−604	16 ,11	15 ,11	+1 ,00
335a	+247	−524	17 ,69	16 ,67	+1 ,02
335b	+296	−599	18 ,77	17 ,33	+1 ,44
336	+264	−123	14 ,92	13 ,97	+0 ,95
336a	+187	−820	17 ,31	16 ,27	+1 ,04
336b	+210	−788	17 ,27	16 ,41	+0 ,86
337a	+289	− 62	18 ,50	16 ,84	+1 ,66
337c	+248	− 87	18 ,82	17 ,38	+1 ,44
337d	+248	− 31	18 ,98	17 ,34	+1 ,64

Tabelle 23. (Fortsetzung.)

Stern	x 1900	y 1900	Pg	Pv	C
342	+282″	−906″	14m,86	14m,09	+0m,77
343	+291	−472	16 ,44	15 ,01	+1 ,43
343a	+302	−465	17 ,94	16 ,83	+1 ,11
343b	+301	−460	18 ,86	17 ,27	+1 ,59
343c	+328	−468	17 ,16	16 ,59	+0 ,57
343d	+362	−506	18 ,46	16 ,89	+1 ,57
343e	+354	−455	18 ,56	16 ,95	+1 ,61
350a	+335	−685	17 ,39	16 ,59	+0 ,80
350b	+240	−710	17 ,72	16 ,79	+0 ,93
350c	+283	−755	18 ,19	16 ,64	+1 ,55
362a	+482	−352	16 ,39	15 ,61	+0 ,78
362b	+487	−194	17 ,47	16 ,57	+0 ,90
362c	+466	−182	18 ,15	16 ,48	+1 ,67
362d	+457	−154	17 ,96	16 ,75	+1 ,21
362e	+455	−224	18 ,47	16 ,99	+1 ,48
362f	+486	−276	18 ,78	17 ,23	+1 ,55
362h	+372	−310	18 ,74	17 ,29	+1 ,45
363a	+351	+ 4	17 ,94	16 ,41	+1 ,53
363b	+398	+101	18 ,36	17 ,05	+1 ,31
364	+389	−457	16 ,44	15 ,49	+0 ,95
364a	+458	−462	17 ,20	16 ,35	+0 ,85
364b	+503	−481	18 ,01	16 ,99	+1 ,02
364c	+542	−460	16 ,88	16 ,11	+0 ,77
364d	+488	−554	17 ,55	16 ,71	+0 ,84
364e	+548	−511	18 ,24	16 ,82	+1 ,42
364f	+452	−513	18 ,54	17 ,24	+1 ,30
364i	+540	−377	18 ,39	17 ,05	+1 ,34
365c	+410	−115	18 ,85	17 ,11	+1 ,74
365d	+384	−138	19 ,04	17 ,20	+1 ,84
365e	+374	−185	18 ,97	17 ,34	+1 ,63
368	+409	−797	15 ,78	14 ,48	+1 ,30
368a	+413	−796	17 ,17	16 ,09	+1 ,08
370c	+311	+215	16 ,80	15 ,73	+1 ,07
372	+419	−658	16 ,09	15 ,52	+0 ,57
372a	+443	−691	17 ,40	16 ,62	+0 ,78
372b	+411	−692	17 ,82	16 ,63	+1 ,19
372c	+416	−721	17 ,31	16 ,69	+0 ,62
386c	+472	+ 52	18 ,17	16 ,77	+1 ,40
386e	+531	− 56	17 ,72	16 ,85	+0 ,87
410a	+577	−247	16 ,96	16 ,18	+0 ,78

von E. C. PICKERING in dem Harv Circ 170 aufgestellt wurde. Die übrigen Sterne hat SEARES hinzugefügt[1]. Die AR und Dekl. sowie die Spektren sind dem Harv Circ 170, die rechtwinkligen Koordinaten x und y (1900) dem Harv Circ 170 und den Harv Ann 48, Nr. 1, sowie dem Verzeichnis von SEARES[2] entnommen.

Die photographische (*Pg*), die photovisuelle (*Pv*) Größe und der Farbenindex *C* sind für die Tabelle 1 der Mt Wilson Contr 235[3], für Tabelle 2 der Mt. Wilson Contr 97[4] entnommen; es sind die von SEARES gegebenen Werte. In Tabelle 1 sind die Sterne enthalten, deren Einzelhelligkeiten am genauesten bekannt sind, in Tabelle 2 die weniger genau bestimmten, deren System aber gleichfalls das des Mt. Wilson ist.

Karten der Polsequenz sind enthalten in Harv Circ 170 und in Harv Ann 71, Nr. 3.

[1] Mt Wilson Contr 97 = Ap J 41, S. 206 (1915).

[2] Die rötlichen Sterne sind durch ein r hinter der Sternnummer kenntlich gemacht. Ein „s" bedeutet „Supplementary Standard Stars".

[3] Ap J 56, S. 97 (1922).

[4] Ap J 41, S. 206 (1915).

Auf alle Einzelheiten einzugehen, die bei der Herstellung eines photographischen Helligkeitskataloges aus absoluten Messungen in Betracht kommen, ist hier nicht möglich. Es mag daher auf folgende Schriften verwiesen werden:

K. SCHWARZSCHILD, Göttinger Aktinometrie. Teil A (1910). Teil B (1912).

H. S. LEAVITT, The north polar sequence. Harv Ann 71, Nr. 3 (1917),

und vor allem auf die zahlreichen Abhandlungen von SEARES (s. Literaturverzeichnis am Schlusse dieses Abschnittes).

51. Verzeichnisse photographischer Sternhelligkeiten.

R. H. BAKER and E. E. CUMMINGS, Investigations in extrafocal photometry. Laws Obs Bull, Nr. 24 (1916).

S. BELJAWSKI, Grandeurs photographiques des étoiles du B D jusqu'à 9^m, 0entre 75° et 90° de déclinaison boréale. Bull Pulkovo 6, S. 12 (1915).

S. CHAPMAN and P. J. MELOTTE, Photographic magnitudes of 262 stars within 25′ of the north pole. M N 74, S. 40 (1913).

F. W. DYSON and C. DAVIDSON, Photographic magnitudes of stars brighter than $9^m,0$ within 5° of the north pole. M N 72, S. 693 (1912).

W. DZIEWULSKI, Photographische Größen von Sternen in der Nähe des Nordpoles. A N 198, S. 65 (1914).

W. P. FLEMING, Spectra and photographic magnitudes of stars in standard regions. Harv Ann 71, Nr. 2 (1917).

J. HALM, A system of photographic magnitudes for southern stars. M N 74, S. 600 (1914).

— On the magnitudes of the Cape Photographic Durchmusterung. M N 78, S. 199 (1918).

K. HEINEMANN, Photographische Photometrierung und Vermessung des Haufens N G C 752. A N 227, S. 193 (1926).

W. HEINRICH, Photographische Messung von Sternhelligkeiten der Coma Berenices. A N 183, S. 299 (1910).

E. HERTZSPRUNG, Zur Bestimmung der photographischen Sterngröße. A N 176, S. 49 (1907).

— Vorschlag zur Festlegung der photographischen Größenskala. A N 186, S. 177 (1910).

— Photographische Größen schwacher Zentralplejaden. A N 199, S. 247 (1914).

— Prüfung der photographischen Größenskala der hellen Plejadensterne. A N 200, S. 137 (1914).

— Photographische Sterngrößen von 233 Präsepesternen. A N 203, S. 261 (1916); A N 205, S. 71 (1917).

— Effective wave lengths of stars in the Pleiades from plates taken at Mt. Wilson. Mem R Acad Copenhague (8) 4, Nr. 4 (1923).

— Photographic magnitudes of 658 stars from plates taken mainly by W. H. VAN DEN BOS. B A N 1, S. 201 (1923).

— Mean color equivalents and hypothetical angular semidiameters of 734 stars brighter than the fifth magnitude and within 95° of the north pole. Leiden Ann 14, Nr. 1.

A. HNATEK, Photographische Helligkeiten von 71 Plejadensternen. A N 186, S. 129 (1910).

— Photographische Helligkeiten von 104 Sternen der Coma Berenices. A N 193, S. 373 (1913).

H. SPENCER JONES, A determination of the photographic magnitude of the north polar sequence. M N 82, S. 82 (1921).

— Magnitudes of stars contained in the Cape zone catalogues of 20843 stars. Zones —40° to —52°. London 1927.

E. S. KING, Photographic magnitudes of bright stars. Harv Ann 59, Nr. 4 (1912).
— Photographic magnitudes of 76 stars. Harv Ann 59, Nr. 5 (1912).
— Photographic magnitudes of 153 stars. Harv Ann 59, Nr. 6 (1912).
— Photographic magnitudes of bright southern stars. Harv Ann 76, Nr. 5 (1916).
— Combined out-of-focus results from several instruments. Harv Ann 76, Nr. 6 (1916).
— Photographic magnitudes of polar stars obtained with the 24 inch reflector. Harv Ann 76, Nr. 10 (1916).
— Photovisual magnitudes of stars and planets. Harv Ann 81, Nr. 4 (1923).
— Photovisual magnitudes of 100 bright stars. Harv Ann 85, Nr. 3 (1923).
— Photovisual magnitudes of southern stars with revised values for northern stars. Harv Ann 85, Nr. 10, S. 181, (1928).
H. VON KLÜBER, Effektive Wellenlängen und ein anderes Farbenäquivalent für 25 polnahe Sterne. Astr Abh, Ergänzungshefte zu den A N 5, Nr. 1. Kiel 1925.
H. S. LEAVITT, Standards of magnitude for the astrographic catalogue. Harv Ann 85, Nr. 1, 7, 8 (1919, 1924, 1926).
— The north polar sequence. Harv Ann 71, Nr. 3 (1917).
K. G. MALMQUIST, Colours and magnitudes of 3700 stars within 10° of the north galactic pole. Lund Medd (2), Nr. 37, S. 63ff., (1927).
R. M. MOTHERWELL, Photometry with a 6 inch doublet. Publ Dom Obs Ottawa 8, Nr. 7 (1925).
J. A. PARKHURST, Yerkes Actinometry. Ap J 36, S. 169 (1912).
— Zone +45° of Kapteyn's selected areas: photographic photometry for 1550 stars. Publ Yerkes Obs 4, pt. 6 (1927).
H. McW. PARSONS, Photovisual magnitudes of the stars in the Pleiades. Ap J 47, S. 38 (1918).
E. C. PICKERING, Standard photographic magnitudes of bright stars. Harv Ann 71, Nr. 1 (1917).
— and J. C. KAPTEYN, Durchmusterung of selected areas between $\delta = 0°$ and $\delta = 90°$. Harv Ann 101, 102, 103 (1918, 1923, 1924).
K. SCHILLER, Photographische Helligkeiten und mittlere Örter von 251 Sternen der Plejadengruppe. Publ Astrophys Inst Königstuhl-Heidelberg 2, S. 133 (1906).
K. SCHWARZSCHILD, Aktinometrie der Sterne der BD bis zur Größe 7,5 in der Zone 0° bis +20° Deklination. Teil A, Göttingen 1910; Teil B, Berlin 1912.
F. H. SEARES, J. C. KAPTEYN and P. J. VAN RHIJN, Mount Wilson catalogue of photographic magnitudes in selected areas 1—139. Carnegie Instit of Washington Nr. 402. 1930.
A. DE SITTER, Photographic magnitudes of stars brighter than $7^{m},5$ between declination +80° and the pole. B A N 6, S. 65 (1930).
Harvard standard regions. Harv Ann 71, Nr. 4 (1917).
Photographic magnitudes of stars brighter than $9^{m},0$ between declination +75° and the pole determined at the R. Observatory under the direction of F. W. DYSON. London 1913.
Determination of effective wave lengths of stars made at the R. Observatory Greenwich. London 1926.

l) Die photographische Spektralphotometrie.

52. Allgemeines. Da die Spektralphotometrie in Kap. 2 dieses Bandes ausführlich behandelt ist, soll hier nur kurz auf die hauptsächlichsten in der Praxis bewährten Methoden der photographischen Spektralphotometrie eingegangen und insbesondere der technische Teil behandelt werden. In prinzipieller Beziehung unterscheidet sich die photographische Spektralphotometrie nicht von der photographischen Photometrie mit unzerlegtem Licht. Auch hier zerfällt der Arbeitsgang in drei Operationen, nämlich: Aufnahme der zu messenden Lichtquelle, Aufnahme der Bezugslichtquelle, Aufnahme der Reduktionsskala. Auch die Reduktion erfolgt auf gleiche Weise. Ist die als Bezugslichtquelle dienende Lichtquelle in ihrer spektralen Zusammensetzung bekannt, etwa durch Anschluß an den schwarzen Körper, so ergeben die Messungen nicht nur einen Helligkeitsvergleich zwischen den beiden leuchtenden Objekten, sondern es läßt sich auch die Temperatur des ersteren aus diesen Messungen ableiten (Farbtemperatur).

53. Verbreiterung der Sternspektra. In der Praxis tritt nun aber bei der photographischen Spektralphotometrie der Sterne eine Schwierigkeit auf, die sich bis jetzt noch nicht völlig einwandfrei hat überwinden lassen. Die Spektra der Sterne sind nämlich fadenförmige Gebilde, die meist so schmal sind, daß sich ihre Schwärzungen im Mikrophotometer schwer ausmessen lassen, zumal man die Absorptionslinien in den schmalen Spektren kaum oder gar nicht erkennen kann. Auch lokale Ungleichmäßigkeiten in der photographischen Schicht werden bei so schmalen Bildern, wie es die Sternspektra sind, leicht übersehen, sie können aber zu erheblichen Fehlern führen. Man hat daher verschiedene Versuche gemacht, die Spektren zu verbreitern. Die Benutzung afokaler Bilder, welche eine Verbreiterung des Spektrums geben würde, empfiehlt sich nicht, da die Spektra zu unrein werden; es überdecken sich ja die benachbarten Spektralregionen um so mehr, je weiter ab man vom Brennpunkt ist. ROSENBERG[1], der sich dieses Verfahrens bediente, fand, daß die Spektralteile mit kleineren Wellenlängen als λ 4000 nicht mehr benutzt werden können, weil die Überdeckungen, teils wegen der großen Zahl der Spektrallinien, teils wegen ihrer Stärke (z. B. der Wasserstofflinien), den Verlauf der Schwärzungen in diesem Gebiete völlig verändern.

Ein zweites Verfahren besteht darin, daß man den Stern während der Aufnahme nicht mehr fest auf dem Fadenkreuz des Pointierfernrohres hält, sondern ihn eine Strecke weit laufen läßt. Das wird, wie bekannt, leicht dadurch erreicht, daß man das Uhrwerk des Fernrohres ein wenig vor- oder nachgehen läßt. Da der Stern meist nicht so hell ist, daß eine einmalige derartige Belichtung ausreicht, um eine genügende Schwärzung auf der Platte zu erzeugen, so kann man ihn ein zweites Mal oder beliebig oft über dieselbe Strecke laufen lassen. Dieses Verfahren ist zwar einfach in der Ausführung, und die Spektren fallen meist recht schön aus, wenn die Luft genügend ruhig ist, es hat aber den Nachteil, daß die Platte nicht kontinuierlich, sondern intermittierend belichtet wird und man hiermit ein Gebiet der photographischen Photometrie betritt, welches zur Zeit noch nicht genügend geklärt ist.

Auch eine praktische Schwierigkeit haftet dem genannten Verfahren an, die beim Vergleich zweier Sterne verschiedener Deklination sich bemerkbar macht. Das Uhrwerk des Fernrohres muß nämlich für den zweiten Stern so reguliert werden, daß bei derselben Expositionszeit, wie beim ersten Stern, ein Spektrum derselben Breite erhalten wird. Das ist stets recht umständlich und läßt sich meist nicht genügend genau ausführen.

Ein drittes Verfahren ist frei von dieser Schwierigkeit, während die der intermittierenden Belichtung auch bei ihm nicht behoben wird. Es besteht darin, daß man die Verbreiterung des Spektrums nicht durch das Uhrwerk, sondern

[1] Photographische Untersuchung der Intensitätsverteilung in Sternspektren. Halle 1914.

durch eine Bewegung der photographischen Platte selbst bewerkstelligt, etwa indem man die Schraffierkassette von SCHWARZSCHILD benutzt, sie aber eine Bewegung nur in Richtung des Stundenwinkels ausführen läßt.

Bei einem vierten Verfahren, welches von SCHWARZSCHILD angegeben ist, erreicht man eine genügende Verbreiterung des Sternspektrums dadurch, daß man bei guter Regulierung des Uhrwerkes eine Reihe einzelner Spektren des Sterns, alle mit gleicher Belichtungszeit, dicht nebeneinander aufnimmt. Hiermit ist die durch die intermittierende Belichtung erzeugte Schwierigkeit behoben, das verbreiterte Spektrum besteht aus einer Reihe schmaler, gleich lange und kontinuierlich belichteter Einzelspektren, welche dicht aneinander grenzen. Freilich erfordert dieses Verfahren eine ziemlich große technische Fertigkeit, ebenso wie die Ausmessung dieser Aufnahmen im Mikrophotometer, da das Spektrum oft nicht gleichmäßig über seine ganze Breite hin geschwärzt ist, namentlich wenn sich die Ruhe und Durchsichtigkeit der Luft während der Aufnahme geändert haben. Praktische Versuche auf dem Potsdamer Observatorium zeigten indessen, daß dieses Verfahren wohl brauchbar ist.

Ein fünftes Verfahren, welches besonders bei Benutzung eines Spaltspektrographen angewendet werden kann, besteht darin, daß man in den Strahlengang eine geeignete Zylinderlinse einschaltet, etwa in der Nähe des Spaltes. Die vom Stern ausgehenden Strahlen werden sich dann auf dem Spalt des Spektrographen nicht zu einem Punkt, sondern zu einer Lichtlinie vereinigen. H. H. PLASKETT machte von dieser Anordnung Gebrauch, er gibt auf S. 254 seiner unten zitierten Abhandlung[1] genauere Mitteilungen. Da aber der CASSEGRAIN-Spiegel seines Teleskopes eine Lücke in der durch die Zylinderlinse erzeugten Lichtlinie hervorrief, mußte PLASKETT trotz der Zylinderlinse den Stern über eine gewisse Strecke hin und her laufen lassen, um ein gleichmäßig geschwärztes Spektrum zu erhalten, so daß also doch wieder intermittierende Belichtung vorliegt.

Die vorstehenden Ausführungen beziehen sich natürlich nicht nur auf die Aufnahme des Spektrums des zu untersuchenden Sternes, sondern auch auf die der Vergleichssterne und der Skala.

54. Die spektralphotometrischen Methoden. Zeitskalen. Die zur Anwendung kommenden Methoden unterscheiden sich nun wieder durch die Art und Weise, wie die Skala zur Reduktion gewonnen wird, wenn man absieht von dem Verfahren der Aufnahme und der Verbreiterung des Sternspektrums. Am häufigsten ist die Schwärzungskurve aus einer Zeitskala abgeleitet worden, da dieses Verfahren keine weitere Apparatur erfordert und bequem ist. Man läßt hierzu den Vergleichsstern oder einen anderen geeigneten eine Reihe Spektren gleicher Breite beschreiben, deren jedes aber mit einer längeren Expositionszeit als das vorhergehende aufgenommen wird. Die Expositionszeiten bilden meist eine geometrische Reihe. Um von dieser Skala auf die Intensitätsskala überzugehen, ist man genötigt, ein Schwärzungsgesetz (meist wird das von SCHWARZSCHILD verwendet) zu benutzen oder rein experimentell diesen Übergang auszuführen. Obwohl auf diesem Wege Resultate erhalten werden können, die nicht ohne Wert[2] sind, unterliegt dieses Verfahren natürlich denselben Bedenken, welche für eine gewöhnliche photographische Helligkeitsmessung mit Hilfe von Zeitskalen überhaupt gelten, wie oben ausgeführt wurde. Jedenfalls wird man den Methoden den Vorzug geben, bei denen das Schwärzungsgesetz nicht gebraucht wird.

---

[1] The Wedge Method and its Application to Astronomical Spectrophotometry. Publ Dom Astroph Obs Victoria, 2, Nr. 12 (1923).

[2] SAMPSON, On the Estimation of the Continuous Spectrum of Stars. M N 83, S. 174 (1923) und Effective Temperatures of Sixty-four Stars. M N 85, S. 212 (1925).

55. Die Methode für das Objektivprisma. Es mögen nun die zwei Verfahren kurz beschrieben werden, welche sich in der Praxis als besonders geeignet erwiesen haben. Das erste ist dann anzuwenden, wenn die Spektralaufnahmen mit einem Objektivprisma hergestellt werden, das zweite, wenn ein Spaltspektrograph benutzt wird.

Die Methode für das Objektivprisma besteht darin, daß vor das Objektivprisma ein Stabgitter gesetzt wird, dessen Stäbe senkrecht zur brechenden Kante des Prismas stehen. Man erhält dann auf der Platte ein Spektrum des zentralen Beugungsbildes des Sterns und zu beiden Seiten desselben die Spektra der seitlichen Beugungsbilder (siehe Handbuch der Astrophysik Bd. II, erste Hälfte, Abb. 10, Ziff. 55, S. 319), deren Intensitäten aus der bekannten Gitterkonstante genau so berechnet werden, wie es bei dem photographisch-photometrischen Verfahren von HERTZSPRUNG (vgl. Ziff. 29) für gemischtes Licht geschieht. Es wird so für jede gewünschte Wellenlänge eine Intensitäts-schwärzungskurve erhalten, mittels welcher das Spektrum des zu untersuchenden Sterns an das des Vergleichssternes angeschlossen werden kann. Ist die spektrale Energieverteilung des letzteren Sternes bekannt, dann kann auch, wie bereits erwähnt, die spektrale Energiekurve und die Farbtemperatur des zu untersuchenden Sternes abgeleitet werden.

Die Spektren des zu untersuchenden und des Vergleichssternes sind möglichst nahe nebeneinander auf ein und dieselbe Platte aufzunehmen, damit einerseits die Bildfeldwölbung für beide Aufnahmen möglichst nahe gleich ist, also bei dem Vergleiche herausfällt, andererseits die systematisch verlaufenden Fehler der photographischen Platte einen möglichst geringen Einfluß auf das Resultat gewinnen. Sollen Spektralphotographien einer Sterngruppe, d. h. von Sternen, die nicht unmittelbar nebeneinander stehen, zu photometrischen Messungen benutzt werden, so ist natürlich eine Korrektion für die Bildfeldkrümmung anzubringen, deren Bestimmung übrigens recht verwickelt ist, da die Bildfeldkrümmung eine Funktion zweier Argumente ist, nämlich vom Ort auf der Platte und von der Wellenlänge abhängt.

Sollen Temperaturbestimmungen von Sternen erhalten werden, so ist als Vergleichsstern ein solcher zu wählen, für den die Temperatur möglichst genau nach einer absoluten Methode gemessen ist. Ein Anschluß des Sternspektrums an das einer irdischen Lichtquelle (Metallfadenlampe, Krater einer Bogenlampe usw.) mit bekannter Energieverteilung und Temperatur ist von GREAVES, DAVIDSON und MARTIN benutzt worden, doch ist dieser Arbeitsgang experimentell schwieriger und umständlicher als der Anschluß an einen Stern bekannter Temperatur.

Ausführliche Beispiele für die Anwendung der Objektivprisma-Gittermethode sind in den Abhandlungen von HERTZSPRUNG[1], KOHLSCHÜTTER[2], GREAVES, DAVIDSON und MARTIN[3] gegeben, letztere haben auch Abbildungen von solchen Sternaufnahmen veröffentlicht. Das Objektivprisma-Gitterverfahren, das 1918 von HERTZSPRUNG und EBERHARD[4] angegeben wurde, ist übrigens von MERTON[5] so modifiziert worden, daß es auch für Laboratoriumsaufnahmen mit dem Spaltspektrographen erfolgreich angewendet werden kann. MERTON bringt zwischen Prisma und Kameraobjektiv ein Gitter an, dessen Öffnungen auch hier senkrecht zur brechenden Kante des Prismas gestellt sind. Da die Strahlen verschiedener Wellenlängen aber unter verschiedenen Winkeln aus

---

[1] A N 207, S. 75 (1918). [2] A N 220, S. 325 (1923).

[3] M N 86, S. 33 (1925) und 87, S. 352 (1927). [4] V J S 53, S. 214 (1918).

[5] On the Spectrophotometry in the Visible and Ultraviolet Spectrum. London R Soc Proc A 99, S. 78 (1921).

dem Prisma austreten, ist ein Stabgitter, wie oben, nicht brauchbar. MERTON überzieht daher eine dünne Glas- oder Quarzplatte mit einer dünnen Rußschicht, welche durch eine sehr verdünnte alkoholische Schellacklösung fixiert wird. In diese undurchsichtige Schicht werden dann mittels einer Teilmaschine die Öffnungen eingeritzt, so daß ein Gitter von der gewünschten Beschaffenheit entsteht. Die Gitterkonstante wird durch Laboratoriumsversuche bestimmt, für die MERTON in der betreffenden Abhandlung genaue Anweisung gibt.

56. Die Methode für den Spaltspektrographen ist wohl zuerst von MERTON und NICHOLSON[1] im Laboratorium erprobt und dann von H. H. PLASKETT[2] für die photographische Spektralphotometrie von Sternen verwendet worden. Sie besteht darin, daß vor dem Spalt des Spektrographen ein kleiner absorbierender Keil aus neutralem Glas so angebracht ist, daß seine Absorption von dem einen Ende des Spaltes bis zum andern zunimmt. Ein den Keil und den Spalt durchsetzendes Lichtbündel ergibt dann ein Spektrum, dessen Schwärzung in der Längsrichtung des Spaltes kontinuierlich von der einen Seite bis zur andern abnimmt. Sind Absorption und Keilwinkel des neutralen Glases bekannt, so läßt sich die Intensität des durch den Keil hindurchgehenden Lichtes für jeden Punkt des Spaltes berechnen, und eine Verbindung dieser Intensitäten mit den dazugehörigen Schwärzungen ergibt dann die für die Reduktion nötige Intensitäts-Schwärzungskurve.

Da ein Stern nur ein fadenförmiges Spektrum geben würde, ist für eine Ausziehung des von dem Spiegel bzw. Objektiv erzeugten fokalen Sternbildes in eine Lichtlinie zu sorgen. PLASKETT erzielte diese Verbreiterung, wie schon erwähnt, dadurch, daß er vor dem Keil und dem Spalt des Spektrographen eine geeignete Zylinderlinse aufstellte. Diese Lichtlinie muß natürlich in ihrer ganzen Länge dieselbe Intensität aufweisen. Ist dies nicht der Fall, so darf der Stern nicht punktförmig gehalten werden, sondern man muß ihm durch Verstellen des Fernrohruhrwerkes eine langsame Bewegung über den Spalt hin erteilen, wodurch alle Ungleichmäßigkeiten in der Intensität der Lichtlinie ausgeglichen werden, derart, daß (nach Entfernung des Keiles) ein Spektrum genügender Breite entsteht, welches über die ganze Breite hinüber die gleiche Schwärzung aufweist. Wird nun aber durch den Keil hindurch belichtet, so ist das Spektrum des Sternes nicht mehr ein Band mit nahezu geradlinigen parallelen Begrenzungen, sondern es besitzt etwa die Gestalt der Abb. 14B.

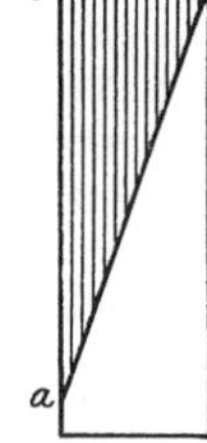

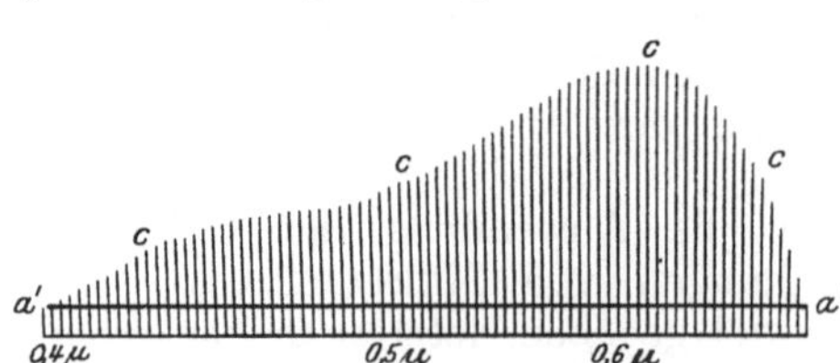

Abb. 14A. Keil. Abb. 14B. Spektrum.
(Aus Publ of the Astrophys Obs Victoria Vol. II, Nr. 13.)

An der Spitze a des Keiles (Abb. 14A) geht das Licht nahezu ungeschwächt hindurch, die dieser Keilstelle entsprechende Begrenzung des Spektrums wird eine gerade Linie sein. An der Basis b des Keiles wird dagegen das Licht stark absorbiert, die obere Begrenzung des Spektralbandes wird daher keine gerade Linie sein können, sondern sie hängt von der Intensitätsverteilung im Sternspektrum ab. Das Spektrum wird am breitesten für Licht der Wellenlängen sein, welches im Sternspektrum die größte Intensität besitzt. Die Empfindlichkeit der photographischen Platte für Licht verschiedener Farbe wird natürlich ebenfalls die Begrenzungen des Spektralbandes beeinflussen. Diese

[1] Phil Trans A 217, S. 237 (1917).
[2] Publ Dom Astrophys Obs Victoria 2, Nr. 12, S. 213 (1923).

Abhängigkeit von der Farbenempfindlichkeit der Platte wird aber dadurch eliminiert, daß man außer dem Spektrum des zu untersuchenden Sternes noch das einer irdischen Lichtquelle oder eines anderen Sternes mit bekannter spektraler Intensitätsverteilung aufnimmt, d. h. die Intensitätsverteilung des Sternspektrums wird bezogen auf die der Lichtquelle; die Farbenempfindlichkeit der Platte fällt auf diese Weise heraus. Wie oben auseinandergesetzt wurde, erhält man durch die Aufnahme eines Sternes durch einen Keil von bekannter Absorption und bekanntem Keilwinkel eine kontinuierliche Intensitätsskala durch eine einzige Aufnahme. Ist der Keil nicht völlig neutral, was wohl nie der Fall sein wird[1], sondern selektiv absorbierend, so muß die Keilabsorption für die verschiedenen Farben besonders bestimmt und die Schwärzungskurven für die verschiedenen Farben müssen mit diesen speziellen Keilkonstanten hergestellt werden, was ohne Mühe geschehen kann. Für das Folgende sei der Keil als völlig neutral vorausgesetzt, seine Absorption und ebenso der Keilwinkel seien durch Versuche im Laboratorium bekannt. PLASKETT hat auf S. 222—228 seiner Abhandlung ausführlich beschrieben, wie man den Keil untersucht und eicht, so daß hier nicht näher darauf eingegangen werden braucht.

Die Theorie der Keilmethode gestaltet sich nach PLASKETT nun folgendermaßen: Es werde der Abstand h_λ von der Linie $a'a'$ (Abb. 14B) derjenigen Punkte gemessen, für welche die Schwärzung einen bestimmten Wert, etwa D, besitzt, und zwar für alle Wellenlängen λ. Dieser Abstand h_λ auf dem Spektrogramm entspricht dem Abstand mh_λ auf dem Keil, der von der Spitze a des Keiles ab (Abb. 14A) gemessen wird. Es ist $m = \frac{\text{Brennweite des Kollimators}}{\text{Brennweite der Kamera}}$, also ein Vergrößerungsfaktor. (Derselbe ist übrigens nicht streng konstant für alle λ, er variiert infolge Bildfeldwölbung und Achromatisierung des Kameraobjektives, aber die Änderungen erreichen z. B. bei dem von PLASKETT benutzten Spektrographen nur einen geringen Betrag; so ist $m = 1{,}727$ für $\lambda = 0{,}39\,\mu$, $1{,}730$ für $\lambda = 0{,}43\,\mu$, $1{,}723$ für $\lambda = 0{,}67\,\mu$.)

Es sei nun J_λ die Intensität des Lichtes der Wellenlänge λ, welches auf den Keil auffällt, K_λ die Intensität des Lichtes, welches der Keil bei dem Abstand mh_λ hindurchläßt, P_λ der Extinktionskoeffizient des neutralen Glases für die Wellenlänge λ, α der Keilwinkel, dann ist $K_\lambda = J_\lambda\, 10^{-mh_\lambda P_\lambda \operatorname{tg}\alpha}$, worin mh_λ tang α die Dicke des Keiles bei dem Abstand mh_λ und $P_\lambda \operatorname{tang}\alpha = \sigma_\lambda$ die sog. Keilkonstante für die Wellenlänge λ ist, d. h. die Keildichte bei der Einheit des Abstandes von a (Abb. 14A). Es wird also

$$J_\lambda = K_\lambda\, 10^{\sigma_\lambda m h_\lambda}\,. \tag{1}$$

In dieser Gleichung ist mh_λ durch Messung des Spektrums bekannt, σ_λ durch die Keileichung. K_λ ist unbekannt, es ist nach Definition die Intensität, mit welcher das Licht nach Durchlaufen des Keiles und des Spektrographen auf

[1] R. MÜLLER, Untersuchungen über den Wilsingschen Rotkeil und einige neutrale Keile. A N 229, S. 305 (1927). Wird $\sigma_\lambda = P_\lambda \operatorname{tang}\alpha$ (P_λ der Extinktionskoeffizient, α der Keilwinkel) gesetzt, so findet PLASKETT für seinen Keil folgende Werte von σ_λ:

λ	σ_λ	λ	σ_λ	λ	σ_λ	λ	σ_λ
0,3930 μ	0,171	0,4308 μ	0,136	0,4957 μ	0,110	0,6137 μ	0,106
,3969	,162	,4415	,133	,5233	,110	,6394	,106
,4046	,150	,4529	,124	,5371	,112	,6496	,105
,4119	,149	,4603	,116	,5616	,109	,6678	,098
,4202	,142	,4872	,112				

aus denen ersichtlich ist, daß auch dieser Keil durchaus nicht neutral ist.

der photographischen Platte die konstante Schwärzung D erzeugt, und zwar über das ganze Spektrum hinüber.

Es sei nun J'_λ die Intensität des Lichtes derselben Wellenlänge λ einer zweiten Lichtquelle (z. B. Vergleichsstern), h'_λ der Abstand von a (Abb. 14A), bei welchem sich dieselbe Schwärzung D findet, wie oben (beide Aufnahmen sind gleich lange belichtet worden), dann ist

$$J'_\lambda = K_\lambda \, 10^{\sigma_\lambda m h'_\lambda}, \tag{2}$$

oder bei Division der beiden Gleichungen

$$\frac{J_\lambda}{J'_\lambda} = 10^{m \sigma_\lambda (h_\lambda - h'_\lambda)}. \tag{3}$$

Die Größen der rechten Seite dieser Gleichung sind sämtlich und für alle Wellenlängen bekannt, somit ist es auch das Intensitätsverhältnis J_λ / J'_λ und damit auch die Intensitätsverteilung J_λ im Spektrum des zu untersuchenden Sterns, wenn die des Vergleichssterns bekannt ist. In den Gleichungen (1) und (2) sind die K_λ identisch, d. h. es wird die Gültigkeit des HARTMANNschen Satzes vorausgesetzt: zwei monochromatische Lichtquellen sind gleich hell, wenn die von ihnen bei gleicher Belichtungszeit und gemeinsamer Entwicklung erzeugten Schwärzungen gleich sind.

Die Abstände h_λ und h'_λ erhält man folgendermaßen: Man mißt mit dem Mikrophotometer die Schwärzungen senkrecht zum Verlauf des Spektrums (d. h. über die ganze Breite des Spektrums hin) für einen jeden Wellenlängenbezirk und zeichnet Schwärzungskurven, deren Abszissen die Abstände von der Linie $a'a'$ (Abb. 14B), deren Ordinaten die zugehörigen Schwärzungen sind. Auf diese Weise entstehen soviel Schwärzungskurven, als man Wellenlängenbezirke gemessen hat. Man verbindet nun die Punkte gleicher Schwärzung D in den verschiedenen Schwärzungskurven durch eine Kurve. Dann sind die Ordinaten h_λ und h'_λ der Schwärzung D aus der Zeichnung abzulesen.

Vorstehendes Verfahren von PLASKETT eignet sich besonders für solche Fälle, wo ein Spaltspektrograph mit einem Spiegel verbunden ist, für Fernrohre mit Objektiven wegen unvollkommener Achromasie aber weniger gut, da hierdurch gewisse Schwierigkeiten bei der Aufnahme der Spektren entstehen können, z. B. beim Vergleich eines Sternspektrums mit dem Spektrum der Sonne oder einer irdischen Lichtquelle.

57. Spektralphotometrische Farbenindizes. Jede photographische, zu spektralphotometrischen Messungen hergestellte Aufnahme kann ohne weiteres zur Bestimmung des Farbenindex verwendet werden. Farbenindizes bestimmt man aber in der Hauptsache nur da, wo durch Lichtschwäche der Sterne eine spektralphotometrische Untersuchung nicht möglich ist oder wenigstens infolge sehr langer Belichtungszeiten sehr zeitraubend und mühsam wird. Die beiden, oben in ihren Hauptzügen geschilderten spektralphotometrischen Verfahren eignen sich nicht zur Anwendung auf schwache Sterne, da bei beiden Verfahren Lichtschwächungen (durch das Gitter oder den Absorptionskeil) zur Herstellung der Skalen benötigt werden. Nun gibt es aber Fälle, in welchen man durch eine nicht übermäßig lange Belichtung, etwa mittels eines Objektivprismas, das Spektrum eines Sternes und des mit ihm zu vergleichenden erhalten kann. Diese Aufnahmen würden sich zur Bestimmung des Farbenindex verwenden lassen, wenn man auf irgendeinem Wege Intensitäts-Schwärzungskurven für die beiden Wellenlängengebiete herstellen könnte, welche den Farbenindex definieren sollen.

In der Tat gibt es ein solches Verfahren. Es besteht darin, daß man im Laboratorium mit irgendeinem Spektrographen eine Reihe von Spektren einer irdischen Lichtquelle (z. B. Metallfadenlampe) auf die die Sternspektren enthaltende Platte aufkopiert. Durch diese Hilfsaufnahmen erhält man Schwärzungskurven für die zwei Wellenlängengebiete, aus denen der Farbenindex bestimmt werden kann. Natürlich ist für diese Aufnahmen dieselbe Belichtungszeit einzuhalten wie für die Sternspektra selbst, aber diese Belichtungen können zu einer bequemen Tageszeit im Laboratorium vorgenommen werden, so daß nichts von der eigentlichen Beobachtungszeit während der Nacht verloren geht. Zu Sternbeobachtungen können somit auch kürzere Perioden klaren Himmels benutzt werden, die für die Herstellung der Skalen neben den eigentlichen Sternaufnahmen nicht ausreichen würden. Als Vergleichsstern ist ein Stern des Typus A0, von der Helligkeit 5^m bis 6^m im Harvardsystem zu wählen, für welchen der Farbenindex der Definition nach Null sein soll.

Für diese Art der Farbenindexbestimmung kommt es, wie ersichtlich, nur auf den Verlauf der Schwärzungskurve, d. h. auf die Gradation in den zwei zu benutzenden Wellenlängengebieten an, nicht auf die Schwärzungskurve selbst. Die Gradation kann aber mit einer beliebigen Lichtquelle und einem beliebigen Spektrographen erhalten werden.

Das Verfahren der spektrographischen Farbenindexbestimmung unterscheidet sich also sehr wesentlich von einer Bestimmung der Energieverteilung im Sternspektrum, bei der die Sternaufnahmen und die Skala mit ein- und demselben Instrument hergestellt werden müssen, außerdem auch die Energieverteilung im Spektrum der zur Skalenherstellung verwendeten Lichtquelle (Stern oder künstliche Lichtquelle) genau bekannt sein muß.

Der Vorzug der spektrographischen Farbenindexbestimmung vor anderen Methoden liegt darin, daß man zwei weit auseinanderliegende Spektralgebiete, etwa das rote und das ultraviolette, wählen, und so auch feinere Unterschiede im Farbenindex auffinden kann. Die spektrographischen Farbenindizes können schließlich auf graphische oder rechnerische Weise mit einem nach anderen Verfahren erhaltenen Farbenäquivalent in Beziehung gesetzt werden, so daß ein einheitliches System gewonnen wird.

58. Die Extinktion für photographische Spektralphotometrie. Eine große Schwierigkeit für die Spektralphotometrie bietet die exakte Berechnung der Extinktion. Zwar sind die Extinktionskoeffizienten für die Wellenlängen, welche bei astrophysikalischen Untersuchungen in Betracht kommen, mit hinreichender Genauigkeit bekannt[1], aber es sind nicht Werte für den zur Zeit der Beobachtung herrschenden Luftzustand, welche man nötig hat, besonders wenn Sterntemperaturen gefunden werden sollen. Die Bestimmung der Extinktion für den Beobachtungsabend selbst ist aber recht umständlich. Man hilft sich daher meist so, daß die zu vergleichenden Sterne bei möglichst gleichen und kleinen Zenitdistanzen aufgenommen werden.

Erst dann ist die spektrale Energiekurve eines Sternes als gesichert anzusehen, wenn eine größere Anzahl Vergleichungen vorgenommen worden ist, die sich in guter Harmonie befinden. Diese Forderung ist auch aus dem Grunde zu stellen, daß die Fehler der photographischen Platten nur durch Vermehrung der Beobachtungen unschädlich gemacht werden können. Diese Fehler verfälschen nämlich speziell die Resultate spektralphotometrischer Messungen, da ein Plattenfehler nicht die gleiche Größe für Licht der verschiedenen Farben besitzt, z. B. für das Ultraviolett weniger groß ist als für die grünen Teile des Spektrums. Auch bei den Farbenindexbestimmungen ist die Extinktion nicht zu vernachlässigen; es gilt hier das gleiche,was soeben gesagt wurde.

[1] G. Müller, Publ Astrophys Obs Potsdam Nr. 64 (1912); J. Wilsing, ebenda Nr. 66, 72, 80 (1913, 1917, 1924); C. G. Abbot, Ann Astrophys Obs Smithsonian Inst 3 (1914); E. Kron, Ann d Phys (IV) 45, S. 377 (1914).

m) Nachtrag zur „Photographischen Photometrie".

Nach Abschluß des Manuskriptes des vorliegenden Kapitels sind zwei Abhandlungen erschienen, deren Inhalt insbesondere für die Praxis der photographischen Photometrie von Bedeutung ist. Es sollen daher die hauptsächlichsten Resultate derselben hier in Kürze wiedergegeben werden.

A. DENISOFF, Die Zusatzbelichtung photographischer Platten und die photographische Photometrie. Z f wiss Photogr 27, S. 128 (1929). EDER hatte durch eingehende Untersuchungen gezeigt, daß eine Vor- oder Nachbelichtung einer photographischen Platte (BECQUEREL-Effekt) keinen Vorteil bringt, und seine Resultate sind auch von anderen Beobachtern (für Schleussner- und Agfaplatten wenigstens) bestätigt worden. Im Gegensatz hierzu fanden später J. RHEDEN[1], F. HAYN[2] und P. V. NEUGEBAUER[3], daß man durch Zusatzbelichtung der ganzen photographischen Platte recht gute Abbildungen schwacher Lichtquellen erhalten kann, welche auf der nicht diffus belichteten Platte kaum sichtbare Spuren ergeben. A. DENISOFF hat nun neuerdings den Einfluß diffuser Vor- und Nachbelichtung mit Licht gleicher spektraler Beschaffenheit, wie das der aufzunehmenden Lichtquelle qualitativ und besonders auch quantitativ untersucht und die Ergebnisse von RHEDEN, HAYN, NEUGEBAUER bestätigt. Es muß in betreff der Einzelheiten der Untersuchung auf die Abhandlung selbst verwiesen werden. Zur Zeit ist es nicht möglich, eine Erklärung dafür zu geben, daß die neueren Versuche von den älteren so völlig abweichen.

N. WALENKOV, Über den Eberhardeffekt und seine Bedeutung für die photographische Photometrie. Z f wiss Photogr 27, S. 236 (1929). Diese Abhandlung bringt eine weitergehende Aufklärung des Nachbareffektes. WALENKOV faßt seine Resultate in folgenden Sätzen zusammen:

„1. Der Nachbareffekt ist seinem Wesen nach ein Randeffekt und ist in hohem Maße abhängig von der Schärfe der photographischen Abbildung; mit Zunahme der Verwaschenheit der Ränder nimmt er schnell ab.

2. Der Nachbareffekt ist für den geraden Teil der charakteristischen Kurve der Platten bei sonst gleichen Bedingungen proportional der Differenz der Dichtigkeiten zwischen den Nachbarfeldern und dem geschwärzten Gebiet.

3. Bei einer großen (breiten) Abbildung äußert sich der Nachbareffekt ausschließlich als Randeffekt. Der Maximalwert der Zone des Eindringens des Effektes in die Tiefe der Abbildung übersteigt nicht 1,5 mm.

4. Bei Abbildungen, die schmäler (von kleinerem Durchmesser) als 3 mm sind, kommt als sekundäre Wirkung der Zuwachs der Dichtigkeit in der Mitte der Abbildung hinzu, der um so größer ist, je schmäler (kleiner) die Abbildung ist.

5. Der relative Nachbareffekt, d. h. das Fallen der Dichtigkeit von den Rändern zur Mitte, ist nur wenig von der Breite (Größe) der Abbildung abhängig. Für 20 mm (Durchmesser 20 mm) breite Abbildungen ist sie nahezu dieselbe wie für 0,5 mm. Daher ist bei einer schmalen Abbildung der Abfall der Dichtigkeit von den Rändern zur Mitte bedeutend steiler als in breiten (großen). Eine 0,5 mm breite Abbildung (Durchmesser 0,5 mm) hat keine Zonen konstanter Dichtigkeit mehr.

6. Der Effekt ist unabhängig von der Form der Abbildung.

[1] Z f wiss Photgr 16, S. 219 (1917).
[2] A N 229, S. 289 (1927).
[3] A N 229, S. 293 (1927).

7. Völlig frei vom Nachbareffekt sind nur feinkörnige, vorläufig noch notwendigerweise schwachempfindliche Platten, unabhängig von der Dicke der lichtempfindlichen Schicht, von der Konzentration des Bromsilbers in der Emulsion und auch von der Wellenlänge des exponierenden Lichtes (sichtbares weißes Licht, RÖNTGEN-Strahlen).

8. Mit Zunahme der mittleren Größe der Bromsilberkörner der Emulsion und damit verknüpfter Zunahme der Empfindlichkeit der Platten nimmt der Nachbareffekt im Durchschnitt zu.

9. Für grobkörnige Platten nimmt der Effekt mit Zunahme der Dicke der lichtempfindlichen Schicht auch ein wenig zu.

10. Für RÖNTGEN-Strahlen ist der Nachbareffekt für alle Sorten von Bromsilberemulsionen, sowohl feinkörnige als auch grobkörnige ohne Ausnahme praktisch gleich Null. Mikrophotographien der Schnitte der lichtempfindlichen Schicht quer zur Abbildung zeigten einen scharfen Unterschied in der Verteilung der Silberkörner in der Dickenlage der Schicht für X-Strahlen und für sichtbares Licht. Auf den Aufnahmen für X-Strahlen sind an den Rändern in den unteren Teilen der lichtempfindlichen Schicht auch bei feinkörnigen Platten keinerlei zusätzliche Silbermengen zu erkennen.

11. Der Nachbareffekt war in allen Fällen recht klein. Er ließ sich messen nur dank der Erhöhung der Empfindlichkeit und der Messung der relativen Dichtigkeiten. Für die Mehrzahl der Emulsionen liegt er an der Grenze der Meßgenauigkeit. Sogar für hochempfindliche Platten (Ilford Special Rapid und Iso-Zenit) übertrifft er nicht $0^{m},09 \left(\frac{\Delta J}{J} = 8\%\right)$. Nur für sehr grobkörnige Platten (Ilford Monarch) erreicht er für Dichtigkeiten höher als Eins den Wert $0^{m},13 \left(\frac{\Delta J}{J} = 12\%\right)$.

12. Der Metol-Hydrochinonentwickler, angewandt mit Kaliumbromidlösung, und der Eisenoxalatentwickler zeigten keinen merklichen Unterschied. Auch die Mikrostruktur der photographischen Abbildungen war für die beiden Entwickler im wesentlichen dieselbe.

13. Für effektive Intensitäten, die zur Erhaltung der Dichtigkeit Eins eine Exposition von einigen Minuten bis zu einigen Zehnteln von Sekunden erfordern, ist der Nachbareffekt von der Intensität J des exponierenden Lichtes unabhängig. Er nimmt zu mit der Exposition $E = Jt$, d. h. mit der Menge der ausgestrahlten Energie selbst.

14. Da man in der Astrophotometrie fast niemals mit sehr scharfen Abbildungen zu tun hat und in der Spektrophotometrie solche Fälle nicht vorkommen, so hat sogar unter den ungünstigsten Bedingungen (z. B. bei Anwendung grobkörniger Platten) der Nachbareffekt für die Astrophotometrie nur eine sehr geringe und für die Spektrophotometrie, insbesondere für das RÖNTGEN-Gebiet, gar keine Bedeutung."

Wie man ersieht, weichen die Ergebnisse von WALENKOV in folgenden zwei Punkten wesentlich von den oben vom Verfasser gegebenen ab:

a) Der Nachbareffekt ist seinem Betrage nach von WALENKOV stets kleiner gefunden worden als von EBERHARD.

b) Nach WALENKOV verbleibt auch bei der Entwicklung mit Eisenoxalat der Nachbareffekt bestehen.

Auch hier kann zur Zeit keine Erklärung gegeben werden, wodurch diese abweichenden Resultate erhalten wurden. Möglicherweise ist hier die Ursache in einer veränderten Emulsionsbereitung zu suchen. Die Beobachtungen von EBERHARD sind vor 1913, die von WALENKOV erst in jüngster Zeit angestellt worden. Die Möglichkeit, mit dem Eisenoxalatentwickler auch einen negativen Nachbareffekt zu erzeugen[1], scheint aber darauf hinzudeuten, daß man den Eisenentwickler doch so abstimmen kann, daß der Nachbareffekt tatsächlich ausbleibt. Jedenfalls ist diese Frage von neuem zu prüfen.

Sehr wichtig für die praktische Photometrie ist das Ergebnis unter 1 bzw. 14. Hiernach kann der Nachbareffekt nur dann merkliche Fehler in die Messungen bringen, wenn die Reduktionsskala, die zur Herstellung der Schwärzungskurve dient, aus scharf begrenzten Marken (Röhrenphotometer) gewonnen wird, während die fokalen und afokalen Bilder der Sterne meist verwaschene Ränder besitzen und somit keinem Nachbareffekt oder wenigstens einem sehr verringerten unterworfen sind.

n) Literaturverzeichnis.

Lehrbücher.

G. M. B. DOBSON, GRIFFITH and HARRISON, Photographic photometry. Oxford 1926.
CH. FABRY, Leçons de photométrie professées à l'Institut d'Optique théorique et appliquée en 1924. Paris 1924. S. 106ff.
Handbuch der Experimentalphysik (W. WIEN und F. HARMS) 21, Kap. 4, § 3. Leipzig 1927.
Handbuch der wissenschaftlichen und angewandten Photographie 4. Wien 1930.
Handbuch der Physik (H. GEIGER und K. SCHEEL) 19, Kap. 23 (1928).
G. MOREAU, La sensitométrie photographique et ses applications. Paris 1928.
G. MÜLLER, Die Photometrie der Gestirne. S. 294ff. Leipzig 1897.
MÜLLER-POUILLETS Lehrbuch der Physik, 11. Aufl. 2, zweite Hälfte, erster Teil, S. 1302ff. Braunschweig 1929.
F. E. ROSS, The physics of the developed photographic image, S. 35ff. New York 1924.
J. SCHEINER, Die Photographie der Gestirne, S. 210ff. Leipzig 1897.
K. SCHILLER, Einführung in das Studium der veränderlichen Sterne, S. 114ff. Leipzig 1923.
S. E. SHEPPARD und C. E. K. MEES, Untersuchungen über die Theorie des photographischen Prozesses, S. 307ff. Halle 1912.
J. W. T. WALSH, Photometry. S. 331ff. London 1926.

Abhandlungen.

H. L. ALDEN, Laboratory tests of photographic plates and filters for astronomical work. Pop Astr 21, S. 389 (1913).
R. ANDERSEN, On a thermoelectric photometer for stellar photographic photometry. Medd. frå Ole Rømer Observatoriet i Aarhus Nr. 4 (1928).
S. I. BAILEY, Variable stars in the cluster Messier 3. Harv Ann 78, pt. 1 (1913).
— Variable stars in the cluster Messier 5. Harv Ann 78, pt. 2 (1917).
J. BAILLAUD, Etude de spectrophotométrie stellaire. B A (2) 4, S. 275 (1924).
— Etudes spectrophotométriques sur le soleil. Annales de l'Obs de Paris. Mém. 30, B (1914).
— Méthode de l'échelle de teintes en photométrie photographique. Paris Mém. 29, Nr. 2.
— La méthode de l'échelle de teintes en photométrie photographique. Ann de Phys (9) 5, S. 131 (1916).
— Notions de photométrie stellaire photographique. B S A F 27, S. 525 (1913); 28, S. 27 (1914).
— Opacimètre intégrateur pour photographies stellaires. C R 156, S. 113 (1913).
E. BAISCH, Versuche zur Prüfung des Wien-Planckschen Strahlungsgesetzes im Bereiche kurzer Wellenlängen. Ann d Phys (4) 35, S. 543 (1911).
E. A. BAKER, The law of blackening of the photographic plate at low densities. Proc R Soc Edinburgh 45, S. 166 (1925).
R. H. BAKER and E. E. CUMMINGS, Investigation in extrafocal photometry. Bull Laws Obs Nr. 24 (1916).
N. BARABASCHEFF und B. SEMEJKIN, Über den Einfluß der Temperatur auf die charakteristische Kurve (Gradation) der photographischen Platte. A N 236, S. 353 (1929).
A. BECKER und A. WERNER, Das photographische Reziprozitätsgesetz für Bromsilbergelatine mit Licht verschiedener Wellenlänge. Z f wiss Photogr 5, S. 382 (1907).
A. BEMPORAD, Di una nuova formola per determinare la grandezza fotografica delle stelle. Contributi astr Capodimonte Nr. 19 (1924).

[1] Publ Astrophys Obs 26, H. 1, Nr. 84, S. 52, Tabelle 27.

L. BERMAN, Spectrophotometric study of certain planetary nebulae. Lick Bull 15, S. 86 (1930).
O. BIRCK, Das photographische Helligkeitsverhältnis der Sonne zu Fixsternen. Inaug.-Diss. Göttingen 1909.
BLOCH and RENWICK, The opacity of diffusing media. J R Photogr Soc London 56, S. 49 (1916).
A. BRILL, Beitrag zur photographischen Photometrie heller Sterne. A N 210, S. 265 (1920).
— Die Helligkeitsschwankungen im Spektrum der Nova Geminorum 2 nach Aufnahmen von G. EBERHARD. Publ Astrophys Obs Potsdam 23, Nr. 70 (1914).
H. BUISSON et CH. FABRY, Sur un microphotomètre destiné à la mesure de l'opacité des plaques photographiques. C R 156, S. 389 (1913).
A. CALLIER, Absorption und Diffusion des Lichtes in der entwickelten photographischen Platte, nach Messungen mit dem Martensschen Polarisationsphotometer. Z f wiss Photogr 7, S. 257 (1909).
E. F. CARPENTER, A photometric study of the flash spectrum. Lick Bull 12, S. 183 (1927).
S. CHAPMAN and P. J. MELOTTE, Application of parallel wire diffraction gratings. M N 74, S. 50 (1913).
— Photographic photometry by wire diffraction gratings. Obs 38, S. 133 (1915).
C. V. L. CHARLIER, Über die Anwendung der Sternphotographie zur Helligkeitsmessung der Sterne. Publ Astr Gesell 19 (1889).
— Om fotografiens användning för undersökning af föränderliga stjernor. Bihang till K. Svenska Vet. Akad. Handlingar Afd I Nr. 3 (1892).
CHING-SUNG YÜ, On the continuous hydrogen absorption in spectra of class A stars. Lick Bull 12, S. 104 (1926).
H. CHRÉTIEN, La loi de noircissement photographique et la formule de Schwarzschild. B S A F 28, S. 361 (1914).
— Nouveau photomicromètre. B S A F 27, S. 59 (1913).
R. DAVIS, Experimental study of the relation between intermittent and non-intermittent sector wheel photographic exposures. Scientific Papers Bur of Standards. Nr. 528. Washington 1926.
F. P. DEFREGGER, Über ein von H. Th. Simon angegebenes Spektralphotometer für ultraviolettes Licht. Ann d Phys (4) 41. S. 1012 (1913).
A. DENISOFF, Die Zusatzbelichtung photographischer Platten und die photographische Photometrie. Z f wiss Photogr 27, S. 128 (1929).
N. W. DOORN, Colour equivalents of 191 stars near the north pole. B A N 4, 115 (1927).
H. B. DORGELO, Die photographische Spektralphotometrie. Phys Z 26, S. 756 (1925).
R. S. DUGAN, Helligkeiten und mittlere Örter von 359 Sternen der Plejadengruppe. Publ Astrophys Inst Königsstuhl-Heidelberg 2, Nr. 2 (1904).
W. DZIEWULSKI, Photographische Größen von Sternen in der Nähe des Nordpols. A N 198, S. 65 (1914).
G. EBERHARD, Photographisch-photometrische Untersuchungen. Publ Astrophys Obs Potsdam 26, Nr. 1 (1926).
— Zur Bestimmung effektiver Wellenlängen der Sterne. Seeliger-Festschrift S. 115 (1924).
— Über die Verwendung des Spurgeschen Röhrenphotometers für exakte photometrische Messungen. EDER, Jahrb f Photogr 1911, S. 109.
A. S. EDDINGTON, Photographic magnitudes determined with the Greenwich astrographic equatorial. Corrections depending on distance from the plate centrum. M N 73, S. 518 (1913).
J. M. EDER, System der Sensitometrie photographischer Platten. Sitzber K Ak Wien, Math-Nat Kl Abt. IIa, 108, S. 1407 (1899); 109, S. 1103 (1900); 110, S. 1103 (1901); 111, S. 888 (1902).
H. EWEST, Beiträge zur quantitativen Spektralphotometrie. Inaug.-Diss. Berlin 1913.
A. H. FARNSWORTH, A comparison of the photometric fields of the 6 inch doublet, 24 inch reflector and 40 inch refractor of the Yerkes Observatory with some investigations of the astrometric field of the reflector. Publ Yerkes Obs 4, part 5 (1920).
W. P. FLEMING, A photographic study of variable stars. Harv Ann 47, part 1 (1907).
— Photographic magnitudes of 107 variable stars of long period during the years 1885—1905. Harv Ann 47, part 2 (1912).
— Spectra and magnitudes of stars in standard regions. Harv Ann 71, Nr. 2 (1917).
F. E. FOWLE, The non-selective transmissibility of radiation through dry and moist air. Ap J 38, S. 392 (1913).
R. FRERICHS, Photographische Spektralphotometrie. Handb d Phys 19, S. 688ff. Berlin 1928.
L. GEIGER, Über die Schwärzung und Photometrie photographischer Platten. Ann d Phys (4) 37, S. 68 (1912).
D. GILL and J. C. KAPTEYN, The Cape Photographic Durchmusterung. Ann Cape Obs 3 (1896); 4 (1897); 5 (1900).

C. H. GINGRICH, A determination of the photographic magnitudes of comparison stars in certain of the Hagen fields. Ap J 38, S. 209 (1913).
F. W. P. GÖTZ, Photographische Photometrie der Mondoberfläche. Teil I. Veröffentl. Sternwarte Österberg zu Tübingen 1, H. 2 (1919).
K. GRAFF, Die visuelle und photovisuelle Skala der schwächeren Plejadensterne. AN 221, S. 31 (1924).
W. H. M. GREAVES, C. DAVIDSON and E. MARTIN, Determination of effective stellar temperatures by the "prism-crossed-by-grating" method. M N 86, S. 33 (1925).
— The effective temperatures of 22 stars of early types. M N 87, S. 352 (1927).
J. HALM, System of photographic magnitudes for southern stars. M N 74, S. 600 (1914).
— Determination of fundamental photographic magnitudes. M N 75, S. 150 (1915); 78, S. 379 (1918).
— Magnitudes of the Cape Photographic Durchmusterung. M N 78, S. 199 (1918).
— Method of determining photographic star images without the use of screens and gratings. M N 82, S. 472 (1922).
L. HAMBURGER und G. HOLST, Über eine Methode zur Bestimmung spektraler Intensitäten auf photographischem Wege. Z f wiss Photogr 17, S. 264 (1917).
G. R. HARRISON, On the elimination of errors when wire screens are used as neutral filters for photographic photometry. J Opt Soc Am 18, S. 492 (1929).
J. HARTMANN, Über die Konstanz der Empfindlichkeit innerhalb einer photographischen Platte. EDER, Jahrb f Photogr 1906, S. 58.
— Über die relative Helligkeit der Planeten Mars und Jupiter nach Messungen mit einem neuen Photometer. Sitzber Akad Berlin, Phys.-Math. Kl 1899, S. 677.
— Apparat und Methode zur photographischen Messung von Flächenhelligkeiten. Z f Instrk 19, S. 97 (1899).
W. HEINRICH, Photographische Messungen von Sternhelligkeiten der Coma Berenices. A N 183, S. 299 (1910).
E. HERTZSPRUNG, Zur Bestimmung der photographischen Sterngröße. A N 176, S. 49 (1907).
— Vorschlag zur Festlegung der photographischen Größenskala. A N 186, S. 177 (1910).
— Über die photographische Schwärzungskurve. A N 190, S. 119 (1911).
— Photographische Größen schwacher Zentralplejaden. A N 199, S. 247 (1914).
— Prüfung der photographischen Größenskala der hellen Plejadensterne. A N 200, S. 137 (1914).
— Photographisch-spektralphotometrischer Vergleich zwischen Altair und der Nova Aquilae in der Nähe ihrer maximalen Helligkeit. A N 207, S. 75 (1918).
— Photographische Helligkeitsmessungen von VV Orionis. Publ Astrophys Obs Potsdam 23, Nr. 73 (1919).
— Photographic observations of X, V, Z and RR Lacertae from plates taken at Potsdam 1912—1918. B A N 1, S. 63 (1922).
— Photographic observations of RR Lyrae from plates taken at Potsdam 1910—1913. B A N 1, S. 139 (1922).
— Notes on the magnitude scale of the Pleiades. B A N 1, S. 152 (1922).
— On the differences in photographic gradation for stars of different colour. B A N 1, S. 154 (1922).
— Photographic magnitudes of 658 stars from plates taken mainly by W. H. van den Bos with the 33 cm Leiden refractor. B A N 1, S. 201 (1923).
— Remarks on photographic colour equivalents and related problems. B A N 4, S. 95 (1927).
— Extended comparison between the Greenwich and Yerkes photographic magnitudes of stars in the north polar region. B A N 4, S. 181 (1927).
— On objective gratings for photometric use. Harv Bull 845, S. 1 (1927).
A. HNATEK, Ausgleichung der internationalen Polsequenz bis zur 9. Größe und Helligkeiten einiger Zusatzsterne. A N 204, S. 5 (1916).
— Bestimmung einiger effektiver Sterntemperaturen und relativer Sterndurchmesser auf spektral-photographischem Wege. A N 187, S. 369 (1911).
— Photographische Helligkeiten von 104 Sternen der Coma Berenices. A N 193, S. 373 (1913).
— Die Absorptionsspektren einer Reihe von Anilinfarben und die Selektion einzelner Teile des Spektrums durch Gelatinefilter. Z f wiss Photogr 15, S. 133 (1915).
— Versuche zur Anwendung strenger Selektivfilter bei spektral-photometrischen Untersuchungen. Z f wiss Photogr 15, S. 271 (1916); 16, S. 201 (1916); 22, S. 92, 177 (1923).
— Die minimalen, photographisch noch wiedergebbaren Helligkeitskontraste. Z f wiss Photogr 16, S. 323 (1916).
— Einiges über die Graukeilphotometer. Z f wiss Photogr 24, S. 310 (1926).
— Über die Meßbarkeit sehr großer Helligkeitsunterschiede mit dem Röhrenphotometer. Z f Phys 39, S. 927 (1926).

C. Hoffmeister, Beiträge zur photographischen Photometrie der Gestirne. A N 230, S. 113 (1927).
F. S. Hogg, (I.) A spectrophotometric study of the brighter Pleiades. (II.) The continuous background. Harv Circ 309 (1927).
L. A. Jones, New method for photographic spectrophotometry. J Opt Soc Am 10, S. 561 (1925).
H. Spencer Jones, Determination of the photographic magnitude scale of the north polar sequence. M N 82, S. 21 (1921); Obs 44, S. 357 (1921).
— Stellar magnitudes and their determination. Nature 107, S. 142, 173, 205 (1921).
P. Kempf, Referat über „Schwarzschild, Die Bestimmung von Sternhelligkeiten aus extrafokalen photographischen Aufnahmen." V J S 33, S. 231 (1898).
E. S. King, Standard tests of photographic plates. Harv Ann 59, Nr. 1 (1912).
— Photographic photometry on a uniform scale. Harv Ann 59, Nr. 2 (1912).
— Lunar photometry and photographic sensitiveness at different temperatures. Harv Ann 59, Nr. 3 (1912).
— Photographic magnitudes of bright stars. Harv Ann 59, Nr. 4 (1912).
— Photographic magnitudes of 76 stars. Harv Ann 59, Nr. 5 (1912).
— Photographic magnitudes of 153 stars. Harv Ann 59, Nr. 6 (1912).
— Tests of photographic plates 1902 to 1910. Harv Ann 59, Nr. 9 (1912).
— Miscellaneous observations. Harv Ann 59, Nr. 10 (1912).
— Photographic magnitudes of bright southern stars. Harv Ann 76, Nr. 5 (1916).
— Combined out-of-focus results from several instruments. Harv Ann 76, Nr. 6 (1916).
— Photographic magnitudes of polar stars obtained with the 24 inch reflector. Harv Ann 76, Nr. 10 (1916).
— Systematic photographic tests 1911—1915. Harv Ann 80, Nr. 5 (1917).
— Photovisual magnitudes of stars and planets. Harv Ann 81, Nr. 4 (1923).
— Photovisual magnitudes of one hundred bright stars. Harv Ann 85, Nr. 3 (1923).
— Revised magnitudes and colour indices of the planets. Harv Ann 85, Nr. 4 (1923).
— Comparison of photographic measures made by different observers. Harv Circ 249 (1923).
— Photographic measures of earthlight. Harv Circ 267 (1924).
H. von Klüber, Photometrie von Absorptionslinien im Sonnenspektrum. A N 231, S. 417 (1928); Z f Phys 44, S. 481 (1927).
P. P. Koch, Die Methoden der photographischen Spektralphotometrie. Ann d Phys (4) 30, S. 841 (1909).
A. Kohlschütter, Photographische Helligkeitsmessungen des Veränderlichen η Aquilae. A N 183, S. 265 (1910).
— Photographische Helligkeitsmessungen des neuen Veränderlichen 3. 1918. A N 207, S. 172 (1918).
— Messungen von Linienintensitäten in Sternspektren. A N 220, S. 325 (1923).
E. Kron, Über das Schwärzungsgesetz photographischer Platten. Publ Astrophys Obs Potsdam 22, Nr. 67 (1913).
— Über das Schwärzungsgesetz photographischer Trockenplatten. Ann d Phys (4) 41, S. 751 (1913).
H. S. Leavitt, North polar sequence. Harv Ann 71, Nr. 3 (1917).
— Standards of magnitude for the astrographic catalogue. Harv Ann 85, Nr. 1 (1919); Nr. 7 (1924); Nr. 8 (1926).
Lembang (Java), Photographic photometry of variable stars. Part I. Annalen v. d. Bosscha-Sterrewacht, vol. 2, 2e Gedeelte (1927).
H. Ludendorff, Spektral-photometrische Untersuchungen über die Sonnenkorona. Sitzber Preuß Akad d Wiss 1925, S. 83.
D. H. Menzel, A study of line intensities in stellar spectra. Harv Circ 258 (1924).
T. R. Merton, Spectrophotometry in the visible and ultraviolett spectrum. London R S Proc A 99, S. 78 (1921).
Br. Meyermann u. K. Schwarzschild, Über eine neue Schraffierkassette. A N 174, S. 137 (1907).
R. M. Motherwell, Photometry with a 6 inch doublet. Publ Dom Obs Ottawa 8 S. 117, (1925).
A. Odencrants, Sensitometrische Apparate und deren Fehlerquellen. Z f wiss Photogr 16, S. 69 (1916).
— Untersuchungen über Intensitäts- und Intermittenzschwärzung. Z f wiss Photogr 16, S. 111, 125 (1916).
— Intensitäts- oder Intermittenzskalen für sensitometrische Zwecke. Z f wiss Photogr 17, S. 209 (1918).
A. Pannekoek, Photographic photometry of the Milky way and the colour of the Scutum cloud. B A N 2, S. 19 (1923).

A. PANNEKOEK, Studies on line intensities in stellar spectra. (I) B A N 2, S. 223 (1925); (II) 3, S. 47 (1925).
— The determination of absolute line intensities in stellar spectra. B A N 4, S. 1 (1927).
J. A. PARKHURST and F. C. JORDAN, An absolute scale of photographic magnitudes of stars. Ap J 26, S. 244 (1907).
— Precautions necessary in photographic photometry. Ap J 31, S. 15 (1910).
— Yerkes Actinometry. Zone +73° to +90°. Ap J 36, S. 169 (1912).
— and A. H. FARNSWORTH, Method used in stellar photometry at the Yerkes Observatory between 1914 and 1924. Ap J 62, S. 179 (1924).
— and A. H. FARNSWORTH, Zone +45° of Kapteyn's selected areas: Photographic photometry for 1550 stars. Publ Yerkes Obs 4, pt. 6 (1927).
H. Mc. W. PARSONS, Photovisual magnitudes of the stars in the Pleiades. Ap J 47, S. 38 (1918).
C. H. PAYNE and F. S. HOGG, On methods in stellar spectrophotometry. Harv Circ 301 (1927).
— and F. S. HOGG, The measurement of the intensity of spectrum lines. Harv Circ 302 (1927).
— and F. S. HOGG, A spectrophotometric study of the brighter Pleiades. Harv Circ 303 (1927).
E. PETTIT and S. B. NICHOLSON, The registering microphotometer of the Mt. Wilson Observatory. J Opt Soc Am 7, S. 187 (1923).
E. C. PICKERING and W. P. FLEMING, A photographic determination of the brightness of the stars. Harv Ann 18, Nr. 7 (1890).
— and W. P. FLEMING, Photographic determination of the atmospheric absorption. Harv Ann 19, Nr. 2 (1893).
— Standard photographic magnitudes of bright stars. Harv Ann 71, Nr. 1 (1917).
— and H. S. LEAVITT, Harvard standard regions. Harv Ann 71, Nr. 4 (1917).
— Magnitudes of the Cape Photographic Durchmusterung. Harv Ann 76, Nr. 12 (1916); 80, Nr. 13 (1917).
— Photographic magnitudes. Harv Circ 22 (1898).
— Measurement of photographic intensities. Harv Circ 50 (1900).
— Standard stellar magnitudes. Harv Circ 125 (1907).
— A standard scale of photographic magnitudes. Harv Circ 150 (1909); 160 (1910).
— Adopted photographic magnitudes of 96 polar stars. Harv Circ 170 (1912).
— Photographic magnitudes of asteroids. Harv Circ 172 (1912).
H. H. PLASKETT, The wedge method and its application to astronomical spectrophotometry. Publ Dom Astrophys Obs Victoria 2, S. 213 (1924).
P. J. VAN RHIJN and B. J. BOK, Photovisual magnitudes for the selected areas at $\delta = 75°$, derived from plates taken at the Leander McCormick Observatory by H. L. ALDEN and P. VAN DE KAMP. Publ Kapteyn Astr Laboratory Groningen Nr. 44 (1929).
H. ROSENBERG, Photographische Untersuchung der Intensitätsverteilung in Sternspektren. Nova Acta Kais. Leopold. Carol. Akademie 101, Nr. 2 (1914).
F. E. ROSS, The physics of the developed photographic image. New York 1925.
— Photographic photometry. Ap J 52, S. 86 (1920); 56, S. 345 (1922).
— The mutual action of adjacent photographic images. Ap J 53, S. 349 (1921).
— Relation between the diameter of a photographic star image and its magnitude. Pop Astr 30, S. 5 (1922).
R. A. SAMPSON, Effective temperatures of sixty-four stars. M N 85, S. 212 (1925).
— On the estimation of the continuous spectrum of stars. M N 83, S. 174 (1923).
C. SCHELL, Photographisch-photometrische Absorptionsmessungen an Jodsilber im ultravioletten Spektrum. Ann d Phys (4) 35, S. 695 (1911).
A. SCHELLER, Die Helligkeit der Mondphasen. Sitzber K Ak d W in Wien. Math Nat Kl. Abt. IIa 120, S. 889 (1911).
K. SCHILLER, Photographische Helligkeiten und mittlere Örter von 251 Sternen der Plejadengruppe. Publ Astrophys Inst Königsstuhl-Heidelberg 2, S. 133 (1906).
J. SCHILT, Thermoelectric method of measuring photographic magnitudes. B A N 1, S. 51 (1922); 2, S. 135 (1924).
— A thermoelectric method of measuring photographic magnitudes. Publ Kapteyn Astr Laboratory Groningen Nr. 32 (1924).
A. L. SCHOEN, Eine photographische Methode der Spektralphotometrie im Rot und Infrarot. Z f wiss Photogr 24, S. 326 (1926).
K. SCHWARZSCHILD, On the deviations from the law of reciprocity for bromide of silver gelatine. Ap J 11, S. 89 (1900).
— Die Bestimmung von Sternhelligkeiten aus extrafocalen photographischen Aufnahmen. Publ von Kuffnersche Sternwarte 5. Wien 1897.
— Beiträge zur photographischen Photometrie der Gestirne. Publ von Kuffnersche Sternwarte 5. Wien 1899.

K. Schwarzschild, Photographische Vergleichung der Helligkeit verschiedenfarbiger Sterne. Sitzber K Akad d Wiss Wien Math Nat Kl, Abt. IIa, 109, S. 1127 (1900).
— Über eine Interpolationsaufgabe der Aktinometrie. A N 172, S. 65 (1906).
— Über die Bestimmung absoluter photographischer Helligkeiten. A N 183, S. 297 (1910).
— Über die Schleierkorrektion bei der Halbgittermethode zur Bestimmung photographischer Sterngrößen. A N 193, S. 81 (1912).
— u. W. Villiger, On the distribution of brightness of the ultraviolet light on the sun's disc. Ap J 23, S. 284 (1906).
— u. E. Kron, On the distribution of brightness in the tail of Halley's comet. Ap J 34, S. 342 (1911).
— Über die Farbentönung der Sterne. Arch f Opt 1, S. 435 (1908).
— Referat zu „J. A. Parkhurst, Yerkes Actinometry", V J S 47, S. 356 (1912).
— Über die totale Sonnenfinsternis vom 30. August 1905. Astr Mitt d Kgl Sternwarte zu Göttingen. 13. Teil. 1906.
— Aktinometrie der Sterne der B D bis zur Größe 7,5 in der Zone 0° bis +20° Deklination. Teil A, Göttingen 1910. Teil B, Berlin 1912.
Fr. H. Seares, The photographic magnitude scale of the north polar sequence. Ap J 38, S. 241 (1913) = Mt Wilson Contr 70.
— Photographic photometry with the 60-inch reflector of the Mt. Wilson Solar Observatory. Ap J 39, S. 307 (1914) = Mt Wilson Contr 80.
— The color of the faint stars. Ap J 39, S. 361 (1914) = Mt Wilson Contr 81.
— Photographic and photovisual magnitudes of stars near the north pole. Ap J 41, S. 206 (1915) = Mt Wilson Contr 97.
— A comparison of the Harvard and Mt. Wilson scales of photographic magnitudes. Ap J 41, S. 259 (1915) = Mt Wilson Contr 98.
— and M. Humason, Further evidence on the brightness of the stars of the north polar sequence. Ap J 56, S. 84 (1922) = Mt Wilson Contr 234.
— Revised magnitudes for stars near the north pole. Ap J 56, S. 97 (1922) = Mt Wilson Contr 235.
— The mean color index of stars of different apparent magnitudes. Ap J 61, S. 114 (1925) = Mt Wilson Contr 287.
— Some relations between magnitude scales. Ap J 61, S. 284 (1925) = Mt Wilson Contr 288.
— Joyner and Richmond, Reduction of the Harvard-Groningen Durchmusterung to the international system of magnitude and color. Ap J 61, S. 303 (1905) = Mt Wilson Contr 289.
— and Joyner, Reduction of thirty-nine astrographic zones to the international photographic scale. Ap J 63, S. 160 (1926) = Mt Wilson Contr 305.
— Commission de photométrie stellaire. Transactions of the International Astronomical Union 1, S. 69 (1922); 2, S. 83 (1925).
J. Stark, Über das Schwärzungsgesetz der Normalbelichtung und über photographische Spektralphotometrie. Ann d Phys (4) 35, S. 461 (1911).
H. T. S. Stetson, Use of a thermoelectric photometer for the determination of plate magnitudes. Ap J 43, S. 253, 325 (1916).
N. W. Storer, Photometric study of the continuous spectra of giant and dwarf stars. Lick Bull 14, S. 41 (1929).
St. Szeligowski, Photographic observations of the variables of the δ Cephei type SV Velorum, WW and SX Carinae, made on plates taken at Johannisburg. B A N 3, S. 177 (1926).
— Photographic observations of TT Lyrae made on plates taken at Potsdam. B A N 3, S. 183 (1926).
L. Terkán, Beiträge zur photographischen Photometrie. A N 186, S. 113 (1910).
G. Tichow, Sur l'addition des densités photographiques. Bull Acad d Sc de l'URSS (1927), S. 511.
Cl. Tuttle, The relation between diffuse and specular density. J Optic Soc Am 12, S. 559 (1926).
R. J. Uetersen, Über die Zerstreuung von Licht in photographischen Negativen und deren Einfluß auf die Messung von Schwärzungen. Diss. Hamburg 1928.
N. Walenkov, Über den Eberhardeffekt und seine Bedeutung für die photographische Photometrie. Z f wiss Photogr 27, S. 236 (1929).
K. N. Wassiliew, Zur photographischen Photometrie des Spektrums des Himmelslichtes. Gerlands Beiträge zur Geophysik 20, S. 159 (1928).
A. E. Weber, Über die Anwendung des rotierenden Sektors zur photographischen Photometrie. Ann d Phys (4) 45, S. 801 (1914).
Cl. E. Weinland, The intermittency effect in photographic exposure. J Opt Soc Am 15, S. 337 (1927).

A. WERNER, Das photographische Reziprozitätsgesetz bei sensibilisierten Bromsilbergelatinen. Z f wiss Photogr 6, S. 25 (1907).
E. WESSEL, Über die Anwendung einer rotierenden sektorförmigen Objektivblende in der Photographie der Gestirne. Helsingfors 1904.
A. WILKENS, Photographisch-photometrische Untersuchungen. A N 172, S. 305 (1906).
J. WILSING, Über die Lichtabsorption astronomischer Objektive und über photographische Photometrie. A N 142, S. 241 (1896).
— Über die Helligkeitsverteilung im Sonnenspektrum nach Messungen an Spektrogrammen. Publ Astrophys Obs Potsdam 22, Nr. 66 (1913).
C. WIRTZ, Photographisch-photometrische Untersuchungen. A N 154, S. 317 (1901).
— Referat zu „K. SCHWARZSCHILD, Aktinometrie der Sterne der BD bis zur Größe 7,5 in der Zone 0° bis +20° Deklination". V J S 47, S. 335 (1912).
M. WOLF, Photographische Messung der Sternhelligkeiten im Sternhaufen G. C. 4410. A N 126 S. 297 (1891).

Das Literaturverzeichnis erhebt keinen Anspruch auf Vollständigkeit.

Kapitel 6.

Visuelle Photometrie.

Von

W. HASSENSTEIN-Potsdam.

Mit 71 Abbildungen.

a) Einleitung. Grundlagen.

1. Begriff und Bedeutung der visuellen Photometrie. Die im vorliegenden Kapitel zur Darstellung gelangenden Methoden der visuellen Photometrie unterscheiden sich von den übrigen photometrischen Methoden in charakteristischer Weise dadurch, daß bei ihnen die unzerlegte Strahlung der beobachteten Objekte zur direkten Wirkung auf das Auge gelangt. Der Zweck der Anwendung dieser Methoden ist die Bestimmung der scheinbaren visuellen Lichtstärke bzw. Leuchtdichte der Gestirne. Die „visuelle Lichtstärke" (in der Literatur meist als „visuelle Helligkeit" bezeichnet) sei vorläufig definiert als das Produkt aus der Intensität des zwischen den Wellenlängen 0,4 und 0,8 μ liegenden „visuellen" Teiles der Gesamtstrahlung und dem „spektralen Empfindlichkeitskoeffizienten des Auges". Der Beobachtung zugänglich ist stets nur die „scheinbare", d. h. für den jeweiligen Standort des Beobachters geltende Lichtstärke, während die Ableitung der „wahren" Lichtstärke zu den Aufgaben der theoretischen Photometrie gehört. Als Objekt der Beobachtung kommen sämtliche zölestische Lichtquellen einschließlich des diffusen Himmelslichtes in Frage.

Die visuelle Photometrie ist unter den astrophysikalischen Methoden bei weitem die älteste; ihre Anfänge lassen sich bis ins Altertum zurück verfolgen. Ihre wissenschaftliche Bedeutung liegt hauptsächlich darin, daß sie eine spezielle Methode der Strahlungsmessung darstellt, wobei der Umstand, daß sie ihrer Natur nach nur den relativ beschränkten visuellen Bereich der Gesamtstrahlung erfassen kann, bei der Lösung zahlreicher Aufgaben keine wesentliche Einschränkung bedeutet. Die visuelle Methode steht heute mit den objektiven Methoden, insbesondere denen der photographischen Photometrie, die sich in vieler Hinsicht als leistungsfähiger erwiesen haben, in scharfem Wettbewerb, nimmt aber, wie die ständige Fortbildung der Methoden sowie die umfangreiche Beobachtungstätigkeit auf visuellem Gebiet hinlänglich beweisen, nach wie vor unter den Forschungsmethoden einen beachtlichen Rang ein.

In dem auf die Einleitung folgenden Abschnitt werden einige Hauptlehren der physiologischen Optik und auf Grund derselben die grundlegenden Begriffe und Prinzipien der visuellen Photometrie ausführlich entwickelt. Nach einem weiteren vorbereitenden Abschnitt, in welchem der Refraktor gemäß seiner Bedeutung als photometrisches Hilfsinstrument gewürdigt wird, folgt dann die Behandlung der beiden Hauptgebiete der visuellen Photometrie, nämlich der

Methoden der Messung (photometrischen Methoden im engeren Sinne) einerseits und der Methoden der Schätzung andererseits. Während die photometrische Messung unmittelbar die Lichtstärke und damit die ihrem Logarithmus proportionale Helligkeit oder photometrische Größe liefert, wird durch die Schätzung die „Empfindungsstärke" (geschätzte Größe) bestimmt, die eine in erster Näherung durch das FECHNERsche Gesetz gegebene Funktion der Lichtstärke ist.

Die Diskussion der zahlreich auftretenden systematischen Fehlerquellen, von denen einige objektiver, die meisten aber persönlicher Natur sind, nimmt in der Darstellung naturgemäß einen breiten Raum ein. Nur beiläufig behandelt wird die Extinktion, die bereits durch E. SCHOENBERG im ersten Kapitel des vorliegenden Bandes nach der theoretischen und praktischen Seite hin eine eingehende Behandlung gefunden hat.

Das am Schluß des Kapitels gegebene kurze Literaturverzeichnis will nur auf einige besonders bemerkenswerte Schriften aus der äußerst umfangreichen einschlägigen Literatur aufmerksam machen.

2. Historischer Überblick. Die Einteilung der Fixsterne nach ihrer Helligkeit in sechs Größenklassen durch HIPPARCH (190—125 v. Chr.) bezeichnet den Beginn der wissenschaftlichen Sternphotometrie. Wenn auch HIPPARCHS originales Sternverzeichnis sowie sein Himmelsglobus leider nicht auf uns gekommen sind, so gibt doch das im Almagest des PTOLEMÄUS enthaltene Verzeichnis der Örter und Größen von rund 1000 Sternen (Epoche 138 n. Chr.) im wesentlichen HIPPARCHS Beobachtungsdaten wieder. Der vom Zeitalter des PTOLEMÄUS bis zum Beginn des 18. Jahrhunderts in der Kenntnis der Fixsternhelligkeiten erzielte Fortschritt ist auffallend gering und beschränkt sich im wesentlichen auf ein langsames Anwachsen der Anzahl der katalogisierten Sterne, während die Genauigkeit der Größenangaben kaum eine Steigerung erfährt. Der erzielte Fortschritt knüpft sich in erster Linie an die Namen AL-SÛFI (964), TYCHO BRAHE (1590), HEVELIUS (1660), HALLEY (1679) und FLAMSTEED, welcher letztere 1689—1719 zu Greenwich die Örter und Größen von mehr als 3000 Sternen — teils mit freiem Auge, teils mit Fernrohr — im Meridian beobachtete. Nach Erscheinen von FLAMSTEEDS Historia Coelestis Britannica im Jahre 1725 mag die Anzahl der Sterne mit festgelegter Helligkeit für den ganzen Himmel annähernd 4000 betragen haben.

Im 18. Jahrhundert ist in der Helligkeitsbestimmung der Gestirne ein bedeutender Aufschwung zu verzeichnen. Die Methode der Größenschätzung wird verfeinert und auf ein ständig wachsendes Material von Sternen angewandt. Gleichzeitig beginnen sich die neuen Methoden der photometrischen Messung sowie der Stufenschätzung zu entwickeln. Der historischen Entwicklung der Schätzungsmethoden sei zunächst nachgegangen.

Größenschätzungen werden in der Regel nicht selbständig, sondern meist in Verbindung mit Positionsmessungen, sei es am Meridianfernrohr, sei es am Äquatoreal, ausgeführt. Als besonders wichtige Stufen der bezüglich der Anzahl der Sterne sowie der Genauigkeit der Schätzungen fortschreitenden Entwicklung sind anzuführen: die Meridianzonen von LACAILLE (1750, 10000 Sterne), LALANDE (1800, 50000 Sterne), BESSEL (1825, 60000 Sterne), ARGELANDER (1850, 75000 Sterne), ferner die Zonenkataloge der Astronomischen Gesellschaft (1875 und 1900, Sterne bis $9^M,0$ der Bonner Durchmusterung), schließlich, an Zahl der Sterne die genannten Meridiankataloge bei weitem überflügelnd, die drei großen Durchmusterungen von ARGELANDER (B. D.), SCHÖNFELD (S. D.) und THOME (Co. D.). In neuerer Zeit hat sich F. KÜSTNER, der 1894 bei den Schätzungen am Meridiankreis die Objektivgittermethode einführte, um die Steigerung der Genauigkeit der geschätzten Größen besondere Verdienste erworben.

Schon im 17. Jahrhundert hatte das Bestreben, die Helligkeiten einzelner bemerkenswerter Sterne genauer festzulegen, als dies auf Grund der einfachen Größenschätzung möglich war, zur Anwendung eines feineren Schätzungsverfahrens geführt, das darin bestand, je zwei Sterne miteinander zu vergleichen und ihren Helligkeitsunterschied in Worten anzugeben. W. HERSCHEL verbesserte um 1780 dieses Verfahren in der Weise, daß er die Sterne gruppenweise nach ihrer Helligkeit aufreihte und die Helligkeitsunterschiede zwischen benachbarten Gliedern der Reihe durch Symbole bezeichnete. Er führte eine Durchmusterung der in FLAMSTEEDS Kataloge enthaltenen Sterne auf Grund dieser Methode aus. J. HERSCHEL dehnte seit 1834 die Arbeiten seines Vaters auf den Südhimmel aus. In ihrer Wirkung noch nachhaltiger waren die Fortschritte, die F. ARGELANDER, auf den Erfahrungen der beiden HERSCHEL fußend, nach zwei verschiedenen Richtungen hin erzielte. Einerseits brachte er die Bestimmung der Größen der mit freiem Auge sichtbaren Sterne dadurch auf einen bisher unerreichten Stand, daß er in den Jahren 1838—44 Vergleichungen aller zu Bonn mit bloßem Auge sichtbaren Sterne ausführte und in seiner „Uranometria Nova" ein bis zu den Sternen der Größenklasse 5·6 vollständiges Verzeichnis aufs sorgfältigste geschätzter Sternhelligkeiten gab. Dieses Werk wurde von E. HEIS u. a. wiederholt und fand in B. GOULDS „Uranometria Argentina", deren Größen sich durch besondere Genauigkeit auszeichnen, eine Fortsetzung zum Südpol hin. Von noch größerer Tragweite war die Einführung der Stufenzahlen, durch die ARGELANDER seit 1844 kleine Helligkeitsunterschiede, insbesondere zwischen Veränderlichen und Vergleichssternen, bezeichnete. ARGELANDERS Stufenschätzungsmethode bürgerte sich bei der Beobachtung der Veränderlichen bald allgemein ein und findet auf diesem Gebiet auch heute noch ausgedehnte Anwendung. Auch zwei Abarten der ARGELANDERschen Methode, die Methode von N. POGSON (1854) und die Interpolationsmethode von E. C. PICKERING (1881), haben für die Helligkeitsbestimmung der veränderlichen Sterne eine außerordentliche Bedeutung erlangt.

Die historische Entwicklung der Methoden der photometrischen Messung vollzieht sich in einer Reihe parallelgehender Linien, von denen hier nur die markantesten verfolgt werden können.

Als erste Beispiele exakter photometrischer Messung lassen sich einerseits die von P. BOUGUER 1725 mit Hilfe eines Beleuchtungsphotometers gemachten Vergleichungen von Sonne und Mond mit einer Kerze, andererseits die von A. CELSIUS und A. TULENIUS 1740 mit einem primitiven Auslöschungsphotometer gemachten Messungen von 64 hellen Fixsternen ansehen. In den nächsten 100 Jahren schreitet die Entwicklung der photometrischen Methoden nur langsam fort. Von den wenigen auf neuen Prinzipien beruhenden Photometern seien genannt das BOUGUERsche mit einer Sektorblende ausgerüstete Heliometer (1748), der von A. v. HUMBOLDT mit einer Abschwächungsvorrichtung versehene Spiegelsextant (1803) und ferner, als Beispiele von Auslöschungsapparaten, die Abblendungsphotometer von J. S. BAILLY (1771) und von J. G. KÖHLER (1792). Erst im vierten Jahrzehnt des 19. Jahrhunderts setzt sowohl auf dem Gebiet der Auslöschungs- als der Gleichheitsphotometrie eine wesentlich regere Entwicklung der Methoden und Apparate ein.

Die erste Anwendung eines Keiles aus dunklem Glase zur Abschwächung des Lichtes durch X. DE MAISTRE (1832) bildet den Ausgangspunkt für die Entwicklung des Keilphotometers, das als vollkommenste Form des Auslöschungsphotometers anzusprechen ist. Unter den Forschern, die sich durch Konstruktion von Keilphotometern bzw. durch die Ausführung von Messungsreihen mit solchen Apparaten Verdienste erworben haben, sind in erster Linie zu nennen:

E. KAYSER (1862), C. PRITCHARD (Uranometria Oxoniensis 1881), E. C. PICKERING (1882) und G. MÜLLER (1892). H. M. PARKHURST hat um 1890 mit einem auf gänzlich anderen Prinzipien beruhenden Photometer, bei dem die Auslöschung der Sterne auf hellem Grunde erfolgte, Messungen an Asteroiden ausgeführt. Heute wird die Auslöschungsmethode, da sie hinsichtlich der erreichbaren Genauigkeit mit der Gleichheitsmethode nicht konkurrieren kann, nur noch ausnahmsweise angewandt.

Im Jahre 1836 treten fast gleichzeitig J. HERSCHEL mit seinem Astrometer und C. A. STEINHEIL mit zwei Apparaten, dem bekannten Prismenphotometer sowie einem an beliebige Fernrohre ansetzbaren Flächenphotometer, hervor. Während das HERSCHELsche Photometer mehr aus dem Grunde bekanntgeworden ist, weil es zur Herstellung eines seinerzeit viel benutzten Helligkeitskataloges von Fixsternen gedient hat, stellen die STEINHEILschen Photometer ebenso originelle als vollkommene Apparate dar, die für viele spätere Konstruktionen vorbildlich geworden sind. Das Prismenphotometer hat sich in den Händen A. SEIDELS auch in der Praxis ausgezeichnet bewährt. Die von STEINHEIL eingeführte Methode der Helligkeitsmessung von Fixsternen im extrafokalen Bilde steht gerade heute wieder im Mittelpunkt des Interesses.

Vom Jahre 1850, in welches F. ARAGOS grundlegende Untersuchungen und Veröffentlichungen über die Anwendung des Polarisationsprinzips auf die Photometrie der Gestirne fallen, nimmt eine Entwicklung ihren Ausgang, welcher die visuelle Astrophotometrie die besten ihr heute zur Verfügung stehenden Meßapparate verdankt. Auf den Arbeiten ARAGOS fußen einerseits F. ZÖLLNER, andererseits E. C. PICKERING, deren Photometer wesentlich verschiedene, aber in gleicher Weise vollkommene Typen darstellen. Die PICKERINGschen Photometer, bei denen stets die Bilder von zwei zölestischen Objekten zur Vergleichung gelangen, schließen sich enger an ARAGOS Anordnung an und sollen daher zunächst betrachtet werden. PICKERING hat einerseits verschiedene Formen von ansetzbaren Photometern konstruiert, die sich bei der Helligkeitsmessung von Doppelsternen und Veränderlichen vortrefflich bewährt haben, anderseits den Typus des Meridianphotometers geschaffen, bei dem die Sterne beim Durchgang durch den Meridian mit einem als Zwischenstern dienenden Polstern verglichen werden. Die „Revised Harvard Photometry", der umfangreichste Katalog photometrischer Größen, den wir gegenwärtig besitzen, beruht auf Messungen mit dem Meridianphotometer.

Die PICKERINGschen Polarisationsphotometer haben, wohl hauptsächlich wegen gewisser Beschränkungen der Anwendungsmöglichkeit, bei weitem nicht die Verbreitung gefunden wie das mit einem künstlichen Vergleichsstern arbeitende ZÖLLNERsche Astrophotometer, welches bei großer Einfachheit des Meßverfahrens fast unbeschränkt anwendbar ist. Unter den zahlreichen Forschern, die mit ZÖLLNERschen Photometern gearbeitet haben, seien hier nur C. S. PEIRCE, E. LINDEMANN, W. CERASKI und G. MÜLLER genannt. Der letztgenannte hat sich nicht nur durch die Konstruktion wesentlich verbesserter Photometertypen, sondern vor allem durch gemeinsam mit P. KEMPF u. a. durchgeführte umfangreiche Messungsreihen Verdienste erworben. Die alle nördlichen BD-Sterne bis zur Größe $7^{M},5$ enthaltende Potsdamer photometrische Durchmusterung (P. D.) nimmt hinsichtlich der erreichten Genauigkeit unter den vorhandenen großen Helligkeitskatalogen die erste Stelle ein.

In neuerer Zeit haben zwei abgeänderte Formen des ZÖLLNERschen Photometers besondere Bedeutung erlangt. E. C. PICKERING hat um 1900 die Nikols des ZÖLLNERschen Photometers durch einen Meßkeil ersetzt und damit den Typus des Vergleichskeilphotometers geschaffen, der sich in der Praxis vortrefflich bewährt hat. Andererseits hat W. CERASKI (1906) ein einfaches Verfahren zur Umwandlung des ZÖLLNERschen Photometers in ein Flächenphotometer angegeben und damit das Interesse an der Flächenphotometrie, das lange Zeit nur gering gewesen war, wesentlich belebt. Zahlreiche Neukonstruktionen in den beiden letzten Jahrzehnten legen hiervon Zeugnis ab.

3. Geometrische und strahlungsenergetische Grundlagen[1]. Eine Auffangfläche O empfange Strahlung von einer in der Richtung R und der Entfernung r gelegenen Lichtquelle Q. O werde stets in mm², r in einer von Fall zu Fall zu wählenden Einheit gemessen. Mit den Dimensionen von O und Q verglichen, sei r sehr groß.

Läßt man einen von dem Punkte A der Auffangfläche ausgehenden Leitstrahl an der Oberfläche (bzw. der Grenzlinie) des Objektes Q entlang gleiten (vgl. Abb. 1), so erhält man einen sich bis ins Unendliche erstreckenden kegelförmigen Raum, den man als räumlichen Winkel Ω bezeichnet. Wir wollen nun unter der scheinbaren Fläche F des Objektes in bezug auf den Punkt A die Größe des räumlichen Winkels Ω, d. h. den Flächeninhalt F derjenigen sphärischen Fläche verstehen, die durch den Mantel des Winkels Ω aus der um A mit Radius 1 beschriebenen Kugel herausgeschnitten wird.

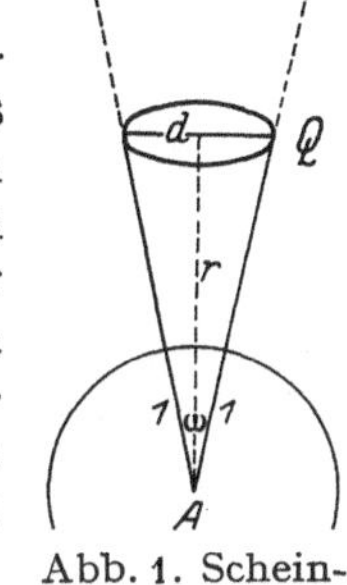

Abb. 1. Scheinbare Fläche eines leuchtenden Kreises.

Als Beispiel werde die scheinbare Fläche F einer leuchtenden Kreisfläche Q (Abb. 1) in bezug auf einen auf ihrer Mittelsenkrechten gelegenen Punkt A berechnet. Werden der Durchmesser des Kreises mit d, der Abstand desselben von A mit r, der ebene Winkel bei A mit ω bezeichnet, so ergibt sich für die in Bogenminuten gemessene scheinbare Fläche der Ausdruck:

$$F = \left(\frac{10800}{\pi}\right)^2 \cdot 4\pi \sin^2\frac{\omega}{4}, \qquad \operatorname{tg}\frac{\omega}{2} = \frac{d}{2r}.$$

An Stelle dieses strengen Ausdrucks kann stets der genäherte

$$F_I = \frac{\pi}{4}\,\omega^2 \qquad (\omega \text{ in } 1') \tag{1}$$

angewendet werden, der gemäß

$$F_I = F \cdot 1{,}0003 \quad (\omega = 10°), \qquad F_I = F \cdot 1{,}0025 \quad (\omega = 20°)$$

eine ausgezeichnete Näherung liefert und geometrisch leicht zu deuten ist. Den Vorteil einer bequemen algebraischen Darstellung bietet der weitere Ausdruck:

$$F_{II} = (\sin 1')^{-2}\,\pi \operatorname{tg}^2\frac{\omega}{2} = (\sin 1')^{-2}\,\frac{\pi}{4}\left(\frac{d}{r}\right)^2, \tag{2}$$

der auch gemäß

$$F_{II} = F\cdot 1{,}0014 \ (\omega = 5°), \quad F_{II} = F\cdot 1{,}0057 \ (\omega = 10°), \quad F_{II} = F\cdot 1{,}0232 \ (\omega = 20°)$$

für nicht zu große Winkel ω eine ausreichende Näherung liefert.

Wird der Flächeninhalt des senkrecht zur Richtung R durch die Lichtquelle Q gelegten, vom Mantel des Winkels Ω begrenzten Querschnittes (die „wahre Fläche" des Objektes) mit $\bar{F}$ bezeichnet, und wird $\bar{F}$ in derselben Einheit wie r gemessen, so gilt für die scheinbare Fläche F des Objektes sehr genähert, dem obigen Näherungswerte F_{II} völlig analog:

$$F = (\sin 1')^{-2}\,\bar{F} r^{-2}.$$

[1] Vgl. E. LIEBENTHAL, Praktische Photometrie. Braunschweig 1907.

Entsprechend gilt, wenn die Lichtquelle durch Verschiebung in der Richtung R auf die Entfernung r_0 gebracht wird:

$$F_0 = (\sin 1')^{-2} \overline{F}_0 r_0^{-2}.$$

Vernachlässigt man den geringen Unterschied zwischen $\overline{F}$ und $\overline{F}_0$ — der für ein ebenes, zur Richtung R normal gelegenes Objekt übrigens verschwindet —, so folgt die wichtige, das Verhältnis der scheinbaren Flächen bestimmende Beziehung:

$$F : F_0 = r^{-2} : r_0^{-2}. \tag{3}$$

— Der in den folgenden Definitionen auftretende Begriff der Strahlungsmenge wird als bekannt vorausgesetzt. Wir werden diesen Begriff gewöhnlich auf die zwischen den Wellenlängen 0,4 und 0,8 μ liegende Lichtstrahlung anwenden.

Als scheinbare Strahlungsstärke S des Objektes Q in bezug auf einen in der Richtung R und der Entfernung r gelegenen Punkt A werde die Strahlungsmenge bezeichnet, die vom Objekt auf die in A befindliche, zur Richtung R normale Flächeneinheit 1 mm² aufgestrahlt wird.

Während sich Richtung und Entfernung eines zölestischen Objektes nicht willkürlich ändern lassen, kann eine künstliche Lichtquelle in beliebige Lagen relativ zur Auffangfläche gebracht werden. Bringt man eine solche Lichtquelle durch Verschiebung in der Richtung R nacheinander in die Entfernungen r und r_0, so besteht zwischen den zugehörigen scheinbaren Strahlungsstärken S und S_0 die Beziehung:

$$S : S_0 = r^{-2} : r_0^{-2}, \tag{4}$$

die man gewöhnlich als LAMBERTsches Entfernungsgesetz bezeichnet.

Beweis: Wird Q zunächst als punktförmig angenommen und werden r und r_0 in Millimetern gemessen, so ist gemäß (2) S die in den räumlichen Winkel $(\sin 1' \cdot r)^{-2}$, S_0 die in $(\sin 1' \cdot r_0)^{-2}$ gesandte Strahlungsmenge. Nun verhalten sich aber diese Strahlungsmengen wie die räumlichen Winkel selbst, also folgt (4). Daß diese Beziehung auch für Objekte von endlicher, aber im Verhältnis zu r und r_0 wenig ausgedehnter scheinbarer Fläche gilt, beweist man leicht durch Integration über die einzelnen Elemente der leuchtenden Oberfläche.

Die scheinbare Strahlungsstärke eines ein Wellenlängengemisch ausstrahlenden Objektes läßt sich in Form des Integrales ausdrücken:

$$S = \int_{0,4}^{0.8} S_\lambda \, d\lambda, \tag{5}$$

worin $S_\lambda \, d\lambda$ die Strahlungsstärken der homogenen Komponenten der Strahlung sind. Die Energieverteilungsfunktion

$$\Lambda(\lambda) = \frac{S_\lambda(\lambda)}{S}$$

bestimmt den Spektraltypus des Objektes.

Die scheinbare Strahlungsdichte s im Punkt P des Objektes wird definiert durch den Limes:

$$s = \lim_{\Delta F = 0} \frac{\Delta S}{\Delta F} = \frac{dS}{dF}, \tag{6}$$

worin ΔS die scheinbare Strahlungsstärke eines den Punkt P umgebenden endlichen Elementes ΔQ der leuchtenden Oberfläche und ΔF die scheinbare Fläche von ΔQ ist.

Gemäß der aus (3) und (4) hervorgehenden Beziehung:

$$\frac{\Delta S}{\Delta F} = \frac{\Delta S_0}{\Delta F_0} \tag{7}$$

ist die Strahlungsdichte s von der Entfernung r des Objektes unabhängig; sie ändert sich aber im allgemeinen mit der Richtung R, in der die Auffangfläche liegt, ist also in diesem Sinne als „scheinbar" zu bezeichnen.

Ist die Strahlungsdichte gleichmäßig verteilt, d. h. in allen Punkten der scheinbaren Fläche konstant, so ist gemäß der einfachen Beziehung

$$s = \frac{S}{F} \tag{8}$$

die Strahlungsdichte gleich der Strahlungsstärke der Einheit der scheinbaren Fläche. Für ein ungleichmäßig dicht strahlendes Objekt gibt (8) die „mittlere Strahlungsdichte" an.

Die Bestrahlungsstärke B im Punkt A der Auffangfläche werde definiert als die Summe der unter beliebigen Einfallswinkeln auf 1 mm² der Auffangfläche auffallenden Strahlungsmengen.

Ist nur ein strahlendes Objekt vorhanden, so ist, falls die Bestrahlung unter dem Einfallswinkel $i = 0$ erfolgt, die Bestrahlungsstärke B mit der oben definierten scheinbaren Strahlungsstärke S des Objektes identisch. Erfolgt die Bestrahlung hingegen unter dem Einfallswinkel i, so gilt gemäß dem $\cos i$-Gesetz von Lambert die Beziehung:

$$B = S\cos i\,. \tag{9}$$

Denn auf 1 mm² der Auffangfläche fällt nur der Bruchteil $\cos i$ derjenigen Strahlungsmenge, die bei senkrechtem Einfall auf 1 mm² auftreffen würde.

Wird S mit Hilfe von (4) durch die der Entfernung r_0 entsprechende Strahlungsstärke S_0 ausgedrückt, so ergibt sich die wichtige Beziehung:

$$B = S_0\left(\frac{r_0}{r}\right)^2\cos i\,, \tag{10}$$

durch die die Abhängigkeit der Bestrahlungsstärke von der Entfernung r des Objektes und dem Einfallswinkel i geregelt wird.

4. Vorläufige Definition der visuellen Lichtstärke und visuellen Helligkeit. Ein tieferer Einblick in die Abstraktionen, auf denen die nachfolgend gegebenen Definitionen beruhen, wird erst auf Grund der Entwicklungen des nächsten Abschnittes möglich werden.

Die scheinbare visuelle Lichtstärke (abgekürzt: Intensität) J eines zölestischen Objektes wird definiert durch das Produkt:

$$J = SK, \tag{11}$$

worin S die scheinbare Strahlungsstärke des Objektes und K der „foveale spektrale Empfindlichkeitskoeffizient des beobachtenden Auges" ist.

Die scheinbare visuelle Leuchtdichte („Flächenintensität") j im Punkte P des Objektes wird definiert durch den Grenzwert:

$$j = \lim_{\Delta F = 0} \frac{\Delta J}{\Delta F} = \frac{dJ}{dF}, \tag{12}$$

worin ΔF ein den Punkt P enthaltendes Element der scheinbaren Fläche des Objektes und ΔJ die scheinbare Lichtstärke von ΔF ist.

Als Definitionsgleichung für j kann auch die Beziehung

$$j = sK \tag{13}$$

dienen, worin s die scheinbare Strahlungsdichte im Punkt P des Objektes ist. Für ein Objekt mit gleichmäßig verteilter Flächenintensität gilt gemäß (8) und (11) die Beziehung:

$$j = \frac{J}{F}. \tag{14}$$

Die scheinbare visuelle Helligkeit in photometrischen (theeretischen, absoluten) Größen oder die scheinbare visuelle photometrischo Größe M eines zölestischen Objektes wird durch den Ausdruck definiert:

$$M = M_0 - 2^M{,}5 \log\left(\frac{J}{J_0}\right), \tag{15}$$

worin $-2{,}5$ die POGSONsche Konstante, M_0 die photometrische Größe eines Normalobjektes, J/J_0 das Verhältnis der Intensitäten von Objekt und Normalobjekt ist.

Schließlich wird die scheinbare visuelle Flächenhelligkeit m im Punkt P des Objektes durch den Ausdruck definiert:

$$m = m_0 - 2^m{,}5 \log\left(\frac{j}{j_0}\right), \tag{16}$$

worin m_0 die Flächenhelligkeit eines Normalobjektes und j/j_0 das Verhältnis der Flächenintensitäten von Objekt und Normalobjekt ist.

Bemerkungen zu den vorstehenden Definitionen. Bis gegen Mitte des 19. Jahrhunderts, als man einerseits zwischen Strahlungsstärke (S) und Lichtstärke (SK), andererseits zwischen Lichtstärke (= Lichtreiz) und Helligkeit (= Lichtempfindung) noch nicht klar zu unterscheiden wußte, definierte man: Helligkeit oder Lichtstärke ist die ins Auge fallende Lichtmenge. „Lichtstärke" und „Helligkeit" werden auch heute noch vielfach synonym gebraucht. Indessen soll im folgenden im Interesse der begrifflichen Klarheit unter „Lichtstärke" stets die der Strahlungsstärke proportionale Größe SK, unter „Helligkeit" stets die Helligkeitsempfindungsstärke bzw. der Logarithmus der Lichtstärke verstanden werden.

Der aus dem Altertum überlieferten Bezeichnung der Helligkeiten der Sterne als „Größen" liegt vermutlich die schon früh gemachte Beobachtung zugrunde, daß die Fixsterne — wie wir heute wissen, infolge der Irradiation — um so größer erscheinen, je lichtstärker sie sind. Daß die historischen Größen der Sterne mit abnehmender Sternintensität wachsen, ist darauf zurückzuführen, daß diese Größen ursprünglich keine Maße der Helligkeit, sondern die Nummern von Klassen waren, in die man die Sterne gemäß ihrer Helligkeit einordnete. Hiermit hängt auch der wechselnde Gebrauch der Bezeichnungen „Größenklasse" und „Größe" zusammen.

Jede photometrische Messung liefert das Verhältnis J_1/J_2 (bzw. j_1/j_2) von zwei Intensitäten und damit die photometrische Größendifferenz

$$M_1 - M_2 = -2^M{,}5 \log\left(\frac{J_1}{J_2}\right). \tag{17}$$

Während die J selbst im allgemeinen unbestimmt bleiben, legt man den Größen M der Sterne bestimmte Werte bei.

Gemäß (17) entsprechen gleichen Intensitätsverhältnissen gleiche Größendifferenzen. Es entspricht also einer geometrischen Reihe von Intensitäten stets eine arithmetische Reihe von Größen. Insbesondere entspricht der geometrischen Reihe:

$$\frac{J}{J_0} = \ldots\ 10^2 \quad 10 \quad 1 \quad 10^{-1} \quad 10^{-2} \ldots$$

die arithmetische Reihe:

$$M - M_0 = \ldots\ -5^M \quad -2^M{,}5 \quad 0^M \quad +2^M{,}5 \quad +5^M \ldots$$

Eine Tafel, welche die Größendifferenzen $M - M_0$ für beliebige Intensitätsverhältnisse J/J_0 gibt, findet man unter den von E. SCHOENBERG gegebenen „Tafeln zur Photometrie der Gestirne“[1].

b) Entwicklung der grundlegenden Begriffe und Prinzipien der visuellen Photometrie auf Grund der Lehren der physiologischen Optik.

5. Das Auge als optischer Apparat[2]. Das Auge (Abb. 2) stellt ein zentriertes optisches System mit der Achse FF' dar. Jeder auf die Vorderfläche der Hornhaut fallende Lichtstrahl durchläuft auf seinem Wege zur Netzhaut vier brechende Medien, nämlich die Hornhaut C, das Wasser der vorderen Augenkammer A, die Kristallinse L und den gallertartigen Glaskörper Q. Auf der Augenachse liegen die Hauptpunkte H_1, H_2, die Knotenpunkte K_1, K_2 und der Brennpunkt F' des Auges. Läßt man Hauptpunkte sowie Knotenpunkte in je einen Punkt zusammenfallen, so erhält man ein vereinfachtes, für die Anwendung sehr bequemes Schema des Auges, das nach J. B. LISTING als „reduziertes Auge“ bezeichnet wird. Dieses Auge wirkt genau wie eine brechende Kugelfläche, deren Scheitel im Hauptpunkt, deren Mittelpunkt im Knotenpunkt gelegen ist und hinter der sich Glaskörper als brechendes Medium befindet.

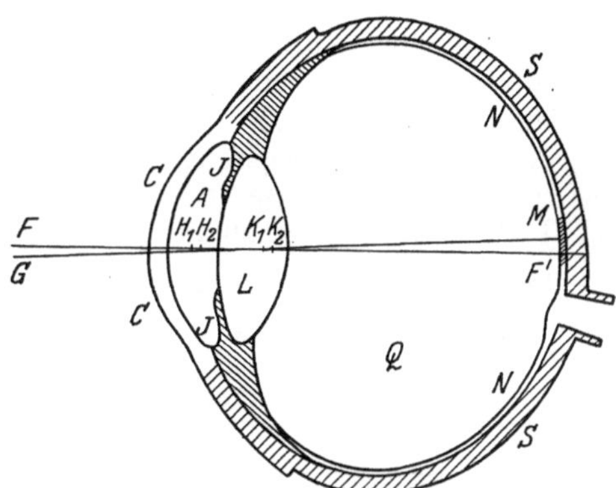

Abb. 2. Wagerechter Schnitt durch ein rechtes Auge in $^7/_4$ natürlicher Größe. (Nach M. v. ROHR, CZAPSKI-EPPENSTEIN, Grundzüge d. Theorie d. opt. Instrumente S. 370.)

Der Knotenpunkt, der von der Vorderfläche der Hornhaut etwa 8, von der Netzhaut etwa 15 mm Abstand hat, ist nach Definition der Kreuzungspunkt der „Richtungslinien“, d. h. der Verbindungslinien zwischen den Punkten des leuchtenden Objektes und den konjugierten Punkten des auf der Netzhaut entstehenden scharfen Bildes. Letzteres läßt sich also sehr einfach mit Hilfe der Strahlen konstruieren, die von den Punkten des Objektes durch den Knotenpunkt gelegt werden. Ein leuchtender Punkt, der vom Auge fixiert wird, bildet sich in der Netzhautgrube (Fovea centralis) M, der Stelle des deutlichsten Sehens, ab. Die durch M gehende, gegen die optische Achse FF' um etwa 4° geneigte Richtungslinie GM wird als „Gesichtslinie“ bezeichnet.

Eintrittspupille des Auges. Zwischen der äußeren Sehnenhaut des Augapfels und seiner inneren Verkleidung, der Netzhaut, breitet sich die der Ernährung des Auges dienende Aderhaut aus. Der von außen sichtbare Teil derselben, die Regenbogenhaut oder Iris, bildet die Blende des Auges. Die Öffnung dieser Blende, die Pupille, verengt oder erweitert sich unter der Einwirkung des Lichtes automatisch. Unter der „Eintrittspupille des Auges“ ist das von Kammerwasser und Hornhaut entworfene virtuelle Bild der wirklichen

---

[1] Handb. der Astrophysik Bd. II, erste Hälfte, S. 235; vgl. auch Mitt V A P 19, S. 8 (1909) [J. PLASSMANN] und J B A A 28, S. 226 (1918) [C. T. WHITMELL].

[2] Vgl. H. VON HELMHOLTZ, Handbuch der physiologischen Optik, 3. Aufl., 1909/10; S. CZAPSKI u. O. EPPENSTEIN, Grundzüge der Theorie der optischen Instrumente, 3. Aufl., S. 370ff. Leipzig 1924 (M. v. ROHR, Das Auge).

Pupille zu verstehen. Dieses Bild hat, verglichen mit der letzteren, einen im Verhältnis 8:7 vergrößerten Durchmesser und liegt der Hornhaut um etwa 0,6 mm näher, also etwa 3 mm von deren Vorderfläche entfernt. Die Bedeutung der Eintrittspupille besteht darin, daß nur solche von außen kommende Strahlen, die auf ihre Fläche hinzielen, durch die wirkliche Pupille hindurchtreten und zur Netzhaut gelangen können. Im folgenden ist unter „Pupille" stets die Eintrittspupille zu verstehen, die für die vom Auge aufgenommenen Strahlenbündel allein maßgebend ist.

Der Mittelpunkt A der Pupille ist der „Kreuzungspunkt der Visierlinien", d. h. der Scheitel des räumlichen Sehwinkels, unter dem ein beliebig entfernter Gegenstand dem ruhenden Auge erscheint. Da indessen die Entfernung zwischen Pupille und Knotenpunkt nur 4 mm beträgt, so ist es in der Praxis stets zulässig und für unendlich entfernte Objekte auch streng richtig, den Sehwinkel vom Knotenpunkt aus zu rechnen.

Der Durchmesser der Pupille nimmt bei zunehmender Stärke der Bestrahlung des Auges von ungefähr 8—9 mm auf etwa 2 mm ab. Einen Einblick in das Gesetz, nach dem diese Änderung erfolgt, gewährt folgende, auf Beobachtungen von J. BLANCHARD[1] beruhende Tabelle, die den Durchmesser δ der Pupille bzw. $\log \Pi = \log\left(\frac{\pi}{4}\,\delta^2\right)$ als Funktion des Logarithmus der scheinbaren Intensität J der Lichtquelle gibt. Die kleinsten bzw. größten Lichtstärken der Tabelle entsprechen eben erkennbaren bzw. schon blendenden Helligkeiten.

Tabelle 1.

$\log J$	δ (mm)	$\log \Pi$	$\log(\Pi J)$
− 6,30	7,5	+ 1,64	− 4,66
− 3,82	7,25	1,62	− 2,20
− 2,00	7,2	1,61	− 0,39
− 0,22	6,5	1,52	+ 1,30
+ 0,80	5,7	1,41	+ 2,21
+ 2,10	3,3	0,93	+ 3,03
+ 2,55	2,9	0,82	+ 3,37
+ 3,30	2,0	0,50	+ 3,80

$\log \Pi$ bleibt hiernach zunächst innerhalb eines weiten, etwa dem Dämmerungssehen entsprechenden Bereiches von $\log J$ nahezu konstant, um dann bei weiter wachsender Lichtstärke J rasch abzunehmen.

Bei der Betrachtung des mondlosen Nachthimmels hat die Pupille noch nahezu ihre größte Weite und erfährt, ob das Auge nun schwache oder helle Sterne fixiert, keine merkliche Änderung[2]. Bei Benutzung eines Refraktors mit kleiner Austrittspupille bleibt eine etwaige Änderung der Pupille des Auges gänzlich ohne Einfluß.

Was den Unterschied des Sehens mit einem bzw. mit beiden Augen anlangt, so bestätigt sich im allgemeinen die Erwartung, daß ein zunächst mit einem Auge (Pupille Π_0) betrachtetes Objekt seine Helligkeit nicht ändert, wenn man unter Abblendung der Pupillen auf $\Pi = \frac{\Pi_0}{2}$ zu beidäugiger Betrachtung übergeht. Oder anders ausgedrückt: Sollen zwei in Spektrum und scheinbarer Fläche übereinstimmende Objekte, von denen man das eine mit einem Auge, das andere bei gleicher Pupillenweite mit beiden Augen betrachtet, gleich hell erscheinen, so müssen sich ihre Strahlungsstärken S_1 und S_2 wie 2:1 verhalten. C. PIPER[3] findet für sehr geringe Strahlungsstärken, mit unserer Annahme übereinstimmend,

[1] Phys Rev 11, S. 81 (1918).

[2] Vgl. E. ZINNER, Helligkeitsverzeichnis von 2373 Sternen bis zur Größe 5,50. Veröffentlichungen der Sternwarte Bamberg, Bd. 2, S. 10 (1926).

[3] Vgl. H. VON HELMHOLTZ, Handbuch der physiologischen Optik, 3. Aufl., Bd. 2, S. 288.

$S_1:S_2 = 2$, hingegen für mittlere Strahlungsstärken, von ihr abweichend, $S_1:S_2 = 1{,}6$ bis 1,7.

Akkommodation des Auges. Das Auge besitzt die Fähigkeit, Gegenstände, die sich in sehr verschiedener Entfernung befinden, auf der Netzhaut scharf abzubilden oder „auf sie zu akkommodieren". Die Akkommodation kommt im wesentlichen durch eine Änderung der Krümmung der Kristallinse zustande und ist, wie bereits CHR. SCHEINER (1619) festgestellt hat, stets von einer Größenänderung der Pupille begleitet, deren Durchmesser sich beim Übergang des Auges von einem fernen zu einem nahen Gegenstand verkleinert.

Die Akkommodationsfähigkeit des Auges ist durch die Lage des „Nahpunktes" N und des „Fernpunktes" F der Akkommodation eindeutig bestimmt. Je nachdem der Fernpunkt des Auges in unendlicher Entfernung bzw. in endlicher Entfernung, sei es vor, sei es hinter dem Auge, liegt, bezeichnet man dieses als rechtsichtig (emmetropisch) bzw. als kurzsichtig (myopisch) oder übersichtig (hypermetropisch). Der Abstand des Nahpunktes N nimmt in der Regel mit zunehmendem Alter zu und beträgt für ein Alter von 30 bis 40 Jahren für ein rechtsichtiges Auge etwa 20 cm. Der Grad der Fehlsichtigkeit wird in Dioptrien angegeben, wobei unter einer Dioptrie der reziproke Wert der Brennweite der das fehlsichtige Auge korrigierenden Linse verstanden wird (z. B. $2\,dptr = 1:{}^1/_2$ m).

Das auf seinen Fernpunkt akkommodierende Auge ist als entspannt zu betrachten. Man soll daher bei Benutzung eines Fernrohres das Okular stets so einstellen, daß das Auge auf seinen Fernpunkt akkommodieren kann[1]. Man hat dann zugleich den Vorteil, daß die Pupille ihre größte Weite hat.

Reflexions-, Absorptions- und Durchlässigkeitsvermögen der Medien des Auges. Nur ein relativ geringer Bruchteil der auf die Pupille fallenden Lichtstrahlung, etwa $2^1/_2$%, geht durch Reflexion verloren. Dieser Verlust tritt in der Hauptsache infolge der Reflexion an der Vorderfläche der Hornhaut ein. Beträchtlicher sind die durch Absorption der Strahlung in den Medien des Auges verursachten Verluste, was teilweise damit zusammenhängt, daß Hornhaut, Linse und Glaskörper ein geschichtetes, ziemlich inhomogenes Gefüge besitzen. Strahlen von verschiedener Wellenlänge verhalten sich verschieden. Während die ultraroten Strahlen von den Medien des Auges fast restlos absorbiert werden, dringen die ultravioletten Strahlen in beträchtlicher Menge bis zur Netzhaut vor. Indessen ist die durch diese Strahlen hervorgerufene Helligkeitsempfindung infolge der äußerst geringen Empfindlichkeit der Netzhaut für die betreffenden Wellenlängen fast gleich Null. Auch die mittleren visuellen Wellenlängen werden in den Medien des Auges teilweise absorbiert; doch scheinen die quantitativen Verhältnisse noch nicht völlig geklärt zu sein.

6. Die Abbildungsfehler des Auges. Einfluß der Beugung. Betrachtet das Auge ein zölestisches Objekt, so können bei der Berechnung der scheinbaren Dimensionen des auf der Netzhaut entstehenden Beugungsbildes dieselben Formeln Verwendung finden, die auch für die in der Fokalebene eines Objektives entstehende Beugungserscheinung gelten[2]. Die gebeugten Strahlen verlaufen im Glaskörper des reduzierten Auges zwar anders, als sie es in Luft täten. Da aber der Scheitel des Sehwinkels, unter dem das auf der Netzhaut entstehende Beugungsbild dem Beobachter erscheint, nicht in den Mittelpunkt der Pupille, sondern in den Knotenpunkt zu legen ist, so erhellt, daß die im Auge entstehende Beugungserscheinung mit den für Luft geltenden Wellenlängen berechnet werden muß[3].

---

[1] Vgl. hierzu die Bemerkungen von A. GULLSTRAND (HELMHOLTZ 1, S. 310).
[2] Siehe unten Ziff. 20.
[3] Vgl. hierzu die Bemerkungen von A. GULLSTRAND (HELMHOLTZ 1, S. 375).

Wird die von einem unendlich entfernten Lichtpunkt gestrahlte Wellenlänge mit λ, der (in Millimeter gemessene) Durchmesser der Pupille mit δ bezeichnet, so ist der scheinbare Radius der zentralen Beugungsscheibe durch den Ausdruck bestimmt:

$$\varrho = \frac{2',31}{\delta} \frac{\lambda}{0,00055}.$$

Legt man, dem Maximum der Empfindlichkeit der Fovea entsprechend, $\lambda = 0,55\,\mu$ zugrunde, so erhält man für Werte des Durchmessers δ zwischen 2 und 8 mm die folgenden Werte von ϱ:

$\delta =$ 2	3	4	5	6	7	8 mm
$\varrho =$ 1′,16	0′,77	0′,58	0′,46	0′,39	0′,33	0′,29

ϱ gibt zugleich das „Auflösungsvermögen" des Auges für die betreffenden Durchmesser δ an. Konventionell definiert man nämlich das Auflösungsvermögen eines optischen Systems durch den scheinbaren Halbmesser der zentralen Beugungsscheibe eines in Fixsternweite befindlichen Lichtpunktes. — Erfahrungsgemäß wird bei dem (einer guten Beleuchtung entsprechenden) Pupillendurchmesser $\delta = 3$ mm das theoretisch errechnete Auflösungsvermögen von 0′,8 von einem Auge von normaler Sehschärfe nahezu erreicht. Hingegen dürften bei der Auflösung von Doppelsternen mit bloßem Auge Distanzen von 2′ die äußerste Grenze bilden. Denn der Vorteil der weiteren Pupille und des dementsprechend kleineren Wertes von ϱ wird sowohl durch die Luftunruhe als besonders durch die Abbildungsfehler des Auges wieder wettgemacht.

Einfluß der Aberrationen des Auges. Chromatische Aberration ist beim Auge in erheblichem Grade vorhanden. Wenn trotzdem ein weißer Lichtpunkt im allgemeinen ohne farbige Säume gesehen wird, so beruht das auf folgendem: Die gelben und grünen Strahlen, auf die das Auge akkommodiert, vereinigen sich auf der Netzhaut zu einem scharfen Bilde. Die dieses Bild umgebenden roten und violetten Zerstreuungskreise können beträchtliche Durchmesser bis zu 5′ und darüber haben, werden aber wegen der geringen Empfindlichkeit der Netzhaut für die betreffenden Wellenlängen nicht wahrgenommen.

Astigmatismus längs der Augenachse findet sich in geringem Grade auch bei dem normalen Auge. Dieser Fehler rührt davon her, daß die brechenden Flächen des Auges, insbesondere die Flächen der Hornhaut, bisweilen auch die der Linse, keine zur Augenachse symmetrischen Umdrehungsflächen darstellen. Astigmatismus läßt sich u. a. daran erkennen, daß ein unscharf gesehener Lichtpunkt nicht als Kreis, sondern als Ellipse erscheint. Ist der Fehler beträchtlich, so tut der Beobachter gut daran, ihn durch astigmatische (d. h. zylindrisch geschliffene) Linsen auszugleichen.

Auch die übrigen monochromatischen Aberrationen des Auges sind nach A. GULLSTRAND, der sie eingehend studiert hat, erstaunlich groß. Sie sind zum großen Teil darauf zurückzuführen, daß die Kristallinse aus einem heterogenen Medium besteht. Diesem Umstande ist nun aber gerade die hervorragende Akkommodationsfähigkeit des Auges zu verdanken. Der Vorteil einer noch schärferen Strahlenvereinigung ist also beim Auge einem wesentlich wichtigeren Zweck geopfert worden. Immerhin sind die monochromatischen Aberrationen noch nicht als störend zu bezeichnen. Gipfeln doch GULLSTRANDS Untersuchungen in der Feststellung, „daß die durch die Diffraktion gesetzte Grenze der Leistungsfähigkeit des Auges, soweit dieselbe berechnet werden kann, bei der einer guten Beleuchtung entsprechenden Pupillengröße (3 mm) von der Sehschärfe des normalen Auges erreicht wird"[1].

[1] HELMHOLTZ 1, S. 376.

In diesem Zusammenhange lassen sich auch die wohlbekannten Erscheinungen des strahligen Aussehens der Sterne sowie der Irradiation erklären. Nach GULLSTRAND ist der einen hellen Stern umgebende Strahlenkranz der Ausdruck für eine Oberflächenspannung, der die Kristallinse infolge ihrer Aufhängung an einer endlichen Anzahl von Vorsprüngen des sog. „Ziliarkörpers" unterworfen ist.

Irradiation. Während schwache Fixsterne stets nahezu punktförmig erscheinen, zeigen helle Sterne, wenn man sie mit bloßem Auge betrachtet, merkliche Scheibchen, deren scheinbare Durchmesser bei den hellsten Sternen gegen 3′ betragen können. Die Ursache dieser „Irradiationserscheinung" ist darin zu suchen, daß infolge der verschiedenen Abbildungsfehler des Auges das auf der Netzhaut entstehende Bild des Sternes auch bei schärfster Akkommodation kein reines Beugungsbild, sondern ein Aberrationsbild mit zum Rande hin abfallender Strahlungsdichte ist. Je nach der Helligkeit des Sternes gelangt ein kleinerer oder größerer Innenkreis des Zerstreuungsbildes zur Wahrnehmung. Daß die Irradiationsscheibchen heller Sterne keinen merklichen Helligkeitsabfall zum Rande hin aufweisen, dürfte sich dadurch erklären, daß infolge der Kleinheit des Sehwinkels eine Auflösung der Erscheinung nicht möglich ist. Man spricht in solchem Falle von einer „Kontrasterscheinung", deren Wesen O. EPPENSTEIN[1] sehr treffend mit den Worten kennzeichnet: „In der Empfindung wird der Übergang von Hell zu Dunkel zusammengedrängt." Beim Zustandekommen der Irradiationserscheinung spielt übrigens die Beugung keine irgendwie wesentliche Rolle. Denn da auch die hellen Fixsterne bei weit geöffneter Pupille gesehen werden, so bleibt der Durchmesser der zentralen Beugungsscheibe gemäß der obigen kleinen Tabelle noch unterhalb 1′.

Im Gesichtsfeld eines optisch vollkommenen Fernrohres pflegen die Irradiationsscheibchen der Fixsterne weniger auffällig zu sein. Als Ursache ist neben der besseren Akkommodation des Auges vor allem der Umstand zu nennen, daß die aus dem Fernrohr austretenden Bündel die Pupille des Auges nicht ausfüllen. Beide Ursachen wirken verkleinernd auf die auf der Netzhaut entstehenden Zerstreuungsbilder ein. Mit weiter abnehmender Austrittspupille des Fernrohres nehmen freilich die scheinbaren Durchmesser der Fixsterne infolge des wachsenden Einflusses der Beugung wieder zu.

7. Die Netzhaut als lichtempfindliche Schicht. Die den Lichtreiz aufnehmende Schicht des Auges, die Netzhaut, erweist sich unter dem Mikroskop als ein äußerst kompliziert gebautes Gebilde. Unter den verschiedenen Teilschichten, aus denen sie sich zusammensetzt, wird die der Aderhaut zunächstliegende sog. „musivische Schicht" von den den Lichtreiz unmittelbar aufnehmenden Elementen, den Zapfen und Stäbchen, gebildet, während die nach dem Innern des Augapfels zu vorgelagerten Schichten die zur Fortleitung des Reizes dienenden Nervenzellen enthalten, die mit dem Sehnerven in direkter Verbindung stehen. Die vom Glaskörper her einfallende Strahlung muß also zunächst die übrigen Schichten der Netzhaut durchlaufen, ehe sie die musivische Schicht erreicht.

Diese Schicht, deren Aufbau uns hier besonders interessiert, enthält in mosaikartiger Anordnung zwei Formen von reizaufnehmenden Gebilden, nämlich die schlanken Stäbchen einerseits und die gedrungenen flaschenförmigen Zapfen andererseits. Bei dem normalen, farbentüchtigen Auge bilden die farbenempfindlichen Zapfen den für die Aufnahme heller Lichteindrücke bestimmten „Hell-

[1] CZAPSKI-EPPENSTEIN, Grundzüge der Theorie der optischen Instrumente, 3. Aufl., S. 187. Leipzig 1924.

apparat", die farbenblinden Stäbchen den für schwache Lichtreize besonders empfindlichen „Dunkelapparat".

Die Zapfen und Stäbchen verhalten sich nach Größe, Form und Häufigkeit an den verschiedenen Stellen der Netzhaut sehr verschieden. Die für das Sehen wichtigste Stelle der Netzhaut, die innerhalb des gelben Flecks (Macula lutea) gelegene Netzhautgrube oder Fovea centralis, hat bis zu 2 mm Durchmesser und enthält im Bereich ihrer zentralen Vertiefung nur Zapfen. Diese Vertiefung rührt davon her, daß die der musivischen Schicht sonst vorgelagerten Schichten an dieser Stelle fehlen. Die Fovea ist die Stelle des deutlichsten Sehens. In ihr bildet sich ein vom Auge fixierter Gegenstand ab.

Der Innenkreis der Fovea, innerhalb dessen sich nur Zapfen befinden, hat einen Durchmesser von etwa 0,5 mm, entsprechend einem Sehwinkel von 1°40'. Die Zapfen haben hier einen besonders geringen Durchmesser — bis herab zu etwa 2,5 μ (= 0',5) — und stehen äußerst dicht gedrängt. Etwas weiter entfernt vom Zentrum Z der Fovea werden die Zapfen dicker, und es beginnen zwischen ihnen Stäbchen aufzutreten, deren Zahl mit wachsendem Abstand von Z ständig zunimmt, während die Zapfen immer seltener werden. Schon in etwa 0,5 mm (= 1°40') Entfernung von Z beginnen die Stäbchen an Zahl zu überwiegen. In etwa 4 bis 5 mm (= 15°) Entfernung von Z treten die Zapfen nur noch vereinzelt auf.

Die Anzahl der Zapfen im zentralen Teil der Fovea wird mit 15000 pro mm^2 angegeben. Die Gesamtzahl der Zapfen hat man auf 5 oder 10 Millionen, die der Stäbchen auf 100 Millionen geschätzt. Jedem Zapfen — zum wenigsten jedem Zapfen der Fovea — scheint eine isolierte Leitung zum Gehirn zuzukommen, während die Stäbchen zu vielen gemeinschaftlich an einer Nervenfaser sitzen.

Durch die gegenseitige Entfernung der fovealen Zapfen ist das „Auflösungsvermögen des Auges" oder, wie man auch sagt, der „Grenzwinkel der Sehschärfe" bestimmt. Bei Annahme eines Minimalabstandes der fovealen Zapfen von 2,5 μ ergibt sich 0',5 als Grenzwinkel der Sehschärfe. Dieser Grenzwert wird bei der Trennung von Linien tatsächlich erreicht. Hingegen pflegt man für den Grenzwinkel der Trennung von Punkten auf Grund vielfacher Erfahrung — vgl. auch das in Ziff. 6 Gesagte — einen Durchschnittswert von 1' anzunehmen.

Adaptation der Netzhaut[1]. Die Netzhaut hat die merkwürdige Fähigkeit, zu adaptieren, d. h. sich der jeweils auf sie wirkenden Lichtstrahlung durch Änderung ihrer Empfindlichkeit anzupassen. Die in einer Verringerung bzw. in einer Steigerung der Empfindlichkeit sich ausdrückende Anpassung an helles bzw. an schwaches Licht unterscheidet man als Hell- und als Dunkeladaptation voneinander. Eine andere Art der Anpassung des Auges ist die mit der Adaptation der Netzhaut teilweise parallelgehende Änderung der Irisöffnung. Adaptation und Pupillenänderung wirken gemeinsam dahin, den Sehbereich des Auges zu erweitern. Indessen bedarf die Art, in der beide ineinander greifen, noch weiterer Klärung. Rein physiologisch betrachtet, ist die Adaptation als eine Strukturänderung der Netzhaut bzw. des Sehnerven aufzufassen.

Während sich die Pupillenänderung im allgemeinen innerhalb weniger Sekunden vollzieht, nimmt der Adaptationsprozeß stets eine bedeutend längere Zeit in Anspruch. Bringt man ein unter der Einwirkung sehr hellen Lichtes stehendes Auge plötzlich unter Lichtabschluß, so braucht die Fovea 5 bis 10, die Peripherie der Netzhaut 30 bis 60 Minuten, um ihre vollendeter Dunkeladaptation entsprechende Höchstempfindlichkeit zu erreichen. Der umgekehrte Vorgang der Helladaptation vollzieht sich im allgemeinen wesentlich schneller.

---

[1] Vgl. HELMHOLTZ 2, S. 264ff. (Zusatz von W. NAGEL).

Die Zustände stationärer Empfindlichkeit, in denen sich die Netzhaut nach längerer Einwirkung unverändert starken bzw. schwachen Lichtes befindet, bezeichnet man als Zustände der Hell- bzw. Dunkeladaptation. Entsprechend bezeichnet man ein Auge, dessen Netzhaut sich in einem dieser Zustände befindet, als hell- bzw. als dunkeladaptiert. Als Grenze zwischen diesen beiden Adaptationszuständen kann etwa der Zustand eines Auges angenommen werden, das bei einem mittleren Dämmerungsgrad den klaren Himmel betrachtet.

Fovea und Peripherie bzw. Zapfen und Stäbchen adaptieren nach wesentlich abweichenden Gesetzen. Bei einem mittleren Adaptationszustand des Auges sind Fovea und Peripherie bei 15° Exzentrizität ungefähr gleich empfindlich. Ein bei einer mittleren Dämmerungsstufe betrachteter Stern erscheint fixiert und extrafoveal abgebildet näherungsweise gleich hell. Setzt man als Maß der Empfindlichkeit der Netzhaut den reziproken Wert der Strahlungsstärke eines eben noch sichtbaren Objektes fest, so könnte man im vorliegenden Falle die Empfindlichkeit von Fovea und Peripherie gleich 1 setzen. Setzt man nun das Auge extrem hellem Lichte aus, so sinkt infolge der Helladaptation die Empfindlichkeit der Fovea auf etwa $^1/_{20}$, die der Peripherie hingegen bedeutend tiefer auf ungefähr $^1/_{100}$. Bringt man andererseits das in jenem mittleren Adaptationszustande befindliche Auge unter völligen Lichtabschluß, so findet in der Fovea, deren Zapfen sich bereits im Zustande vollendeter Dunkeladaptation befinden, überhaupt keine Adaptation mehr statt; ihre Empfindlichkeit bleibt = 1. Hingegen steigert sich die Empfindlichkeit der Peripherie infolge der Dunkeladaptation der Stäbchen auf rund 1000. Die hier gegebenen Zahlen sollen nur einen Begriff von der Größenordnung geben.

8. Helligkeitsempfindung. Empfindungsstärke. Photometrische Fähigkeiten des Auges. Wird dem Auge ein leuchtendes Objekt dargeboten, so wird durch den Reiz, den die auf die Netzhaut fallende Lichtstrahlung auf die lichtempfindlichen Elemente derselben ausübt, der Sehnerv einschließlich des im Großhirn lokalisierten Sehzentrums in einen Zustand der Erregung (Schwingung) versetzt, dessen eigentliche Natur noch ziemlich problematisch ist. Dieser Erregungszustand äußert sich psychisch als Lichtempfindung. Letztere kann bewußt (also eine Lichtwahrnehmung) oder auch unbewußt sein.

Wird durch die im reellen Bilde des Objektes konzentrierte Strahlung nur eine eng begrenzte Stelle der Netzhaut gereizt, so nimmt der Beobachter einen Lichtpunkt wahr. Betrachtet das Auge hingegen ein flächenhaft ausgedehntes Objekt, dessen Bild sich über einen größeren Bezirk der Netzhaut ausbreitet, so nimmt der Beobachter ein mehr oder weniger kompliziertes Sehbild wahr, das sich aus einer Reihe von elementaren Lichtwahrnehmungen mosaikartig zusammensetzt. Lichtempfindung bzw. Sehbild ändern sich mit der zum Sehen benutzten Netzhautstelle.

Eine Lichtempfindung ist stets zugleich Helligkeits- und Farbenempfindung. Indessen vermag der Beobachter diese beiden Empfindungen bis zu einem gewissen Grade voneinander zu trennen. Uns interessiert hier in erster Linie die Helligkeitsempfindung, während die Farbenempfindung nur in solchen Fällen in Betracht gezogen wird, in denen sie bei den photometrischen Beobachtungen als Fehlerquelle auftritt.

Faßt man eine einzelne Stelle einer leuchtenden Fläche ins Auge, so ist die entstehende Helligkeitsempfindung sehr wesentlich von derjenigen Empfindung verschieden, welche diese selbe Fläche, als Ganzes auf das Auge wirkend, hervorruft. Man unterscheidet diese beiden Empfindungen als „Flächenhelligkeits-" und „Gesamthelligkeitsempfindung". Als ein besonderer Fall der letzteren

Empfindung ist die „Punkthelligkeitsempfindung“ aufzufassen. Im strengen Sinne gibt es Punktempfindungen natürlich nicht, denn selbst so vollkommene Lichtpunkte wie die Fixsterne erscheinen infolge der Irradiation als Scheibchen von merklichem Durchmesser. Die Flächenhelligkeitsempfindung läßt sich auffassen als Gesamthelligkeitsempfindung, hervorgerufen von einem endlichen Element der scheinbaren Fläche des Objektes.

Definition der Empfindungsstärke. Der Beobachter hat die Fähigkeit, seine Helligkeitsempfindungen miteinander zu vergleichen und nach ihrem Stärkegrad zu reihen. Auf dieser Fähigkeit des Auges beruht die Möglichkeit einer visuellen Photometrie. Die in einer willkürlichen Stärkeskala angegebene Helligkeitsempfindung bezeichnet man, je nachdem man sie vom Standpunkt des Beobachters oder von dem des Objektes aus betrachtet, als „Empfindungsstärke (Flächenempfindungsstärke)“ bzw. als „scheinbare physiologische Helligkeit (Flächenhelligkeit) des Objektes“.

Die photometrischen Fähigkeiten des Auges sind mannigfacher Natur. Der Beobachter vermag zunächst die physiologischen Helligkeiten der mit freiem oder bewaffnetem Auge betrachteten Sterne in eine rein subjektive „Gedächtnisskala“ einzuschätzen („Methode der absoluten Größenschätzung der Sterne“). Er vermag ferner anzugeben, ob ein Objekt an der Grenze der Sichtbarkeit steht oder, wie man sich auch ausdrückt, ob die Empfindungsstärke desselben gleich der „Empfindungsschwelle“ ist („Auslöschungsmethode“).

Sicherer als die Helligkeiten selbst schätzt das Auge Helligkeitsunterschiede ein. Vor allem erkennt es mit großer Feinheit, ob zwei sich ihm gleichzeitig darbietende Objekte von gleicher scheinbarer Fläche gleiche Gesamthelligkeit haben, und entsprechend, ob eine leuchtende Fläche an allen Stellen gleiche Flächenhelligkeit hat, also gleichmäßig hell erscheint („Gleichheitsmethode“). Auch erkennt ein geübter Beobachter mit Sicherheit, ob zwei Lichtpunkte einen eben wahrnehmbaren Helligkeitsunterschied aufweisen oder, anders ausgedrückt, ob ihre Empfindungsstärken sich um eine „Empfindungsstufe“ voneinander unterscheiden. Einen weiteren Schritt macht ARGELANDER, wenn er die Empfindungsstufe als Einheit bei der Abschätzung kleiner Helligkeitsunterschiede von Fixsternen verwendet, diese Helligkeitsunterschiede also in „Stufen“ angibt („Stufenschätzungsmethode“). Schließlich lassen sich auch die drei zwischen je drei Sternen bestehenden Helligkeitsunterschiede sehr genau gegeneinander abschätzen („PICKERINGS Interpolationsschätzungsmethode“).

Da sich Objekte von verschiedener Farbe in ein und dieselbe Helligkeitsskala einordnen lassen, so bleiben jene Fähigkeiten des Auges auch erhalten, falls die verglichenen Objekte ungleich gefärbt sind. Die Sicherheit des Urteils über die Gleichheit der Helligkeiten nimmt freilich mit zunehmendem Farbenunterschied rasch ab.

9. Die Empfindungsstärke als Funktion der „physiologischen Strahlungsstärke“ des Objektes. Die scheinbare physiologische Helligkeit eines dem Auge sich darbietenden Objektes hängt in erster Linie von der von der Pupille aufgenommenen Strahlungsmenge ab. Wir wollen daher die vom Objekt auf die Pupille geworfene Energiemenge

$$T = \int_{0,4}^{0,8} T_\lambda \, d\lambda$$

unter der Bezeichnung: „scheinbare physiologische Strahlungsstärke des Objektes“ als selbständige Variable einführen.

Entsprechend werde die „scheinbare physiologische Strahlungsdichte im Punkte P des Objektes“ durch den Grenzwert definiert:

$$t = \lim_{\varDelta F = 0} \frac{\varDelta T}{\varDelta F} = \frac{dT}{dF}, \tag{18}$$

worin $\varDelta F$ ein den Punkt P umgebendes Element der scheinbaren Fläche des Objektes und $\varDelta T$ die physiologische Strahlungsstärke von $\varDelta F$ ist. Für ein gleichmäßig dicht strahlendes Objekt ist

$$t = \frac{T}{F}, \tag{19}$$

die Strahlungsdichte also gleich der Strahlungsstärke der Flächeneinheit.

Betrachtet man ein Objekt mit bloßem Auge und wird die Öffnung der Iris bzw. des Augendiopters mit Π bezeichnet, so gelten die Beziehungen:

$$T = \Pi S, \qquad t = \Pi s, \tag{20}$$

in denen man, falls beidäugig beobachtet wird, 2Π an Stelle von Π zu setzen hätte. Die physiologische Strahlungsstärke T (Strahlungsdichte t) ist also, vorausgesetzt, daß Π konstant bleibt, der Strahlungsstärke S (bzw. s) proportional.

Diese Proportionalität bleibt auch erhalten, falls das Objekt durch ein übernormal vergrößerndes Fernrohr betrachtet wird. Ist in diesem Falle T (bzw. t) die physiologische Strahlungsstärke des durch das Fernrohr erzeugten Bildes, S (bzw. s) hingegen wieder die Strahlungsstärke des Objektes, so gelten die Beziehungen:

$$T = \Sigma \cdot S, \qquad t = \sigma \cdot s, \tag{21}$$

worin die Proportionalitätsfaktoren Σ und σ durch die Eigenschaften des optischen Systems bestimmt sind und dementsprechend als „Systemfaktoren“ bezeichnet werden können.

Die scheinbare physiologische Strahlungsstärke eines eben noch wahrnehmbaren Objektes, für das die Empfindungsstärke also gleich der Empfindungsschwelle δE ist, werde „Schwellenwert der Strahlungsstärke“ genannt und mit δT bezeichnet. Strahlt das Objekt gleichmäßig dicht, so ist die der Strahlungsstärke δT entsprechende Strahlungsdichte

$$\delta t = \delta T \cdot F^{-1}$$

als „Schwellenwert der Strahlungsdichte“ zu bezeichnen.

Empfindungsstärke E bzw. Flächenempfindungsstärke e eines gleichmäßig dicht strahlenden Objektes lassen sich als Funktionen der Bestimmungsdaten des Objektes einerseits, der Koordinaten x, y der abbildenden Netzhautstelle andererseits ganz allgemein in der Form ansetzen:

$$E = \Phi(x, y, F, \Lambda, T), \qquad e = \varphi(x, y, F, \Lambda, t). \tag{22}$$

Die Abhängigkeit von der scheinbaren Fläche F ist in dem Sinne zu verstehen, daß zwei an der nämlichen Netzhautstelle $N(x, y)$ abgebildete Objekte von gleicher Spektralart und Strahlungsstärke im allgemeinen nur dann gleich hell erscheinen werden, wenn sie auch in den scheinbaren Flächen übereinstimmen. Der Buchstabe Λ ist symbolisch für die das Spektrum bestimmenden Parameter gesetzt. Für Sterne, deren Spektren sich in eine stetig fortlaufende Reihe einordnen lassen, würde ein Parameter (z. B. der Farbenindex) genügen.

Die Funktionen Φ und φ gelten jeweils nur für einen bestimmten Adaptationszustand der Netzhautstelle N. Würde die Strahlungsstärke des Objektes sich so schnell ändern, daß das Auge nicht genügend Zeit zur Adaptation hätte, so würden sich völlig andere Empfindungsstärken E ergeben, als wenn T sich nur langsam änderte. Im folgenden soll nun stets vorausgesetzt werden, daß die Netzhautstelle N sich im Zustande vollendeter Adaptation befindet. Steht das Objekt auf hellem Untergrunde, so hängt der Adaptationszustand und somit auch die Empfindungsstärke E auch von Strahlungsdichte, Spektrum und scheinbarer Fläche dieses Untergrundes ab.

Die Untersuchung der Abhängigkeit der Empfindungsstärke von der Netzhautstelle, von der scheinbaren Fläche, vom Spektrum und von der Strahlungsstärke wird uns im folgenden beschäftigen.

10. Örtliche Empfindlichkeit der Netzhaut. Erscheinen zwei Objekte von gleicher scheinbarer Fläche ($F = F_0$) und Spektralart ($\Lambda = \Lambda_0$), von denen das eine an einer beliebigen Stelle $N(x, y)$ der Netzhaut, das zweite, als Vergleichsobjekt dienende im Zentrum $Z(0, 0)$ der Fovea abgebildet wird, gleich hell, so ist die Empfindlichkeit der Stelle N relativ zu der Stelle Z offenbar um so größer, je größer das Verhältnis $T^{-1}:T_0^{-1}$ der reziproken Strahlungsstärken der Objekte ist. Die relative Empfindlichkeit der Netzhautstelle $N(x, y)$ kann also durch das Verhältnis

$$E = T_0:T = f(x, y) \tag{23}$$

definiert werden. Die Empfindlichkeit im Fixierpunkt Z wird dann gleich 1.

Der Verlauf der Empfindlichkeitsfunktion $E = f(x, y)$ ist je nach dem Adaptationszustande der Netzhaut ein sehr verschiedener. E hängt nämlich außer von x und y auch von den Bestimmungsdaten F_0, Λ_0, T_0 des foveal betrachteten Vergleichsobjektes ab und ferner, falls fremde Lichtquellen (Himmelsgrund!) wirksam sind, auch von den Daten der letzteren. Die örtliche Empfindlichkeit E zeigt dementsprechend auch im hell- und im dunkeladaptierten Auge ein völlig verschiedenes, ja geradezu entgegengesetztes Verhalten.

Für die gut helladaptierte Netzhaut hat die Empfindlichkeit E im Fixierpunkt Z ihren Höchstwert 1 und nimmt zur Peripherie hin ab. In 10° Abstand von Z beträgt E nur noch etwa $^1/_4$, in 20° Abstand nur noch etwa $^1/_{10}$. Die Schwierigkeit, Sterne am hellen Abendhimmel aufzufinden, erklärt sich hiernach durch die relativ geringe Empfindlichkeit der helladaptierten Netzhautperipherie.

Die relative Empfindlichkeit der dunkeladaptierten Netzhaut ist abhängig einerseits vom Adaptationszustande der Stäbchen — die Zapfen haben nämlich ihre Höchstempfindlichkeit bereits erreicht und adaptieren nicht mehr —, andererseits vom Spektrum der betrachteten Objekte. Bei Verwendung weißen Lichtes hat die Funktion E im Fixierpunkt Z ihren Minimalwert 1 und nimmt zur Peripherie hin um so rascher zu, je besser dunkeladaptiert die Netzhaut ist.

Beschränkt man sich auf die Untersuchung der extrem dunkeladaptierten Netzhaut, so ist die relative Empfindlichkeit derselben durch den Quotienten gegeben:

$$E' = \delta T_0 : \delta T, \tag{24}$$

worin δT_0 der foveale, δT der extrafoveale Schwellenwert der Strahlungsstärke des Objektes ist. In Abb. 3 ist nach J. v. KRIES[1] E' als Funktion des temporalen bzw. nasalen Sehwinkelabstandes der Netzhautstelle N vom Zentrum Z dargestellt. Das Beobachtungsobjekt hatte einen Durchmesser von 0°,35 und bläuliche Farbe. Wie sich aus dem Verlauf der Kurve schließen läßt, hat die Empfindlichkeit E' innerhalb des etwas mehr als 2° haltenden fovealen Feldes ihr ziemlich konstantes Minimum, nimmt sodann mit wachsendem Abstand der Stelle N von Z nach allen Richtungen hin schnell zu und erreicht bei etwa 15° Exzentrizität ein ziemlich flach verlaufendes Maximum. Für die Höhe dieses Maximums findet W. NAGEL, der ein weißes Objekt von $^1/_2$° Durchmesser beobachtet, nach ein-

[1] Vgl. HELMHOLTZ 2, S. 279.

stündiger Adaptation den Wert 1000 ($-7^M,5$). Abweichend hiervon finden W. HASSENSTEIN und F. LÖHLE[1], die das Verschwinden punktförmiger Objekte (Durchmesser 2′ bis 10′) beobachten, für das Maximum der relativen Empfindlichkeit nahe übereinstimmend den Wert $E' = 41$ ($-4^M,03$). Der Widerspruch zwischen diesem und dem von NAGEL bestimmten Werte dürfte sich durch den spektralen Unterschied der verwendeten Lichtquellen erklären. Die Stäbchen sind nämlich relativ zu den Zapfen um so empfindlicher, d. h. die Äste der Kurve der Abb. 3 verlaufen um so steiler, je kürzer die effektive Wellenlänge der auf die Netzhaut wirkenden Strahlung ist.

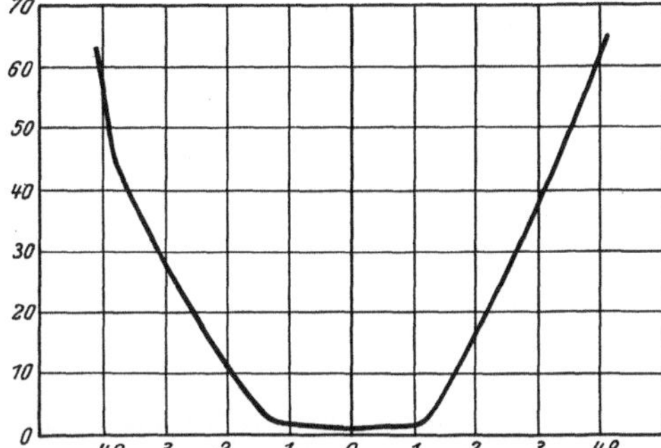

Abb. 3. Örtliche Empfindlichkeit der dunkeladaptierten Netzhaut. (Nach HELMHOLTZ, Handb. d. physiol. Optik Bd. 2, S. 279).

G r e n z g r ö ß e n d e r m i t f r e i e m A u g e s i c h t b a r e n S t e r n e. Als „Grenzgröße", d. h. als Größe eines unter normalen atmosphärischen Bedingungen eben noch sichtbaren Sternes von mittlerem Spektraltyp, kann man für beidäugiges foveales Sehen $3^M,5$ bis 4^M, für beidäugiges extrafoveales Sehen $5^M,5$ bis 6^M annehmen, wobei ein Auge von mittlerer Sehschärfe vorausgesetzt ist.

Präzisen Angaben über die foveale Grenzgröße begegnet man in der Literatur äußerst selten. S. NEWCOMB[2] gibt seine Grenzgröße mit $3^M,8$ an.

Nach H. D. CURTIS[3] kommt den Sternen der letzten, mit 6 bezeichneten Größenklasse der ARGELANDERschen Uranometria Nova im Durchschnitt nach der Harvardskala die Größe $5^M,7$ zu, während der Endklasse 6·7 des Atlas Coelestis Novus von HEIS die Grenzgröße $6^M,1$ (Harvard) entspricht. Bedeutend tiefer liegt die Sichtbarkeitsgrenze für GOULDs Uranometria Argentina, indem nämlich der Endgröße 7,0 dieses Kataloges die Grenzgröße $6^M,7$ (Harvard) entspricht. Die Durchsichtigkeitsverhältnisse an dem in 450 m Meereshöhe gelegenen Observatorium von Córdoba sind also ungewöhnlich günstig.

Während die foveale Grenzgröße wegen des stationären Adaptationszustandes der Zapfen von der Helligkeit des Himmelsgrundes, sofern letztere eine gewisse obere Grenze nicht überschreitet, unabhängig ist, geht die extrafoveale Grenzgröße mit abnehmender Helligkeit des Himmelsgrundes stetig herab. Daß die Sichtbarkeitsgrenze bei hellem Mondschein beträchtlich höher liegt als in dunklen Nächten, ist bekannt. Andererseits hat H. D. CURTIS[4] gezeigt, daß man durch völlige Abblendung des Himmelsgrundes die extrafoveale Grenzgröße um rund $+2^M$ herabdrücken kann. CURTIS blendet aus dem Himmelsgrunde ein Feld von nur 5′ scheinbarem Durchmesser heraus und vermag dann noch Sterne bis $8^M,0$ (Harvard) zu erkennen.

Die Beobachtungen am Himmel liefern also bei Elimination des Himmelsgrundes 4^M als foveale, 8^M als extrafoveale Grenzhelligkeit, und die Differenz dieser Werte stimmt mit dem obenerwähnten von HASSENSTEIN und LÖHLE experimentell gefundenen Unterschied der Schwellenwerte genau überein.

E. ZINNER[5] hat die Grenzgrößen der Uranometrien von ARGELANDER und von HEIS für verschiedene Sternfarben bestimmt. Der erhöhten Blauempfindlichkeit

---

[1] Z f Phys 54, S. 137 (1929) [2] Ap J 14, S. 298 (1901). [3] Lick Bull 2, S. 67 (1901).
[4] Ebenda; vgl. auch die Bestimmungen von A. KÜHL, Inaug.-Dissert. München 1909, H. N. RUSSELL, Ap J 45, S. 60 (1917) und P. REEVES, Ap J 46, S. 167 (1917).
[5] Helligkeitsverzeichnis, S. 11.

der Stäbchen entsprechend, liegt die extrafoveale Grenzgröße der weißen Sterne im Durchschnitt für ARGELANDER um $+0^{M},3$, für HEIS um $+0^{M},6$ tiefer als die Grenzgröße der roten Sterne.

Netzhautstelle des deutlichsten Sehens. Die Deutlichkeit, mit der ein Objekt gesehen wird — bzw. der Grad der Sehschärfe —, erweist sich als abhängig einerseits von der abbildenden Netzhautstelle, andererseits von der physiologischen Helligkeit des Objektes. Bekanntlich wird ein in einer ganz bestimmten Empfindungsstärke erscheinendes Objekt um so deutlicher gesehen, je näher die abbildende Netzhautstelle N dem Zentrum Z der Fovea liegt. Die an dieser zentralen Stelle zustande kommenden Lichtempfindungen werden nach räumlicher Anordnung, Helligkeit und Farbe am feinsten unterschieden. Schon in $^1/_2{}^\circ$ Abstand von Z ist die Sehschärfe merklich verringert und nimmt mit zunehmendem Abstand der abbildenden Netzhautstelle von Z weiter ab. Für ein und dieselbe Netzhautstelle ist die Deutlichkeit des Sehens bei einer mittleren, in der Regel im FECHNER-Bereich liegenden Helligkeit des Objektes am größten und nimmt sowohl mit zunehmender als vor allem mit abnehmender Helligkeit zunächst langsam, dann rascher ab.

Der Beobachter bildet ein ihm sich darbietendes Objekt — bewußt oder unbewußt — stets an derjenigen Stelle der Netzhaut ab, an der es ihm am deutlichsten erscheint. Diese Stelle des deutlichsten Sehens ist keineswegs immer der Fixierpunkt, und zwar auch dann nicht, wenn das Auge die ausgesprochene Tendenz zur Fixation hat. Helle, d. h. foveal gut überschwellige Objekte werden freilich stets fixiert, da sie so am deutlichsten erscheinen. Handelt es sich hingegen um die Beobachtung foveal wenig überschwelliger Objekte, so verhält sich das Auge verschieden, je nachdem es hell- oder dunkeladaptiert ist. Ein auf hellem Himmelsgrunde stehender, also mit helladaptiertem Auge betrachteter Stern wird stets fixiert, denn er erscheint, wie oben nachgewiesen, fixiert am hellsten und daher notwendig auch am deutlichsten. Wird hingegen ein foveal wenig überschwelliges Objekt mit dunkeladaptiertem Auge betrachtet, so erscheint dieses Objekt extrafoveal abgebildet wesentlich heller als fixiert, und daher auch an einer extrafovealen Netzhautstelle N am deutlichsten. Nimmt die Helligkeit des Objektes weiter ab, so rückt die Netzhautstelle N immer näher an die in 15° Exzentrizität gelegene Stelle der maximalen Empfindlichkeit heran. Dabei scheint bemerkenswerterweise jedes Auge eine gewisse Richtung zu bevorzugen, in der es bei der Tendenz zum deutlichen Sehen abweicht, während der Abstand der abbildenden Netzhautstelle von der zentralen Stelle Z durch die Helligkeit des Objektes bestimmt ist.

11. Empfindlichkeit der Netzhaut in Abhängigkeit von der scheinbaren Fläche des Objektes. Die Abhängigkeit der Empfindungsstärke von der scheinbaren Fläche des Objektes spielt sowohl in der Auslöschungs- als in der Gleichheitsphotometrie eine gewisse Rolle. Da experimentelle Bestimmungen dieser Abhängigkeit nur für die völlig dunkeladaptierte Netzhaut vorliegen, so wollen wir uns hier auf die Untersuchung der letzteren beschränken.

Der Einfachheit wegen werde vorausgesetzt, daß die beobachteten Objekte kreisförmig (scheinbarer Durchmesser α) und von gleichmäßiger Strahlungsdichte seien. Wird mit δT_α bzw. mit δT_0 die physiologische Strahlungsstärke eines auf schwarzem Untergrund eben noch sichtbaren Objektes vom Winkeldurchmesser α bzw. α_0 bezeichnet, so kann die Empfindlichkeit der abbildenden Netzhautstelle N gegen den dem Sehwinkel α entsprechenden Reiz durch den Quotienten

$$E = \delta T_0 : \delta T_\alpha \tag{25}$$

definiert werden. Je kleiner nämlich der Schwellenwert δT_α ist, um so größer ist die Empfindlichkeit der Netzhautstelle N gegenüber dem betreffenden Reiz.

Abb. 4 ist einer neuerdings erschienenen Abhandlung von F. LÖHLE[1] entnommen und gibt den Logarithmus des Schwellenwertes $\delta T_\alpha (= \Phi_s)$ als Funktion von $\log\alpha$. Als Beobachtungsobjekt diente eine aus meßbaren Abständen beleuchtete Milchglasscheibe, aus der sich Kreisflächen mit scheinbaren Durchmessern zwischen 0',1 und 14° herausblenden ließen. Uns interessiert hier in erster Linie die untere, extrafovealem Sehen (bei etwa 15° Exzentrizität) entsprechende Kurve.

Für Werte von α unterhalb 10' ($\log\alpha < +1$) erweist sich $\log(\delta T_\alpha)$ als konstant. Diese unter dem Namen der RICCÒschen Regel bekannte Gesetzmäßigkeit läßt sich in der Form aussprechen: Für Objekte mit scheinbaren Durchmessern unterhalb 10' ist der Schwellenwert der Strahlungsstärke konstant.

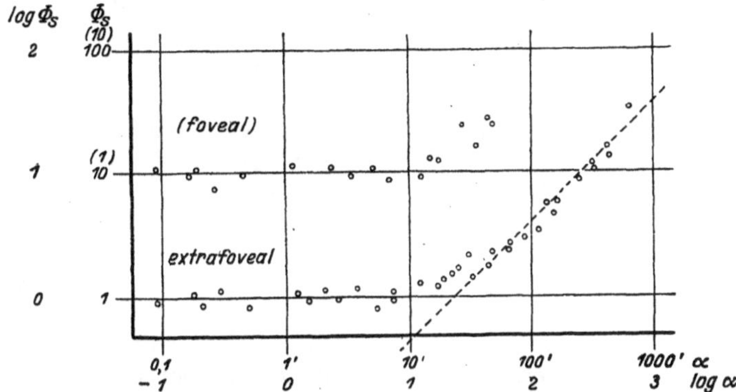

Abb. 4. Schwellenwert der Lichtstärke in Abhängigkeit vom Sehwinkel α. (Nach F. LÖHLE, Z f Phys 54, S. 140.)

Für Werte von α zwischen 60' und 480' (bzw. $\log\alpha$ zwischen 1,78 und 2,68) schmiegt sich die den Schwellenwert $\log(\delta T_\alpha)$ darstellende Kurve einer unter 45° gegen die $\log\alpha$-Achse geneigten Geraden an. In diesem Bereich gelten also die Gleichungen:

$$\log(\delta T_\alpha) = \log\alpha + \log c\,, \qquad \delta T_\alpha = \alpha c\,, \qquad 1° < \alpha < 8°\,, \tag{26}$$

worin c eine Konstante ist. In Worten: Für Objekte mit scheinbaren Durchmessern zwischen 1° und 8° ist der Schwellenwert der Strahlungsstärke dem Sehwinkel α proportional. Auch dieses Gesetz ist — unter dem Namen der PIPERschen Regel — seit langem bekannt.

Werden die scheinbaren Flächen von zwei kreisförmigen Objekten, deren scheinbare Durchmesser α_1 und α_2 im PIPERschen Bereich liegen, mit F_1 und F_2, ihre Strahlungsstärken mit T_1 und T_2 bezeichnet, so kann man mit Rücksicht auf die Beziehungen[2]:

$$F_1 = \frac{\pi}{4}\alpha_1^2\,, \qquad F_2 = \frac{\pi}{4}\alpha_2^2$$

die PIPERsche Regel auch in der Form schreiben:

$$\delta T_1 : \delta T_2 = \alpha_1 : \alpha_2 = (F_1 : F_2)^{\frac{1}{2}}\,, \qquad 1° < \{\alpha_1, \alpha_2\} < 8°. \tag{27}$$

Führt man ferner die Schwellenwerte der Strahlungsdichte

$$\delta t_1 = \delta T_1 \cdot F_1^{-1}, \qquad \delta t_2 = \delta T_2 \cdot F_2^{-1}$$

ein, so läßt sich die PIPERsche Regel auch in der Form schreiben:

$$\delta t_1 : \delta t_2 = (\alpha_1 : \alpha_2)^{-1} = (F_1 : F_2)^{-\frac{1}{2}}\,, \qquad 1° < \{\alpha_1, \alpha_2\} < 8°\,. \tag{28}$$

[1] Z f Phys 54, S. 137 (1929). [2] Vgl. Ziff. 3, Gleichung (1).

In der folgenden kleinen Tabelle sind für die dem RICCÒschen Bereich sowie den Grenzen des PIPERschen Bereiches entsprechenden Sehwinkel α die Werte des Schwellenwertes δT_α, der Empfindlichkeit E, ferner des logarithmischen Schwellenwertes $\log(\delta T_\alpha)$ und schließlich des Schwellenwertes in Größen $\Gamma = -2^M,5 \log(\delta T_\alpha)$ zusammengestellt:

α	0′–10′	1°	8°
δT_α	1	2,5	20
E	1	0,4	0,05
$\log(\delta T_\alpha)$	0	0,40	1,30
$-2^M,5 \log(\delta T_\alpha)$	$0^M,00$	$-1^M,00$	$-3^M,25$

Man erkennt u. a., daß der Schwellenwert der Gesamthelligkeit einer Kreisfläche von 1° scheinbarem Durchmesser um -1^M, der Schwellenwert einer Kreisfläche von 8° Durchmesser um $-3^M,2$ höher liegt als der Schwellenwert der Helligkeit eines Lichtpunktes.

12. Die relative spektrale Empfindlichkeit der Fovea. Denken wir uns ein Gitterspektrum — also ein Spektrum, in dem der Abstand je zweier Spektrallinien der Differenz ihrer Wellenlängen proportional ist — von völlig gleichmäßiger Strahlungsdichte erzeugt, so erscheinen die Farben desselben dem foveal blickenden Auge keineswegs gleich hell. Während das Gelbgrün der Wellenlänge 0,55 μ am hellsten erscheint, fällt die Helligkeit sowohl nach dem violetten als nach dem roten Ende des Spektrums ziemlich steil ab, um bei den Wellenlängen 0,4 bzw. 0,8 μ in völlige Dunkelheit überzugehen. Man schließt hieraus, daß die Fovea für Strahlen von verschiedener Wellenlänge sehr ungleich empfindlich ist und bei $\lambda = 0{,}55\ \mu$ ein Maximum ihrer Empfindlichkeit besitzt. Denkt man sich nun die den Wellenlängen beiderseits $\lambda = 0{,}55\ \mu$ entsprechenden Strahlungsdichten in solchem Verhältnis verstärkt, daß nunmehr alle Teile des Spektrums dem Auge gleich hell erscheinen, so geben die reziproken Werte der Strahlungsdichten t_λ dieses gleichmäßig hell erscheinenden Spektrums offenbar ein Maß der fovealen Empfindlichkeit des Auges für die einzelnen Wellenlängen ab.

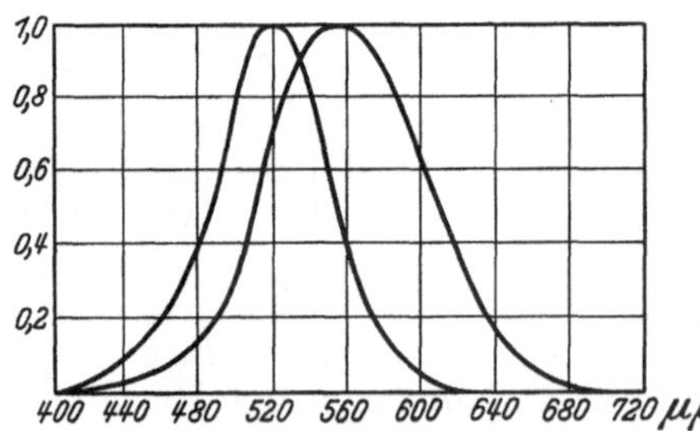

Abb. 5. Relative spektrale Empfindlichkeit des Auges (rechts Zapfenkurve, links Stäbchenkurve).

Setzt man die der Wellenlänge 0,55 μ entsprechende maximale Empfindlichkeit gleich 1, so stellt der Quotient

$$K_\lambda = t_{0{,}55} : t_\lambda = f(\lambda) \qquad (29)$$

den „relativen fovealen spektralen Empfindlichkeitskoeffizienten des Auges" dar. Die Funktion $f(\lambda)$ bezeichnet man entsprechend als „spektrale Empfindlichkeitsfunktion der Fovea bzw. der Zapfen". Zur Bestimmung derselben sind einerseits Strahlungsmessungen, andererseits visuell-spektralphotometrische Messungen erforderlich. S. P. LANGLEY[1] war der erste, der auf Grund bolometrischer und photometrischer Messungen im Sonnenspektrum die Funktion $f(\lambda)$ bestimmte.

Die spektrale Empfindlichkeit der Fovea erweist sich als individuell ziemlich verschieden. In Abb. 5 (rechte Kurve) ist die für ein Durchschnittsauge geltende foveale Empfindlichkeitsfunktion graphisch dargestellt, wie sie sich durch Mittelung zahlreicher, von etwa 250 verschiedenen Beobachtern herrührender Einzelbestimmungen ergeben hat[2].

[1] American Journal of Science and Arts (3) 36, S. 359 (1888); vgl. LIEBENTHAL, S. 63.
[2] Vgl. Handb. der Physik Bd. XIX, S. 529 (1928). (E. BRODHUN.)

Die relative foveale Empfindlichkeit für gemischte Strahlung ist entsprechend zu definieren wie die Empfindlichkeit für homogenes Licht. Sind T_A die Strahlungsstärken (bzw. die Strahlungsdichten) von Objekten gleicher scheinbarer Fläche, aber von verschiedenem Spektraltypus (z. B. Fixsternen), die dem Auge gleich hell erscheinen, so wird der dem Spektrum Λ entsprechende foveale Empfindlichkeitskoeffizient definiert durch den Quotienten

$$K_\Lambda = T_{\Lambda_0} : T_\Lambda\,, \tag{30}$$

worin T_{Λ_0} die Strahlungsstärke eines das Normalspektrum Λ_0 strahlenden Vergleichsobjektes ist.

Erwünscht wäre die Kenntnis der K_Λ für die verschiedenen bei Fixsternen vorkommenden Spektraltypen. Die Bestimmung dieser speziellen K_Λ ist im Prinzip sehr einfach. Man bringt die betrachteten Fixsterne mit Hilfe einer neutral wirkenden Abschwächungsvorrichtung auf gleiche Helligkeit, isoliert den visuellen Teil der Strahlung und mißt mittels eines Energiemessers die Strahlungsstärken T_Λ. Wenn zuverlässige Werte der K_Λ noch nicht vorliegen, so liegt das an den Schwierigkeiten, die sich der praktischen Durchführung des skizzierten Verfahrens, insbesondere hinsichtlich der Isolierung der visuellen Strahlung, in den Weg stellen.

Nicht auf diesem empirischen, sondern auf theoretischem Wege hat J. WILSING[1] — er berechnet, von der Beziehung[2]

$$T_\Lambda K_\Lambda = \int_{0,4}^{0,8} T_\lambda K_\lambda \, d\lambda$$

ausgehend, die relativen Strahlungsstärken $T_\lambda : T_\Lambda$ auf Grund der PLANCKschen Strahlungsgleichung und entnimmt die K_λ der fovealen Empfindlichkeitskurve des Auges — für die den Sternspektren B bis M entsprechenden Empfindlichkeitskoeffizienten K_Λ Werte abgeleitet, die nur wenig von 1 abweichen. Die Fovea würde hiernach für alle Arten der Sternstrahlung nahezu gleich empfindlich sein. Dieses Ergebnis ist aber, als auf Voraussetzungen beruhend, die nur näherungsweise erfüllt sein dürften, nicht als unbedingt maßgebend anzusehen.

Abhängigkeit der Empfindlichkeitskoeffizienten K von der Strahlungs- bzw. der Empfindungsstärke. Von grundlegender Bedeutung für die heterochrome Photometrie ist die Beantwortung der Frage, ob und inwieweit die K_Λ bzw. die K_λ sich mit der Empfindungsstärke E ändern, für welche die „gleich hellen" Strahlungsstärken T_Λ bzw. T_λ definiert sind. Oder anders ausgedrückt: Bleiben foveal betrachtete Objekte von gleicher Empfindungsstärke, aber ungleichem Spektrum gleich hell, wenn man ihre Strahlungsstärken in gleichem Verhältnis abschwächt oder verstärkt? J. MACÉ DE LÉPINAY, E. BRODHUN[3] und andere Forscher haben diese Frage in dem Sinne beantwortet, daß ein gewisser, sich von sehr geringen bis zu ziemlich hohen Empfindungsstärken erstreckender Bereich existiert, innerhalb dessen die Strahlungsstärken gleich heller Objekte in konstantem Verhältnis stehen, innerhalb dessen also die relative spektrale Empfindlichkeit der Fovea konstant bleibt.

Die Gültigkeit dieses Erfahrungssatzes wird indessen von mehreren Autoren bestritten, neuerdings — und zwar für punktförmige Objekte — mit beson-

---

[1] Potsd Publ 24, Nr. 76, S. 17 (1920).

[2] Siehe unten Ziff. 17, Gleichung (66).

[3] Vgl. LIEBENTHAL, S. 61 u. 230.

derem Nachdruck von CH. GALLISSOT[1] und A. DANJON[2], die sich dabei auf folgende Beobachtung stützen:

Erscheinen zwei verschiedenfarbige Lichtpunkte, z. B. ein blauer und ein roter, bei anfänglich geringer Empfindungsstärke foveal betrachtet gleich hell, so wird, wenn man ihre Strahlungsstärken in gleichem Verhältnis neutral verstärkt, der blaue Stern relativ zum roten in zunehmendem Maße heller. Dieses bei fovealem Sehen sich abspielende GALLISSOTsche Phänomen verläuft also in entgegengesetztem Sinne wie das nur bei extrafovealem Sehen auftretende PURKINJEsche Phänomen.

Die folgende Tabelle enthält die von zwei Beobachtern (DANJON und ROUGIER) photometrisch bestimmte Größendifferenz $\Delta M = M$ (blau) $- M$(rot) von zwei im Gesichtsfelde eines Fernrohres erzeugten künstlichen Sternen, deren Farben etwa denen eines B- und eines M-Sternes entsprachen. Die Sterne ließen sich mit Hilfe eines rotierenden Sektors gleichzeitig in bekanntem gleichen Verhältnis abschwächen und erschienen bei der Vergleichung in der Helligkeit H, d. h. so hell, wie ein Stern von der Größe H mit bloßem Auge betrachtet erscheint[3].

Tabelle 2.

H	$\Delta M = M$ (blau) $- M$ (rot)	
$-1^M,1$	$+1^M,81$ (ROUGIER)	$+2^M,21$ (DANJON)
0 ,0	1 ,89	,29
+0 ,7	1 ,94	,43
+1 ,5	2 ,07	,37
+2 ,2	2 ,17	,39
+3 ,0	2 ,32	,35
+3 ,7	2 ,26	,39
+4 ,5	2 ,21	,28
+5 ,2	2 ,11	,27

Nach Ausweis der Tabelle nimmt die gemessene Größe des blauen Sternes, bezogen auf den roten, bei Zunahme der Empfindungsstärke von $3^M,7$ auf $-1^M,1$ (also bei Aufhellung der Sterne) infolge des GALLISSOT-Phänomens um $-0^M,45$ (ROUGIER) bzw. $-0^M,18$ (DANJON) ab. Die beiden letzten nicht mehr foveal ausgeführten Messungen zeigen den dem PURKINJE-Phänomen entsprechenden entgegengesetzten Gang. Übrigens ist für DANJON ΔM im Bereich der Empfindungsstärken $3^M,7$ bis $0^M,7$ konstant, also die spektrale Empfindlichkeit der Fovea in Übereinstimmung mit dem oben ausgesprochenen Erfahrungssatze stationär.

Beiläufig sei noch vermerkt, daß DANJON den blauen Stern relativ zum roten systematisch schwächer mißt als ROUGIER. Für DANJONS Auge ist also die relative Empfindlichkeit für blaues Licht merklich geringer als für ROUGIERS Auge.

13. Einführung der „physiologischen Lichtstärke" L. Die visuelle Lichtstärke J als spezieller Fall derselben. Meßbarkeit der Verhältnisse $L_1 : L_2$ bzw. $J_1 : J_2$. Die Empfindungsstärke E (bzw. e) für foveales Sehen ist gemäß Ziff. 9, Gleichung (22) eine Funktion von F, Λ und T. Führt man nun an Stelle der Strahlungsstärke T die ihr proportionale Größe TK als neue Variable ein, so läßt sich zeigen, daß die Empfindungsstärke E (bzw. e) innerhalb gewisser Grenzen E' und E'' nur noch von F und TK, aber nicht mehr von Λ abhängig, also in der Form darstellbar ist:

$$\left.\begin{aligned} E &= X(F, TK) \qquad & E' < E < E'', \\ e &= \chi(F, tK) \qquad & e' < e < e''. \end{aligned}\right\} \quad (31)$$

[1] La photométrie du point lumineux appliquée aux déterminations des éclats stellaires (Thèses présentées à la Faculté des sciences de Lyon, 1921).

[2] Recherches de photométrie astronomique [Ann de l'Obs de Strasbourg 2, S. 12 (1928)].

[3] Vgl. Ziff. 16.

Beweis. Zwei Objekte Q_1 und Q_2 von gleicher scheinbarer Fläche, aber verschiedenem Spektraltypus mögen gleiche Empfindungsstärke E haben. Werden die Strahlungsstärken dieser Objekte sowie die eines dritten gleich hellen Normalobjektes mit T_1, T_2 und T_0 bezeichnet, so haben wir auf Grund der Definition des Empfindlichkeitskoeffizienten:

$$K_1 = \frac{T_0}{T_1}, \qquad K_2 = \frac{T_0}{T_2},$$

also $T_1 K_1 = T_2 K_2$, w. z. b. w.

Besteht umgekehrt letztere Gleichung, so denke man sich das Normalobjekt nacheinander auf gleiche Empfindungsstärke E_1 und E_2 mit den beiden Objekten Q_1 und Q_2 gebracht, dann sind laut Definition des Empfindlichkeitskoeffizienten T_1K_1 und T_2K_2 die zugehörigen Strahlungsstärken des Normalobjektes. Da diese nun nach Voraussetzung gleich sind, so sind auch die Empfindungsstärken E_1 und E_2 gleich, w. z. b. w.

Wir wollen die Produkte TK und tK, die einerseits wegen ihrer Proportionalität mit den T und t, andererseits auf Grund der Beziehungen (31) die wichtige Eigenschaft der Meßbarkeit besitzen, unter der Bezeichnung „physiologische Lichtstärke" bzw. „Leuchtdichte" als selbständige Variable einführen.

Die scheinbare physiologische Lichtstärke L eines Objektes wird definiert durch das Produkt

$$L = TK, \tag{32}$$

worin T die physiologische Strahlungsstärke des Objektes und K der dem Spektraltypus Λ des Objektes entsprechende foveale Empfindlichkeitskoeffizient des beobachtenden Auges ist.

Die scheinbare physiologische Leuchtdichte l im Punkte P des Objektes wird definiert durch den Grenzwert

$$l = \lim_{\Delta F = 0} \frac{\Delta L}{\Delta F} = \frac{dL}{dF} = tK, \tag{33}$$

worin ΔF ein den Punkt P umgebendes Element der scheinbaren Fläche des Objektes und ΔL die physiologische Lichtstärke von ΔF ist.

Auf Grund der Definitionsgleichungen (32) bzw. (33) erkennen wir jetzt nachträglich, daß die Empfindlichkeitskoeffizienten K die Lichtstärken (bzw. Leuchtdichten) von Objekten angeben, die bei beliebigem Spektraltypus die Strahlungsstärke $T = 1$ (bzw. Strahlungsdichte $t = 1$) haben.

Der in Ziff. 4 vorläufig definierte Begriff der visuellen Lichtstärke J ist in dem allgemeineren Begriff der physiologischen Lichtstärke enthalten. Die Intensität $J = SK$ (Flächenintensität $j = sK$) eines Objektes ist nämlich ersichtlich nichts anderes als die physiologische Lichtstärke (Leuchtdichte), die dieses Objekt hat, wenn es mit dem bloßen Auge durch ein Diopter von 1 mm² Öffnung betrachtet wird. Die Intensität J eines Sternes ist wegen des physiologischen Charakters des Empfindlichkeitsfaktors K jeweils nur für das Auge des Beobachters definiert.

Die physiologischen Lichtstärken L der — sei es mit freiem, sei es mit bewaffnetem Auge — betrachteten Objekte sind den visuellen Intensitäten J derselben im allgemeinen proportional. Werden die Objekte zunächst mit dem bloßen Auge betrachtet, so haben wir entsprechend den Gleichungen (20):

$$L = (\Pi S) K = \Pi J, \qquad l = (\Pi s) K = \Pi j. \tag{34}$$

Die L sind also bei konstanter Öffnung der Iris bzw. des Augendiopters den J proportional. Wird hingegen ein übernormal vergrößerndes Fernrohr benutzt und unter L jetzt die Lichtstärke des durch dasselbe entworfenen virtuellen Bildes verstanden, so haben wir entsprechend den Gleichungen (21)

$$L = (\Sigma \cdot S) K = \Sigma \cdot J, \qquad l = (\sigma \cdot s) K = \sigma \cdot j, \tag{35}$$

mithin wieder Proportionalität zwischen den L und den J. Läßt sich also das Verhältnis $L_1 : L_2$ der Lichtstärken von zwei Objekten photometrisch bestimmen, so ist damit zugleich das Verhältnis $J_1 : J_2$ ihrer Intensitäten bestimmt.

Die Meßbarkeit eines Verhältnisses $L_1 : L_2$ beruht einerseits auf der Möglichkeit, die den Strahlungsstärken T proportionalen L meßbar abzuschwächen, andererseits auf der Fähigkeit des Auges, Gleichheit der Empfindungsstärken und damit zufolge (31) auch der Lichtstärken festzustellen.

Die Messung des Intensitätsverhältnisses $J_1 : J_2$ von zwei Fixsternen gestaltet sich im Prinzip folgendermaßen: Die beiden zu messenden Sterne erscheinen dem bewaffneten oder unbewaffneten Auge zunächst als zwei Lichtpunkte von ungleicher Helligkeit und Farbe. Die physiologischen Lichtstärken dieser Lichtpunkte seien:

$$L_1 = T_1 K_1, \qquad L_2 = T_2 K_2,$$

und es werde vorausgesetzt, daß die Empfindungsstärke E des ersten schwächeren Lichtpunktes zwischen E' und E'' liege. Der Beobachter schwächt nun mit Hilfe einer neutral wirkenden Abschwächungsvorrichtung die Strahlungsstärke T_2 des zweiten helleren Lichtpunktes so weit ab, bis seine Empfindungsstärke auf die Empfindungsstärke E des ersten Lichtpunktes reduziert ist. Dann sind gemäß (31) die Lichtstärken des ersten und des abgeschwächten zweiten Objektes einander gleich. Es gilt also, wenn der gemessene Abschwächungsfaktor der Strahlungsstärke mit A bezeichnet wird, die Gleichung

$$L_1 = (A T_2) K_2 = A L_2,$$

und es folgt schließlich mit Rücksicht auf die Proportionalität der L und der J als Ergebnis der Messung:

$$L_1 : L_2 = J_1 : J_2 = A. \tag{36}$$

Sind beide Sterne von gleichem Spektraltypus, so kann die Empfindungsstärke, bei der die Vergleichung erfolgt, beliebig gewählt werden. Denn gleichen Empfindungsstärken entsprechen zufolge (22) stets gleiche Lichtstärken. Die Genauigkeit der Vergleichung ist allerdings, wie sich unten zeigen wird, bei einer mittleren, dem Auge angenehmen Empfindungsstärke am höchsten.

Aus der Beziehung

$$J_1 : J_2 = (S_1 : S_2) \cdot (K_1 : K_2) \tag{37}$$

geht hervor, daß das Verhältnis der Intensitäten von zwei Sternen ungleichen Spektrums von dem Beobachter nach Maßgabe der spektralen Empfindlichkeit seiner Fovea gemessen wird. Hingegen wird das Intensitätsverhältnis von Sternen von gleichem Spektraltypus, das ja mit dem Verhältnis ihrer Strahlungsstärken identisch ist, von allen Beobachtern übereinstimmend gemessen.

14. Die relative spektrale Empfindlichkeit der Stäbchen. Das PURKINJEsche Phänomen. Schwächt man zwei Objekte von gleicher scheinbarer Fläche, aber ungleichem Spektrum, die, foveal betrachtet, gleich hell erscheinen, in gleichem Verhältnis ab, bis sie foveal unterschwellig werden, so erscheinen sie, nunmehr auf die Stäbchen der Netzhautstelle N wirkend, im allgemeinen nicht mehr gleich hell. Man kann wieder mit Hilfe eines gleichmäßig hell erscheinenden Gitterspektrums die Empfindlichkeitswerte

$$K_\lambda^{(s)} = t_0 : t_\lambda = \varphi(\lambda)$$

für die verschiedenen Wellenlängen bestimmen und in Form einer Kurve graphisch darstellen. Eine solche Empfindlichkeitskurve der Stäbchen, wie sie von H. BENDER[1] u. a. bestimmt worden ist, zeigt Abb. 5 (linke Kurve). Diese Stäbchenkurve ist in ihrer Gestalt der Zapfenkurve sehr ähnlich, aber verglichen mit dieser entsprechend der stärkeren Blauempfindlichkeit der Stäbchen nach den kurzen Wellenlängen hin verschoben. Ihr Maximum liegt bei der Wellenlänge 0,52 μ. Die individuellen Unterschiede pflegen bei den Stäbchenkurven weniger ausgeprägt zu sein als bei den Zapfenkurven.

Bestimmt man die spektrale Empfindlichkeit der Stäbchen für eben merkliche Lichtreize, so ergeben sich die Empfindlichkeitskoeffizienten $K^{(s)}$ als reziproke Werte der den verschiedenen Wellenlängen λ bzw. Sternspektren Λ entsprechenden Schwellenwerte δT, also:

$$K_\lambda^{(s)} = \delta T_0 : \delta T_\lambda, \qquad K_\Lambda^{(s)} = \delta T_{\Lambda_0} : \delta T_\Lambda. \tag{38}$$

Die Netzhautstelle N, auf die sich die δT beziehen, wird im allgemeinen mit der etwa 15° von der Fovea entfernten Stelle der maximalen Empfindlichkeit identisch sein.

Auf Grund der Empfindlichkeitskoeffizienten $K^{(s)}$ läßt sich durch die Ausdrücke

$$J^{(s)} = S\,K^{(s)} \qquad \text{bzw.} \qquad L^{(s)} = T.K^{(s)} \tag{39}$$

eine visuelle bzw. physiologische „Stäbchenlichtstärke“ definieren, die der fovealen Lichtstärke J bzw. L völlig analog ist. Die Lichtstärken $L^{(s)}$ spielen als unmittelbar der Messung zugängliche Variable in der Auslöschungsphotometrie eine Rolle. Ihre Meßbarkeit beruht einerseits auf ihrer Proportionalität mit den Strahlungsstärken T, andererseits auf der Gültigkeit des Satzes: „Stehen zwei an der gleichen Netzhautstelle N abgebildete Objekte $F_1 = F_2$ an der Empfindungsschwelle, so sind ihre Stäbchenlichtstärken einander gleich“ (nämlich $= \delta T_{\Lambda_0}$).

Das Meßverfahren ist im Prinzip folgendes: Die Strahlungsstärken T_1 und T_2 der verglichenen Lichtpunkte werden unabhängig voneinander abgeschwächt, bis jeweils die Empfindungsschwelle erreicht ist. Werden die Stäbchenlichtstärken der Objekte mit $L_1^{(s)} = T_1 K_1^{(s)}$ und $L_2^{(s)} = T_2 K_2^{(s)}$, die Abschwächungsfaktoren mit A_1 und A_2 bezeichnet, so haben die Lichtpunkte nach der Auslöschung die Lichtstärken

$$(T_1 A_1)\,K_1^{(s)} = L_1^{(s)} A_1, \qquad (T_2 A_2)\,K_2^{(s)} = L_2^{(s)} A_2,$$

und da diese Lichtstärken gemäß obigem Satze einander gleich sind, so folgt als Ergebnis der Messung:

$$L_1^{(s)} : L_2^{(s)} = J_1^{(s)} : J_2^{(s)} = A_1^{-1} : A_2^{-1}. \tag{40}$$

J. WILSING[2] hat auf theoretischem Wege auf Grund der PLANCKschen Strahlungsgleichung — vgl. das in Ziff. 12 Gesagte — folgende Werte der $K^{(s)}$ für die Sternspektren B bis M abgeleitet. Die gleichfalls von WILSING bestimmten fovealen Empfindlichkeitskoeffizienten K sind zum Vergleich daneben gesetzt:

	$\lambda = 0{,}50\,\mu$	B	A	K	M
$\log K^{(s)}$	0,00	−0,28	−0,33	−0,39	−0,50
$K^{(s)}$	1,00	+0,53	+0,47	+0,41	+0,32

	$\lambda = 0{,}55\,\mu$	B bis M
$\log K$	0,00	−0,30
K	1,00	+0,50

[1] Untersuchungen am LUMMER-PRINGSHEIMschen Spektralflickerphotometer. Inaug.-Dissert. Breslau 1913.

[2] Potsd Publ 24, Nr. 76, S. 17 (1920).

Diesen theoretisch abgeleiteten Werten wären empirisch bestimmte Werte der $K^{(s)}$ vorzuziehen. Sie lassen sich, falls die K bekannt sind, auf rein photometrischem Wege bestimmen. Es liefert nämlich gemäß den Beziehungen

$$J_1 : J_2 = (S_1 K_1) : (S_2 K_2) = A, \qquad J_1^{(s)} : J_2^{(s)} = (S_1 K_1^{(s)}) : (S_2 K_2^{(s)}) = B$$

jedes sowohl durch foveale Vergleichung als durch Auslöschung an der extrafovealen Netzhautstelle N bestimmte Intensitätsverhältnis von zwei Sternen verschiedenen Spektrums für das Verhältnis der beiden $K^{(s)}$ den Wert:

$$K_1^{(s)} : K_2^{(s)} = (K_1 : K_2) \cdot (B : A) \,. \tag{41}$$

PURKINJEsches Phänomen. Spektrale Empfindlichkeit für Zapfen-Stäbchen-Sehen. Zwei Objekte $F_1 = F_2$ von verschiedener, z. B. roter und blauer Farbe mögen, foveal betrachtet, gleich hell erscheinen. Schwäche ich nun ihre Strahlungsstärken in gleichem Verhältnis stetig fortschreitend ab, so bleiben die Objekte zunächst gleich hell, dann aber, sobald eine gewisse Strahlungsstärke unterschritten ist, nimmt die Helligkeit des blauen Objektes langsamer ab als die des roten. Der Helligkeitsunterschied der Objekte erreicht ein Maximum und wird dann allmählich wieder geringer (vgl. Abb. 6). Die Erklärung dieser unter dem Namen „PURKINJEsches Phänomen" bekannten Erscheinung ist folgende: Mit abnehmender Strahlungsstärke der Objekte bildet das Auge, um an Sehschärfe zu gewinnen, dieselben an mehr und mehr zur Peripherie hin rückenden Stellen der Netzhaut ab. Es nimmt also die Zahl der erregten Stäbchen gegenüber der Zahl der erregten Zapfen ständig zu, und da gleichzeitig die Stäbchen dunkeladaptieren, also gegenüber den im konstanten Adaptationszustande verharrenden Zapfen an Empfindlichkeit gewinnen, so wird die Empfindung in zunehmendem Maße durch die Stäbchen bestimmt, während die Zapfen mehr und mehr ausgeschaltet werden. Da nun das Verhältnis der Empfindlichkeitskoeffizienten für kleine und große Wellenlängen (vgl. in Abb. 5 z. B. $\lambda = 500$ mit $\lambda = 550$) für die Stäbchen weit größer ist als für die Zapfen, so muß das blaue Objekt gegenüber dem roten in demselben Maße an Helligkeit zunehmen, als die Stäbchen in ihrem Wettstreit mit den Zapfen allmählich die Oberhand gewinnen. Sind schließlich nur noch Stäbchen wirksam, so beginnt der Helligkeitsunterschied infolge der abnehmenden Unterschiedsempfindlichkeit des Auges[1] wieder kleiner zu werden.

Spezielle und daher leichter zu übersehende PURKINJEsche Phänomene, die entweder nur durch die Zunahme der Relativzahl der Stäbchen oder nur durch deren einseitige Adaptation bedingt sind, ließen sich übrigens dadurch hervorbringen, daß man entweder bei konstant gehaltener Strahlungsstärke der Objekte die abbildende Netzhautstelle zur Peripherie hin wandern läßt oder aber unter Festhaltung der extrafovealen Netzhautstelle N die Objekte in gleichem Verhältnis abschwächt.

Das PURKINJEsche Phänomen läßt sich kurz kennzeichnen als Ausdruck einer stetigen Änderung der spektralen Empfindlichkeit des beobachtenden Auges oder, genauer gesagt, des allmählichen Übergehens der Zapfenkurve in die Stäbchenkurve (vgl. Abb. 5). Während dieses Überganges wandert das Maximum $K = 1$ der Empfindlichkeitskurve parallel zur λ-Achse stetig vom Maximum der Zapfenkurve zu dem der Stäbchenkurve hin. Die einer dazwischenliegenden Phase des PURKINJE-Phänomens entsprechende Kurve kann man sich so konstruiert denken, daß man die Ordinaten der beiden Kurven unter Beilegung geeigneter Gewichte mittelt.

---

[1] Vgl. Ziff. 15.

15. Die relative Unterschiedsschwelle des Auges. Fechnersches und allgemeines Reizempfindungsgesetz. Führen wir in den Funktionen (22) für E (bzw. e) an Stelle der Strahlungsstärke T (t) die Lichtstärke $L = TK$ ($l = tK$) ein, so können wir schreiben:

$$E = \Psi(x, y, F, [\Lambda], L), \qquad e = \psi(x, y, F, [\Lambda], l). \tag{42}$$

Wie die eckigen Klammern andeuten sollen, sind die Funktionen E und e im Falle fovealen Sehens ($x = 0, y = 0$) innerhalb gewisser Grenzen E' und E'' von Λ unabhängig und außerhalb dieser Grenzen von Λ nur in geringem Grade abhängig. Gemäß (42) läßt sich L als „Reizstärke", d. h. als Stärke des auf das Sehzentrum wirkenden, die Helligkeitsempfindung auslösenden Reizes deuten und dementsprechend die Beziehung zwischen E und L als „Reizempfindungsgesetz" bezeichnen.

Zur Aufstellung einer Differenzengleichung für die Funktionen E, e gelangt man auf Grund der Untersuchung der „relativen Unterschiedsschwelle" $\Delta L/L$. Nach G. Th. Fechner bezeichnet man als „Unterschiedsschwelle" ΔL (Δl) den Unterschied der Lichtstärken (Leuchtdichten) von zwei Objekten gleicher scheinbarer Fläche, deren Empfindungsstärken sich in eben wahrnehmbarem Betrage, also um eine Empfindungsstufe $\Delta_0 E$ ($\Delta_0 e$), voneinander unterscheiden. Den entsprechenden relativen Unterschied $\frac{\Delta L}{L}\left(\frac{\Delta l}{l}\right)$ bezeichnet man als „relative Unterschiedsschwelle (Relativschwelle)" und schließlich das Verhältnis $\frac{L+\Delta L}{L}\left(\frac{l+\Delta l}{l}\right)$ als „Verhältnisschwelle".

A. König und E. Brodhun[1] haben durch Vergleichung von zwei aneinandergrenzenden, in weißem Lichte leuchtenden Feldern die Relativschwelle $\Delta l/l$ als Funktion der Leuchtdichte festgelegt. Die verglichenen Felder erschienen unter Sehwinkeln von $3^\circ \times 4^1/_2{}^\circ$. Die den Leuchtdichten l entsprechenden Empfindungsstärken e reichen von blendenden bis zu eben noch wahrnehmbaren. Die Änderung der Pupille war anscheinend durch Gebrauch eines Okulardiopters ausgeschaltet. Der Anschaulichkeit wegen stelle man sich unter der Leuchtdichte l die ihr proportionale Strahlungsdichte t, d. h. die von der Flächeneinheit $(1')^2$ auf die Öffnung des Diopters geworfene Strahlungsmenge vor. Die gemessenen Werte von $\Delta l/l$ sind:

Tabelle 3.

l	$\log l - 4{,}00$	$\frac{\Delta l}{l}$	e	l	$\log l - 4{,}00$	$\frac{\Delta l}{l}$	e
10^6	+ 2,00	0,036	+ 1,70	10^2	− 2,00	0,030	− 1,86
$5 \cdot 10^5$	+ 1,70	,024	+ 1,51	50	− 2,30	,032	− 2,03
$2 \cdot 10^5$	+ 1,30	,027	+ 1,23	20	− 2,70	,040	− 2,23
10^5	+ 1,00	,020	+ 1,01	10	− 3,00	,048	− 2,36
$5 \cdot 10^4$	+ 0,70	,017	+ 0,71	5	− 3,30	,059	− 2,46
$2 \cdot 10^4$	+ 0,30	,018	+ 0,30	2	− 3,70	,094	− 2,56
10^4	0,00	,018	0,00	1	− 4,00	,123	− 2,61
$5 \cdot 10^3$	− 0,30	,018	− 0,30	0,5	− 4,30	,188	− 2,65
$2 \cdot 10^3$	− 0,70	,018	− 0,70	0,2	− 4,70	,283	− 2,68
10^3	− 1,00	,018	− 1,00	0,1	− 5,00	,377	− 2,70
$5 \cdot 10^2$	− 1,30	,019	− 1,29	0,05	− 5,30	,484	− 2,72
$2 \cdot 10^2$	− 1,70	,022	− 1,65	0,02	− 5,70	,695	− 2,74

Die Relativschwelle $\Delta l/l$ hat für einen mittleren Bereich der Leuchtdichte ($l_1 = 50 \cdot 10^3$ bis $l_2 = 10^3$) den konstanten Minimalwert 0,018, um sowohl zu den großen als vor allem zu den kleinen Leuchtdichten hin beträchtlich anzu-

[1] Sitzber d Berl Ak d Wiss 1888, S. 917; 1889, S. 641; vgl. auch die Bestimmungen von J. Blanchard, Phys Rev 11, S. 81 (1918).

wachsen. Man darf annehmen, daß die ungefähr der ersten Hälfte der Tabelle entsprechenden Vergleichungen foveal ausgeführt worden sind, während die weiteren bei zunehmend exzentrischem Sehen vorgenommen sein müssen. Der Bereich l_1 bis l_2, innerhalb dessen die Relativschwelle konstant ist, fällt also in das Gebiet des fovealen Sehens. Das Anwachsen der Relativschwelle zu den starken und schwachen Helligkeiten hin steht, wie weiter unten noch näher begründet werden wird, mit der Adaptation der Netzhaut in engem Zusammenhange. Auf die Möglichkeit eines solchen Zusammenhanges hat bereits G. TH. FECHNER[1] hingewiesen.

Relativschwelle und zufälliger Einstellungsfehler. Die Unterschiedsschwelle Δl ist, wie unmittelbar aus ihrer Definition hervorgeht, dem Durchschnittswert $\Delta' l$ des zufälligen Fehlers proportional, den man bei der Einstellung zweier Vergleichsfelder auf gleiche Empfindungsstärke begeht. Man kann also aus dem Verhalten der Relativschwelle $\Delta l/l$ stets auf das Verhalten des relativen Einstellungsfehlers $\Delta' l/l$ schließen. Insbesondere wird man folgern, daß letzterer Einstellungsfehler für eine gewisse mittlere Helligkeit der verglichenen Felder am geringsten ist, um sowohl mit zunehmender als mit abnehmender Empfindungsstärke anzuwachsen. Wie aus dem Gesagten hervorgeht, kann man auch, wie dies z. B. C. A. STEINHEIL[2] getan hat, den Einstellungsfehler als Maß für die Relativschwelle ansehen.

Gesetz von der Konstanz der Relativschwelle. Dieses von FECHNER als „psychophysisches Grundgesetz" bezeichnete, für mittlere Lichtstärken bzw. Empfindungsstärken geltende Gesetz läßt sich in Form der Gleichung schreiben:

$$\frac{\Delta l}{l} = C, \qquad l_1 < l < l_2, \qquad e_1 < e < e_2, \tag{43}$$

worin C eine Konstante ist. Die Empfindungsstärken e, e_1 und e_2 beziehen sich auf foveales Sehen. C gibt den Minimalwert der Relativschwelle und C^{-1} den Maximalwert der „Unterschiedsempfindlichkeit des Auges" an, falls man diese als reziproken Wert der relativen Unterschiedsschwelle definiert.

Der Wert C des Minimums der Relativschwelle fällt um so kleiner aus, je leichter und sicherer das Auge des Beobachters kleine Helligkeitsunterschiede auffaßt, und andererseits, je günstiger für die Vergleichung die Felder sich dem Auge darbieten. So läßt sich der von KÖNIG und BRODHUN gefundene Wert $C = 0{,}018$ auf etwa die Hälfte herabdrücken, wenn man zwei in einer scharfen Grenzlinie aneinanderstoßende Felder so anordnet, daß das eine das andere ringförmig umschließt.

Nach den Untersuchungen KÖNIGS und BRODHUNS ist die Relativschwelle $\Delta l/l$ nur von der Empfindungsstärke e, nicht aber (oder nur in sehr geringem Grade) vom Spektrum bzw. der Farbe der verglichenen Felder abhängig. Es gilt also insbesondere das Gesetz (43) unabhängig vom Spektrum der Felder.

Würde man hingegen Relativschwellenwerte für zwei Felder von verschiedener Farbe bestimmen, so würde sich $\Delta l/l$ im Bereich des Farbensehens um so größer ergeben, je größer der Farbenunterschied der Felder wäre. Da sich nun letzterer mit der Helligkeit der Felder ändern kann, so dürfte die Gültigkeit des Gesetzes (43) nicht in allen Fällen gewährleistet sein.

Relativschwelle und Stufenwert. Eine der KÖNIGschen analoge systematische Untersuchung der Relativschwelle $\Delta L/L$ für Lichtpunkte scheint

[1] Über ein psychophysisches Grundgesetz und dessen Beziehung zur Schätzung der Sterngrößen, S. 481ff. [Abhandl d K Sächs Ges d Wiss 4, S. 455 (1859)].

[2] Elemente der Helligkeitsmessungen am Sternenhimmel, S. 80 (1836); vgl. auch FECHNER, Grundgesetz, S. 477.

nicht vorzuliegen. Es lassen sich aber aus den nach der ARGELANDERschen Stufenschätzungsmethode ausgeführten Schätzungen, insbesondere den Bestimmungen des „Stufenwertes“, gewisse Schlüsse ziehen. Der Stufenwert, der als die der Empfindungsstufe $\varDelta_0 E$ entsprechende photometrische Größendifferenz $\varDelta M$ definiert wird, ist mit der Relativschwelle $\frac{\varDelta L}{L} = \frac{\varDelta J}{J}$ durch die Gleichung verknüpft[1]:

$$\varDelta M = -2^M{,}5 \log\left(1 + \frac{\varDelta L}{L}\right) = -1^M{,}086 \frac{\varDelta L}{L}\left(1 - \frac{1}{2}\frac{\varDelta L}{L} \pm \cdots\right). \tag{44}$$

Stufenwert und Relativschwelle sind also nur wenig voneinander verschieden.

Im allgemeinen hat sich auch bezüglich des Stufenwertes gezeigt, daß dieser für mittlere Helligkeiten — das sind etwa die Empfindungsstärken mit bloßem Auge gesehener Sterne zwischen 1^M und 3^M — ein konstantes Minimum besitzt und bei der Schätzung heller oder schwächer erscheinender Sterne anwächst. Dabei ist zu beachten, daß die geschätzten Sterne auf hellem Himmelsgrunde stehen. Doch dürfte dieser Umstand angesichts des stationären Adaptationszustandes der Zapfen keinen merklichen Einfluß auf die Schätzungen ausüben, falls diese foveal ausgeführt werden. Kurzum, der Satz von der Konstanz der Relativschwelle (bzw. des Stufenwertes) kann auch für Lichtpunkte als giltig angenommen werden und läßt sich für diesen Fall, Gleichung (43) völlig analog, in der Form schreiben:

$$\frac{\varDelta L}{L} = C', \qquad L_1 < L < L_2, \qquad E_1 < E < E_2. \tag{45}$$

Um nun auch Zahlenwerte zu geben, so beträgt der Stufenwert für mittlere Empfindungsstärken im Durchschnitt der besten Beobachter etwa $0^M{,}08$, wobei zu beachten ist, daß die verglichenen Sterne sich dem Auge meist ungünstig darbieten. Unter besonders günstigen Bedingungen kann der Stufenwert auf $0^M{,}04$ bis $0^M{,}035$ herabsinken, einer relativen Unterschiedsschwelle von rund 0,035 entsprechend. Dieser Wert dürfte das bei der Vergleichung von Lichtpunkten erreichbare Minimum der Relativschwelle darstellen.

FECHNERsches Gesetz. In der das Gesetz von der Konstanz der Relativschwelle ausdrückenden Gleichung (43) ist $\varDelta l$ als eben erkennbarer Unterschied der Leuchtdichten von zwei vom Auge verglichenen verschiedenen Feldern definiert. Wir wollen jetzt annehmen, daß das Gesetz (43) auch in dem Falle seine Gültigkeit behält, wenn $\varDelta l$ als eben wahrnehmbare Änderung der Leuchtdichte ein und derselben leuchtenden Fläche aufgefaßt wird. Entsprechend läßt sich die für Lichtpunkte geltende Gleichung (45) deuten, die wir im folgenden der Betrachtung zugrunde legen wollen.

Diese Gleichung werde in Form der Differenzengleichung geschrieben:

$$c\,\varDelta_0 E = \log\left(1 + \frac{\varDelta L}{L}\right) = \varDelta \log L, \qquad L_1 < L < L_2, \qquad E_1 < E < E_2, \tag{46}$$

worin c eine Konstante und $\varDelta_0 E$ die in einer willkürlichen Einheit ausgedrückte Empfindungsstufe ist. Diese für jeden zwischen $\log L_1$ und $\log L_2$ liegenden Wert von $\log L$ geltende Gleichung hat, wie eine geometrische Betrachtung sofort erkennen läßt, die eindeutige Lösung:

$$c(E - E_0) = \log L - \log L_0, \qquad E_1 < E < E_2, \qquad L_1 < L < L_2, \tag{47}$$

worin E_0 eine zwischen E_1 und E_2 liegende mittlere Empfindungsstärke, L_0 die ihr entsprechende Lichtstärke ist. Der Inhalt der gewöhnlich als „FECHNERsches Gesetz“ bezeichneten Gleichung (47) läßt sich in der Form aussprechen: „Die

[1] Vgl. Ziff. 4, Gleichung (17).

foveale Empfindungsstärke E ist innerhalb der Grenzen E_1 und E_2 eine lineare Funktion des Logarithmus der physiologischen Lichtstärke („Reizstärke") L.

Da wir bei der Aufstellung der Beziehungen (43) bzw. (45) von der Voraussetzung ausgingen, daß eine Änderung der Pupille entweder nicht stattfinde oder durch den Gebrauch eines Diopters unwirksam gemacht sei, so ist Gleichung (47) zunächst nur für den Fall der Proportionalität zwischen den Lichtstärken L und den Intensitäten J bewiesen. Faßt man indessen das logarithmische Gesetz (47) als allgemeingültiges „psychophysisches Grundgesetz" auf, so wird es auch in dem Falle seine Gültigkeit behalten, wenn das Objekt mit freier und veränderlicher Pupille betrachtet wird. Gleichung (47) lautet in diesem Falle:

$$c(E - E_0) = \log(\Pi J) - \log(\Pi_0 J_0), \qquad E_1 < E < E_2, \qquad J_1 < J < J_2, \tag{48}$$

und es ist klar, daß die Gültigkeit dieser Gleichung bzw. der aus ihr folgenden Differentialgleichung

$$c\,dE = \frac{dJ}{J} + \frac{d\Pi}{\Pi}$$

nur durch gleichzeitige Bestimmung der Relativschwelle $\Delta J/J$ der Intensität und der relativen Änderung $\Delta\Pi/\Pi$ der Pupille dargetan werden kann.

FECHNERsches Gesetz und Spektraltypus. Da nach weiter oben Gesagtem der Relativschwellenwert vom Spektrum im wesentlichen unabhängig ist, so kann man annehmen, daß das FECHNERsche Gesetz für Objekte von beliebigem Spektraltypus innerhalb nahezu derselben Grenzen E_1 und E_2 gilt. Nimmt man ferner an, daß diese Grenzen E_1 und E_2 enger sind als die Grenzen E' und E'' desjenigen Bereiches, innerhalb dessen gemäß Ziff. 13, Gleichung (31) die Empfindungsstärke nur von der Lichtstärke, nicht aber vom Spektrum abhängig ist, so folgt, daß die in (47) auftretende Konstante c nicht nur von der Empfindungsstärke, sondern auch vom Spektrum unabhängig sein muß. Hierauf beruht die Möglichkeit, eine dem FECHNERschen Gesetz entsprechende Beziehung zwischen den Empfindungsstärken und den Lichtstärken von zwei spektral ungleichen Objekten von gleicher scheinbarer Fläche aufzustellen. Werden die Empfindungsstärken bzw. die Lichtstärken der beiden Objekte mit E, E' bzw. L, L' bezeichnet, so erhält man auf Grund von (47) die Beziehung:

$$c(E - E') = \log L - \log L', \qquad E_1 < \{E, E'\} < E_2, \qquad L_1 < \{L, L'\} < L_2 \tag{49}$$

und damit den Satz: Die Differenz der fovealen Empfindungsstärken zweier Lichtpunkte von beliebigem Spektraltypus ist dem Logarithmus des Verhältnisses ihrer Lichtstärken proportional.

Anwendung des FECHNERschen Gesetzes bei der Mittelung photometrischer Einstellungen[1]. Ein Lichtpunkt Q mit meßbar veränderlicher Lichtstärke L (Empfindungsstärke E) werde n mal nacheinander auf die im FECHNER-Bereich liegende Empfindungsstärke E' eines zweiten unveränderlichen Lichtpunktes Q' gebracht, dessen Lichtstärke L' gesucht ist. Werden Empfindungsstärke und Lichtstärke des Lichtpunktes Q nach der Einstellung mit E_i und L_i bezeichnet, so genügen die Werte $E = E_i$ und $L = L_i$ der FECHNERschen Gleichung (49). Die kleinen um Null herumliegenden Empfindungsunterschiede $E_i - E'$ dürfen nach H. SEELIGER[2] als zufällige Beobachtungsfehler aufgefaßt werden. Nimmt man ferner an, daß die $E_i - E'$ dem GAUSSschen Exponentialgesetz folgen, so verschwindet ihr arithmetisches Mittel und man erhält den gesuchten Wert von $\log L'$ (L'), indem man die einzelnen beobachteten Werte

[1] Siehe auch Ziff. 33. [2] A N 132, S. 209 (1893).

$\log L_i$ (L_i) arithmetisch (geometrisch) mittelt. Die bei der Mittelung photometrischer Einstellungen anzuwendenden Formeln lauten also:

$$\log L' = \mathsf{M}(\log L_i), \qquad L' = \Gamma L_i.$$

Das allgemeine Reizempfindungsgesetz. Unter gewissen Voraussetzungen lassen sich auf Grund der KÖNIGschen Werte der Relativschwelle $\Delta l/l$ sehr genäherte Werte der Empfindungsstärke e als Funktion von $\log l$ für den ganzen Bereich der Leuchtdichte l berechnen. Die so berechneten e sind in der letzten Spalte von Tabelle 3 gegeben und in Abb. 6 graphisch dargestellt. Nullpunkt und Intervallwert der Empfindungsstärkenskala sind so gewählt, daß sich im FECHNERschen Bereich $e = \log l - 4$ ergibt. Die den Differenzen $\Delta' \log l$ der zweiten Spalte entsprechenden Differenzen Δe sind nach den Formeln berechnet:

$$\Delta e = \Delta' \log l \cdot \mathrm{tg}\,\alpha,$$

$$\mathrm{tg}\,\alpha = \frac{\Delta_0 e}{\Delta \log l} = \frac{\log 1{,}018}{\log\left(1 + \frac{\Delta l}{l}\right)},$$

worin der Wert von $\mathrm{tg}\,\alpha$, indem er sich auf $\Delta \log l$ und nicht, wie erforderlich wäre, auf $\Delta' \log l$ bezieht, nur ein Behelfswert ist.

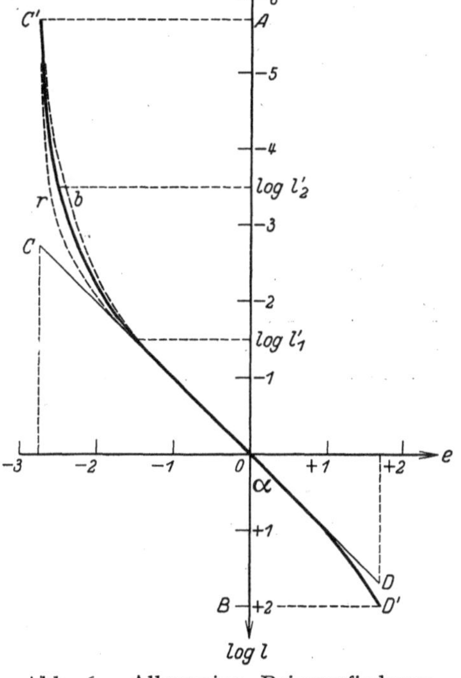

Abb. 6. Allgemeine Reizempfindungskurve (r Kurve für rotes, b für blaues Licht).

Die so gewonnene Reizempfindungskurve (Abb. 6, mittlere Kurve) ist in vieler Beziehung aufschlußreich. Sie gilt für ein Auge, dessen Netzhaut auf die jeweilige Leuchtdichte des Objektes adaptiert und dessen Pupille abgeblendet ist. Die Strecke AB $(= 7{,}7)$ gibt den dem Auge zugänglichen Bereich von $\log l$ oder den „Sehbereich" an. Wird der Neigungswinkel der der Empfindungsstufe $\Delta_0 e$ $(= \log 1{,}018)$ entsprechenden Kurvensehne gegen die $\log l$-Achse mit α bezeichnet, so gibt $\mathrm{tg}\,\alpha$ sehr genähert die Unterschiedsempfindlichkeit des Auges an. Gälte das FECHNERsche Gesetz für den ganzen Sehbereich des Auges, so wäre die Empfindungskurve eine Gerade, deren Projektion auf die $\log l$-Achse den Sehbereich, deren Neigung $(\mathrm{tg}\,\alpha)$ gegen diese Achse die konstante Unterschiedsempfindlichkeit darstellen würde. Fiele diese Gerade mit CD zusammen, so wäre der Sehbereich klein $(= + 4{,}14)$, die Unterschiedsempfindlichkeit hoch $(= 1)$. Fiele sie hingegen mit $C'D'$ zusammen, so wäre der Sehbereich auf seinen wirklichen Wert $(+ 7{,}7)$ erhöht, dafür aber die Unterschiedsempfindlichkeit im umgekehrten Verhältnis herabgesetzt. Man erkennt so, daß die S-förmige Krümmung der Reizempfindungskurve in doppelter Hinsicht von Vorteil ist, nämlich einerseits der Erweiterung des Sehbereiches und andererseits der Steigerung der Unterschiedsempfindlichkeit bei mittleren Empfindungsstärken dient. Das Mittel, dessen sich die Natur zur Erreichung dieses Doppelzweckes bedient, ist die Adaptation. Diese vollzieht sich nur außerhalb des FECHNERschen Bereiches und bewirkt eine Krümmung der beiden Kurvenäste zu der $\log l$-Achse hin. Die Adaptation darf indessen nicht als alleinige Ursache der Abweichung der Empfindungskurve von der FECHNERschen Geraden angesehen werden. Denn damit wäre u. a. vorausgesetzt, daß die Empfindungskurve der völlig dunkeladaptierten — also jeweils nur momentan gereizten — Fovea mit der Geraden CD zusammenfallen würde, was sicherlich nicht der Fall ist.

Analytisch läßt sich die Reizempfindungsfunktion in der Form ansetzen:

$$e + a_2 e^2 + a_3 e^3 + \ldots = \log l, \qquad a_3 > 0, \tag{50}$$

worin $a_3 e^3$ das Hauptglied unter den Korrektionsgliedern ist.

Während sich die mittlere Kurve der Abb. 6 auf ein Objekt von weißer Farbe bezieht, sollen die Kurven r und b den Gang der Empfindungsstärke für Objekte von roter bzw. blauer Farbe veranschaulichen. Der Verlauf dieser Kurven ist durch das PURKINJE-Phänomen vorgeschrieben. Haben die Objekte gleiche Leuchtdichte l, so haben sie im FECHNERschen Bereich auch gleiche Empfindungsstärke e. Nimmt nun die Leuchtdichte ab, so wird, sobald l den Wert l_1' unterschritten hat, bei dem das Auge zu extrafovealer Betrachtung übergeht, das blaue Objekt relativ zum roten in zunehmendem Maße heller werden. Erreicht l schließlich einen gewissen Wert l_2' — er entspricht etwa dem fovealen Schwellenwert der Leuchtdichte —, so nimmt der Empfindungsunterschied wieder ab.

Die Empfindungskurven r und b sind auf Grund des Ansatzes konstruiert:

$$e + a_2 e^2 + a_3 e^3 + \cdots = \log l + a\,(I - I_0)\,(\log l' - \log l_1'), \qquad a > 0. \tag{51}$$

Hierin sind I und I_0 die Farbenindizes für farbiges und für weißes Licht, a der Koeffizient des PURKINJE-Gliedes; l' erhält je nach dem Bereich der Leuchtdichte verschiedene Werte, nämlich:

$$\begin{aligned} l &\geqq l_1' & l' &= l_1', \\ l_1' \geqq l &\geqq l_2' & l' &= l, \\ l &\leqq l_2' & l' &= l_2'. \end{aligned}$$

Den Kurven r und b der Abbildung liegen die Zahlenwerte zugrunde:

$$a(I - I_0) = \pm 0{,}25, \qquad \log l_1' = -1{,}5, \qquad \log l_2' = -3{,}5.$$

Die Reizempfindungskurven der Abb. 6 sind Kurven der Flächenhelligkeitsempfindung. Die der Betrachtung von Lichtpunkten entsprechenden Empfindungskurven dürften einen im wesentlichen analogen Verlauf nehmen.

16. Geschätzte und photometrische Größe. Theoretische Helligkeit. Die mit freiem Auge (meist beidäugig) in der historischen Skala geschätzten Größen M der helleren Fixsterne sind physiologische Helligkeiten E im Sinne der FECHNERschen Gleichung (47). Setzt man voraus, daß die Schätzungen bei konstanter Pupillenweite ausgeführt und von Schätzungsfehlern frei seien, so genügen die M der Gleichung:

$$c(\mathsf{M} - \mathsf{M}_0) = \log(J : J_0), \qquad 0^{\mathsf{M}},5 \leqq \{\mathsf{M}, \mathsf{M}_0\} \leqq 3^{\mathsf{M}},5, \tag{52}$$

worin die Konstante c, da die Größen M mit wachsender Intensität J abnehmen, negatives Vorzeichen hat. Als Grenzen der Gültigkeit von (52) sind $0^{\mathsf{M}},5$ und $3^{\mathsf{M}},5$ angenommen. Betrachtet man ferner den Fall, daß schwache Sterne im Gesichtsfelde eines Fernrohres bei einer im FECHNER-Bereich liegenden Helligkeit geschätzt werden, so genügen die geschätzten Größen der Beziehung:

$$\bar{c}(\mathsf{M} - \overline{\mathsf{M}}_0) = \log(J : \bar{J}_0), \qquad 3^{\mathsf{M}},5 \leqq \{\mathsf{M}, \overline{\mathsf{M}}_0\} \leqq 7^{\mathsf{M}}, \tag{53}$$

die der Gleichung (52) analog, aber innerhalb anderer Grenzen gültig ist. Versteht man nun unter M_0, J_0 Größe und Intensität eines sowohl mit freiem Auge als im Fernrohr beobachteten Normalsternes, so erkennt man, daß die Größen M

der sämtlichen geschätzten Sterne näherungsweise der einheitlichen Beziehung genügen:

$$c(\mathsf{M} - \mathsf{M}_0) = \log(J:J_0), \qquad 0^{\mathsf{M}},5 \leqq \{\mathsf{M}, \mathsf{M}_0\} \leqq 7^{\mathsf{M}}, \tag{54}$$

worin c eine negative Konstante ist. Setzt man $c = \log\varrho$, so gibt ϱ das Intensitätsverhältnis von zwei Sternen an, deren geschätzte Größendifferenz $= 1$ ist.

Gemäß dieser Gleichung lassen sich die geschätzten Größen M der Sterne deuten als „scheinbare physiologische Empfindungsstärken eines fiktiven Auges mit konstanter Pupille, erweitertem Sehbereich und näherungsweise konstanter Unterschiedsempfindlichkeit". Man bezeichnet die M als „scheinbare visuelle geschätzte Helligkeiten bzw. Größen".

Vergleichungen zwischen den geschätzten Größen M und den photometrisch gemessenen Intensitätsverhältnissen $J:J_0$ unter Verwendung verschiedener Beobachtungsreihen lehrten, daß c im Durchschnitt gleich $-0,4$ sei. Die Größen M und die Intensitäten J sind also durch die (genähert gültige) Beziehung verknüpft:

$$\mathsf{M} - \mathsf{M}_0 = -2^{\mathsf{M}},5 \log\left(\frac{J}{J_0}\right), \tag{55}$$

die sich insofern als sehr wertvoll erweist, als sie die Umrechnung der J in die M oder umgekehrt ermöglicht und es dadurch unnötig macht, zwei völlig heterogene Helligkeitsskalen nebeneinander zu führen. Da nun die M ein für die Praxis bequemeres Maß darstellen als die J, auch eine Umrechnung des äußerst umfangreichen Materiales an geschätzten Größen nicht in Frage kam, so entschied man sich, die durch photometrische Messung erhaltenen Intensitäten J systematisch in Größen umzurechnen und bezeichnete die sich so ergebenden Größen zum Unterschiede von den geschätzten als „photometrische oder theoretische Größen M".

Gemäß der Definitionsgleichung

$$M - M_0 = -2^{M},5 \log\left(\frac{J}{J_0}\right) \tag{56}$$

lassen sich die photometrischen Größen M als scheinbare physiologische Helligkeiten eines idealen Auges deuten, dessen Pupille konstant, dessen Sehbereich beliebig weit und dessen Reizempfindungsgesetz das FECHNERsche mit der Konstanten $c = -2,5$ ist. Demgemäß sind die M als „scheinbare visuelle photometrische (theoretische) Helligkeiten bzw. Größen" zu bezeichnen, während ihre durch die Konstante $-2,5$ definierte Skala auch als „POGSONsche" oder als „absolute" Skala bezeichnet wird. Die Größe M_0 des Normalsternes ist jeweils so zu wählen, daß sich die photometrischen Größen M den geschätzten M möglichst eng anschließen.

Historisches zur Einführung der photometrischen Größe. Während J. HERSCHEL[1] bei der Untersuchung des Zusammenhanges zwischen den Größen und den Intensitäten der Sterne zu dem irrtümlichen Ergebnis gelangte, daß die Intensitäten der Sterne 1., 2., 3., 4., ... Größe gemäß der Proportion 1 : 2 : 3 : 4 ... abnähmen, stellte etwa um dieselbe Zeit (1836) C. A. STEINHEIL[2] die logarithmische Beziehung (54) auf empirischem Wege auf. Er bestimmte durch Ausgleichung der geschätzten Größen und gemessenen Intensitäten von 30 Sternen den Wert der Konstante c zu 0,35. Zu ähnlichen Werten gelangten auf Grund der Vergleichung verschiedener Beobachtungsreihen S. STAMPFER[3],

---

[1] Vgl. darüber FECHNER, Grundgesetz, S. 492ff.
[2] Elemente, S. 21.
[3] Sitzber d Wien Ak d Wiss Math-naturw Kl 7, S. 756 (1851).

M. J. JOHNSON[1], N. POGSON[2] und schließlich G. TH. FECHNER[3], der die Schätzungen und Messungen J. HERSCHELS miteinander in Beziehung setzte.

Gelegentlich der Darlegung des von ihm gefundenen logarithmischen Gesetzes gab STEINHEIL die Anregung, die Ergebnisse der photometrischen Messungen „mit dem bisherigen Sprachgebrauch von Größenklassen in Übereinstimmung zu bringen", weil nämlich sonst die Gefahr bestünde, „daß alle bisherigen Größenschätzungen, die, wie jede Beobachtung, einen reellen Wert und ich möchte sagen, ein historisches Recht haben, ungenützt blieben". In Ergänzung dieser Anregung schlug POGSON (1857) vor, bei der Umrechnung der Intensitäten in Größen den runden Wert $c = 0{,}40$ zu verwenden. Indessen fanden diese Vorschläge zunächst nicht die ihnen gebührende Beachtung.

Die ältesten auf photometrischen Messungen beruhenden Helligkeitsverzeichnisse gaben naturgemäß Intensitäten J an, so noch der 1847 erschienene Katalog von J. HERSCHEL. In den der STEINHEILschen Entdeckung und der FECHNERschen Begründung des logarithmischen Gesetzes folgenden Jahrzehnten geben die photometrischen Verzeichnisse — z. B. die von A. SEIDEL (1850) und von F. ZÖLLNER (1861) — meist $\log J$. Das erste photometrische Sternverzeichnis, welches rechnerisch abgeleitete Größen enthält, scheint das 1878 erschienene von C. S. PEIRCE[4] zu sein. Diesem Verzeichnis liegt der Umrechnungswert $c = 0{,}409$ zugrunde. Den entscheidenden Schritt tat E. C. PICKERING[5], indem er in seinem 1884 erschienenen, auf Messungen mit dem Meridianphotometer beruhenden Sternkataloge theoretische Größen angab, die auf Grund der POGSONschen Konstante 0,40 berechnet waren und die er als „photometrische Größen" bezeichnet. Von da an wird die Angabe photometrischer Größen in Helligkeitskatalogen zur allgemeinen Regel.

Definition der theoretischen Helligkeit H. In derselben Weise, wie den geschätzten Größen M die photometrischen Größen M angeglichen wurden, lassen sich auch den physiologischen Helligkeiten E der Sterne theoretische Helligkeiten H zuordnen, die durch die aus dem FECHNERschen Gesetz (47) abstrahierte Gleichung

$$H - H_0 = -2^M{,}5 \log\left(\frac{L}{L_0}\right) \tag{57}$$

definiert sind. Die theoretischen Helligkeiten H bilden einen oft bequemen Ersatz der Empfindungsstärken E. Der funktionelle Zusammenhang zwischen den H und den L entspricht vollkommen dem zwischen den M und den J bestehenden.

Indem man $H_0 = M_0$ wählt, kann man erreichen, daß die Helligkeiten H_A der mit freiem Auge betrachteten Sterne unmittelbar durch ihre Größen angegeben werden. Aus der Gleichung

$$H_A - M_0 = -2^M{,}5 \log\left(\frac{\Pi J}{\Pi_0 J_0}\right) \tag{58}$$

folgt nämlich, wenn $\Pi = \Pi_0$ angenommen wird, $H_A = M$. Betrachtet man andererseits einen Stern der Größe M im Fernrohr (Systemfaktor Σ), so ist seine Helligkeit durch

$$H_F - M_0 = -2^M{,}5 \log\left(\frac{\Sigma J}{\Pi_0 J_0}\right) \tag{59}$$

bestimmt, und man erhält durch Kombination von (58) und (59) die wichtige Beziehung

$$H_F - H_A = -2^M{,}5 \log\left(\frac{\Sigma}{\Pi}\right), \tag{60}$$

[1] Radcliffe Obs 12, App. (1853).
[2] Radcliffe Obs 15, S. 297 (1856); M N 17, S. 13 (1857).
[3] Grundgesetz, S. 508. (1859).
[4] Harv Ann 9 (1878).
[5] Harv Ann 14, S. 8 u. 88 (1884).

die den scheinbaren Helligkeitszuwachs angibt, den ein Stern dadurch erfährt, daß man ihn im Fernrohr betrachtet.

17. Additionstheorem der Lichtstärken. Spezielles Theorem. Um den Nachweis für die additive Zusammensetzung der Lichtstärken zunächst für einen speziellen Fall zu erbringen, gehen wir von dem folgenden Erfahrungssatze aus: Erscheinen vier Objekte Q_1 bis Q_4 von gleicher scheinbarer Fläche, aber ungleichem Spektrum, foveal betrachtet, paarweise gleich hell ($Q_1 = Q_3$, $Q_2 = Q_4$) und bringt man die Bilder von Q_1 und Q_2 einerseits, die Bilder von Q_3 und Q_4 andererseits auf der Netzhaut zur Deckung, so erscheinen die neu entstandenen Objekte $[Q_1 + Q_2]$ und $[Q_3 + Q_4]$ gleich hell.

Werden die Lichtstärken der ursprünglichen bzw. der zusammengesetzten Objekte mit L_1 bis L_4 bzw. mit $L_{1,2}$ und $L_{3,4}$ bezeichnet und wird vorausgesetzt, daß die Empfindungsstärken der sämtlichen Objekte innerhalb der Grenzen E' und E'' liegen, innerhalb deren gemäß Ziff. 13, Gleichung (31) gleichen Empfindungsstärken gleiche Lichtstärken entsprechen, so läßt sich der Inhalt des obigen Erfahrungssatzes durch die Gleichungen ausdrücken:

$$L_3 = L_1, \qquad L_4 = L_2, \qquad L_{3,4} = L_{1,2}. \tag{61}$$

Nehmen wir nun im besonderen an, daß die Objekte Q_3 und Q_4 gleiches Spektrum haben und ferner, daß der Einfluß einer etwaigen Änderung der Pupille durch Anwendung eines Diopters ausgeschaltet sei, so erhalten wir durch Addition der Strahlungsstärken die Beziehung:

$$L_{3,4} = L_3 + L_4, \tag{62}$$

und es folgt mit Rücksicht auf die Gleichungen (61) die weitere Beziehung:

$$L_{1,2} = L_1 + L_2. \tag{63}$$

Führt man schließlich noch an Stelle der Lichtstärken L die Intensitäten J ein, die ja wegen der oben gemachten Voraussetzung der Konstanz der Pupille jenen proportional sind, so erhält man als Endgleichung:

$$J_{1,2} = J_1 + J_2. \tag{64}$$

Das in dieser Gleichung sich ausdrückende Additionstheorem läßt sich folgendermaßen aussprechen: Gelangen zwei Objekte von beliebigem Spektraltypus an der gleichen Netzhautstelle zur Abbildung, so ist die Intensität des resultierenden Objektes gleich der Summe der Intensitäten der ursprünglichen Objekte.

Anwendung. Auf Grund des Theorems (64) läßt sich die Größe M eines Doppelsternes berechnen, wenn die Größen M_1 und M_2 seiner Komponenten gegeben sind. Letztere können beliebigen Spektraltypus haben. Werden die Intensitäten der Einzelsterne bzw. des Doppelsternes mit J_1, $J_2 (J_2 < J_1)$ und $J = J_1 + J_2$ bezeichnet, so gelten die Beziehungen:

$$M - M_1 = -2^M{,}5 \log\left(1 + \frac{J_2}{J_1}\right), \qquad M_2 - M_1 = -2^M{,}5 \log\left(\frac{J_2}{J_1}\right). \tag{65}$$

Man entnimmt der in Ziff. 4 erwähnten Tafel zunächst J_2/J_1 mit Argument $M_2 - M_1$, sodann $M - M_1$ mit Argument $1 + J_2/J_1$. Sind andererseits M und M_1 gegeben und ist M_2 gesucht, so entnimmt man umgekehrt der Tafel zunächst $1 + J_2/J_1$ mit Argument $M - M_1$ und dann $M_2 - M_1$ mit Argument J_2/J_1. Noch schneller führt die Benutzung einer Tafel zum Ziele, welche $M - M_1$ unmittelbar als Funktion von $M_2 - M_1$ gibt[1].

[1] Handb. der Astrophysik Bd. II, erste Hälfte, S. 245; siehe auch Harv Ann 33, S. 287 (1900) (E. C. Pickering); Mitt V A P 18, S. 92 (1908) (J. Plassmann); J B A A 28, S. 226 (1918) (C. T. Whitmell).

Verallgemeinertes Additionstheorem. Durch wiederholte Anwendung des speziellen Theoremes (64) und Grenzübergang beweist man leicht das allgemeinere Theorem: Die visuelle Lichtstärke J eines ein Wellenlängengemisch ausstrahlenden Objektes ist gemäß der Beziehung

$$J = \int_{0,4}^{0,8} J_\lambda d\lambda = \int_{0,4}^{0,8} S_\lambda K_\lambda d\lambda \tag{66}$$

gleich dem Integral der Lichtstärken $J_\lambda d\lambda$ der homogenen Komponenten der Strahlung. Auf Grund dieser wichtigen, insbesondere bei theoretischen Untersuchungen oft angewandten Beziehung läßt sich die Intensität J eines Objektes in einfacher Weise berechnen, im Falle die Energieverteilungsfunktion $S_\lambda(\lambda)$ desselben sowie die foveale Empfindlichkeitsfunktion $K_\lambda(\lambda)$ des Auges gegeben sind.

c) Der Refraktor als photometrisches Hilfsinstrument.

18. Idealer Strahlengang. Austrittspupille. Vergrößerung. Als Hauptvorteile der Benutzung des Fernrohres sind anzusehen einmal der Gewinn an Lichtstärke, sodann die Vergrößerung der scheinbaren Fläche des Objektes. Photometrische Apparate werden meist in Verbindung mit Refraktoren gebraucht. Bei Schätzungsbeobachtungen bedient man sich auch häufig binokularer Opern- oder Prismengläser. Gelegentlich hat auch der Reflektor zu photometrischen Zwecken Verwendung gefunden.

Unter Beschränkung auf den Fall des Refraktors wird im folgenden die fokale sowie die extrafokale Abbildung eines zölestischen Objektes unter besonderer Berücksichtigung der photometrisch wichtigen Gesichtspunkte behandelt. Dabei genügt es, die Abbildung in der Nähe der optischen Achse zu betrachten.

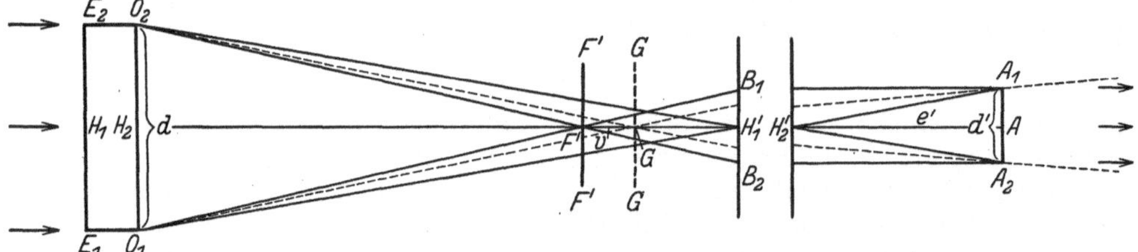

Abb. 7. Konstruktion der Austrittspupille des Refraktors.

Das System Refraktor—Auge werde als ideal abbildend vorausgesetzt, und es werde zunächst auch von der Beugung abgesehen. Ein durch den Refraktor betrachteter Fixstern bildet sich dann auf der Netzhaut als geometrischer Punkt ab. Der Gang der Strahlen ist durch die relative Lage der 6 Fundamentalpunkte des optischen Systems, nämlich der Hauptpunkte H_1, H_2 und des Brennpunktes F des Objektives und der entsprechenden Punkte H_1', H_2', F' des Okulares sowie durch den Durchmesser d des ersteren bestimmt (Abb. 7).

Konstruktion und Berechnung der Austrittspupille. Die Projektion E_1E_2 des meist nahe mit der zweiten Hauptebene zusammenfallenden vorderen Objektivrandes auf die erste Hauptebene bezeichnet man als „Eintrittspupille", das vom Okular (H_1', H_2', F') erzeugte reelle Bild A_1A_2 der Eintrittspupille als „Austrittspupille" des Refraktors. Jeder durch einen Punkt des Kreises E_1E_2 gehende, ins Fernrohr eintretende Strahl geht nach seinem Austritt aus dem Okular durch den konjugierten Punkt des Kreises A_1A_2 hindurch.

Die Punkte A_1 und A_2 der Austrittspupille sind mit Hilfe der durch F' und H_1' gehenden Strahlen als Bildpunkte von E_1 und E_2 konstruiert. Die Konstruktion gilt für jede beliebige Stellung des Okulares. Die Brennpunkte F' und F brauchen also nicht zusammenzufallen. Ist dieses jedoch der Fall, so treten alle auf das Objektiv parallel auffallenden Strahlen aus der Austrittspupille auch parallel wieder aus (vgl. die in Abb. 7 gezeichneten Pfeile). Akkommodiert andererseits das in A befindliche Auge auf die nicht mit $F'F'$ zusammenfallende Gesichtsfeldebene GG und fällt F mit G zusammen, so entspricht der Strahlengang im Fernrohr den in der Abbildung gestrichelt gezeichneten Linien. Handelt es sich schließlich darum, das extrafokale Bild eines Sternes bzw. das Fokalbild eines nicht im Unendlichen gelegenen Objektes scharf zu sehen, so wird F im allgemeinen weder mit F' noch mit G zusammenfallen. Obige Konstruktion der Austrittspupille A_1A_2 umfaßt alle diese Fälle.

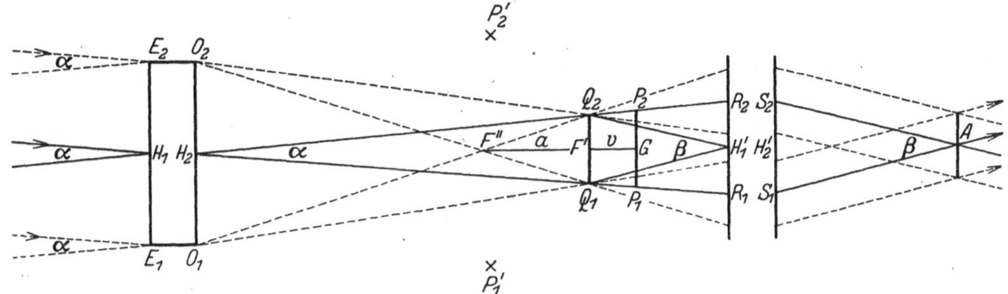

Abb. 8. Konstruktion des fokalen (bzw. extrafokalen) Bildes Q_1Q_2.

Durchmesser d' der Austrittspupille und Abstand e' derselben von H_2' lassen sich durch den Durchmesser d, den Abstand $H_2H_1' = e$ und die Okularbrennweite f' in sehr einfacher Weise ausdrücken. Aus den ähnlichen Dreiecken $A_1A_2H_2'$ und $O_1O_2H_1'$ bzw. B_1B_2F' und O_1O_2F' folgt die Doppelproportion:

$$d' : d = e' : e = f' : (e - f') . \tag{1}$$

Definition und Berechnung der Vergrößerung V. Von zwei Fixsternen oder von zwei Punkten eines flächenhaften Objektes herkommend, mögen zwei Bündel paralleler Strahlen auf das Objektiv des Refraktors auffallen (Abb. 8). Den Winkel α, den die beiden durch das Zentrum des Objektives gehenden Strahlen miteinander bilden und der gleich dem Winkel ist, unter dem die lineare Distanz der beiden Sterne dem freien Auge erscheint, bezeichnet man als „scheinbare Distanz" der Sterne bzw. Punkte des Objektes. Die beiden betrachteten Strahlen schneiden sich nach Durchgang durch den Refraktor im Mittelpunkt A der Austrittspupille unter dem Winkel β. Aus den Dreiecken AS_1H_2' und $H_2R_1H_1'$ folgt:

$$\operatorname{tg}\frac{\beta}{2} : \operatorname{tg}\frac{\alpha}{2} = e : e'. \tag{2}$$

Welches auch die Lage des Brennpunktes F sein mag, stets wird das Bild Q_1Q_2, mag es nun ein fokales oder ein extrafokales sein, dem in A befindlichen Auge unter dem Winkel β erscheinen. Fällt F mit F' zusammen, so erscheinen die reellen Bilder Q_1 und Q_2 der Sterne dem auf unendlich eingestellten Auge scharf. Für die Praxis wichtiger ist der Fall, daß das Auge auf G akkommodiert und daß F mit G zusammenfällt. Die von den reellen Bildern P_1 und P_2 kommenden Strahlen treten in diesem Falle aus der Austrittspupille divergent aus.

Man nennt das Verhältnis $V = \beta : \alpha$ die angulare oder lineare Vergrößerung (bzw., falls $\beta < \alpha$ ist, Verkleinerung) des Refraktors. Sind β und α so klein, daß man

$$\beta : \alpha = \operatorname{tg}\frac{\beta}{2} : \operatorname{tg}\frac{\alpha}{2}$$

setzen kann, so folgt für V aus (1) und (2) der Ausdruck:

$$V = \beta : \alpha = e : e' = d : d' = (e - f') : f' \tag{3}$$

Steht das Okular zunächst in seiner Normalstellung, fallen also F und F' zusammen, so ist $e = f + f'$, und es besteht die Beziehung:

$$V = \beta : \alpha = d : d' = f : f'. \tag{4}$$

Da der Winkel $Q_1 H_1' Q_2 = \beta$ ist, so gilt die Regel: Das reelle Fokalbild $Q_1 Q_2$ eines unendlich entfernten Objektes erscheint, aus der Entfernung f — d. h. von H_2 aus — betrachtet, so groß, wie das Objekt mit freiem Auge betrachtet, hingegen aus der Entfernung f' — d. h. von H_1' aus — betrachtet, so groß, wie das Objekt durchs Fernrohr betrachtet.

Die Beziehung (4) bleibt auch erhalten, wenn das reelle Bild vom Auge A direkt, d. h. ohne Okular, betrachtet wird. Nur ist dann unter f' der Abstand FA des Fokus von der Pupille des Auges und unter d' der Durchmesser des Kreises zu verstehen, den der Mantel des von F ausgehenden Strahlenkegels aus der die Pupille enthaltenden Ebene herausschneidet.

Akkommodiert das Auge A nicht auf unendlich, so muß das Okular ein wenig eingeschoben (kurzsichtiges Auge) oder ein wenig herausgezogen werden (übersichtiges Auge). Die Verschiebungsstrecke v erhält im ersten Falle negatives, im zweiten Falle positives Zeichen. In Abb. 8 fällt F mit G zusammmen. Setzt man in Formel (3) $e = f + f' + v$, so ergibt sich für die Vergrößerung der allgemeinere Ausdruck:

$$V = \beta : \alpha = d : d' = (f + v) : f'. \tag{5}$$

Das reelle Bild $P_1 P_2$ erscheint, von H_1' aus gesehen, jetzt nicht mehr unter dem Winkel β, sondern unter dem etwas abweichenden Winkel β', und es gilt:

$$\beta' : \alpha = f : (f' + v). \tag{6}$$

Das Auge akkommodiert auf das dem reellen Bilde $P_1 P_2$ konjugierte virtuelle Bild $P_1' P_2'$ (vgl. Abb. 8). Wird die Entfernung dieses Bildes von H_2' mit z' bezeichnet, so hat man

$$z' = -f' \frac{(f' + v)}{v}$$

und weiter für den Abstand $z' + e'$ des Bildes $P_1' P_2'$ von A:

$$z' + e' = -\frac{f f'^2}{v(f + v)}$$

oder genähert:

$$z' + e' = -\frac{f'^2}{v}.$$

Nimmt man z. B. $z' + e'$ gleich der deutlichen Sehweite, d. h. $= 200$ mm, und $f' = 20$ mm an, so ergibt sich für die Okularverschiebung v der Wert:

$$v = (-f') : 10 = -2 \text{ mm}.$$

19. Lichtstärke, scheinbare Fläche und Leuchtdichte des Bildes relativ zum Objekt. Fällt ein elementares bzw. ein endliches Strahlenbündel auf das Objektiv auf, so läßt dieses nur einen gewissen Bruchteil $\varkappa_e$ bzw. $\varkappa$ der in dem Bündel enthaltenen Strahlungsmenge hindurch. Ist das elementare Durchlässigkeitsvermögen $\varkappa_e$ und damit auch das mittlere $\varkappa$ für jeden Auftreffpunkt und für jede spektrale Zusammensetzung des Bündels konstant, so bezeichnet man das Objektiv als gleichmäßig und neutral durchlässig. Wir setzen voraus, daß Objektiv und Okular sowie die Medien des Auges gleichmäßig durchlässig, und ferner, daß Objektiv und Okular auch neutral durchlässig seien. Der spektrale Empfindlichkeitskoeffizient des Auges ist dann bei Betrachtung des Bildes der gleiche wie bei Betrachtung des Objektes.

Als gegeben bzw. als gesucht sind die folgenden Größen zu betrachten:

Gegeben:	Intensität des Objektes	$J = SK$
	Scheinbare Fläche des Objektes	F in $(1')^2$
	Mittlere Flächenintensität des Objektes	$j = J/F$
	Inhalt der Pupille bzw. Öffnung des Augendiopters bei Betrachtung des Objektes	$\Pi = \frac{\pi}{4}\delta^2$
	Lichtstärke des Objektes	$L = \Pi J = \frac{\pi}{4}\delta^2 J$
	Mittlere Leuchtdichte des Objektes	$l = \frac{L}{F} = \frac{\pi}{4}\delta^2 j$
	Inhalt der Pupille bzw. Öffnung des Okulardiopters bei Betrachtung des Bildes	$\Pi' = \frac{\pi}{4}\delta'^2$
	Objektivöffnung	$O = \frac{\pi}{4}d^2$
	Inhalt der Austrittspupille	$O' = \frac{\pi}{4}d'^2$
	Durchlässigkeitskoeffizienten für Objektiv u. Okular .	$\varkappa, \varkappa'$
Gesucht:	Lichtstärke des Bildes	L'
	Scheinbare Fläche des Bildes	$F' = FV^2 = F\left(\frac{d}{d'}\right)^2$
	Mittlere Leuchtdichte des Bildes	$l' = L'/F'$

Die Lichtstärke L' des Bildes ist nach Definition das Produkt aus der auf die Pupille Π' fallenden Strahlungsmenge und dem Empfindlichkeitsfaktor K. Je nachdem die Austrittspupille O' des Refraktors kleiner oder größer als die Pupille Π' ist, je nachdem also die ganze aus O' austretende Strahlungsmenge $\varkappa\varkappa'\frac{\pi}{4}d^2 S$ oder nur der Bruchteil $\frac{\Pi'}{O'} = \left(\frac{\delta'}{d'}\right)^2$ derselben vom Auge aufgenommen wird, hat man zwei Fälle zu unterscheiden, denen die Formelsysteme entsprechen:

$$\left.\begin{aligned} L' &= \varkappa\varkappa'\frac{\pi}{4}d^2 J \\ l' &= \varkappa\varkappa'\frac{\pi}{4}d'^2 j \end{aligned}\right\} \begin{aligned} & d' \leqq \delta' \\ & V \geqq \frac{d}{\delta'} \end{aligned} \qquad \left.\begin{aligned} L' &= \varkappa\varkappa'\frac{\pi}{4}\delta'^2\left(\frac{d}{d'}\right)^2 J \\ l' &= \varkappa\varkappa'\frac{\pi}{4}\delta'^2 j \end{aligned}\right\} \begin{aligned} & d' \geqq \delta' \\ & V \leqq \frac{d}{\delta'} \end{aligned} \tag{7}$$

Diese Formeln, welche Lichtstärke (Leuchtdichte) des Bildes durch Intensität (Flächenintensität) des Objektes ausdrücken, werden im folgenden vielfach Anwendung finden. Die durch die Eigenschaften des optischen Systems bedingten Proportionalitätsfaktoren haben wir in Ziff. 9 als „Systemfaktoren“ bezeichnet. Will man die rechts stehenden Formeln auf den Fall der Betrachtung ohne Okular anwenden, so hat man $\varkappa' = 1$ zu setzen und d' gemäß der in Ziff. 18 gemachten Bemerkung zu interpretieren.

Der Grenzfall $d' = \delta'$, $V = d/\delta'$ zeichnet sich dadurch aus, daß sowohl Lichtstärke als Leuchtdichte ihre maximalen Werte haben. Das Okular, für welches $d' = \delta'$ wird, dessen Brennweite f_0' also $= (f/d)\delta'$ ist, nennt man „Normalokular“, die von ihm gegebene Vergrößerung $V_0 = f/f_0'$ „Normalvergrößerung“. Man legt der Berechnung von V_0 gewöhnlich eine Pupille von 5 mm Durchmesser zugrunde, setzt also $V_0 = d/5$. Nimmt man z. B. entsprechend dem durchschnittlichen Öffnungsverhältnis eines visuellen Refraktors $d:f = 1:15$ an, so erhält $f/_0$ den Wert 75 mm. Da bei Beobachtungen am Nachthimmel δ' im allgemeinen größer als 5 mm ist und sogar 8 bis 9 mm betragen kann, so hat man bei Benutzung des Normalokulares die Gewähr, daß die gesamte aus dem Okular austretende Lichtstrahlung vom Auge aufgenommen wird, während andererseits die Leuchtdichte nur in geringem Betrage abgeschwächt wird.

Für photometrische Messungen eignet sich am besten eine etwas oberhalb der normalen liegende Vergrößerung. A. DANJON[1] bezeichnet das einer Austrittspupille von 4 mm Durchmesser entsprechende Okular als „photometrisches Okular". Die Anwendung einer unternormalen Vergrößerung bringt neben dem Nachteil, daß die Öffnung des Objektives nicht voll ausgenutzt wird, noch den weiteren mit sich, daß jede Änderung der Pupille eine Änderung der Lichtstärke verursacht. Als maximale, d. h. bei bestem Luftzustande noch Nutzen bringende Vergrößerung ist der 10fache Betrag der Normalvergrößerung, entsprechend einer Austrittspupille von 0,5 mm Durchmesser, anzusehen.

Von Interesse sind die Formeln, welche Lichtstärke und Leuchtdichte des Bildes relativ zu Lichtstärke und Leuchtdichte des Objektes geben. Diese Formeln lauten, je nachdem die angewandte Vergrößerung übernormal oder unternormal ist:

$$\left.\begin{aligned} L':L &= \varkappa\varkappa'\left(\frac{d}{\delta}\right)^2 \\ l':l &= \varkappa\varkappa'\left(\frac{d'}{\delta}\right)^2 = \varkappa\varkappa'\left(\frac{d}{\delta}\right)^2\frac{1}{V^2} \end{aligned}\right\} d' \leqq \delta', \quad V \geqq \frac{d}{\delta'} \tag{8}$$

$$\left.\begin{aligned} L':L &= \varkappa\varkappa'\left(\frac{d}{d'}\right)^2\left(\frac{\delta'}{\delta}\right)^2 = \varkappa\varkappa' V^2\left(\frac{\delta'}{\delta}\right)^2 \\ l':l &= \varkappa\varkappa'\left(\frac{\delta'}{\delta}\right)^2 \end{aligned}\right\} d' \geqq \delta', \quad V \leqq \frac{d}{\delta'} \tag{9}$$

Gemäß Ziff. 16, Gleichung (57) ist

$$H' - H = -2^M{,}5 \log\left(\frac{L'}{L}\right) \qquad \text{bzw.} \qquad h' - h = -2^{\mathrm{m}}{,}5 \log\left(\frac{l'}{l}\right) \tag{10}$$

der scheinbare Helligkeitszuwachs, den das Objekt durch den Gebrauch des Fernrohres erfährt. Formel (10) ist ein Spezialfall der allgemeinen Formel (60), Ziff. 16.

Im Falle des Gebrauches einer übernormalen Vergrößerung ($d' \leqq \delta'$) bezeichnet man $L':L$ ($l':l$) auch als „Lichtstärke" („Leuchtdichte"), $H' - H$ ($h' - h$) auch als „Helligkeit (Flächenhelligkeit) des Refraktors".

Will man letztere Größen für einen gegebenen Refraktor berechnen, so müssen $\varkappa$ und $\varkappa'$ bekannt sein. Man erhält Überschlagswerte auf Grund der Annahme, daß an jeder Linsenfläche durchschnittlich 5% der auffallenden Lichtstrahlung durch Reflexion und bei jedem Durchtritt durch 1 cm Glasdicke 1,5% durch Absorption verloren gehen. Für einen Refraktor mit 30 cm-Objektiv und Okular mit nur zwei spiegelnden Flächen kann man z. B. annehmen: $\varkappa = 0{,}75$, $\varkappa' = 0{,}9$. Setzt man ferner δ mit Rücksicht auf beidäugiges Sehen gleich 0,8 bis 0,9 cm an, so hat man genähert $\varkappa\varkappa' = \delta^2$ und kann in diesem wie in vielen ähnlichen Fällen mit den vereinfachten Formeln rechnen:

$$\left.\begin{aligned} L':L &= d^2 & H' - H &= -5^M \log d \\ l':l &= d'^2 = \left(\frac{d}{V}\right)^2 & h' - h &= -5^m \log d' \end{aligned}\right\} d' \leqq \delta', \quad V \geqq \frac{d}{\delta'} \tag{11}$$

in denen man d und d' in Zentimetern auszudrücken hat.

[1] Recherches, S. 48 (1928).

Grenzgröße des Refraktors. Erscheint ein Stern (J', M'), im Fernrohr gesehen, in der gleichen Helligkeit wie ein Stern (J, M), mit freiem Auge gesehen, so gelten nach (7) für den Fall übernormaler Vergrößerung die Formeln:

$$J':J = 1:\left[\varkappa\varkappa'\left(\frac{d}{\delta}\right)^2\right], \qquad M' - M = +2^M{,}5\log\left[\varkappa\varkappa'\left(\frac{d}{\delta}\right)^2\right]. \tag{12}$$

Deutet man hierin J', M' und entsprechend J, M als „Grenzintensität" bzw. „Grenzgröße" für foveales Sehen, d. h. als Intensität und Größe eines an der Grenze der fovealen Sichtbarkeit stehenden Sternes, so gibt die zweite der Gleichungen (12) unmittelbar die Differenz der Grenzgrößen für Fernrohr und freies Auge an. Wird hingegen extrafoveales Sehen vorausgesetzt, so muß der Einfluß der Helligkeit des Himmelgrundes berücksichtigt werden. Wird mit Normalvergrößerung beobachtet, so genügen die nunmehr extrafovealen Grenzgrößen M' und M wieder der Gleichung (12). Wird aber eine stärkere Vergrößerung angewendet, so liegt M' wegen des schwächeren Untergrundes tiefer, d. h., der Ausdruck (12) bedarf eines positiven Korrektionsgliedes und lautet jetzt:

$$M' - M = +2^M{,}5\log\left[\varkappa\varkappa'\left(\frac{d}{\delta}\right)^2\right] + \Delta' M. \tag{13}$$

Hierin wächst $\Delta' M$ mit abnehmender Helligkeit des Untergrundes, d. h. mit zunehmender Vergrößerung und erreicht bei völliger Dunkelheit des Feldes für weiße Sterne einen Maximalwert von ungefähr $+2^M$.

Über die Abhängigkeit der Grenzgröße von der Fernrohrvergrößerung haben A. Kühl[1], F. Goos[2] u. a. Untersuchungen angestellt. — A. A. Nijland[3] verwendet die Grenzgrößen, die er für verschiedene bei seinen Stufenschätzungen benutzte Refraktoren bestimmt, als Ersatz für die (gewöhnlich nicht bekannten) photometrischen Größen der schwächsten in dem betreffenden Instrument sichtbaren Sterne.

20. Das fokale Beugungsbild eines Fixsternes. Es werde zunächst nur die beugende Wirkung des Refraktors in Betracht gezogen, hingegen von der Einwirkung der sphärischen und chromatischen Aberration abgesehen. Ist der Refraktor auf einen Fixstern gerichtet, so entsteht in der Fokalebene durch Superposition der den verschiedenen Wellenlängen der Sternstrahlung entsprechenden Beugungsbilder ein zusammengesetztes Beugungsbild, dessen Struktur im folgenden näher untersucht werden soll. Mit starker Vergrößerung betrachtet, erscheint dieses Bild als kleines, kreisförmiges, farbig umsäumtes, von abwechselnd dunkeln und hellen Ringen umgebenes Scheibchen. Die Helligkeit der Ringe nimmt mit wachsender Entfernung vom Zentrum des Bildes schnell ab.

Die Verteilung der Strahlungsdichte in dem der Wellenlänge λ entsprechenden reellen Beugungsbilde ist durch die nachfolgend gegebenen, der bekannten, grundlegenden Abhandlung von E. Lommel[4] entnommenen Formeln vollständig bestimmt.

Wir bezeichnen mit

$S_\lambda d\lambda$ die scheinbare Strahlungsstärke des Sternes für die Wellenlänge λ;

ϱ den in sphärischem Maß (Bogenminuten) gemessenen Radius eines unendlich schmalen Beugungsringes; ϱ ist also entsprechend der Beziehung $\operatorname{tg}\varrho = \bar{\varrho}/f$ der Winkel, unter dem der lineare Radius $\bar{\varrho}$ des Ringes vom Mittelpunkt des Objektives aus gesehen erscheint;

---

[1] Dissertation. München 1909; A N 190, S. 321 (1912); 191, S. 185 (1912); Sirius 51, S. 101 (1918).

[2] A N 202, S. 109 (1915).

[3] A N 205, S. 233 (1917); vgl. auch Utrecht Rech 8 (1), S. 20 (1923).

[4] Abh d K Bayer Ak d Wiss 15, S. 229 (1884); vgl. auch K. Strehl, Theorie des Fernrohrs (1894) sowie G. Müller, Photometrie der Gestirne, S. 163ff. (1897).

$u_\lambda(\varrho)$ die Strahlungsdichte im Abstand ϱ vom Zentrum des Beugungsbildes;

$U_\lambda(\varrho) = \int\limits_0^\varrho u_\lambda(\varrho)\, 2\pi\varrho\, d\varrho$ die Strahlungsstärke des durch den Kreis mit Radius ϱ begrenzten inneren Teiles der Beugungserscheinung.

(Unter der Strahlungsstärke $U_\lambda(\varrho)$ ist hier abweichend von der in Ziff. 3 gegebenen Definition die gesamte, vom Kreis mit Radius ϱ ausgehende Strahlungsmenge zu verstehen.)

Bezeichnen wir noch mit z die Hilfsgröße:

$$z = \varrho\frac{d}{\lambda'}, \qquad \lambda' = \frac{\lambda}{\pi \sin 1'}, \qquad \pi \sin 1' = 0{,}000914, \tag{14}$$

sowie mit $I_1(z)$ die BESSELsche Funktion ersten Grades, so lauten die Formeln für die Strahlungsdichte $u(\varrho)$ und die Strahlungsstärke $U(\varrho)$ des der Wellenlänge λ und dem Objektivdurchmesser d entsprechenden Beugungsbildes:

$$\left.\begin{aligned} u(\varrho) &= u_0\left[\frac{2}{z}I_1(z)\right]^2 = u_0\left[1 - \frac{1}{2}\left(\frac{z}{2}\right)^2 + \frac{1}{3}\left(\frac{1}{2!}\right)^2\left(\frac{z}{2}\right)^4 - \frac{1}{4}\left(\frac{1}{3!}\right)^2\left(\frac{z}{2}\right)^6 + \cdots\right]^2 \\ u_0 &= \varkappa\frac{d^4}{4\lambda'^2}S_\lambda\, d\lambda, \end{aligned}\right\} \tag{15}$$

$$\left.\begin{aligned} U(\varrho) &= 2\pi\left(\frac{\lambda'}{d}\right)^2\int\limits_0^z u(\varrho)\, z\, dz \\ &= U_\infty\int\limits_0^z \frac{z}{2}\left[\frac{2}{z}I_1(z)\right]^2 dz = U_\infty\left(\frac{z}{2}\right)^2\left[1 - \frac{1}{2}\left(\frac{z}{2}\right)^2 + \frac{5}{36}\left(\frac{z}{2}\right)^4 - \cdots\right] \\ U_\infty &= \varkappa\frac{\pi}{4}d^2 S_\lambda\, d\lambda. \end{aligned}\right\} \tag{16}$$

Die Strahlungsdichte u_0 im Zentrum der Beugungsscheibe ist hiernach der 4. Potenz des Objektivdurchmessers direkt, dem Quadrat der Wellenlänge umgekehrt proportional. Gemäß der Beziehung

$$U_\infty = \lim_{\varrho=\infty} U(\varrho) = \lim_{z=\infty} U(\varrho)$$

bedeutet U_∞ die Intensität des gesamten, sich strenggenommen bis ins Unendliche erstreckenden Beugungsbildes.

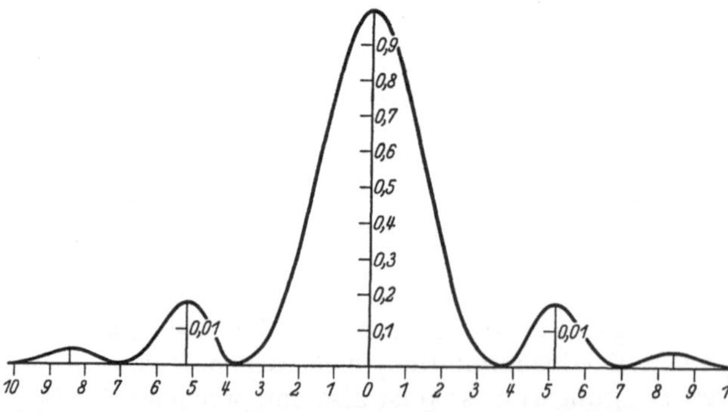

Abb. 9. Strahlungsdichte im fokalen Beugungsbilde eines Fixsternes. (Abszisse: Abstand z vom Zentrum des Bildes. Ordinate: u/u_0 für Zentralscheibchen, $10\,u/u_0$ für Ringe.)

In Abb. 9 ist die Strahlungsdichte u/u_0 des Beugungsbildes für den speziellen Fall $d = \lambda'$, also $z = \varrho$ graphisch dargestellt. Diese Beugungserscheinung entspricht einem sehr kleinen Objektivdurchmesser, der z. B. für $\lambda = 0{,}55\ \mu$ nur 0,61 mm beträgt. Die Radien z_i der Beugungskreise, in denen die Strahlungsdichte ein Maximum erreicht bzw. durch ihr Minimum 0 geht, ergeben sich als Wurzeln der Gleichung: $du/dz = 0$.

Die Theorie liefert für die z_i sowie für die ihnen entsprechenden Strahlungsdichten und Strahlungsstärken die folgenden Werte:

		Radius	Strahlungsdichte	Strahlungsstärke
Erstes Maximum	Zentralscheibchen	$z_0 = 0$	u_0	$U_0 = 0$
,, Minimum		$z_1 = \pi \cdot 1',220$	$u_1 = 0$	$U_1 = 0,84\ U_\infty$
Zweites Maximum	Erster heller Ring	$z_2 = \pi \cdot 1',635$	$u_2 = 0,017\ u_0$	$U_2 = 0,86\ U_\infty$
,, Minimum		$z_3 = \pi \cdot 2',233$	$u_3 = 0$	$U_3 = 0,91\ U_\infty$
Drittes Maximum	Zweiter heller Ring	$z_4 = \pi \cdot 2',679$	$u_4 = 0,004\ u_0$	$U_4 = 0,92\ U_\infty$
,, Minimum		$z_5 = \pi \cdot 3',238$	$u_5 = 0$	$U_5 = 0,94\ U_\infty$
usf.				

Die maximale Strahlungsdichte u_2 des ersten hellen Ringes beträgt nur $^1/_{60}$ von der Strahlungsdichte im Zentrum. Im Zentralscheibchen sind $^5/_6$ der gesamten Strahlungsstärke konzentriert.

Wie ist nun die Strahlungsdichte in dem allgemeinen, d. h. dem Durchmesser d entsprechenden Beugungsbilde verteilt? Nach Formel (14) und (15) ist die relative Strahlungsdichte u_i/u_0 des speziellen Bildes im Abstand z_i vom Zentrum zugleich relative Strahlungsdichte des allgemeinen Beugungsbildes im Abstand

$$\varrho_i = z_i \frac{\lambda'}{d} \tag{17}$$

vom Zentrum. Hingegen wachsen die u_i selbst, wie der Ausdruck für u_0 zeigt, beim Übergang zum allgemeinen Bild im Verhältnis $(d/\lambda')^4$. Man braucht also, um das dem Durchmesser d entsprechende Beugungsbild zu erhalten, die Maßstäbe des in Abb. 9 dargestellten „SCHWERDschen Lichtgebirges" nur in dem Sinne zu ändern, daß man einerseits die Abszissen der Kurve im Verhältnis $\lambda' : d$ verkleinert, andererseits die Ordinaten im Verhältnis $d^4 : \lambda'^4$ vergrößert. Die Verteilung der Strahlungsdichte im Beugungsbilde bleibt somit für alle Werte von λ und d stets die gleiche.

Über die Abhängigkeit der Dimensionen des Beugungsbildes von der Wellenlänge belehrt die folgende Tabelle, welche die nach Formel (17) berechneten Radien ϱ_i für die ersten sechs Extreme der Strahlungsdichte sowie für drei Werte der Wellenlänge λ enthält.

	$\lambda = 0{,}45\,\mu$	$\lambda = 0{,}55\,\mu$	$\lambda = 0{,}65\,\mu$	Strahlungsstärke
Erstes Maximum	$\varrho_0 = 0$	$\varrho_0 = 0$	$\varrho_0 = 0$	—
,, Minimum	$\varrho_1 = 1',89/d$	$\varrho_1 = 2',31/d$	$\varrho_1 = 2',73/d$	$U_1 = 0{,}84\,\varkappa \frac{\pi}{4} d^2 S_\lambda d\lambda$
Zweites Maximum	$\varrho_2 = 2{,}53/d$	$\varrho_2 = 3{,}09/d$	$\varrho_2 = 3{,}65/d$	—
,, Minimum	$\varrho_3 = 3{,}45/d$	$\varrho_3 = 4{,}22/d$	$\varrho_3 = 4{,}99/d$	$U_3 - U_1 = 0{,}07\,\varkappa \frac{\pi}{4} d^2 S_\lambda d\lambda$
Drittes Maximum	$\varrho_4 = 4{,}14/d$	$\varrho_4 = 5{,}06/d$	$\varrho_4 = 5{,}98/d$	—
,, Minimum	$\varrho_5 = 5{,}01/d$	$\varrho_5 = 6{,}12/d$	$\varrho_5 = 7{,}23/d$	$U_5 - U_3 = 0{,}03\,\varkappa \frac{\pi}{4} d^2 S_\lambda d\lambda$
usf.				

Abb. 10 veranschaulicht das Übereinandergreifen der den drei Werten von λ entsprechenden Zentralscheibchen und beiden ersten hellen Ringe. Wenn bei der Betrachtung des Beugungsbildes die farbigen Säume der Ringe nur verhältnismäßig wenig auffällig sind, so liegt das daran, daß der Empfindlichkeitskoeffizient des Auges für die Wellenlängen $\lambda = 0{,}45\ \mu$ bzw. $\lambda = 0{,}65\ \mu$ nur noch etwa $^1/_{10}$ des der Wellenlänge $\lambda = 0{,}55\ \mu$ entsprechenden Koeffizienten beträgt.

Gemäß Spalte 5 der obigen Tabelle beträgt die Strahlungsstärke des ersten bzw. des zweiten hellen Ringes $^1/_{12}$ bzw. $^1/_{28}$ von der des Zentralscheibchens.

Das virtuelle (subjektive) Beugungsbild. Wie die Theorie der Beugung lehrt[1], wird das reelle Beugungsbild, sofern die von seinen Punkten ausgehenden Strahlenbündel nicht von neuem abgebeugt werden, durch das als ideal vorausgesetzte System Okular—Auge nach den gleichen geometrisch-optischen Gesetzen auf die Netzhaut projiziert, wie jedes andere flächenhafte Fokalbild.

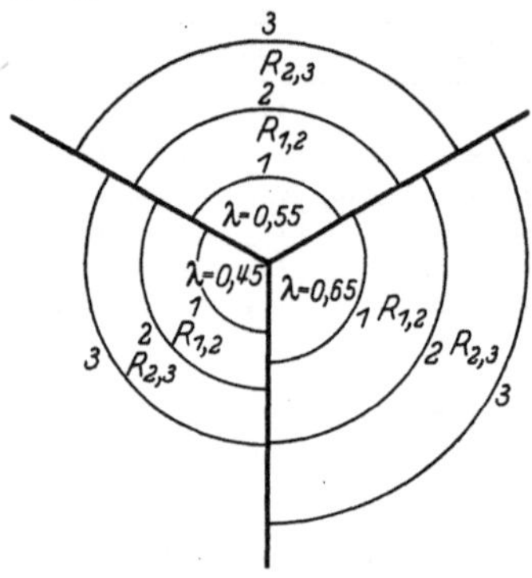

Abb. 10. Beugungsringe für verschiedene Wellenlängen λ.

Bei Gebrauch eines übernormal vergrößernden Okulares ($d' \leqq \delta'$) findet zwischen Objektiv und Netzhaut keine weitere Abblendung des Strahlenkegels statt. Die Radien ϱ' des virtuellen Beugungsbildes ergeben sich also aus den Radien ϱ des reellen Bildes einfach durch Multiplikation mit der linearen Vergrößerung $V = d/d'$. Man erhält mithin die ϱ_i' unmittelbar, wenn man in den oben tabulierten Werten von ϱ_i den Nenner d durch d' ersetzt.

Bei der Ableitung der Lichtstärke und Leuchtdichte des subjektiven Beugungsbildes beschränken wir uns auf das Zentralscheibchen. Für die scheinbare Fläche F' und die Lichtstärke L' desselben ergeben sich die Ausdrücke:

$$\left.\begin{aligned} F' &= \pi \varrho_1'^2 = \pi \left(\frac{2',31}{d'}\right)^2 \qquad (\text{gültig für } \lambda = 0{,}55\,\mu) \\ L' &= \varkappa' \int\limits_{\lambda=0,4}^{\lambda=0,8} K_\lambda U_1 = 0{,}84\,\varkappa\varkappa' \frac{\pi}{4} d^2 \int\limits_{0,4}^{0,8} S_\lambda K_\lambda \, d\lambda = 0{,}84\,\varkappa\varkappa' \frac{\pi}{4} d^2 J \end{aligned}\right\} d' \leqq \delta'.$$

Für die mittlere Leuchtdichte l' des Zentralscheibchens folgt also:

$$l' = \left(\frac{0{,}84}{4 \cdot 2{,}31^2}\right) \varkappa\varkappa' \, d^2 d'^2 J \qquad d' \leqq \delta'.$$

Will man bei gegebenem Objektivdurchmesser ein möglichst kleines Beugungsbild mit zugleich möglichst hoher Leuchtdichte haben, so muß man $d' = \delta'$ wählen, also das Normalokular benutzen.

Wird die Austrittspupille des Refraktors durch ein Okulardiopter (bzw. durch die Iris des Auges) abgeblendet, so ist das subjektive Beugungsbild mit demjenigen identisch, welches durch entsprechende Abblendung des Objektives entsteht. Die Bedingungen dieses Falles sind gegeben, wenn man einen Fixstern mit unternormaler Vergrößerung beobachtet. Der Abblendung der Austrittspupille des Refraktors auf den Durchmesser δ' entspricht dann die Abblendung des Objektives auf den Durchmesser $d(\delta'/d')$. Ersetzt man in den oben für scheinbare Fläche, Lichtstärke und mittlere Leuchtdichte des Zentralscheibchens abgeleiteten Ausdrücken d' durch δ' und d durch $d(\delta'/d')$, so ergeben sich die neuen Ausdrücke:

$$\left.\begin{aligned} F' &= \pi \left(\frac{2',31}{\delta'}\right)^2 \qquad (\text{für } \lambda = 0{,}55\,\mu) \\ L' &= 0{,}84\,\varkappa\varkappa' \frac{\pi}{4} \delta'^2 \left(\frac{d}{d'}\right)^2 J \\ l' &= \left(\frac{0{,}84}{4 \cdot 2{,}31^2}\right) \varkappa\varkappa' \delta'^4 \left(\frac{d}{d'}\right)^2 J \end{aligned}\right\} d' \geqq \delta'.$$

[1] Vgl. K. STREHL, Theorie des Fernrohrs, S. 107ff.

Die scheinbaren Dimensionen des mit unternormaler bzw. normaler Vergrößerung betrachteten Beugungsbildes hängen also nur von δ' ab und sind, wie man leicht erkennt, gleich den Dimensionen des Beugungsbildes eines mit freiem Auge betrachteten Fixsternes[1].

Die Beugung als Fehlerquelle bei den photometrischen Messungen. Um den Nutzen der vorstehend gegebenen Entwicklungen an einem konkreten Beispiele zu zeigen, sind in der folgenden Tabelle für vier verschiedene Öffnungen eines 300 mm-Objektives wahre und scheinbare Radien der den beiden ersten Minima und dem zweiten Maximum der Leuchtdichte entsprechenden Kreise gegeben, ferner scheinbare Fläche, Lichtstärke und mittlere Leuchtdichte des Zentralscheibchens. Die Werte der Tabelle gelten für die Wellenlänge 0,55 μ.

Öffnungs-durchmesser	Vergr.	d'	ϱ_1	ϱ_2	ϱ_3	ϱ_1'	ϱ_2'	ϱ_3'	F'	L'	l'
$d = 300$	60	5,0	0″,46	0″,62	0″,84	0′,46	0′,62	0′,84	1	1	1
$d/_2 = 150$	60	2,5	0 ,92	1 ,24	1 ,69	0 ,92	1 ,24	1 ,69	4	$^1/_4$	$^1/_{16}$
$d/_5 = 60$	60	1,0	2 ,31	3 ,09	4 , 22	2 ,31	3 ,09	4 ,22	25	25^{-1}	25^{-2}
$d/_{10} = 30$	60	0,5	4 ,62	6 ,18	8 ,44	4 ,62	6 ,18	8 ,44	10^2	10^{-2}	10^{-4}

Für $d' = 0{,}5$ mm hat das Zentralscheibchen rechnungsmäßig einen scheinbaren Radius von 4′,6, in Wirklichkeit wird es wegen des steilen Abfalls der Leuchtdichte vom Zentrum zum Rande hin wesentlich kleiner erscheinen, und zwar um so kleiner, je schwächer der Stern ist. Da bei der photometrischen Abblendungsmethode Beugungsbilder miteinander verglichen werden, die durch verschiedene Objektivöffnungen erzeugt worden sind, so kommt der Frage eine besondere Bedeutung zu, welcher Teil der Beugungserscheinung vom Beobachter als Bild aufgefaßt wird. Man darf annehmen, daß bei gutem Luftzustande sowie bei fovealem Sehen der innerhalb eines Kreises von 2—3′ Radius gelegene Teil des Beugungsbildes als Bild des Sternes aufgefaßt wird. Erscheinen also zwei Sterne gleich hell, von denen der eine mit der vollen Öffnung d, der andere mit der abgeblendeten Öffnung $d/5$ abgebildet ist, so wird beim ersten Stern der erste helle Beugungsring, dessen äußerer Radius $\varrho_3' = 0',8$ beträgt, in das Bild miteinbezogen, beim zweiten Stern wegen $\varrho_2' = 3',1$ aber nicht mehr. Man darf also im vorliegenden Falle aus der Gleichheit der Empfindungsstärken nicht auf die Gleichheit der Lichtstärken schließen.

Modifikation des Beugungsbildes durch sphärische und chromatische Aberration. Einfluß ungleichmäßiger bzw. selektiver Durchlässigkeit des Objektives. Im allgemeinen tritt das Beugungsbild nur bei stark abgeblendeter Öffnung rein hervor; bei voller Öffnung wird es stets mehr oder weniger durch die sphärische Aberration modifiziert sein. Ist diese in erheblichem Grade vorhanden, so erscheint das Bild des Fixsternes auch bei schwacher Vergrößerung nicht punktförmig, sondern in der Gestalt eines von Ringen umgebenen Scheibchens. Bei mangelhaft korrigierten Objektiven kann ein beträchtlicher Teil der Strahlung in den Aberrationsringen konzentriert sein. Da nun vom Auge das zentrale Aberrationsscheibchen als Bild des Sternes aufgefaßt wird, so ist die Folge, daß sich bei allmählicher Abblendung des Objektives die Strahlungsstärke des Bildes keineswegs proportional der freien Öffnung ändert. Einige Beispiele hierzu werden unten in Ziff. 26, β gegeben werden.

Ein analoger Effekt muß eintreten, wenn die verschiedenen Zonen des Objektives ungleiches Durchlässigkeitsvermögen haben. Da indessen der Lichtverlust durch Reflexion von der Mitte zum Rande hin anwächst, während für den

[1] Vgl. Ziff. 6.

Verlust durch Absorption das Umgekehrte gilt, so dürften die Unterschiede in der Durchlässigkeit der verschiedenen Zonen des Objektives in der Regel nur gering sein. Wenn dessen ungeachtet bei vielen Refraktoren die Randzone weniger als ihrer Fläche entsprechend zur Lichtstärke des Bildes beiträgt, so dürfte hierfür in den meisten Fällen in erster Linie die mangelhafte sphärische Korrektion des Objektives verantwortlich zu machen sein.

Einen ähnlichen Einfluß wie die Zonenfehler des Objektives können auch die Abbildungsfehler des Auges sowie Durchlässigkeitsanomalien seiner brechenden Medien haben; bei Abblendung des Objektives ändert sich nämlich der Durchmesser des ins Auge tretenden Strahlenbündels.

Ist das abbildende Objektiv achromatisch, so fallen die den verschiedenen Wellenlängen der Sternstrahlung entsprechenden Aberrationsbilder in einer gemeinsamen Fokalebene zusammen. Da sich indessen bei den zweilinsigen Objektiven vom gewöhnlichen Typus eine ausreichende Achromasie nur für die langen Wellen bis herab zu etwa 0,50 μ erreichen läßt, so erscheinen die durch ein solches Objektiv erzeugten Bilder heller Objekte stets von einem violetten Schimmer umgeben. Z. B. enthält nach Angabe von A. DANJON[1] bei dem Straßburger Refraktor ($d = 486$, $f = 6920$, $V = 100$) der vom Beobachter als Bild des Sternes aufgefaßte innere Teil des chromatischen Bildes nur die langwellige Strahlung $> 530\,\mu\mu$ vollständig, während die den umgebenden Lichthof bildende Strahlung der Wellenlängen $< 530\,\mu\mu$ für das Auge verloren geht. Durch ein solches Fernrohr betrachtet, büßen also weiße Sterne gegenüber roten an Lichtstärke ein.

In dem gleichen Sinne wirkt ein Objektiv, dessen Durchlässigkeit für die blauen Lichtstrahlen geringer ist als für die roten. In der Tat ist die Durchlässigkeit vieler, insbesondere älterer Objektive in merklichem Grade selektiv. Erscheint z. B. ein Objektiv bei der Durchsicht leicht grünlich gefärbt, so wird man in der Regel auf eine relativ geringe Durchlässigkeit für rote Strahlen schließen dürfen.

Bei den besten heutigen Objektiven pflegen sphärische und chromatische Aberration bis auf geringe Reste beseitigt zu sein. Die Abbildungsfehler eines guten Okulares können bekanntlich stets vernachlässigt werden.

— Die fokale Abbildung flächenhafter Objekte soll hier nur beiläufig kurz gestreift werden. Im übrigen sei darauf hingewiesen, daß E. SCHOENBERG im ersten Kapitel des vorliegenden Bandes[2] das Beugungsbild einer Planetenscheibe ausführlich behandelt hat.

Da das Fokalbild eines flächenhaften Objektes durch Superposition der Beugungsbilder der einzelnen Objektpunkte zustande kommt, so werden, wenn man von den Randteilen des Bildes absieht, die Leuchtdichte des Bildes sowie deren Verteilung durch Beugung und Aberration nur in geringem Maße beeinflußt. Wird insbesondere ein gleichmäßig dicht leuchtendes Objekt fokal abgebildet, so ist, und zwar ohne Rücksicht auf die Eigenschaften des abbildenden Systems, auch die Leuchtdichte l im Innern des Bildes gleichmäßig. l läßt sich also stets durch die für ideale Abbildung geltende Formel[3]:

$$l = \varkappa' \varkappa \frac{\pi}{4} d^2 \left(\frac{f'}{f}\right)^2 j \qquad V > \frac{d}{\delta'} \tag{18}$$

darstellen, und diese Formel behält auch bei beliebiger Abblendung des Objektives ihre Gültigkeit, wenn man für $\frac{\pi}{4} d^2$ den Flächeninhalt des Blendenausschnittes und für $\varkappa$ das zugehörige mittlere Durchlässigkeitsvermögen einsetzt.

---

[1] Ann de l'Obs de Strasbourg 2, S. 21 (1928).

[2] Handb. der Astrophysik II, 1. Hälfte, S. 111ff.

[3] Vgl. Ziff. 19, Gleichung (7).

21. Das extrafokale Bild eines Fixsternes. Die Abbildung durch das System Refraktor—Auge werde wieder als ideal vorausgesetzt und zunächst auch von der Beugung abgesehen. In Abb. 8 ist $Q_1 Q_2$ das extrafokale Bild eines im Brennpunkt F'' des Objektives abgebildeten Fixsternes. Durch Q_1 geht eigentlich nur der von O_2, durch Q_2 nur der von O_1 kommende Strahl. Da aber alle durch Q_1 hindurchgehend gedachten Strahlen sich in ein und demselben Punkte der Netzhaut des auf ∞ eingestellten Auges schneiden und entsprechendes für Q_2 gilt, so erkennt man, daß β der scheinbare Durchmesser des extrafokalen Bildes ist. Der Abstand $F''F' = a$ des Bildes vom Fokus gibt zugleich die lineare — in der Richtung des Strahlenganges positiv zu zählende — Verschiebung des Okulares gegen seine Nullstellung $F' = F''$ an.

Um zunächst die zur Berechnung des Verhältnisses $\beta : \alpha$ sowie der Bestimmungsstücke e'_a und d'_a der Austrittspupille erforderlichen Formeln zu erhalten, hat man in der Proportion (3) Ziff. 18 $e = f + a + f'$ zu setzen und erhält für kleine α und β streng:

$$\beta : \alpha = (f + a + f') : e'_a = d : d'_a = (f + a) : f'. \tag{19}$$

Je nachdem die Austrittspupille des Refraktors kleiner oder größer als die Pupille des Auges bzw. als die Öffnung des Okulardiopters ist, je nachdem also $d'_a < \delta'$ oder $d'_a > \delta'$ ist, wird das extrafokale Bild vollständig gesehen oder nur ein Innenkreis desselben vom scheinbaren Durchmesser $\beta \frac{\delta'}{d'_a}$. Die Berechnung der Leuchtdichte des Bildes ist für diese beiden Fälle getrennt vorzunehmen.

e'_a und d'_a werden mit wachsendem a, also bei Herausziehen des Okulares, kleiner. Bei einer gewissen, kritischen, der Verschiebung $a = a_k$ entsprechenden Stellung des Okulares wird $d'_a = \delta'$ werden. Man findet:

$$a_k = \frac{d}{\delta'} f' - f, \qquad d'_a = \delta' \frac{f + a_k}{f + a} \tag{20}$$

und erkennt, daß den Bedingungen $d'_a < \delta'$, $d'_a = \delta'$, $d'_a > \delta'$ die Bedingungen $a > a_k$, $a = a_k$, $a < a_k$ entsprechen. Was das Vorzeichen von a_k anbetrifft, so erkennt man aus der Beziehung:

$$a_k = f\left(\frac{d}{\delta'} \frac{f'}{f} - 1\right) = f\left(\frac{d'}{\delta'} - 1\right), \tag{21}$$

daß $a_k < 0$, $= 0$ oder > 0 ist, je nachdem der Durchmesser δ' des Okular diopters $>$, $=$ oder $< d'$ genommen wird, wobei d' der Durchmesser der der Normalstellung des Okulares entsprechenden Austrittspupille ist.

Scheinbare Fläche und Lichtstärke des extrafokalen Bildes sind für die beiden Fälle $d'_a \leqq \delta'$ und $d'_a \geqq \delta'$ durch die Ausdrücke bestimmt:

$$\left.\begin{aligned}
&\left.\begin{aligned}
F &= \frac{\pi}{4}\beta^2 = \frac{\pi}{4\sin^2 1'} \frac{(Q_1 Q_2)^2}{f'^2} = \frac{\pi}{4\sin^2 1'} \frac{d^2}{f^2} \frac{a^2}{f'^2} \\
L &= \varkappa\varkappa' \frac{\pi}{4} d^2 J
\end{aligned}\right\} \begin{aligned} d'_a &\leqq \delta' \\ a &\geqq a_k \end{aligned} \\
&\left.\begin{aligned}
F &= \frac{\pi}{4}\beta^2 \left(\frac{\delta'}{d'_a}\right)^2 = \frac{\pi}{4\sin^2 1'} \frac{d^2}{f^2} \frac{a^2}{f'^2} \left(\frac{f + a}{f + a_k}\right)^2 \\
L &= \varkappa\varkappa' \frac{\pi}{4} d^2 J \left(\frac{f + a}{f + a_k}\right)^2
\end{aligned}\right\} \begin{aligned} d'_a &\geqq \delta' \\ a &\leqq a_k . \end{aligned}
\end{aligned}\right\} \tag{22}$$

Durch Division erhält man für die Leuchtdichte des extrafokalen Bildes den für beliebige Werte der Okularverschiebung a gültigen Ausdruck:

$$l = \frac{L}{F} = \sin^2 1' \varkappa\varkappa' \frac{f^2 f'^2}{a^2} J . \tag{23}$$

Die Ausdrücke für F und damit der Ausdruck für l besitzen nur dann strenge Gültigkeit, wenn β so klein ist, daß $\frac{\beta}{2} = \operatorname{tg}\frac{\beta}{2}$ gesetzt werden darf. Nun kann aber der Winkel α, und folglich auch der Winkel β, unbegrenzt wachsen. Im Falle β groß ist, berechne man die Leuchtdichte für einen sehr kleinen Innenkreis des extrafokalen Bildes vom Durchmesser $Q_1' Q_2'$. In den Ausdrücken für F und L tritt dann der Faktor $\left(\frac{Q_1' Q_2'}{Q_1 Q_2}\right)^2$ hinzu, während der Ausdruck für l ungeändert bleibt. Man erkennt so, daß der Ausdruck (23) strenge Gültigkeit für das Zentrum des extrafokalen Bildes besitzt.

Läßt man einen kleinen konstanten Ausschnitt aus dem reellen Bilde, dessen scheinbarer Abstand vom Zentrum des Bildes gleich $\gamma/2$ ist, vom Zentrum des Bildes zum Rande hin wandern, so ändert sich die scheinbare Fläche des Ausschnittes proportional $\cos^3(\gamma/2)$. Hieraus geht hervor, daß die Leuchtdichte des extrafokalen Bildes im Winkelabstand $\gamma/2$ vom Zentrum gleich $l \sec^3(\gamma/2)$ ist. Der Faktor $\sec^3(\gamma/2)$ wächst sehr langsam und erreicht z. B. für $\gamma/2 = 5°$ erst den geringen Betrag 1,012.

Für ein auf G (vgl. Abb. 8) akkommodierendes Auge lautet der Ausdruck für die Leuchtdichte des extrafokalen Bildes abweichend von (23):

$$l = \sin^2 1' \varkappa \varkappa' \frac{f^2 f'^2}{a^2} \left(\frac{f + a}{f + a + v}\right)^2, \tag{24}$$

worin a der Abstand der Gesichtsfeldebene vom Objektivfokus, also die der Beobachtung unmittelbar zugängliche Okularverschiebung ist. Der Korrektionsfaktor $\left(\frac{f + a}{f + a + v}\right)^2$ bleibt stets sehr klein.

Das extrafokale Bild, mit bloßem Auge betrachtet. Das vom Auge A aus der Entfernung f' (Abb. 11) betrachtete reelle extrafokale Bild $Q_1 Q_2$ wird vollständig oder auf einen Innenkreis reduziert gesehen, je nachdem der Mittelpunkt A der Pupille sich innerhalb oder außerhalb des Abschnittes $A_1 A_2$ der optischen Achse befindet. Die scheinbare Fläche des Bildes kann nicht, wie bei der Beobachtung mit Okular, unbegrenzt wachsen, sondern erreicht bei der Stellung A_1 des Auges ihren Maximalwert, nämlich:

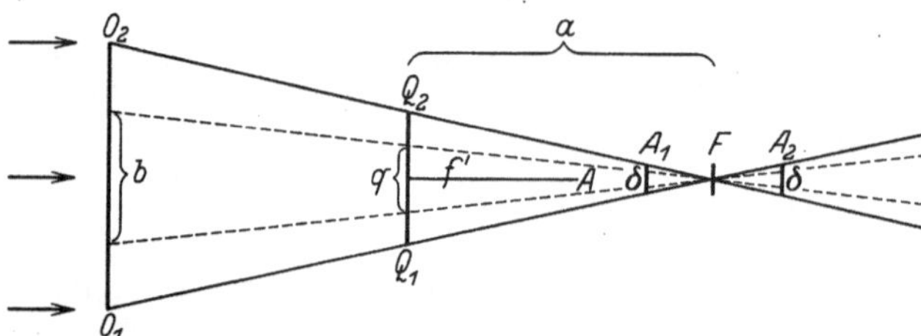

Abb. 11. Extrafokales Bild $Q_1 Q_2$ eines Fixsternes, ohne Okular betrachtet.

$$F' = \frac{\pi}{4 \sin^2 1'} \left(\frac{d}{f} + \frac{\delta}{f'}\right)^2.$$

Will man die Leuchtdichte im Zentrum des Bildes berechnen, so hat man für einen kleinen Innenkreis mit dem Durchmesser q bei jeder beliebigen Stellung des Auges auf der optischen Achse:

$$F' = \frac{\pi}{4 \sin^2 1'} \frac{q^2}{f'^2} = \frac{\pi}{4 \sin^2 1'} \frac{b^2}{f^2} \frac{a^2}{f'^2}, \qquad L' = \varkappa \frac{\pi}{4} b^2 J$$

und hieraus, bis auf das Fehlen des Faktors $\varkappa'$, mit (23) übereinstimmend:

$$l' = \sin^2 1' \varkappa \frac{f^2 f'^2}{a^2} J. \tag{25}$$

Bei einer von G. GEHLHOFF und H. SCHERING angegebenen photometrischen Methode[1] wird der Mittelpunkt der Pupille in den Brennpunkt F des Objektives gebracht. Man hat dann in (25) $f' = a$ zu setzen und erhält:

$$l' = \sin^2 1' \varkappa f^2 J. \tag{26}$$

Abstand a des Bildes vom Fokus und Sehweite f' sind also aus der Formel verschwunden. Das Auge sieht bei jeder Akkommodation einen Kreis von der scheinbaren Fläche der Objektivöffnung in einer Leuchtdichte leuchten, die dem Quadrat der Brennweite und der Intensität J des Fixsternes proportional ist.

Streng genommen ist die Leuchtdichte nicht in allen Zonen des Bildes die gleiche, sondern — bei gleichmäßiger Durchlässigkeit des Objektives — proportional $\sec^3(\gamma/2)$. Dieser Faktor erreicht am Rande des Bildes seinen Höchstwert, der aber, selbst wenn man das Öffnungsverhältnis $d:f$ gleich 1 : 10, also relativ hoch annimmt, nur 1,004 beträgt ($\gamma/2 = 2°,9$).

Einfluß der Abbildungsfehler. Die Ausdrücke (23) bzw. (25) geben die Leuchtdichte des extrafokalen Bildes bei idealer Abbildung. Wie wirken nun Beugung, Aberration, ungleichmäßige Durchlässigkeit des Objektives auf das Bild und seine Leuchtdichte ein? Das extrafokale Beugungsbild eines Fixsternes besteht ähnlich dem fokalen Beugungsbilde aus abwechselnd dunklen und hellen Ringen, deren Leuchtdichte außerhalb der Grenze des geometrischen Bildes schnell auf nahezu Null herabsinkt. Symmetrisch zur Fokalebene liegende Beugungsbilder haben gleiche Struktur. Mit zunehmendem Abstand des Bildes vom Brennpunkt nimmt die Leuchtdichte im Innern des Bildes an Gleichmäßigkeit zu, während am Rande stets mehrere Beugungsringe auftreten.

Das Vorhandensein sphärischer Aberration macht sich dadurch bemerkbar, daß einzelne Zonen des extrafokalen Beugungsbildes verstärkt, andere abgeschwächt erscheinen und daß diese Erscheinungen für das zur Brennebene symmetrisch liegende Bild im umgekehrten Sinne auftreten. Auch eine ungleiche Durchlässigkeit der verschiedenen Zonen des Objektives kann Unterschiede in der Leuchtdichte der entsprechenden Zonen des Bildes hervorrufen, doch sind jetzt die Erscheinungen zu beiden Seiten der Brennebene die gleichen. Bei der Messung extrafokaler Leuchtdichten läßt sich der Einfluß der genannten Anomalien der Bildstruktur dadurch herabdrücken, daß man 1. nur genügend weit vom Brennpunkt entfernte Bilder vergleicht, 2. stets nur auf die Mitte des Bildes einstellt und 3., wenn möglich, Parallelmessungen in den beiden zur Brennebene symmetrisch liegenden Bildern ausführt.

Die chromatische Aberration bewirkt, daß die monochromatischen Bilder, die in gleichem Abstand zu beiden Seiten der mittleren Fokalebene liegen, um so verschiedenere Durchmesser haben, je weiter der monochromatische Fokus vom mittleren absteht. Man eliminiert den Fehler wieder dadurch, daß man stets beide zur mittleren Brennebene symmetrisch liegende Bilder beobachtet. Der Einfluß einer etwa vorhandenen selektiven Durchlässigkeit des Objektives läßt sich natürlich nicht fortschaffen.

Während die Abbildungsfehler des Okulares stets vernachlässigt werden können, können die des Auges in Betracht kommen. Werden die Leuchtdichten von zwei in verschiedenen Abständen a vom Fokus liegenden Bildern miteinander verglichen, so entsprechen gleichen scheinbaren Flächen, d. h. gleichen gereizten Netzhautbezirken ungleiche Querschnitte der ins Auge fallenden Strahlenbündel. Die Abbildungsfehler sowie die Durchlässigkeitsanomalien des Auges können also von Einfluß sein.

---

[1] Siehe unten Ziff. 38, δ.

Der schädliche Einfluß der unregelmäßigen Struktur des extrafokalen Bildes wird übrigens bis zu einem gewissen Grade dadurch gemildert, daß das durch die Unruhe der Luft verursachte Wallen und Flackern des Bildes in der Regel alle feineren Einzelheiten mehr oder weniger zu verwischen pflegt. Andererseits wird durch die Unruhe des Bildes natürlich der Vergleich erschwert.

22. Der Himmelsgrund und seine Abbildung. Man kann sich die Lichtstrahlung (bzw. die Flächenintensität j) des Himmelsgrundes aus drei Teilen zusammengesetzt denken, nämlich erstens aus der in der Atmosphäre diffus gestreuten Strahlung der sämtlichen Gestirne (j_d), zweitens aus einer Lichtstrahlung (j_p), deren Herkunft noch ungeklärt ist und die nach L. YNTEMA[1] vielleicht als ein permanentes Polarlicht zu betrachten ist, und drittens aus der von der Atmosphäre regelmäßig durchgelassenen Strahlung der einzeln nicht mehr erkennbaren Sterne (j_r). Man kann also für die Flächenintensität des Himmelsgrundes ansetzen:

$$j = j_d + j_p + j_r . \tag{27}$$

j_d hat am Ort jedes hellen Gestirnes — z. B. des Mondes — ein lokales, sehr flach verlaufendes Maximum. In besonderen Fällen — z. B. bei der Messung der Flächenintensität des aschgrauen Mondlichtes — muß auf den Abfall von j_d in der Umgebung des betreffenden Gestirnes Rücksicht genommen werden[2]. j_p ist von Höhe und Azimut der betrachteten Himmelsgegend abhängig. j_r ist im Verhältnis zu $j_d + j_p$ stets sehr klein und verringert sich zudem mit zunehmender Lichtstärke des benutzten Fernrohres.

Für eine in Meereshöhe gelegene Station findet YNTEMA die Flächenintensität j des Himmelsgrundes — d. h. die von $(1°)^2$ scheinbarer Fläche des Himmels auf $(1\text{ mm})^2$ geworfene Strahlungsmenge multipliziert mit dem fovealen Empfindlichkeitskoeffizienten K — am Pol der Milchstraße gleich der Intensität eines Sternes der Größe 3^M [3].

Bei der Ableitung der Leuchtdichte l' des durch das Okular des Refraktors betrachteten Himmelsgrundes werde sogleich der allgemeine Fall ins Auge gefaßt, daß das Okular um die Strecke a gegen das Objektiv verschoben ist. $Q_1 Q_2$ (Abb. 12)

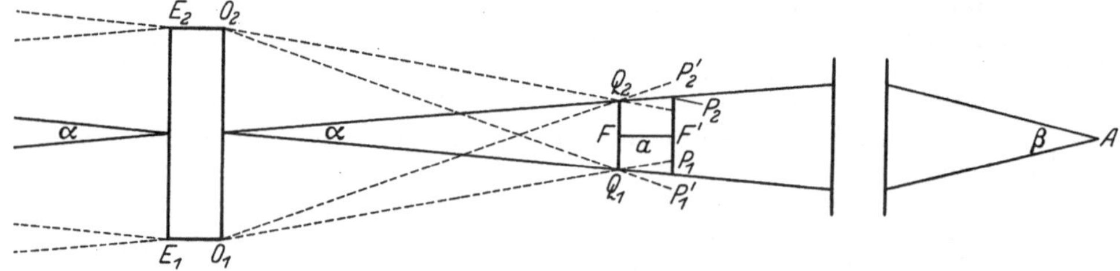

Abb. 12. Extrafokale Abbildung des Himmelsgrundes.

sei das — aus dem Gesichtsfeld herausgeblendete — reelle Bild eines kleinen kreisförmigen Himmelsareales. Die Leuchtdichte des vom Auge A betrachteten extrafokalen Bildes $P_1' P_2'$ ist im Innern konstant $= l'$, fällt aber in der Randzone nach außen hin gleichmäßig ab. Man erkennt leicht, daß ein fiktives, vom Kreise $P_1 P_2$ umgrenztes Bild, auf das man die gesamte Lichtstärke des wahren Bildes $P_1' P_2'$ gleichmäßig verteilt, gleichfalls die Leuchtdichte l' haben muß. Werden scheinbare Fläche und Flächenintensität des kleinen Himmelsareales mit F

[1] On the Brightness of the Sky and Total Amount of Starlight. Groningen Publ Nr. 22 (1909).

[2] Vgl. Handb. der Astrophysik II, erste Hälfte, S. 92.

[3] Vgl. J. DUFAY, Recherches sur la lumière du ciel nocturne, S. 10. (1928.)

und j bezeichnet, so berechnen sich scheinbare Fläche F' und Gesamtlichtstärke L' des fiktiven Bildes $P_1 P_2$ aus den Formeln:

$$\left.\begin{aligned} F' &= F\left(\frac{d}{d'_a}\right)^2 \\ L' &= \varkappa\varkappa' \frac{\pi}{4} d^2 j F \end{aligned}\right\} d'_a \leqq \delta', \qquad \left.\begin{aligned} F' &= F\left(\frac{d}{d'_a}\right)^2 \\ L' &= \varkappa\varkappa' \frac{\pi}{4} d^2 j F \left(\frac{\delta'}{d'_a}\right)^2 \end{aligned}\right\} d'_a \geqq \delta'.$$

Die Leuchtdichte l' im Innern des extrafokalen Bildes $P'_1 P'_2$ wird also:

$$l' = \varkappa\varkappa' \frac{\pi}{4} d'^2_a j \qquad d'_a \leqq \delta', \qquad l' = \varkappa\varkappa' \frac{\pi}{4} \delta'^2 j \qquad d'_a \geqq \delta'. \tag{28}$$

Letztere Ausdrücke gehen für $a = 0$ in die Ausdrücke (7) Ziff. 19 über, stellen also eine Verallgemeinerung dieser letzteren dar. Es gilt der Satz: „Die Leuchtdichte des — sei es fokalen, sei es extrafokalen — Bildes des Himmelsgrundes ist der nicht abgeblendeten Fläche der Austrittspupille proportional."

Auf Grund der Beziehung (20) lassen sich die Ausdrücke (28) auch schreiben:

$$l' = \varkappa\varkappa' \frac{\pi}{4} \delta'^2 \left(\frac{f + a_k}{f + a}\right)^2 j \qquad a \geqq a_k, \qquad l' = \varkappa\varkappa' \frac{\pi}{4} \delta'^2 j \qquad a \leqq a_k. \tag{29}$$

Hiernach ist die Leuchtdichte des Himmelsgrundes für den Fall $a > a_k$ dem Quadrat des Abstandes $f + a$ der Gesichtsfeldebene von der zweiten Hauptebene des Objektives umgekehrt proportional. Dieses Gesetz hat C. A. STEINHEIL[1] auf einem wesentlich abweichenden Wege abgeleitet und durch Vergleich der gemessenen und der berechneten Leuchtdichten des Himmelsgrundes verifiziert.

Der Fall, daß das vom Objektiv entworfene extrafokale Bild des Himmelsgrundes ohne Okular betrachtet wird, soll nur für diejenige spezielle Stellung des Auges behandelt werden, bei der der Mittelpunkt der Pupille mit dem Fokus des Objektives zusammenfällt (vgl. Abb. 11). Akkommodiert das Auge auf die Hauptebene $O_1 O_2$, so entsteht auf der Netzhaut ein Bild von $O_1 O_2$, und der Beobachter sieht das Objektiv erleuchtet.

Scheinbare Fläche F und Gesamtintensität J des kleinen Himmelsareales, dessen reelles Bild mit der Pupille des Auges zusammenfällt, sind durch die Formeln bestimmt:

$$F = \frac{\pi}{4} \alpha^2 = \frac{\pi}{4 \sin^2 1'} \frac{\delta^2}{f^2}, \qquad J = F j = \frac{\pi}{4 \sin^2 1'} \frac{\delta^2}{f^2} j. \tag{30}$$

Um die scheinbare Leuchtdichte l' im Zentrum des Objektives zu berechnen, denken wir uns dieses auf die kleine Öffnung $B = \frac{\pi}{4} b^2$ abgeblendet. Scheinbare Fläche F' und Lichtstärke L' dieser kleinen Öffnung sind dann:

$$F' = \frac{\pi}{4 \sin^2 1'} \frac{b^2}{f^2}, \qquad L' = \varkappa \frac{\pi}{4} b^2 J. \tag{31}$$

Mithin:

$$l' = \frac{L'}{F'} = \sin^2 1' \varkappa f^2 J. \tag{32}$$

In diesem Ausdruck, der eine Verallgemeinerung des gleichlautenden Ausdruckes (26) darstellt, kann J ganz allgemein als Summe der Intensitäten sämtlicher in der Pupille sich abbildender Objekte aufgefaßt werden.

Setzt man schließlich für J den Ausdruck (30) ein, so folgt:

$$l' = \varkappa \frac{\pi}{4} \delta^2 j. \tag{33}$$

[1] Elemente, S. 73, 88, 129; siehe auch unten Ziff. 37, α.

Die Leuchtdichte im Zentrum des Objektives ist also gleich dem Produkt aus dem Durchlässigkeitsfaktor $\varkappa$ und der Leuchtdichte $\frac{\pi}{4}\delta^2 j$ des direkt betrachteten Himmels. Stellt man sich das Objektiv als selbstleuchtend vor, so kann man auch sagen: Das auf den Himmelsgrund gerichtete Objektiv leuchtet mit der Flächenintensität $\varkappa j$.

Fügt man auf der rechten Seite des Ausdruckes (33) den Faktor $\sec^3(\gamma/2)$ hinzu, so erhält man die Leuchtdichte im scheinbaren Abstand $\gamma/2$ vom Zentrum des Objektives. Rückt man nämlich den kleinen Objektivausschnitt B zum Rande hin, so tritt in den Gleichungen (31) in dem Ausdruck für F' der Faktor $\cos^3(\gamma/2)$ hinzu, während L' ungeändert bleibt.

Der Ausdruck (33) für l' behält seine Gültigkeit, wenn das Auge nicht auf die Entfernung f des Objektives, sondern auf die kürzere Entfernung f' akkommodiert. Der kleine Ausschnitt $B = \frac{\pi}{4} b^2$ des Objektives erscheint dann zwar unscharf begrenzt, doch bleiben die Ausdrücke (31) für F' und L' ungeändert.

d) Überblick über die Methoden der Helligkeitsmessung. Lichtschwächungsmethoden. Vergleichsvorrichtungen.

23. Kennzeichnung und Einteilung der photometrischen Methoden und Apparate. Eine photometrische Messung besteht im Prinzip darin, die Strahlungsstärke des einen von zwei dem Auge sich darbietenden leuchtenden Punkten oder Feldern bzw. die Strahlungsstärken beider Objekte mittels eines optischen Verfahrens meßbar abzuändern, bis letztere dem Auge gleich hell erscheinen. In der Regel werden dem Auge nicht die Lichtquellen selbst, sondern fokale oder extrafokale Bilder derselben, bisweilen auch von den Lichtquellen beleuchtete Flächen dargeboten.

Faßt man eine Klassifikation der photometrischen Methoden ins Auge, so hat man zunächst zwischen den Auslöschungs- und den Gleichheitsmethoden und entsprechend zwischen Auslöschungs- und Gleichheitsphotometern zu unterscheiden. Bei jenen werden Objekt und Vergleichsobjekt unabhängig voneinander abgeschwächt, bis die Empfindungsschwelle erreicht ist, bei diesen wird das hellere Objekt relativ zum schwächeren abgeschwächt, bis beide Objekte gleich hell erscheinen.

Einen weiteren Gesichtspunkt für die Einteilung der Methoden liefert die scheinbare Gestalt, in der die zu vergleichenden Objekte dem Auge sich darbieten. Je nachdem letztere als Punkte oder als Flächen erscheinen, spricht man von punktphotometrischen oder von flächenphotometrischen Methoden und unterscheidet dementsprechend zwischen Punkt- und Flächenphotometern. Maßgebend für diese Unterscheidung sind übrigens nicht die scheinbaren Flächen der zölestischen Objekte selbst, sondern die ihrer Bilder. Man kann nämlich sehr wohl Fixsterne, also leuchtende Punkte, nach flächenphotometrischen Methoden und andererseits Sonne und Mond, also leuchtende Flächen, nach punktphotometrischen Methoden messen, wozu nur erforderlich ist, die Fixsterne extrafokal als Flächen, Sonne und Mond mit Hilfe von Verkleinerungssystemen als Punkte abzubilden.

Als charakteristische Bestandteile eines Photometers, speziell eines Astrophotometers, sind anzusehen:

1. das optische System zur Abbildung des Objektes,
2. das optische System zur Abbildung des Vergleichsobjektes,
3. die Abschwächungsvorrichtung (Meßvorrichtung),

4. die Vergleichsvorrichtung, d. h. die Vorrichtung, die den Vergleich der Bilder ermöglicht bzw. erleichtert,

5. die künstliche Lichtquelle.

Nicht alle Photometer enthalten diese fünf Teile. So besitzen die Auslöschungsphotometer in der Regel nur ein Abbildungssystem sowie die Abschwächungsvorrichtung, während die übrigen Teile in Fortfall kommen. Zahlreiche Gleichheitsphotometer entbehren der künstlichen Lichtquelle.

Schlechthin als „Photometer" bezeichnet man auch solche an sich unvollständige Apparate, die erst in Verbindung mit anderen Instrumenten oder Vorrichtungen — z. B. Fernrohr, künstlicher Lichtquelle, Photometerbank usw. — zu „vollständigen Photometern" werden. Hierunter fallen insbesondere die zahlreichen Typen von „ansetzbaren Photometern", meist kleine Apparate, die sich an den Okulartubus jedes beliebigen Refraktors ansetzen lassen.

Um Wiederholungen zu vermeiden, werden im folgenden zunächst die wichtigsten der zur Lichtschwächung dienenden Methoden, sodann die gebräuchlichen Vergleichsvorrichtungen im Zusammenhange besprochen. Es folgt dann die Behandlung der photometrischen Methoden, und zwar zunächst der Auslöschungs-, dann der Gleichheitsmethoden. Die Gleichheitsphotometer werden unter Trennung von Punktphotometern (Ziff. 34 bis 36) und Flächenphotometern (Ziff. 37 bis 39) behandelt.

Um das Verständnis der heute gebräuchlichen Methoden durch Aufzeigung der historischen Entwicklung zu vertiefen, sind auch zahlreiche ältere, im 18. und 19. Jahrhundert konstruierte Photometer erwähnt bzw. mehr oder weniger eingehend besprochen worden. Ergänzende Angaben findet man in vielen Fällen in G. Müllers 1897 erschienener „Photometrie der Gestirne". Bei der Besprechung der von Müller noch nicht berücksichtigten neueren Photometertypen ist möglichste Vollständigkeit erstrebt worden.

24. Lichtschwächungsmethoden. Allgemeine Gesichtspunkte. Wird die Strahlungsstärke T_0 bzw. Strahlungsdichte t_0 eines vom Auge betrachteten Objektes durch Anwendung eines optischen Abschwächungsverfahrens auf

$$T = T_0 A \qquad \text{bzw.} \qquad t = t_0 A \tag{1}$$

herabgesetzt, so können die in diesen Gleichungen auftretenden Faktoren sinngemäß als „Abschwächungsfaktoren" bezeichnet werden. Wirkt die Vorrichtung neutral — d. h., schwächt sie alle Wellenlängen in gleichem Verhältnis ab — oder handelt es sich um eine homogene Lichtstrahlung, so wird durch die Abschwächung die spektrale Zusammensetzung der Strahlung und damit auch der Empfindlichkeitskoeffizient K der Fovea nicht geändert. Lichtstärke L bzw. Leuchtdichte l des Objektes werden dann in gleichem Verhältnis abgeschwächt wie Strahlungsstärke T bzw. Strahlungsdichte t, und es gelten demgemäß die Beziehungen:

$$\begin{aligned} L &= L_0 A, & l &= l_0 A, \\ H &= H_0 - 2^M{,}5 \log A, & h &= h_0 - 2^m{,}5 \log A. \end{aligned} \tag{2}$$

Der Betrag $-2{,}5 \log A$, um den die theoretischen Helligkeiten H_0 bzw. h_0 abgeändert werden, werde als „Abschwächung in Größen" bezeichnet.

Wird dem allgemeinsten Fall entsprechend eine zusammengesetzte Lichtstrahlung mittels eines selektiv wirkenden Verfahrens abgeschwächt, so gelten, wenn die Abschwächungsfaktoren der homogenen Komponenten der Strahlung mit A_λ bezeichnet werden, die Beziehungen:

$$T_0 \doteq \int_{0,4}^{0,8} T_\lambda \, d\lambda, \qquad T = \int_{0,4}^{0,8} T_\lambda A_\lambda \, d\lambda = T_0 A$$

oder, wenn wir zu Lichtstärken übergehen[1]:

$$L_0 = \int_{0,4}^{0,8} T_\lambda K_\lambda \, d\lambda, \qquad L = \int_{0,4}^{0,8} T_\lambda A_\lambda K_\lambda \, d\lambda = L_0 A'. \tag{3}$$

Der Abschwächungsfaktor A' der Lichtstärke ist im allgemeinen von dem der Strahlungsstärke A verschieden. Nur wenn alle A_λ einander gleich sind, also die Abschwächungsvorrichtung neutral wirkt, wird $A' = A = A_\lambda$.

Die in der Astrophotometrie vorzugsweise zur Anwendung kommenden Prinzipien der meßbaren Lichtschwächung sind folgende:

1. Änderung des Abstandes zwischen Lichtquelle und Auffangfläche,
2. Abblendung α) der leuchtenden Fläche, β) der Auffangfläche,
3. Intermittierende Verdeckung der Lichtquelle (Prinzip des rotierenden Sektors),
4. Durchgang des Lichtes durch ein absorbierendes Medium,
5. Durchgang der polarisierten Lichtstrahlung durch einen Analysator.

Die auf diesen Prinzipien beruhenden Abschwächungsmethoden werden in Ziff. 25 bis 29 behandelt.

Der einer bestimmten Einstellung des Abschwächungsapparates entsprechende Abschwächungsfaktor A ist mit einem Parameter p, dessen Wert an der Skala des Apparates abgelesen wird — gewöhnlich der Länge einer Verschiebungsstrecke oder der Größe eines Drehungswinkels —, durch eine mehr oder weniger einfache Beziehung verknüpft, die als „empirisches Abschwächungsgesetz" bezeichnet werden kann. Dieses empirische Gesetz wird von dem unter idealen Bedingungen geltenden, durch eine einfache Formel darstellbaren „theoretischen Abschwächungsgesetz" stets bis zu einem gewissen Grade abweichen. Diejenigen Methoden, bei deren praktischer Anwendung die Abweichungen des empirischen Gesetzes von dem theoretischen im allgemeinen vernachlässigt werden können, bezeichnet man als „Normalmethoden". Hierunter fallen insbesondere die oben unter 1, 2α), 3 und 5 angeführten Methoden. Hingegen läßt sich bei Anwendung der Methoden 2β) und 4 eine hinreichende Übereinstimmung des empirischen Gesetzes mit dem theoretischen in den meisten Fällen nicht erreichen. Auch wirken diese Methoden meist nicht genügend neutral. Die auf ihrer Anwendung beruhenden Abschwächungsapparate bedürfen daher stets der Eichung.

Die Eichung geschieht durch photometrische Messung von Objekten von bekannter Lichtstärke. Bringt man nämlich die Lichtstärke eines ersten Objektes mittels der Abschwächungsvorrichtung auf die eines zweiten, so ist der der Ablesung p entsprechende empirische Abschwächungsfaktor A unmittelbar durch das Verhältnis der ursprünglichen Lichtstärken gegeben. Trotz der Notwendigkeit der Eichung können gewisse Methoden, z. B. die Abschwächung durch den Meßkeil, in der Praxis große Vorteile bieten.

Die Eichung wird zweckmäßig unter möglichst getreuer Innehaltung der Bedingungen vorgenommen, unter denen die photometrischen Messungen stattfinden. Das Photometer bleibt also am besten in situ, und die Eichung geschieht durch Beobachtung einer Sequenz von Normalsternen, für die einwandfreie photometrische Größen und, wenn möglich, auch Spektren bzw. Farbenindizes vorliegen. Solche Sequenzen stehen an zahlreichen Stellen des Himmels, z. B. an den beiden Polen und in den Plejaden, zur Verfügung. Zur Kontrolle der Eichwerte sind auch Messungen an künstlichen Sternen erwünscht, deren Licht-

[1] Vgl. Ziff. 17, Gleichung (66).

stärke mittels einer Normalmethode — z. B. Polarisationsvorrichtung oder rotierender Sektor — meßbar geändert werden kann.

Empfindlichkeit des Abschwächungsverfahrens. Zu einer präzisen Definition derselben gelangt man auf Grund der Gleichung:

$$\Delta(-2^M{,}5 \log A) = -1^M{,}086\, A^{-1}\frac{dA}{dp}\Delta p\,, \tag{4}$$

welche sehr genähert die der Änderung Δp der Einstellung bzw. Ablesung entsprechende Änderung der Abschwächung in Größen gibt. Setzt man für Δp die kleinste an der Skala ablesbare Einheit oder den „Ablesefehler" ein (z. B. 0,1 mm oder 0°,1), so gibt (4) den „Abschwächungsfehler", der im allgemeinen eine Funktion von p ist. Je kleiner dieser Fehler für eine bestimmte Ablesung p ist, um so empfindlicher ist bei der betreffenden Einstellung die Abschwächungsvorrichtung. Die Empfindlichkeit kann also als reziproker Wert des Abschwächungsfehlers Δ definiert werden. Für den Meßkeil ist, wie wir unten sehen werden, Δ von p unabhängig, also die Empfindlichkeit bei jeder Stellung des Keiles konstant.

Um möglichst fein einstellen zu können, gibt man den Sternphotometern im allgemeinen eine hohe Empfindlichkeit. Man kann dann kleine Drehungen der Triebschraube ausführen, ohne daß die Helligkeit des Objektes sich merklich ändert. In diesem Falle liegt indessen stets die Gefahr vor, daß unmittelbar nacheinander ausgeführte Einstellungen, insofern sie teilweise nur gedächtnismäßige Wiederholungen der eben von der Hand ausgeführten Bewegungen sind, nicht genügend unabhängig voneinander sind. Um letzteren Übelstand zu vermeiden, hat A. DANJON[1] seinem „Katzenaugenphotometer" eine Abschwächungsvorrichtung gegeben, die so wenig empfindlich ist, daß schon die kleinste Verstellung eine merkliche Helligkeitsänderung hervorruft. Die Einstellungen sind dann zwar gröber, dafür aber, insofern für jede Einstellung wirklich das Urteil des Auges über die Gleichheit der Helligkeiten maßgebend ist, voneinander unabhängig.

Bezeichnet man die Grenzen des Parameters p, innerhalb deren der Abschwächungsfehler $|\Delta(-2^M{,}5 \log A)|$ unterhalb $0^M{,}01$ bleibt — bzw. die Grenzen, innerhalb deren p überhaupt variieren kann, falls diese enger sind als jene — mit p_1 und p_2, die entsprechenden Abschwächungsfaktoren mit A_1 und A_2, so wird durch die Differenz der Abschwächungen:

$$|-2^M{,}5 \log A_1 + 2^M{,}5 \log A_2| \tag{5}$$

der „Abschwächungsbereich oder Meßbereich des Photometers" definiert.

25. Lichtschwächung durch Abstandsänderung. Je nachdem dem Auge ein von der Lichtquelle bestrahlter Schirm, die Lichtquelle selbst, ein durch einen Refraktor erzeugtes fokales bzw. extrafokales Bild des Objektes oder schließlich ein von einer spiegelnden Kugel entworfenes Bild desselben dargeboten wird, findet das Entfernungsgesetz in wesentlich verschiedener Form Anwendung.

α) Abschwächung der Leuchtdichte eines von der Lichtquelle bestrahlten Schirmes. Eine wenig ausgedehnte Strahlungsquelle möge einen diffus reflektierenden bzw. diffus durchlassenden Schirm aus der Entfernung r_0 unter dem Einfallswinkel i bestrahlen. Die Lichtquelle lasse sich — etwa auf der Photometerbank — längs eines Maßstabes verschieben, ohne daß der Einfallswinkel i sich ändert.

Werden die den Entfernungen r_0 und r entsprechenden Bestrahlungsstärken des Schirmes mit B_0 und B bezeichnet, so ist gemäß Ziff. 3 Gleichung (10)

---

[1] Vgl. Recherches, S. 43. (1928.)

der Abschwächungsfaktor A der Bestrahlungsstärke durch den Ausdruck gegeben:

$$A = B : B_0 = r^{-2} : r_0^{-2}.$$

A ist also dem Quadrat des Abstandes der Lichtquelle vom Schirm umgekehrt proportional.

Wird der Schirm von ein und derselben Lichtquelle Q aus einer festen Richtung bestrahlt und unter Anwendung eines Diopters von einem festen Punkte aus betrachtet, so ist, wie leicht zu beweisen[1], die Leuchtdichte l des Schirmes seiner Bestrahlungsstärke B proportional. Die ursprüngliche Leuchtdichte l_0 wird also bei Änderung des Abstandes der Lichtquelle vom Schirm im Verhältnis:

$$A = l : l_0 = r^{-2} : r_0^{-2} \tag{6}$$

abgeschwächt, während die Flächenhelligkeit h_0 des Schirmes die Abschwächung:

$$-2^{\mathrm{m}},5 \log A = h - h_0 = +5^{\mathrm{m}} \log r - 5^{\mathrm{m}} \log r_0 \tag{7}$$

erfährt.

Über die Empfindlichkeit des Verfahrens gibt der Abschwächungsfehler:

$$\Delta(-2^{\mathrm{m}},5 \log A) = -2^{\mathrm{m}},17 \frac{\Delta r}{r} \tag{8}$$

Aufschluß. Setzt man den Ablesefehler $\Delta r = 1$ mm, so muß r mindestens 217 mm betragen, falls der Abschwächungsfehler Δ unterhalb $0^{\mathrm{m}},01$ bleiben soll.

β) Abschwächung der mit freiem Auge betrachteten Lichtquelle. An Stelle des Auffangschirmes tritt die Pupille des Auges. Um den Einfluß der mit der Akkommodation einhergehenden Änderung der Pupille auszuschalten, werde ein Diopter gebraucht.

Werden die den Entfernungen r_0 und r des Objektes vom Auge entsprechenden scheinbaren Flächen bzw. Lichtstärken mit F_0 und F bzw. mit L_0 und L bezeichnet, so gelten gemäß Ziff. 3 Gleichung (3) und (4) die Beziehungen:

$$F : F_0 = r^{-2} : r_0^{-2}, \qquad L : L_0 = r^{-2} : r_0^{-2}.$$

Der Abschwächungsfaktor der Lichtstärke sowie die Abschwächung der Helligkeit sind also durch die Formeln bestimmt:

$$A = L : L_0 = r^{-2} : r_0^{-2}, \quad -2^{M},5 \log A = H - H_0 = +5^{M} \log r - 5^{M} \log r_0, \tag{9}$$

während die scheinbare Leuchtdichte bei der Änderung des Abstandes konstant bleibt:

$$l = l_0 = \frac{L}{F} = \frac{L_0}{F_0}. \tag{10}$$

Das Abschwächungsgesetz lautet in Worten: Die Lichtstärke eines flächenhaften Objektes wird bei Änderung seines Abstandes vom Auge im Verhältnis $A = r^{-2} : r_0^{-2}$ abgeschwächt, während die Leuchtdichte konstant bleibt.

γ) Abschwächung fokaler Bilder durch Wechsel des Okulares. Die unter α) und β) dargelegten Methoden sind naturgemäß nur auf irdische (künstliche) Lichtquellen anwendbar. Das Entfernungsgesetz läßt sich aber auch auf zölestische Objekte anwenden, falls man nicht diese Objekte selbst, sondern ihre durch Linsen oder durch Spiegel erzeugten Bilder ins Auge faßt.

Der Fall, daß ein Fokalbild mit bloßem Auge aus der Entfernung r betrachtet wird, ist dem unter β) behandelten Falle völlig analog. Die Formeln (9) und (10) behalten ihre Gültigkeit.

Wird das Fokalbild hingegen durch ein Okular betrachtet, so tritt an Stelle des Abstandes r des Bildes vom Auge nunmehr der Abstand f' des Bildes von der vorderen Hauptebene des Okulares, d. h., die Brennweite des letzteren, und der

[1] Siehe z. B. LIEBENTHAL, S. 157; vgl. auch unten Ziff. 39.

Änderung des Abstandes entspricht der Wechsel des Okulares. Während bei Verwendung einer unternormalen Vergrößerung, bei der nur ein Teil des Strahlenkegels vom Auge aufgenommen wird, die Abschwächung nach einem Gesetz erfolgt, das dem bei der direkten Betrachtung des Objektes oder Bildes geltenden völlig analog ist, nimmt bei Gebrauch eines übernormal vergrößernden Okulares das Abschwächungsgesetz eine wesentlich abweichende Form an. Natürlich ist die durch Wechsel des Okulares bewirkte Abschwächung stets diskontinuierlich.

Werden Lichtstärke und Leuchtdichte des durch das Normalokular ($d' = \delta'$, $f' = f'_0$) betrachteten Objektes mit L_0 und l_0 bezeichnet, so entsprechen dem Übergang zu einem unternormal vergrößernden Okular [vgl. Ziff. 19, Gleichung (7)] die Lichtschwächungsformeln:

$$A = L : L_0 = f'^{-2} : f_0'^{-2} = V^2 : V_0^2, \qquad l = l_0, \qquad f' > f'_0,\ V < V_0. \tag{11}$$

Andererseits gelten für den Übergang zu einem übernormal vergrößernden Okulare die Lichtschwächungsgesetze:

$$L = L_0, \qquad A = l : l_0 = f'^2 : f_0'^2 = V^{-2} : V_0^{-2}, \qquad f' < f'_0,\ V > V_0. \tag{12}$$

Im letzteren Falle wird also die Leuchtdichte direkt proportional dem Quadrat der Okularbrennweite abgeschwächt, während die Lichtstärke konstant bleibt.

Die Formeln (11) und (12) gelten nur genähert, denn sie beruhen u. a. auf der Voraussetzung, daß Objektiv und Auge gleichmäßig durchlässig seien, und ferner, daß alle Okulare gleiches Durchlässigkeitsvermögen $\varkappa'$ haben.

δ) Abschwächung der Leuchtdichten extrafokaler Bilder durch relative Verschiebung von Objektiv und Okular. Das Verdienst, diese Abschwächungsmethode in die Photometrie eingeführt zu haben, gebührt C. A. Steinheil[1].

Fallen die Brennebenen von Objektiv und Okular nicht zusammen, sondern sind sie um die Strecken a_0 bzw. a gegeneinander verschoben, so haben die diesen Stellungen entsprechenden extrafokalen Bilder eines Fixsternes nach Ziff. 21, Gleichung (20) die Leuchtdichten:

$$l_0 = \sin^2 1' \varkappa \varkappa' f^2 f'^2 \frac{J}{a_0^2}, \qquad l = \sin^2 1' \varkappa \varkappa' f^2 f'^2 \frac{J}{a^2}. \tag{13}$$

Der relativen Verschiebung des Okulares gegen das Objektiv um die Strecke $a - a_0$ entspricht also der Abschwächungsfaktor der Leuchtdichte bzw. die Abschwächung der Flächenhelligkeit in Größen:

$$A = l : l_0 = a^{-2} : a_0^{-2}, \quad -2^{\mathrm{m}},5 \log A = h - h_0 = +5^{\mathrm{m}} \log a - 5^{\mathrm{m}} \log a_0. \tag{14}$$

Daß die Abschwächung des Extrafokalbildes durch Verschiebung des Okulares als Abschwächung durch Abstandsänderung analog dem oben unter α) behandelten Falle [vgl. Gleichung (6) und (7)] aufgefaßt werden kann, ist unmittelbar einleuchtend, wenn man das Fokalbild des Fixsternes als punktförmige Strahlungsquelle, die Ebene des extrafokalen Bildes als Auffangschirm betrachtet. Die Bestrahlungsstärke in der Ebene des Bildes und folglich die Leuchtdichte des letzteren sind dem Quadrat des Abstandes a, unter dem die Bestrahlung erfolgt, umgekehrt proportional.

Gemäß Gleichung (8) entspricht der Verschiebung Δa des Okulares die Abschwächungsänderung:

$$\Delta(-2^{\mathrm{m}},5 \log A) = -2^{\mathrm{m}},17 \frac{\Delta a}{a}.$$

Wird also der Ablesefehler $\Delta a = 0{,}1$ mm angenommen, so muß $|a|$ mindestens 22 mm betragen, falls der Abschwächungsfehler Δ unterhalb $0^{\mathrm{m}},01$ bleiben soll. Beträgt andererseits die maximale Verschiebung des Okulares 220 mm, so umfaßt der Abschwächungsbereich (vgl. Ziff. 24, Ausdruck 5) genau 5 Größen.

[1] Elemente der Helligkeitsmessungen am Sternenhimmel. München 1836.

Bei der praktischen Anwendung des Verfahrens hat man die Wahl, ob man die kritische Stellung des Okulares[1] negativ oder positiv ($a_k < 0$ oder $a_k > 0$) nehmen will. Hinsichtlich der scheinbaren Fläche des Extrafokalbildes sowie der Helligkeit des Untergrundes haben beide Fälle ihre Vorteile und ihre Nachteile. Aus der Beziehung:

$$\frac{a_k}{f} = \frac{f'}{\delta'}\frac{d}{f} - 1$$

geht hervor, daß man bei gegebener Okularbrennweite f' den Durchmesser δ' des Okulardiopters (oder umgekehrt bei gegebenem Durchmesser δ' die Brennweite f') stets so wählen kann, daß a_k/f einen vorgeschriebenen negativen oder positiven Wert erhält. Benutzt man z. B. das Normalokular:

$$f'\frac{d}{f} = d' = 5\,\text{mm}, \qquad \frac{a_k}{f} = \frac{5}{\delta'} - 1\,,$$

so hat man, um etwa die Werte $a_k = -f/3$ bzw. $a_k = +f/3$ zu erhalten, $\delta' = 7{,}5$ bzw. $\delta' = 3{,}75$ mm zu wählen.

Den Fällen $a_k < 0$ und $a_k > 0$ entsprechen folgende Ausdrücke für die Leuchtdichte l, die scheinbare Fläche F und den scheinbaren Durchmesser β des extrafokalen Bildes sowie für die Leuchtdichte $\bar{l}$ des Himmelsgrundes[2]:

$$\left.\begin{array}{lll}
l = \sin^2 1'\,\varkappa\varkappa' f^2 f'^2 \dfrac{J}{a^2} & \beta = \omega\dfrac{|a|}{f'} & \left.\begin{array}{l} a_k < 0 \\ a \geqq a_k \\ d'_a < \delta' \end{array}\right\} \\[2ex]
F = \dfrac{\pi}{4\sin^2 1'}\left(\dfrac{d}{f}\right)^2\left(\dfrac{a}{f'}\right)^2 & \bar{l} = \varkappa\varkappa'\dfrac{\pi}{4}\delta'^2\bar{j}\left(\dfrac{f+a_k}{f+a}\right)^2 & \\[2ex]
l = \sin^2 1'\,\varkappa\varkappa' f^2 f'^2 \dfrac{J}{a^2} & \beta = \omega\dfrac{|a|}{f'}\dfrac{f+a}{f+a_k} & \left.\begin{array}{l} a_k > 0 \\ a \leqq a_k \\ d'_a > \delta' \end{array}\right\} \\[2ex]
F = \dfrac{\pi}{4\sin^2 1'}\left(\dfrac{d}{f}\right)^2\left(\dfrac{a}{f'}\right)^2\left(\dfrac{f+a}{f+a_k}\right)^2 & \bar{l} = \varkappa\varkappa'\dfrac{\pi}{4}\delta'^2\bar{j} &
\end{array}\right\} \quad (15)$$

Hierin ist ω der Öffnungswinkel des Objektives, d. h. der Winkel, unter dem der Objektivdurchmesser d vom Brennpunkt F aus erscheint. Bei der Beobachtung eines lichtschwachen Sternes wird man, um eine möglichst hohe Leuchtdichte l zu erzielen, die Verschiebung $|a|$ möglichst klein wählen. Damit ist aber der Nachteil verbunden, daß auch β klein wird, und zwar ist β für einen gegebenen Wert von $|a|/f'$ im Falle $a_k < 0$ merklich größer als im Falle $a_k > 0$. Ersterer Fall liegt also bezüglich der scheinbaren Fläche des Bildes, die nicht zu klein werden darf, günstiger als der zweite Fall, hingegen ungünstiger hinsichtlich des Untergrundes, dessen Leuchtdichte sich bei der Verschiebung des Okulares ändert, während sie im zweiten Falle konstant bleibt.

Die Okularverschiebung a ergibt sich als Differenz der Skalenablesungen α und α_0 bei verschobenem und bei normal stehendem Okular. Die Ablesung α_0 muß also im allgemeinen bekannt sein, läßt sich aber in gewissen Fällen dadurch eliminieren, daß man das Okular in genau symmetrische Stellungen bringt. Steht z. B. ein Vergleichsobjekt von konstanter Leuchtdichte l' zur Verfügung, so kann man das extrafokale Bild sowohl bei eingeschobenem als bei herausgezogenem Okular auf gleiche Helligkeit mit jenem bringen. Sind α_1 und α_2 die entsprechenden Ablesungen der Skala, so ist:

$$a = \alpha_0 - \alpha_1 = \alpha_2 - \alpha_0 = \frac{\alpha_2 - \alpha_1}{2}\,;$$

es fällt also α_0 heraus. Für den Fall $a_k < 0$ gilt diese Beziehung wegen der Veränderlichkeit der Leuchtdichte $\bar{l}$ des Himmelsgrundes freilich nur dann, wenn sich das Vergleichsobjekt auf den gleichen Untergrund projiziert wie der extrafokale Stern.

[1] Siehe Ziff. 21. [2] Vgl. Ziff. 21, Gleichung (22) und (23); Ziff. 22, Gleichung (29).

Wegen des Einflusses von Beugung und Aberration, ungleichmäßiger Durchlässigkeit des Objektives, unrichtiger Akkommodation des Auges[1] und anderer Fehlerquellen gilt das Abschwächungsgesetz (14) nur genähert. Es wird also selbst dann, wenn man die in Ziff. 21 gegebenen Beobachtungsregeln befolgt, eine Eichung der Vorrichtung erforderlich sein. C. A. STEINHEIL[2] findet für den von ihm benutzten kleinen Refraktor ($d = 35$, $f = 360$), H. J. GRAMATZKI[3] für einen Reflektor ($d = 150$) das geometrische Abschwächungsgesetz (14) innerhalb zulässiger Fehlergrenzen erfüllt.

ε) Abschwächung des durch eine spiegelnde Kugel erzeugten Bildes. Das durch die spiegelnde Kugel K (Abb. 13) erzeugte virtuelle Bild F_1 der

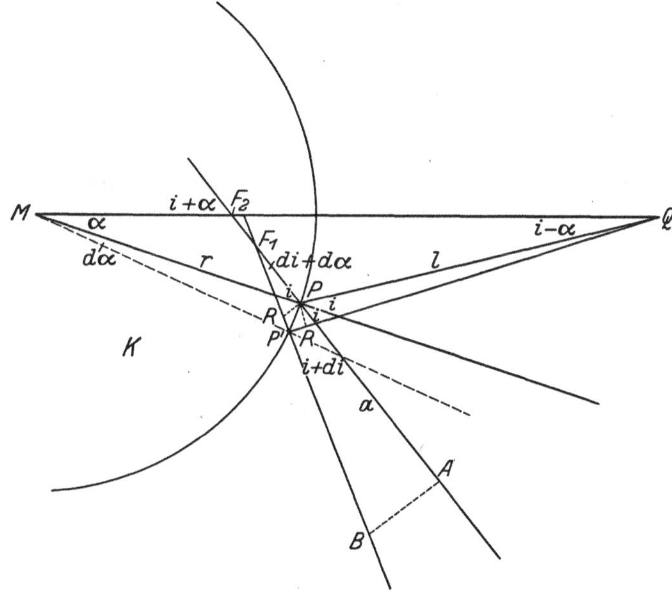

Abb. 13. Abbildung des Lichtpunktes Q durch die spiegelnde Kugel K.

relativ zur Entfernung $PQ = l$ wenig ausgedehnten Strahlungsquelle Q werde von A aus mit freiem Auge betrachtet. Dann sind scheinbare Lichtstärke L und scheinbare Fläche F des Bildes durch die Ausdrücke gegeben:

$$L = \varrho \Pi J_0 \left(\frac{l_0}{l}\right)^2 \left(\frac{r}{2a}\right)^2 \left(1 + \frac{r\cos i}{2a} + \frac{r\cos i}{2l}\right)^{-1} \left(1 + \frac{r\sec i}{2a} + \frac{r\sec i}{2l}\right)^{-1}, \tag{16}$$

$$F = F_0 \left(\frac{l_0}{l}\right)^2 \left(\frac{r}{2a}\right)^2 \left(1 + \frac{r\cos i}{2a} + \frac{r\cos i}{2l}\right)^{-1} \left(1 + \frac{r\sec i}{2a} + \frac{r\sec i}{2l}\right)^{-1}. \tag{17}$$

Hierin ist

- Π die Pupillenweite bzw. die Öffnung des Diopters,
- J_0 die scheinbare Intensität, F_0 die scheinbare Fläche } der aus dem Abstand l_0 betrachteten Lichtquelle,
- r der Radius der Kugel,
- l der Abstand der Lichtquelle, a der Abstand der Pupille } vom Punkte P der Kugeloberfläche,
- i der Einfalls- oder Reflexionswinkel,
- ϱ der Reflexionskoeffizient, d. h. das Verhältnis der reflektierten zur auffallenden Strahlungsmenge. ϱ ist eine Funktion des Einfallswinkels i.

[1] Vgl. Ziff. 21, Gleichung (24).
[2] Elemente, S. 91; vgl. Ziff. 38.
[3] A N 217, S. 453 (1923); vgl. Ziff. 38.

Gemäß der Beziehung
$$\frac{L}{F} = \varrho \frac{\Pi J_0}{F_0}$$
ist die mittlere Leuchtdichte des Bildes gleich der mittleren Leuchtdichte des Objektes, multipliziert mit ϱ.

Sind die Abstände a und l, verglichen mit r, so groß, daß der Wert des Gliedes $\frac{\sec i}{2}\left(\frac{r}{a} + \frac{r}{l}\right)$ gegen 1 vernachlässigt werden kann, so nimmt der Ausdruck (16) die einfache Form an:
$$L = \varrho \Pi J_0 \left(\frac{l_0}{l}\right)^2 \left(\frac{r}{2a}\right)^2. \tag{18}$$
Die relative Lichtstärke des Bildes $L:(\Pi J_0)$ ist also dem Quadrat des Kugelradius direkt, den Quadraten der Abstände l und a umgekehrt proportional und hängt vom Reflexionswinkel i nur indirekt ab, indem sich nämlich der Reflexionskoeffizient ϱ mit i ändert.

Beweis der Formel (16). Auf den Punkt P der Kugeloberfläche falle ein von einer punktförmigen Lichtquelle Q ausgehendes, unendlich dünnes Strahlenbündel. Die beiden unbegrenzt benachbarten reflektierten Strahlen PA und $P'B$ schneiden sich im Punkte F_1, welcher auf der dem leuchtenden Punkte Q zugeordneten kaustischen Fläche liegt. Andererseits schneiden sich alle Strahlen, die von den Punkten des durch P gehenden Parallelkreises reflektiert werden, in dem auf der Achse MQ liegenden Punkte F_2. Der Querschnitt $[PR]$ durch das auf $[PP']$ auffallende Bündel werde als quadratisch angenommen und habe den Flächeninhalt Φ. Der — wie sich zeigen wird, rechteckige — Querschnitt $[AB]$ durch das reflektierte Bündel habe die Fläche Φ'.

Wird die auf $PR^2 = \Phi$ auffallende Strahlungsmenge mit S bezeichnet, so ist die scheinbare Intensität J der Lichtquelle Q für den Punkt P durch
$$J = J_0 \left(\frac{l_0}{l}\right)^2 = \frac{SK}{\Phi}$$
und die scheinbare Intensität J' des Bildes für den Punkt A durch
$$J' = \frac{L}{\Pi} = \varrho \frac{SK}{\Phi'}$$
gegeben. Es folgt also:
$$\frac{L}{\Pi} = \varrho J_0 \left(\frac{l_0}{l}\right)^2 \frac{\Phi}{\Phi'}.$$

Wegen der Ähnlichkeit der Dreiecke F_1PR und F_1AB sowie der entsprechenden, auf den Grundlinien F_2P und F_2A normal zur Zeichnungsebene liegenden Dreiecke besteht die Beziehung:
$$\frac{\Phi}{\Phi'} = \frac{F_1P}{F_1A} \cdot \frac{F_2P}{F_2A} = \left(1 + \frac{a}{F_1P}\right)^{-1} \left(1 + \frac{a}{F_2P}\right)^{-1}.$$
Aus den Dreiecken F_1PP' und F_2PM ergeben sich ferner die Proportionen:
$$r\,d\alpha : F_1P = (di + d\alpha) : \cos i, \qquad r : F_2P = \sin(i + \alpha) : \sin\alpha.$$
Formt man mit Hilfe der weiteren Beziehungen:
$$\frac{\sin(i-\alpha)}{\sin i} = \frac{r}{MQ} = \text{konst.}, \qquad \frac{di}{d\alpha} = 1 + \frac{r}{l}\cos i, \qquad \frac{\sin(i-\alpha)}{\sin\alpha} = \frac{r}{l}$$
um, so erhält man:
$$\frac{1}{F_1P} = \frac{1}{l} + \frac{2}{r}\sec i, \qquad \frac{1}{F_2P} = \frac{1}{l} + \frac{2}{r}\cos i.$$

Es folgt also schließlich:

$$\Phi : \Phi' = a^{-2}\left(\frac{2}{r}\sec i + \frac{1}{a} + \frac{1}{l}\right)^{-1}\left(\frac{2}{r}\cos i + \frac{1}{a} + \frac{1}{l}\right)^{-1}.$$

Daß Formel (16) nicht ausschließlich für ein punktförmiges, sondern auch für ein im Verhältnis zu l wenig ausgedehntes Objekt gilt, beweist man leicht durch Integration über die Fläche des letzteren.

Konstante Abschwächung eines zölestischen Objektes. Der Ausdruck (16) für die Lichtstärke des Bildes vereinfacht sich, wenn die Lichtquelle ein zölestisches Objekt mit der scheinbaren Lichtstärke ΠJ ist. Man hat dann in (16) $\frac{r}{l} = 0$ zu setzen und erhält:

$$L = \varrho \Pi J \left(\frac{r}{2a}\right)^2 \left(1 + \frac{r \cos i}{2a}\right)^{-1} \left(1 + \frac{r \sec i}{2a}\right)^{-1}. \tag{19}$$

Man pflegt den Abstand a des Auges von der Kugel festzuhalten, also letztere nur zur konstanten Abschwächung des Gestirnes zu verwenden. Als Beispiel sei die Lichtstärke eines von einer in weitem Abstand befindlichen Kugel erzeugten Sonnenbildes berechnet. Wählt man z. B. $\frac{r}{2a} = 10^{-4}$, so kann man in (19) die beiden Korrektionsfaktoren $= 1$ setzen und erhält für den Abschwächungsfaktor bzw. für die Abschwächung in Größen die Werte:

$$A = L : (\Pi J) = \varrho \left(\frac{r}{2a}\right)^2 = \varrho\, 10^{-8}, \qquad -2^M{,}5 \log A = -2^M{,}5 \log \varrho + 20^M. \tag{20}$$

Die Gesamthelligkeit der Sonne wird also um mehr als 20 Größen, hingegen ihre Leuchtdichte ebenso wie die des umgebenden Himmelsgrundes nur im Verhältnis ϱ abgeschwächt. Der scheinbare Durchmesser der Sonne wird im Verhältnis $1 : 10^4$, also von $30'$ auf $0'',18$ verkleinert, während das Bild eines die Sonne umgebenden Himmelsareales von $20°$ Durchmesser unter einem Sehwinkel von rund $7''$ erscheint. Infolge ihrer weiten Entfernung vom Auge spiegelt die Kugel die ganze Sphäre wider, erscheint aber, da ihr scheinbarer Durchmesser nur $82''$ beträgt, dem unbewaffneten Auge als leuchtender Punkt.

Um den Einfluß kleiner Abweichungen von der Kugelgestalt, d. h. ungleicher Radien r sowie ungleichen Reflexionsvermögens ϱ an verschiedenen Stellen der Kugeloberfläche nach Möglichkeit zu eliminieren, empfiehlt es sich, das Bild des beobachteten Gestirnes nicht nur von ein und derselben, sondern abwechselnd von möglichst vielen verschiedenen Stellen der Oberfläche reflektieren zu lassen.

Abschwächung des Bildes einer künstlichen Lichtquelle durch Abstandsänderung. Das von dem festen Punkt A aus gesehene Bild einer künstlichen Vergleichslichtquelle Q läßt sich dadurch meßbar abschwächen, daß man diese Lichtquelle auf dem Strahl PQ in meßbarem Betrage verschiebt. Wir wollen annehmen, daß der Kugelradius r so klein, die Abstände a und l so groß gewählt seien, daß in dem Korrektionsfaktor des Ausdruckes (16) die Glieder zweiter und höherer Ordnung vernachlässigt werden können. Dann wird die Lichtquelle Q (Lichtstärke $L_0 = \Pi J_0$ für den Abstand l_0) durch die Reflexion an der Kugeloberfläche in dem Verhältnis abgeschwächt:

$$A = L : L_0 = \varrho \left(\frac{l_0}{l}\right)^2 \left(\frac{r}{2a}\right)^2 \left[1 - \frac{r}{2}(\cos i + \sec i)\left(\frac{1}{a} + \frac{1}{l}\right)\right], \tag{21}$$

worin i der Reflexionswinkel und ϱ der demselben entsprechende Reflexionskoeffizient ist.

26. Lichtschwächung durch Abblendung. Als Blende bezeichnet man einen mit einer oder mehreren Öffnungen versehenen lichtundurchlässigen Schirm. Mit der Blende verwandt ist das aus feinen Metalldrähten gewebte

Gitter, das, vor das Objektiv eines Äquatoreales oder eines Meridianfernrohres gesetzt, dazu dient, helle Sterne in konstantem Betrage abzuschwächen.

Je nachdem aus der Oberfläche des Objektes ein Teilstück herausgeblendet wird oder die von den Punkten des Objektes ausgehenden Strahlenbündel abgeblendet werden, ergeben sich zwei grundsätzlich verschiedene Methoden der Abblendung, von denen die erste auch als Methode der „Ausblendung" bezeichnet wird.

α) Abschwächung der Lichtstärke eines flächenhaften Objektes durch Ausblendung. Bei dieser Methode handelt es sich in Analogie mit dem in Ziff. 25, β geschilderten Verfahren der Abstandsänderung, aber im Gegensatz zu den unten unter β), γ), δ) darzulegenden eigentlichen Abblendungsmethoden um eine Abschwächung der Lichtstärke, während die Leuchtdichte konstant bleibt.

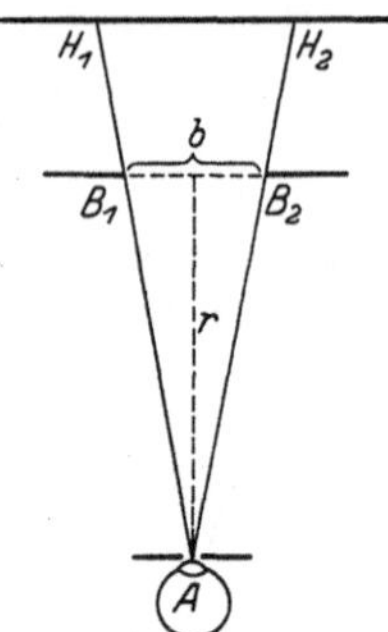

Abb. 14. „Ausblendung" einer leuchtenden Fläche.

Das durch ein Diopter blickende Auge A (Abb. 14) möge eine gleichmäßig leuchtende Fläche (z. B. den Himmelsgrund) durch die Öffnung der Blende B_1B_2 betrachten. Zwischen der Lichtstärke L, der Leuchtdichte l und der scheinbaren Fläche F des durch die Blende nicht verdeckten Teilstückes H_1H_2 der leuchtenden Fläche besteht nach Ziff. 9, Gleichung (19) die Beziehung:

$$L = l\,F.$$

Angenommen nun, es würde an Stelle des Oberflächenstückes H_1H_2 der Blendenausschnitt B_1B_2 mit der Leuchtdichte l leuchten, so würde sich das Aussehen des Objektes in keiner Weise ändern. Man bezeichnet demgemäß die Blendenöffnung B_1B_2 als eine „der leuchtenden Fläche H_1H_2 äquivalente Leuchtfläche".

Ist der Ausschnitt B_1B_2 ein Kreis mit Durchmesser b_0, und ist b_0, verglichen mit dem Abstand r der Blende vom Auge, klein, so ist die Lichtstärke des leuchtenden Kreises durch die Formel gegeben:

$$L = l\,\frac{\pi}{4\sin^2 1'}\,\frac{b_0^2}{r^2}, \tag{22}$$

und man kann L dadurch meßbar abschwächen, daß man den Durchmesser b_0 des Blendenausschnittes meßbar verkleinert. Das Abschwächungsgesetz

$$A = L : L_0 = b^2 : b_0^2, \qquad -2^M{,}5 \log A = H - H_0 = -5^M \log b + 5^M \log b_0 \tag{23}$$

besitzt bei gleichmäßiger Leuchtdichte der Fläche H_1H_2 und genügend weitem Abstand r strenge Gültigkeit.

Hält man übrigens die Blendenöffnung b_0 fest und ändert den Abstand r der Blende vom Auge, so wird das Objekt gemäß dem in Ziff. 25, β abgeleiteten Entfernungsgesetz abgeschwächt.

C. A. STEINHEIL[1] bedient sich des Verfahrens der Ausblendung, um zwei künstliche Sterne von meßbar veränderlicher Lichtstärke herzustellen, mit deren Hilfe er sein Prismenphotometer eicht. Aus dem gleichmäßig leuchtenden Himmelsgrunde werden durch Kreisblenden von verschiedener Öffnung zwei kleine Leuchtflächen herausgeblendet, deren Lichtstärkenverhältnis sich nach (23) berechnen läßt. Diese Leuchtflächen werden durch Reflexion an zwei kleinen Stahlkugeln in Lichtpunkte verwandelt. Die auftretenden systematischen Fehler eliminiert STEINHEIL in vorbildlicher Weise durch Vertauschung der Blenden, Kugeln usw.

---

[1] Elemente, S. 51–64.

β) Abschwächung durch Abblendung des Objektives. Als einfachster Fall kann die Abblendung der Pupille durch ein vor das bloße Auge gehaltenes Diopter angesehen werden. Lichtstärke und Leuchtdichte des Objektes, dessen scheinbare Fläche ungeändert bleibt, werden in gleichem Verhältnis abgeschwächt. Bei Anwendung eines Refraktors hat man verschiedene Möglichkeiten der Abblendung. Der für die Praxis wichtigste Fall ist die Abblendung der Eintrittspupille des Refraktors. Neben dieser Art der Abblendung kommt auch die Abblendung der Austrittspupille sowie die des Strahlenkegels zwischen Objektiv und Okular in Frage, Fälle, die unter γ) und δ) abgehandelt werden.

Werden die Flächeninhalte der abgeblendeten und der vollen Objektivöffnung mit B und B_0, die entsprechenden mittleren Durchlässigkeitskoeffizienten des Systems Refraktor—Auge mit $\varkappa$ und $\varkappa_0$ bezeichnet, so gelten für die Abschwächung, sei es von Lichtstärken, sei es von Leuchtdichten, die Formeln:

$$A = (\varkappa B) : (\varkappa_0 B_0), \qquad -2{,}5 \log A = -2{,}5 (\log \varkappa - \log \varkappa_0) - 2{,}5 (\log B - \log B_0). \quad (24)$$

Da die Durchlässigkeitskoeffizienten $\varkappa$ und $\varkappa_0$ in der Regel unbekannt sind, so verwendet man an Stelle dieser strengen Formeln gewöhnlich die das „geometrische Abschwächungsgesetz" darstellenden Näherungsformeln:

$$A = B : B_0, \qquad -2{,}5 \log A = -2{,}5 (\log B - \log B_0). \quad (25)$$

Schwächt man das Fokalbild eines Fixsternes durch Abblendung des Objektives ab, so können bei Anwendung der geometrischen Formeln (25) nicht allein wegen der Vernachlässigung des Faktors $\varkappa/\varkappa_0$ (der im allgemeinen nur wenig von 1 verschieden sein wird), sondern vor allem auch infolge der durch die Abblendung verursachten Strukturänderung des Beugungsbildes systematische Fehler entstehen. Die durch verschiedene Ausschnitte des Objektives erzeugten Bilder eines natürlichen oder künstlichen Vergleichssternes haben um so größere Beugungsscheibchen, je kleiner die abbildende Öffnung, je lichtschwächer also das Bild wird. Verwendet man nun diese verschieden gestalteten Beugungsscheibchen als Vergleichsobjekte für fokale Sternbilder, die durch eine konstante Öffnung erzeugt sind, so müssen notwendig systematische Fehler entstehen, die als „Beugungsfehler" bezeichnet werden können. Treibt man die Abblendung sehr weit, so kann es, wie bereits in Ziff. 20 des näheren gezeigt worden ist, sogar vorkommen, daß lediglich das Zentralscheibchen als Bild des Sternes aufgefaßt wird, während die in den Beugungsringen konzentrierte Strahlung für das Auge verloren geht. Noch ungünstiger liegen diese Verhältnisse, wenn die Abbildung in erheblichem Grade mit sphärischer Aberration behaftet ist. Das Auge bezieht dann die äußeren — etwa durch die Randteile des Objektives erzeugten — Aberrationsringe nicht mehr in das Bild des Sternes mit ein, und es können infolgedessen, wie unten an einigen Beispielen gezeigt werden wird, beträchtliche Abweichungen von der geometrischen Abschwächungsformel auftreten.

Ein Photometer mit Meßblende bedarf also auf Grund des vorstehend Gesagten im allgemeinen der Eichung. Diese ist stets in situ vorzunehmen, da ja der Betrag der Abschwächung in merklichem Grade von der dem betreffenden abbildenden System eigentümlichen Struktur der Bilder abhängt. Hat man übrigens ein gut korrigiertes und gleichmäßig durchlässiges Objektiv zur Verfügung, und treibt man die Abblendung nicht weiter als bis auf etwa $^2/_5$ des Durchmessers (entsprechend der Abschwächung $+2^M{,}01$), so wird man auch bei Anwendung der geometrischen Formeln (25) keine wesentlichen Fehler zu befürchten haben[1].

Die Ausdrücke (25) geben übrigens, im Falle es sich um die Abblendung eines gleichmäßig dicht leuchtenden flächenhaften Objektes handelt, bei jeder

---

[1] Vgl. dazu die Bemerkungen von F. Flury und A. Danjon, Bull Lyon 10, S. 159 (1928).

Beschaffenheit des abbildenden Systemes eine gute Näherung. Da nämlich Beugung und Aberration auf die Leuchtdichte im Innern des Bildes keinen merklichen Einfluß ausüben, so ist letztere nach Ziff. 20, Gleichung (18) der mit $\varkappa$ multiplizierten Blendenöffnung, d. h. $\varkappa B$, proportional, und es entsteht bei Anwendung der geometrischen Formeln (25) lediglich durch die Vernachlässigung des Faktors $\varkappa/\varkappa_0$ ein geringer Fehler.

Verschiedene Formen der Objektivblende. Nach der Figur des Blendenausschnittes, die ein Vieleck, ein Kreis, ein Kreissektor bzw. eine aus mehreren Sektoren zusammengesetzte Figur, ein Kreissegment usw. sein kann, unterscheidet man Vielecks-, Kreis-, Sektor-, Segmentblenden u. a. m.

Die am häufigsten angewandte Form der Meßblende mit geradlinig begrenztem Ausschnitt ist das sog. Katzenaugendiaphragma (Abb. 15) (auch AUBERTsche Blende genannt), dessen Erfindung W. J. S'GRAVESANDE (1688 bis 1742) zugeschrieben wird. Zwei Platten mit gleich großen quadratischen Ausschnitten gleiten in Richtung von zwei zusammenfallenden Diagonalen so übereinander hin, daß stets ein zum Mittelpunkt des Objektives symmetrisch liegender quadratischer Ausschnitt frei bleibt. Die Länge der Diagonale des letzteren läßt sich an einer Skala ablesen.

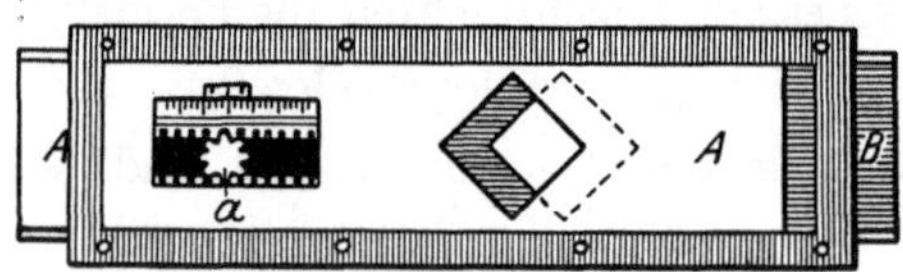

Abb. 15. Katzenaugendiaphragma (MÜLLER, Photometrie d. Gestirne, S. 170).

Werden die Diagonalen eines beliebigen und des maximalen Ausschnittes mit b und b_0 bezeichnet, so lauten die geometrischen Abschwächungsformeln:

$$A = b^2 : b_0^2, \qquad -2^M{,}5 \log A = -5^M \log b + 5^M \log b_0 \tag{26}$$

Setzt man in der Empfindlichkeitsformel:

$$\Delta(-2^M{,}5 \log A) = -2^M{,}17 \frac{\Delta b}{b} \tag{27}$$

den Ablesefehler $\Delta b = 0{,}1$ mm, so darf die Diagonale b nicht kleiner als 22 mm werden, falls der Abschwächungsfehler unterhalb $0^M{,}01$ bleiben soll.

Katzenaugendiaphragmen haben C. A. STEINHEIL[1], C. PULFRICH[2], A. DANJON[3] u. a. beschrieben.

A. DANJON bringt sein Diaphragma, dessen maximaler Ausschnitt eine Diagonale von 30 mm Länge hat, vor einem 75 mm-Objektiv an. Da die Zentralzone des Objektives als gleichmäßig durchlässig, sowie als frei von Zonenfehlern angesehen werden kann, so erfährt das Bild eines Fixsternes bei abnehmender Blendenöffnung nur infolge der Beugung eine Änderung seiner Struktur. Nach DANJON macht sich diese Änderung für Öffnungen zwischen 30 und 8 bis 9 mm Diagonalenlänge noch so wenig bemerkbar, daß die geometrische Abschwächungsformel (26) innerhalb dieser Grenzen als gültig angenommen werden darf. Hiermit ist aber die Tatsache nicht recht in Einklang zu bringen, daß das zentrale Beugungsscheibchen eines durch eine kreisförmige Öffnung von 30 bzw. 8 mm Durchmesser abgebildeten Fixsternes bei der von DANJON angewandten, etwa 20fachen Vergrößerung einen scheinbaren Radius von 1',5 bzw. 5',8 hat.

Kreisblenden mit festem Ausschnitt sind sehr einfach herzustellen und finden zur konstanten Abschwächung der Gestirne ausgedehnte Anwendung.

---

[1] Elemente, S. 38; siehe Ziff. 37, α.
[2] Z f Instrk 45, S. 37 (1925); siehe Ziff. 37, α.
[3] Recherches, S. 85; siehe Ziff. 34, ι.

Eine kontinuierliche Abschwächung erzielt man durch Irisblenden[1]. Eine solche von M. THURY[2] zu Meßzwecken konstruierte Blende ist in Abb. 16 dargestellt. Jede der 16 rechteckig geformten Lamellen greift mit einem Stift in den zugehörigen, nach Art einer Archimedischen Spirale gekrümmten Einschnitt einer Metallscheibe ein. Wird die Scheibe gedreht, was sich von der Okularseite aus mittels eines Schlüssels bewirken läßt, so verschieben sich die Lamellen in ihrer Längsrichtung, und der Drehungswinkel der Scheibe ist der linearen Verschiebung der Lamellen und folglich auch dem Durchmesser der freien Öffnung proportional. An der mit dem Bewegungsschlüssel verbundenen Kreisteilung kann der Durchmesser b unmittelbar in Millimetern abgelesen werden.

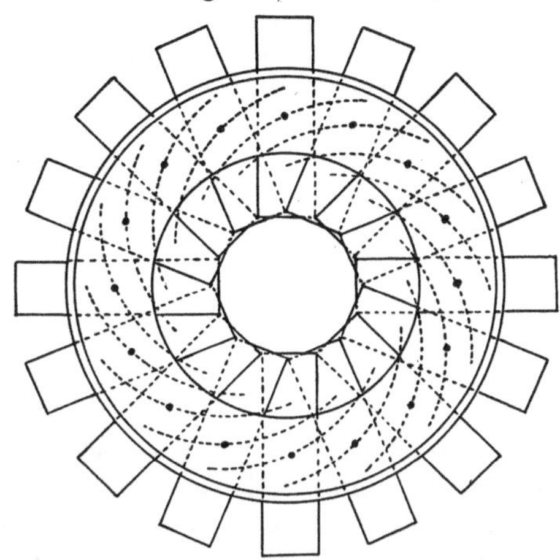

Abb. 16. Irisblende von THURY (MÜLLER, Photometrie d. Gestirne, S. 172).

Sind b und d die Durchmesser der abgeblendeten und der freien Öffnung des Objektives, so lauten die geometrischen Abschwächungsformeln:

$$A = b^2 : d^2, \qquad -2^M{,}5 \log A = -5^M \log b + 5^M \log d\,. \tag{28}$$

Vergleichungen zwischen den nach dieser Formel berechneten Abschwächungsfaktoren A und den durch Eichung ermittelten Faktoren A' findet man u. a. bei W. CERASKI, G. MÜLLER und E. J. SPITTA. W. CERASKI[3] stellt für ein Objektiv ($d = 70$), das durch 7 Kreisblenden ($b = 50$ bis 15) abgeblendet werden konnte, völlige Übereinstimmung zwischen den A und den A' fest. Entsprechend findet G. MÜLLER[4] bei der Untersuchung eines Objektives ($d = 135$, $f = 2160$) nur geringfügige Unterschiede zwischen den berechneten Faktoren A und den durch Eichung bestimmten A'. CERASKI sowie MÜLLER bestimmen den Helligkeitsunterschied ($-2^M{,}5 \log A'$) zwischen den mit abgeblendeter bzw. mit voller Öffnung erzeugten Bildern des gleichen Sternes mit Hilfe des ZÖLLNERschen Photometers. Im Gegensatz zu den vorstehenden Ergebnissen findet E. J. SPITTA[5] bei der Untersuchung von 6 verschiedenen Refraktoren zwischen $6^1/_2$ und $2^1/_2$ Zoll Öffnung gemäß der folgenden Zusammenstellung auffallend starke Unterschiede zwischen den berechneten und den durch Messung bestimmten Abschwächungswerten.

Refraktor	d	f	$b = \frac{d}{2}$, $A = \frac{1}{4}$		$b = \frac{d}{4}$, $A = \frac{1}{16}$	
Nr	(Zoll)	(Zoll)	$-2^M{,}5 \log A$	$-2^M{,}5 \log A'$	$-2^M{,}5 \log A$	$-2^M{,}5 \log A'$
I	6,5	93	$+1^M{,}51$	$+1^M{,}33$	$+3^M{,}01$	$+2^M{,}93$
II	3,2	46	1 ,51	1 ,30	3 ,01	2 ,19
III	2,6	42	1 ,51	1 ,04	3 ,01	2 ,67
IV	2,8	41	1 ,51	0 ,81	3 ,01	3 ,00
V	2,9	41	1 ,51	0 ,90	3 ,01	1 ,77
VI	2,4	25	1 ,51	0 ,99	3 ,01	2 ,28

Wie das starke Überwiegen der berechneten Abschwächungswerte über die beobachteten erkennen läßt, tragen die Randzonen der Objektive durchweg be-

[1] Vgl. Z f Feinmech 36, Nr. 12 (1928).
[2] Archives des sciences phys et nat (Genève) 51, S. 209 (1874).
[3] Ann de l'Obs de Moscou 4, S. 12 (1878); 5, S. 114 (1879).
[4] Potsd Publ 3, S. 237 (1883).
[5] M N 52, S. 48 (1891).

trächtlich weniger als ihrer Fläche entsprechend zur Lichtstärke des Bildes bei. Die Strahlenvereinigung scheint also (Objektiv I allenfalls ausgenommen) ziemlich mangelhaft gewesen zu sein.

Die Anwendung von Sektorblenden hat bereits M. BOUGUER[1] unter Hinweis auf die großen Vorzüge dieses Abblendungsverfahrens empfohlen. Da die verschiedenen Sektoren eines guten Objektives hinsichtlich des Korrektionszustandes sowie des mittleren Durchlässigkeitsvermögens als gleichwertig angesehen werden können, so ist die Lichtstärke des abgeschwächten Bildes dem Flächeninhalt der freien Sektoren proportional, d. h., es gilt, wenn die Summe der Winkel dieser Sektoren mit σ bezeichnet wird, das Abschwächungsgesetz:

$$A = L : L_0 = l : l_0 = \sigma : 360\,, \qquad -2^M{,}5 \log A = +6^M{,}39 - 2^M{,}5 \log \sigma\,. \tag{29}$$

Setzt man in der zugehörigen Empfindlichkeitsformel:

$$\Delta(-2^M{,}5 \log A) = -1^M{,}086 \frac{\Delta\sigma}{\sigma} \tag{30}$$

den Ablesefehler $\Delta\sigma = 0^\circ{,}1$, so erkennt man, daß die Winkelsumme mindestens 11° betragen muß, falls der Abschwächungsfehler unterhalb $0^M{,}01$ bleiben soll.

Der sektorförmigen bzw. aus mehreren Sektoren zusammengesetzten Öffnungsfigur des Refraktors entspricht ein sehr kompliziertes Beugungsbild[2]. Da sich mit abnehmender Öffnung der Sektoren die Struktur desselben ändert, so wird es sich, sofern man die geometrische Abschwächungsformel (29) anwenden will, im allgemeinen nicht empfehlen, die Abschwächung bis zu der durch die Empfindlichkeit gesetzten Grenze zu treiben.

In ihrer einfachsten Form besteht die Sektorblende aus zwei mit sektorförmigen Ausschnitten versehenen zentrierten Metallscheiben, von denen die eine gegen die andere drehbar ist. Besitzt jede Scheibe einen Ausschnitt von 180° bzw. zwei Ausschnitte von 90° bzw. drei Ausschnitte von 60° usf., so bleiben, wenn beide Scheiben sich decken, je 180° der Objektivöffnung frei. Dreht man nun die bewegliche Scheibe um 180° bzw. 90° bzw. 60° usf., so ist das Objektiv völlig abgeblendet. Die Winkelsumme der offenen Sektoren läßt sich an einer Kreisteilung ablesen. — Will man den Nachteil, daß höchstens 180° der Objektivöffnung frei bleiben, vermeiden, so läßt sich das nur mit Hilfe einer Blende erreichen, die sich aus 3 oder 4 mit sehr weiten Ausschnitten (Winkelsumme 240° oder 270°) versehenen Scheiben fächerförmig zusammensetzt.

G. MÜLLER und P. KEMPF[3] haben bei der Bestimmung der Helligkeiten von 96 Plejadensternen mit dem ZÖLLNERschen Photometer Objektivblenden angewendet, die je zwei sektorförmige Ausschnitte von 72° Öffnungswinkel besaßen, also das beobachtete Objekt um den konstanten Betrag $+0^M{,}995$ abschwächten.

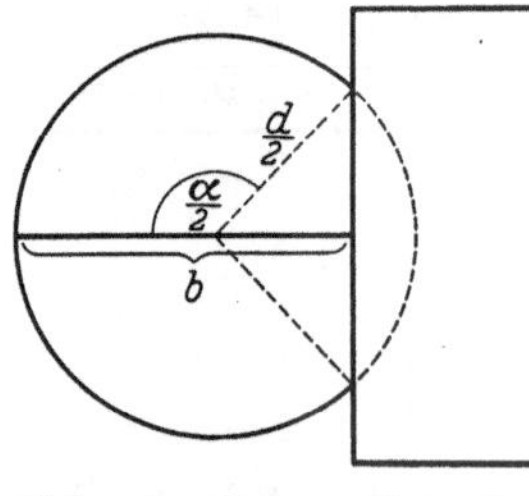

Abb. 17. Segmentblende.

Als Segmentblende läßt sich schließlich eine rechteckige Platte bezeichnen, die, in einer Schlittenführung vor dem Objektiv hin und her gleitend, stets ein Segment desselben freiläßt. Wird mit b der zu der Blendenkante senkrecht stehende Durchmesser des freien Objektivsegmentes, mit α ein Hilfswinkel bezeichnet (Abb. 17), so lautet die geometrische Abschwächungsformel:

$$A = \frac{\alpha}{360} - \frac{\sin\alpha}{2\pi}\,, \qquad \sin\frac{\alpha}{4} = \sqrt{\frac{b}{d}}\,, \tag{31}$$

---

[1] Traité d'optique, S. 36 (1760).

[2] Vgl. z. B. K. STREHL, Theorie des Fernrohrs, S. 82ff. (1894); H. BRUNS, Über die Beugungsfigur des Heliometerobjektives. A N 104, S. 1 (1882).

[3] A N 150, S. 193 (1899).

die wegen der ungleichen mittleren Durchlässigkeit verschiedener Objektivsegmente sowie wegen des Einflusses von Aberration und Beugung nur genäherte Gültigkeit besitzt.

γ) Abblendung der Austrittspupille des Refraktors. Die Abblendung eines Teiles der Austrittspupille hat vollkommen die gleiche Wirkung wie die Abblendung des entsprechenden Teiles der Eintrittspupille. Okularblenden finden — wohl hauptsächlich wegen der Schwierigkeit, ihre engen Öffnungen genau auszumessen — nur selten Anwendung. Sollen sie zur meßbaren Abschwächung dienen, so ist eine photometrische Eichung, die möglichst in situ vorzunehmen ist, unerläßlich.

A. KÜHL[1] hat eine Diopterscheibe mit 20 kreisförmigen Öffnungen von 0,2 bis 3,0 mm Durchmesser, die durch Drehen der Scheibe einzeln vor das Okular gebracht werden konnten, zur meßbaren Abschwächung von Fixsternen benutzt.

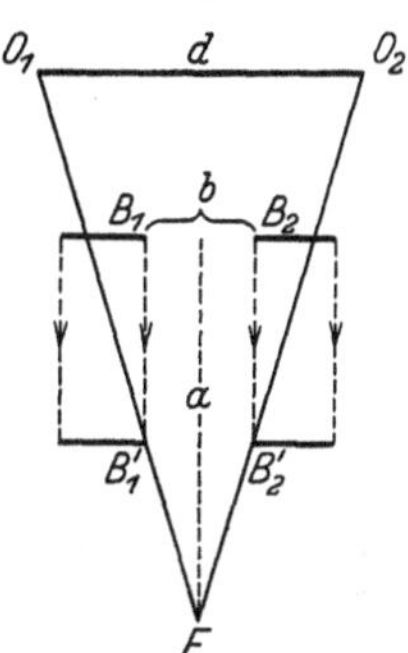

Abb. 18. Abblendung des Strahlenkegels zwischen Objektiv und Brennpunkt.

δ) Abblendung des Strahlenkegels zwischen Objektiv und Okular. Der vom Objektiv O_1O_2 kommende Strahlenkegel (Abb. 18) werde durch die Kreisblende B_1B_2 abgeschirmt. Wird der Durchmesser der Blendenöffnung mit b, ihr Abstand vom Brennpunkt mit a bezeichnet, so wird bei geometrischer Betrachtungsweise die Lichtstärke L (bzw. Leuchtdichte l) des Bildes in dem Verhältnis abgeschwächt:

$$A = L : L_0 = b^2 : b_0^2 = \left(\frac{b f}{d}\right)^2 \frac{1}{a^2}, \qquad a : f \geqq b : d. \tag{32}$$

Gemäß dieser Formel hat man zur meßbaren Abschwächung des Bildes zwei Möglichkeiten. Entweder variiert man den Durchmesser b der Blende nach dem Irisprinzip, oder man hält b fest und verschiebt die Blende meßbar längs der optischen Achse. Eine auf dem letztgenannten Prinzip beruhende Abschwächungsvorrichtung hat A. HIRSCH[2] konstruiert und als Auslöschungsphotometer verwendet. Rückt die Blende in die Stellung $B_1'B_2'$ $(a : f = b : d)$, so nimmt ihre Öffnung den ganzen Strahlenkegel auf, und es findet eine Abschwächung des Bildes nicht mehr statt.

Die geometrische Abschwächungsformel (32) hat wegen der Zonenfehler und Durchlässigkeitsanomalien des Objektives sowie wegen des Einflusses der Beugung nur genäherte Gültigkeit. Bei aberrationsfreier Abbildung bleibt übrigens das Beugungsbild ungeändert, wenn an Stelle des Strahlenkegels die Öffnung des Objektives in entsprechendem Umfange abgeblendet wird.

27. Lichtschwächung mittels des rotierenden Sektors. Der gewöhnlich als „rotierender Sektor" bezeichnete Apparat (Abb. 19) besteht aus zwei konzentrischen, wie bei der Sektorblende (vgl. Ziff. 26, β) ausgeschnittenen Kreisscheiben, die eng aneinander auf einer gemeinsamen Achse sitzen und um dieselbe in schnelle Rotation versetzt werden können. Die Scheiben lassen sich gegeneinander verstellen, so daß man beliebig weite Ausschnitte mit Winkelsummen σ zwischen 0° und 180° herstellen kann. Die Winkelsumme σ läßt sich an einer auf der einen Scheibe angebrachten Teilung in Graden ablesen. Die Scheiben können entweder einen Ausschnitt von 180°, zwei Ausschnitte von 90°, drei Ausschnitte von 60° (wie in Abb. 19) usw. haben. Bei den neueren Sektorapparaten läßt sich die Verstellung der Scheiben sowie die Ablesung des Öffnungswinkels während der Rotation bewirken.

---

[1] Dissertation, S. 34 (1909); A N 190, S. 326 (1911).

[2] Siehe unter Ziff. 32, α.

Wird der rotierende Sektor in den Strahlengang einer auf das Auge wirkenden Lichtquelle eingeschaltet, also z. B. vor das bloße Auge gehalten oder vor das Objektiv bzw. in die Fokalebene des abbildenden Refraktors gebracht, so ist bei langsamer Rotation des Sektors die Lichtquelle bzw. ihr Fokalbild abwechselnd sichtbar und unsichtbar. Steigert man die Geschwindigkeit allmählich, so stellt sich die Empfindung des „Flimmerns“ ein. Wird schließlich eine sehr hohe Geschwindigkeit (etwa 20 bis 30 Umdrehungen in der Sekunde) erreicht, so hört das Flimmern auf, und es entsteht ein kontinuierlicher Lichteindruck, dessen Stärke durch das TALBOTsche Gesetz bestimmt ist. Dieses Gesetz lautet in der Fassung, die ihm HELMHOLTZ[1] gegeben hat, folgendermaßen: „Wenn eine Stelle der Netzhaut von periodisch veränderlichem und regelmäßig in derselben Weise wiederkehrendem Lichte getroffen wird, und die Dauer der Periode hinreichend kurz ist, so entsteht ein kontinuierlicher Lichteindruck, der dem gleich ist, welcher entstehen würde, wenn das während einer jeden Periode eintreffende Licht gleichmäßig über die ganze Dauer der Periode verteilt würde.“

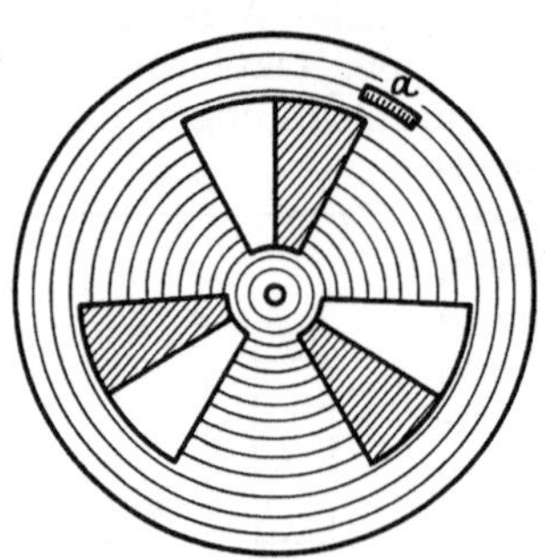

Abb. 19. Rotierender Sektor (LIEBENTHAL, Prakt. Photometrie, S. 207).

Auf Grund dieses Gesetzes ergeben sich, wenn mit L_0 (l_0) die ursprüngliche, mit L (l) die abgeschwächte Lichtstärke (Leuchtdichte) des Objektes bezeichnet werden, für den Abschwächungsfaktor bzw. für die Abschwächung in Größen die — übrigens mit (29) genau übereinstimmenden — Ausdrücke:

$$A = L : L_0 = l : l_0 = \sigma : 360\,, \qquad -2^M{,}5 \log A = +6^M{,}39 - 2^M{,}5 \log \sigma\,. \quad (33)$$

Gemäß der Empfindlichkeitsformel, Gleichung (30), muß bei einem Ablesefehler von $0^\circ{,}1$ die Winkelsumme σ mindestens 11° betragen, falls der Abschwächungsfehler unterhalb $0^M{,}01$ bleiben soll.

Das TALBOTsche Gesetz bzw. das Abschwächungsgesetz (33) besitzen, wie zahlreiche experimentelle Prüfungen[2] gezeigt haben, innerhalb beliebig eng gezogener Fehlergrenzen strenge Gültigkeit. Als besondere Vorteile der Abschwächung durch den rotierenden Sektor sind hervorzuheben, einmal daß die spektrale Zusammensetzung der Strahlung ungeändert bleibt, und ferner, daß der Einfluß der Beugung, solange die Öffnung des Sektors nicht allzu klein genommen wird, völlig unmerklich bleibt.

Der rotierende Sektor bildet ein vorzügliches Mittel zur Herstellung künstlicher Sterne von genau definiertem Lichtstärkenverhältnis und findet daher vielfach zum Zweck der Eichung von Sternphotometern Verwendung. Die ausführliche Beschreibung eines derartigen Apparates („disc photometer“) und seiner astrophotometrischen Anwendung findet man bei F. H. SEARES[3].

28. Lichtschwächnng mittels absorbierender Substanzen. Die in der Photometrie verwendeten absorbierenden Substanzen sind teils durchscheinende (bzw. halb durchscheinende) oder diffus durchlässige, teils durchsichtige oder regelmäßig durchlässige Substanzen. Beispiele durchscheinender, halbdurchscheinender und durchsichtiger Substanzen bilden Milchglas, Mattglas und Rauchglas.

[1] Handbuch der physiolog. Optik 2, S. 172.

[2] Vgl. z. B. O. LUMMER u. E. BRODHUN, Photometrische Untersuchungen. Z f Instrk 16, S. 299 (1896).

[3] Photometric Investigations. Laws Obs Bull 1, S. 91 (1905).

Platten von Milchglas oder Mattglas finden vielfach als Photometerschirme Verwendung. Von einer Lichtquelle durchleuchtet, verhalten sie sich wie Selbstleuchter und geben wegen der gleichmäßigen Verteilung ihrer Leuchtdichte sehr geeignete Vergleichsobjekte ab.

Eine durchsichtige Substanz wird neutral durchlässig oder farblos genannt, wenn sie sämtliche visuelle Strahlen in gleichem Verhältnis hindurchläßt, hingegen selektiv durchlässig oder farbig, wenn sie gewisse Wellenlängen in stärkerem Maße hindurchläßt als die übrigen. Ein durchsichtiger Körper wird nach dem Grad seiner Durchsichtigkeit als hell oder dunkel und, wenn es sich um einen farblosen Körper handelt, auch als weiß oder grau bezeichnet. Selbst die besten von der Glastechnik hergestellten Gläser sind nur nahezu weiß oder grau. Das gilt insbesondere von den mehr oder weniger dunklen Rauchgläsern.

Den zu photometrischen Zwecken verwendeten durchsichtigen Substanzen gibt man fast ausschließlich die Form von Platten oder Keilen. Während mit einer Platte stets nur eine konstante oder — bei Benutzung mehrerer Platten — eine stufenweise fortschreitende Lichtschwächung erzielt werden kann, läßt sich mit Hilfe eines beweglichen Keiles eine stetig veränderliche Lichtschwächung hervorbringen.

Berechnung der durch eine absorbierende Schicht hindurchtretenden Strahlungsmenge. Ein von einer Lichtquelle ausgehendes Bündel paralleler Strahlen möge, bevor es auf die Pupille des Auges fällt, durch einen von glatten Flächen begrenzten durchsichtigen Körper hindurchtreten. Der Einfachheit wegen werde vorausgesetzt, daß entweder die Lichtquelle homogenes Licht strahle oder der Körper neutral durchlässig sei. Dann behält die Lichtstrahlung beim Durchgang durch den Körper ihre spektrale Zusammensetzung bei. Auf Grund der plausiblen Annahme, daß durch eine Schicht von bestimmter Dicke unabhängig von der Intensität der eintretenden Strahlung stets der gleiche Bruchteil der letzteren absorbiert wird, gelangt man zu folgendem Ansatz für die relative Änderung der Strahlungsstärke bzw. Lichtstärke eines durch eine unendlich dünne Schicht hindurchtretenden Strahlenbündels:

$$\frac{dT}{T} = \frac{dL}{L} = -\alpha\, dz. \tag{34}$$

Hierin ist α der Absorptionskoeffizient und dz die infinitesimale Dicke der absorbierenden Schicht. Wird der durchsichtige Körper als völlig homogen angenommen, so ist α eine Konstante, und die Differentialgleichung (34) wird integrabel. Führt man die Integration aus, so erhält man zur Bestimmung der Strahlungsstärke T bzw. der Lichtstärke L für das von einer Schicht der Dicke z hindurchgelassene Bündel die Gleichungen:

$$lT - lT_0 = lL - lL_0 = -\alpha z \qquad \text{bzw.} \qquad \frac{T}{T_0} = \frac{L}{L_0} = e^{-\alpha z} = \tau^z. \tag{35}$$

Der hindurchgelassene Bruchteil der Lichtstrahlung ist also eine Exponentialfunktion der Schichtdicke z. Der „Transmissionskoeffizient" $\tau = e^{-\alpha}$ gibt den von einer Schicht der Dicke $z = 1$ mm hindurchgelassenen Bruchteil der Strahlung an.

Berechnung der durch eine reflektierende Oberfläche hindurchtretenden Strahlung. Beim Durchtritt der Strahlung durch die Grenzflächen des durchsichtigen Körpers findet ein Strahlungsverlust durch Reflexion statt. Werden die von der Vorder- bzw. der Rückfläche des Körpers reflektierten Bruchteile der Strahlung mit ϱ_1 und ϱ_2 bezeichnet, so wird die scheinbare Strahlungsstärke T_0 (Lichtstärke L_0) der Lichtquelle beim Durchgang der Strahlung durch die Vorder- bzw. die Rückfläche des durchsichtigen Körpers in dem Verhältnis reduziert:

$$T : T_0 = L : L_0 = 1 - \varrho_1, \qquad T : T_0 = L : L_0 = 1 - \varrho_2. \tag{36}$$

Berechnung des Abschwächungsfaktors bzw. der Abschwächung in Größen. Auf Grund der Formeln (35) und (36) läßt sich das Verhältnis der Lichtstärke L eines durch den durchsichtigen Körper hindurch betrachteten Objektes zur ursprünglichen Lichtstärke L_0, d. h. der Durchlässigkeits- oder Abschwächungsfaktor A, in einfacher Weise berechnen. Die Rechnung wird für vier verschiedene Körper, nämlich die planparallele Platte, den einfachen Keil und zwei Formen des zusammengesetzten Keiles durchgeführt.

1. Planparallele Platte von der Dicke z. Es ist:

$L_1 = L_0(1-\varrho_1)$ die Lichtstärke für die durch die Vorderfläche hindurchtretende Strahlung,

$L_2 = L_1\tau^z$ die Lichtstärke für die auf die Rückfläche auftreffende Strahlung,

$L\ = L_2(1-\varrho_2)$ die Lichtstärke für die aus der Platte austretende Strahlung.

Wir erhalten also, wenn $(1-\varrho_1)(1-\varrho_2) = 1-\varrho$ gesetzt wird, für den Abschwächungsfaktor bzw. die Abschwächung in Größen die Ausdrücke:

$$A = L : L_0 = (1-\varrho)\tau^z, \qquad -2^M{,}5 \log A = -2^M{,}5 \log(1-\varrho) - 2^M{,}5 \log\tau\cdot z. \tag{37}$$

2. Einfacher Keil. Wird der brechende Winkel des Keiles mit α, der Abstand der wirksamen Keilstelle von der brechenden Kante mit s bezeichnet, so kann man $z = s\,\mathrm{tg}\,\alpha$ setzen und erhält bei senkrechtem Einfall des Strahlenbündels:

$$A = (1-\varrho)\,\tau^{s\,\mathrm{tg}\,\alpha}, \qquad -2^M{,}5 \log A = -2^M{,}5 \log(1-\varrho) - 2^M{,}5 \log\tau\,\mathrm{tg}\,\alpha\cdot s. \tag{38}$$

Das Bündel erfährt beim Austritt aus dem Keil eine Ablenkung.

3. Der KAYSERsche Doppelkeil[1] (Abb. 20) besteht aus einem Graukeil G und einem mit ihm mittels Kanadabalsams zu einer planparallelen Glasplatte verkitteten weißen Keil W. An der Kittfläche tritt weder Ablenkung noch Reflexion ein. Werden Reflexions- und Transmissionskoeffizient für Keil G mit ϱ_1 und τ_1, für Keil W mit ϱ_2 und τ_2 und ferner die Länge des Doppelkeiles mit l bezeichnet, so gelten gemäß (38) die Beziehungen:

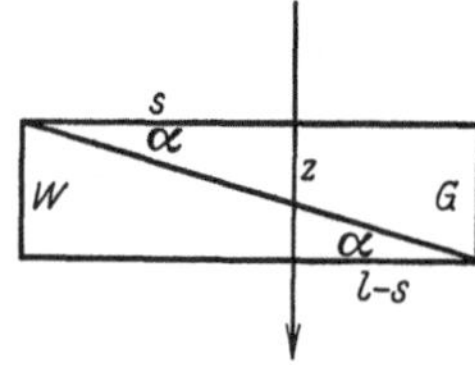

Abb. 20. KAYSERscher Doppelkeil.

Keil G: $L_1 : L_0 = (1-\varrho_1)\,\tau_1^{s\,\mathrm{tg}\,\alpha}$

Keil W: $L\ : L_1 = (1-\varrho_2)\,\tau_2^{(l-s)\,\mathrm{tg}\,\alpha}$

und man erhält durch Elimination von L_1:

$$\left.\begin{aligned} A = L : L_0 &= (1-\varrho)\,\tau_1^{s\,\mathrm{tg}\,\alpha}\,\tau_2^{(l-s)\,\mathrm{tg}\,\alpha} \\ -2^M{,}5 \log A = \Delta M &= -2^M{,}5 \log(1-\varrho) - 2^M{,}5 \log\tau_2\,\mathrm{tg}\,\alpha\cdot l \\ &\quad -2^M{,}5 (\log\tau_1 - \log\tau_2)\,\mathrm{tg}\,\alpha\cdot s. \end{aligned}\right\} \tag{39}$$

Hierin ist α als brechender Winkel des Keiles G zu betrachten. Da nämlich τ_2 nur wenig kleiner als 1 ist, so kann eine etwaige geringe Abweichung des brechenden Winkels des Keiles W von α stets vernachlässigt werden. Der Faktor von s wird gewöhnlich als „Keilkonstante" bezeichnet.

Als Beispiel werde die Abschwächung berechnet, die ein durch die folgenden Konstanten definierter Doppelkeil gibt:

Keil G	Reflexionskoeffizient:	$\varrho_1 = 0{,}05$
	Transmissionskoeffizient:	$\tau_1 = 0{,}10$ für 1 mm Schichtdicke
Keil W	Reflexionskoeffizient:	$\varrho_2 = 0{,}05$
	Transmissionskoeffizient:	$\tau_2 = 0{,}995$ für 1 mm Schichtdicke.
	Länge des Doppelkeiles:	$l = 100$ mm
	Keilwinkel:	$\mathrm{tg}\,\alpha = 0{,}04$.

[1] A N 57, S. 17 (1862); vgl. Ziff. 32, α.

Die Rechnung ergibt:

$$\Delta M = + 0^M,112 + 0^M,022 + 0^M,100 \cdot s.$$

Der erste Posten gibt den gesamten Reflexionsverlust an, der zweite den Absorptionsverlust im weißen Glase an der Stelle $s = 0$, der dritte im wesentlichen den Absorptionsverlust im grauen Glase an der Stelle s.

4. Der SPITTAsche Doppelkeil[1] (Abb. 21) besteht aus zwei kongruenten, aber entgegengesetzt gelagerten Graukeilen, die sich längs ihrer Hypotenusenflächen gegeneinander verschieben lassen und die im Bereich ihres Übereinandergreifens wie eine planparallele Glasplatte wirken. Durch doppelte Anwendung der Formel (37) erhält man:

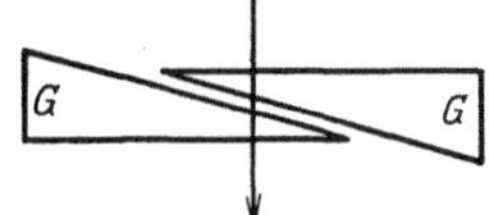

Abb. 21. SPITTAscher Doppelkeil.

$$A = (1 - \varrho_1)(1 - \varrho_2)\tau_1^{z_1}\tau_2^{z_2}.$$

Nimmt man völlige Übereinstimmung der Keile an, setzt man also $\varrho_1 = \varrho_2 = \varrho$, $\tau_1 = \tau_2 = \tau$ und ferner $z_1 + z_2 = a \sin\alpha$, worin a den auf eine der Hypotenusenflächen projizierten Abstand der brechenden Kanten bezeichnet, so erhalten Abschwächungsfaktor und Abschwächung in Größen die Werte:

$$A = (1 - \varrho)^2 \tau^{a \sin\alpha}, \qquad -2^M,5 \log A = -5^M \log(1 - \varrho) - 2^M,5 \log\tau \sin\alpha \cdot a. \quad (40)$$

Der SPITTAsche Keil ist in allen Fällen unentbehrlich, in denen eine gleichmäßige Abschwächung eines weit geöffneten Strahlenbündels bzw. eines flächenhaften Bildes gefordert wird. Handelt es sich hingegen um die Abschwächung sehr enger Bündel bzw. punktförmiger Bilder, so ist wegen der Einfachheit der zugehörigen Bewegungsvorrichtung der KAYSERsche Keil vorzuziehen. Wir beschränken uns im folgenden auf die Betrachtung des letzteren Keiles, der in der Astrophotometrie fast ausschließlich Anwendung findet.

Der ideale Meßkeil. Bei der von KAYSER getroffenen Anordnung läßt sich der Keil in der Fokalebene eines Refraktors mit Hilfe eines Triebes hin und her bewegen, während der Betrag der Verschiebung an einer Millimeterskala abgelesen wird. Der so angeordnete Meßkeil müßte, um eine ideale Abschwächungsvorrichtung darzustellen, folgende Bedingungen erfüllen. Die zur Herstellung der Keile G und W verwendeten Gläser müßten völlig homogen, die brechenden Flächen der Keile vollkommen eben geschliffen sein. Die beiden Keile müßten ferner genau kongruent sein, sowie in genau symmetrischer Lage miteinander verkittet sein. Schließlich müßte der Verschiebungsapparat so fein gearbeitet und justiert sein, daß die Ablesungen $\sigma - \sigma_0$ der Skala genau die Abstände s der Kante des Graukeiles von einer festen Marke in der Fokalebene geben.

Denken wir uns den so beschaffenen idealen Meßkeil zur Abschwächung eines die Wellenlänge λ ausstrahlenden Lichtpunktes verwendet und schreiben wir den Ausdruck (39) für die Abschwächung in der Form:

$$-2^M,5 \log A = \Delta M = k_0 + k_1(\sigma - \sigma_0), \qquad \left.\begin{aligned} k_0 &= -2^M,5\,[\log(1-\varrho) + \log\tau_2 \operatorname{tg}\alpha \cdot l] \\ k_1 &= -2^M,5\,(\log\tau_1 - \log\tau_2)\operatorname{tg}\alpha, \end{aligned}\right\} (41)$$

so sind die Koeffizienten k_0 und k_1 als Konstanten zu betrachten. Stellen wir an den Keil die weitere Forderung, daß er auch neutral durchlässig sei, d. h., daß die Reflexions- und Transmissionskoeffizienten ϱ und τ nicht nur von der Verschiebung s, sondern auch von der Wellenlänge unabhängig seien, so gilt letzteres auch für die Koeffizienten k_0 und k_1, die dann mit Recht als „Keilkonstanten"

[1] London R S Proc 47, S. 15 (1889); vgl. Ziff. 32, α.

bezeichnet werden können. Die genaue Bestimmung dieser Konstanten ist nur auf Grund einer photometrischen Eichung möglich.

Empfindlichkeit und Meßbereich. Setzt man den Ablesefehler $\Delta\sigma = 0{,}1$ mm, so erkennt man, daß der entsprechende Abschwächungsfehler:

$$\Delta(-2^M{,}5 \log A) = k_1 \Delta\sigma = k_1 \cdot 0{,}1 \tag{42}$$

für jede Stellung des Keiles konstant ist. Soll Δ den Betrag $0^M{,}01$ nicht überschreiten, so darf die Keilkonstante k_1 höchstens den Wert $0^M{,}1$ haben. Bei den in der Praxis verwendeten Keilen liegt der Wert von k_1 gewöhnlich zwischen $0^M{,}1$ und $0^M{,}2$.

Der Bereich hinlänglicher Empfindlichkeit, d. h. der Abschwächungsbereich, erstreckt sich über die ganze Länge des Keiles von $s = \sigma - \sigma_0 = 0$ bis $s = \sigma - \sigma_0 = l$ und erhält demgemäß den Wert:

$$+2^M{,}5 \log A_1 - 2^M{,}5 \log A_2 = k_1 l. \tag{43}$$

Durch Verkleinerung des brechenden Winkels α läßt sich die Empfindlichkeit, durch Verlängerung des Keiles der Meßbereich beliebig steigern. Für den oben berechneten Keil ($k_1 = 0^M{,}1$, $l = 100$ mm) beträgt der Abschwächungsfehler $0^M{,}01$, der Abschwächungsbereich 10^M.

Empirisches Abschwächungsgesetz. In der Praxis lassen sich die an einen idealen Meßkeil zu stellenden Anforderungen stets nur bis zu einer gewissen Grenze erfüllen. Während das Anschleifen absolut ebener Flächen von der Technik heute geleistet wird, bereitet die Herstellung eines völlig homogenen und vor allem vollkommen neutralen Rauchglases stets große Schwierigkeiten. Die meisten Keile zeigen daher auch, gegen eine weiße Fläche gehalten, einen leicht grünlichen oder rötlichen Farbton, besitzen also eine relativ stärkere Durchlässigkeit für den entsprechenden Wellenlängenbereich.

Durch Verallgemeinerung der linearen Beziehung (41) erhält man für die Abschwächung ΔM, die ein in der Praxis verwendeter Meßkeil hervorbringt, den Ausdruck:

$$\Delta M = -2^M{,}5 \log A = k_0 + k_1(\sigma - \sigma_0) + k_2(\sigma - \sigma_0)^2 + \cdots = \Phi(\sigma), \tag{44}$$

worin die Koeffizienten k bei Selektivität des Keiles Funktionen der Wellenlänge bzw. des Spektraltypus des betrachteten Objektes sind — Funktionen, die übrigens jeweils nur für das beobachtende Auge gelten.

Man kann die durch den Meßkeil gegebene Abschwächung $\Delta M = \Phi(\sigma)$ auch graphisch darstellen und erhält dann eine Kurve, die sich einer Geraden um so enger anschmiegt, je vollkommener der Meßkeil ist. Man pflegt diese Kurve als „Durchlässigkeitskurve (Absorptionskurve) des Keiles" oder auch kurz als „Keilkurve" zu bezeichnen. Abb. 22 gibt die — von F. H. SEARES[1] bestimmten — Durchlässigkeitskurven eines Rauchglaskeiles und eines photographischen Keiles wieder. Abszisse ist die Skalenablesung, Ordinate die Abschwächung in Größen.

Für einen neutral durchlässigen Keil sind die Koeffizienten k von der Wellenlänge bzw. dem Spektrum der zur Abschwächung gelangenden Strahlung unabhängig. Entspricht der Keil auch sonst hohen Anforderungen, so sind die Koeffizienten k_2, k_3 usw. der höheren Glieder, verglichen mit k_0 und k_1, außerordentlich klein. Die Keilkurve verläuft dann sehr nahe linear. Ist hingegen der Keil ausgesprochen selektiv, weichen also die k_1 für die verschiedenen Wellenlängen λ erheblich voneinander ab, so können — wie sich auf Grund von Ziff. 24, Gleichung (3) beweisen läßt — die Koeffizienten k der höheren Glieder für eine zu-

[1] Photometric Investigations. Laws Obs Bull 1, S. 91 (1905).

sammengesetzte Strahlung beträchtliche Werte annehmen. Die Keilkurve ist also merklich gekrümmt, und zwar auch in dem Falle, wenn die den einzelnen Wellenlängen entsprechenden Keilkurven sehr nahe linear verlaufen sollten.

Eichung des Meßkeiles. Die Funktion $\Delta M = \Phi(\sigma)$ kann nur durch photometrische Eichung festgelegt werden. Hat man für eine Anzahl von Ablesungen σ die Funktionswerte $\Phi(\sigma)$ bestimmt, so kann man entweder die Keilkoeffizienten k durch Ausgleichung ermitteln[1] oder die Keilfunktion Φ auf graphischem Wege festlegen.

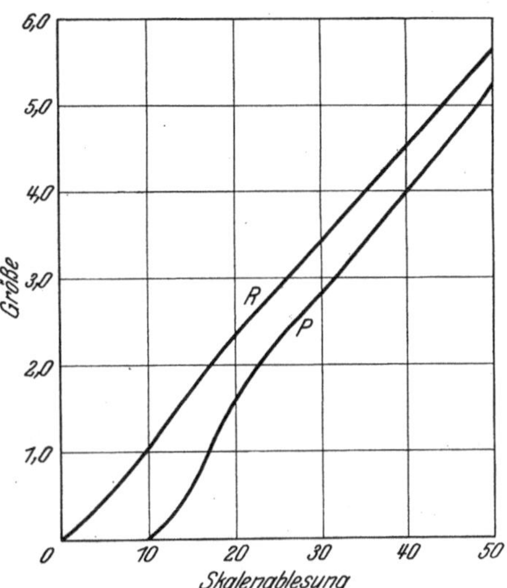

Abb. 22. Durchlässigkeitskurven eines Rauchglas- und eines photographischen Keiles. (Laws Obs Bull 1, S. 102.)

Das bei der Eichung einzuschlagende Verfahren ist verschieden, je nachdem der Meßkeil auf einen künstlichen oder auf die natürlichen Sterne wirkt. Bei dem Vergleichskeilphotometer von E. C. Pickering[2] ist der erste Fall gegeben. Werden physiologische Helligkeiten und visuelle Größen der natürlichen Normalsterne mit H und M, Helligkeit und fiktive Größe des unabgeschwächten künstlichen Sternes mit H' und M' bezeichnet, so entspricht jeder Abschwächung des letzteren auf gleiche Helligkeit mit dem Normalstern die Gleichung:

$$H' - 2^M{,}5 \log A = H, \qquad (45)$$

und es liefert gemäß der umgeformten Gleichung:

$$-2^M{,}5 \log A = \Phi(\sigma) = H - H' = M - M' \qquad (46)$$

jede mit Ablesung der Skala verbundene Einstellung des Keiles einen Wert von $\Phi(\sigma)$, der allerdings, da M' meist nicht bekannt ist, in der Regel nur bis auf eine additive Konstante bestimmt ist.

Mißt man grundsätzlich nur Sterne, deren physiologische Helligkeiten im Fechnerschen Bereiche, also etwa zwischen $+0^M{,}5$ und $+3^M{,}5$ liegen, so ist man auf die Kenntnis natürlicher Normalsterne nicht angewiesen, sondern kann die Eichung des Meßkeiles auch mit Hilfe eines meßbar veränderlichen künstlichen Normalsternes vornehmen. Will man sich hingegen bei den photometrischen Messungen nicht auf den Fechnerschen Bereich beschränken, so ist es durchaus notwendig, den Meßkeil an natürlichen Sternen, und zwar für jeden Spektraltypus gesondert, zu eichen. Die so erhaltenen Keilkurven sind mit systematischen Purkinje-Fehlern behaftete, subjektive Kurven und werden daher von der auf Grund fovealer Vergleichungen bestimmten wahren Durchlässigkeitskurve stets mehr oder weniger abweichen.

Bei dem Müllerschen Gleichheits- sowie dem Pritchardschen Auslöschungskeilphotometer, bei denen jeweils der natürliche Stern abgeschwächt wird, muß der Keil an natürlichen Sternen von bekannter Größe und Spektralklasse geeicht werden, während die Eichung mit Hilfe eines künstlichen Normalsternes lediglich

[1] Vgl. z. B. J. Wilsings Verfahren A N 112, S. 265 (1885).
[2] Siehe unten Ziff. 35, ε.

den Wert einer Kontrolle hat. Die der Eichung entsprechenden Gleichungen lauten jetzt abweichend von (45) und (46):

$$H - 2^M{,}5 \log A = H', \qquad -2^M{,}5 \log A = \Phi(\sigma) = H' - H = M' - M\,. \tag{47}$$

Hierin ist M' bei dem Gleichheitsphotometer die fiktive Größe des konstanten künstlichen Vergleichssternes, hingegen bei dem Auslöschungsphotometer die vom Spektraltypus des Sternes und von der Helligkeit des Untergrundes abhängige extrafoveale Grenzgröße. Im letzteren Falle liefert die Eichung nicht $\Phi(\sigma)$, sondern $\Phi(\sigma) - M'$, also nicht die wahre Durchlässigkeitskurve, sondern eine mit den systematischen Fehlern des Auslöschungsverfahrens behaftete, rein empirische Keilkurve.

Photographische Keile. Als Ersatz für die teuren Rauchglaskeile werden gelegentlich sog. „photographische Keile" verwendet, die sich ohne besondere Kosten mit einfachen Hilfsmitteln herstellen lassen. Eine auf einen Glasstreifen aufgetragene lichtempfindliche Schicht wird in so feiner Abstufung belichtet und entwickelt, daß Schwärzung und lichtdämpfende Wirkung in der Längsrichtung der Platte gleichmäßig zunehmen. Die Schichtseite der Platte wird durch ein Deckglas geschützt. Eine genaue Beschreibung des Verfahrens der Herstellung findet man z. B. bei E. S. KING[1].

Da die Durchlässigkeitskurven photographischer Keile im allgemeinen weniger regelmäßig verlaufen als die von Rauchglaskeilen, so bedürfen die erstgenannten Keile stets einer besonders sorgfältigen Eichung. Sie pflegen übrigens das durchgehende Licht merklich zu streuen. Ein von F. H. SEARES[2] angestellter Vergleich zwischen einem photographischen und einem ZEISSschen Rauchglaskeil fällt sehr zu ungunsten des ersteren aus. Die Durchlässigkeitskurve des photographischen Keiles (vgl. Abb. 22) verläuft weniger regelmäßig und weicht stärker von einer Geraden ab als die Kurve des Rauchglaskeiles.

29. Lichtschwächung durch Drehung der Polarisationsebene. Jede mit polarisiertem Licht arbeitende Abschwächungsvorrichtung besteht aus einem Polarisator, der das auffallende Licht vollständig polarisiert, und einem Analysator, durch den das polarisierte Licht in meßbarem Betrage abgeschwächt wird. Als Polarisatoren bzw. Analysatoren verwendet man neben spiegelnden Glasplatten vor allem die aus doppeltbrechenden einachsigen Kristallen geschnittenen Polarisationsprismen.

Polarisation durch Spiegelung. Läßt man ein Bündel natürlichen Lichtes unter einem beliebigen Winkel auf eine Glasplatte fallen, so erweisen sich sowohl das hindurchgehende als das reflektierte Bündel als teilweise geradlinig polarisiert. Während der gebrochene Strahl in der auf der Einfallsebene senkrechten Ebene schwingt und stets nur teilweise polarisiert ist, schwingt der reflektierte Strahl in der Einfallsebene und ist in dem Falle vollständig polarisiert, wenn er auf dem gebrochenen Strahle senkrecht steht. Im letzteren Falle besteht zwischen dem Einfallswinkel i_0 und dem Brechungsindex n die Beziehung:

$$\operatorname{tg} i_0 = n\,,$$

und man bezeichnet i_0 als den „Polarisationswinkel" der reflektierenden Substanz. Für Glas mit dem Brechungsindex $n = 1{,}5$ ergibt sich $i_0 = 56^\circ{,}3$.

Polarisation durch Doppelbrechung. Eine aus einem doppeltbrechenden einachsigen Kristall — etwa Bergkristall oder Kalkspat — geschnittene Platte, deren planparallele Begrenzungsflächen auf der kristallographischen Hauptachse senkrecht stehen, läßt einen in Richtung der letzteren einfallenden Lichtstrahl unzerlegt und ungebrochen hindurchgehen. Andererseits wird jeder

---

[1] Harv Ann 41, Nr. 9 (1902).
[2] Laws Obs Bull Nr. 7 (1905).

in einen beliebig geschnittenen Kristall schief zur Hauptachse eintretende Strahl (selbst bei senkrechtem Einfall) in zwei Strahlen von sehr nahe gleicher Intensität zerlegt, die in zwei aufeinander senkrecht stehenden Ebenen vollständig polarisiert sind. Während der eine derselben, der „ordentliche Strahl", das SNELLIUSsche Brechungsgesetz befolgt, wird der andere „außerordentliche Strahl" nach einem weniger einfachen Gesetze gebrochen. Jede die Hauptachse enthaltende oder ihr parallel durch den Kristall gelegte Ebene heißt ein „Hauptschnitt" des Kristalles. Der ordentliche Strahl ist stets in der Ebene des zu ihm gehörigen (das heißt ihn enthaltenden) Hauptschnittes, der außerordentliche Strahl in der auf dem zugehörigen Hauptschnitt senkrecht stehenden Ebene polarisiert.

Polarisationsprismen[1]. Man hat zu unterscheiden zwischen den „Doppelbildprismen", die sowohl den ordentlichen als den außerordentlichen Strahl auf Grund einer möglichst weiten Trennung zur Wirksamkeit gelangen lassen, und den „eigentlichen Polarisationsprismen", bei denen der eine Strahl, und zwar meist der ordentliche, durch Totalreflexion fortgeschafft wird.

Das ROCHONsche Prisma[2] (Abb. 23), das älteste von allen Polarisationsprismen, besteht aus zwei kongruenten, rechtwinkligen Prismen P' und P aus Bergkristall (seltener aus Kalkspat), die mit ihren Hypotenusenflächen aneinandergekittet sind. Während die Hauptachse des Prismas P' auf der Eintrittsfläche AB senkrecht steht, liegt die Achse des Prismas P der brechenden Kante C parallel. Ein natürlicher Lichtstrahl, der auf die Fläche AB senkrecht auffällt, geht daher unabgelenkt und unzerlegt durch das Prisma P' hindurch und wird erst beim Eintritt in das Prisma P in zwei Strahlen zerlegt. Der unabgelenkt hindurchgehende ordentliche Strahl Oo ist in dem auf der Papierebene senkrecht stehenden Hauptschnitt, der außerordentliche Strahl Oa hingegen in der Papierebene polarisiert. Der Ablenkungswinkel ω wächst mit dem brechenden Winkel β der Prismen und beträgt z. B. für ein Quarzprisma von 60° brechendem Winkel 58′. Während der außerordentliche Strahl achromatisch ist, erscheint der ordentliche infolge der Dispersion, die er im Quarz erleidet, leicht gefärbt.

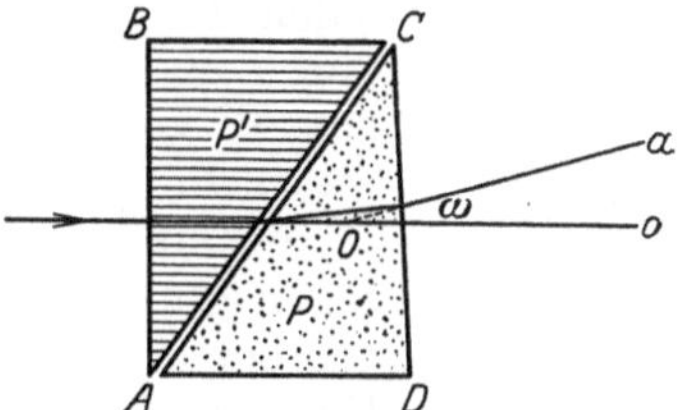

Abb. 23. ROCHONsches Doppelbildprisma.

Eine Modifikation des ROCHONschen stellt das WOLLASTONsche Doppelbildprisma[3] dar, das entweder aus Quarz oder aus Kalkspat hergestellt wird. Bei dieser Form liegt die Hauptachse des ersten Prismas parallel zu der Eintrittsfläche und senkrecht zu der brechenden Kante, während das zweite Prisma völlig dem zweiten Prisma des Rochons entspricht. Der das erste Prisma ungebrochen passierende ordentliche Strahl wird im zweiten Prisma zum abgelenkten außerordentlichen Strahl und umgekehrt. Die beiden aus dem Wollaston austretenden Strahlen sind von der ursprünglichen Richtung nach entgegengesetzten Seiten in gleichem Betrage abgelenkt, so daß die Gesamttrennung doppelt so groß ist wie bei dem Rochon, und sind in aufeinander senkrecht stehenden Ebenen polarisiert. Sowohl das ordentliche als das außerordentliche Bild erscheinen infolge der Dispersion leicht gefärbt.

Bei einer dritten Form des Doppelbildprismas, dem sog. achromatisierten Kalkspatprisma, besteht das eine Prisma — dessen Kristallachse wie bei

---

[1] Vgl. W. GROSSE, Die gebräuchlichen Polarisationsprismen mit besonderer Berücksichtigung ihrer Anwendung in Photometern. Clausthal 1887; K. FEUSSNER, Über die Prismen zur Polarisation des Lichtes. Z f Instrk 4, S. 41 (1884).

[2] A. M. DE ROCHON, Recueil de mémoires sur la mécanique et sur la physique. Paris 1783.

[3] Phil Trans 1820 I, S. 126.

dem ersten Prisma des Wollaston gelagert ist — aus Kalkspat, das andere aus einem Kronglas, dessen Brechungsindex mit dem für den außerordentlichen Strahl im Kalkspat geltenden nahe übereinstimmen muß. Als Kittungsmittel ist Kanadabalsam verwendet. Während der außerordentliche Strahl unabgelenkt und nur ein wenig seitlich versetzt aus dem Doppelbildprisma heraustritt, erfährt der ordentliche Strahl eine ziemlich starke Totalablenkung. Durch passende Wahl des brechenden Winkels läßt sich eine fast vollkommene Achromasie der beiden Bilder erzielen. Die beiden austretenden Strahlenbündel sind — wie bei jedem Doppelbildprisma — senkrecht zueinander polarisiert.

— Das älteste der eigentlichen Polarisationsprismen ist das von W. NICOL[1] 1828 angegebene Kalkspatprisma mit schrägen Endflächen (Abb. 24). Da AC und BD gegenüberliegende stumpfe Kanten eines länglichen Kalkspatkristalles darstellen, so ist das Parallelogramm $ABCD$ ein Hauptschnitt des Kristalles. Ein auf die passend geschnittene rhombenförmige Endfläche AB parallel zu den Seitenkanten auffallender Strahl EF wird in zwei in der Papierebene liegende Strahlen FG und FG' zerlegt. Schneidet man nun den Kristall in der Diagonalen BC senkrecht zum Hauptschnitt (d. h. zur Papierebene) durch und kittet die rhombenförmigen Schnittflächen mit Kanadabalsam zusammen, so kann man erreichen, daß der ordentliche Strahl FG', für den der Brechungsindex des Kalkspates größer ist als der des Balsams, durch Totalreflexion beseitigt wird. Hingegen durchläuft der außerordentliche Strahl FH den Kristall ungebrochen und tritt mit nur geringer seitlicher Versetzung in der Richtung HI parallel zu EF wieder aus. Der austretende Strahl ist senkrecht zum Hauptschnitt polarisiert.

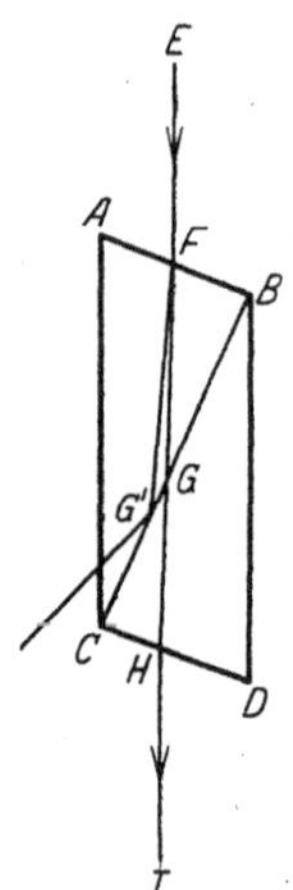

Abb. 24. NICOLsches Polarisationsprisma.

Optisch vollkommener als das ursprüngliche NICOLsche Prisma, insbesondere frei von seitlicher Versetzung des Strahles, ist der Nikol mit geraden Endflächen, der daher heute bei den Photometern fast ausschließlich in Anwendung kommt. Die sonstigen Formen des eigentlichen Polarisationsprismas unterscheiden sich hauptsächlich durch die Orientierung der verschiedenen Begrenzungsflächen zur Kristallachse und durch die Art der Zwischenschicht. So besteht z. B. bei den Prismen von L. FOUCAULT sowie von P. GLAN das Zwischenmedium in einer dünnen Luftschicht.

Das Sinus-Kosinusquadratgesetz von MALUS. Die Möglichkeit, polarisiertes Licht in meßbarem Betrage abzuschwächen, beruht auf den folgenden, in der Hauptsache schon von E. L. MALUS[2] aufgestellten Sätzen:

Satz I. Fällt ein Bündel natürlichen Lichtes von der Strahlungsstärke T auf einen einachsigen doppeltbrechenden Kristall auf, so sind die Strahlungsstärken der beiden austretenden, dem ordentlichen und dem außerordentlichen Strahl entsprechenden Bündel:

$$T_o = \mu \frac{T}{2}, \qquad T_a = \nu \frac{T}{2}, \tag{48a, b}$$

worin die Durchlässigkeitskoeffizienten μ und ν nur wenig voneinander verschieden sind.

Satz II. Wird ein geradlinig polarisiertes Strahlenbündel von der Strahlungsstärke T beim Auftreffen auf einen einachsigen Kristall in zwei senkrecht zueinander polarisierte Bündel zerlegt, so sind, wenn der Winkel zwischen

[1] Edinburgh New Philosoph Journ 6 (1828).
[2] Théorie de la double réfraction. Paris 1813.

der Polarisationsebene des einfallenden Bündels und dem dem ordentlichen Strahl zugeordneten Hauptschnitt mit φ bezeichnet wird, die Strahlungsstärken der beiden austretenden Bündel:

$$T_o = \mu T \cos^2\varphi, \qquad T_a = \nu T \sin^2\varphi. \tag{49a, b}$$

Denkt man sich das in Satz I erwähnte natürliche Bündel in zwei im Hauptschnitt des Kristalles bzw. senkrecht zu ihm polarisierte Bündel von der Strahlungsstärke $T/2$ zerlegt, so lassen sich die Beziehungen (48) aus (49) herleiten.

Satz III. Fällt eine teilweise polarisierte Lichtstrahlung auf den Kristall auf, so wird die natürliche Komponente der Strahlung gemäß Satz I, die polarisierte Komponente gemäß Satz II zerlegt.

Die Werte der Durchlässigkeitskoeffizienten μ und ν können bei den gebräuchlichen Doppelbildprismen hauptsächlich wegen der Verschiedenheit der Reflexionsverluste, von denen der ordentliche bzw. der außerordentliche Strahl betroffen werden, um einige Hundertstel voneinander abweichen. Für ein Kalkspatrhomboeder bestimmte H. WILD[1] bei senkrechtem Einfall des Lichtstrahls das Verhältnis $\mu:\nu$ gleich 0,97 und fand diesen Wert mit dem auf theoretischem Wege berechneten übereinstimmend. Für ein Bergkristallprisma ist wegen des kleinen Winkels der Doppeltbrechung das Verhältnis $\mu:\nu$ nahezu gleich 1.

J. WILSING[2] hat das Sinusquadratgesetz (49, b) unter Anwendung eines photographisch-photometrischen Verfahrens einer experimentellen Prüfung unterzogen. Die zu eichende Polarisationsvorrichtung bestand aus zwei hintereinander geschalteten Nikols, während eine aus verschiedenen Abständen beleuchtete Kreidefläche als meßbar veränderliches Vergleichsobjekt diente. Das Ergebnis der Untersuchung faßt WILSING in folgendem Satze zusammen: „Das Verhältnis der Intensität des aus dem System von Nikolprismen austretenden Lichtbündels zur Intensität des einfallenden Lichtbündels ist (zwischen λ 0,425 μ und λ 0,630 μ) von der Wellenlänge unabhängig und wird innerhalb eines Intervalles von $3^m,5$ ($\varphi = 11°,5$ bis $\varphi = 90°,0$) durch das Sinusquadratgesetz dargestellt." Die Genauigkeit der Darstellung erreicht 0,5%.

Photometrische Anwendung der Sätze von MALUS. Im folgenden soll stets vorausgesetzt werden, daß die Strahlung beim Durchgang durch das Polarisationsprisma keine Änderung ihrer spektralen Zusammensetzung erfährt. Dann bleibt auch der spektrale Empfindlichkeitskoeffizient K des Auges ungeändert, und es können in die Gleichungen (48) und (49) an Stelle der Strahlungsstärken T die Lichtstärken L eingeführt werden.

Die Abschwächungsvorrichtung des E. C. PICKERINGschen Polarisationsphotometers[3] besteht aus einem festen Doppelbildprisma und einem um die Richtung der optischen Achse drehbaren analysierenden Nikol. Der Drehungswinkel kann an einem geteilten Kreise, dem „Intensitätskreise", abgelesen werden.

Fällt auf den Polarisator ein natürliches Strahlenbündel von der Lichtstärke L auf, so haben die aus dem Doppelbildprisma austretenden, senkrecht zueinander polarisierten Strahlenbündel nach (48) die Lichtstärken:

$$L_o = \tfrac{1}{2}\mu L, \qquad L_a = \tfrac{1}{2}\nu L.$$

Ferner haben die aus dem analysierenden Nikol austretenden Bündel nach Gleichung (49b) die Lichtstärken:

$$L' = L_o \nu' \sin^2\varphi = \tfrac{1}{2}\mu\nu' L \sin^2\varphi, \qquad L'' = L_a \nu' \cos^2\varphi = \tfrac{1}{2}\nu\nu' L \cos^2\varphi, \tag{50}$$

[1] Pogg Ann 118, S. 193 (1863).
[2] A N 197, S. 257 (1913).
[3] Siehe unten Ziff. 34, λ.

worin ν' der Durchlässigkeitskoeffizient des Nikols und φ der Winkel ist, den sein Hauptschnitt mit der Polarisationsebene des auffallenden ordentlichen Strahles (d. h. mit dem Hauptschnitt des Polarisators) bildet. Vorausgesetzt ist dabei, daß die aus dem Doppelbildprisma austretenden Bündel in der Richtung der Rotationsachse auf den Nikol fallen.

Berechnung des Winkels φ aus den Ablesungen des Intensitätskreises. Den vier Stellungen des Nikols, bei denen die Hauptschnitte von Polarisator und Analysator den gleichen Winkel φ miteinander bilden, bei denen also das austretende Bündel ein und dieselbe Lichtstärke hat, entsprechen die vier in den verschiedenen Quadranten des Intensitätskreises liegenden Ablesungen α_I, α_{II}, α_{III}, α_{IV} (Abb. 25). Der einen der beiden Stellungen des Nikols, bei denen die Hauptschnitte parallel stehen, also $\varphi = 0$ ist, entspreche die Ablesung α_0, und der Index sei so berichtigt, daß α_0 näherungsweise gleich $0°$ ist. Die Ablesungen α sind noch wegen des Exzentrizitätsfehlers ε zu korrigieren. Dieser Fehler rührt in erster Linie davon her, daß die optische Achse des einfallenden Bündels weder mit dem Hauptschnitt noch mit der Rotationsachse des Nikols genau zusammenfällt, in zweiter Linie von den Teilungsfehlern des Intensitätskreises, die übrigens meist zu vernachlässigen sein dürften. Untersuchungen über Herkunft und Größenordnung des Exzentrizitätsfehlers hat W. DE SITTER[1] angestellt.

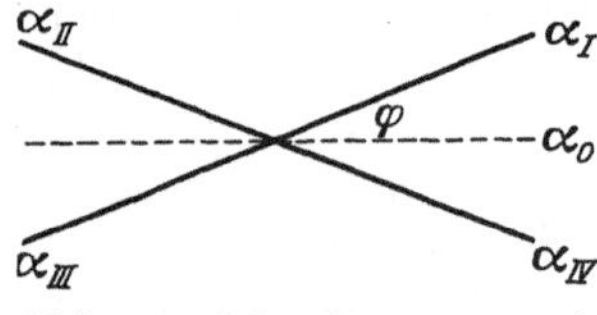

Abb. 25. Die vier symmetrischen Stellungen des drehbaren Nikols.

Nach Anbringung der Exzentrizitätskorrektionen ergeben sich folgende vier Werte des Neigungswinkels φ:

$$\begin{aligned} \alpha_I + \varepsilon_I - \alpha_0 &= +\varphi\,, \\ \alpha_{II} + \varepsilon_{II} - \alpha_0 &= 180° - \varphi\,, \\ \alpha_{III} + \varepsilon_{III} - \alpha_0 &= 180° + \varphi\,, \\ \alpha_{IV} + \varepsilon_{IV} - \alpha_0 &= 360° - \varphi\,. \end{aligned}$$

Nimmt man nun an, daß die ε sich gemäß den Beziehungen:

$$\varepsilon_I + \varepsilon_{III} = \varepsilon_{II} + \varepsilon_{IV} = 0\,,$$

paarweise gegeneinander aufheben, so ist der gesuchte Winkel φ durch den Mittelwert gegeben:

$$\varphi = \tfrac{1}{4}\,[\alpha_I - \alpha_{II} + \alpha_{III} - (\alpha_{IV} - 360°)]\,. \tag{51}$$

Die Berechnung des Indexfehlers, d. h. der $\varphi = 0$ entsprechenden Ablesung:

$$\alpha_0 = \tfrac{1}{4}(\alpha_I + \alpha_{II} + \alpha_{III} + \alpha_{IV}) - 180°$$

ist also entbehrlich.

Die Messung nach dem PICKERINGschen Verfahren gestaltet sich im Prinzip folgendermaßen: Werden zwei punktförmige Fokalbilder mit den ursprünglichen Lichtstärken L_1 und L_2 durch den Prismensatz abgeschwächt, so treten aus dem analysierenden Nikol gemäß (50) zwei Paare von Lichtbündeln heraus mit den Lichtstärken:

$$\begin{aligned} &\text{Lichtquelle I:} && L_1' = \tfrac{1}{2}\,\mu\nu' L_1 \sin^2\varphi\,, && L_1'' = \tfrac{1}{2}\,\nu\nu' L_1 \cos^2\varphi\,, \\ &\text{Lichtquelle II:} && L_2 = \tfrac{1}{2}\,\mu\nu' L_2 \sin^2\varphi\,, && L_2'' = \tfrac{1}{2}\,\nu\nu' L_2 \cos^2\varphi\,. \end{aligned} \tag{52}$$

Stellt man das erste Bild der Lichtquelle I neben das zweite Bild der Lichtquelle II, so lassen sich diese beiden Bilder durch Drehen des Nikols auf gleiche

[1] Groningen Publ Nr. 12, S. 6 (1904).

Helligkeit bringen. Ist φ der nach (51) berechnete Neigungswinkel der Hauptschnitte, so folgt aus $L_1' = L_2''$:

$$L_2 : L_1 = \frac{\mu}{\nu}\,\mathrm{tg}^2\varphi\,. \tag{53}$$

Der Faktor μ/ν kann entweder dadurch bestimmt werden, daß man die beiden Bilder ein und derselben Lichtquelle miteinander vergleicht, oder auf die Weise eliminiert werden, daß man das zweite Bild der Lichtquelle I mit dem ersten Bilde der Lichtquelle II vergleicht. Diese Vergleichung liefert den neuen Wert:

$$L_2 : L_1 = \frac{\nu}{\mu}\cot^2\varphi', \tag{53a}$$

und man kann μ/ν aus (53) und (53a) eliminieren. Da μ/ν nur wenig von 1 verschieden ist, so ergänzen sich φ und φ' näherungsweise zu 90°.

Deutet man in Gleichung (53) den Faktor $\mathrm{tg}^2\varphi$ als Abschwächungsfaktor, so kann man schreiben:

$$A = \mathrm{tg}^2\varphi, \qquad -2^M{,}5\log A = \varDelta M = -5^M\log\mathrm{tg}\,\varphi\,. \tag{54}$$

Eine von E. C. PICKERING[1] gegebene Tabelle liefert $\varDelta M$ mit dem Argument 4φ.

Empfindlichkeit und Meßbereich. Abschwächung in Größen sowie Abschwächungsfehler sind für verschiedene Werte des Winkels φ in nachfolgender Tabelle zusammengestellt. Der Abschwächungsfehler ist aus der Formel:

$$\varDelta(-2^M{,}5\log A) = -0^M{,}076\,\mathrm{cosec}\,2\varphi\,\varDelta\varphi\,, \tag{55}$$

unter Annahme eines Ablesefehlers $\varDelta\varphi = 0°{,}1$ berechnet. Die Empfindlichkeit $1/\varDelta$ ist für $\varphi = 45°$ am höchsten und nimmt sowohl mit zunehmendem

Tabelle 4.

φ	$-5^M\log\mathrm{tg}\,\varphi$	$-\varDelta$	$-5^M\log\sin\varphi$	$-\varDelta$	φ
5°	$+5^M{,}29$	$0^M{,}044$	$+5^M{,}30$	$0^M{,}043$	5°
10	+3 ,77	,022	3 ,80	,022	10
15	+2 ,86	,015	2 ,94	,014	15
30	+1 ,19	,0088	1 ,51	,0066	30
45	0 ,00	,0076	0, 75	,0038	45
60	−1 ,19	,0088	0 ,31	,0022	60
75	−2 ,86	,015	0 ,08	,0010	75
80	−3 ,77	,022	0 ,03	,0007	80
85	−5 ,29	,044	0 ,01	,0003	85

als mit abnehmendem Winkel φ langsam ab. Bei 10° und 80° beträgt der Abschwächungsfehler rund $0^M{,}02$. Begnügt man sich mit dieser Genauigkeit, so erstreckt sich der Abschwächungsbereich von $\varphi = 10°$ bis $\varphi = 80°$ und umfaßt 7,5 Größen.

Die Abschwächungsvorrichtung des ZÖLLNERschen Astrophotometers besteht in zwei hintereinander geschalteten zentrierten Nikols, von denen der erste, als Polarisator dienende, drehbar, der zweite, als Analysator dienende, fest ist. Abgeschwächt wird ein künstlicher Vergleichsstern.

Das aus dem ersten Nikol austretende, im „Nebenschnitt" desselben, d. h. in der zum Hauptschnitt normalen Ebene polarisierte Strahlenbündel hat nach (48b) die Lichtstärke

$$L_a = \tfrac{1}{2}\nu L$$

[1] Harv Ann 33, S. 279 (1900). — Vgl. auch die in Bd. I des Handbuches enthaltene Tafelsammlung.

und ferner nach dem Austritt aus dem zweiten Nikol gemäß (49b) die Lichtstärke:

$$L'_a = \nu' L_a \sin^2\varphi = \tfrac{1}{2}\nu\nu' L \sin^2\varphi\,, \tag{56}$$

worin φ der Winkel zwischen dem Nebenschnitt des drehbaren und dem Hauptschnitt des festen Nikols ist.

Sind die Hauptschnitte der Nikols gekreuzt, so ist $\varphi = 0$, und die Lichtstärke L'_a des Vergleichssternes wird $= 0$; liegen die Hauptschnitte parallel, so ist $\varphi = 90°$, und L'_a hat einen Maximalwert. Zwecks Vereinfachung der Reduktion pflegt man jeden Quadranten des Intensitätskreises für sich von $0°$ bis $90°$ zu teilen, und zwar Quadrant *I* und *III* in entgegengesetztem Sinne wie Quadrant *II* und *IV*, und ferner den Index bzw. Nonius so anzuordnen, daß er bei gekreuzten Nikols ($\varphi = 0°$), d. h. bei verfinstertem Vergleichsstern, näherungsweise $0°$ zeigt. Entsprechen den vier Stellungen des drehbaren Nikols, bei denen gleiche Werte von φ und damit auch von L'_a eintreten, die Ablesungen α_I, α_{II}, α_{III}, α_{IV}, so hat man, wenn mit ε die Exzentrizitätskorrektion und mit α_0 die dem Verschwinden des Lichtpunktes, also die dem Wert $\varphi = 0$ entsprechende Ablesung bezeichnet wird:

$$\begin{aligned} &\alpha_I + \varepsilon_I - \alpha_0 = \varphi\,, \qquad && \alpha_{III} + \varepsilon_{III} - \alpha_0 = \varphi\,, \\ &\alpha_{II} + \varepsilon_{II} + \alpha_0 = \varphi\,, && \alpha_{IV} + \varepsilon_{IV} + \alpha_0 = \varphi\,, \end{aligned} \tag{57}$$

worin α_0, je nachdem die Auslöschung in Quadrant *I* oder *IV* erfolgt, positives oder negatives Vorzeichen erhält. Nimmt man wieder an, daß sich die ε paarweise gegeneinander aufheben, so erhält man durch Mittelbildung die Werte:

$$\begin{aligned} \varphi &= \tfrac{1}{4}(\alpha_I + \alpha_{II} + \alpha_{III} + \alpha_{IV})\,, \\ \alpha_0 &= \tfrac{1}{4}(\alpha_I - \alpha_{II} + \alpha_{III} - \alpha_{IV})\,. \end{aligned} \tag{58}$$

Bezeichnet man die bei paralleler Stellung der Nikols ($\varphi = 90°$) eintretende maximale Lichtstärke des künstlichen Sternes mit L_0, die einer beliebigen Stellung entsprechende abgeschwächte Lichtstärke mit L, so kann man an Stelle von (56) einfacher schreiben:

$$L = L_0 \sin^2\varphi \tag{59}$$

und erhält für den Abschwächungsfaktor sowie für die Abschwächung in Größen die Ausdrücke:

$$A = L : L_0 = \sin^2\varphi\,, \qquad \Delta M = -2^M{,}5 \log A = -5^M \log\sin\varphi\,. \tag{60}$$

Der Wert von φ ist durch (58) gegeben. Streng genommen, müßte man freilich an Stelle der vier Einzelwerte (57) von φ die vier Werte von $\log\sin\varphi$ mitteln. Denn letztere, nicht die φ selbst, sind mit den zufälligen Fehlern der Einstellung auf gleiche Helligkeit behaftet[1].

Die Abschwächung ΔM kann mit dem Argument φ einer von P. GUTHNICK[2] gegebenen Tafel entnommen werden.

Empfindlichkeit und Meßbereich. Wird der Ablesefehler mit $\Delta\varphi\,(=\Delta\alpha)$ bezeichnet und gleich $0°{,}1$ gesetzt, so ist der dem Neigungswinkel φ (bzw. der Ablesung α) entsprechende Abschwächungsfehler durch die Formel gegeben:

$$\Delta(-2^M{,}5 \log A) = -0^M{,}038 \cot\varphi\,\Delta\varphi = -0^M{,}0038 \cot\varphi\,. \tag{61}$$

In Tabelle 4 sind Abschwächung $-5^M \log\sin\varphi$ und Abschwächungsfehler Δ für 9 verschiedene Werte von φ gegeben. Letzterer Fehler bleibt für Werte von φ

[1] Vgl. hierzu Potsd Publ Nr. 81 (1925) S. 4.

[2] Beob.-Erg. d. K. Sternw. zu Berlin, Nr. 14, S. 64 (1910). — Vgl. auch Handbuch der Astrophysik Bd. II, S. 243 sowie die im Bd. I enthaltene Tafelsammlung.

zwischen 90° und 10° unterhalb $0^M,02$. Diesem Bereich des Winkels φ entspricht ein Abschwächungsbereich von $3^M,8$, der also nur halb so weit wie der bei Anwendung des $\mathrm{tg}^2\varphi$-Gesetzes zur Verfügung stehende Abschwächungsbereich ist.

30. Vergleichsvorrichtungen. Die im folgenden unter α) und β) behandelten Vergleichsvorrichtungen finden bei solchen Photometern Anwendung, bei denen Objekt und Vergleichsobjekt durch ein und dasselbe Objektiv zur Abbildung gelangen. Hingegen dienen die unter γ) bis ζ) behandelten Vorrichtungen dazu, das durch das seitlich angeordnete Hilfssystem erzeugte Vergleichsobjekt ins Gesichtsfeld zu spiegeln.

α) Der Objektivspiegel — gewöhnlich ein vor dem Objektiv angebrachter, um zwei Achsen drehbarer Planspiegel (bzw. total reflektierendes Prisma) — hat die Aufgabe, das zölestische Vergleichsobjekt in die seiner Abbildung dienende Teilöffnung des Objektives hineinzuspiegeln. Stehen Objekt und Vergleichsobjekt in weitem Abstand (z. B. 90°) voneinander, so genügt ein Spiegel, sollen indessen zwei nahe beieinander stehende Objekte verglichen werden, so sind zwei Spiegel erforderlich (vgl. Abb. 32a). Mit Hilfe derartiger Vorrichtungen lassen sich sowohl punktförmige als flächenhafte Bilder im Gesichtsfelde nebeneinander stellen.

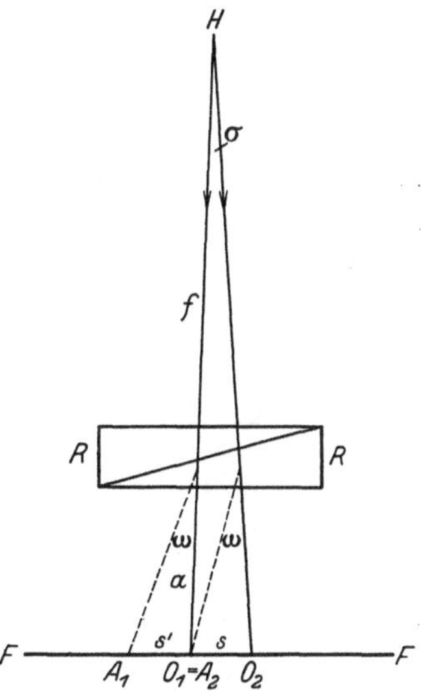

Abb. 26. Rochonsche Vergleichsvorrichtung.

β) Die Rochonsche Vergleichsvorrichtung findet bei den Polarisationsphotometern von F. Arago sowie von E. C. Pickering[1] Anwendung. Im Okularrohr eines Refraktors ist ein Rochonsches Doppelbildprisma (vgl. Abb. 23) derart angeordnet, daß es sich in Richtung der optischen Achse innerhalb gewisser Grenzen verschieben läßt. Der Abstand a des im Prisma liegenden Divergenzpunktes O von der Fokalebene FF kann an einer Skala abgelesen werden. Der Rochon ist um die optische Achse des Fernrohres drehbar. Der beschriebene Apparat wird gewöhnlich als Rochonsches Mikrometer[2], ein mit einem solchen Mikrometer ausgestattetes Fernrohr als Rochonsches Prismenfernrohr bezeichnet.

Wird ein solches Prismenfernrohr auf einen Doppelstern (Distanz σ) gerichtet (Abb. 26), so entstehen in der Fokalebene vier Bilder, von denen bei Drehen des Rochons die beiden — den unabgelenkten Strahlen entsprechenden — ordentlichen Bilder feststehen, während sich jedes der beiden außerordentlichen Bilder um das konjugierte ordentliche Bild dreht. Die vier Bilder lassen sich also im besonderen stets in eine gerade Linie stellen.

Wird der lineare Abstand der ordentlichen Bilder mit s, der — für beide Sterne übereinstimmende — Abstand des außerordentlichen Bildes vom ordentlichen mit s' bezeichnet, so gelten die Beziehungen:

$$s = f\,\mathrm{tg}\,\sigma\,, \qquad s' = a\,\mathrm{tg}\,\omega\,,$$

worin ω der Ablenkungswinkel des Rochons und a die an der Skala abgelesene Verschiebung ist. Stehen die vier Bilder in einer geraden Linie, so kann man durch Verschieben des Rochons stets erreichen, daß das außerordentliche Bild A_2

[1] Siehe unten Ziff. 34, λ.

[2] Vgl. L. Ambronn, Handb. der astronomischen Instrumentenkunde, S. 599ff. (1899).

des zweiten Sternes mit dem ordentlichen O_1 des ersten Sternes zusammenfällt, d. h. $s' = s$ wird. Zwischen σ und a besteht dann sehr genähert die Beziehung:

$$f\sigma = \omega a\,. \tag{62}$$

Man kann also, je nachdem eine Verwendung des Apparates als Mikrometer oder als Vergleichsvorrichtung in Frage kommt, entweder bei gegebener Verschiebung a die Distanz σ oder bei gegebener Distanz σ die Verschiebung a berechnen, die nötig ist, um die zu vergleichenden Bilder O_1 und A_2 in Koinzidenz zu bringen. Natürlich lassen sich nur die Bilder solcher Sterne zur Deckung bringen, deren Distanz die Bedingung erfüllt: $\sigma \leqq \omega \frac{a_m}{f}$, wenn unter a_m der Maximalwert der Verschiebung verstanden wird.

Die vorstehenden Darlegungen bleiben im wesentlichen ungeändert, wenn an Stelle des Rochons ein Wollaston verwendet wird.

γ) Der FRAUNHOFERsche Spiegel (vgl. Abb. 39 oder 48) (entweder Planspiegel oder Prisma) ist im Okularrohr gegenüber der Einmündung des seitlichen Photometerrohres befestigt. Er ist gegen die optische Achse um 45° geneigt und halbiert gewöhnlich mit seiner Kante das Gesichtsfeld. Der so angeordnete Spiegel findet sowohl bei Punkt- als bei Flächenphotometern Anwendung. Nach C. A. STEINHEIL[1] tritt er zum erstenmal bei dem 1817 von J. FRAUNHOFER[2] konstruierten, ältesten Spektralphotometer auf.

δ) Die ZÖLLNERsche Planglasplatte (vgl. Abb. 40) stellt die ideale Vergleichsvorrichtung für ein Punktphotometer dar. Wie der FRAUNHOFERsche Spiegel ist sie am Kreuzungspunkt von Okular- und Seitenrohr unter 45° Neigung angebracht, nimmt aber die ganze Weite des Okularrohres ein. In der Brennebene des Hauptobjektives, die in der Regel in einige Entfernung hinter die Glasplatte gelegt wird, entstehen von einem im seitlichen Photometerrohr erzeugten künstlichen Vergleichsstern zwei Bilder, deren Abstand durch die meist 2 bis 4 mm betragende Dicke der Glasplatte bestimmt ist. Diese Bilder projizieren sich auf das Bild des Himmelsgrundes.

Bei dem ZÖLLNERschen Astrophotometer ist das auf die Glasplatte auffallende künstliche Licht in der Einfallsebene polarisiert. Gemäß den FRESNELschen Formeln[3] sind in diesem Falle die Lichtstärken der von der Rück- bzw. der Vorderfläche der Platte reflektierten Bündel, wenn man den Absorptionsverlust unberücksichtigt läßt, relativ zum auffallenden Bündel um $+2^M{,}59$ bzw. $+2^M{,}80$ abgeschwächt. In der Tat pflegt sich das von der hinteren (d. h. dem Beobachter zugekehrten) Fläche der Glasplatte reflektierte Bild um rund $0^M{,}3$ heller zu ergeben als das von der Vorderfläche zurückgeworfene Bild.

ε) Die CERASKIsche Glasplatte kommt ebenso wie der unter ζ) beschriebene LUMMER-BRODHUNsche Würfel nur als Vergleichsvorrichtung für Flächenphotometer in Frage. W. CERASKI[4] versilbert die ZÖLLNERsche Glasplatte auf der dem — direkten oder seitlichen — Okular zugekehrten Seite bis auf kleine, unbelegt bleibende Öffnungen von $^1/_2$ oder $^1/_4$ mm Durchmesser. Diese Öffnungen werden in die Fokalebene des Hauptobjektives gebracht und leuchten im Kontrast zu ihrer reflektiertes Licht aussendenden Umgebung in durchgehendem Lichte. Man kann auch umgekehrt eng begrenzte Stellen der Glasplatte versilbern und die übrige Fläche unbelegt lassen.

ζ) Der LUMMER-BRODHUNsche Photometerwürfel[5] wird in verschiedenen Formen hergestellt, von denen die beiden gebräuchlichsten in Abb. 27 schematisch

---

[1] Elemente, S. 37.

[2] Gilb Ann 26, S. 297 (1817); Abbildung siehe MÜLLER, Phot. d. Gest., S. 267.

[3] Vgl. z. B. LIEBENTHAL, S. 396.

[4] A N 172, S. 23 (1906).

[5] Z f Instrk 9, S. 23, 41, 461 (1889) und 12, S. 41 (1892).

dargestellt sind. Der Würfel besteht aus zwei rechtwinkligen Prismen, deren Hypotenusenflächen vollkommen eben geschliffen und so innig aneinander gepreßt sind, daß an den (gestrichelt gezeichneten) Berührungsstellen keine Reflexion und folglich auch kein Lichtverlust stattfindet. Da von der Hypotenusenfläche des Prismas A bestimmte Teile durch Schleifen oder Sandstrahlgebläse fortgenommen sind, so berühren sich die Prismen bei dem Würfel I nur in einem kleinen Kreise und bei dem Würfel II nur in der Umgebung eines solchen. Während die von oben kommenden, durch Pfeile angedeuteten Strahlen ungebrochen hindurchgehen, werden die von rechts einfallenden Strahlen total reflektiert. Das von unten her auf den Würfel I blickende und auf seine Hypotenusenfläche akkommodierende Auge sieht folglich ein inneres elliptisches Feld im durchgehenden, das umgebende Feld im reflektierten Lichte leuchten, während sich für Würfel II diese Verhältnisse umkehren.

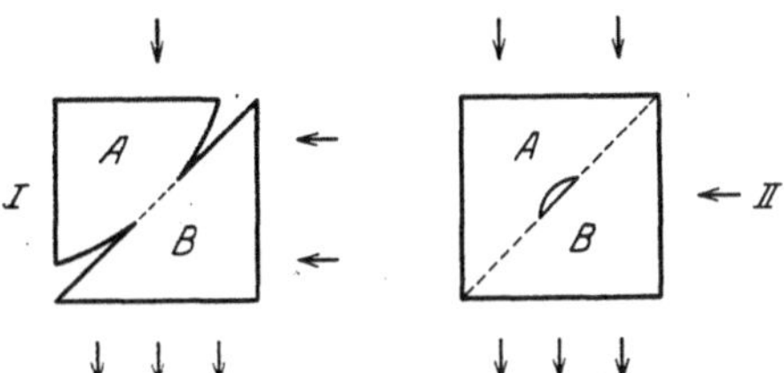

Abb. 27. Photometerwürfel nach O. Lummer u. E. Brodhun.

Andere Formen des Photometerwürfels sind von H. Rosenberg sowie von E. Schönberg bei ihren unten in Ziff. 37, β beschriebenen Flächenphotometern verwendet worden.

e) Die Methoden der Auslöschungsphotometrie.

31. Allgemeine Gesichtspunkte. An Hand der gewöhnlich sich darbietenden Aufgabe, die Größendifferenz zweier Objekte, die auf gleich hellem Himmelsgrunde stehen, zu bestimmen, sei die Auslöschungsmethode zunächst im Prinzip erläutert. Die Methoden der Auslöschung punktförmiger und flächenhafter Objekte werden getrennt behandelt.

α) Auslöschung punktförmiger Objekte. Die Messung besteht darin, zuerst den einen, dann den andern der zu vergleichenden Sterne mittels der Abschwächungsvorrichtung meßbar abzuschwächen, bis er auf seinem Untergrunde verschwindet — genauer gesagt — bis seine Helligkeit auf eine eben noch wahrnehmbare Grenzhelligkeit herabsinkt. Der Himmelsgrund, auf dem der Stern steht, wird bei den meisten Photometern in gleichem Verhältnis abgeschwächt wie der Stern und erscheint daher bei der Auslöschung des letzteren entweder völlig oder doch nahezu dunkel. Wird hingegen — wie z. B. bei dem Deflektionsphotometer von H. M. Parkhurst[1] — nur der Stern abgeschwächt, während der Himmelsgrund ungeschwächt bleibt, so verschwindet der Stern auf hellem Grunde.

Werden die Schwellenwerte der Lichtstärke L bzw. der Helligkeit H des Sternes mit Λ und Γ, die gemessenen Abschwächungsfaktoren mit A bezeichnet, so entsprechen den Auslöschungen der beiden Sterne die Gleichungen:

$$\left.\begin{aligned} L_1 A_1 &= \Lambda_1 \\ H_1 - 2^M{,}5 \log A_1 &= \Gamma_1 \end{aligned}\right\} \qquad \left.\begin{aligned} L_2 A_2 &= \Lambda_2 \\ H_2 - 2^M{,}5 \log A_2 &= \Gamma_2 \end{aligned}\right\} \tag{1}$$

Setzt man nun voraus, daß die Schwellenwerte Λ_1 und Λ_2 und folglich auch $\Gamma_1 = -2^M{,}5 \log \Lambda_1$ und $\Gamma_2 = -2^M{,}5 \log \Lambda_2$ einander gleich seien — inwieweit diese Voraussetzung gerechtfertigt ist, bedarf in jedem Falle einer besonderen

[1] Siehe unten Ziff. 32, β.

Untersuchung —, so erhält man zur Bestimmung des Intensitätsverhältnisses bzw. der Größendifferenz der beiden Sterne die Gleichungen:

$$\begin{aligned} L_1 : L_2 &= J_1 : J_2 = A_1^{-1} : A_2^{-1}, \\ H_1 - H_2 &= M_1 - M_2 = +2^M{,}5 \log A_1 - 2^M{,}5 \log A_2. \end{aligned} \tag{2}$$

Foveale und extrafoveale Auslöschung. Steht ein sehr schwacher Stern auf einem durch Dämmerung oder Mondschein stark erhellten Himmelsgrunde, so kann es vorkommen, daß der zur Abschwächung gelangende Stern bei peripherem Sehen früher verschwindet als bei fovealem. Dann ist ein foveales Beobachten angebracht. Im allgemeinen ist indessen das Gesichtsfeld so schwach erhellt, daß die periphere Netzhaut von vornherein empfindlicher ist als die Fovea. Dann sinkt das foveale Bild des Sternes früher unter die Schwelle als das extrafoveale, und die Beobachtung muß extrafoveal erfolgen. Wollte man nämlich auch in diesem Falle foveal auslöschen, so würde der Stern beim geringsten Abschweifen des Blickes sofort wieder auftauchen, und die Messung würde infolgedessen sehr unsicher werden. In der Tat weichen erfahrungsgemäß die Werte der Grenzhelligkeit Γ, welche man durch nacheinander ausgeführte foveale Auslöschungen ein und desselben Sternes erhält, sehr beträchtlich — nach R. L. WATERFIELD[1] bis zu 1^M — voneinander ab.

Wird, dem regulären Fall entsprechend, extrafoveal beobachtet, so beziehen sich in den Gleichungen (1) und (2) die Lichtstärken L und Λ, Helligkeiten H und Γ, Intensitäten J und Größen M auf die spektrale Empfindlichkeit der Stäbchen. Wird der foveale Empfindlichkeitskoeffizient mit K, der der spektralen Empfindlichkeit der Stäbchen entsprechende mit $K^{(s)}$ bezeichnet, so bestehen zwischen den fovealen und den extrafovealen Intensitäten J und $J^{(s)}$ bzw. Größen M und $M^{(s)}$ die Beziehungen:

$$J = J^{(s)} \frac{K}{K^{(s)}}, \qquad M = M^{(s)} - 2^M{,}5 (\log K - \log K^{(s)}) .$$

Setzt man also in den Gleichungen (2) für J: $J \frac{K^{(s)}}{K}$ und für M: $M + 2^M{,}5 (\log K - \log K^{(s)})$ ein, so erhält man die korrigierten Gleichungen:

$$\left.\begin{aligned} J_1 : J_2 &= (A_1^{-1} : A_2^{-1}) \left(\frac{K_1}{K_2} : \frac{K_1^{(s)}}{K_2^{(s)}}\right), \\ M_1 - M_2 &= +2^M{,}5 (\log A_1 - \log A_2) - 2^M{,}5 (\log K_1 - \log K_2) \\ &\qquad + 2^M{,}5 (\log K_1^{(s)} - \log K_2^{(s)}) . \end{aligned}\right\} \tag{3}$$

Sind die verglichenen Sterne von gleichem Spektraltypus, so verschwinden die Korrektionsglieder, und die Gleichungen (2) geben unmittelbar die fovealen Intensitäten bzw. Größen der Sterne.

Systematische Fehlerquellen. Da die Empfindlichkeit der peripheren Netzhaut örtlich sehr verschieden ist, so hat der Beobachter sorgfältig darauf zu achten, daß er jeden Stern an möglichst derselben Stelle der Netzhaut, und zwar an der Stelle ihrer maximalen Empfindlichkeit, zum Verschwinden bringt. Bei völlig dunklem Untergrunde liegt diese Stelle in etwa 15° Abstand von der Fovea. R. L. WATERFIELD[2] empfiehlt die Verwendung eines Fixationszeichens. An einer exzentrisch gelegenen Stelle des Gesichtsfeldes wird ein roter Lichtpunkt erzeugt und vom Auge fixiert. Der zu messende Stern, der im Zentrum des Feldes steht, projiziert sich dann stets auf die gleiche Stelle der peripheren Netzhaut.

Eine unvermeidliche Fehlerquelle bei allen Auslöschungsmessungen bilden die Schwankungen der Empfindlichkeit der Netzhaut, die teils zufälliger, teils

---

[1] J B A A 31, S. 75 (1920). [2] J B A A 36, S. 260 (1926).

systematischer Natur sind. Ausgesprochen systematischer Natur sind einerseits die durch die fortschreitende Dunkeladaptation der Stäbchen, andererseits die durch die Ermüdung des Auges verursachten Empfindlichkeitsänderungen. Nach G. MÜLLER[1] pflegt sich während einer längeren Auslöschungsreihe bei den meisten Beobachtern der Schwellenwert in der folgenden typischen Weise zu ändern: Im Anfang der Reihe, wenn das Auge noch nicht völlig dunkeladaptiert ist, ist der Schwellenwert Λ relativ groß, sinkt aber ziemlich bald auf einen Minimalwert herab, der, abgesehen von kleinen zufälligen Schwankungen, längere Zeit hindurch erhalten bleibt. Schließlich gegen Ende der Reihe, wenn das Auge infolge der bedeutenden Anstrengung, die ihm zugemutet wird, allmählich zu ermüden beginnt, nimmt der Schwellenwert langsam wieder zu.

Eine weitere, sehr störende Fehlerquelle bildet die Abhängigkeit des Schwellenwertes von der Helligkeit des Grundes, auf welchem die Auslöschung erfolgt. Abb. 28, welche auf Auslöschungen eines im Gesichtsfeld eines Refraktors erzeugten

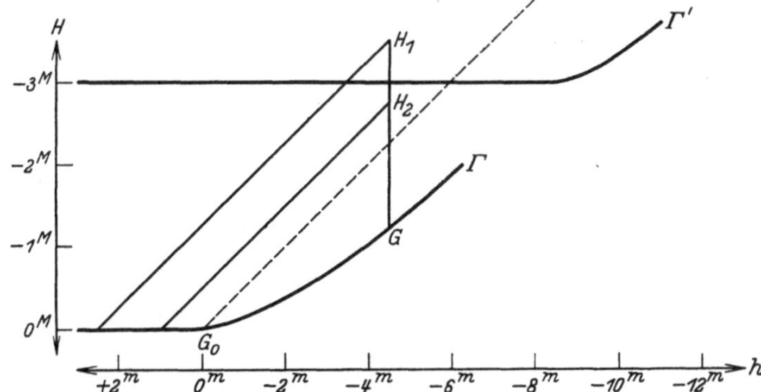

Abb. 28. Fovealer (Kurve Γ') und extrafovealer Schwellenwert (Kurve Γ) der Helligkeit eines Lichtpunktes als Funktion der Flächenhelligkeit h des Untergrundes.

künstlichen Sternes von gelblicher Farbe beruht[2], gibt eine Vorstellung davon, in welcher Weise die Grenzhelligkeit Γ eines Lichtpunktes von der Flächenhelligkeit h seines Untergrundes abhängt. Dabei entsprechen positive Werte von h einem völlig schwarz erscheinenden Grunde, während die Helligkeit des mondlosen Nachthimmels mit ungefähr -5^{m} zu bezeichnen wäre.

Die obere Kurve stellt den fovealen Schwellenwert Γ', die untere Kurve den extrafovealen Γ dar. Die Konstanz des Schwellenwertes Γ' für kleine Helligkeiten des Grundes ($\Gamma' = \Gamma'_0$) erklärt sich durch den stationären Adaptationszustand der dunkeladaptierten Zapfen. Erst wenn h einen Wert von ungefähr -8^{m} erreicht hat, beginnt $-\Gamma'$ zu wachsen.

Der Schwellenwert Γ (untere Kurve) bezieht sich auf diejenige Stelle der extrafovealen Netzhaut, welche bei der betreffenden Helligkeit des Untergrundes jeweils die höchste Empfindlichkeit für punktförmige Objekte besitzt. Man erkennt, daß der Schwellenwert $-\Gamma$ um so kleiner, die Empfindlichkeit der Stäbchen also um so größer ist, je schwächer der Untergrund ist. Für völlig schwarz erscheinenden Untergrund ($h > 0$) ist Γ konstant $= \Gamma_0$. Der Verlauf der beiden Kurven, insbesondere die Differenz $\Gamma_0 - \Gamma'_0$, ist natürlich vom Spektrum des Sternes abhängig. Für ein mittleres Sternspektrum beträgt $\Gamma_0 - \Gamma'_0$ rund $+4^M$ (vgl. Ziff. 10).

[1] Potsd Publ 11, S. 228 (1898).

[2] Die betreffenden Beobachtungen wurden im Sommer 1928 vom Verfasser zu Potsdam angestellt.

An Hand von Abb. 28 läßt sich nun leicht der Einfluß der Helligkeit des Himmelsgrundes auf die Messungen nach der Auslöschungsmethode erkennen. H_1 und H_2 seien die auf die spektrale Empfindlichkeit der Stäbchen bezogenen scheinbaren Helligkeiten der beiden zu vergleichenden Lichtpunkte, die auf einem Untergrunde von der Flächenhelligkeit h stehen. Wir betrachten zunächst den Fall, daß nur die Sterne bis zur Grenzhelligkeit abgeschwächt werden, während der Untergrund ungeschwächt bleibt. Der fortschreitenden Abschwächung der Sterne entspricht dann die Bewegung der Punkte H_1 und H_2 in vertikaler Richtung bis zum Schnittpunkt G mit der unteren Kurve. Die Grenzhelligkeit, auf welche abgeschwächt wird, ist also für beide Sterne dieselbe: wir haben $\Gamma_1 = \Gamma_2$, d. h. die Bedingung, unter der die Gleichungen (2) gelten, ist erfüllt.

Etwas schwieriger liegt der Fall bei denjenigen Photometern, bei denen Stern und Grund in gleichem Verhältnis abgeschwächt werden. Dieser Art der Abschwächung entspricht die Bewegung der Punkte H_1 bzw. H_2 auf einer um 45° gegen die Koordinatenachsen geneigten Geraden bis zum Schnittpunkt der letzteren mit der Kurve. Die Ordinaten dieser beiden Schnittpunkte sind ersichtlich nur dann einander gleich, wenn beide Punkte H oberhalb der durch G_0 unter 45° Neigung gelegten Geraden liegen. Die Auslöschung beider Sterne erfolgt dann bei der gleichen, völliger Schwärze des Grundes entsprechenden Grenzhelligkeit $\Gamma = \Gamma_0$.

Für diesen letzteren Fall ergibt sich als Regel, daß man bei gegebener Helligkeit des Untergrundes nicht beliebig schwache Sterne auslöschen darf. Vielmehr müssen die Helligkeiten der Sterne oberhalb einer gewissen Grenze liegen, die ihrerseits um so höher liegt, je heller der Grund ist, auf dem die Sterne stehen. Sollen ganz schwache Sterne gemessen werden, so ist es ratsam, vor Beginn der Messung den Untergrund abzuschwächen, was sich durch Anwendung einer stärkeren Vergrößerung leicht erzielen läßt. Messungen in heller Dämmerung oder in der Nähe des Mondes sind indessen möglichst zu vermeiden.

Erreichbare Genauigkeit. Sind bei der Auslöschung eines Lichtpunktes mehrere Einstellungen gemacht worden, so hat man gemäß Gleichung (1) bei der Mittelbildung zwei Möglichkeiten: man kann entweder die Schwellenwerte Λ, d. h. die gemessenen Abschwächungsfaktoren A oder aber die Schwellenwerte Γ, d. h. die Abschwächungen $-2^M{,}5 \log A$, in Mittelwerte vereinigen. Daß beide Verfahren gleichberechtigt sind, erkennt man auf Grund der in Ziff. 15 gegebenen KÖNIGschen Tabelle. Laut derselben läßt sich nämlich die Empfindungsstärke e in der Nähe der Empfindungsschwelle fast ebensogut als lineare Funktion der Leuchtdichte l als — gemäß dem FECHNERschen Gesetz — als lineare Funktion von $\log l$ darstellen.

In der betreffenden Tabelle erreicht der Stufenwert $-2^m{,}5 \log\left(\frac{\Delta l}{l}\right)$ für die kleinste Leuchtdichte den Wert $0^m{,}57$. Die Sicherheit der Einstellung dürfte demgemäß in der Nähe des Schwellenwertes sehr gering sein. Man wird nicht allzusehr fehlgehen, wenn man den mittleren zufälligen Fehler der einzelnen Einstellung bzw. Bestimmung von Γ unter normalen Bedingungen auf etwa $\pm 0^M{,}25$ veranschlagt. Nach Angabe verschiedener Beobachter stimmen zwar sehr rasch nacheinander ausgeführte Auslöschungen oft innerhalb weniger Hundertstel Größen überein; doch dürften in solchen Fällen die einzelnen Einstellungen nicht unabhängig voneinander sein. Ist nämlich die Abschwächungsvorrichtung sehr empfindlich, so kann es vorkommen, daß für die auf die erste Einstellung sehr rasch folgende zweite nicht, wie erforderlich, das Urteil des Auges maßgebend ist, sondern daß letztere Einstellung im wesentlichen eine gedächtnismäßige Wiederholung der bei der ersten Einstellung ausgeführten Handbewegung darstellt.

Gesetzt den Fall, es sei die Größendifferenz von zwei Fixsternen an verschiedenen Abenden gemessen, so dürfte sich gemäß den Erfahrungen der besten Beobachter der mittlere Fehler der einzelnen Messung, auch wenn letztere auf zahlreichen Einstellungen beruht, im Durchschnitt nicht kleiner als $\pm 0^{M},1$ ergeben. Die Auslöschungsmethode ist also nur einer mäßigen Genauigkeit fähig.

β) Die Auslöschung flächenhafter Objekte. Wir betrachten zunächst den Fall, daß Objekt und Untergrund in gleichem Verhältnis abgeschwächt werden, so daß die Auslöschung auf völlig oder doch nahezu dunklem Grunde erfolgt. Die Messung liefert dann stets die Summe der Intensitäten bzw. Flächenintensitäten von Objekt und darüberlagerndem diffusen Himmelslicht. Die Intensität des Himmelsgrundes muß daher in jedem Falle gesondert bestimmt und von der gemessenen zusammengesetzten Intensität des Objektes in Abzug gebracht werden[1].

Die Schwellenwerte Λ der Gesamtlichtstärke bzw. Γ der Gesamthelligkeit des Objektes hängen wieder von der Helligkeit h des Untergrundes ab, auf dem die Auslöschung erfolgt, außerdem aber auch von der scheinbaren Fläche F des Objektes. Würde man die einem bestimmten Wert von F entsprechende Beziehung zwischen Γ und h für geringe Leuchtdichten des Untergrundes durch eine Kurve darstellen, so würde letztere einen ähnlichen Verlauf nehmen wie die für Lichtpunkte geltende Kurve der Abb. 28. Indessen würden verschiedenen Werten von F verschiedene Kurven entsprechen. Die Abhängigkeit des für schwarzen Untergrund geltenden Schwellenwertes Γ von der scheinbaren Fläche F des Objektes ist in Ziff. 11 näher untersucht worden.

Die beiden verglichenen Objekte mögen gleichmäßig dicht strahlen und auf gleich hellem Himmelsgrunde stehen. Wird mit L die („regelmäßige") Lichtstärke, mit F die scheinbare Fläche des Objektes, mit $\overline{L}$ die Lichtstärke des letztere überlagernden Himmelslichtes bezeichnet, so entsprechen den Auslöschungen der beiden Objekte auf dem bis zu völliger Schwärze abgeschwächten Untergrunde die Gleichungen:

$$(L_1 + \overline{L}_1) A_1 = \Lambda_1, \qquad (L_2 + \overline{L}_2) A_2 = \Lambda_2. \tag{4}$$

Zur Bestimmung der diffusen Lichtstärken $\overline{L}_1$ und $\overline{L}_2$ blende man nun mit Hilfe einer Gesichtsfeld-Irisblende nacheinander zwei Areale mit den scheinbaren Flächen F_1 und F_2 aus dem Himmelsgrunde heraus und bringe sie auf dem umgebenden schwarzen Grunde zur Auslöschung. Diesem Verfahren entsprechen die Gleichungen:

$$\overline{L}_1 \overline{A}_1 = \Lambda_1, \qquad \overline{L}_2 \overline{A}_2 = \Lambda_2. \tag{5}$$

Durch Elimination der diffusen Lichtstärken $\overline{L}_1$ und $\overline{L}_2$ aus (4) und (5) erhält man die weiteren Gleichungen:

$$L_1 = \Lambda_1 \left(\frac{1}{A_1} - \frac{1}{\overline{A}_1}\right), \qquad L_2 = \Lambda_2 \left(\frac{1}{A_2} - \frac{1}{\overline{A}_2}\right) \tag{6}$$

und schließlich mit Rücksicht auf die Beziehung:

$$\overline{L}_1 : \overline{L}_2 = F_1 : F_2 = (\Lambda_1 : \Lambda_2) \left(\frac{1}{\overline{A}_1} : \frac{1}{\overline{A}_2}\right)$$

für das gesuchte Verhältnis der Intensitäten bzw. Flächenintensitäten der Objekte die Ausdrücke:

$$J_1 : J_2 = (F_1 : F_2) \left(\frac{\overline{A}_1}{A_1} - 1\right) : \left(\frac{\overline{A}_2}{A_2} - 1\right), \qquad j_1 : j_2 = \left(\frac{\overline{A}_1}{A_1} - 1\right) : \left(\frac{\overline{A}_2}{A_2} - 1\right). \tag{7}$$

[1] Vgl. auch Ziff. 33, β.

Im Falle gleicher Flächen $F_1 = F_2$ hat man $\overline{L}_1 = \overline{L}_2 = \overline{L}$ und $\Lambda_1 = \Lambda_2 = \Lambda$. Da dann nur eine Messung des Himmelsgrundes erforderlich ist, so treten an Stelle von (4), (5) und (6) die Gleichungen:

$$(L_1 + \overline{L}) A_1 = \Lambda, \qquad (L_2 + \overline{L}) A_2 = \Lambda, \qquad \overline{L}\overline{A} = \Lambda;$$

$$L_1 = \Lambda\left(\frac{1}{A_1} - \frac{1}{\overline{A}}\right), \qquad L_2 = \Lambda\left(\frac{1}{A_2} - \frac{1}{\overline{A}}\right),$$

und es folgt als Ergebnis der Messung:

$$J_1 : J_2 = j_1 : j_2 = \left(\frac{1}{A_1} - \frac{1}{\overline{A}}\right) : \left(\frac{1}{A_2} - \frac{1}{\overline{A}}\right). \tag{8}$$

Der Fall, daß die verglichenen zölestischen Objekte gleiche scheinbare Fläche haben, ist ein Ausnahmefall. Gleichung (8) kann aber auch dann Anwendung finden, wenn es sich um die Aufgabe handelt, die Flächenintensitäten an verschiedenen Stellen einer ungleichmäßig dicht leuchtenden Oberfläche, wie etwa der des Mondes, zu messen. Man blendet dann, wie W. R. DAWES[1] u. a. vorgeschlagen haben, mit Hilfe einer konstanten engen Gesichtsfeldblende die zu vergleichenden Stellen aus dem Fokalbilde der Oberfläche heraus. Da die kleinen hellen Kreise auf schwarzem Untergrunde stehen, so ist die Anwendung des Auslöschungsverfahrens völlig einwandfrei, und der Ausdruck (8) besitzt strenge Gültigkeit.

Schließlich sei noch der Fall betrachtet, daß die Flächen F_1 und F_2 zwar nicht gleich, aber so klein sind, daß ihre scheinbaren Durchmesser unterhalb 10′ liegen. Dann kann man gemäß der RICCÒschen Regel[2] $\Lambda_1 = \Lambda_2$ setzen und gewinnt den Ausdruck:

$$J_1 : J_2 = \left(\frac{1}{A_1} - \frac{1}{\overline{A}_1}\right) : \left(\frac{1}{A_2} - \frac{1}{\overline{A}_2}\right). \tag{9}$$

Insbesondere ist so auch die Möglichkeit gegeben, ein sehr kleines, flächenhaftes Objekt nach dem Auslöschungsverfahren an einen Fixstern anzuschließen. Man hat dann $F_2 = 0$, $\overline{L}_2 = 0$ und hat folglich in (9) $1 : \overline{A}_2 = 0$ zu setzen. E. J. SPITTA[3] hat mit einem Auslöschungsphotometer die Lichtstärken der Jupitersatelliten an die Gesamtlichtstärke der Planetenscheibe angeschlossen, wobei er sich auf das experimentell gefundene Ergebnis stützt, daß die Grenzhelligkeit eines scheibenförmigen Objektes bis zu einem scheinbaren Durchmesser von nicht weniger als 40′ (!) konstant bleibt.

Wird dem zweiten Hauptfall entsprechend nur das Objekt, nicht aber der Untergrund abgeschwächt, so daß jenes auf hellem Grunde verschwindet, so sind besondere Messungen des Himmelsgrundes in der Regel nicht erforderlich. Dies gilt insbesondere für den Fall, daß das extrafokale Bild eines Fixsternes durch Verschieben des Okulares auf dem Bilde des Himmelsgrundes zum Verlöschen gebracht wird.

Die Untergründe, auf denen die auszulöschenden Objekte stehen, seien beliebig hell, aber gleich hell. Werden die regelmäßigen Leuchtdichten der Objekte mit l_1 und l_2, die Schwellenwerte von l_1 und l_2 mit λ_1 und λ_2 bezeichnet, so entsprechen den Auslöschungen die Gleichungen:

$$l_1 A_1 = \lambda_1, \qquad l_2 A_2 = \lambda_2, \qquad l_1 : l_2 = j_1 : j_2 = (A_1 : A_2)^{-1} (\lambda_1 : \lambda_2). \tag{10}$$

Sind die scheinbaren Flächen F_1 und F_2 der Objekte im Augenblick der Auslöschung einander gleich, so kann man stets $\lambda_1 = \lambda_2$ setzen und erhält als Ergebnis der Messung:

$$j_1 : j_2 = A_1^{-1} : A_2^{-1}, \qquad m_1 - m_2 = +2^{\mathrm{m}},5 \log A_1 - 2^{\mathrm{m}},5 \log A_2. \tag{11}$$

[1] M N 25, S. 229 (1865). [2] Vgl. Ziff. 11. [3] M N 48, S. 32 (1887); 51, S. 32 (1890).

Sind hingegen F_1 und F_2 voneinander verschieden, so ist das Verhältnis $\lambda_1 : \lambda_2$ nicht nur von F_1 und F_2, sondern auch von der Helligkeit $\bar{h}$ des Grundes, auf dem die Auslöschungen erfolgen, abhängig. Ist der Untergrund (z. B. Tageshimmel) so hell, daß die Unterschiedsempfindlichkeit (Sehschärfe) der Fovea größer ist als die der Peripherie, so stellt das Auge das Verlöschen oder — genauer gesagt — die Grenze der Sichtbarkeit des Objektes dadurch fest, daß es den Rand des letzteren Punkt für Punkt fixiert. Der Schwellenwert λ der Leuchtdichte dürfte dann im wesentlichen von F unabhängig sein, d. h., wir können wieder $\lambda_1 = \lambda_2$ setzen, und Gleichung (11) behält ihre Gültigkeit.

Bei Beobachtungen am Nachthimmel erfolgt hingegen das Verschwinden des Objektes in der Regel auf sehr schwach erhelltem Untergrunde, wird also bei extrafovealem Sehen festgestellt. In dem besonderen Falle, daß die scheinbaren Flächen F_1 und F_2 von einer gewissen mittleren Ausdehnung sind, kann man einen brauchbaren Näherungswert von $\lambda_1 : \lambda_2$ auf Grund der Annahme erhalten, daß die PIPERsche Regel[1], die nur für die Schwellenwerte auf schwarzem Grunde stehender Objekte bewiesen ist, ihre Gültigkeit auch für Objekte behält, die sich von einem schwach erhellten Grunde abheben. Liegen also die scheinbaren Durchmesser der Flächen F_1 und F_2 etwa zwischen den Werten 1° und 8°, so gilt gemäß der PIPERschen Regel die Proportion:

$$\lambda_1 : \lambda_2 = (F_1 : F_2)^{-\frac{1}{2}}, \tag{12}$$

und es folgt aus (10) als Ergebnis der Messung:

$$j_1 : j_2 = (A_1 : A_2)^{-1} (F_1 : F_2)^{-\frac{1}{2}}. \tag{13}$$

Eine Sonderstellung unter den Methoden, bei denen die Auslöschung auf hellem Grunde erfolgt, nimmt schließlich eine Methode ein, bei der das Verhältnis der Leuchtdichten zweier zölestischer Objekte dadurch gemessen wird, daß man auf ihren Flächen ein meßbar veränderliches punktförmiges oder flächenhaftes Hilfsobjekt zur Auslöschung bringt. Werden die zusammengesetzten Leuchtdichten der beiden Objekte mit $l_1 + \bar{l}$ und $l_2 + \bar{l}$, die Lichtstärken [Leuchtdichten] des unabgeschwächten, bzw. des auf den Schwellenwert gebrachten Hilfsobjektes mit L' $[l']$ bzw. Λ $[\lambda]$ bezeichnet, so entsprechen den beiden Auslöschungen die Gleichungen:

$$\left.\begin{aligned} L'A_1 &= \Lambda_1, & L'A_2 &= \Lambda_2, \\ [l'A_1 &= \lambda_1, & l'A_2 &= \lambda_2], \end{aligned}\right\} \tag{14}$$

worin A_1 und A_2 die gemessenen Abschwächungsfaktoren sind. Setzen wir nun voraus, daß die Leuchtdichten der Objekte im Gültigkeitsbereich des Satzes von der Konstanz der Relativschwelle liegen, und ferner, daß dieser Satz auch für Lichtpunkte gilt, die sich von leuchtenden Flächen abheben, so bestehen die Proportionen:

$$\Lambda_1 : (l_1 + \bar{l}) = \Lambda_2 : (l_2 + \bar{l}),$$
$$[\lambda_1 : (l_1 + \bar{l}) = \lambda_2 : (l_2 + \bar{l})],$$

und das gesuchte Verhältnis der Flächenintensitäten der Objekte ist durch die Formel gegeben:

$$(l_1 + \bar{l}) : (l_2 + \bar{l}) = (j_1 + \bar{j}) : (j_2 + \bar{j}) = A_1 : A_2. \tag{15}$$

32. Die Auslöschungsphotometer. Je nachdem bei ihnen die Auslöschung des Objektes auf dunklem (bzw. fast dunklem) oder auf hellem Untergrunde erfolgt, lassen sich zwei Typen von Auslöschungsphotometern unterscheiden.

[1] Vgl. Ziff. 11.

Die Photometer der ersten Art, deren bekanntester Vertreter das KAYSER-PRITCHARDsche Keilphotometer ist, haben vor den Gleichheitsphotometern den Vorzug der einfacheren Bauart voraus, indem nämlich bei ihnen einerseits die Vergleichsvorrichtung, andererseits die künstliche Lichtquelle in Fortfall kommt. Eine an beliebiger Stelle in den Lichtweg eines Fernrohres gebrachte Abschwächungsvorrichtung genügt, um dieses in ein Auslöschungsphotometer zu verwandeln. Die Photometer zweiter Art, unter denen auch solche von weniger einfacher Bauart vorkommen, hat man bisher nicht klar von denen der ersten Art unterschieden.

α) Photometer, bei denen Objekt und Himmelsgrund in gleichem Verhältnis abgeschwächt werden, so daß die Auslöschung des Objektes im allgemeinen auf völlig dunklem Grunde erfolgt. Die Abschwächung wird bei diesen Photometern entweder durch Zwischenschaltung absorbierender Medien oder durch Abblendung bewirkt. Um das Auge des Beobachters vor der Einwirkung fremden Lichtes zu schützen, muß die Ablesung der Abschwächungsskala von einem Hilfsbeobachter vorgenommen werden, bzw. das Photometer muß mit einer Registriervorrichtung versehen sein. Wir behandeln Absorptions- und Abblendungsphotometer gesondert.

Absorptionsphotometer. Bei der älteren Form, die sich als „Säulenphotometer" bezeichnen läßt, erfolgt die Auslöschung derart, daß man eine passende Anzahl von durchsichtigen oder durchscheinenden Platten in den Lichtweg einschaltet. Das Meßverfahren ist sehr primitiv: Man legt so viele Platten übereinander, als zur Auslöschung des Objektes notwendig sind, und notiert dann ihre Anzahl. Bezeichnet δ den Durchlässigkeitskoeffizienten der Einzelplatte, n die Anzahl der Platten, so ist $A = \delta^n$ der Lichtschwächungsfaktor, und die Größendifferenz von zwei nacheinander gemessenen Sternen ist nach Formel (2) durch den Ausdruck bestimmt:

$$M_1 - M_2 = +2^M{,}5 \log\delta \cdot (n_1 - n_2)\,.$$

Mit Säulenphotometern haben vornehmlich die folgenden Forscher gearbeitet:

FRANÇOIS MARIE (1700)[1], Erfinder des Säulenphotometers. Glasplattensäule.

A. CELSIUS und A. TULENIUS (um 1740)[2]. Glasplattensäule. Messung von 64 Sternen.

W. A. LAMPADIUS (1814)[3]. Hornscheibensäule. Anschluß des Tageshimmels, der Sonne und des Mondes an eine künstliche Lichtquelle.

J. K. HORNER (1817)[4]. Papierscheibensäule. Messung einiger heller Sterne.

Heute kommt die Methode nur noch für Liebhaberastronomen in Betracht. So hat neuerdings (1926) G. D. REYNOLDS[5] mit einer Säule aus dünnen Grauglasplatten, die er vor das bloße Auge hält, brauchbare Messungen erhalten.

Erheblich jüngeren Datums als das Säulenphotometer ist das Keilphotometer, bei dem die Auslöschung der Lichtquelle durch Vorschieben eines Keiles aus grauem Glase erfolgt. Vor der Säule hat der Keil u. a. den Vorzug, daß er eine kontinuierlich sich ändernde Lichtschwächung gestattet. Um die Entwick-

[1] Vgl. BOUGUER, Traité d'optique, S. 46 sowie MÜLLER, Phot. d. Gest., S. 180.

[2] Vgl. E. ZINNER, Helligkeitsverzeichnis, S. 36.

[3] Beiträge zur Atmosphärologie. II. Freiberg 1817; vgl. MÜLLEE, Phot. d. Gest., S. 180.

[4] Bibl. univ. des sciences 6. Genève 1817; vgl. MÜLLER, Phot. d. Gest., S. 181 sowie E. ZINNER, Helligkeitsverzeichnis, S. 45.

[5] J B A A 36, S. 247 (1926).

lung des Keilphotometers haben sich zahlreiche Forscher Verdienste erworben, unter denen in erster Linie die folgenden zu nennen sind:

X. DE MAISTRE[1], der als Erfinder des Keilphotometers anzusehen ist, befestigte im Jahre 1832 zwischen Auge und Okular eines Fernrohres einen Keil aus weißem Glase und ließ längs der Hypotenusenfläche desselben einen zweiten entgegengesetzt gerichteten Keil aus dunkelm Glase gleiten, der mit einer Teilung versehen war.

C. D. V. SCHUMACHER[2] verwendet zwei symmetrisch gelagerte dunkle Keile, die er mittels einer Schraube mit Doppelgewinde gleichmäßig gegeneinander bewegt. Außerdem verlegt er die Keile in die Fokalebene.

Diese für die Abschwächung flächenhafter Objekte besonders vorteilhafte Anordnung wird gewöhnlich E. J. SPITTA[3] zugeschrieben, der sie, offenbar ohne die Arbeit seines Vorgängers zu kennen, fast 40 Jahre später ausführlich beschrieben hat.

E. KAYSER[4] benutzt wie DE MAISTRE einen weißen und einen dunklen Keil, kittet die Keile aber zu einer planparallelen Glasplatte zusammen. Diese ist in der Fokalebene angebracht und läßt sich in meßbarem Betrage hin und her schieben. KAYSERS bereits sehr vollkommenes Photometer ist für viele spätere Konstruktionen vorbildlich gewesen.

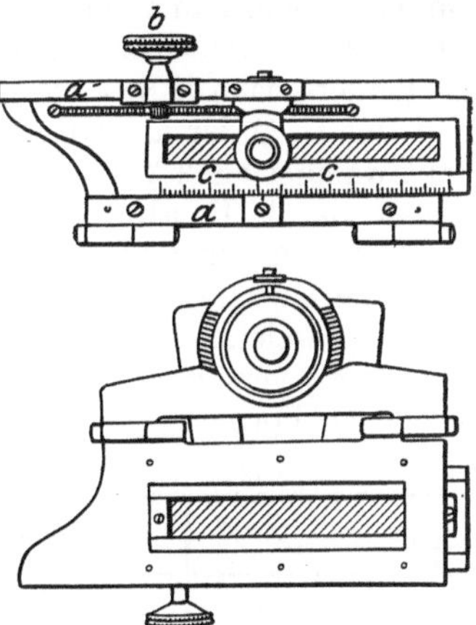

Abb. 29. PRITCHARDsches Keilphotometer (MÜLLER, Phot. d. Gest., S. 183).

Das 1881 von C. PRITCHARD[5] konstruierte Keilphotometer (Abb. 29) verdankt seinen Ruf weniger den Vorzügen seiner Konstruktion, als den mit ihm ausgeführten Arbeiten. Die Uranometria Oxoniensis (U. O.), eine Durchmusterung aller mit freiem Auge sichtbaren Sterne zwischen dem Nordpol und 10° südl. Dekl., ist mit zwei Photometern PRITCHARDscher Konstruktion ausgeführt worden.

Wie aus Abb. 29 hervorgeht, ist der Photometerkeil zwischen Okular und Auge angebracht und läßt sich mittels eines Scharniers zurückklappen. In dem Rahmen *a* bewegt sich der aus zwei Keilen aus weißem bzw. grauem Glase zusammengekittete Doppelkeil nebst der Teilung *c*, zu deren Ablesung ein fester Index dient. Nachteile dieser Konstruktion sind, daß der Keil dem Hauch des Beobachters ausgesetzt ist, und ferner, daß im Augenblick der Auslöschung das ganze Gesichtsfeld verdunkelt und infolgedessen eine Orientierung in demselben nicht möglich ist.

Die Messungen für die U. O. sind 1881 bis 1885 unter Leitung von PRITCHARD von PLUMMER und JENKINS mit einem Refraktor ($d = 100$) ausgeführt worden. Meist wurde ein Keil von 160 mm Länge (Abschwächung $+0^M{,}07$ pro 1 mm Verschiebung) benutzt. In jeder Nacht wurden 10 Sterne mit je 20 Auslöschungen, dazu Polaris als Vergleichsstern am Anfang, in der Mitte und am Schluß der Reihe gemessen. Die Einstellungen fanden teils bei voller, teils bei halb abgeblendeter Öffnung unter Wechsel der Beobachter statt.

Die Durchlässigkeit des Keiles bestimmt PRITCHARD nach zwei Methoden, nämlich mit Hilfe von Blendvorrichtungen und unter Benutzung polarisierender

[1] Bibl. univ. des sciences 51, S. 323. Genève 1832.
[2] Öfversigt af K. Svenska Vetensk. Akad. Förh. 9, S. 236 (1852).
[3] London R S Proc 47, S. 15 (1889). [4] A N 57, S. 17 (1862).
[5] Uranometria Nova Oxoniensis. Oxford 1885.

Medien. Nach G. MÜLLER[1] sind beide Bestimmungen nicht einwandfrei. Der Keilkoeffizient k_1 ändert sich ein wenig mit der benutzten Keilstelle und auch in geringem Grade mit der Farbe der Sterne.

Die Lichtschwächung in Größen beträgt nach Ziff. 28, Gleichung (41):

$$-2^M{,}5 \log A = k_0 + k_1(\sigma - \sigma_0)\,.$$

Betrachtet man die k als Konstanten, so erhält man gemäß Ziff. 31, Gleichung (2) für die Größendifferenz zweier beobachteter Sterne:

$$M_1 - M_2 = -k_1(\sigma_1 - \sigma_2)\,, \tag{16}$$

worin $\sigma_1 - \sigma_2$ die Differenz der Skalenablesungen ist.

Die Auslöschungen von Polaris ließen weder einen Einfluß der Ermüdung des Beobachters, noch einen Einfluß der Helligkeit des Himmelsgrundes, insbesondere des Mondscheines, erkennen. Für den mittleren Fehler einer auf 10 + 10 Einstellungen beruhenden Größendifferenz leitet PRITCHARD[2] im Durchschnitt aus 16 in zahlreichen Nächten gemessenen Sternen den Wert $\pm 0^M{,}08$ ab. Ein sehr viel ungünstigeres Bild der Genauigkeit ergibt sich, wenn man die Größen der U. O. mit den Größen der P. D. vergleicht: durchschnittlicher Wert des mittleren Fehlers nach ZINNER[3]: $\pm 0^M{,}21$. Bezeichnend für den geringen Genauigkeitsgrad der U. O. ist auch G. MÜLLERS[4] Feststellung, daß die Größen derselben für nicht weniger als 3% (= 66) aller verglichenen Sterne um mehr als $0^M{,}5$ von den Größen der P. D. abweichen.

E. C. PICKERING[5], G. MÜLLER[6], A. PANNEKOEK[7] u. a. haben das systematische Verhalten der Größen der U. O. untersucht. Eine von MÜLLER abgeleitete Tabelle[6], welche die Reduktion dieser Größen auf das Potsdamer System für Sterne von verschiedener Helligkeit und Farbe gibt, lautet in etwas zusammengezogener Form:

Tabelle 5. ΔM(P.D.—U.O.)

Größe \ Farbe	Weiß	Gelblich-weiß	Weißlich-gelb	Gelb bis Rot
$< 4^M{,}0$	$+0^M{,}26$	$+0^M{,}26$	$+0^M{,}17$	$+0^M{,}12$
$4^M{,}0 - 5{,}5$	$+0{,}19$	$+0{,}16$	$+0{,}05$	$-0{,}08$
$5{,}5 - 7{,}0$	$+0{,}26$	$+0{,}23$	$+0{,}06$	$-0{,}10$
Alle Sterne. . .	$+0{,}23$	$+0{,}20$	$+0{,}06$	$-0{,}07$

Gemäß dieser Zusammenstellung sind in der U. O. die roten Sterne relativ zu den weißen durchschnittlich um $+0^M{,}3$ schwächer gemessen als in der P. D. Dieses ungleiche Verhalten erklärt sich dadurch, daß sich die Größen der U. O. auf die spektrale Empfindlichkeit der Stäbchen beziehen, während es sich bei den Größen der P. D. um foveale Helligkeiten handelt.

Das „transit wedge photometer" von E. C. PICKERING, mit dem A. SEARLE[8] 1882 bis 1886 Zonenbeobachtungen von schwachen Sternen ausgeführt hat, besitzt einen in der Brennebene des benutzten Refraktors ($d = 380$, $f = 6800$) feststehenden Doppelkeil, dessen Längsrichtung mit der Richtung der täglichen Bewegung zusammenfällt. Das Meßverfahren stimmt mit dem schon früher von E. KAYSER[9] angegebenen überein. Während der zu bestimmende Stern durch das Gesichtsfeld läuft, wird die Zeit gemessen, die vom Antritt desselben an die

[1] Phot. d. Gest., S. 187.
[2] M N 46, S. 12 (1885).
[3] Helligkeitsverzeichnis, S. 74.
[4] Potsd Publ 16, S. 267 (1906).
[5] Harv Ann 18, S. 15 (1890).
[6] Potsd Publ 16, S. 269 (1906).
[7] Untersuchungen über den Lichtwechsel Algols, S. 159ff. (1902).
[8] Harv Ann 13 II (1888).
[9] A N 57, S. 17 (1862).

Kante des dunklen Keiles bis zum Augenblick der Auslöschung vergeht. Für zwei Sterne von gleicher Deklination ist die Differenz der gemessenen Zeitintervalle dem Abstand der Keilstellen, an denen die Auslöschung erfolgt, und damit der Größendifferenz der Sterne proportional. Die Zeitpunkte des Antritts an den Keil bzw. der Auslöschung wurden unter Benutzung eines Chronographen registriert.

J. WILSING[1] hat mit einem Photometer, bei dem der Rauchglaskeil zwischen zwei Keile aus weißem Glase eingebettet war, Veränderliche gemessen und Untersuchungen über die zufälligen und systematischen Fehler der Messungen angestellt. Die innere Genauigkeit einer Auslöschung desselben Sternes ist hoch, indem der mittlere Fehler einer Einstellung nur wenige Hundertstel Größen beträgt. Indessen entstehen dadurch systematische Fehler, daß die Empfindlichkeit des Auges beim Übergang zum nächsten Stern nicht konstant bleibt. Auch macht sich bei der Auslöschung schwacher Sterne ein Einfluß der Helligkeit des Himmelsgrundes bemerkbar.

E. J. SPITTA[2] bestimmt mit dem schon mehrfach[3] erwähnten Photometer die Lichtstärken der Jupitersatelliten relativ zu der Gesamtlichtstärke der Planetenscheibe. Zur Aufklärung der systematischen Fehler macht er Versuche im Laboratorium.

E. v. GOTHARD[4] hat seinem Photometer einen Typendruckregistrierapparat (vgl. Abb. 30) beigegeben. Durch Andrücken eines Hebels läßt sich die jeweilige Stellung des Keiles auf einem Papierstreifen markieren.

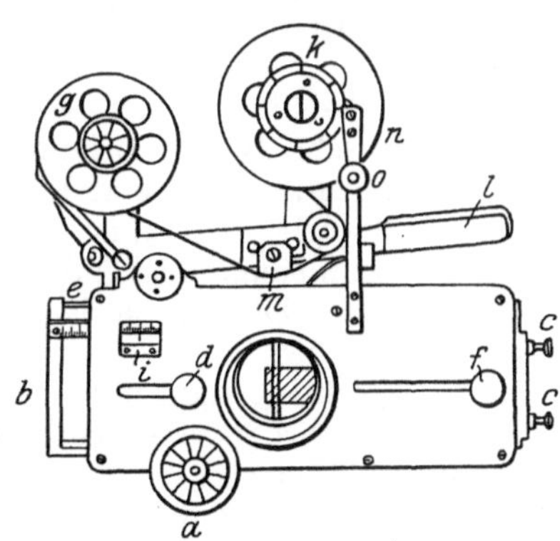

Abb. 30. MÜLLERsches Keilphotometer (MÜLLER, Phot. d. Gest. S. 184).

Das um 1892 von G. MÜLLER[5] konstruierte, mit einer GOTHARDschen Registriervorrichtung ausgerüstete Keilphotometer (Abb. 30) stellt eine der vollkommensten Formen des Auslöschungsphotometers dar. Der mittels des Schraubenkopfes *a* verschiebbare Rahmen *b*, an den bei *c* der Keil geschraubt ist, trägt zwei Millimeterskalen, von denen die eine (in der Abbildung nicht sichtbare) erhaben gearbeitet ist. Durch die Mitte des Gesichtsfeldes geht ein aus zwei schmalen Lamellen gebildeter Steg, den man bei der Beobachtung in die Richtung der täglichen Bewegung stellt. An Stelle des Steges lassen sich auch Blenden einschieben, entweder solche, die nur einen schmalen Spalt offen lassen, oder aber Kreisblenden mit kleiner Öffnung, die, wie schon in Ziff. 31, β hervorgehoben, mit Vorteil bei der Messung von Flächenintensitäten, etwa der Mondscheibe oder des Himmelsgrundes, Anwendung finden.

G. MÜLLER und P. KEMPF[6] haben mit dem beschriebenen Photometer, das an ein nach Art des Équatorial coudé montiertes Fernrohr ($d = 55$) angesetzt war[7], Extinktionsmessungen auf dem Ätna und in Catania ausgeführt. Die Absorption der beiden benutzten Keile bestimmten die Beobachter einmal durch Messungen an 68 Sternpaaren von bekannter Helligkeitsdifferenz, andererseits zur Kontrolle durch Messung des künstlichen Sternes eines ZÖLLNERschen Photometers. Die Keilkoeffizienten ergaben sich für beide Keile sehr nahe konstant und auch

[1] A N 112, S. 265 (1885); siehe auch Potsd Publ 11, S. 155 (1897).
[2] M N 48, S. 32 (1887); 51, S. 32 (1890).
[3] Vgl. Ziff. 28 und Ziff. 31, β.
[4] Z f Instrk 7, S. 347 (1887).
[5] Phot. d. Gest., S. 184.
[6] Potsd Publ 11, S. 209 (1898).
[7] Abbildung daselbst S. 231.

vom Spektrum der Sterne nur in geringem Maße abhängig. Da nicht relative, sondern absolute, d. h. auf den Reizschwellenwert des Beobachters bezogene Sternhelligkeiten zu messen waren, so mußten MÜLLER und KEMPF die Differenz ihrer Schwellenwerte bestimmen. Für diese Differenz ergab sich aus zahlreichen Messungen vor, während und nach der Expedition nahe übereinstimmend der Wert: $M - K = -0^M,60$.

Mit Auslöschungsphotometern MÜLLERscher Konstruktion haben u. a. die Forscher S. AURINO[1] und M. MEROLA[2] gearbeitet. Letzterer hat die Helligkeitsdifferenzen von 92 Sternpaaren gemessen und die systematischen Fehler der Messungen eingehend untersucht.

Abblendungsphotometer. Die zahlreichen, seit Mitte des 18. Jahrhunderts konstruierten Photometer haben heute ein vorwiegend historisches Interesse. Die Abblendungsvorrichtung hat ihren Sitz meist vor dem Objektiv, seltener zwischen Objektiv und Okular. Der besseren Übersicht wegen seien die einzelnen Photometer nach der Gestalt der Blendenöffnung, die ein regelmäßiges Vieleck, ein Kreis oder ein Kreisausschnitt sein kann, in drei verschiedene Gruppen eingeteilt.

Objektivblenden mit Öffnung in Gestalt eines regelmäßigen Vielecks. Der Mittelpunkt des Ausschnittes deckt sich bei jeder Einstellung der Blende mit dem Zentrum des Objektives. Die Ablesung der Skala gibt meist unmittelbar die Länge einer Seite bzw. einer Diagonale des Vieleckes an.

Quadratische Blendenöffnungen haben die Photometer von J. G. KÖHLER[3] und von REISSIG[4]. Während KÖHLERS Objektivblende ein sog. „Katzenaugendiaphragma“ (vgl. Abb. 15) ist, benutzt REISSIG eine Scheibe mit etwa 40 quadratischen Ausschnitten, die sich durch Drehen der Scheibe einzeln vor das Objektiv bringen lassen. Die durch letztere Einrichtung bewirkte Abschwächung ist diskontinuierlich.

Eine Objektivblende mit verstellbarem sechseckigen Ausschnitt verwendet A. CARRINGTON[5], der sein Photometer geeicht und bei der Messung zahlreicher Sterne erprobt hat.

Endlich hat die Objektivblende des Photometers von E. B. KNOBEL[6] einen Ausschnitt von der Form eines gleichseitigen Dreiecks. Bei dieser Form der Öffnung zeichnet sich die zentrale Beugungsfigur durch besondere Schärfe aus, während die sechs vom Zentrum ausgehenden Strahlen nur wenig stören.

Photometer mit kreisförmiger Blendenöffnung. Bei den älteren Photometern von J. S. BAILLY[7], H. FLAUGERGUES[8], J. VIDAL[9], W. R. DAWES[10], N. POGSON[11] und anderen handelt es sich gewöhnlich um eine mehr oder weniger primitive Einrichtung zur Abblendung des Objektives. Kreisblenden von verschieden großer Öffnung werden versuchsweise vor das Objektiv gesetzt oder geschoben, bis die Auslöschung des Sternes erfolgt ist. Eine kontinuierlich fortschreitende Lichtschwächung läßt sich mit einer solchen Einrichtung natürlich nicht erzielen.

---

[1] R. Oss. Astr. di Capodimonte. Contributi astronomici Nr. 31 (1926).
[2] Ebenda Nr. 42 (1927).
[3] Berl Astr Jahrb f 1792, S. 233.
[4] Berl Astr Jahrb f 1811, S. 250.
[5] A Catalogue of 3735 Circumpolar Stars observed at Redhill in the Years 1854, 1855 and 1856.
[6] M N 35, S. 100, 381 (1875).
[7] Mém. de l'Acad. R. des sciences de Paris 1771, S. 580.
[8] Conn. des temps pour l'an X, S. 400 (1801); XI, S. 352 (1802).
[9] Conn. des temps pour l'an XV, S. 383. Paris 1804; vgl. E. ZINNER, Helligkeitsverzeichnis, S. 45.
[10] M N 11, S. 187 (1851).
[11] Radcl Obs 15, S. 281 (1856).

Von letzterer Unvollkommenheit frei ist das photometrische Fernrohr von M. THURY[1], dessen Objektiv mit einer präzis gearbeiteten Irisblende (vgl. Abb. 16) versehen ist. Die Verstellung der letzteren geschieht vom Okular aus mittels eines Schlüssels, dessen Umdrehungswinkel an einer Teilung abgelesen oder im Dunkeln auf einer Porzellanscheibe registriert werden kann. Der Durchmesser der Blendenöffnung ist dem abgelesenen Drehungswinkel proportional.

Mit Rücksicht auf den bei zu kleiner Öffnung auftretenden Beugungseffekt benutzt THURY die Irisblende nur zur letzten feinen Auslöschung der Sterne, während der Hauptteil der Abschwächung durch die unter 45° geneigten Glasplatten m und n des eigenartig konstruierten Okularkopfes (Abb. 31) bewirkt wird. Diese in Schlittenführungen gleitenden Glasplatten können entfernt oder durch Silberspiegel ersetzt werden. Das Okular läßt sich nach Belieben in eine der Hülsen a, b oder c einschieben. Von a aus erfolgt die Beobachtung der Sterne direkt, von b aus nach einmaliger Spiegelung an m, von c aus nach doppelter Spiegelung an m und n. Da eine unter 45° geneigte, ebene Glasplatte nur etwa 6% des auffallenden Lichtes reflektiert, so wird ein Stern bei einmaliger Reflexion um rund 3^M, bei doppelter um rund 6^M geschwächt.

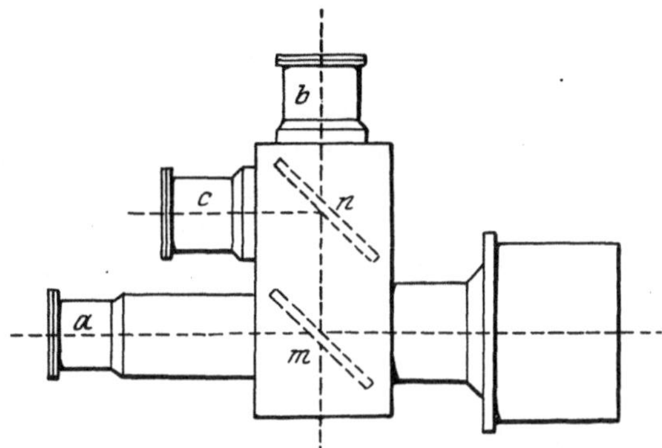

Abb. 31. Okularkopf des THURYschen Photometers (MÜLLER, Phot. d. Gest., S. 173).

Löscht man zwei Sterne unter Benutzung der gleichen Okularhülse nacheinander aus, so braucht das Reflexionsvermögen der Glasplatten nicht bekannt zu sein. Bezeichnen dann b_1 und b_2 die an der Teilung abgelesenen Durchmesser der Blendenöffnung, so erhält man auf Grund von Ziff. 26 Gleichung (28) und Ziff. 31 Gleichung (2) für die gesuchte Größendifferenz der Sterne den Ausdruck:

$$M_1 - M_2 = +5^M \log b_1 - 5^M \log b_2 . \tag{17}$$

Voraussetzung für die strenge Gültigkeit dieser Formel ist erstens, daß der Abschwächungsfaktor genau proportional b^2 ist, und zweitens, daß die Schwellenwerte Γ_1 und Γ_2 trotz der Verschiedenheit der Beugungsbilder einander gleich sind.

An Stelle der Irisblende mit meßbar veränderlichem Ausschnitt, deren exakte Herstellung besonders hohe Anforderungen an den Mechaniker stellt, kann man zur Abschwächung der Sterne auch eine zwischen Objektiv und Okular angeordnete Kreisblende mit festem Ausschnitt verwenden, die sich in Richtung der optischen Achse verschieben läßt. Eine solche Einrichtung besitzt das Photometer von A. HIRSCH[2]. Eine Metallscheibe mit zentraler, kreisförmiger Öffnung von 5 mm Durchmesser läßt sich im Tubus eines Refraktors ($d = 160$, $f = 2600$) innerhalb der Abstände 80 und 480 mm vom Brennpunkt hin und her schieben. Der Betrag der Verschiebung wird an einer außen am Rohr angebrachten Skala abgelesen.

Wird der Durchmesser der Blendenöffnung mit b, ihr Abstand von der Brennebene mit a bezeichnet, so ist nach Ziff. 26 Gleichung (32)

$$A = \left(\frac{b}{d}\right)^2 \left(\frac{f}{a}\right)^2 \qquad \left(a \geqq \frac{b}{d} f\right)$$

[1] Bibl. univ. et Rev. Suisse. Arch d sciences phys et nat 51, S. 209 (1874).

[2] Bull soc des sciences nat de Neuchâtel 6, S. 94 (1861/64).

der Lichtschwächungsfaktor. Für den geringsten Abstand der Blende $a = 80$ mm wird A sehr nahe gleich 1. Der Strahlenkegel füllt dann gerade die Öffnung der Blende aus. Für den größten Abstand der Blende $a = 480$ mm wird $A = 1:36$. Die Lichtschwächung ist dann maximal und beträgt fast 4^M. Sind a_1 und a_2 die nach bewirkter Auslöschung der Sterne an der Skala abgelesenen Abstände der Blende vom Fokus, so ist die Größendifferenz der Sterne gemäß Ziff. 31 Formel (2) durch den Ausdruck bestimmt:

$$M_1 - M_2 = -5^M \log a_1 + 5^M \log a_2 , \tag{18}$$

der noch wegen der dem Abblendungsverfahren anhaftenden systematischen Fehler zu korrigieren ist.

Die von A. HIRSCH angegebene Abblendungsvorrichtung finden wir bei den Photometern von W. R. DAWES[1], W. HUGGINS[2] und M. LOEWY[3] wieder.

HUGGINS hat sein Photometer, das hier kurz beschrieben sei, zur Messung von Nebeln, also zur Auslöschung flächenhafter Objekte, benutzt. Das Photometer besitzt eine doppelte Abschwächungsvorrichtung, nämlich einmal eine im Tubus gleitende Diaphragmenscheibe, deren verschieden große kreisförmige Öffnungen nach Wahl in die optische Achse gebracht werden können, und ferner zwei mit Teilung versehene Rauchglaskeile, die sich zwischen Okular und Auge seitlich hin und her schieben lassen. HUGGINS löscht zunächst den zu messenden Nebel bei unabgeblendetem Strahlenkegel mit den Keilen aus und bringt sodann durch Verschieben der Rohrblende eine in weiter Entfernung aufgestellte Normalkerze, die als Vergleichslichtquelle dient, bei unveränderter Stellung der Keile zum Verschwinden.

Mit einer Objektivsektorblende ist das Photometer von F. DEICHMÜLLER[4] ausgerüstet. Dieses zur Messung der Gesamt- bzw. Flächenintensitäten von Kometen und Nebelflecken bestimmte Photometer soll vornehmlich der Aufgabe dienen, sämtliche Helligkeitsabstufungen eines Kometen von den hellsten Kopfpartien bis zu den lichtschwächsten Schweifspuren photometrisch zu erfassen. Die Methode besteht darin, das Objekt zunächst durch Anwendung starker Vergrößerungen möglichst weitgehend abzuschwächen und dann durch Abblendung mittels einer rotierenden Sektorblende zur völligen Auslöschung zu bringen.

Das Normalokular ($d' = 6$) des benutzten Refraktors ($d = 160$, $f = 1930$) vergrößert 26fach, während 5 weitere Okulare die Vergrößerungen 48, 77, 96, 144 und 200 geben. Gemäß der Abschwächungsformel:

$$A = l : l_0 = V^{-2} : V_0^{-2}, \qquad -2^{\mathrm{m}},5 \log A = +5^{\mathrm{m}} (\log V - \log V_0), \qquad L = L_0$$

[vgl. Ziff. 25 Gleichung (12)] läßt sich durch Einsetzen des stärksten Okulares die Flächenhelligkeit des Objektes um $+4^{\mathrm{m}},43$ abschwächen, während die Gesamthelligkeit konstant bleibt. Was den Untergrund anlangt, so wird wegen der Einengung des Feldes auch die Gesamtlichtstärke desselben in ungefähr gleichem Verhältnis abgeschwächt wie die Leuchtdichte. DEICHMÜLLERS Ausführungen zur Frage der Sichtbarkeit schwacher Objekte auf dem Himmelsgrunde sind nicht in allen Punkten stichhaltig.

Die der endgültigen Abschwächung bis zur Auslöschung dienende Objektivblende besteht aus vier sektorförmigen Platten aus geschwärztem Blech, die sich durch Drehen eines auf der Okularseite des Fernrohres befindlichen Handgriffes

[1] M N 25, S. 229 (1865). [2] Phil Trans 156, S. 381 (1866).

[3] M N 42, S. 91 (1882).

[4] Neue Methode zur Helligkeitsmessung von Kometen und Nebelflecken. Sitzber Niederrhein Ges Natur- u Heilk zu Bonn. 1901.

fächerförmig vor dem Objektiv ausbreiten lassen. Da der Sektorwinkel bei drei von den Platten 90°, bei der vierten 72° beträgt, so läßt sich die Öffnung des Objektives von 270° auf 18° Sektorwinkel abblenden. Der Abschwächungsfaktor A variiert also von 0,75 bis 0,05 und entsprechend die Abschwächung in Größen von $+0^m{,}31$ bis $+3^m{,}25$.

Die fächerförmige Blende läßt sich um eine in der Verlängerung der optischen Achse liegende mechanische Achse in sehr schnelle Rotation versetzen. Der sinnreiche Mechanismus erhält den Antrieb durch einen kleinen Spiralfedermotor. Da infolge der Rotation der Blende alle Sektoren des Objektives gleichmäßig an der Abbildung beteiligt sind, so ist die Gesamtlichtstärke des Beugungsbildes lediglich durch den Öffnungswinkel der Blende bestimmt, also nicht mehr vom Durchlässigkeitsvermögen bzw. dem Korrektionszustande eines bestimmten Objektivsektors abhängig. Das Beugungsbild eines mittelpunktsymmetrischen Objektes (z. B. eines Fixsternes) ist gleichfalls nahezu mittelpunktsymmetrisch.

Will man die relative Flächenintensität an den verschiedenen Stellen der Oberfläche eines Kometen oder Nebelflecks bestimmen, so besteht nach DEICHMÜLLER das Meßverfahren darin, „die verschieden hellen Teile ... der Reihe nach bis an die Grenze der Reizschwelle zu schwächen und die vorgenommene Lichtschwächung abzulesen“. Hiergegen ist indessen einzuwenden, daß die verschiedenen Objekte im Augenblick der Auslöschung im allgemeinen weder gleiche scheinbare Fläche haben, noch auf gleich hellem Untergrunde stehen und daß infolgedessen die Konstanz des Schwellenwertes in der Regel nicht gewährleistet sein wird. Das Verfahren ließe sich aber durch Anwendung einer Gesichtsfeldblende verbessern, mit deren Hilfe man die jeweils zu messende Stelle aus dem Fokalbilde herausblendet. Die Auslöschung findet dann stets auf völlig schwarzem Grunde und bei konstanter scheinbarer Fläche des Objektes statt.

In gewissen Fällen, nämlich wenn es sich um ein Objekt von gleichmäßiger und nicht zu geringer Flächenintensität handelt, käme auch eine Auslöschung des Kometen oder Nebelfleckes auf dem Himmelsgrunde in Betracht. Nur hätte man dann, wie in Ziff. 31, β bereits dargetan, die Messung jedes Objektes durch eine Auslöschung des Himmelsgrundes zu ergänzen. Zur Reduktion dient die dort abgeleitete Gleichung (7).

β) Photometrische Methoden, bei denen die Auslöschung des Objektes auf hellem Untergrunde erfolgt. Bei der Mehrzahl dieser Methoden wird das auf hellem Grunde stehende Objekt meßbar bis zur Sichtbarkeitsgrenze abgeschwächt, während der Untergrund konstant bleibt. Nur bei den beiden an letzter Stelle behandelten Methoden ist das Umgekehrte der Fall: der Untergrund wird meßbar erhellt, bis das Objekt, das selbst ungeschwächt bleibt, verschwindet.

F. ARAGO[1] hat mit einem ROCHONschen Prismenfernrohr, vor dessen Objektiv ein drehbarer Nikol angebracht war, Auslöschungsmessungen an Fixsternen ausgeführt. Durch Drehen des Nikols läßt sich das außerordentliche Bild des Fixsternes auf dem Himmelsgrunde, dessen Helligkeit ungeändert bleibt, zum Verschwinden bringen. Ist L die dem Drehungswinkel $i = 90°$ des Nikols entsprechende maximale Lichtstärke des Bildes, i der der Auslöschung des Sternes entsprechende Drehungswinkel, so hat der Stern im Augenblick des Verschwindens die Lichtstärke $L \sin^2 i$. Seine Intensität ist also $\sin^2 i$ umgekehrt proportional. Die Meßgenauigkeit ist sehr gering.

[1] Sechste Abhandlung über Photometrie. Sämtliche Werke (deutsche Ausgabe) 10, S. 212ff. (1859); vgl. auch Ziff. 34, λ.

ARAGO[1] hat ferner unter Anwendung des Auslöschungsverfahrens die relativen Flächenintensitäten auf den Scheiben der Sonne und des Mondes gemessen, ohne dabei aber eine nennenswerte Genauigkeit erzielen zu können.

Bei H. M. PARKHURSTS[2] „deflecting photometer", mit dem dieser Forscher zahlreiche Helligkeitsmessungen an kleinen Planeten ausgeführt hat, wird ein fokal abgebildeter Stern auf dem hellen Himmelsgrunde zur Auslöschung gebracht. Zwischen Objektiv und Okular eines parallaktisch montierten Refraktors ($d = 230$, $f = 2850$) ist eine dünne, leicht keilförmig geschliffene Glasplatte, 410 mm von der Fokalebene entfernt, so befestigt, daß sie mit ihrer schmalen Kante bis in die Mitte des Rohres hineinragt. Ist das Fernrohr auf einen Stern gerichtet, so wird ein Teil des Strahlenkegels durch den Glaskeil abgelenkt, und es entsteht in der Fokalebene neben dem regulären Bilde ein in der Richtung der täglichen Bewegung verschobenes zweites Bild. Der Ablenkungswinkel des Glaskeiles bzw. die sphärische Distanz der beiden Bilder beträgt nur $75''$ ($= 5^s$ für einen Äquatorstern). Anstatt nun durch Verschieben der Glasplatte, die wie eine Blende mit kreissegmentförmigem Ausschnitt wirkt, das reguläre Bild des Sternes zum Verschwinden zu bringen, schlägt PARKHURST einen anderen Weg ein. Er läßt den Stern bei feststehendem Glaskeil durch das Gesichtsfeld laufen und legt den Ort in der Brennebene, an dem das reguläre Bild verschwindet, durch Registrierung der Zeit fest, die vom Antritt dieses Bildes an einen festen Faden bis zum Augenblick seines Verlöschens verstreicht. Aus dem gemessenen Zeitintervall läßt sich der vom Keil nicht abgelenkte Bruchteil der Strahlung, d. h. der Abschwächungsfaktor, mit Hilfe einer einfachen Formel berechnen.

Um sich letztere Umrechnung zu ersparen, wendet PARKHURST den folgenden Kunstgriff an. Er versieht das Objektiv mit einer Blendkappe, deren Öffnungsfigur durch zwei logarithmische Kurven und eine gerade Linie begrenzt wird[3], und erreicht damit, daß das beobachtete Zeitintervall in Sekunden, multipliziert mit dem Faktor $0^M{,}015 \cos\delta$, unmittelbar die Abschwächung in Größen gibt. Dazu ist kritisch zu bemerken, daß die Verwendung der Blendkappe, zumal wenn diese nicht mit äußerster Präzision gearbeitet ist, leicht das Auftreten systematischer Fehler verursachen kann.

Als ein großer Vorzug der PARKHURSTschen Methode ist der Umstand zu werten, daß die Auslöschung der Sterne auf einem konstant hellen Untergrunde erfolgt. Denn damit ist auch die Konstanz des Schwellenwertes, soweit die Abhängigkeit desselben von der Helligkeit des Untergrundes in Frage kommt, gesichert. Andererseits können freilich dadurch systematische Fehler entstehen, daß einmal der rein geometrisch abgeleitete Abschwächungsfaktor infolge der ungleichen Durchlässigkeit verschiedener Objektivsegmente von dem wahren abweicht, und ferner, daß sich der Schwellenwert mit der Struktur des Beugungsbildes ändert. Das Photometer bedarf daher der Eichung an Sternen bekannter Lichtstärke.

Die gemessenen Größen der Sterne beziehen sich übrigens auf die spektrale Empfindlichkeit der Stäbchen. Denn wenn letztere auch wegen des hellen Untergrundes sich nicht im Zustande ihrer maximalen Empfindlichkeit befinden, so sind sie doch immerhin empfindlicher als die Zapfen.

Bei C. A. STEINHEILS[4] ebenso einfacher wie sinnreicher Methode gelangt nicht wie bei PARKHURSTS Methode das fokale, sondern vielmehr das extrafokale Bild eines Fixsternes auf dem konstant hellen Himmelsgrunde zur Auslöschung.

---

[1] Vierte bzw. siebente Abhandlung über Photometrie. Sämtliche Werke (deutsche Ausgabe) 10, S. 187, 237ff. (1859).

[2] Harv Ann 18, S. 29 (1890); 29, S. 65 (1893).

[3] Abbildung siehe MÜLLER, Phot. d. Gest., S. 178.

[4] Elemente, S. 71ff. (1836).

Das Okular des Refraktors wird in positiver bzw. in negativer Richtung meßbar verschoben, bis das extrafokale Bild verschwindet.

Der Einfachheit wegen werde vorausgesetzt, es sei ein so schwaches Okular bzw. ein so enges Okulardiopter gewählt, daß alle in Betracht kommenden Verschiebungen a unterhalb der kritischen Verschiebung a_k bleiben:

$$a \leqq a_k = d\frac{f'}{\delta'} - f.$$

Dann bleibt gemäß Ziff. 25, δ die Helligkeit des Grundes bei der Verschiebung des Okulares ungeändert.

Bezeichnen wir mit J_1 und J_2 die Intensitäten der zu messenden Sterne, mit λ_1 und λ_2 bzw. mit F_1 und F_2 die Leuchtdichten bzw. die scheinbaren Flächen ihrer extrafokalen Bilder im Augenblick der Auslöschung und schließlich mit a_1 und a_2 die gemessenen Okularverschiebungen, so gelten nach Ziff. 25 Gleichung (15) die Beziehungen:

$$\left.\begin{aligned} \lambda_1 &= \sin^2 1' \varkappa\varkappa' f^2 f'^2 J_1 a_1^{-2}, & \lambda_2 &= \sin^2 1' \varkappa\varkappa' f^2 f'^2 J_2 a_2^{-2}, \\ F_1 &= \frac{\pi}{4\sin^2 1'}\left(\frac{d}{f}\right)^2\left(\frac{a_1}{f'}\right)^2\left(\frac{f+a_1}{f+a_k}\right)^2, & F_2 &= \frac{\pi}{4\sin^2 1'}\left(\frac{d}{f}\right)^2\left(\frac{a_2}{f'}\right)^2\left(\frac{f+a_2}{f+a_k}\right)^2 \end{aligned}\right\} \begin{aligned} a_1 &< a_k, \\ a_2 &< a_k. \end{aligned}$$

Setzen wir nun mit STEINHEIL die Schwellenwerte λ_1 und λ_2 einander gleich, so folgt als Ergebnis der Messung:

$$J_1 : J_2 = a_1^2 : a_2^2, \qquad M_1 - M_2 = -5^M \log a_1 + 5^M \log a_2. \tag{19}$$

Die diesen Gleichungen zugrunde liegende Annahme, daß der Schwellenwert λ von der scheinbaren Fläche des Extrafokalbildes unabhängig sei, ist bei geringer Helligkeit des Himmelsgrundes nicht zutreffend. Sind die scheinbaren Flächen der Bilder von mittlerer Ausdehnung (Durchmesser zwischen 1° und 8°) und ist der Untergrund sehr schwach erleuchtet, so kann man gemäß der PIPERschen Regel [vgl. Ziff. 31 Gleichung (12)]

$$\lambda_1 : \lambda_2 = (F_1 : F_2)^{-\frac{1}{2}}$$

annehmen und gelangt dann zu den von (19) abweichenden Ausdrücken:

$$\left.\begin{aligned} J_1 : J_2 &= (a_1 : a_2)\left(\frac{f+a_1}{f+a_2}\right)^{-1}, \\ M_1 - M_2 &= -2^M{,}5 \log a_1 + 2^M{,}5 \log a_2 + 2^M{,}5 \log\left(\frac{f+a_1}{f+a_2}\right). \end{aligned}\right\} \tag{20}$$

STEINHEILS Methode dürfte sich dadurch verbessern lassen, daß man eine Gesichtsfeldblende zu Hilfe nimmt. Das extrafokale Bild wird so gestellt, daß sein Rand den kreisförmigen Ausschnitt der Blende näherungsweise halbiert. Damit wäre nämlich Gleichheit der scheinbaren Flächen hergestellt, und man dürfte $\lambda_1 = \lambda_2$ setzen.

F. PASCHEN[1] hat sich bei der Vergleichung der Gesamtlichtstärken der beiden Komponenten des BIELAschen Kometen der STEINHEILschen Methode bedient. Die Anwendung dieser Methode auf die Messung flächenhafter Objekte erscheint indessen nicht ohne Bedenken.

Die Methode von T. E. ESPIN[2] unterscheidet sich von der STEINHEILschen nur dadurch, daß das Verschwinden der Zerstreuungskreise auf künstlich erhelltem Untergrunde erfolgt. Zur Beleuchtung des Gesichtsfeldes dient eine kleine, konstant brennende Öllampe. Da das Auge den Rand des von dem hellen Untergrunde sich abhebenden Bildes fixiert, so dürfte der Schwellenwert als

[1] A N 24, S. 149 (1846). [2] M N 43, S. 431 (1883).

unabhängig von der scheinbaren Fläche zu betrachten sein. Setzt man dementsprechend $\lambda_1 = \lambda_2$, so gelangt man wieder zu den Gleichungen (19). — ESPIN schließt einen Veränderlichen (Größe M) an zwei Vergleichssterne, einen helleren und einen schwächeren von wenig verschiedener Helligkeit (Größen M_1 und M_2), an und bedient sich bei der Reduktion der Näherungsformel:

$$(M - M_1) : (M_2 - M) = (a - a_1) : (a_2 - a) .$$

Auch bei der Methode, nach der E. LIAIS[1] 1859 die Flächenintensitäten verschiedener Stellen der Sonnenoberfläche bestimmt hat, wird ein Zerstreuungskreis auf hellem Untergrunde zum Verschwinden gebracht. LIAIS blendet aus dem Fokalbilde der Sonne ein kreisförmiges Stück heraus und projiziert es durch die Linsen des Okulares in vergrößertem Maßstabe auf einen durch direkte Sonnenstrahlung gleichmäßig erleuchteten Schirm. Das Okular wird dann so weit verschoben, bis der Zerstreuungskreis sich nicht mehr vom hellen Untergrunde abhebt.

Werden die Flächenintensitäten an zwei Stellen der Sonnenoberfläche mit j_1 und j_2, die Flächeninhalte der Zerstreuungskreise im Augenblick der Auslöschung mit $\overline{F}_1$ und $\overline{F}_2$ bezeichnet, so erhält man, wenn man die Schwellenwerte der Leuchtdichte einander gleich setzt, die leicht zu beweisende Beziehung:

$$j_1 : j_2 = \overline{F}_1 : \overline{F}_2 .$$

Die Flächeninhalte $\overline{F}_1$ und $\overline{F}_2$ lassen sich aus den gemessenen Okularverschiebungen leicht berechnen. Nach G. MÜLLER[2] sind LIAIS' Messungen mit systematischen Fehlern behaftet.

Für die im folgenden zu besprechenden Methoden von C. A. STEINHEIL und F. ZÖLLNER ist charakteristisch, daß bei ihnen ein auf die zu messenden flächenhaften Objekte sich projizierendes — zölestisches oder künstliches — Hilfsobjekt zum Verschwinden gebracht wird.

C. A. STEINHEIL[3] vergleicht die Flächenintensitäten am Pol des Himmels bei Tage und bei Nacht nach folgendem Verfahren: Er bringt durch Herausziehen des mit Teilung versehenen Okularauszuges das extrafokale Bild von Polaris (Intensität J) zum Verschwinden auf dem Himmelsgrunde (Flächenintensität j). Angenommen, es habe das Verhältnis der Leuchtdichten von eben sichtbarem Zerstreuungsbild und Himmelsgrund[4]:

$$\lambda : \bar{l} = \frac{4 \sin^2 1'}{\pi} \frac{J}{j} \left(\frac{f}{d}\right)^2 \left(\frac{f + a}{a}\right)^2, \qquad a > a_k$$

bei der Tages- und der Nachtbeobachtung gemäß dem Satz von der Konstanz der Relativschwelle den gleichen Wert, so ist das gesuchte Verhältnis der Flächenintensitäten j_1 und j_2 durch die Formel bestimmt:

$$j_1 : j_2 = \left(\frac{1}{a_1} + \frac{1}{f}\right)^2 : \left(\frac{1}{a_2} + \frac{1}{f}\right)^2 .$$

Aus STEINHEILS Zahlenangaben geht hervor, daß die Leuchtdichten der extrafokalen Bilder von Polaris im Verhältnis $a_1^2 : a_2^2 = 1 : 67^2$, die scheinbaren Flächen also im umgekehrten Verhältnis standen. Da nun bei solcher Verschiedenheit der Leuchtdichten sowie der scheinbaren Flächen die Relativschwellen keinesfalls als gleich angenommen werden dürfen, so ist das Ergebnis der STEINHEILschen Messung als illusorisch zu betrachten. Es darf eben bei Anwendung der an sich einwandfreien Methode der FECHNERsche Helligkeitsbereich nicht überschritten werden.

---

[1] Mém Soc des sciences de Cherbourg 12, S. 277 (1866).
[2] Phot. d. Gest., S. 320.
[3] Elemente, S. 32 (1836).
[4] Vgl. Ziff. 25 Gleichung (15).

F. ZÖLLNER[1] empfiehlt zur Messung der Flächenintensität j einer Planetenscheibe oder eines Nebelfleckes die Auslöschung eines auf diese hellen Flächen gebrachten, meßbar veränderlichen künstlichen Sternes. Wird für die in Frage kommenden Helligkeiten der Satz von der Konstanz der Relativschwelle als gültig angenommen — der allerdings für Lichtpunkte, die sich von hellen Flächen abheben, streng genommen noch des Erweises bedarf — und bezeichnet man die scheinbaren Leuchtdichten der zu vergleichenden Flächen mit $l_1 + \bar{l}$ und $l_2 + \bar{l}$, die Schwellenwerte der Lichtstärke des künstlichen Sternes mit Λ_1 und Λ_2, so bestehen die Proportionen:

$$\Lambda_1 : (l_1 + \bar{l}) = \Lambda_2 : (l_2 + \bar{l}), \qquad (l_1 + \bar{l}) : (l_2 + \bar{l}) = \Lambda_1 : \Lambda_2 .$$

Das Verhältnis der Flächenintensitäten ist also durch die Gleichung:

$$(j_1 + \bar{j}) : (j_2 + \bar{j}) = \Lambda_1 : \Lambda_2 = A_1 : A_2$$

bestimmt, in der die A die gemessenen Abschwächungsfaktoren des künstlichen Sternes sind.

Nach einer mit der ZÖLLNERschen im wesentlichen übereinstimmenden Methode hat W. F. WISLICENUS[2] 1893 bis 1895 mit einem Refraktor von 6 Zoll Öffnung und ZÖLLNER-Photometer 300 Messungen der Flächenhelligkeit des Mondes ausgeführt, die sich auf 20 verschiedene Mondgegenden verteilen. Das künstliche Sternscheibchen, das auf der zu messenden Stelle der Mondoberfläche zur Auslöschung gebracht wurde, hatte einen Winkeldurchmesser von 22″, erschien also bei 52facher Vergrößerung unter einem Sehwinkel von 19′. Der künstliche Stern wurde zur Kontrolle an Polaris angeschlossen. Da die Messungen vermutlich bei einer physiologisch bequemen Helligkeit erfolgten — es wurde mit Vorschaltung eines Blendglases beobachtet —, und da ferner die gemessenen Flächenhelligkeiten mit wenigen Ausnahmen innerhalb eines Bereiches von 3^m lagen, so dürfte die der Reduktion der Messungen zugrunde liegende Annahme der Konstanz der Relativschwelle im wesentlichen zutreffend sein.

In gewissem Sinne eine Umkehrung der ZÖLLNERschen Methode ist das Verfahren von C. V. ZENGER[3]. Dieser notiert die Zeiten, zu denen die hellen Trabanten des Jupiter in der Morgendämmerung auftauchen, und setzt für diese Zeiten die Flächenintensitäten j des Himmelsgrundes, die er auf Grund einer einfachen Formel aus der Zenitdistanz der Sonne herleitet, als bekannt voraus. Wird die Relativschwelle als konstant angenommen, so berechnen sich die Intensitäten der Satelliten auf Grund der Proportion:

$$J_1 : J_2 = j_1 : j_2 .$$

Nur in losem Zusammenhange mit den vorstehend dargelegten Auslöschungsmethoden steht die auf dem Prinzip der Sehschärfe beruhende Methode von G. J. BURNS[4] zur Bestimmung der relativen Flächenintensität verschiedener Stellen des Himmels. Indessen läßt sich diese Methode, wie hier gezeigt werden soll, mit Hilfe eines einfachen Kunstgriffes in eine echte Auslöschungsmethode verwandeln. BURNS schwächt mit Hilfe einer Objektiv-Irisblende den Himmelsgrund meßbar ab, bis die das Gesichtsfeld kreuzenden Fäden unsichtbar werden. Ersetzt man nun das Fadenkreuz durch einen künstlichen Stern von konstanter Lichtstärke, so wird aus dem BURNSschen Photometer ein Auslöschungsphotometer. Man schwächt den Himmelsgrund meßbar ab bzw. hellt ihn auf, bis der

---

[1] Grundzüge, S. 47. 1861.

[2] W. F. WISLICENUS' selenophotometrische Beobachtungen. Bearbeitet von C. WIRTZ, A N 201, S. 289 (1915).

[3] M N 38, S. 65 (1878).

[4] J B A A 15, S. 202 (1905).

Stern auftaucht bzw. verschwindet. Zur Reduktion können die Gleichungen (10) und (11) in Ziff. 31 Anwendung finden. Da die Leuchtdichte λ des Grundes, bei der der Stern eben noch sichtbar ist, konstant ist, so ist die Methode einwandfrei.

f) Die Methoden der Gleichheitsphotometrie.

33. Allgemeine Gesichtspunkte. Die Messung des Verhältnisses $L_1 : L_2$ (bzw. $l_1 : l_2$) der physiologischen Lichtstärken (bzw. Leuchtdichten) von zwei Objekten geht so vor sich, daß zunächst die Abschwächungsvorrichtung auf gleiche Helligkeit der Objekte eingestellt und hierauf die Skala abgelesen wird. Liegt die Empfindungsstärke E (bzw. e) der auf gleiche Helligkeit gebrachten Objekte im FECHNER-Bereich und ist A der der Skalenablesung α entsprechende Abschwächungsfaktor, so kann man die Lichtstärke L_1 (Leuchtdichte l_1) des schwächeren Objektes gleich der abgeschwächten Lichtstärke $L_2 A$ (Leuchtdichte $l_2 A$) des helleren Objektes setzen und erhält die Gleichungen:

$$\left.\begin{aligned} &L_1 = L_2 A\,, &\quad H_1 &= H_2 - 2^M{,}5 \log A \\ \text{bzw.}\quad &l_1 = l_2 A\,, &\quad h_1 &= h_2 - 2^m{,}5 \log A\,. \end{aligned}\right\} \quad (1)$$

Diese Gleichungen sind wegen des Auftretens systematischer und zufälliger Fehler stets nur näherungsweise erfüllt. Wird nur im Bereich ausreichender Empfindlichkeit des Abschwächungsapparates eingestellt, so kann der einerseits von der Unsicherheit der Hand, andererseits von der Ungenauigkeit der Ablesung herrührende Abschwächungsfehler gegenüber dem zufälligen Schätzungsfehler, den das Auge bei der Vergleichung der Objekte begeht, im allgemeinen vernachlässigt werden, und zwar insbesondere dann, wenn es sich um die Vergleichung von Lichtpunkten handelt. Als zufälliger Fehler der Messung ist dann die Differenz $E - E'$ der Empfindungsstärken der Objekte nach vollzogener Einstellung zu betrachten. Da die Vergleichungen nach Voraussetzung im FECHNER-Bereich ausgeführt werden, so kann man für die Empfindungsstärken E auch die theoretischen Helligkeiten H einsetzen und gelangt dann, wenn man den systematischen Messungsfehler mit $\varDelta$, den zufälligen mit ε bezeichnet, zu der Gleichung:

$$H_1 = H_2 - 2^M{,}5 \log A + \varDelta + \varepsilon\,. \quad (2)$$

Nimmt man schließlich noch an, daß die zufälligen Fehler ε das GAUSSsche Fehlergesetz befolgen, so hat man, um den wahrscheinlichsten Wert von $H_1 - H_2$ zu erhalten, die den verschiedenen Einstellungen entsprechenden Einzelwerte von $H_1 - H_2$ arithmetisch zu mitteln und erhält:

$$H_1 - H_2 = \mathsf{M}(-2^M{,}5 \log A) + \varDelta\,. \quad (3)$$

In der Praxis pflegt man vielfach, anstatt die Abschwächungen $-2^M{,}5 \log A$ zu mitteln, die Mittelwerte der Ablesungen α oder der Abschwächungsfaktoren A zu bilden. Nennenswerte Fehler entstehen hierdurch in den meisten Fällen nicht[1].

Zur Bestimmung des Verhältnisses $J_1 : J_2$ der Intensitäten bzw. $j_1 : j_2$ der Flächenintensitäten von zwei zölestischen Objekten sind in der Regel zwei Messungen von Verhältnissen $L_1 : L_2$ bzw. $l_1 : l_2$ erforderlich. Das gilt sowohl für das direkte Meßverfahren, bei dem die Lichtstärken bzw. Leuchtdichten der beiden zölestischen Objekte direkt miteinander verglichen werden, als auch für das indirekte oder Substitutionsverfahren, bei dem jedes Objekt für sich mit einem dritten „Zwischenobjekt“ verglichen wird.

---

[1] Vgl. hierzu H. SEELIGER, Bemerkung über das arithmetische Mittel [A N 132, S. 209 (1893)]; ferner Potsd Publ. Nr. 81, S. 4 (1925).

Punkt- und flächenphotometrische Methode werden im folgenden getrennt behandelt.

α) Die Messung punktförmiger Objekte.

Direktes Meßverfahren. Die beiden zu vergleichenden natürlichen Sterne werden durch zwei verschiedene optische Systeme abgebildet. Da die Bilder der Himmelsgründe, auf denen die Sterne stehen, sich decken, so projizieren sich die verglichenen Lichtpunkte auf einen gleichmäßig hellen Untergrund.

Werden die Systemfaktoren der beiden abbildenden Systeme mit Σ und Σ', die Intensitäten der zu vergleichenden Sterne mit J_1 und J_2 $(J_1 : J_2 < 1)$ bezeichnet, so sind bei ausgeschalteter Abschwächungsvorrichtung die Lichtstärken der beiden Sterne im ersten bzw. im zweiten System:

$$L_1 = \Sigma \cdot J_1, \quad L_2 = \Sigma \cdot J_2 \quad \text{bzw.} \quad L_1' = \Sigma' \cdot J_1, \quad L_2' = \Sigma' \cdot J_2. \tag{4}$$

Angenommen, die Abschwächungsvorrichtung befinde sich im zweiten System, so entsprechen der Messung des Verhältnisses $L_1 : L_2'$ die Gleichungen:

$$\left.\begin{array}{ll} L_1 = L_2' A', & H_1 = H_2' - 2^M{,}5 \log A', \\ J_1 : J_2 = \left(\frac{\Sigma'}{\Sigma}\right) A', & M_1 - M_2 = -2^M{,}5 \log\left(\frac{\Sigma'}{\Sigma}\right) - 2^M{,}5 \log A' \end{array}\right\} \begin{array}{l} J_1 : J_2 < 1 \\ J_1 : J_2 < \frac{\Sigma'}{\Sigma}. \end{array} \tag{5}$$

Offenbar ist nur dann eine Messung möglich, wenn $J_1 : J_2 < \Sigma' : \Sigma$ ist. Das Verhältnis $\Sigma' : \Sigma$ bzw. den Logarithmus $-2^M{,}5 \log\left(\frac{\Sigma'}{\Sigma}\right)$ bezeichnet E. C. PICKERING[1] als „Konstante des Photometers". Zur Bestimmung bzw. Elimination dieser Konstante ist stets eine zweite Messung erforderlich. Bestimmen läßt sich die Konstante auf die Weise, daß man die Bilder von zwei Sternen von gegebener Größendifferenz $M_1 - M_2$ auf gleiche Helligkeit bringt. Bei manchen Photometern lassen sich auch die Bilder desselben Sternes auf gleiche Helligkeit bringen. Notwendige Bedingung hierfür ist: $\Sigma' > \Sigma$, d. h., das mit Abschwächungsvorrichtung versehene System muß das lichtstärkere sein.

Besitzt auch das erste System eine Abschwächungsvorrichtung (bzw. läßt sich die Abschwächungsvorrichtung vom zweiten auf das erste System übertragen), so läßt sich die Konstante $\Sigma' : \Sigma$ dadurch eliminieren, daß man nach Wechsel der Sterne eine zweite Messung ausführt. Bildet man nämlich den ersten Stern im zweiten System, den zweiten im ersten ab, so entsprechen der Messung des Verhältnisses $L_2 : L_1'$ die Gleichungen:

$$\left.\begin{array}{ll} L_2 A = L_1', & H_2 - 2^M{,}5 \log A = H_1', \\ J_1 : J_2 = \left(\frac{\Sigma}{\Sigma'}\right) A, & M_1 - M_2 = -2^M{,}5 \log\left(\frac{\Sigma}{\Sigma'}\right) - 2^M{,}5 \log A \end{array}\right\} \begin{array}{l} J_1 : J_2 < 1 \\ J_1 : J_2 < \frac{\Sigma}{\Sigma'}. \end{array} \tag{6}$$

Eliminiert man nunmehr Σ/Σ' aus (5) und (6), so folgt:

$$J_1 : J_2 = (A' A)^{\frac{1}{2}}, \qquad 2(M_1 - M_2) = -2^M{,}5 \log A' - 2^M{,}5 \log A. \tag{7}$$

Ist eine der Bedingungen $J_1 : J_2 < \Sigma' : \Sigma$ oder $J_1 : J_2 < \Sigma : \Sigma'$ nicht erfüllt, so läßt sich die Konstante des Photometers nur durch Anwendung des Substitutionsverfahrens (siehe unten) eliminieren.

Die Elimination der Konstante $\Sigma : \Sigma'$ durch Wechsel der Sterne ist stets möglich, wenn die Abschwächungsvorrichtung in beiden Systemen zugleich, und zwar in dem Sinne wirkt, daß gleichzeitig der in dem einen System abgebil-

[1] Harv Ann 11, S. 195 (1879).

dete Stern heller, der in dem anderen abgebildete schwächer wird. Den beiden Messungen entsprechen die Gleichungen:

$$\left.\begin{aligned} L_1 A_1 &= L_2' A_2', & L_2 A_2 &= L_1' A_1', \\ \Sigma \cdot J_1 A_1 &= \Sigma' \cdot J_2 A_2', & \Sigma \cdot J_2 A_2 &= \Sigma' \cdot J_1 A_1', \end{aligned}\right\} \quad (8)$$

und man erhält durch Elimination von $\Sigma : \Sigma'$ als Endergebnis:

$$\left.\begin{aligned} J_1 : J_2 &= \left(\frac{A_2'}{A_1}\right)^{\frac{1}{2}} \left(\frac{A_2}{A_1'}\right)^{\frac{1}{2}}, \\ 2(M_1 - M_2) &= -2^M{,}5 \log\left(\frac{A_2'}{A_1}\right) - 2^M{,}5 \log\left(\frac{A_2}{A_1'}\right). \end{aligned}\right\} \quad (9)$$

Indirektes Meßverfahren (Substitutionsverfahren). Die Messung besteht darin, zuerst den einen, dann den andern der im Hauptsystem abgebildeten Sterne mit einem im Vergleichssystem erzeugten „Zwischenstern" zu vergleichen. Ist letzterer ein natürlicher Stern, so decken sich in der Regel die beiden Himmelsgründe, ist er ein künstlicher Stern, so steht er auf dem Himmelsgrunde des Hauptsternes. Die Abschwächungsvorrichtung ist bei den meisten Photometern in den Strahlengang des Vergleichssystems, bei einigen in den Strahlengang des Hauptsystems eingeschaltet.

Werden die unabgeschwächten Lichtstärken von Stern und Zwischenstern mit L und L' bezeichnet, so entsprechen dem ersten dieser beiden Fälle die Gleichungen:

$$\left.\begin{aligned} L_1 &= L' A_1, & L_2 &= L' A_2, \\ H_1 &= H' - 2^M{,}5 \log A_1, & H_2 &= H' - 2^M{,}5 \log A_2. \end{aligned}\right\} \quad (10)$$

Wird mit J' die fiktive Intensität, mit M' die fiktive Größe des Zwischensternes bezeichnet, d.h. die Intensität bzw. die Größe, die er hätte, falls er ein durch das Hauptsystem abgebildeter natürlicher Stern wäre, so erhält man die weiteren Gleichungen:

$$\left.\begin{aligned} J_1 : J' &= A_1, & J_2 : J' &= A_2, \\ M_1 - M' &= -2^M{,}5 \log A_1, & M_2 - M' &= -2^M{,}5 \log A_2 \end{aligned}\right\} \quad (11)$$

und schließlich durch Elimination von J' und M' die Ausdrücke:

$$J_1 : J_2 = A_1 : A_2, \qquad M_1 - M_2 = -2^M{,}5 \log A_1 + 2^M{,}5 \log A_2. \quad (12)$$

Werden, dem seltener vorkommenden Falle entsprechend, die im Hauptsystem abgebildeten natürlichen Sterne abgeschwächt, so lauten die zugehörigen Formeln abweichend von den vorigen:

$$\left.\begin{aligned} L_1 A_1 &= L', & L_2 A_2 &= L', \\ H_1 - 2^M{,}5 \log A_1 &= H', & H_2 - 2^M{,}5 \log A_2 &= H', \end{aligned}\right\} \quad (13)$$

und man gelangt durch Elimination von L' bzw. H' zu den Endgleichungen:

$$J_1 : J_2 = A_1^{-1} : A_2^{-1}, \qquad M_1 - M_2 = +2^M{,}5 \log A_1 - 2^M{,}5 \log A_2. \quad (14)$$

Systematische Messungsfehler. Aus der Gleichheit der Empfindungsstärken E darf man nur dann auf Gleichheit der Lichtstärken L bzw. der Helligkeiten H schließen, wenn einerseits die Objekte bestimmte Bedingungen erfüllen, andererseits der Beobachter bei ihrer Vergleichung gewisse Regeln beachtet. Die punktförmigen Bilder müssen vor allem gleiche Struktur, insbesondere gleiche scheinbare Fläche, haben sowie auf gleich hellem Untergrunde stehen. Der Beobachter soll grundsätzlich die Lichtpunkte einzeln unter Verwendung der gleichen Netzhautstelle ins Auge fassen. Sind diese und weitere Bedingungen nicht oder nur zum Teil erfüllt, so treten systematische Fehler auf, denen wir durch Einführung der Korrektion Δ in Gleichung (2) Rechnung getragen haben.

Bevor wir in die Diskussion der wichtigsten systematischen Fehler (Positionswinkelfehler, Flächenfehler, PURKINJE-Fehler) eintreten, geben wir einige bei den Vergleichungen zu beachtende allgemeine Regeln, die teils zur Verhütung systematischer Fehler, teils zur Herabdrückung der zufälligen Fehler dienen.

Es werde zunächst vorausgesetzt, daß die verglichenen Lichtpunkte von gleichem Spektraltypus seien. Da das Urteil über die Gleichheit der Helligkeiten um so sicherer ausfällt, je leichter das Auge bei der Vergleichung zwischen den Lichtpunkten hin und her gehen kann, so bringe man die Bilder vor der Vergleichung in eine möglichst vorteilhafte Stellung zueinander. Gewöhnlich stellt man sie entweder horizontal neben- oder vertikal übereinander und gibt ihnen eine scheinbare Distanz von etwa $^1/_2{}^\circ$ bis 1°.

Die physiologische Helligkeit E bzw. H, bei welcher die Vergleichung der Bilder stattfindet, soll von einer in der Mitte des FECHNER-Bereiches liegenden Helligkeit E_0 bzw. H_0 möglichst wenig abweichen. H_0 liegt für Lichtpunkte auf schwach erleuchtetem Untergrunde etwa -2^M oberhalb der fovealen Schwelle, also bei etwa $+2^M$. Man kann indessen ohne Einbuße an Genauigkeit noch etwa $1^1/_2$ Größen oberhalb oder unterhalb H_0 vergleichen. Überschreitet man diese Grenzen, so nimmt die Sicherheit der Vergleichung allmählich ab, während systematische Fehler nicht entstehen.

Den Einfluß der ungleichen Empfindlichkeit verschiedener Netzhautstellen vermeidet man dadurch, daß man beide Lichtpunkte an genau der gleichen Stelle der Netzhaut abbildet. Ausreichend helle Bilder fixiert man, sehr schwache Objekte bildet man notgedrungen extrafoveal an möglichst der gleichen Netzhautstelle ab. Man soll also die Objekte stets einzeln nacheinander, niemals simultan ins Auge fassen. Das simultane — in der Regel extrafoveale — Sehen kann zwar die Vergleichung erleichtern, führt aber notwendig zum Entstehen systematischer, von der relativen Stellung der Bilder abhängiger Fehler, der sog. „Positionswinkelfehler".

Positionswinkelfehler. Dieser Fehler ist in erster Linie vom „scheinbaren Positionswinkel"[1] der vom Vergleichsstern zum Stern hinzielenden Richtung abhängig, daneben aber auch von der scheinbaren Distanz der Lichtpunkte. Die Abhängigkeit vom Positionswinkel tritt nicht nur bei simultaner Vergleichung, sondern überraschenderweise auch bei abwechselndem Fixieren der Lichtpunkte in Erscheinung und bildet eine besonders lästige Fehlerquelle bei den photometrischen Messungen. Der bei den Stufenschätzungen auftretende analoge Fehler wird in Ziff. 52 unter wesentlich allgemeineren Gesichtspunkten behandelt.

Wird der Hauptstern nacheinander in die 4 paarweise symmetrischen Stellungen: „rechts, links, oben, unten" relativ zum Vergleichsstern gebracht und wird jedesmal durch Abschwächung des letzteren Sternes gleiche Helligkeit hergestellt, so erhält man für die Differenz der Helligkeiten H und H' des Haupt- und des Vergleichssternes gemäß (1) und (2) die 4 Werte:

$$\left.\begin{array}{lll} H - H' = -2^M{,}5 \log A_r + \Delta_r & \text{rel. Stellung des Hauptsternes:} & \text{rechts} \\ H - H' = -2^M{,}5 \log A_l + \Delta_l & \text{,, \quad ,, \quad ,, \quad ,,} & \text{links} \\ H - H' = -2^M{,}5 \log A_o + \Delta_o & \text{,, \quad ,, \quad ,, \quad ,,} & \text{oben} \\ H - H' = -2^M{,}5 \log A_u + \Delta_u & \text{,, \quad ,, \quad ,, \quad ,,} & \text{unten} \end{array}\right\} \quad (15)$$

[1] Vgl. Ziff. 52.

Hierin ist Δ die Positionswinkelkorrektion. Setzt man nun voraus, daß die verglichenen Bilder ein völlig gleiches Aussehen haben, und ferner, daß sich der Fehler Δ mit der Helligkeit nicht ändert, so müssen die Δ paarweise entgegengesetzt gleich sein, d. h. der Bedingung genügen:

$$\Delta_r + \Delta_l = \Delta_o + \Delta_u = 0 . \qquad (16)$$

Man erhält also durch Mittelung sei es der beiden ersten sei es der beiden letzten Werte (15) einen vom Positionswinkelfehler freien Wert von $H - H'$. Man mache sich demnach zur Regel, bei der Messung einer Helligkeitsdifferenz stets eine gleiche Anzahl von Einstellungen in zwei symmetrischen Lagen der Bilder auszuführen. G. MÜLLER und P. KEMPF[1] haben bei den Messungen für die P. D. sogar regelmäßig in den 4 Lagen „rechts, links, oben, unten" verglichen, und zwar in der Absicht, nicht nur den Positionswinkelfehler zu eliminieren, sondern daneben auch die durch das ungleiche Aussehen des natürlichen und des künstlichen Sternes bedingten Fehler herabzudrücken.

Der Positionswinkelfehler pflegt sich nach Betrag und Vorzeichen für jeden Beobachter anders zu verhalten und auch bei demselben Beobachter starken Schwankungen unterworfen zu sein. Hierfür seien folgende Beispiele angeführt. Schon J. HERSCHEL[2] stellte um 1836 bei seinen photometrischen Messungen fest, daß er den zu bestimmenden Stern schwächer oder heller maß, je nachdem letzterer links oder rechts vom punktförmigen Mondbild stand. 40 Jahre später untersucht E. C. PICKERING[3] den Positionswinkelfehler und teilt auch für drei Beobachter Zahlenwerte mit. W. CERASKI[4] schätzt von zwei objektiv gleich hellen Sternen stets den rechts stehenden beträchtlich schwächer ein, und zwar sowohl bei abwechselndem Fixieren, als bei simultanem Anschauen der Sterne. Überdies findet er den Fehler von der Helligkeit der Bilder abhängig. G. MÜLLER und P. KEMPF[5] stellen auf Grund einer Messungsreihe an 300 Sternen fest, daß der Fehler Δ_l für MÜLLER im Mittel $+0^M,07$ beträgt und sich innerhalb eines Helligkeitsbereiches von $2^M,4$ nicht merklich ändert, während er für KEMPF praktisch verschwindet. Schließlich findet W. HASSENSTEIN[6] den Fehler bei extrafoveal-simultaner Vergleichung einerseits erheblich größer, andererseits wesentlich schwankender als bei abwechselndem Fixieren. Bei gleicher Lichtstärke der Lichtpunkte wird — gleichviel, ob mit dem rechten oder mit dem linken Auge beobachtet wird — der rechte Stern systematisch heller als der linke, der obere in etwa demselben Betrage heller als der untere eingeschätzt. Die gemessenen Unterschiede betragen im Durchschnitt:

Für indirektes Sehen (rechtes Auge):	$\Delta_r - \Delta_l = +0^M,47$	
Für direktes Sehen (rechtes Auge):	$\Delta_r - \Delta_l = +0^M,25$	$\Delta_o - \Delta_u = +0^M,26$
Für direktes Sehen (linkes Auge):	$\Delta_r - \Delta_l = +0^M,42$	$\Delta_o - \Delta_u = +0^M,37$.

Ursprung des Positionswinkelfehlers. Während sich das Auftreten des Fehlers bei simultaner Betrachtung der Bilder im wesentlichen durch die ungleiche Empfindlichkeit der gereizten Stellen der Netzhaut erklären dürfte, stößt man bei der Erklärung seines Auftretens bei abwechselndem Fixieren der Sterne auf Schwierigkeiten. Daß die Empfindlichkeit im Zentrum der Fovea jeweils durch den anderen, nicht fixierten Stern, und zwar je nach dessen relativer Stellung in verschiedenem Grade, beeinflußt wird, ist wenig wahrscheinlich. Plausibler dürfte eine Erklärung sein, zu der man auf Grund der Annahme gelangt, daß die Empfindungsstärke nicht ausschließlich von der Intensität, sondern

---

[1] Vgl. Ziff. 35, δ. [2] Vgl. Ziff. 34, γ. [3] Harv Ann 11, S. 166 (1879).
[4] Ann de l'Obs de Moscou 2, S. 175 (1890). [5] Potsd Publ 13, S. 11 (1899).
[6] Potsd Publ Nr. 83, S. 11 (1926).

auch von der Dauer der Einwirkung der auf die Netzhaut fallenden Strahlung abhängig ist. Nimmt man z. B. an, daß der Beobachter, ohne sich dessen bewußt zu sein, den rechts stehenden Stern stets länger fixiert als den links stehenden, so wird er die Helligkeit des ersten Sternes systematisch anders als die des zweiten — und zwar vermutlich zu hell — einschätzen. Auch Unterschiede in der Art des Überganges vom rechten Stern zum linken und umgekehrt können vielleicht eine Rolle spielen. Der Beobachter vergleicht stets ein gegenwärtig empfundenes Bild mit einem Erinnerungsbilde. Nimmt man nun z. B. an, der Übergang vom rechten zum linken Stern erfordere jeweils weniger Zeit als umgekehrt, und es sei demgemäß das Erinnerungsbild des rechten Sternes stets frischer als das des linken, so muß notwendig eine Überschätzung der Helligkeit jenes rechten Sternes eintreten.

Bildstruktur- oder Flächenfehler. Sind die zu vergleichenden punktförmigen Bilder in ihrer Struktur merklich verschieden, haben insbesondere die Scheibchen der Lichtpunkte sehr verschiedene Durchmesser, so wird bei der Vergleichung einerseits der zufällige Fehler erhöht, andererseits entsteht, falls die Lichtstärken gleich hell erscheinender Lichtpunkte einander gleich gesetzt werden, ein systematischer Fehler, der als „Bildstrukturfehler" oder auch als „Flächenfehler" bezeichnet werden kann. Demgemäß muß von einem guten Photometer verlangt werden, daß die auf gleiche Helligkeit gebrachten Bilder in ihrer Struktur einander möglichst gleich sind. Dieser Forderung können naturgemäß nur solche Photometer genügen, bei denen zwei natürliche Sterne zur Vergleichung gelangen, deren Bilder durch Systeme von gleicher Öffnung und Brennweite (oder wenigstens durch solche von gleichem Öffnungsverhältnis) erzeugt sind. Aber auch bei diesen Photometern tritt, falls die Abschwächung des Vergleichssternes durch Abblendung des Objektives erfolgt, eine Strukturänderung des abgeschwächten Bildes und infolgedessen ein von der Helligkeit der verglichenen Sterne abhängiger Bildstrukturfehler auf.

Bei denjenigen Photometern, bei denen ein natürlicher Stern mit einem künstlichen verglichen wird, können die Unterschiede im Aussehen der Bilder sehr auffallend werden. Dem jeweiligen Luftzustande entsprechend, pflegt das Bild des natürlichen Sternes bald wesentlich kleiner und schärfer, bald wesentlich größer und verwaschener zu erscheinen als das Bild des künstlichen Sternes. Bei jedem mit künstlichem Stern arbeitenden Punktphotometer müssen somit Flächenfehler auftreten, die insbesondere bei den Messungen mit dem ZÖLLNERschen Photometer seit langem Beachtung gefunden haben. Diese Fehler ändern sich im allgemeinen mit der Helligkeit der Bilder und werden dadurch besonders schädlich. Sie wirken nach G. MÜLLER[1] stets in einem bestimmten Sinne: Ein heller Stern wird im Verhältnis zum künstlichen Stern zu schwach, ein schwacher Stern zu hell eingeschätzt und dementsprechend das gemessene Größenintervall systematisch zu klein gefunden. Dies Ergebnis bezieht sich aber vermutlich nur auf den Fall, daß die natürlichen Bilder kleiner und schärfer erscheinen als die künstlichen. Würde nämlich umgekehrt das künstliche Bild schärfer erscheinen, so müßte der Fehler notwendig mit umgekehrten Vorzeichen auftreten. Der Flächenfehler läßt sich erfahrungsgemäß dadurch stark herabdrücken, daß man vor Beginn der Messungsreihe durch geeignete Wahl des Lampendiaphragmas das künstliche Sternscheibchen dem je nach dem Luftzustande verschieden ausgedehnten natürlichen Sternscheibchen anpaßt. — MÜLLER und KEMPF[2] haben die Unterschiede, die sich bei den Messungen der P. D. zwischen den mit verschiedenen Instrumenten erhaltenen Größen zeigten, mit Recht dem

[1] Potsd Publ 9, S. 14 (1894); vgl. auch MÜLLER, Phot. d. Gest., S. 253.

[2] Potsd Publ 13, S. 448 (1899); 14, S. 432 (1903); 16, S. 259 (1906); 17, S. XV (1907).

Einfluß des Flächenfehlers zugeschrieben und zur Bestimmung und Elimination dieses Fehlers besondere Messungsreihen angestellt.

Vom Spektrum bzw. von der Farbe abhängige Fehler. Vergleicht man spektral ungleichartige Lichtpunkte von mittlerer, d. h. im FECHNER-Gebiet liegender Helligkeit bei fovealem Sehen, so tritt ein vom Farbenunterschied abhängiger systematischer Messungsfehler in der Regel nicht auf; hingegen wird der zufällige Fehler der Vergleichung mit zunehmendem Farbenunterschied größer. Man soll daher nach Möglichkeit nur Objekte von wenig verschiedener Farbe miteinander vergleichen bzw. den Farbenunterschied gegebener Objekte herabzudrücken suchen. Handelt es sich um die Messung natürlicher Sterne, so vergleiche man tunlichst nur Sterne von ähnlichem Spektraltypus miteinander, schließe also z. B. rote Veränderliche nur an rötliche oder gelbe Vergleichssterne an. Steht ein künstlicher Zwischenstern von regulierbarer Farbe zur Verfügung, so passe man seine Farbe möglichst der mittleren Farbe der aneinander anzuschließenden natürlichen Sterne an.

Eine sehr weitgehende Übereinstimmung der Farben läßt sich durch Vorschalten selektiv absorbierender Filter erzielen, mit deren Anwendung C. NORDMANN[1], A. DANJON[2] und andere Forscher gute Erfahrungen gemacht haben. Dabei muß man freilich den notwendig eintretenden Verlust an Lichtstärke in Kauf nehmen. Auch ist zu bedenken, daß bei Gebrauch eines Filters nicht mehr die ganze Lichtstrahlung des Sternes, sondern nur ein Ausschnitt aus ihr auf das Auge wirkt, und daß demgemäß die gemessenen Intensitäten nicht mehr visuelle Intensitäten im Sinne der eingangs gegebenen Definition sind.

Handelt es sich um den Anschluß von Lichtpunkten von sehr verschiedenem Spektraltypus, so empfiehlt es sich, den Bereich der fovealen Empfindungsstärke, innerhalb dessen die Vergleichungen vorgenommen werden, möglichst eng zu ziehen. Ändert sich nämlich, wie CH. GALLISSOT und A. DANJON[3] annehmen, die spektrale Empfindlichkeit der Fovea mit der Empfindungsstärke, so muß, wenn man innerhalb eines zu weiten Bereiches der letzteren Vergleichungen anstellt, ein systematischer „GALLISSOT-Fehler" entstehen.

Der Beobachter wird bisweilen versucht sein, sich dem störenden Einfluß der Ungleichheit der Farben dadurch zu entziehen, daß er zu extrafovealer Vergleichung übergeht. Dieses Verfahren ist aber aus dem Grunde sehr bedenklich, weil sich die so gemessenen Lichtstärken auf die spektrale Empfindlichkeit der jeweils gereizten extrafovealen Netzhautstelle N beziehen, d. h. mit einem PURKINJE-Fehler behaftet sind. Anders, wenn die Empfindungsstärken der zu messenden Lichtpunkte nur wenig oberhalb oder sogar unterhalb der fovealen Schwelle liegen; dann läßt sich die Abbildung an einer mehr oder weniger exzentrisch liegenden Stelle der Netzhaut und damit das Auftreten eines PURKINJE-Fehlers natürlich nicht vermeiden.

Um zu einer analytischen Darstellung des letzteren Fehlers zu gelangen, werde vorausgesetzt, daß die Lichtpunkte bei der Vergleichung abwechselnd an der gleichen extrafovealen Netzhautstelle N abgebildet werden. Der dieser Netzhautstelle sowie der Empfindungsstärke E, bei der die Vergleichung erfolgt, entsprechende spektrale Empfindlichkeitskoeffizient werde für den Hauptstern mit K_e, für den Vergleichsstern mit K'_e bezeichnet. Werden ferner die physiologischen Strahlungsstärken von Haupt- und Vergleichsstern mit T und T' bezeichnet, so entspricht der Einstellung auf gleiche extrafoveale Empfindungsstärke die Gleichung:

$$T \cdot K_e = T'A \cdot K'_e$$

[1] Vgl. Ziff. 35, δ. [2] Vgl. Ziff. 34, λ. [3] Vgl. Ziff. 12.

oder, wenn man die fovealen Empfindlichkeitskoeffizienten K, K', Lichtstärken L, L' und Helligkeiten H, H' einführt:

$$L\frac{K_e}{K} = L' A \frac{K'_e}{K'}, \qquad H = H' - 2^M{,}5 \log A + \varDelta, \tag{17}$$

$$\varDelta = +2^M{,}5\,(\log K_e - \log K'_e) - 2^M{,}5\,(\log K - \log K'). \tag{18}$$

Die PURKINJE-Korrektion $|\varDelta|$ wächst einerseits mit zunehmender Differenz $|I - I'|$ der Farbenindizes, andererseits mit abnehmender Lichtstärke der Lichtpunkte, d. h. mit algebraisch zunehmenden Werten von H. $\varDelta$ verschwindet, wenn die Objekte gleichen Spektraltypus haben, also $I = I'$ ist, und ferner, wenn foveal verglichen wird, also die physiologische Helligkeit H oberhalb einer gewissen Helligkeit H_0 liegt (d. h. $H \leqq H_0$), bei der das Auge vom fovealen zum extrafovealen Sehen übergeht. Der PURKINJE-Fehler läßt sich mithin, falls man sich auf das Hauptglied beschränkt, in der Form darstellen:

$$\varDelta = -a(I - I')\,(H - H_0), \qquad H > H_0, \tag{19}$$

worin der Koeffizient a, wie leicht nachzuweisen, positives Vorzeichen hat. Der Ausdruck (19) läßt sich auch unmittelbar aus der allgemeinen Beziehung[1] zwischen extrafovealer Empfindungsstärke und logarithmischer Leuchtdichte herleiten.

Anwendung. Wird ein schwacher natürlicher Stern (Farbenindex I, Größe M) bei extrafovealem Sehen mit einem natürlichen oder künstlichen Zwischenstern (Farbenindex I', fiktive Größe M') verglichen, so ist die mit dem PURKINJE-Fehler behaftete gemessene Größe M nach (17) und (19) in der Form darstellbar:

$$M = M' - 2^M{,}5 \log A - a(I - I')\,(H - H_0). \tag{20}$$

Eine Darstellung des PURKINJE-Fehlers der Größen der R. H. P. auf Grund dieser Formel wird unten in Ziff. 34, λ gegeben werden.

Für die Größendifferenz von zwei nacheinander gemessenen natürlichen Sternen (Farbenindizes: I_1 und I_2, Größen: M_1 und M_2) ergibt sich ferner auf Grund von (20) der Ausdruck:

$$\left.\begin{aligned} M_1 - M_2 &= -2^M{,}5 \log A_1 + 2^M{,}5 \log A_2 \\ &\quad - a(I_1 - I')\,(H_1 - H_0) + a(I_2 - I')\,(H_2 - H_0). \end{aligned}\right\} \tag{21}$$

Sind die Farbenindizes der natürlichen Sterne einander gleich $(I_1 = I_2 = I)$, so nimmt die PURKINJE-Korrektion die einfache Form an:

$$\varDelta = -a(I - I')\,(M_1 - M_2).$$

Erreichbare Genauigkeit. Angenommen, es sei die Größendifferenz zweier Sterne an einer Reihe von Abenden gemessen worden. Dann kann der auf Grund des GAUSSschen Fehlergesetzes berechnete mittlere Fehler der auf einer Messung beruhenden Größendifferenz als Maß der mit dem betreffenden Photometer erreichbaren Genauigkeit betrachtet werden. Diese „äußere“ Genauigkeit ist naturgemäß stets geringer als die „innere“ Genauigkeit, die man erhält, wenn man den mittleren Fehler einer einmalig gemessenen Größendifferenz auf Grund der Übereinstimmung der den einzelnen Einstellungen entsprechenden Werte berechnet. Hinsichtlich der inneren Genauigkeit ist übrigens ein Photometer, bei dem die natürlichen Sterne, deren Größendifferenz gemessen wird, direkt miteinander verglichen werden, stets im Vorteil gegenüber einem Photometer, bei dem beide Sterne einzeln mit einem künstlichen oder natürlichen

[1] Siehe Ziff. 15 Gl. (51).

Zwischenstern verglichen werden. Wird nämlich der mittlere zufällige Fehler der einzelnen Einstellung mit ε, die Anzahl der — als unabhängig voneinander vorausgesetzten — Einstellungen mit $2n$ bezeichnet, so ist im ersten Falle der mittlere Fehler des Einstellungsmittels: $\mu_1 = \varepsilon : \sqrt{2n}$, im zweiten Falle hingegen: $\mu_2 = \sqrt{2}\left(\varepsilon : \sqrt{n}\right) = 2\mu_1$. Bei dem indirekten Verfahren bedarf es also, falls man die gleiche innere Genauigkeit erzielen will wie bei dem direkten Verfahren, der vierfachen Anzahl von Einstellungen. Der mittlere zufällige Fehler einer Einstellung auf ein zölestisches Objekt fällt je nach den Umständen sehr verschieden aus. Als Durchschnittswert wird man für Punktvergleichungen etwa $\varepsilon = \pm 0^M{,}10$, für Flächenvergleichungen etwa $\pm 0^m{,}03$ annehmen können.

Unter den Punktphotometern stehen hinsichtlich der erreichbaren Genauigkeit einerseits das ZÖLLNERsche Photometer bzw. das ZÖLLNER-PICKERINGsche Keilphotometer (indirekte Methode), andererseits die PICKERINGschen Polarisationsphotometer sowie das DANJONsche Katzenaugenphotometer (direkte Methode) an erster Stelle. Das letztgenannte Photometer liefert die Größendifferenz nicht rein, sondern um die Konstante des Photometers vermehrt. In der folgenden Tabelle sind die von verschiedenen Beobachtern erzielten mittleren Fehler einer Messung zusammengestellt. Diese Fehler sind in den beiden letzten Spalten auf die einer Präzisionsmessung angemessene Anzahl von 16 Einstellungen reduziert worden.

Tabelle 6.

Photometertypus	Beobachter	m. F.	Zahl d. Einst.	m. F.	Zahl d. Einst.
ZÖLLNER-MÜLLER	MÜLLER u. KEMPF[1]	$\pm 0^M{,}116$	4 + 4	$\pm 0^M{,}082$	8 + 8
ZÖLLNER-MÜLLER	MÜLLER u. KEMPF[2]	± 0 ,061	20 + 20	± 0 ,096	8 + 8
ZÖLLNER-MÜLLER	HASSENSTEIN[3]	± 0 ,070	4 + 4	± 0 ,050	8 + 8
PICKERING (Phot. T)	WENDELL[4]	± 0 ,050	16	± 0 ,050	16
PICKERING (Phot. H)	DANJON[4]	± 0 ,032	40	± 0 ,051	16
DANJON	DANJON[5]	± 0 ,008	100	[± 0 ,020]	16

Die von MÜLLER und KEMPF in den beiden hier verwerteten Messungsreihen — Fundamentalsterne der P. D. (Komponenten der Sternpaare z. T. außerordentlich weit, bis zu 75°, voneinander abstehend) einerseits und Plejadensterne andererseits — erreichte Genauigkeit ist ungefähr die gleiche. Für HASSENSTEIN, dessen Messungen sich auf eng benachbarte Sterne beziehen, fällt der m. F. einer Messung erheblich geringer aus. Die Erwartung, daß das mit Zwischenstern arbeitende ZÖLLNERsche Photometer bei gleicher Anzahl von Einstellungen den PICKERINGschen Photometern an Genauigkeit wesentlich unterlegen sei, bestätigt sich nicht. Man erkennt vielmehr, daß sich mit dem ZÖLLNERschen Photometer bei gleicher Anzahl (16) von Einstellungen ungefähr dieselbe Meßgenauigkeit erzielen läßt wie mit den PICKERINGschen Photometern (m. F. $\pm 0^M{,}05$). Die von DANJON mit dem Katzenaugenphotometer erreichte Genauigkeit ist außergewöhnlich hoch und kann daher nicht als typisch angesehen werden. Nimmt man den Wert $\pm 0^M{,}05$ des m. F. einer Messung als Norm für die mit einem guten Photometer bei 16 Einstellungen erreichbare Genauigkeit an, so darf man sagen, daß 4 Messungen des gleichen Sternpaares (m. F. des Mittelwertes: $\pm 0^M{,}025$) eine im allgemeinen ausreichende Bestimmung der Größendifferenz geben werden. Denn selbst bei dem besten Photometer wird man mit dem Auftreten systema-

[1] Potsd Publ 9, S. 109 (1894); vgl. Ziff. 35, δ.
[2] Bestimmung der Helligkeit von 96 Plejadensternen [A N 150, S. 193 (1899)].
[3] Potsd Publ Nr. 83, S. 12 (1926).
[4] Vgl. Ziff. 34, λ.
[5] Vgl. Ziff. 34, ι.

tischer Fehler zu rechnen haben, die auch bei kleinem Größen- und Farbenunterschiede der verglichenen Sterne einige hundertstel Größen erreichen können.

β) Die Messung flächenhafter Objekte. Die Flächenintensität eines zölestischen Objektes setzt sich additiv zusammen aus der „regelmäßigen Flächenintensität" j — d. h. der Flächenintensität der von der Erdatmosphäre regelmäßig durchgelassenen Lichtstrahlung des Objektes — und der „diffusen Flächenintensität" $\bar{j}$, d. h. der Flächenintensität des diffusen Himmelslichtes am Ort des Objektes. Der Messung allein zugänglich ist die zusammengesetzte Flächenintensität $j + \bar{j}$ bzw. Leuchtdichte $l + \bar{l}$. Um also zu der gesuchten Leuchtdichte l zu gelangen, muß man die Leuchtdichte $\bar{l}$ des Himmelgrundes entweder eliminieren oder durch eine besondere Messung bestimmen.

Direktes Meßverfahren. Die durch getrennte Abbildungssysteme erzeugten Bilder von zwei zölestischen Objekten werden direkt miteinander verglichen. Setzt man voraus, daß die durch die Systeme I und II abgebildeten Himmelsareale sich im Gesichtsfelde des gemeinsamen Okulares überlagern, so ist es in der Regel[1] nicht möglich, die zu vergleichenden Bilder in einer gemeinsamen Grenzlinie aneinander stoßen zu lassen. Man muß sich dann damit begnügen, die beiden Bilder, durch einen geeigneten Zwischenraum getrennt, nebeneinander zu stellen. Wegen dieses Nachteiles findet das direkte Meßverfahren bei der Messung von Flächenintensitäten heute nur noch selten Anwendung.

Werden die Flächenintensitäten der zu vergleichenden Objekte bzw. der sie umgebenden Himmelsgründe mit j_1, j_2 bzw. mit $\bar{j}_1$, $\bar{j}_2$ bezeichnet, und ferner die den Systemen I und II entsprechenden „flächenhaften Systemfaktoren" mit σ und σ', so sind die regelmäßigen sowie die diffusen Leuchtdichten der beiden Objekte durch die Ausdrücke gegeben:

$$\left.\begin{aligned} l_1 &= \sigma j_1 \\ l_2 &= \sigma j_2 \\ \bar{l}_1 &= \sigma \bar{j}_1 \\ \bar{l}_2 &= \sigma \bar{j}_2 \end{aligned}\right\} \text{System I} \qquad \left.\begin{aligned} l_1' &= \sigma' j_1 \\ l_2' &= \sigma' j_2 \\ \bar{l}_1' &= \sigma' \bar{j}_1 \\ \bar{l}_2' &= \sigma' \bar{j}_2 \end{aligned}\right\} \text{System II.}$$

Es werde das im System I abgebildete erste Objekt mit dem im System II abgebildeten zweiten Objekt verglichen. Die Abschwächungsvorrichtung gehöre dem System II an. Da die Bilder der Himmelsgründe sich überlagern, so besteht die Gleichung:

$$(l_1 + \bar{l}_1) + \bar{l}_2' A' = (l_2' + \bar{l}_2') A' + \bar{l}_1, \tag{22}$$

aus der sich die diffusen Leuchtdichten $\bar{l}_1$ und $\bar{l}_2' A'$ offenbar herausheben. Mit Rücksicht hierauf gelangt man zu den Beziehungen:

$$\left.\begin{aligned} l_1 &= l_2' A', & h_1 &= h_2' - 2^{\mathrm{m}},5 \log A', \\ j_1 : j_2 &= (\sigma'/\sigma) A', & m_1 - m_2 &= -2^{\mathrm{m}},5 \log (\sigma'/\sigma) - 2^{\mathrm{m}},5 \log A', \end{aligned}\right\} \tag{23}$$

die den Gleichungen (5) völlig analog sind. Die Größe $-2^{\mathrm{m}},5 \log(\sigma'/\sigma)$ stellt die „Konstante" des Flächenphotometers dar. In betreff der weiteren Behandlung dieses Falles sowie der Behandlung des weiteren Falles, daß die Abschwächungsvorrichtung auf beide Objekte zugleich wirkt, sei auf die oben für den Fall der Punktvergleichung gegebenen Entwicklungen als Muster verwiesen.

Indirektes Meßverfahren (Substitutionsverfahren). Erfolgt die Vergleichung der beiden zölestischen Objekte indirekt unter Substitution eines — meist künstlichen — Zwischenobjektes, so heben sich die Leuchtdichten der

[1] Eine Ausnahme hierin bildet das Steinheilsche Prismenphotometer (s. Ziff. 38, α).

beiden Himmelsgründe in der Regel nicht heraus, sondern müssen durch eine bzw. zwei Zusatzmessungen bestimmt werden. Es werde angenommen, daß die durch die beiden Systeme erzeugten Bilder sich nicht überlagern, sondern getrennte Teile des Gesichtsfeldes einnehmen. Die beiden Vergleichsfelder mögen entweder in einer geraden Linie aneinander grenzen oder ein inneres Feld werde von einem äußeren umschlossen.

Werden die Leuchtdichten der im Hauptsystem abgebildeten zölestischen Objekte mit $l_1 + \bar{l}_1$ und $l_2 + \bar{l}_2$, die Leuchtdichte des im Vergleichssystem abgebildeten Zwischenobjektes mit l' bezeichnet, und nehmen wir dem gewöhnlich vorkommenden Fall entsprechend zunächst an, daß sich die Abschwächungsvorrichtung im Vergleichssystem befindet, also auf das Zwischenobjekt wirkt, so entsprechen den vier erforderlichen Messungen die Gleichungen:

$$\left.\begin{aligned} l_1 + \bar{l}_1 &= l' A_1, & \bar{l}_1 &= l' \bar{A}_1, \\ l_2 + \bar{l}_2 &= l' A_2, & \bar{l}_2 &= l' \bar{A}_2, \end{aligned}\right\} \tag{24}$$

aus denen man durch Elimination von $\bar{l}_1$, $\bar{l}_2$ und l' die Proportion erhält:

$$l_1 : l_2 = j_1 : j_2 = (A_1 - \bar{A}_1) : (A_2 - \bar{A}_2) . \tag{25}$$

Befindet sich die Abschwächungsvorrichtung hingegen im Hauptsystem, so gelten die Gleichungen:

$$\left.\begin{aligned} (l_1 + \bar{l}_1) A_1 &= l', & \bar{l}_1 \bar{A}_1 &= l', \\ (l_2 + \bar{l}_2) A_2 &= l', & \bar{l}_2 \bar{A}_2 &= l', \end{aligned}\right\} \tag{26}$$

$$l_1 : l_2 = j_1 : j_2 = (A_1^{-1} - \bar{A}_1^{-1}) : (A_2^{-1} - \bar{A}_2^{-1}) . \tag{27}$$

Stehen die zölestischen Objekte, wie es meist der Fall ist, auf gleich hellem Himmelsgrunde $(\bar{l}_1 = \bar{l}_2)$, so fällt in (24) und (26) jeweils die vierte Messung fort, und man hat in den Formeln (25) und (27) $\bar{A}_1 = \bar{A}_2 = \bar{A}$ zu setzen.

Die vorstehenden Entwicklungen finden ohne wesentliche Änderung auch in dem Falle Anwendung, wenn die zu messenden Objekte extrafokale Bilder von Fixsternen sind. Wird dann unter l die (regelmäßige) Leuchtdichte des im festen Abstande a_0 vom Brennpunkte des abbildenden Objektives entstehenden extrafokalen Bildes verstanden, so ist gemäß Ziff. 25 Gleichung (13) l der Intensität J des Sternes proportional. Man hat also in den vorstehenden Formeln lediglich j durch J zu ersetzen.

Als Beispiele von Extrafokalphotometern, bei denen das direkte bzw. das indirekte Meßverfahren zur Anwendung gelangen, seien das STEINHEILsche Prismenphotometer bzw. das Photometer von H. J. GRAMATZKI[1] angeführt. Bei dem erstgenannten Photometer lassen sich die Schnittdurchmesser der halbkreisförmigen Bilder der beiden zu vergleichenden Fixsterne in unmittelbare Berührung miteinander bringen, wodurch eine sehr genaue Vergleichung ermöglicht wird. — Bei dem GRAMATZKIschen Photometer werden die extrafokalen Bilder der Sterne durch meßbare Verschiebung des Okulares auf die Helligkeit eines konstanten künstlichen Zwischenobjektes gebracht. Setzen wir voraus, daß die Sterne auf gleich hellem Himmelsgrunde stehen $(\bar{j}_1 = \bar{j}_2)$, und ferner, daß die Leuchtdichten $\bar{l}_1$ und $\bar{l}_2$ bei der Verschiebung des Okulares ungeändert bleiben (Bedingung: $a < a_k$) [2], so braucht die Leuchtdichte $\bar{l}_1 = \bar{l}_2 = \bar{l}$ des Himmelsgrundes nicht bestimmt zu werden, sondern gelangt zugleich mit der

[1] Siehe Ziff. 38, α bzw. γ. [2] Vgl. Ziff. 25, Gleichung (15).

Leuchtdichte l' des Hilfsobjektes zur Elimination. An Stelle der Gleichungen (26) und (27) treten dann die vereinfachten:

$$\left.\begin{array}{ll} l_1 A_1 + \bar{l} = l', & l_1 : l_2 = J_1 : J_2 = A_1^{-1} : A_2^{-1}, \\ l_2 A_2 + \bar{l} = l', & M_1 - M_2 = +2^M{,}5 \log A_1 - 2^M{,}5 \log A_2 . \end{array}\right\} \quad (28)$$

S y s t e m a t i s c h e u n d z u f ä l l i g e F e h l e r d e r V e r g l e i c h u n g. Erscheinen zwei gleichmäßig dicht leuchtende Flächen dem Auge gleich hell, so ist der Fehler der Vergleichung durch die Differenz $h - h'$ ihrer theoretischen Flächenhelligkeiten gegeben.

Stehen die verglichenen Objekte in einem gewissen Abstand von einander und weichen sie außerdem evtl. in Gestalt, scheinbarer Fläche und Farbe voneinander ab — ein Fall, der insbesondere bei der direkten Vergleichung von zwei zölestischen Objekten vorkommen kann —, so ist einerseits die Genauigkeit der Vergleichung gering, andererseits treten systematische Fehler auf, die den bei der Vergleichung von Lichtpunkten auftretenden Fehlern (Positionswinkel-, Flächen-, PURKINJE-Fehler) völlig analog sind. Ein näheres Eingehen auf diesen besonders ungünstig liegenden, übrigens in der Praxis selten vorkommenden Fall erübrigt sich.

Grenzen hingegen die Vergleichsfelder in einer geraden Linie aneinander oder wird ein inneres, meist kreis- oder ellipsenförmiges Vergleichsfeld von einem äußeren umschlossen, so ist die Genauigkeit der Vergleichung weit höher. Im ersten Falle sollen die Vergleichsfelder symmetrisch liegende kongruente Figuren bilden und sich zu einem Kreis, Quadrat oder einer sonstigen einfachen Figur ergänzen. Nach E. BRODHUN u. a. ist die Vergleichung am genauesten (relative Unterschiedsschwelle $< 0{,}01$), wenn der Durchmesser des Gesamtfeldes bei gleicher Farbe der Vergleichsfelder etwa 5°, bei ungleicher Farbe derselben im Hinblick auf die Möglichkeit fovealer Abbildung etwa $1^1/_2{}^\circ$ beträgt. Bei der Vergleichung zölestischer Objekte wird man sich oft mit sehr viel kleineren Feldern begnügen müssen, doch wähle man den scheinbaren Durchmesser des inneren Vergleichsfeldes, wenn möglich, nicht unter 20′.

Die Flächenhelligkeit der Felder soll möglichst im FECHNER-Bereich liegen, innerhalb dessen der zufällige Fehler der Vergleichung am geringsten ist. Auch diese Vorschrift wird sich wegen der Lichtschwäche der meisten zölestischen Objekte oft nicht innehalten lassen. Einen auffälligen Farbenunterschied der Felder, durch den die Genauigkeit der Vergleichung stets wesentlich beeinträchtigt wird, suche man durch Anwendung der oben für den Fall der Punktvergleichung gegebenen Regeln herabzudrücken.

Als Kriterium der Gleichheit der Flächenhelligkeiten der Vergleichsfelder ist — ein beugungsfreies Aneinandergrenzen der letzteren (LUMMER-BRODHUN-Würfel!) vorausgesetzt — bei gleicher Farbe der Felder das Verschwinden, bei ungleicher Farbe das maximale Undeutlichwerden der Grenzlinie zu betrachten. Bei weniger vollkommener Abgrenzung der Felder läßt sich auch bei gleicher Farbe derselben nur ein Unscharfwerden der Grenzlinie erreichen.

Bei ausreichender Helligkeit der Vergleichsfelder soll das Auge die Grenzlinie fixieren. Liegt die Helligkeit hingegen in der Nähe der fovealen Empfindungsschwelle — und dieser Fall wird verhältnismäßig oft eintreten —, so läßt sich ein extrafoveal-simultanes Vergleichen nicht vermeiden. Als Kriterium der gleichen Helligkeit der Felder gilt dann wieder, daß letztere als eine einzige gleichmäßig leuchtende Fläche erscheinen, von der sich die Grenzlinie in der Regel nicht mehr abhebt. Bei der extrafovealen Vergleichung ist stets mit dem Auftreten von Positionswinkelfehlern zu rechnen, die sich durch Vertauschung der Felder bzw. durch Drehung des Gesichtsfeldes um 180° eliminieren lassen.

Bei Ungleichheit des Spektraltypus tritt ferner ein PURKINJE-Fehler auf, dem man evtl. durch Einführung eines Korrektionsgliedes der Form:

$$\Delta = -a(I - I')(h - h_0), \qquad a > 0, \; h > h_0$$

Rechnung tragen kann.

34. Punktphotometer, bei denen die Abbildung der verglichenen Sterne entweder durch zwei Objektive von wenig verschiedener Brennweite oder durch ein und dasselbe Objektiv bewirkt wird. Die in Frage kommenden Photometer sind in erster Linie zur Messung punktförmiger Objekte bestimmt. Es besteht aber bei den meisten von ihnen die Möglichkeit, sie auch als Flächenphotometer zu verwenden. Das Vergleichsobjekt ist stets zölestisch. Die meßbare Abschwächung erfolgt — abgesehen von dem Photometer von J. HERSCHEL, das auch in anderer Hinsicht eine Ausnahme bildet — entweder durch Abblendung des Objektives oder durch Drehung eines Nikols.

α) Der Gedanke, ein Doppelfernrohr als Photometer zu verwenden, geht auf P. BOUGUER[1] zurück. Das BOUGUERsche „Heliometer" besitzt zwei Objektive von gleicher Öffnung und Brennweite und ein gemeinsames Okular. Zur Abschwächung dient eine Sektorblende, die abwechselnd vor das eine oder vor das andere Objektiv gesetzt werden kann. Die Bilder von zwei in den Fernrohren eingestellten Sternen lassen sich in eine beliebige Lage zueinander bringen. Stellt man mittels der Sektorblende Helligkeitsgleichheit her und wiederholt die Messung nach Übertragung der Blende unter Vertauschung der Sterne, so bestehen nach Ziff. 26 Gleichung (29) und Ziff. 33 Gleichung (7) die Beziehungen:

$$J_1 : J_2 = 360^{-1} (\sigma\sigma')^{\frac{1}{2}}, \qquad M_1 - M_2 = +6^M{,}39 - 1^M{,}25 \log\sigma - 1^M{,}25 \log\sigma',$$

worin σ und σ' die gemessenen Winkelsummen der offenen Sektoren sind.

Um mit diesem Instrument auch Leuchtdichten messen zu können, bringt BOUGUER in den Brennebenen der Objektive Blenden mit sehr kleinen kreisförmigen Öffnungen an, die zur Abschwächung allzu heller Bilder mit Papier oder Mattglas bedeckt werden können. Obige Gleichung gibt jetzt das Verhältnis der Flächenintensitäten bzw. die Differenz der Flächenhelligkeiten an. BOUGUER hat mit seinem Photometer Flächenintensitäten auf der Sonnenscheibe sowie an verschiedenen Stellen des Himmels gemessen.

β) Das Photometer von W. HERSCHEL[2] ist dem BOUGUERschen verwandt, besitzt aber an Stelle der Objektive zwei Spiegel von gleicher Öffnung und Brennweite. Einer von diesen Spiegeln läßt sich mit Hilfe von Kreisblenden abblenden. Die Okulare liegen so nahe beieinander, daß das Auge innerhalb einer Sekunde von dem einen zum anderen übergehen kann. HERSCHEL hat mit diesem Instrument Intensitäten von Fixsternen gemessen und bei der Reduktion den Einfluß der Beugung sowie den des Himmelsgrundes berücksichtigt.

γ) Das von J. HERSCHEL[3] um 1836 konstruierte „Astrometer" besitzt insofern historische Bedeutung, als dasselbe zur Herstellung des ersten auf exakten Messungen beruhenden, 69 helle, meist südliche Sterne enthaltenden Helligkeitskataloges gedient hat. Das Abbildungsprinzip des HERSCHELschen Photometers besteht darin, daß ein direkt gesehener Fixstern mit dem gleichfalls direkt, d. h. ohne Okular, betrachteten, durch eine kleine Konvexlinse ($d = 3$, $f = 5{,}7$ mm) entworfenen punktförmigen Bilde des Mondes verglichen wird. Das eine der beiden optischen Systeme ist also das bloße Auge. Vor der Linse ist ein totalreflektierendes Prisma angebracht, durch welches das in 60° bis 100° seitlichem

[1] Traité d'optique (1760), S. 35.
[2] Phil Trans 1817, S. 309.
[3] Results of Astr. Obs. made during the Years 1834, 5, 6, 7, 8 at the Cape of Good Hope. London 1847.

Abstand befindliche Vergleichsobjekt in das kleine Objektiv hineingespiegelt wird. Durch meßbare Verschiebung des aus Prisma und Linse bestehenden Systems in Richtung der optischen Achse wird das punktförmige Mondbild auf die Helligkeit des Fixsternes gebracht. Die Änderung der Pupille mit der Akkommodation bleibt bei Gebrauch eines Diopters ohne Einfluß.

Das Intensitätsverhältnis bzw. die Größendifferenz von zwei nacheinander gemessenen Sternen ist nach Ziff. 25 Gleichung (9) und Ziff. 33 Gleichung (12) durch die Ausdrücke:

$$J_1 : J_2 = r_1^{-2} : r_2^{-2}, \qquad M_1 - M_2 = +5^M \log r_1 - 5^M \log r_2$$

gegeben, worin r_1 und r_2 die gemessenen Abstände des Mondbildes vom Auge sind. Den Einfluß des Himmelsgrundes sowie anderer systematischer Fehlerquellen hat HERSCHEL nach Möglichkeit zu eliminieren gesucht. F. ZÖLLNER[1] leitet für den wahrscheinlichen Fehler einer gemessenen Helligkeitsdifferenz von zwei Sternen den überraschend geringen Wert $\pm 0^M{,}06$ ab.

δ) Gleich dem BOUGUERschen Heliometer hat auch das FRAUNHOFERsche Heliometer, wie die Arbeiten von M. J. JOHNSON[2], W. SCHUR[3] u. a. zeigen, als Photometer Verwendung gefunden. Die beiden Methoden entsprechen sich vollkommen. Durch Drehen des Objektivkopfes und Verschieben der Objektivhälften lassen sich die Bilder der zu vergleichenden Sterne nebeneinander stellen. Zur Abblendung der Halbobjektive verwendet JOHNSON Blenden mit halbkreisförmigen oder mit sektorförmigen Ausschnitten. Er findet die Objektivhälften ungleich lichtstark und die Zentralzone des Objektives lichtdurchlässiger als die Randpartien. Der Einfluß des erstgenannten Unterschiedes läßt sich durch Vertauschung der Sterne eliminieren.

Das hierher gehörige, als Doppelfernrohr ausgebildete Meridianphotometer von E. C. PICKERING soll erst weiter unten zugleich mit den übrigen PICKERINGschen Polarisationsphotometern besprochen werden.

Photometertypen ε) bis λ). Als Gleichheitsphotometer mit nur einem, sowohl Stern als Vergleichsstern abbildenden Objektiv kann jedes mit einer Abschwächungsvorrichtung versehene Fernrohr betrachtet werden, insofern man — freilich unter Verzicht auf eine gleichzeitige Abbildung — das hellere Objekt stets mittels der Abschwächungsvorrichtung auf gleiche Helligkeit mit dem schwächeren bringen kann. Ein besonders einfaches Beispiel bietet das Verfahren von A. SECCHI[4], der zwei Sterne mit unbewaffnetem Auge vergleicht und den helleren mit Hilfe einer rotierenden Sektorenscheibe auf die Helligkeit des schwächeren bringt.

Sollen Objekt und abgeschwächtes Vergleichsobjekt gleichzeitig nebeneinander sichtbar sein, so läßt sich dies am einfachsten dadurch erreichen, daß man die beiden Objekte durch verschiedene Teile des Objektives abbildet. Der hierauf beruhende Photometertypus ist äußerlich durch den Objektivspiegel gekennzeichnet, der das Licht des Vergleichssternes ins Objektiv wirft.

ε) Das älteste der hierher gehörigen Photometer ist der Spiegelsextant in der Form, wie ihn A. v. HUMBOLDT[5] um 1800 zur Messung der Lichtstärken einiger heller Sterne verwendet hat. Bekanntlich ist das an dem einen Schenkel des Sextanten befestigte kleine Fernrohr auf die Mitte des starr mit ihm verbundenen, halb belegten, halb unbelegten Spiegels gerichtet. Die zunächst

[1] Photometrische Untersuchungen, S. 176 (1865); vgl. auch ZINNER, Helligkeitsverzeichnis, S. 49.

[2] Radcl Obs 12, App. (1851).

[3] A N 94, S. 199 (1879).

[4] Atti dell' Accad. Pontificia dei Nuovi Lincei 4, S. 10 (1850/51).

[5] A N 16, S. 225 (1803); vgl. auch ZINNER, Helligkeitsverzeichnis, S. 45.

fehlende Abschwächungsvorrichtung läßt sich leicht in der Weise einfügen, daß man eine meßbare Verschiebung des Fernrohres senkrecht zu der Ebene des Sextanten vorsieht. Hat man durch Heben oder Senken des Fernrohres Helligkeitsgleichheit der Sterne hergestellt, so ist das Verhältnis der beiden Segmente des Objektives, die von dem belegten bzw. dem unbelegten Teil des festen Spiegels Licht empfangen, näherungsweise gleich dem Verhältnis $J_1 : (\varrho J_2)$, worin J_1 die Intensität des direkt gesehenen und ϱJ_2 die infolge der doppelten Reflexion am drehbaren und am festen Spiegel reduzierte Intensität des anderen Sternes ist.

ζ) Ein von einem unbekannten Erfinder konstruiertes, in einer der Gesellschaft der Wissenschaften zu Göttingen eingereichten Bewerbungsschrift beschriebenes Photometer[1] verdient wegen der Zweckmäßigkeit des der Konstruktion zugrunde liegenden Prinzips Erwähnung. Vor dem Objektiv eines parallaktisch montierten Refraktors ist ein Planspiegel angebracht, der einerseits um die Achse des Tubus, andererseits um eine zu dieser senkrechte Achse drehbar ist und in jeder Stellung die eine Hälfte des Objektives frei läßt, die andere verdeckt. Die Abschwächungsvorrichtung besteht in einer gleichfalls um die optische Achse drehbaren, genau eine Hälfte des Objektives verdeckenden Blende, deren Drehungswinkel an einer Teilung abgelesen werden kann. Vergleicht man die Bilder eines direkt und eines reflektiert eingestellten Sternes miteinander, so wird bei Drehen der als Sektorblende wirkenden Objektivblende stets der eine Stern heller, der andere schwächer, so daß man in jedem Falle Helligkeitsgleichheit herstellen kann. Der in das Resultat der Messung eingehende Reflexionskoeffizient des Objektivspiegels läßt sich durch Vertauschung der Sterne eliminieren.

η) Das „Zonenphotometer" von C. H. HORNSTEIN[2] ist dem vorstehend beschriebenen Photometer im Prinzip sehr ähnlich. Vor dem Objektiv ist seitlich ein kurzes, um die Achse des Hauptrohres drehbares Hilfsrohr angebracht, das sich über die äußere Zone des Objektives hinwegführen läßt. In dieses Rohr wirft ein kleiner verstellbarer Spiegel das Licht des Hilfssternes, der neben dem zu messenden Stern zur Abbildung gelangt. Ein Sucher erleichtert die Einstellung des Hilfssternes. Das Instrument ist zur Messung zonenweise angeordneter Sterne von wenig verschiedener Helligkeit bestimmt, die mit ein und demselben, am Objektivspiegel eingestellten Hilfsstern verglichen werden. Die auf den Zonenstern wirkende Abblendungsvorrichtung besteht aus zwei sich gegeneinander bewegenden Objektivschiebern mit symmetrisch angeordneten hyperbelförmigen Ausschnitten. Außer den Mängeln dieses Abblendungsverfahrens haftet dem Photometer noch der weitere Nachteil an, daß bei der Reduktion der Messungen etwas weiter voneinander entfernter Sterne auch die Änderung des Reflexionswinkels am Hilfsspiegel in Rechnung gezogen werden muß. Planmäßig durchgeführte Messungsreihen liegen nicht vor.

ϑ) Bei dem Sternphotometer von J. CHACORNAC[3] besteht die Vergleichsvorrichtung — wie bei dem unter ζ) beschriebenen Photometer — in einem um zwei Achsen drehbaren Objektivspiegel, der in jeder Lage genau die eine Hälfte des Objektives für direkte Sicht abblendet. Die Abschwächungsvorrichtung setzt sich aus einem in der Fokalebene angebrachten, um die optische Achse drehbaren Doppelbildprisma und einem zwischen Okular und Auge befindlichen Nikol zusammen. Der Umstand, daß das Licht des Hilfssternes infolge der Reflexion am Objektivspiegel teilweise polarisiert ist, führt insofern

---

[1] Vgl. Göttingische gelehrte Anzeigen 1835, S. 330. — Mit dem Preise gekrönt wurde seinerzeit C. A. STEINHEILS Abhandlung über das Prismenphotometer.

[2] Sitzber. der K. Akad. der Wiss. zu Wien. Math.-naturw. Kl. 41, S. 261 (1860).

[3] C R 58, S. 657 (1864); vgl. MÜLLER, Phot. d. Gest., S. 257ff.

zu einer Komplikation des Meßverfahrens, als neben der Vergleichung zwischen dem direkt eingestellten und dem reflektierten Stern noch eine besondere Vergleichung der beiden Bilder des letzteren Sternes notwendig wird. Zwecks Elimination des Reflexionskoeffizienten des Spiegels müssen ferner diese beiden Messungen nach Vertauschung der Sterne wiederholt werden. Zur Messung einer einzelnen Helligkeitsdifferenz sind also nicht weniger als vier Vergleichungen notwendig, zwischen denen noch zweimal der Hauptschnitt des Doppelbildprismas zu der Einfallsebene der auf den Objektivspiegel auffallenden Sternstrahlung parallel gestellt werden muß. Wenn CHACORNAC mit seinem Photometer nur wenige Versuchsmessungen ausgeführt hat, so dürfte dies unter anderem der Umständlichkeit des Meßverfahrens zuzuschreiben sein.

ι) Den Typus des mit Objektivspiegel ausgerüsteten Photometers hat neuerdings A. DANJON[1] wesentlich vervollkommnet, dessen „photomètre différentiel à œil de chat" in Abb. 32a schematisch, in Abb. 32b in Gesamtansicht dargestellt ist. Es handelt sich um einen azimutal aufgestellten Refraktor, bei dem die wesentlichen Teile der Vergleichs- sowie der Abschwächungsvorrichtung vor dem Objektiv angebracht sind.

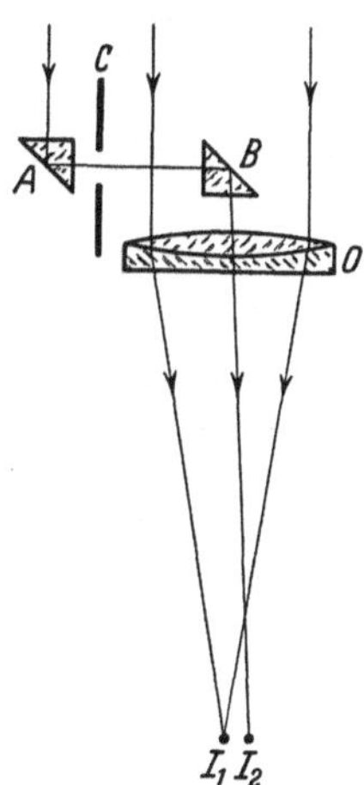

Abb. 32a. Katzenaugenphotometer von A. DANJON. Schematisch. (Ann. de l'Obs. de Strasbourg 2, S. 83.)

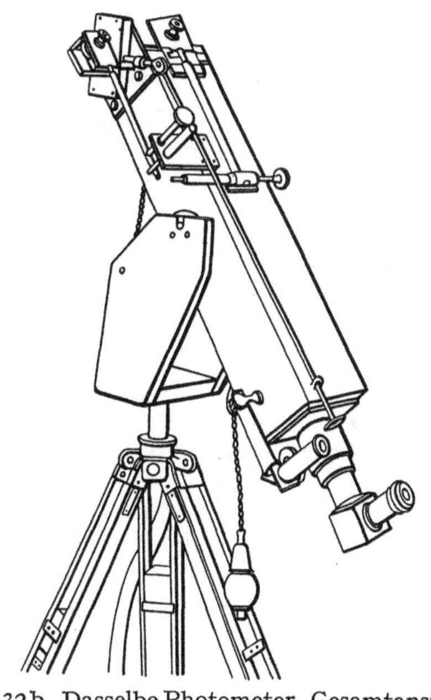

Abb. 32b. Dasselbe Photometer. Gesamtansicht. (Ann. de l'Obs. de Strasbourg 2, S. 87.)

Vor dem Objektiv des Refraktors ($d = 75$, $f = 600$, $d' = 4$) sind zwei totalreflektierende Prismen A und B von je 25 mm Kantenlänge befestigt. In der Fokalebene entsteht so neben dem Bilde I_1 des von der äußeren Zone des Objektives direkt abgebildeten Sternes das Bild I_2 eines zweiten Sternes, dessen Licht durch die Prismen A und B ins Objektiv reflektiert wird. Da das Prisma A eine kleine Drehung um die Achse AB, das Prisma B eine ebensolche um eine zur Zeichnungsebene senkrechte Achse zuläßt, so lassen sich die Bilder von Sternen, die um mehrere Grad voneinander entfernt sind, im Gesichtsfelde nebeneinander stellen.

Zwischen den beiden Prismen ist das Katzenaugendiaphragma C befestigt. Die eine der beiden rechtwinklig ausgeschnittenen Blendplatten trägt eine Milli-

[1] Ann de l'Obs de Strasbourg 2, S. 82, 148 (1928); vgl. auch Lyon Bull 10, S. 77 (1928).

meterteilung auf Glas, die andere den Index. Einstellung des Katzenauges sowie Ablesung der Teilung lassen sich vom Okular aus bewirken. In die Fokalebene lassen sich zwecks Verdeckung der sekundären Bilder Blenden einschieben. Die zu vergleichenden Bilder lassen sich in ihrer gegenseitigen Stellung mit Hilfe der Bewegungsschraube für das Prisma B leicht vertauschen. Ein zwischen Tubus und Okular eingeschaltetes totalreflektierendes Prisma ermöglicht eine bequeme Kopfhaltung des Beobachters.

Messung und Reduktion. Bezeichnen x, x_m, x_0 die Ablesungen der Zentimeterskala bei teilweise geöffnetem, maximal geöffnetem und völlig geschlossenem Katzenauge, sind also $b = x - x_0$ bzw. $b_m = x_m - x_0$ Diagonale und größte Diagonale des quadratischen Ausschnittes in cm, so lassen sich die Lichtstärken der Bilder eines direkt und eines reflektiert eingestellten Sternes durch die Ausdrücke darstellen:

$$L = \Sigma \cdot J, \qquad L' = \Sigma' J' (b : b_m)^2$$

worin Σ und Σ' die Systemfaktoren sind. Aus $L = L'$ folgt:

$$J : J' = (\Sigma' : \Sigma)\,(b : b_m)^2, \qquad M - M' = C - 5 \log b. \tag{29}$$

Es muß also die Bedingung: $J : J' < \Sigma' : \Sigma$ erfüllt sein.

Die Konstante C des Photometers — d. h. die Größendifferenz von zwei Sternen, die bei der Öffnungsdiagonalen $b = 1$ cm gleich hell erscheinen — bestimmt DANJON auf die Weise, daß er Fernrohr und Prismensatz auf einen in weitem Abstand befindlichen künstlichen Stern richtet und die äußeren Teile des Objektives durch einen vor das Prisma B gesetzten rotierenden Sektor von gegebener Winkelöffnung σ abblendet. Die beiden Bilder gehören so gewissermaßen zwei verschiedenen Sternen von der bekannten Größendifferenz

$$M - M' = +6^M{,}39 - 2^M{,}50 \log \sigma$$

[vgl. Ziff. 27 Gleichung (33)] an. Die Einstellung mit dem Katzenauge auf gleiche Helligkeit liefert b und damit gemäß (29) die Konstante C, für die DANJON den Wert $+4^M{,}83$ ableitet.

Der Wert der Konstante C braucht übrigens nicht bekannt zu sein, falls man den reflektiert (oder auch umgekehrt den direkt) eingestellten Stern nur als Zwischenstern bei der Messung der Größendifferenz zweier direkt (reflektiert) eingestellter Sterne benutzt. Man hat nämlich, wenn M_1 und M_2 die Größen der Sterne, b_1 und b_2 die gemessenen Diagonalen sind:

$$M_1 - M_2 = -5^M \log b_1 + 5^M \log b_2. \tag{30}$$

Nach DANJON darf die Diagonale des Katzenauges, die im Maximum 30 mm beträgt, bis auf 8 oder 9 mm reduziert werden, ohne daß störende Beugungserscheinungen auftreten. Es lassen sich also Größendifferenzen von 2^M noch bequem messen.

Messungsergebnisse und Genauigkeit. DANJON hat mit seinem Photometer die Lichtkurve von Algol mit einer Genauigkeit festgelegt, die die bisher mit visuellen Punktphotometern erreichte Genauigkeit weit übertrifft. Er vergleicht das doppelt reflektierte Bild von Algol ($2^M{,}1$ bis $3^M{,}2$, Spektrum B 8) mit dem direkten Bilde des in $35'$ Distanz stehenden Sternes BD $+ 40° 663$ ($7^M{,}3$, Sp. A 0). Jede gemessene Größendifferenz beruht auf 100 Einstellungen, die ohne Hast in 20 Minuten erledigt werden können. Nach je 10 Einstellungen werden die Bilder in die symmetrische Stellung gebracht. Die durchschnittliche Abweichung der gemessenen Größe von der auf 150 Messungen beruhenden mittleren Lichtkurve beträgt nur $\pm 0^M{,}006$. Diesem Werte entsprechen die Werte $\pm 0^M{,}0075$ bzw. $\pm 0^M{,}005$ des mittleren bzw. des wahrscheinlichen Fehlers.

Die für ein punktphotometrisches Verfahren ungewöhnlich hohe Genauigkeit ist einesteils den Vorzügen des Photometers, andernteils den besonderen Fähigkeiten des Beobachters zu verdanken. Alle instrumentell bedingten Fehlerquellen sind weitgehend ausgeschaltet. Ausschlaggebend aber ist die besondere Eigenschaft des Abschwächungsapparates, für kleine Drehungen des Bewegungsschlüssels relativ große Änderungen der Öffnung des Katzenauges zu geben. Das bedeutet eine völlige Ausschaltung des motorischen Gedächtnisses bei den Einstellungen, die infolgedessen völlig unabhängig voneinander sind. Zu diesen Vorzügen des Instrumentes tritt eine ungewöhnliche Ausdauer des Beobachters, die ihn befähigt, ohne Erlahmen der Aufmerksamkeit, des Auges und der Hand, also mit gleichbleibender Sicherheit unmittelbar nacheinander 100 Einstellungen auszuführen. Aus einer bei DANJON sich findenden Diskussion[1] der zufälligen Einstellungsfehler scheint hervorzugehen, daß sein Stufenwert keineswegs ungewöhnlich klein ist. Die zufällige Abweichung einer Einstellung vom Mittel beträgt im Durchschnitt $\pm 0^M{,}097$ (m. F. einer Einstellung: $\pm 0^M{,}12$).

DANJON[2] hat mit seinem Photometer auch Flächenintensitäten gemessen. Er vergleicht das aschfarbene Mondlicht mit der Helligkeit der Mondsichel, wobei er das direkte Bild des grauen Mondrandes mit dem reflektierten Bilde des hellen Randes in Berührung bringt. Eine ausreichende Abschwächung dieses letzteren Bildes läßt sich dadurch erzielen, daß man das Prisma B oder auch beide Prismen A und B (vgl. Abb. 32a) um eine zu der Papierebene senkrechte Achse um 180° dreht, also die totale Reflexion in Glas durch die partielle in Luft ersetzt. Die nunmehr wenig verschiedenen Flächenhelligkeiten lassen sich durch Verstellen des Katzenauges einander gleich machen.

$\varkappa$) Bei dem Photometer von G. SEARLE[3] wird die Zweiteilung des Objektives nicht durch einen Spiegel, sondern durch ein Prisma bewirkt. Eine leicht keilförmig geschliffene Glasplatte, deren brechender Winkel φ nur wenige Bogenminuten beträgt, läßt sich vor dem dreizölligen Objektive meßbar hin und her bewegen. Ist das Fernrohr auf einen Stern gerichtet, so erscheint im Gesichtsfelde neben dem regulären Bilde ein zweites um die Distanz φ abgelenktes Bild. Bei Verschiebung des Prismas, das als Segmentblende wirkt, wird gleichzeitig das eine Bild heller, das andere schwächer. Bei der Messung der Größendifferenz von zwei Sternen verfährt man nun so, daß man das reguläre Bild des einen Sternes mit dem abgelenkten des anderen vergleicht und durch Verschieben des Prismas die beiden Bilder auf gleiche Helligkeit bringt. Nachteilig ist der Umstand, daß sich die relative Stellung der Bilder nicht willkürlich ändern läßt.

Bezeichnen wir den Durchlässigkeitskoeffizienten des Prismas mit δ, die Abschwächungsfaktoren für reguläres und abgelenktes Bild mit A und $1 - A$ [vgl. Ziff. 26 Formel (31)], so sind die Lichtstärken der verglichenen Bilder durch die Ausdrücke gegeben:

$$L_1 = \varkappa\varkappa' \frac{\pi}{4} d^2 J_1 A\,, \qquad L_2' = \delta\varkappa\varkappa' \frac{\pi}{4} d^2 J_2 (1 - A)\,,$$

und das Verhältnis der Intensitäten der Sterne ist durch die Gleichung bestimmt:

$$J_1 : J_2 = \delta (1 - A) : A\,.$$

Hierin läßt sich δ entweder durch Vergleichung der konjugierten Bilder der beiden Sterne eliminieren, oder aber durch Vergleichung der beiden Bilder ein und desselben Sternes bestimmen.

---

[1] Recherches, S. 41. [2] Recherches, S. 165. [3] A N 57, S. 141 (1862).

Ersetzt man nach einem Vorschlage von A. CORNU[1] das einfache Prisma durch zwei in Material und Schliff völlig übereinstimmende Prismen, die mit ihren schmalen Kanten aneinanderstoßen, so liefert jeder Stern zwei abgelenkte Bilder, und man erhält, da sich nunmehr der Durchlässigkeitskoeffizient δ bei der Vergleichung heraushebt, das Verhältnis der Intensitäten bereits durch eine Messung.

Wird bei großer Objektivöffnung das Doppelprisma zu kostspielig, so empfiehlt CORNU die Anwendung eines völlig entsprechend geschnittenen Okulardoppelprismas. Dieses wird hinter der ersten Linse eines terrestrischen Okulares, an der Stelle, wo das reelle Bild des Objektives liegt, eingeschoben.

λ) Die PICKERINGschen Polarisationsphotometer. Das Verdienst, das erste auf dem Polarisationsprinzip beruhende Himmelsphotometer konstruiert zu haben, gebührt F. ARAGO[2] Dieser bildet das ROCHONsche Prismenfernrohr[3] dadurch zu einem Gleichheitsphotometer aus, daß er vor dem Objektiv einen drehbaren Nikol nebst Intensitätskreis anbringt. ARAGO[4] hat im Jahre 1850 mit diesem Apparat Messungen der relativen Flächenhelligkeit auf den Scheiben des Mondes und des Jupiter ausgeführt, die indessen nur eine verhältnismäßig geringe Genauigkeit besitzen. J. CHACORNAC — dessen Photometer wir schon oben behandelt haben — und E. C. PICKERING haben die von ARAGO angegebene Polarisationsvorrichtung insofern abgeändert, als sie den drehbaren Nikol zwischen Okular und Auge verlegten. Die verschiedenen Typen der von PICKERING konstruierten und zum Teil in umfangreichen Messungsreihen erprobten Polarisationsphotometer werden im folgenden eingehend besprochen.

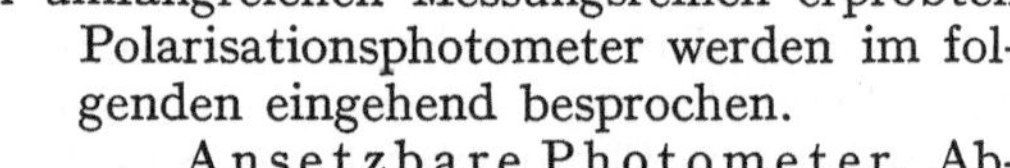

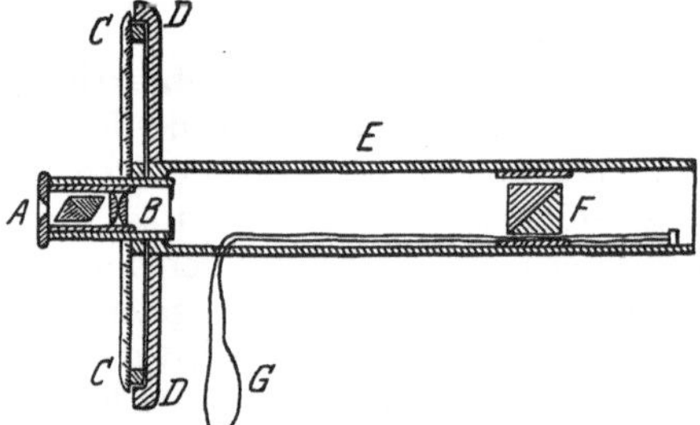

Abb. 33. Polarisationsphotometer H von E. C. PICKERING (MÜLLER, Phot. d. Gest. S. 260).

Ansetzbare Photometer. Abgesehen von einigen älteren, noch unvollkommenen Apparaten (Photometer A, B, C) hat E. C. PICKERING vier Photometer von wesentlich verschiedenem Typus (H, R, W, T) konstruiert und unter Assistenz von A. SEARLE, O. C. WENDELL u. a. Beobachtern eingehend am Himmel erprobt. Photometer H[5] (Abb. 33) hat in den Jahren 1877—1880 in Verbindung mit einem Refraktor ($d = 380$, $f = 6800$) zur Messung der Helligkeiten von Doppelsternen und Jupitersatelliten gedient. Das Photometer ist um die Achse des Hauptrohres drehbar. Die Polarisationsvorrichtung besteht aus dem ROCHONschen Bergkristallprisma F, das sich in Richtung der optischen Achse verschieben läßt, und dem zwischen Okular und Auge angeordneten analysierenden Nikol. Die Winkeltrennung der aus dem Rochon austretenden Strahlen beträgt nicht ganz 1°. Die beiden Bilder sind nahezu achromatisch und lassen sich durch Verschieben des Rochons in 64″ maximale Distanz bringen. Es können also nur Nachbarsterne mit Distanzen bis zu 60″ miteinander verglichen werden.

Die vollständige Messung einer Größendifferenz besteht aus 4 Sätzen zu je 4 Einstellungen. Zur Elimination des Stellungsfehlers werden die Bilder nach

[1] C R 103, S. 1227 (1886).

[2] Vierte Abhandlung über Photometrie. [Sämtliche Werke. Deutsche Ausgabe, Bd. 10, S. 190 (1859).]

[3] Vgl. Ziff. 30, β.

[4] Siebente Abhandlung über Photometrie. [Sämtliche Werke, Bd. 10, S. 237—243 (1859).]

[5] Harv Ann 11 (1879); 52 I (1907).

jedem Satz vertauscht. Nach dem ersten und dritten (bzw. nach dem zweiten) Satz wird das ganze Photometer um 180° gedreht, um jeweils die beiden konjugierten Bilder vergleichen zu können. Zur Reduktion eines Messungssatzes dienen gemäß Ziff. 29 Gleichung (51) und (53) die Formeln:

$$J_2 : J_1 = \frac{\mu}{\nu}\,\mathrm{tg}^2\varphi\,, \qquad \varphi = \frac{1}{2}\left[\frac{\alpha_I - (\alpha_{IV} - 360°)}{2} + \frac{\alpha_{III} - \alpha_{II}}{2}\right],$$

$$M_2 - M_1 = c - 5\log\mathrm{tg}\,\varphi\,, \qquad c = -2^M{,}5\log\left(\frac{\mu}{\nu}\right).$$

Das kleine Korrektionsglied c ändert bei Umlegen des Photometers sein Vorzeichen.

J. STEBBINS[1] hat mit einem völlig entsprechend gebauten Photometer die Größendifferenzen der Komponenten von 107 Doppelsternen gemessen. Für den wahrscheinlichen Fehler einer auf 16 Einstellungen beruhenden Größendifferenz leitet er im Durchschnitt aller Messungen den Wert $\pm 0^M{,}056$ ab.

Ein von A. DANJON[2] gleichfalls nach dem Vorbilde des Photometers H konstruiertes Photometer weist einige Verbesserungen auf. Als Polarisator dient ein WOLLASTON-Prisma aus Kalkspat, das bei einer Dicke von nur 2 mm eine Winkeltrennung der Strahlen von 102′ gibt. Da der größte Abstand des Prismas vom Fokus 300 mm beträgt, so lassen sich bei der Brennweite $f = 6920$ mm jeweils die Bilder von zwei Sternen, deren Distanz $< 4'{,}5$ ist, zur Koinzidenz bringen[3]. Der Analysator ist in die Nähe der Fokalebene verlegt. Er wird durch eine von natürlichen Spaltflächen begrenzte Kalkspatplatte von 15 mm Dicke, die den ordentlichen Strahl unabgelenkt hindurchläßt, gebildet. Der außerordentliche Strahl wird durch eine Feldblende (Irisblende) abgefangen. Zwischen Okular und Auge lassen sich Filter aus farbiger Gelatine einschieben.

DANJONS Messungen, die in der Regel auf 40—80 Einstellungen beruhen, sind sehr genau. Der durchschnittliche Fehler einer gemessenen Größendifferenz — Anschluß des Veränderlichen δ Cephei an seinen 40″ entfernten Begleiter mit Filter — ergibt sich zu $\pm 0^M{,}025$ (40 Einstellungen). Der entsprechende mittlere Fehler beträgt $\pm 0^M{,}032$.

PICKERINGS[4] Photometer R unterscheidet sich von Photometer H hauptsächlich dadurch, daß der Polarisator aus zwei hintereinander geschalteten WOLLASTON-Prismen aus Quarz besteht, die in bezug auf die optische Achse symmetrisch gelagert sind, und die zusammen eine Strahlentrennung von 50′ + 50′ geben. Bei einem Höchstwert der Verschiebung des Doppelprismas von 400 ($= f/17$) mm können jeweils Nachbarsterne, deren Distanz unterhalb 6′ bleibt, miteinander verglichen werden. Etwas störend ist der Umstand, daß die Bilder mit den roten Enden gegeneinander gekehrte Spektren sind.

Der den Photometern H und R anhaftende Mangel, daß den verglichenen Bildern zwei verschiedene Austrittspupillen entsprechen, ist bei Photometer W dadurch vermieden, daß nur der eine Wollaston zur Verschiebung gelangt, während der andere (nach Drehung um 180°) in der Nähe der Fokalebene festgelegt ist. Die Winkeltrennung der Strahlen wird dadurch allerdings auf 50′ herabgesetzt.

Eine weitere Vervollkommnung der vorstehend beschriebenen Photometer stellt das gleichfalls von E. C. PICKERING[5] konstruierte Photometer T

---

[1] Publ of the Univ of Illinois Obs 1904—1906.

[2] Ann de l'Obs de Strasbourg 2, S. 73, 93 (1928).

[3] Vgl. Ziff. 30, β.

[4] Harv Ann 69, S. 1 (1909) (Abbildung).

[5] Harv Ann 69, S. 3 (1909); vgl. auch Ap J 2, S. 89 (1895) sowie Contr Princeton Obs Nr. 1, S. 2 (1911).

(Abb. 34) dar, das in Verbindung mit dem 380 mm-Refraktor auch Sterne von größerer Distanz — bis zu 35′ — aneinander anzuschließen gestattet.

Die Abschwächungsvorrichtung besteht in dem in der Brennebene befestigten Doppelbildprisma G und dem zwischen Okular und Auge angeordneten drehbaren Nikol B. Durch die Augenblende A werden die seitlich liegenden Austrittspupillen der beiden jeweils nicht verwendeten Strahlenbündel verdeckt. Eigenartig ist die Vergleichsvorrichtung. Das aus einem Kronglas- und einem

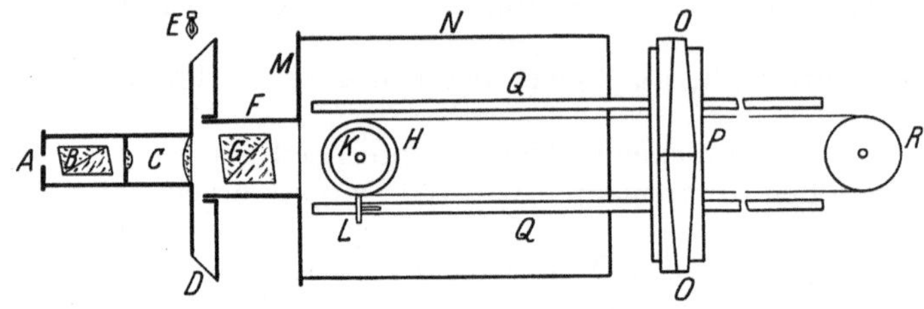

Abb. 34. Polarisationsphotometer T von E. C. PICKERING (Harv Ann 69, S. 3).

Flintglasprisma zusammengesetzte achromatische Zwillingsprisma OO dient dazu, die Strahlenbündel der beiden zu vergleichenden Sterne abzulenken und im Brennpunkt F (vgl. Abb. 35) unter einem dem Trennungswinkel ω des Doppelbildprismas G möglichst angepaßten Winkel ψ zum Schnitt zu bringen. Das Zwillingsprisma läßt sich durch Drehen des Rades H, um welches eine endlose Kette läuft, auf dem Geleise QQ hinundherbewegen, während sich der Abstand a desselben von der Fokalebene an der Teilung L ablesen läßt. — Zu Beginn jeder Messung wird durch Drehen des ganzen Photometers die Achse OO des Zwillingsprismas

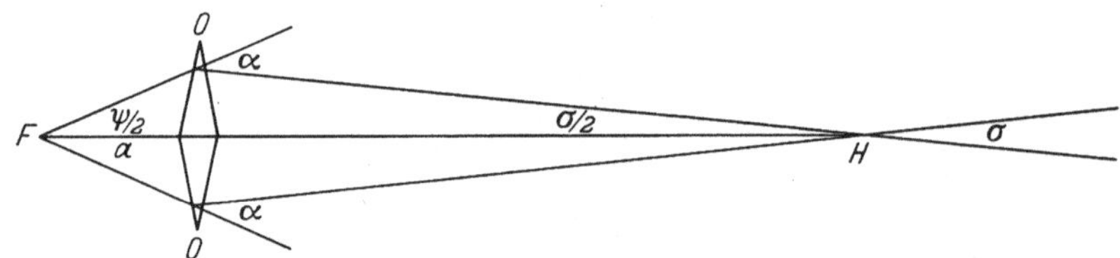

Abb. 35. Strahlengang im Photometer T.

in die Richtung der Verbindungslinie der Sterne gestellt. Hierauf wird das Prisma verschoben, bis die Bilder der Sterne in der Mitte des Gesichtsfeldes zusammenfallen.

Die Winkeldistanz σ von zwei Sternen, deren Bilder bei dem Abstand a des Zwillingsprismas von der Fokalebene im Brennpunkt zusammenfallen (Abb. 35), ist durch die Formel gegeben:

$$\sin\frac{\sigma}{2} : \sin\alpha = a \sec\frac{\psi}{2} : f$$

oder, wenn $\sec\frac{\psi}{2} = 1$ gesetzt wird, genähert:

$$\sigma = 2\alpha\frac{a}{f}.$$

Da das Zwillingsprisma sich innerhalb der Grenzen $a = 75$ und $a = 1000$ mm verschieben läßt, da ferner die Brennweite $f = 6820$ mm und der Ablenkungswinkel $\alpha = 2°\,15'$ ist, so lassen sich jeweils die Bilder von zwei Sternen, deren Distanz zwischen 3′ und 40′ liegt, im Brennpunkt vereinigen. Der Winkel $\psi = 2\alpha - \sigma$, den die Achsen der beiden Strahlenbündel in F miteinander bilden, variiert also zwischen $4°\,27'$ und $3°\,50'$. Beide Strahlenbündel werden beim

Durchgang durch das Doppelbildprisma G in zwei senkrecht zueinander polarisierte Bündel aufgespalten, die, nach symmetrisch liegenden Richtungen abgelenkt, austreten. Und da der Trennungswinkel ω des Doppelbildprismas 4° beträgt, so fällt das ordentliche Strahlenbündel des einen Sternes stets genähert mit dem außerordentlichen des anderen Sternes zusammen. Durch Kippen oder Drehen des Prismas G kann sogar in jedem Falle ein genaues Zusammenfallen der beiden Strahlenbündel erzielt werden. Hinsichtlich des Untergrundes, dessen Helligkeit bei Drehung des Nikols ungeändert bleibt, ist das Photometer einwandfrei.

Der Anwendungsbereich des Photometers T ist dadurch etwas eingeschränkt, daß nur Sterne mit Distanzen zwischen $5'$ und $35'$ miteinander verglichen werden können. Ein Nachteil des Photometers ist ferner der bedeutende Lichtverlust, der infolge der Strahlenzerlegung im Prisma G $+0^M,75$ und infolge der Reflexions- und Absorptionsverluste in allen drei Prismen etwa ebensoviel, also zusammen $+1^M,5$ beträgt. Dieser Betrag gibt den Lichtverlust für einen schwachen Stern, der mit einem bedeutend helleren verglichen wird (vgl. unten Tabelle 7). Werden zwei Sterne von gleicher Helligkeit miteinander verglichen, so erhöht sich der Lichtverlust um nochmals $+0^M,75$.

Die vollständige Messung einer Größendifferenz besteht aus 4 Sätzen zu je 4 Einstellungen. Zwischen der zweiten und dritten Einstellung jedes Satzes wird die Stellung der Bilder gewechselt. Nach dem zweiten Messungssatz wird das Photometer um 180° gedreht, und es werden die den beiden konjugierten Strahlenbündeln entsprechenden Bilder verglichen.

O. C. Wendell[1] hat in den Jahren 1892—1912 mit den Photometern R, W und T umfangreiche Messungsreihen zur Helligkeitsbestimmung von Veränderlichen, Doppelsternen, Asteroiden und Satelliten ausgeführt. Aus Messungen unveränderlicher Sterne, die meist mit Photometer T ausgeführt waren, leitet er für die durchschnittliche Genauigkeit einer auf 16 Einstellungen beruhenden Größendifferenz den Wert ab[2]:

$$\text{durchschn. F. } \pm 0^M,040 \qquad (\text{m. F. } \pm 0^M,050)\,.$$

Mit Photometer T läßt sich also eine bedeutende Genauigkeit erzielen.

Meridianphotometer von E. C. Pickering. Das Meridianphotometer dient, wie schon sein Name besagt, der Aufgabe, die Fixsterne während ihres Meridiandurchganges in fortlaufender Folge zu messen. In großzügiger Anwendung der verschiedenen in Frage kommenden Instrumente haben Pickering und seine Mitarbeiter eine Anzahl „photometrischer Meridiankataloge" geschaffen, die den Grundstock unserer heutigen Kenntnis der Sterngrößen bilden.

Wir behandeln zunächst nur die beiden älteren Photometer, das zweizöllige und das vierzöllige, während das einen wesentlich abweichenden Typus darstellende dritte, zwölfzöllige Instrument erst unter Ziff. 35, η besprochen werden wird. Die beiden erstgenannten Photometer haben die Form von Doppelfernrohren, deren annähernd gleich große Komponenten horizontal gelagert sind, und unterscheiden sich hauptsächlich in den Dimensionen. Während das kleinere, 1879 vollendete Instrument[3] zwei Objektive ($d = 40$, $f = 800$) besitzt, hat das größere Photometer[4] die Maße: $d = 105$, $f = 1660$ bzw. 1450. Letzteres soll an Hand von Abb. 36 hier näher beschrieben werden.

In die östliche Seitenwand eines länglichen Holzkastens, der in der Richtung West—Ost auf zwei Pfeilern montiert ist, sind zwei kurze Rohre A und B eingesetzt, in denen die Objektive ($d = 105$, $f = 1660$ bzw. 1450) enthalten sind. An die gegenüberliegende Wand des Kastens ist der das gemeinsame Okular

[1] Harv Ann 69, I u. II (1909).
[2] Harv Ann 69, S. 179 (1909).
[3] Harv Ann 14, S. 1 (1884) (Abbildung).
[4] Harv Ann 23 I, S. 1 (1890).

tragende Tubus angeschraubt. Vor den Objektiven A und B sind unter 45° Neigung die versilberten Glasspiegel C und D angebracht, die von der Okularseite aus vermittels der Handgriffe E und F um die optischen Achsen der Objektive gedreht werden können. Innerhalb enger Grenzen lassen sich auch die Neigungen der Spiegel gegen die optischen Achsen ändern — wozu bei dem Spiegel C die Schraube S oder der Griff G dient. Man hat so die Möglichkeit, den zu messenden Stern während der Beobachtung in der Mitte des Feldes zu halten. Für das südlich gelegene Objektiv A, das wegen seiner um 210 mm längeren Brennweite über das nördliche Objektiv B hinausragt, ist der ganze Meridian frei. Das Objektiv B dient gewöhnlich zur Abbildung eines am Pol gelegenen Vergleichssternes.

Die Brennpunkte der ein wenig gegeneinander geneigten Objektive fallen in einem Punkte F zusammen, der zugleich der Brennpunkt des Okulares ist. In der Nähe von F ist ein Doppelbildprisma angebracht, dessen Trennungswinkel genau gleich dem Winkel ist, den die optischen Achsen der beiden Objektive

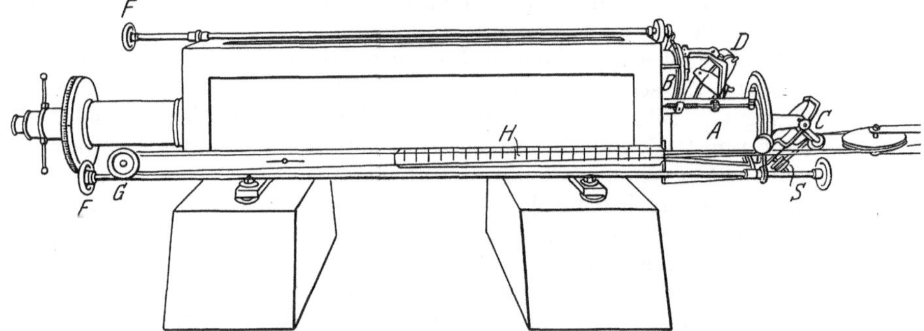

Abb. 36. Vierzölliges Meridianphotometer von E. C. PICKERING (MÜLLER, Phot. d. Gest., S. 263).

miteinander bilden (vgl. Abb. 35). Sind daher durch die Objektive A und B in F zwei Sterne abgebildet, so fällt das ordentliche Strahlenbündel des einen Sternes stets mit dem außerordentlichen des anderen zusammen, während die beiden konjugierten Bündel durch die Augenblende abgefangen werden. Analysierender Nikol nebst Intensitätskreis ist zwischen Okular und Auge angebracht.

Als Doppelbildprisma findet ein achromatisiertes Kalkspatprisma[1] Verwendung. Durch die Anordnung dieses Prismas in unmittelbarer Nähe des Fokus ist erreicht, daß die durch die Dispersion bewirkte Färbung der Bilder fast unmerklich ist. Um den Einfluß einer etwa vorhandenen partiellen Polarisation des an den Objektivspiegeln reflektierten Lichtes zu eliminieren, wurde das Doppelbildprisma nach dem ersten Messungssatz um 180° gedreht und hierauf die Vergleichung der den konjugierten Bündeln entsprechenden Bilder vorgenommen. Da sich eine Differenz nicht nachweisen ließ, so tritt eine merkliche Polarisation des von den Spiegeln zurückgeworfenen Lichtes offenbar nicht ein. Bei dem zweizölligen Meridianphotometer, bei dem an Stelle der Planspiegel totalreflektierende Prismen Verwendung finden, kann ein entsprechender Effekt nicht auftreten.

Messung und Reduktion. Nachdem die Bilder der zu vergleichenden Sterne horizontal nebeneinander gestellt sind, erfolgen zwei Einstellungen in den Quadranten I und II des Intensitätskreises. Hierauf wird das Doppelbildprisma umgelegt, und es werden, nachdem die Bilder der Sterne in die symmetrische Stellung gebracht sind, zwei weitere Einstellungen in den Quadranten III

[1] Siehe Ziff. 29.

und IV gemacht. In der Regel sind zwei Beobachter tätig, von denen der eine die Einstellungen macht, während dem anderen die Ablesungen der Kreise sowie die Eintragungen in das Beobachtungsjournal obliegen[1].

Als Vergleichsstern diente bei dem zweizölligen Photometer in der Regel α Urs. min. (2^M,2, Sp. F 8), bei dem vierzölligen Photometer λ Urs. min. (6^M,5, Sp. M) bzw. bei den Messungen in Arequipa σ Octantis (5^M,6, Sp. A 8). Der Untergrund, auf den die Bilder der Sterne sich projizieren, wird durch Superposition der Bilder der zugehörigen Himmelsgründe gebildet. Er ist gleichmäßig hell und ändert bei Drehen des Nikols seine Helligkeit nicht.

Werden die unabgeschwächten Lichtstärken des außerordentlichen Bildes des zu messenden Sternes und des ordentlichen Bildes des Polsternes mit L und L_0 bezeichnet, so haben diese Bilder bei beliebiger Stellung des Nikols die Lichtstärken [vgl. Ziff. 29 Gleichung (52)]:

$$L'' = L\cos^2\varphi\,, \qquad L_0' = L_0 \sin^2\varphi\,. \tag{31}$$

Hat man nun durch Drehen des Nikols die beiden Bilder auf gleiche Helligkeit H gebracht, so gelten die Beziehungen:

$$L'' = L_0' \qquad L : L_0 = \operatorname{tg}^2\varphi\,. \tag{32}$$

Werden ferner die den beiden abbildenden Systemen entsprechenden Systemfaktoren mit Σ und Σ_0, die Intensitäten von Stern und Polstern mit J und J_0 bezeichnet, so folgt als Ergebnis der Messung:

$$J : J_0 = \frac{\Sigma_0}{\Sigma}\operatorname{tg}^2\varphi\,, \qquad M - M_0 = -2^M{,}5\log\left(\frac{\Sigma_0}{\Sigma}\right) - 5^M{,}0\log\operatorname{tg}\varphi\,. \tag{33}$$

Da die Reflexionskoeffizienten der Objektivspiegel nur wenig voneinander verschieden sind und da für die Lichtstärken der Objektive sowie für die Durchlässigkeitskoeffizienten des Doppelbildprismas das gleiche gilt, so weichen auch die Systemfaktoren Σ_0 und Σ nur wenig voneinander ab, und der Faktor Σ_0/Σ ist nahezu gleich 1. Man kann diesen Faktor entweder dadurch bestimmen, daß man den Polstern in beiden Spiegeln einstellt und die beiden entstehenden Bilder miteinander vergleicht, oder besser dadurch eliminieren, daß man den Polstern lediglich als Zwischenstern verwendet.

Vorzüge und Mängel der Methode. Als ein sehr wesentlicher Vorzug des Meridianphotometers gegenüber dem Zöllnerschen Photometer[2] ist die Verwendung eines natürlichen Vergleichssternes zu werten. Andererseits stellt freilich die Pickeringsche Methode besonders hohe Anforderungen an die Gleichmäßigkeit des Luftzustandes. Da die Schwankungen der Extinktion in der Polgegend des Himmels und in südlicheren Deklinationen keineswegs immer parallel gehen werden, so empfiehlt es sich, den Polstern stets nur als Zwischenstern bei der Vergleichung der im südlichen Rohr eingestellten Sterne zu verwenden. Die Verwendung von σ Octantis als Vergleichsstern bei den Messungen in Arequipa (Breite $-16°$) war wegen des tiefen Standes dieses Sternes nicht ohne Bedenken.

Ein ausgesprochener Nachteil der Verwendung des Meridianphotometers ist der durch die Zwischenschaltung des Objektivspiegels sowie der beiden Polarisationsprismen verursachte Lichtverlust. Setzt man die bei der Reflexion am Objektivspiegel sowie die bei dem Durchgang des Lichtes durch die Prismen eintretenden Verluste mit je $+0^M$,25 an und berücksichtigt die Aufspaltung der

[1] Detaillierte Beschreibung der Messungen eines Beobachtungsabends siehe Harv Ann 64, S. 147 (1912).

[2] Siehe Ziff. 35, δ.

Strahlen im Doppelbildprisma mit $+0^M,75$, so findet man $+1^M,5$ als Gesamtbetrag des Lichtverlustes, den das Bild eines Sternes bei der günstigsten Stellung des Nikols erleidet. Da nach Ziff. 19, Gleichung (11) ein 40 mm-Refraktor die Lichtstärke -3^M, ein 105 mm-Refraktor die Lichtstärke -5^M hat, so bleibt für das kleine Photometer ein Helligkeitsgewinn von $-1^M,5$, für das große ein solcher von $-3^M,5$ übrig. Es hat also bei der Nikolstellung $\varphi = 90°$ im kleinen Instrument α Urs. min. (2^M) die physiologische Helligkeit $H_0 = +0^M,5$, während im großen Instrument λ Urs. min. ($6^M,5$) bzw. σ Octantis ($5^M,5$) die Helligkeiten $H_0 = +3^M$ bzw. $H_0 = +2^M$ haben.

Welches ist nun die physiologische Helligkeit $H'' = H_0'$, in der bei der Messung eines Sternes von der Größe M die Bilder erscheinen? Werden die den Lichtstärken L'', L des zu messenden Sternes bzw. L_0', L_0 des Polsternes entsprechenden physiologischen Helligkeiten mit H'', H bzw. H_0', H_0 bezeichnet, so folgt aus (31) und (32):

$$H'' - H = -5^M \log\cos\varphi, \qquad H_0' - H_0 = -5^M \log\sin\varphi, \qquad H - H_0 = -5^M \log\operatorname{tg}\varphi$$

und ferner, wenn die Größen des Sternes und des Polsternes mit M bzw. M_0 bezeichnet werden, aus (33) sehr genähert:

$$M - M_0 = -5^M \log\operatorname{tg}\varphi,$$

In der folgenden Tabelle sind für alle ganzzahligen Werte von $M - M_0 = H - H_0$ von -5^M bis $+5^M$ die entsprechenden Werte von φ, $H'' - H$, $H_0' - H_0$ tabuliert, ferner auf der rechten Seite der Tabelle die den Größen M der gemessenen Sterne entsprechenden Bildhelligkeiten $H'' = H_0'$ für die drei Fälle: kleines Photometer mit Polaris, großes Photometer mit λ Urs. min. bzw. mit σ Octantis als Vergleichsstern.

Tabelle 7.

$M - M_0 = H - H_0$	φ	$H'' - H$	$H_0' - H_0$	$M_0 = 2^M$, $H_0 = +0^M,5$		$M_0 = 6^M,5$, $H_0 = +3^M$		$M_0 = 5^M,5$, $H_0 = +2^M$	
				M	$H'' = H_0'$	M	$H'' = H_0'$	M	$H'' = H_0'$
-5^M	84°,3	$+5^M,01$	$+0^M,01$	-3^M	$+0^M,5$	$+1^M,5$	$+3^M,0$	$+0^M,5$	$+2^M,0$
−4	81 ,0	4 ,03	0 ,03	−2	0 ,5	2 ,5	3 ,0	1 ,5	2 ,0
−3	75 ,9	3 ,07	0 ,07	−1	0 ,6	3 ,5	3 ,1	2 ,5	2 ,1
−2	68 ,3	2 ,16	0 ,16	0	0 ,7	4 ,5	3 ,2	3 ,5	2 ,2
−1	57 ,8	1 ,36	0 ,36	+1	0 ,9	5 ,5	3 ,4	4 ,5	2 ,4
0	45 ,0	0 ,75	0 ,75	+2	1 ,2	6 ,5	3 ,8	5 ,5	2 ,8
+1	32 ,2	0 ,36	1 ,36	+3	1 ,9	7 ,5	4 ,4	6 ,5	3 ,4
+2	21 ,7	0 ,16	2 ,16	+4	2 ,7	8 ,5	5 ,2	7 ,5	4 ,2
+3	14 ,1	0 ,07	3 ,07	+5	3 ,6	9 ,5	6 ,1	8 ,5	5 ,1
+4	9 ,0	0 ,03	4 ,03	+6	4 ,5	10 ,5	7 ,0	9 ,5	6 ,0
+5	5 ,7	0 ,01	5 ,01	+7	5 ,5	11 ,5	8 ,0	10 ,5	7 ,0

Da gemäß Ziff. 29 Gleichung (55) der Abschwächungsfehler bei $\varphi = 81°$ bzw. $\varphi = 9°$ erst den Betrag $0^M,025$ erreicht, so lehrt die Tabelle, daß der Meßbereich des Meridianphotometers volle 8^M umfaßt. Ferner zeigen die Werte von $H'' - H$ und $H_0' - H_0$, daß die Messung eines Sternes, der beträchtlich schwächer als der Polstern ist, nahezu bei der maximalen Helligkeit H des eigenen Bildes erfolgt, hingegen die Messung eines Sternes, der beträchtlich heller als der Polstern ist, nahezu bei der maximalen Helligkeit H_0 des Bildes des letzteren. Wie die Werte von $H'' = H_0'$ zeigen, erfolgt die Vergleichung der Sterne 1^M bis 6^M bei dem kleinen Photometer bei stark abnehmender Bildhelligkeit, bei dem großen Photometer hingegen bei nahezu konstanter Bildhelligkeit. Die Grenze, bis zu der eine foveale Beobachtung noch möglich ist, liegt für die drei Fälle bzw. bei $M = 5^M$, 6^M und 7^M.

Genauigkeit. Die Genauigkeit der mit dem Meridianphotometer gemessenen Größen ist bei den einzelnen Beobachtungsreihen sehr verschieden. Als kennzeichnend für die mit dem vierzölligen Meridianphotometer erreichbare maximale Genauigkeit kann ein mittlerer Fehler einer auf 4 Einstellungen beruhenden Größe im Betrage von $\pm 0^M,10$ angesehen werden. Diesen Wert errechnet E. ZINNER[1] für Messungen, die S. I. BAILEY[2] an ausgewählten weißen Sternen der 5. Größe mit besonderer Sorgfalt angestellt hatte. In jeder Nacht wurde jeder Stern zweimal mit je 4 Einstellungen an λ Urs. min. angeschlossen. Obiger Wert des mittleren Fehlers beruht auf den Unterschieden der in der gleichen Nacht gemessenen beiden Größen.

Revised Harvard Photometry. E. C. PICKERING hat die Größen der in den Jahren 1879 bis 1882 mit dem zweizölligen und 1882 bis 1906 mit dem vierzölligen Photometer gemessenen Sterne in einem den ganzen Himmel umfassenden Generalkataloge[3] (R. H. P.) zusammengefaßt, der 9110 helle Sterne $< 6^M,5$ (Vol. 50) und rund 36700 schwache Sterne $> 6^M,5$ (Vol. 54) enthält. Als Beobachter waren neben E. C. PICKERING vornehmlich O. WENDELL und S. I. BAILEY tätig. Das Fundamentalsternsystem der R. H. P. wird durch 100 zwischen $+60°$ und $+75°$ Deklination gleichmäßig verteilte Circumpolarsterne der 2. bis 6. Größe gebildet, an die der Anschluß der übrigen Sterne erfolgte. Der Nullpunkt der Größenskala ist dadurch definiert, daß das Mittel der photometrischen Größen dieser 100 Sterne mit dem Mittel der entsprechenden BD-Größen zusammenfällt.

Der mittlere Fehler einer Kataloggröße der R. H. P. kann nach J. FETLAAR[4] auf etwa $\pm 0^M,11$ veranschlagt werden.

Helligkeits- und Farbengleichung der R. H. P. Die systematischen Abweichungen der Größen der R. H. P. gegen die Größen der P. D. sind in der nebenstehenden, einer Abhandlung von F. H. SEARES[5] entnommenen Tabelle zusammengestellt. Die eingeklammerten Zahlen sind die Werte des Farbenindex I.

Tabelle 8.
Mean Differences, PD—HR.

Med. HR Mag.	Potsdam color class				Rel. col. eq.
	W (0,02)	*GW* (0.30)	*WG* (1,04)	*G* (1,66)	
$2^M,25$	$+0^M,27$	$+0^M,24$	$+0^M,15$	$+0^M,09$	$+0^M,10$
2 ,75	26	23	14	08	10
3 ,25	25	22	12	07	11
3 ,75	24	21	11	06	11
4 ,25	24	20	10	04	12
4 ,75	25	20	09	02	14
5 ,25	26	21	08	+0 ,01	16
5 ,75	28	23	08	−0 ,02	18
6 ,25	30	24	06	02	20
6 ,75	32	27	09	02	21
7 ,25	33	27	08	04	22
7 ,75	34	28	08	05	24
8 ,25	+0 ,35	+0 ,28	+0 ,07	−0 ,06	+0 ,25

Die mittleren Differenzen PD — HR lassen sich durch die Formel:

$$M_P - M_H = +0^M,20 - 0^M,025(I - 0,5)(M + 1,75) \tag{34}$$

darstellen. Nimmt man an, daß die hellen Sterne bis etwa 5^M mit dem zweizölligen, die schwächeren mit dem vierzölligen Photometer gemessen sind, so erkennt man auf Grund von Tabelle 7, daß die Beziehung zwischen den Größen M_H und den Helligkeiten $H'' = H_0'$, bei denen die Vergleichung erfolgt, näherungsweise linear ist. Die Korrektion $M_P - M_H$ läßt sich also unmittelbar in die Form des in Ziff. 33 abgeleiteten Ausdrucks (20) für die PURKINJE-Korrektion bringen.

[1] Helligkeitsverzeichnis, S. 67.
[2] Harv Ann 46, S. 56 (1903).
[3] Harv Ann 50 und 54 (1908).
[4] Utrecht Rech 9 I, S. 9 (1923).
[5] Ap J 61, S. 297 (1924).

Nach Tabelle 8 stimmen für Sterne von mittlerer Farbe die Skalen der beiden Kataloge, abgesehen von einer rund $+0^M,2$ betragenden Nullpunktsdifferenz, sehr nahe überein. Hingegen ist für weiße Sterne die Harvardskala etwas weiter, für gelbe etwas enger als die Potsdamer Skala. Da nun die letztere Skala von Farbenfehlern im wesentlichen frei sein dürfte, so liegt offenbar ein Farbenhelligkeitsfehler der Harvardskala vor, der gemäß der Darstellung (34) ein PURKINJE-Fehler sein dürfte. Gegen letztere Annahme scheint allerdings zunächst der Umstand zu sprechen, daß die Farbengleichung auch für die helleren Sterne beträchtlich ist, bei denen man, insofern die Beobachtungshelligkeit oberhalb 3^M liegt (vgl. Tabelle 7), das Auftreten eines PURKINJE-Fehlers nicht erwarten sollte. Daß die Ursache des Fehlers indessen nicht im Instrument selbst liegen kann, geht aus einer von E. ZINNER[1] durchgeführten Untersuchung hervor, der durch Vergleich von PICKERING und von BAILEY mit dem vierzölligen Photometer und mit λ Urs. min. als Zwischenstern erhaltener Messungen festgestellt hat, daß nur die von PICKERING, nicht aber die von BAILEY gemessenen Größen der hellen Sterne mit dem betreffenden Farbenfehler behaftet sind. Man darf daher mit großer Wahrscheinlichkeit annehmen, daß PICKERING auch die hellen Sterne an einer extrafovealen Netzhautstelle abgebildet hat.

35. Punktphotometer, bei denen das den Vergleichsstern abbildende System den Charakter eines Hilfssystems hat („Hilfssystemphotometer"). Das Vergleichsobjekt ist nur bei den zunächst behandelten Photometern von C. A. STEINHEIL, F. M. SCHWERD und E. C. PICKERING ein natürlicher, bei allen übrigen ein künstlicher Stern. Die Hilfssystemphotometer sind in der Regel äußerlich dadurch gekennzeichnet, daß sie ein auf dem Hauptrohr senkrecht stehendes Seitenrohr besitzen, in welchem das Hilfsobjektiv zur Erzeugung des Vergleichssternes und in der Mehrzahl der Fälle auch die Abschwächungsvorrichtung sowie eine künstliche Lichtquelle untergebracht sind.

α) Ein von C. A. STEINHEIL[2] beschriebenes Photometer ist zwar niemals zur Ausführung gelangt, verdient aber nicht nur wegen der Eigenart seines Prinzips, sondern auch als Vorläufer des SCHWERDschen Photometers Erwähnung. Das aus dem Okularrohr und dem rechtwinklig mit ihm verschraubten Hilfsrohr bestehende ansetzbare Photometer ist um die Achse des Hauptrohres drehbar. Ein kleines drehbares Reflexionsprisma sowie ein FRAUNHOFERscher Spiegel werfen das Licht des Hilfssternes ins Okular. Eigenartig ist die Abschwächungsvorrichtung. Das Hilfsrohr enthält drei kleine Sammellinsen, die den natürlichen Vergleichsstern dreimal hintereinander abbilden (Abb. 37). Linse I läßt sich gegen Linse II und diese beiden Linsen lassen sich gemeinsam gegen Linse III meßbar verschieben. Das Gesetz, nach dem die Lichtstärke des Hilfssternes sich bei Verschiebung der Linsen ändert, ergibt sich auf Grund der folgenden Überlegung. Bezeichnen wir mit STEINHEIL die Abstände der Bilder B_1 und B_2 von Linse II und ferner die Brennweite dieser Linse mit b, β und q, so ist der von Linse II aufgefangene Teil der von B_1 ausgehenden Strahlung proportional b^{-2} (Entfernungsgesetz). Ferner ist der durch Linse III tretende Teil der von B_2 ausgehenden Strahlung

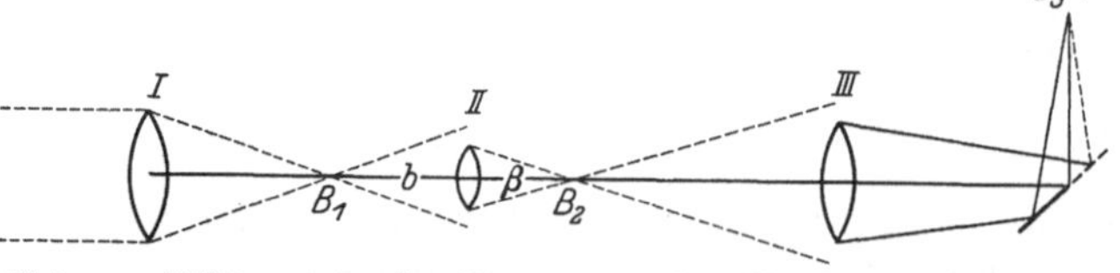

Abb. 37. Hilfssystem des STEINHEILschen Punktphotometers.

[1] Helligkeitsverzeichnis, S. 71.

[2] A N 48, S. 373 (1858); Abbildung, Tafel II.

— der Abstand dieses Punktes von III ist konstant — proportional β^2 (Ausblendung). Die Lichtstärke des Hilfssternes ist also proportional

$$A = \left(\frac{\beta}{b}\right)^2 = \left(\frac{q}{b-q}\right)^2 = \left(\frac{\beta - q}{q}\right)^2.$$

Da sich b an der ersten, β an der zweiten Verschiebungsskala ablesen läßt, so erhält man bei Kenntnis von q zwei unabhängige, sich gegenseitig kontrollierende Werte des Abschwächungsfaktors A. Da Linse III stets volles Licht bekommt, also das Öffnungsverhältnis des von ihr ausgehenden Strahlenkegels konstant ist, so erfährt das Beugungsbild des Hilfssternes bei Verschiebung der Linsen keinerlei Änderung seiner Dimensionen.

Eine Superposition der dem Hauptstern und dem Hilfsstern entsprechenden Himmelsgründe — und demzufolge die Elimination des Untergrundes bei den Vergleichungen — läßt sich nach STEINHEIL dadurch erreichen, daß man den gemeinsamen Fokus der beiden Systeme nicht in die Kante des FRAUNHOFERschen Spiegels, sondern in einige Entfernung hinter diese legt.

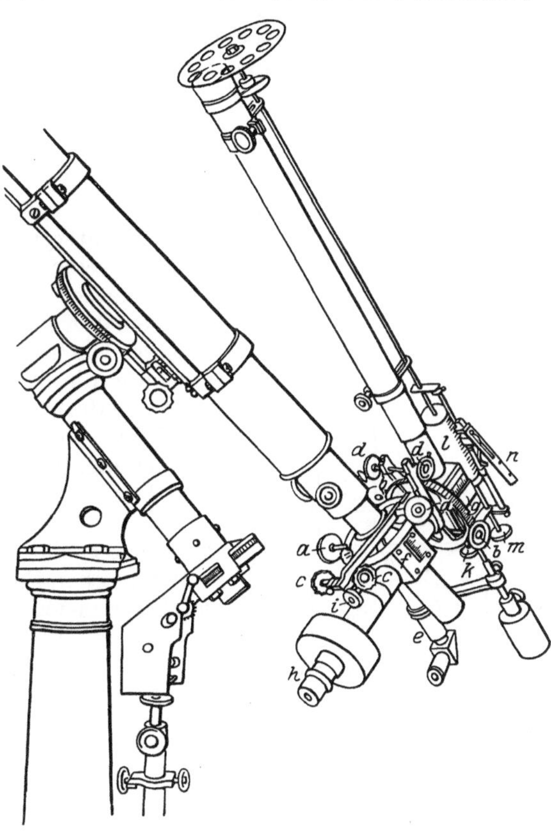

Abb. 38. SCHWERDsches Photometer (MÜLLER, Phot. d. Gest., S. 214).

β) Das von F. M. SCHWERD[1] um 1859 konstruierte Photometer (Abb. 38) hat sich wegen der Umständlichkeit seiner Handhabung als wenig geeignet zu systematischen Messungen am Himmel erwiesen. Immerhin hat F. BERG[2] mit einem SCHWERDschen Photometer eine Reihe von Extinktionsbestimmungen ausgeführt. Das Instrument setzt sich aus zwei Fernrohren zusammen, dem parallaktisch montierten Hauptfernrohr ($d = 52$, $f = 1260$) und dem am Okularauszug des letzteren frei beweglich montierten Hilfsfernrohr vom gleichen Öffnungsverhältnis ($d = 26$, $f = 630$). Zwei totalreflektierende Prismen dienen dazu, die von den Objektiven kommenden Strahlen in das seitlich angeordnete gemeinsame Okular zu werfen. Die zu vergleichenden Sterne erscheinen nebeneinander in den halbkreisförmigen Hälften des Gesichtsfeldes, jeder auf seinem Himmelsgrunde.

Die Abschwächungsvorrichtung besteht in einer vor dem Objektiv des Hilfsfernrohres angebrachten drehbaren Scheibe mit zahlreichen (bis zu 25) kreis-

[1] Beschrieben von ARGELANDER, Sitzungsber. d. naturhist. Vereins d. preuß. Rheinlande (Bonn) 6, S. 64 (1859); siehe auch HEIS, Wochenschrift 1859, S. 275.

[2] Über das SCHWERDsche Photometer und die Lichtextinktion für den Wilnaer Horizont. Wilna 1870 (russisch).

förmigen Öffnungen von verschiedener Größe. Bei Abblendung des letztgenannten Objektives ändert das Beugungsscheibchen des Vergleichssternes seinen scheinbaren Durchmesser; denn dieser ist nach Ziff. 20 dem Durchmesser der Austrittspupille des Fernrohres:

$$d' = \frac{d}{f} f'$$

umgekehrt proportional. Die Änderung des Beugungsbildes läßt sich nun nach SCHWERD dadurch verhüten, daß man bei jeder Abblendung des Durchmessers d die Brennweite f in entsprechendem Verhältnis verkürzt, so daß $d:f$ konstant bleibt. Der Verwirklichung dieses Gedankens dient eine unmittelbar hinter dem Reflexionsprisma eingeschaltete Hilfslinse, die sich gegen das Objektiv meßbar (Skala g) verschieben läßt. Ferner muß sich, falls eine scharfe Abbildung des Hilfssternes erzielt werden soll, auch das System Objektiv—Hilfslinse gemeinsam gegen das Okular verschieben lassen. Das Hauptfernrohr ist mit ganz entsprechenden Einrichtungen versehen wie das Hilfsfernrohr. Um gleiche Helligkeit des Untergrundes in beiden Feldhälften zu erzielen, ist eine Einrichtung für künstliche Beleuchtung vorgesehen.

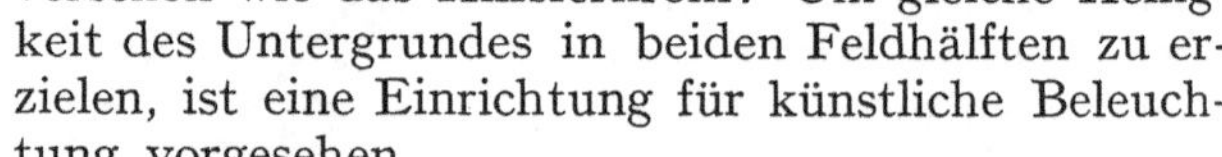

Abb. 39. Satellitenphotometer von E. C. PICKERING (MÜLLER, Phot. d. Gest., S. 262).

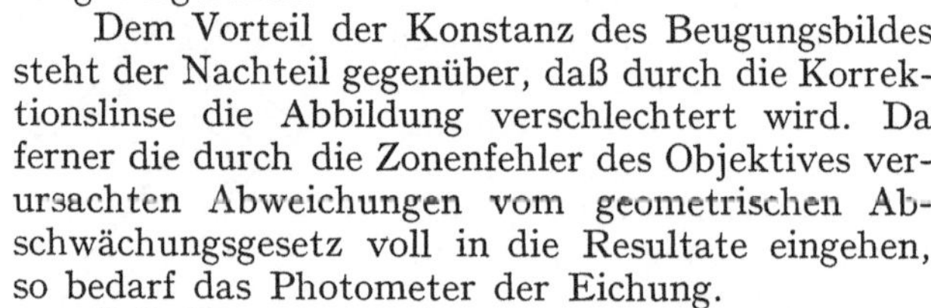

Dem Vorteil der Konstanz des Beugungsbildes steht der Nachteil gegenüber, daß durch die Korrektionslinse die Abbildung verschlechtert wird. Da ferner die durch die Zonenfehler des Objektives verursachten Abweichungen vom geometrischen Abschwächungsgesetz voll in die Resultate eingehen, so bedarf das Photometer der Eichung.

Bei einem von A. A. DE LA RIVE[1] konstruierten Photometer, das eine gewisse Ähnlichkeit mit dem SCHWERDschen Photometer besitzt, haben die beiden Objektive gleiche Öffnung.

γ) Ansetzbares Satellitenphotometer von E. C. PICKERING[2]. Es sind 6 verschiedene, mit den Buchstaben D, E, E', G, I, J bezeichnete Typen von Photometern zu unterscheiden, mit denen PICKERING seit 1877 Messungen der Satelliten von Mars, Jupiter, Saturn, Uranus und Neptun ausgeführt hat. Photometer D (Abb. 39) ist um die Achse des Hauptrohres

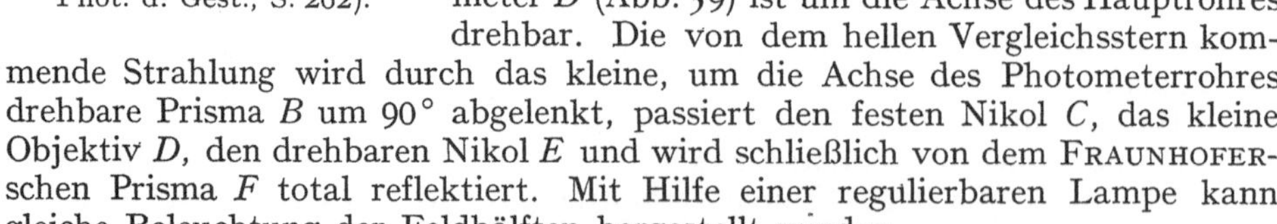

drehbar. Die von dem hellen Vergleichsstern kommende Strahlung wird durch das kleine, um die Achse des Photometerrohres drehbare Prisma B um 90° abgelenkt, passiert den festen Nikol C, das kleine Objektiv D, den drehbaren Nikol E und wird schließlich von dem FRAUNHOFERschen Prisma F total reflektiert. Mit Hilfe einer regulierbaren Lampe kann gleiche Beleuchtung der Feldhälften hergestellt werden.

Um die durch die Nikols verursachte Verschlechterung des Bildes zu vermeiden, wird bei den Photometern E, G und I die Abschwächung durch Katzenaugendiaphragmen bewirkt. Die Photometer E' und J unterscheiden sich von den Apparaten E und I nur dadurch, daß das Prisma F durch die ZÖLLNERsche Glasplatte ersetzt ist.

Die bei den Satellitenmessungen erreichte Genauigkeit ist verhältnismäßig gering. Zum Teil liegt das daran, daß PICKERING den Satelliten unmittelbar

[1] Ann de chim et de phys (4) 12, S. 243 (1867).

[2] Harv Ann 11 II (1879).

an den im Hilfsrohr eingestellten Planeten anschließt. Dann geht die „Konstante des Photometers", d. h. das Verhältnis der Lichtstärken der von Haupt- und unabgeblendetem Hilfsobjektiv erzeugten Bilder desselben Objektes (vgl. Ziff. 33, α) in das Resultat der Messung ein. Die schwierige Bestimmung dieser Konstante nimmt PICKERING nach vier verschiedenen Methoden vor.

Der beschriebene Photometertypus läßt sich auch zur Messung von Flächenhelligkeiten verwenden. PICKERING[1] hat mittels eines ganz entsprechend gebauten Photometers 60 verschiedene Stellen der Mondoberfläche mit dem durch das Hilfsrohr erzeugten kleinen Mondbilde verglichen.

δ) Das ZÖLLNERsche Astrophotometer. Das von F. ZÖLLNER um 1860 konstruierte und in zwei grundlegenden Abhandlungen[2] beschriebene und abgebildete Astrophotometer bezeichnet einen Höhepunkt in der Entwicklung des Sternphotometers. Die Photometer des ZÖLLNERschen Typus einschließlich der Abart, bei der an Stelle der Nikols ein Keil zur Abschwächung verwendet wird, dürften heute unter allen Photometern die am weitesten verbreiteten sein. ZÖLLNER hat sowohl mehrere vollständige, als auch späterhin ein ansetzbares Photometer konstruiert. Die endgültige Form des vollständigen Photometers ist in Abb. 40 dargestellt.

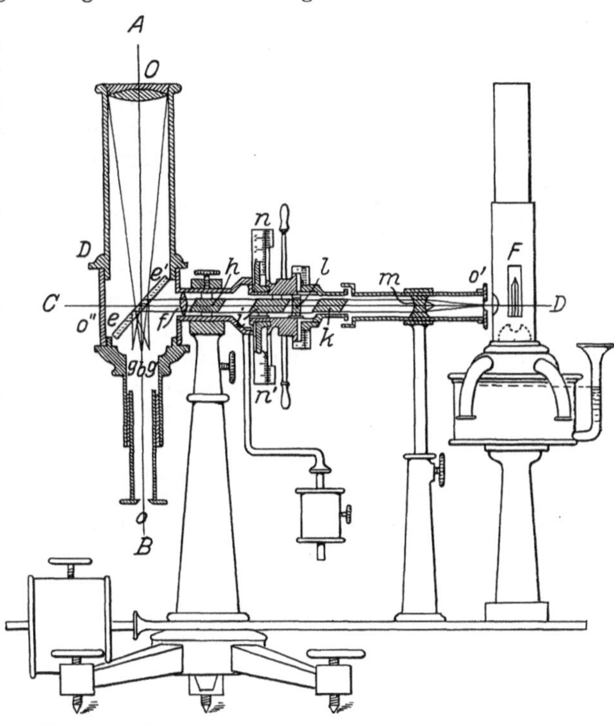

Abb. 40. Astrophotometer von F. ZÖLLNER (MÜLLER, Phot. d. Gest., S. 247).

Das ganze Instrument ist um eine vertikale Achse, das Hauptrohr nebst einem Teil des Photometerrohres um die horizontale Achse *CD* drehbar. Die charakteristischen Bestandteile des Photometers sind: die Einrichtung zur Erzeugung eines künstlichen Vergleichssternes, die in einem Nikolsatz bestehende Abschwächungsvorrichtung und die die Vergleichsvorrichtung bildende schräge Planglasplatte.

Das Licht der Gasflamme *F* fällt durch die feine Öffnung o' auf die Bikonkavlinse *m*, die ein stark verkleinertes virtuelles Bild von o' entwirft. Das aus der Linse *m* austretende Strahlenbündel passiert zunächst das aus dem Nikolprisma *k* und der planparallelen Bergkristallplatte *l* bestehende „Kolorimeter" und durchsetzt dann die beiden Nikols *i* und *h*, von denen der erste drehbar, der zweite fest ist. Die Sammellinse *f* vereinigt schließlich die von den beiden Flächen der

[1] Selenographical Journal 1882; vgl. MÜLLER, Phot. d. Gest., S. 345.

[2] Grundzüge einer allgemeinen Photometrie des Himmels. Berlin 1861. — Photometrische Untersuchungen mit besonderer Rücksicht auf die physische Beschaffenheit der Himmelskörper. Leipzig 1865.

Planglasplatte *ee'* reflektierten Strahlenbündel in den beiden punktförmigen Bildern *g*, *g*, von denen bei richtiger Stellung der Linse *f* das eine in der Fokalebene des Hauptobjektives liegt und daher zugleich mit dem Bilde *b* des natürlichen Sternes scharf erscheint. Der Nikol *i* ist nebst zwei Nonien und Kolorimeter um die Achse des Photometerrohres drehbar. Der Drehungswinkel wird an dem feststehenden, von 0° bis 360° geteilten Intensitätskreise *nn'* abgelesen.

Nur ein geringer Bruchteil der auf die schräge Glasplatte auffallenden künstlichen Strahlung wird reflektiert, während der durch die Platte hindurchtretende Hauptteil an der geschwärzten Innenwand des Hauptrohres absorbiert wird. Die Intensität der von der Glasplatte reflektierten Strahlung ist am höchsten, wenn die auf die Platte auffallende Strahlung in der Einfallsebene polarisiert ist. Will man also eine möglichst hohe Lichtstärke der künstlichen Sterne erzielen, so hat man den festen Nikol *h* so zu orientieren, daß sein Hauptschnitt auf der Einfallsebene (d. h. auf der Papierebene) senkrecht steht.

Das Kolorimeter besteht aus dem Nikol *k* und der senkrecht zur Kristallachse geschliffenen Bergkristallplatte *l* von 5 mm Dicke, die zusammen mit dem (in 100 bzw. 360 Teile geteilten) „Farbenkreise" gegen den benachbarten Nikol *i* drehbar sind. Der aus *k* austretende polarisierte Lichtstrahl wird beim Eintritt in die Platte *l* in zwei senkrecht zueinander polarisierte Komponenten zerlegt, die den Kristall mit ungleichen Geschwindigkeiten durchlaufen und dadurch einen von der Dicke der Platte abhängigen Gangunterschied erhalten. Findet nun beim Durchgang durch den Nikol *i* wieder eine Vereinigung der beiden Komponenten in der Polarisationsebene des außerordentlichen Strahles statt, so müssen die beiden Wellenbewegungen interferieren, und das aus dem Nikol *i* austretende Licht erscheint mehr oder weniger gefärbt. Es handelt sich um Mischfarben, deren Qualität bei gegebener Lichtquelle und gegebener Dicke der Kristallplatte durch den Neigungswinkel ψ der Hauptschnitte der Nikols *k* und *i* vollständig bestimmt ist. Der Neigungswinkel ψ läßt sich am Farbenkreise ablesen. Hat die Bergkristallplatte eine Dicke von ungefähr 5 mm, so durchlaufen bei Drehung des Farbenkreises um 180° die Farben der künstlichen Sterne ähnlich den Farben des Sonnenspektrums die Reihe Rot, Orange, Gelb, Grün, Blau, Violett.

Außer von ZÖLLNER selbst, der die Ergebnisse einiger Farbenmessungen an Fixsternen und Sonne mitteilt[1], scheinen von keiner Seite planmäßige Messungen mit dem Kolorimeter vorgenommen worden zu sein. Man pflegt den Farbenapparat lediglich dazu zu verwenden, den künstlichen Sternen eine den natürlichen möglichst angepaßte Färbung zu geben, was allerdings nur für die rötlichen und gelben, nicht aber für die weißen Sterne gelingt.

ZÖLLNERS „Intensitätstabelle bzw. Intensitätskurve". Nach dem Vorgange ZÖLLNERS läßt sich das Kolorimeter zum Studium der physiologischen Empfindlichkeit des Beobachters für verschieden gefärbte Lichter verwenden. Man erteilt dem Photometerstern mit Hilfe des Kolorimeters der Reihe nach seine verschiedenen Farben und bringt bei jeder Stellung des Farbenkreises diesen Stern durch Drehen des Intensitätskreises auf die Helligkeit eines im Gesichtsfelde erzeugten konstanten (natürlichen oder künstlichen) Normalsternes. (ZÖLLNER verwendet δ Cygni als Normalstern.) Ist ψ die Ablesung des Farbenkreises, φ die entsprechende Ablesung des Intensitätskreises, so erhält man die Intensitätstabelle bzw. die Intensitätskurve, indem man zu den verschiedenen Werten von ψ die zugehörigen Werte von

$$V = \frac{\sin^2\varphi}{\sin^2\varphi_0} \qquad \text{bzw.} \qquad \log V = \log\sin^2\varphi - \log\sin^2\varphi_0$$

[1] Grundzüge, S. 71.

tabuliert bzw. als Ordinaten von Punkten einer Kurve einzeichnet (vgl. Abb. 41). Für φ_0 wählt man gewöhnlich den kleinsten unter den verschiedenen vorkommenden Werten der Ablesung φ.

Bezeichnet man mit $L(\psi)$ die physiologische Lichtstärke des künstlichen Sternes bei einer beliebigen, aber festen Stellung des Intensitätskreises (z. B. $\varphi = 90°$), so hat man offenbar:

$$L(\psi) = \frac{\sin^2\varphi_0}{\sin^2\varphi} = \frac{1}{V} \qquad \text{bzw.} \qquad \log[L(\psi)] = \log\sin^2\varphi_0 - \log\sin^2\varphi = -\log V.$$

Würde bei Drehung des Farbenkreises die Strahlungsstärke des künstlichen Sternes konstant bleiben — was nicht einmal näherungsweise der Fall sein dürfte —, so würden die $L(\psi)$ nichts anderes als die den verschiedenen spektralen Zusammensetzungen des künstlichen Sternes entsprechenden Empfindlichkeitskoeffizienten des Auges sein.

G. MÜLLER[1] hat die von ihm selbst und sieben anderen Beobachtern bestimmten logarithmischen Intensitätstabellen diskutiert und in ziemlich naher Übereinstimmung gefunden. Später sind noch Bestimmungen von W. F. WISLICENUS[2] (1896) und W. DE SITTER[3] (1903) bekannt geworden. Letzterer behandelt die Intensitätskurve auch vom theoretischen Standpunkt und leitet eine mittlere theoretische Intensitätskurve (Abb. 41) ab, durch welche sich die von den verschiedenen Beobachtern bestimmten empirischen Kurven befriedigend darstellen lassen.

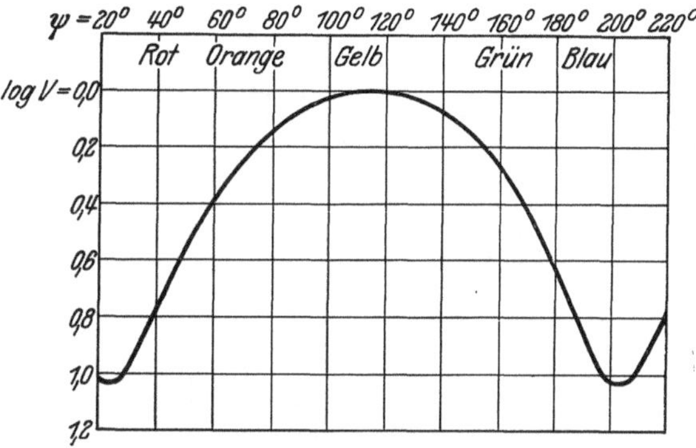

Abb. 41. Mittlere „Intensitätskurve" nach W. DE SITTER.

Messung und Reduktion. ZÖLLNER stellt den natürlichen Stern zwischen die beiden künstlichen und vergleicht ihn mit dem rechten helleren künstlichen Stern. Jede derartige Messung liefert gemäß Ziff. 33 Gleichung (11) und Ziff. 29 Gleichung (60) eine Gleichung der Form:

$$M - M' = -5^M \log\sin\varphi\,,$$

während die Größendifferenz von zwei nacheinander gemessenen Sternen durch die Formel bestimmt ist:

$$M_1 - M_2 = -5^M \log\sin\varphi_1 + 5^M \log\sin\varphi_2\,.$$

Hierin sind die φ — falls jeder Quadrant von 0° bis 90° geteilt ist, vgl. Ziff. 29 Gleichung (58) — die Mittel der Ablesungen des Intensitätskreises.

ZÖLLNER hat sein Photometer mit Hilfe eines „photometrischen Kollimators", durch den er einen meßbar veränderlichen künstlichen Stern auf künstlichem Himmelsgrunde erzeugt, sorgfältig geeicht und von systematischen Fehlerquellen frei gefunden[4]. Er hat ferner die Helligkeiten von 226 hellen Sternen photometrisch gemessen. Nach F. J. DORST[5], der den ZÖLLNERschen Katalog auf Grund der Originaleinstellungen neu reduziert hat, ergibt sich als Durchschnitts-

[1] Potsd Publ 3, S. 240 (1883).
[2] A N 201, S. 289 (1915).
[3] AN 163, S. 65 (1903).
[4] Grundzüge, S. 20.
[5] A N 118, S. 209 (1887).

wert des wahrscheinlichen Fehlers einer auf 4 Einstellungen beruhenden Größe: w. F. $\pm 0^M,058$ (m. F. $\pm 0^M,087$).

Ein wesentlich vervollkommnetes ZÖLLNER-Photometer der vollständigen Form stellt Abb. 42 dar. Dieses von G. MÜLLER und H. C. VOGEL konstruierte Instrument[1] hat dadurch besondere Bedeutung gewonnen, daß ein wesentlicher Teil der Potsdamer photometrischen Durchmusterung (P. D.) mit demselben ausgeführt worden ist. Es handelt sich um ein azimutal aufgestelltes, um zwei Achsen drehbares gebrochenes Fernrohr, in dessen Okular der Beobachter stets in horizontaler Richtung hineinblickt. Das Licht der durch den Blechzylinder F geschützten Petroleumflamme wird durch das Prisma k in die den künstlichen Stern bildende Öffnung der Diaphragmenscheibe n geworfen. Das den ZÖLLNERschen Farben- und Abschwächungsapparat enthaltende Photometerrohr ruht auf einer eigenen Säule und mündet bei H in das Hauptrohr ein. Neben dem großen Objektiv ($d = 67$, $f = 700$) stehen zwei kleine Objektive ($d = 36$, $f = 350$ bzw. $d = 22$, $f = 140$) zur Verfügung, die sich an den mit x bzw. y bezeichneten Stellen einsetzen lassen. — Die Petroleumlampe ist späterhin durch eine elektrische Glühlampe ersetzt worden.

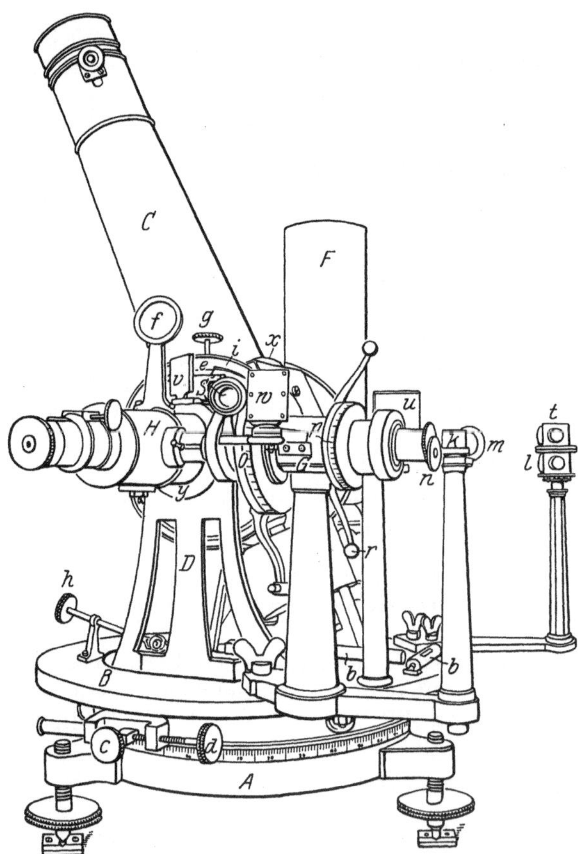

Abb. 42. Azimutal montiertes ZÖLLNER-Photometer von G. MÜLLER (MÜLLER, Phot. d. Gest., S. 248).

Die ansetzbare Form des ZÖLLNERschen Photometers. Um jedes zur Verfügung stehende Fernrohr photometrisch verwenden zu können, hatte bereits ZÖLLNER[2] ein „Okularphotometer" konstruiert, welches an den Okulartubus jedes Instrumentes angesetzt werden kann. Eine ausreichende Verkleinerung des Bildes der den künstlichen Stern bildenden Diaphragmenöffnung ließ sich durch Zwischenschaltung mehrerer Konkavlinsen erreichen.

Unter den zahlreichen nach dem Vorbilde des ZÖLLNERschen Okularphotometers konstruierten Photometern können hier nur einige wenige besonders erwähnt werden.

Das von W. CERASKI[3] konstruierte Photometer weist verschiedene interessante Einzelheiten der Konstruktion auf. Die Stelle des Kolorimeters vertreten

[1] Potsd Publ 8, S. 17 (1891).
[2] Photometrische Untersuchungen, Tafel V u. VI.
[3] Ann de l'Obs de Moscou I 2, S. 13 (1886); II 4, S. 87 (1902).

Blendgläser aus blauem Glase, die dem künstlichen Stern sehr genähert die mittlere Sternfarbe geben. Als wichtigste Neuerung besitzt das CERASKIsche Photometer neben dem gewöhnlichen ein zweites seitliches Okular, das gegenüber dem Ansatz des Photometerrohres an das Hauptrohr angeschraubt ist. Blickt man durch dieses Okular, so sieht man nur ein Bild des künstlichen Sternes, hingegen zwei Bilder von jedem natürlichen Stern. Da diese reflektierten Bilder etwa 3^M schwächer sind als die direkten Bilder, so kann man, wenn man mit dem gewöhnlichen Okular z. B. Sterne 8^M bis 11^M messen kann, mit dem seitlichen Okular — nachdem man die maximale Lichtstärke des künstlichen Sternes um 3^M herabgesetzt hat — Sterne 5^M bis 8^M messen, so daß sich ohne Abblendung des Hauptrohres eine Helligkeitsdifferenz von 6^M überbrücken läßt.

Unter den verschiedenen, nach Plänen G. MÜLLERS für das Potsdamer Observatorium gebauten ansetzbaren ZÖLLNER-Photometern beanspruchen zwei besonderes Interesse. Das eine ist das kleine Photometer D[1], das in Verbindung

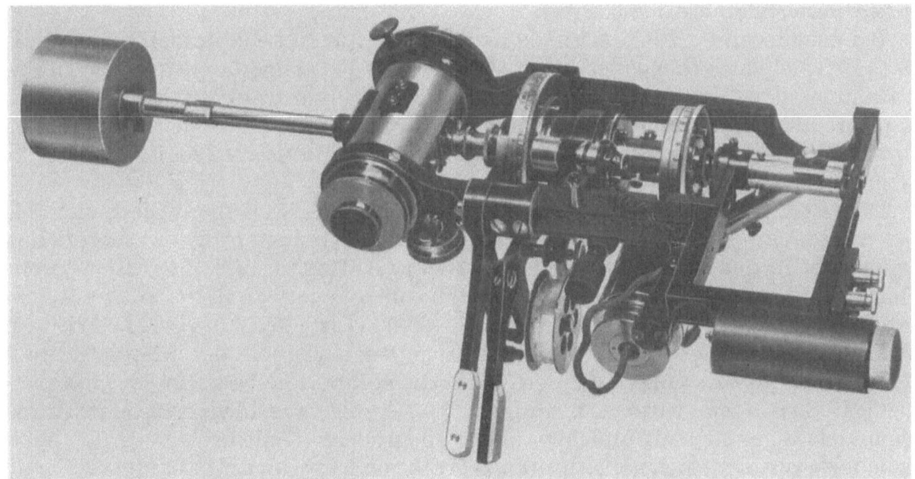

Abb. 43. Ansetzbares ZÖLLNER-Photometer nach G. MÜLLER.

mit dem STEINHEILschen 135 mm-Refraktor bei der Messung der schwächeren Sterne der P. D. Verwendung gefunden hat. Mit dem zweiten Photometer (Abb. 43), das an einen Refraktor ($d = 300$, $f = 3600$) angesetzt war, hat G. MÜLLER die „Photometrische Durchmusterung der schwachen BD-Sterne der Polarzone" (P. D. P.) durchgeführt[2]. Letzterer Apparat sei als Beispiel der heutigen Konstruktion des ZÖLLNER-Photometers im folgenden kurz beschrieben[3].

Als künstliche Lichtquelle dient ein Metallfadenlämpchen, das durch eine im Keller aufgestellte Akkumulatorenbatterie von 24 Volt Spannung gespeist wird. Die Stromstärke kann an einem in den Stromkreis eingeschalteten empfindlichen Ampèremeter kontrolliert werden. Das durch eine Mattscheibe gestreute und depolarisierte Licht der Glühlampe fällt durch die Öffnung einer Irisblende auf eine kleine versilberte Glaskugel, die das Lichtbündel unter einem spitzen Winkel reflektiert und in das Photometerrohr hineinwirft. Wegen der Kleinheit des von der Glaskugel erzeugten virtuellen Bildes der Blendenöffnung

---

[1] Abbildung siehe MÜLLER, Phot. d. Gest., S. 250.

[2] Potsd Publ 26, Heft 2 (1927).

[3] Vgl. A N 182, S. 197 (1909).

erscheinen die künstlichen Sterne, mit einem 120fach vergrößernden Okular betrachtet, völlig punktförmig und sehen bei ruhiger Luft den natürlichen Sternen täuschend ähnlich. Zur Regulierung des Durchmessers der künstlichen Sternscheibchen dient die erwähnte Irisblende. Die Drehung des beweglichen Nikols und des starr mit ihm verbundenen Intensitätskreises wird mittels einer Feinbewegung bewirkt. Der Index des Intensitätskreises, dessen Quadranten abwechselnd von 0° bis 90° und 90° bis 0° geteilt sind, zeigt auf 0°, wenn die Nikols gekreuzt, die künstlichen Sterne also unsichtbar sind. Das Photometer ist mit einer Registriervorrichtung versehen.

An späterhin angebrachten Verbesserungen seien noch erwähnt: eine das kleine Hilfsobjektiv abschirmende Irisblende, vermittels deren sich bei jeder Abblendung des Hauptobjektives eine Übereinstimmung der Austrittspupillen des großen und des kleinen Systems erzielen läßt. Ferner kann durch Vorschieben eines Glasstäbchens das Fokalbild des schwächeren künstlichen Sternes in die Fokalebene des helleren gerückt werden, so daß beide Sterne als Vergleichsobjekte verwendet werden können.

Bei einem von C. NORDMANN[1] konstruierten ZÖLLNER-Photometer — das als letztes Beispiel eines solchen erwähnt sei — ist das Kolorimeter entfernt, während ein Rahmen, der drei Zellen mit gefärbten Flüssigkeiten trägt, zwischen schräger Glasplatte und Okular eingeschoben werden kann. NORDMANN hat mittels dieses Photometers Messungen von veränderlichen Sternen in drei verschiedenen Spektralbereichen angestellt.

Die Potsdamer photometrische Durchmusterung[2]. Diese sich bis zu den Sternen $7^M,5$ der B. D. erstreckende Durchmusterung des nördlichen Himmels ist in den Jahren 1886 bis 1905 von G. MÜLLER und P. KEMPF durchgeführt worden. Als Instrumente dienten die obenerwähnten ZÖLLNERschen Photometer *D* ($d = 135$, $f = 2160$), *C I* (67, 700), *C II* (36, 350), *C III* (22, 140). Die Messungen erfolgten stets bei ausreichender Helligkeit der Sterne, so daß das Auftreten von PURKINJE-Fehlern nicht zu befürchten war. Um Extinktionsfehler zu vermeiden, wurden nur Sterne von wenig verschiedener Zenitdistanz aneinander angeschlossen und Messungen in größerer Zenitdistanz als 60° nach Möglichkeit vermieden. Die Extinktionskorrektion wurde der MÜLLERschen Tafel[3] entnommen.

Messung der Fundamentalsterne. Die Größen von 152 das Fundamentalsternsystem der Durchmusterung bildenden Sternen wurden mit besonderer Sorgfalt bestimmt. Die Sterne verteilen sich auf drei bei den Deklinationen +10°, +30° und +60° liegende Gürtel von je 48 Sternen und einen nachträglich hinzugenommenen Gürtel von 8 Sternen bei der Deklination +80°. Innerhalb jedes Gürtels sind die Sterne in Rektaszension gleichmäßig verteilt und gruppieren sich in den ersten drei Gürteln um die Helligkeiten $5^M,3$ und $6^M,7$, im vierten Gürtel um die Helligkeit $7^M,0$.

Bei der Messung der Sterne der Gürtel I bis III kam fast ausschließlich Photometer *D* in Anwendung, dessen Objektiv je nach dem Durchsichtigkeitsgrad der Luft mittels einer Sektorblende auf Öffnungen von 240° bis 120° Winkelsumme (Abschwächung $+0^M,4$ bis $+1^M,2$) abgeblendet wurde. Durch Kombination der Sterne — sei es desselben Gürtels, sei es verschiedener Gürtel — wurden 432 Sternpaare gebildet, und es wurde für jedes Paar die Größendifferenz an 8 Abenden (4 MÜLLER, 4 KEMPF) gemessen. Auf jeden Stern des Paares kommen 4 Einstellungen. In den ersten Beobachtungsjahren wurde der natür-

[1] B A 26, S. 9, 166 (1909).
[2] Potsd Publ 9 (1894); 13 (1899); 14 (1903); 16 (1906); 17 (1907).
[3] Potsd Publ 3, S. 285 (1883).

liche Stern zwischen die beiden künstlichen gestellt und mit dem rechten helleren derselben verglichen. Später, seit Februar 1894, fanden die Vergleichungen stets in den vier Stellungen „rechts, links, oberhalb, unterhalb“[1] statt.

Als Durchschnittswert des Fehlers einer auf einer Messung beruhenden, wegen Extinktion korrigierten Größendifferenz ergibt sich[2]:

$$\text{w. F. } \pm 0^M{,}078 \quad (4 + 4 \text{ Einstellungen}).$$

Der Fehler eines Anschlusses an den künstlichen Stern beträgt somit: w. F. $\pm 0^M{,}055$ (4 Einst.). Die endgültigen Größen der Fundamentalsterne wurden durch Ausgleichung ermittelt. Aus der Tatsache, daß sich für den w. F. einer ausgeglichenen Größe rechnerisch der Wert $\pm 0^M{,}011$ ergibt, darf man nach MÜLLER[3] schließen, daß der wahre Fehler in keinem Falle den Wert $\pm 0^M{,}05$ überschreiten wird. Der Nullpunkt der Größenskala wurde durch die Bedingung festgelegt, daß der Mittelwert der photometrischen Größen der 144 Fundamentalsterne mit dem Mittelwert $6^M{,}02$ ihrer B. D.-Größen zusammenfallen sollte.

Messung der Zonensterne. Alle übrigen Sterne einschließlich der 8 Fundamentalsterne des Gürtels IV wurden an die Fundamentalsterne der Gürtel I, II und III angeschlossen. Nachdem die Sterne zunächst nach Deklination und Helligkeit in mehrere große Gruppen eingeteilt worden waren, wurden innerhalb jeder Gruppe bei den hellen Sternen je 6 bis 10, bei den übrigen Sternen je 12 bis 14 in eine Zone zusammengefaßt. Die Sterne jeder Zone wurden an je zwei Fundamentalsterne angeschlossen, die je dreimal, nämlich am Anfange, in der Mitte und am Ende der Zone, gemessen wurden. Jede Zone wurde in der Regel an zwei Abenden (1 M., 1 K.) gemessen. Hingegen liegen für die 8 Fundamentalsterne des Gürtels IV je 24 Messungen (12 M., 12 K.) vor. In der Regel wurden Sterne der Größen $< 2^M$, 2^M bis 4^M, 4^M bis 6^M, $> 6^M$ bzw. in den Instrumenten *C III*, *C II*, *C I* und *D* gemessen.

Für den w. F. der Messung eines Fundamentalsternes des Gürtels IV ergibt sich der Wert $\pm 0^M{,}058$[4]. Dieser Wert gibt im wesentlichen den Fehler des Anschlusses an den künstlichen Stern an; denn die Größe des letzteren ist durch den sechsfachen Anschluß an die beiden Fundamentalsterne der Zone sehr genau festgelegt. Nimmt man den Fehler $\pm 0^M{,}058$ auch für die Zonensterne als gültig an — MÜLLER leitet aus dem gesamten Material den wenig abweichenden Wert $\pm 0^M{,}054$ ab[4] —, so ergibt sich als w. F. einer auf zwei Messungen beruhenden Größe des Generalkataloges der Wert $\pm 0^M{,}041$. Die durchschnittliche Genauigkeit der Größen der P. D. ist also beträchtlich höher als die Genauigkeit der Größen der R. H. P.

MÜLLER und KEMPF haben die systematischen Unterschiede der mit verschiedenen Instrumenten gemessenen Größen sorgfältig abgeleitet und bei der Bildung der endgültigen Größen des Kataloges in Anrechnung gebracht. Trotzdem ist die Skala der P. D. nach Untersuchungen von E. ZINNER[5], A. DANJON[6] u. a. als nicht völlig gleichmäßig anzusehen und dürfte in dieser Beziehung etwas ungünstiger dastehen als die Skala der R. H. P.

ε) Das PICKERINGsche Keilphotometer. E. C. PICKERING hat dadurch, daß er die Nikols des ZÖLLNERschen Photometers durch einen Meßkeil ersetzte, einen wesentlich neuen Photometertypus geschaffen, der sich in der Praxis vortrefflich bewährt hat. In Verfolg des Planes, die Bestimmung schwacher Anhaltsterne durch die Zusammenarbeit mehrerer Sternwarten zu fördern, ließ PICKERING um 1900 sein „equalizing wedge photometer“ (auch „RUMFORD-

[1] Vgl. Ziff. 33, α (Positionswinkelfehler).
[2] Potsd Publ 9, S. 109 (1894).
[3] Ibidem, S. 120.
[4] Potsd Publ 16, S. 12 (1906).
[5] Helligkeitsverzeichnis, S. 75.
[6] Recherches, S. 23.

Photometer" genannt), in fünf Exemplaren anfertigen. Eine Beschreibung des Photometers hat J. A. PARKHURST gegeben, dessen Abhandlung[1] auch Abb. 44 entnommen ist.

Das Licht des Vergleichslämpchens fällt durch eine der vier Öffnungen (von 0,10 bis 0,25 mm Durchmesser) der Diaphragmenscheibe auf eine aus einem Matt- und einem Blauglas zusammengesetzte Glasplatte. Diese läßt sich durch Drehen einer Schraube ein wenig vom Diaphragma abrücken, wodurch erreicht wird, daß das Bild des künstlichen Sternes ein mehr oder weniger verwaschenes, den Bildern der natürlichen Sterne angepaßtes Aussehen erhält. Zwischen die den künstlichen Stern abbildende kleine Projektionslinse und die ZÖLLNERsche Glasplatte lassen sich Rauchgläser einschieben. Die Stellung des Keiles wird an einer in $^1/_{25}$ Zoll geteilten Skala abgelesen.

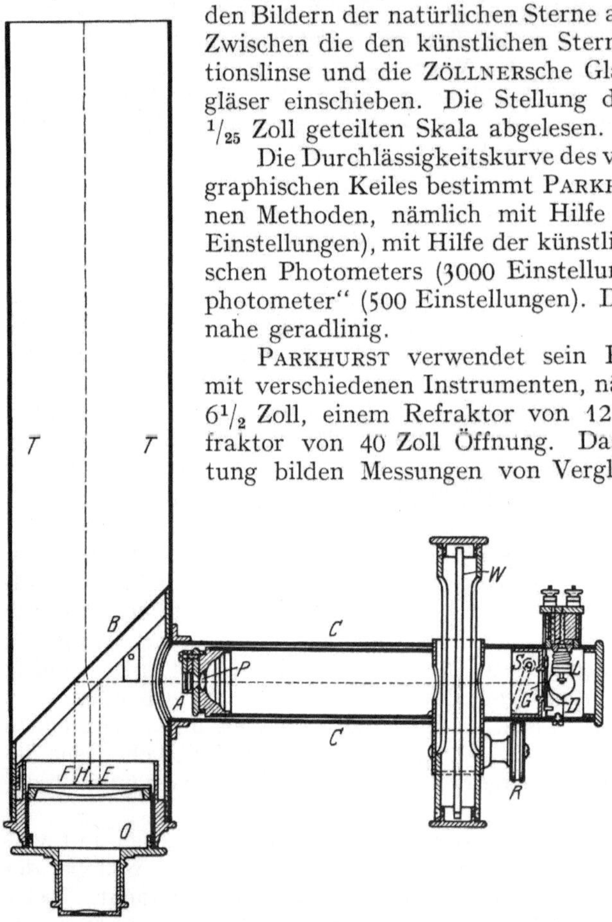

Die Durchlässigkeitskurve des von ihm verwendeten photographischen Keiles bestimmt PARKHURST nach drei verschiedenen Methoden, nämlich mit Hilfe von Plejadensternen (2700 Einstellungen), mit Hilfe der künstlichen Sterne eines ZÖLLNERschen Photometers (3000 Einstellungen) und mit dem „Radphotometer" (500 Einstellungen). Die Eichkurve verläuft sehr nahe geradlinig.

PARKHURST verwendet sein Photometer in Verbindung mit verschiedenen Instrumenten, nämlich einem Reflektor von $6^1/_2$ Zoll, einem Refraktor von 12 Zoll und dem großen Refraktor von 40 Zoll Öffnung. Das Programm der Beobachtung bilden Messungen von Vergleichssternen für Veränderliche. Bei der Durchmessung der aus Sternen und Anhaltsternen gebildeten Zonen entfallen auf jeden Stern $3+3$ Einstellungen. Der natürliche Stern wird stets zwischen die künstlichen Sterne gestellt und mit dem rechten helleren derselben verglichen.

Abb. 44. PICKERINGsches Vergleichskeilphotometer (PARKHURST, Researches in Stellar Photometry, S. 6).

Für die mit dem Reflektor ausgeführten Messungen ergibt sich $\pm 0^M,03$ als Durchschnittswert des w. F. einer auf 6 Einstellungen beruhenden Größe[2].

S. I. BAILEY[3] hat 1902 bis 1909 mit einem anderen Exemplar des RUMFORD-Photometers ($d = 13$ bzw. 10 Zoll) ein größeres Beobachtungsprogramm — Durchmusterungszonen, Vergleichssterne für Veränderliche, Asteroiden usw. — durchgeführt. Untersuchungen weiterer Exemplare des PICKERINGschen Photometers, insbesondere Eichungen der Keile, finden sich ferner in den Arbeiten von E. S. KING[4],

[1] Researches in Stellar Photometry during the Years 1894 to 1906, made chiefly at the Yerkes Observatory. Washington 1906. — Vgl. auch Ap J 13, S. 249 (1901).

[2] Ebenda S. 187.

[3] Harv Ann 72, Nr. 4, 5 (1913).

[4] Harv Ann 41, Nr. 9 (1902).

J. M. MADDRILL[1] und F. H. SEARES[2]. — MADDRILL eicht den Keil seines Photometers einerseits im Laboratorium mit einem LUMMER-BRODHUNschen Photometer, andererseits in situ an Plejadensternen und findet zwischen beiden Bestimmungen starke systematische Unterschiede. — SEARES bestimmt mit Hilfe eines im Laboratorium aufgestellten „Scheibenphotometers" (disc photometer) die Absorptionskurve eines photographischen Keiles und zum Vergleich die eines ZEISSschen Glaskeiles (vgl. Abb. 22). Der künstliche Stern des auf der Photometerbank montierten Scheibenphotometers wurde auf verschiedene genau definierte Helligkeiten gebracht und dann mit dem Keilphotometer gemessen. Zur Kontrolle der erhaltenen Keilkurven wurden ferner die Helligkeitsdifferenzen von 21 Sternpaaren in den Plejaden gemessen. Während die mit dem ZEISS-Keil gemessenen Größen mit den MÜLLER-KEMPFschen Normalgrößen[3] genau über-

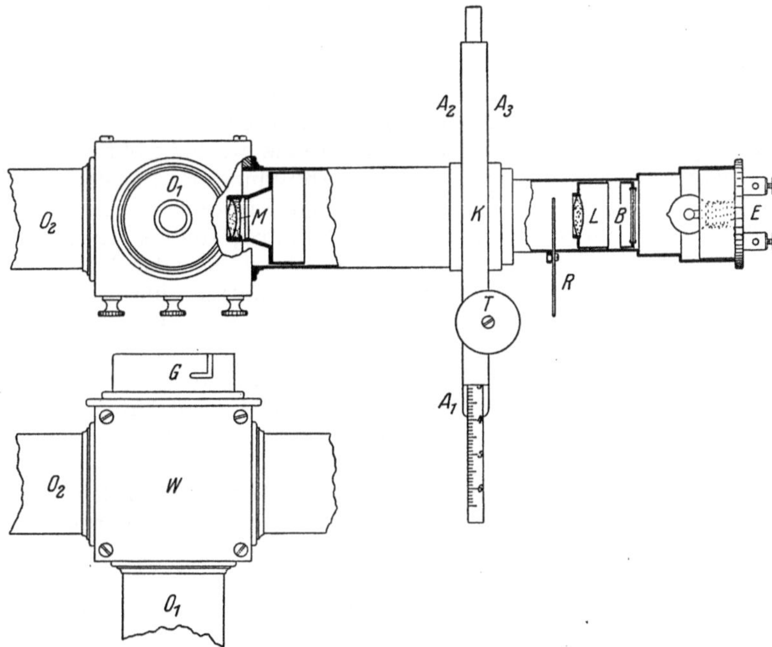

Abb. 45. Universalphotometer von K. GRAFF (Z f Instrk 35, S. 2).

einstimmen, zeigen sich die mit dem photographischen Keil gemessenen Größen mit einem Skalenfehler behaftet.

ζ) Das nach dem Vorbilde des PICKERINGschen Keilphotometers konstruierte „Universalphotometer" von K. GRAFF[4] (Abb. 45) zeichnet sich durch geschickte Konstruktion, Handlichkeit und vielseitige Verwendbarkeit aus.

Das durch Mattscheibe und Blauglas hindurchtretende Licht der Metallfadenlampe E wird durch die Linse L auf eine der zahlreichen Öffnungen der Rotationsblende R konzentriert. Das durch das Mikroskopobjektiv M erzeugte punktförmige Bild der Blendenöffnung kann entweder mit dem direkten oder mit dem seitlichen Okular betrachtet werden. Der Meßkeil ist in dem Rahmen K untergebracht und läßt sich mit Hilfe der Triebschraube T um Beträge verschieben, die an den Millimeterteilungen A_1 oder A_2 abgelesen werden können.

[1] Ap J 22, S. 138 (1905).
[2] Photometric Investigations [Laws Obs Bull Nr. 7 (1905)].
[3] AN 150, S. 193 (1899).
[4] Z f Instrk 35, S. 1 (1915).

Bei Benutzung beider Okulare lassen sich — ausreichende Länge des Keiles vorausgesetzt — mit demselben künstlichen Stern Helligkeitsintervalle bis zu 10 oder 12 Größen überbrücken.

GRAFF[1] hat mit seinem Photometer u. a. eine photometrische Durchmusterung von Plejadensternen der 3. bis 14. Größe ausgeführt. Die Arbeit enthält auch eine genaue Untersuchung des Meßkeiles.

GRAFFS Universalphotometer, für dessen sämtliche Teile ein einheitliches Gewinde vorgesehen ist, läßt sich mit wenigen Handgriffen auch in ein Flächenphotometer[2] oder in ein Auslöschungsphotometer verwandeln. Letzterer Zweck wird durch Einsetzen des Rahmens K zwischen Photometerkopf W und Okular O_1 erreicht.

η) Auch bei dem 1898 von E. C. PICKERING konstruierten zwölfzölligen Meridianphotometer[3] wird der künstliche Vergleichsstern durch einen Meßkeil abgeschwächt. Vor dem Objektiv eines horizontal in der Richtung Ost—West gelagerten Refraktors ($d = 12$ Zoll, $f = 18$ Fuß) ist ein kreisförmiger versilberter Planspiegel angebracht, der gegen die Achse des Fernrohres um 45° geneigt und um dieselbe drehbar ist. Die Neigung des Spiegels kann innerhalb der Grenzen $\pm 5°$ variiert werden. Das Okularende des Fernrohres befindet sich in einem heizbaren Beobachtungsraum. Zur Abbildung des künstlichen Sternes, der durch eine vor der Flamme eines konstanten Gasbrenners befindliche kleine Blendenöffnung gebildet wird, dienen ein seitlich aufgestelltes Hilfsfernrohr und eine zwischen Okular und Auge befestigte ZÖLLNERsche Glasplatte. Die meßbare Abschwächung des künstlichen Sternes erfolgt mittels eines Rauchglaskeiles, der ein Duplikat des von PRITCHARD bei den Messungen für die Uranometria Oxoniensis benutzten ist.

Auf Messungen mit dem zwölfzölligen Meridianphotometer beruhen u. a. die in Harv Ann Vol 70 und 74 veröffentlichten Helligkeitskataloge. Der w. F. einer auf 4 Einstellungen beruhenden Sterngröße dürfte durchschnittlich $\pm 0^M,1$ betragen[4].

ϑ) Bei den Photometern von C. BRUHNS (1875) und F. LINK (1926) erfolgt die Abschwächung des künstlichen Sternes durch Abstandsänderung.

Bei der von C. BRUHNS[5] vorgeschlagenen Anordnung dient das durch eine seitlich angebrachte kleine Stahlkugel erzeugte virtuelle Bild einer Petroleumlampe als künstlicher Stern, während eine zwischen Okular und Auge befestigte ZÖLLNERsche Glasplatte die Vergleichsvorrichtung bildet. Die Lampe läßt sich parallel der Achse des Fernrohres längs eines Maßstabes verschieben. Die Lichtstärke des künstlichen Sternes ist dem Quadrat des Abstandes der Lampe von der Kugel umgekehrt proportional [vgl. Ziff. 25 Gleichung (21)].

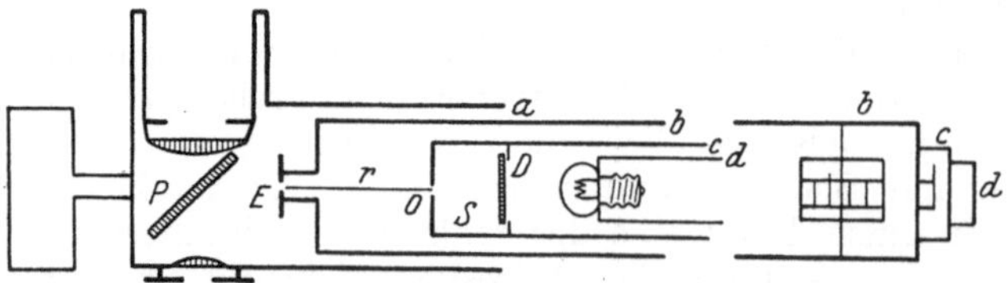

Abb. 46. Photometer von F. LINK (Lyon Bull 8, S. 71).

Bei dem Photometer von F. LINK[6] (Abb. 46) erfolgt die Abschwächung des künstlichen Sternes gleichfalls durch Verschiebung der Lichtquelle. Die ZÖLLNERsche Glasplatte ist zwischen den Linsen des HUYGENSschen Okulares befestigt. Das Photometerrohr setzt sich aus vier ineinander gleitenden Einzelrohren zusammen. Die Verschie-

[1] Astr. Abh. d. Hamb. Sternw. in Bergedorf, II, Nr. 3 (1920). [2] Siehe Ziff. 37, β.
[3] Harv Ann 70, S. 1 (1909); vgl. auch Harv Ann 74 (1913).
[4] Harv Ann 70, S. 235 (1909). [5] V J S 10, S. 235 (1875) (Abbildung).
[6] Lyon Bull 8, S. 71 (1926).

bung des die Glühlampe enthaltenden innersten Rohres *d* gegen den zweiten Tubus *c* dient zur Regelung der auf der Mattscheibe *D* hervorgebrachten Beleuchtung und damit der Grundhelligkeit des künstlichen Sternes. Dieser wird durch das winzige Loch *E* gebildet, das von der Mattscheibe *D* durch die kleine Öffnung *O* hindurch Licht erhält. Die Verschiebung des mit einer Millimeterteilung versehenen Tubus *c* gegen den Tubus *b* dient der eigentlichen Messung. Die scheinbare Lichtstärke des künstlichen Sternes ist nämlich, wie LINK beweist, dem Quadrat der Entfernung $EO = r$ umgekehrt proportional. Die Verschiebung des Tubus *b* dient schließlich der Fokussierung des künstlichen Sternes.

Reduktion. Sind J_1 und J_2 die Intensitäten von zwei nacheinander mit dem künstlichen Stern verglichenen Fixsternen, r_1 und r_2 die gemessenen Abstände, so gelten gemäß Ziff. 33 Gleichung (12) die Beziehungen:

$$J_1 : J_2 = r_1^{-2} : r_2^{-2}, \qquad M_1 - M_2 = +5^M \log r_1 - 5^M \log r_2 .$$

Soll die Abschwächung auf $0^M{,}01$ genau sein, so darf, wenn $\varDelta r = 0{,}05$ mm der Ablesefehler ist, gemäß der Differentialformel:

$$\varDelta M = -2^M{,}17 \frac{\varDelta r}{r},$$

[vgl. Ziff. 25 Gleichung (8)] der Abstand r nicht kleiner als 10 mm genommen werden. Die gemessenen Größendifferenzen sind, wie Probemessungen zeigten, im wesentlichen von systematischen Fehlern frei. Der w. F. einer Einstellung liegt zwischen $0^M{,}07$ und $0^M{,}10$.

ι) Das MÜLLERsche Vergleichskeilphotometer. Da der künstliche Stern konstant gehalten, die natürlichen durch einen Meßkeil abgeschwächt werden, so erfolgen die Messungen bei konstanter physiologischer Helligkeit der Sterne. Diesem Vorzug der Methode stehen als Nachteile gegenüber, einerseits, daß die Vergleichungen bei verschiedener Helligkeit des Untergrundes erfolgen, andererseits, daß bei Selektivität des Keiles vom Sternspektrum abhängige systematische Fehler entstehen.

Nach MÜLLER[1] wird an den Okulartubus eines Refraktors zunächst der Meßkeil und dahinter ein ZÖLLNERsches Photometer angesetzt, dessen künstliche Sterne auf konstanter Helligkeit gehalten werden. Der zu messende natürliche Stern wird mittels des Keiles auf die Helligkeit des rechten künstlichen Sternes gebracht. Die Eichung des Keiles läßt sich nach MÜLLER so vornehmen, daß man einen Stern von bekanntem Spektrum bei verschiedenen Stellungen des Keiles durch den künstlichen Stern des ZÖLLNER-Photometers darstellt. Da aber bei diesem Verfahren die Empfindungsstärke der beobachteten Sterne nicht mehr konstant ist, so wäre es vorzuziehen, die Eichung des Keiles unter Konstanthaltung des künstlichen Sternes durch Messung natürlicher Sterne von gegebener Lichtstärke und Spektralklasse zu bewirken.

Ein dem vorstehend beschriebenen im wesentlichen entsprechendes Photometer hat G. SILVA[2] konstruiert und beschrieben. F. ZAGAR[3] hat mit diesem Photometer Veränderliche gemessen und leitet für den w. F. einer auf 12 + 12 Einstellungen beruhenden Größendifferenz den Wert $\pm 0^M{,}059$ ab.

Das Keilphotometer von H. ROSENBERG[4] beruht auf dem gleichen Prinzip wie das MÜLLERsche Photometer, weicht aber in Einzelheiten der Konstruktion wesentlich von ihm ab. Zur Erzeugung des künstlichen Sternes dient ein Osmium-

---

[1] A N 154, S. 381 (1900).
[2] Mem Soc Astr Ital 1, S. 265 (1920).
[3] Mem Soc Astr Ital 4, S. 248 (1928).
[4] A N 172, S. 241 (1906) (Abbildung); vgl. auch M. MEROLA, Il fotometro di Toepfer II del R. Oss. Astr. di Capodimonte. Napoli 1927.

lämpchen, das sein durch eine Linse parallel gemachtes Licht durch die ZÖLLNERsche Glasplatte hindurch auf eine kleine mit Quecksilber gefüllte Kugel wirft. Das von der Kugel erzeugte punktförmige Bild der Blendenöffnung wird sowohl von der Vorder- als von der Rückfläche der schrägen Glasplatte gespiegelt und erscheint, durch das schwach vergrößernde Okular betrachtet, als Doppelstern.

Nach A. SCHELLER und L. WEINEK[1] entstehen dadurch störende Reflexe, daß ein kleiner Teil der Lichtstrahlung beim ersten Auftreffen auf die schräge Glasplatte zum Keil hin gespiegelt und von diesem zurückgeworfen wird. Zur Abhilfe empfiehlt es sich, Lichtquelle und spiegelnde Kugel auf dieselbe Seite der Glasplatte zu verlegen.

36. Punktphotometrische Methoden zur Messung der Gesamtintensitäten von Sonne und Mond. Eine beliebige Verkleinerung des Sehwinkels, unter dem ein flächenhaftes Objekt dem Auge erscheint, läßt sich dadurch erreichen, daß man durch eine Linse oder einen Spiegel von kurzer Brennweite f ein Bild des Objektes erzeugt und mit bloßem Auge aus einem Abstand f' betrachtet, der ein beliebig hohes Vielfaches von f ist. Handelt es sich um ein zölestisches Objekt, so ist $V = f/f'$ der lineare Verkleinerungsfaktor. Und da $A = \varkappa\,(f/f')^2$ der entsprechende Abschwächungsfaktor der Lichtstärke ist, so können nur sehr lichtstarke Objekte wie Sonne, Mond und helle Planeten auf Grund einer punktförmigen Abbildung photometrisch gemessen werden.

Die auf die Abbildung durch Linsen bzw. durch spiegelnde Kugeln sich gründenden Methoden werden im folgenden getrennt behandelt. Eine eingehende Diskussion der durch Anwendung dieser Methoden erhaltenen Ergebnisse findet man in H. N. RUSSELLs Abhandlung: The Stellar Magnitudes of the Sun, Moon and Planets[2].

α) Abbildung durch Linsen. Das bereits unter Ziff. 34, γ beschriebene Verfahren, nach dem J. HERSCHEL um 1836 die Lichtstärken heller Fixsterne durch Vergleich mit einem punktförmigen Mondbilde bestimmte, läßt sich auch umgekehrt als Methode zur Messung der Gesamtintensitäten des Mondes in seinen verschiedenen Phasen auffassen. Das durch eine Konvexlinse ($d = 3$, $f = 5{,}7$ mm) erzeugte Mondbild, das mit freiem Auge betrachtet völlig punktförmig erschien, wurde mit einem gleichfalls frei betrachteten Fixsterne verglichen.

Wird das Mondbild durch Änderung des Abstandes der Linse vom Auge auf die Helligkeit des Fixsternes gebracht, so gilt die Gleichung:

$$\Pi J \varkappa \left(\frac{f}{f'}\right)^2 = \Pi J',$$

worin Π die Öffnung des Augendiopters, $\varkappa\,(f/f')^2$ der Abschwächungsfaktor der Lichtstärke, J und J' die Intensitäten von Mond und Stern sind. Aus der Entfernung $f' = 100 f = 570$ mm betrachtet, erschien das Mondbild gegenüber dem frei betrachteten Monde im Verhältnis $1 : 10^4$ verkleinert und — falls man den durch Prisma und Linse verursachten Lichtverlust nicht in Rechnung zieht — um genau 10^M abgeschwächt.

F. ZÖLLNER[3] hat 1864 zahlreiche Vergleichungen punktfömiger Bilder der Sonne und des Mondes mit dem künstlichen Stern seines Astrophotometers ausgeführt. Durch ein kleines Objektiv ($d = 2{,}5$, $f = 12$ mm) wird ein winziges Sonnenbild erzeugt, das in ziemlich unveränderter Ausdehnung und Lichtstärke mit Hilfe einer zweiten Linse nochmals in der Fokalebene der künstlichen Sterne abgebildet wird. Da mit bloßem Auge aus 240 mm Abstand

---

[1] Astr. Beob. zu Prag in den Jahren 1905—1909. Prag 1912.
[2] Ap J 43, S. 103 (1916).
[3] Photometr. Untersuch., S. 95ff.; Abbildung Tafel III, Fig. 2.

verglichen wird, so erscheint das Bild gegenüber dem Objekt im Verhältnis von ungefähr $1:20^2$ verkleinert und abgeschwächt. Zwischen den beiden Linsen war zur weiteren Abschwächung des Sonnenbildes eine aus zwei Nikols bestehende Polarisationsvorrichtung angebracht. Zur Abbildung des als Vergleichsstern dienenden Fixsternes α Aurigae diente ein Objektiv von 50 mm Brennweite.

W. F. WISLICENUS[1] bestimmte 1893 bis 1895 nach der ZÖLLNERschen Methode die Gesamthelligkeit der verschiedenen Mondphasen. Mit Hilfe von zwei kleinen Linsen wurde ein sternartiges Bild des Mondes erzeugt und mit dem künstlichen Stern des ZÖLLNER-Photometers verglichen. Als Vergleichsstern diente Polaris.

β) Abbildung durch spiegelnde Kugeln. W. H. WOLLASTON[2] schloß 1827 das von einer kleinen Thermometerkugel entworfene Bild der Sonne an den direkt beobachteten Sirius an, wobei das Bild einer an einer zweiten Kugel reflektierten Kerzenflamme als Zwischenlichtquelle diente.

Einwandfreier ist die Methode, deren sich G. P. BOND[3] 1860 bei der Vergleichung des Mondes mit den Planeten Venus und Jupiter bediente. BOND benutzt nur *eine* Kugel und läßt von ihr unter gleichen Reflexionswinkeln sowohl das Licht des Gestirnes als das der Vergleichsflamme reflektieren (Abb. 47). Die beiden Spiegelbilder werden aus der konstanten Entfernung a mit bloßem Auge betrachtet und durch meßbare Verschiebung der Lichtquelle Q gegen den Punkt P der Kugeloberfläche auf gleiche Helligkeit gebracht.

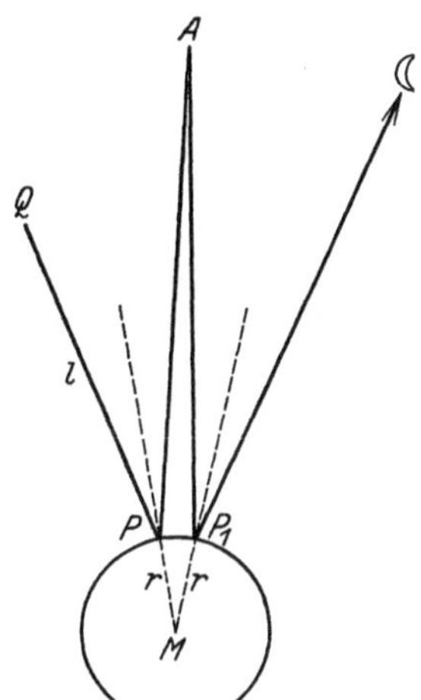

Abb. 47. Messung von Lichtstärken mittels der spiegelnden Kugel nach G. P. BOND.

Bezeichnet man die Intensität des Mondes mit J_1, die der Lichtquelle im Abstand l_0 mit J_0, ferner den Reflexionskoeffizienten mit ϱ_1, den Reflexionswinkel mit i_1 und schließlich den gemessenen Abstand QP der Lichtquelle mit l_1, so erhält man, wenn man die Lichtstärken der Bilder von Mond und Lichtquelle einander gleich setzt und nur Glieder bis zu der dritten Ordnung einschließlich berücksichtigt, gemäß Ziff. 25 Gleichung (19) und (21) die Beziehung:

$$\varrho_1 \Pi J_1 \left(\frac{r}{2a}\right)^2 \left\{1 - \frac{r}{2a}(\cos i_1 + \sec i_1)\right\}$$
$$= \varrho_1 \Pi J_0 \left(\frac{l_0}{l_1}\right)^2 \left(\frac{r}{2a}\right)^2 \left[1 - \frac{r}{2}\left(\frac{1}{a} + \frac{1}{l_1}\right)(\cos i_1 + \sec i_1)\right]$$

oder vereinfacht:

$$J_1 = J_0 \left(\frac{l_0}{l_1}\right)^2 \left[1 - \frac{r}{2l_1}(\cos i_1 + \sec i_1)\right].$$

Die Vergleichung des Planeten (Intensität J_2) mit der Lichtquelle (gemessener Abstand l_2) liefert die entsprechende Gleichung:

$$J_2 = J_0 \left(\frac{l_0}{l_2}\right)^2 \left[1 - \frac{r}{2l_2}(\cos i_2 + \sec i_2)\right],$$

und es folgt schließlich:

$$J_1 : J_2 = (l_1^{-2} : l_2^{-2}) \left[1 - \frac{r}{2l_1}(\cos i_1 + \sec i_1) + \frac{r}{2l_2}(\cos i_2 + \sec i_2)\right].$$

[1] Selenophotometrische Beobachtungen. Bearbeitet von C. WIRTZ [A N 201, S. 289 (1915)].
[2] Phil Trans 1829, S. 19; vgl. MÜLLER, Phot. d. Gest., S. 316.
[3] Mem Amer Acad Arts Sciences 8, S. 221 (1861).

Um etwa vorhandene Unterschiede der den Punkten P und P_1 entsprechenden Reflexionskoeffizienten ϱ und Kugelradien r zu eliminieren, macht man bei jeder Messung eine gleiche Anzahl von Einstellungen in entgegengesetzten Lagen der um die Achse AM drehbaren Kugel.

RUSSELL[1] vermutet, daß BONDS Messungen mit einem PURKINJE-Fehler behaftet seien. Die verglichenen Bilder waren nämlich einerseits, insofern das Licht der Vergleichsflamme erheblich röter als das Licht der Gestirne war, spektral sehr verschieden, andererseits erschienen sie dem Auge bei der zweiten Vergleichung um mehr als 1000mal schwächer als bei der ersten.

Einer sehr ähnlichen Methode bediente sich BOND[2] bei seinen Vergleichungen der Lichtstärken von Sonne und Mond. Nur schaltete er, um das Sonnenlicht ausreichend abschwächen zu können, zwei Kugeln hintereinander. Das von der ersten Kugel erzeugte Sonnenbild wurde nach dem oben beschriebenen Verfahren durch Vermittlung der zweiten kleineren Kugel mit einer bengalischen Flamme verglichen. In genau derselben Weise erfolgten die Messungen des Mondes.

Schließlich hat BOND[3] auch die Flächenintensitäten verschiedener Stellen der Mondoberfläche gemessen. Ein Flächenstück von der Größe der Jupiterscheibe wurde aus dem Fokalbilde des Mondes herausgeblendet und durch Vermittlung der spiegelnden Kugel mit der künstlichen Lichtquelle verglichen.

W. CERASKI[4] bediente sich bei seinen im Mai und Juni 1903 ausgeführten Messungen der Sterngröße der Sonne der spiegelnden Kugel zur Erzeugung eines stark verkleinerten und abgeschwächten Sonnenbildes. Auf der Plattform eines Turmes, in 152,64 m Abstand vom Objektiv des Beobachtungsfernrohres, wurde eine plankonvexe Linse von ungefähr 50 mm Durchmesser, deren sphärische Oberfläche den Krümmungsradius $r = 29{,}46$ mm hatte, montiert. Mit einem kleinen ZÖLLNER-Photometer ($d = 17$, $f = 380$) wurde das Reflexbild der Sonne an Venus und nach Eintritt der Dunkelheit Venus an α Leonis angeschlossen. Die Spiegelung an der Kugelfläche erfolgte unter Reflexionswinkeln zwischen 43° und 51°. Während der Messung ließ ein Gehilfe die spiegelnde Linse langsam um ihre gegen die Sonne gerichtete Achse rotieren, um so alle Punkte einer mittleren Zone zur Wirkung gelangen zu lassen. Für den mittleren Einfallswinkel $i = 45°$ wurde der Reflexionskoeffizient experimentell zu 0,08 bestimmt. Der Abschwächungsfaktor der Lichtstärke der Sonne bzw. die Abschwächung in Größen betrug demnach gemäß Ziff. 25 Gleichung (20):

$$A = \varrho \cdot \left(\frac{r}{2a}\right)^2 = 0{,}08 \cdot 10363^{-2},$$

$$-2^M{,}5 \log A = +2^M{,}74 + 20^M{,}08 = +22^M{,}8 .$$

Da die Vergleichung von Sonnenbild und Venus im seitlichen Okular des ZÖLLNER-Photometers erfolgte, so mußte der kleine Lichtverlust berücksichtigt werden, der dadurch entsteht, daß dem auf die schräge Glasplatte auffallenden Licht des Sonnenreflexes etwas polarisiertes Licht beigemischt ist.

Die sphärische Linse erschien, wenn man als plausiblen Wert der Vergrößerung $V = 6$ annimmt, unter einem Sehwinkel von nur 7′ und projizierte sich auf eine tiefschwarze Samtfläche von ungefähr 50′ scheinbarem Durchmesser. Im Hinblick auf das in Ziff. 25, ε Bemerkte erscheint demnach der Verdacht nicht unbegründet, daß CERASKI, der den Einfluß des Himmelsgrundes unerwähnt läßt, nicht die Intensität der Sonne, sondern die Summe der Intensitäten von Sonne und Himmel gemessen hat.

---

[1] Ap J 43, S. 123 (1916).
[2] Mem Amer Acad Arts Sciences 8, S. 287 (1861).
[3] Ebenda, S. 267.
[4] Ann de l'Obs de Moscou II 5, S. 1 (1911).

37. Flächenphotometer zur Messung der Leuchtdichten fokaler Bilder. Zwei wesentlich verschiedene Typen von Photometern lassen sich unterscheiden. Hauptvertreter des ersten Typus ist das STEINHEILsche Flächenphotometer, während die übrigen Photometer dieses Typus verwandte Formen darstellen. Das Vergleichsobjekt kann sowohl ein natürliches als ein künstliches sein. Als Vergleichsvorrichtung kommt ausschließlich der FRAUNHOFERsche Spiegel in Frage. Die Abschwächung wird durch Abblendung oder durch Abstandsänderung bewirkt.

Die Photometer des zweiten Typus sind als abgeänderte Formen des ZÖLLNERschen Astrophotometers aufzufassen. Das Vergleichsobjekt ist stets ein künstliches. Als Vergleichsvorrichtung kommt gewöhnlich die CERASKIsche Glasplatte oder der LUMMER-BRODHUNsche Würfel in Anwendung. Die Abschwächung wird entweder durch Nikols oder durch Keile bewirkt.

α) Das STEINHEILsche Flächenphotometer und verwandte Formen. Der von C. A. STEINHEIL[1] konstruierte „Okularapparat" (Abb. 48) ist in Anbetracht dessen, daß er als ältestes Photometer des ansetzbaren Typus anzusprechen ist, schon recht vollkommen und hat vielen späteren Konstruktionen als Vorbild gedient. Der aus Okularrohr und seitlichem Photometerrohr zusammengesetzte Apparat ist um die Achse des Hauptrohres drehbar. Die das zölestische Vergleichsobjekt abbildenden optischen Teile sind erstlich ein um die Achse des Photometerrohres drehbares Reflexionsprisma, dessen Stellung sich an einem geteilten Kreise ablesen läßt, ferner ein kleines Objektiv und schließlich ein FRAUNHOFERscher Spiegel aus Stahl, dessen Kante das Gesichtsfeld halbiert. Zwischen Objektivprisma und Hilfsobjektiv ist ein Katzenaugendiaphragma angeordnet, an dessen Skala sich unmittelbar die Länge der Diagonale des quadratischen Ausschnittes ablesen läßt. Die Verwendung eines terrestrischen Okulares erweist sich als vorteilhaft. An Stelle des kleinen Objektivprismas läßt sich, falls man mit einer künstlichen Lichtquelle arbeiten will, eine „ARGANDsche Lampe" einsetzen.

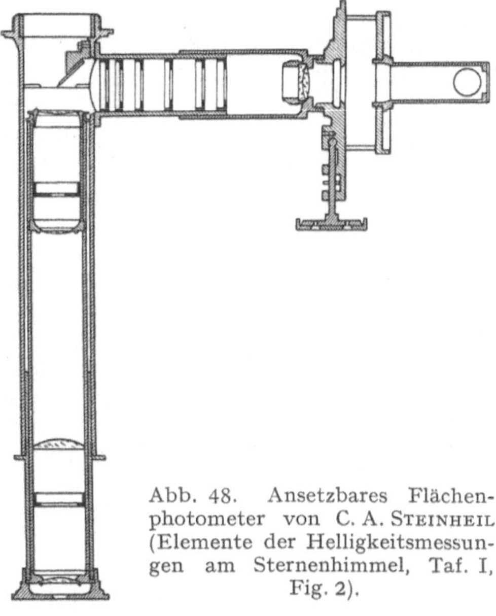

Abb. 48. Ansetzbares Flächenphotometer von C. A. STEINHEIL (Elemente der Helligkeitsmessungen am Sternenhimmel, Taf. I, Fig. 2).

Richtet man Haupt- und Hilfssystem auf ein und dieselbe gleichmäßig leuchtende Fläche, so erscheinen die beiden Hälften des Gesichtsfeldes erleuchtet, und zwar die dem Hauptsystem ($d = 77$, $f = 1140$) entsprechende Feldhälfte stets heller als die dem Hilfssystem entsprechende. Letztere Feldhälfte läßt sich mit Hilfe des Katzenauges beliebig weiter abschwächen. Zwecks Eichung des Photometers blendet nun STEINHEIL das auf jene Fläche gerichtete Hauptobjektiv um genau bekannte Beträge ab und findet die gemessenen, d. h. aus der Öffnungsdiagonale des Katzenauges berechneten Abschwächungswerte innerhalb der zufälligen Fehler mit den wahren Werten übereinstimmend. Für den wahr

[1] Elemente (1836), S. 35 u. 75.

scheinlichen Fehler einer Einstellung (innere Genauigkeit) ergibt sich der Wert $\pm 0^M{,}029$.

STEINHEIL hat Messungen der Helligkeit des Tageshimmels längs eines durch die Sonne gelegten Vertikalkreises ausgeführt. Ferner bestimmt er bei verschiedenen Stellungen des Okulares die Leuchtdichte des extrafokal abgebildeten Himmelsgrundes und findet, daß sich diese Messungen durch die theoretische Formel [vgl. Ziff. 22 Gleichung (29)] befriedigend darstellen lassen.

Das Sonnenphotometer von J. LAMONT[1] unterscheidet sich von dem STEINHEILschen Photometer hauptsächlich dadurch, daß das Hauptobjektiv, nicht das Hilfsobjektiv, mit einer Abblendungsvorrichtung versehen ist. Das kleine vom Hilfsobjektiv erzeugte Sonnenbild dient als Vergleichsobjekt für das vom Hauptobjektiv entworfene große Sonnenbild. Sind die optischen Achsen der beiden Systeme auf das Zentrum der Sonne gerichtet, so erscheinen im Gesichtsfelde zwei halbe Sonnenbilder von sehr ungleicher Größe, die sich mit ihren Durchmessern berühren. Zur Abschwächung des großen Bildes dient eine vor dem Hauptobjektiv angebrachte Sektorblende, die von der Okularseite des Fernrohres aus verstellt werden kann.

Das Photometer „*Q*“ von E. C. PICKERING[2] (Abb. 49) — seit 1879 zur Messung der Flächenintensitäten von Nebeln und Kometen dienend — ist hinsichtlich des Abschwächungsprinzips dem ansetzbaren STEINHEILschen Extrafokalphotometer (s. unten Ziff. 38) verwandt. *F* ist ein FRAUNHOFERsches Vergleichsprisma. Durch meßbare Verschiebung des mit dem drehbaren Prisma *B* ausgerüsteten Hilfsobjektives *D* läßt sich das extrafokale Bild des Vergleichssternes auf die Flächenhelligkeit des durch das Hauptobjektiv erzeugten Fokalbildes des Nebels bringen. Die im Hilfsrohr befestigte Blende *E* dient dazu, die Öffnungsverhältnisse und damit auch die Austrittspupillen des großen und des kleinen Systems einander gleich zu machen. Die Leuchtdichte des Himmelsgrundes ist dann bei jeder Stellung des kleinen Objektives in beiden Feldhälften die gleiche und fällt somit bei der Vergleichung heraus.

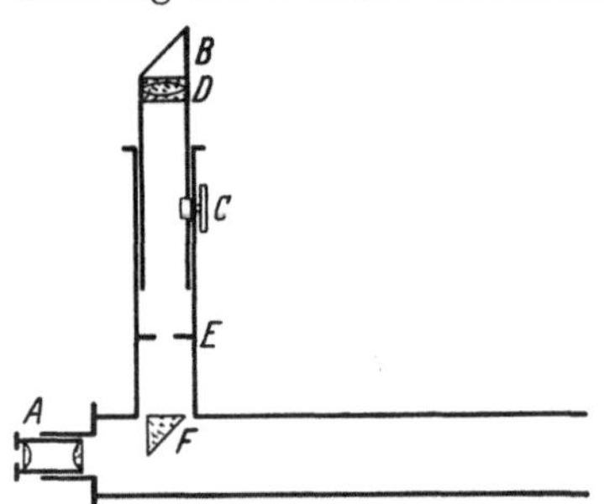

Abb. 49. Flächenphotometer von E. C. PICKERING (Harv Ann 33, S. 136).

Von Interesse ist die Reduktion der Messungen. Die von PICKERING als Flächenintensität des Nebels definierte Gesamtintensität einer Kreisfläche von 1′ sphärischem Durchmesser ist in unserer Bezeichnungsweise gleich $\frac{\pi}{4} j$. Die Leuchtdichte des im Hauptfernrohr ($d_1 = 380$, $f_1 = 6820$, $\varkappa_1$) abgebildeten Nebels ist nach Ziff. 19 Gleichung (7) durch den Ausdruck gegeben:

$$l = \varkappa' \varkappa_1 \left(\frac{d_1}{f_1} f'\right)^2 \left(\frac{\pi}{4} j\right).$$

Andererseits ergibt sich für die Leuchtdichte des extrafokalen Bildes des Vergleichssternes nach Ziff. 21 Gleichung (23) der Ausdruck:

$$l' = \varkappa' \varkappa_2 \left(\frac{\sin 1' f_2 f'}{r_0 - r}\right)^2 J,$$

worin $\varkappa_2$, f_2, $r_0 - r$ Durchlässigkeitskoeffizient, Brennweite und gemessene Verschiebung im Hilfssystem sind. Durch Gleichsetzen der Leuchtdichten erhält

[1] Jahresber. d. Münchener Sternw. für 1852, S. 40. [2] Harv Ann 33, Nr. 7, 8 (1900).

man — bis auf den Faktor $\varkappa_2/\varkappa_1$ mit PICKERINGS Formel übereinstimmend — die Beziehung:

$$\left(\frac{\pi}{4}j\right):J=\left(\frac{\varkappa_2}{\varkappa_1}\right)\left(\frac{\sin 1' f_1 f_2}{d_1}\right)^2 (r_0-r)^{-2}$$

und folglich:

$$m-M=C+5^{\mathrm{m}}\log(r_0-r)\,.$$

Als Vergleichssterne wurden Sterne zwischen 1^M und 5^M gewählt. Die an verschiedenen Abenden gemessenen Größen m eines Nebels weichen sehr stark (bis 1^{m} und darüber) voneinander ab.

Mit einem von C. H. HASTINGS konstruierten Flächenphotometer[1], das an den 26zölligen Washingtoner Refraktor angesetzt war, hat E. S. HOLDEN Messungen der Flächenintensitäten verschiedener Teile des Orionnebels ausgeführt. — In der Brennebene der dem Auge benachbarten Linse eines terrestrischen Okulares ist unter 45° Neigung ein kleiner halbkreisförmiger Silberspiegel angebracht, dessen scheinbarer Durchmesser in sphärischem Maß nur 15″ beträgt. Der Spiegel erhält Licht von einem außerhalb des durchbrochenen Okularrohres befestigten Schirm, der durch eine längs eines Maßstabes verschiebbare kleine Lampe beleuchtet wird. Die Leuchtdichte der kleinen halbkreisförmigen Vergleichsfläche ist dem Quadrat des Abstandes der Lampe vom Schirm umgekehrt proportional.

Eigenartig hinsichtlich der Vergleichsvorrichtung ist das Photometer von B. FESSENKOFF[2]. Ein in der Mitte des Photometerrohres sitzendes kleines Objektiv, das mittels einer Sektorblende meßbar abgeblendet werden kann, entwirft auf einer Mattscheibe ein scharfes Bild des Vergleichslämpchens. Die durch die Mattscheibe hindurchtretende Lichtstrahlung fällt auf einen FRAUNHOFERschen Spiegel und weiter in die in einigem Abstand hinter diesem befindliche Fokalebene. In letzterer ist ein keilförmiges Prisma von sehr kleinem brechenden Winkel angebracht, dessen Kante das Gesichtsfeld halbiert. Während in der freien Hälfte des Gesichtsfeldes das scharfe Bild des zu messenden Objektes erscheint, sieht der Beobachter die andere Feldhälfte durch das künstliche Vergleichslicht erleuchtet. FESSENKOFF hat mit seinem Photometer u. a. Messungen des Zodiakallichtes ausgeführt.

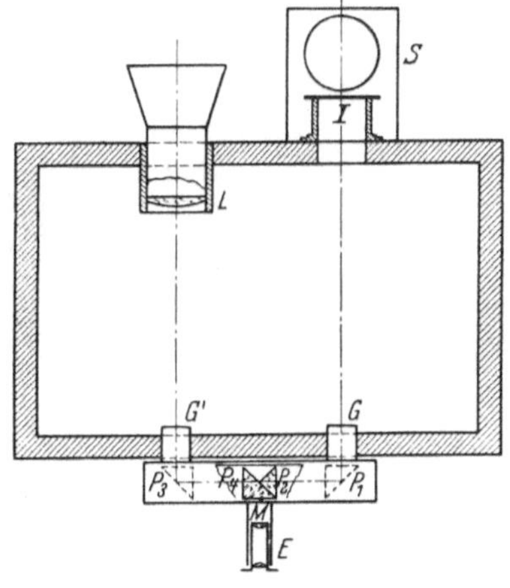

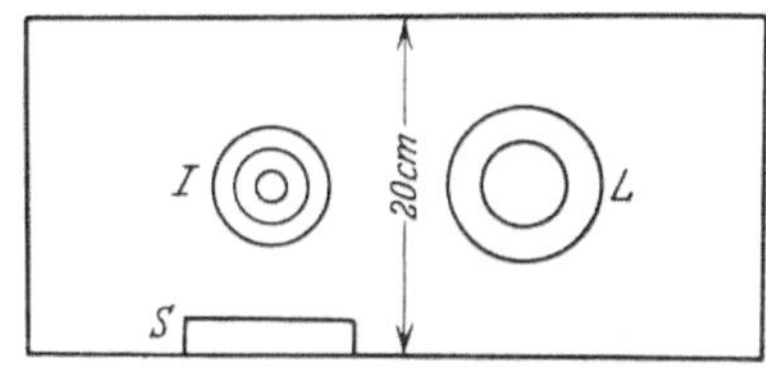

Abb. 50. Flächenphotometer von F. W. VERY (A N 196, S. 269).

F. W. VERY[3] hat mit Hilfe eines eigens zu diesem Zwecke konstruierten Photometers (Abb. 50) Messungen der Leuchtdichte des aschfarbenen Mondlichtes ausgeführt. Die in der Öffnung eines Holzkastens befestigte Linse L ($d = 20$, $f = 350$) entwirft mit Hilfe der Prismen P_3 und P_4 in der einen Hälfte des Gesichtsfeldes M ein scharfes Bild des Mondes, während die andere Feldhälfte durch die Flamme

[1] Wash Obs 1878 App. I, S. 195 (Abbildung).
[2] A N 196, S. 229 (1913); 217, S. 445 (1920) (Abbildung).
[3] A N 196, S. 269 (1913).

einer auf dem Brett S aufgestellten Lampe erleuchtet wird. I ist eine zur Abschwächung der Vergleichsflamme dienende Irisblende.

Auf sehr ähnlichen Prinzipien beruht das „Stufenphotometer" von C. PULFRICH[1] (Abb. 51). B_2 ist ein Katzenaugendiaphragma. Werden bei G_1 und G_2 drehbare totalreflektierende Prismen eingesetzt, so besteht nach PULFRICH[2] die Möglichkeit, das Photometer zum Studium der Helligkeit des Himmels zu verwenden.

β) Flächenphotometer auf der Basis des ZÖLLNERschen Photometers. Schon F. ZÖLLNER[3] hat für den speziellen Fall, daß die Fokalebene, vom Objektiv aus gesehen, vor der schrägen Glasplatte liegt, ein einfaches Mittel zur Verwandlung seines Astrophotometers in ein Flächenphotometer angegeben. In die Fokalebene wird eine dünne Glasplatte gebracht, auf deren Vorderseite eine kleine kreisförmige Stelle durch schwarzen Lack undurchsichtig gemacht ist. Nachdem die künstlichen Sterne durch Einsetzen eines größeren Diaphragmas Scheibenform erhalten haben, wird durch seitliches Verschieben der dünnen Glasplatte der im Gesichtsfelde erscheinende schwarze Fleck mit dem helleren künstlichen Sternscheibchen zur Deckung gebracht. ZÖLLNER empfiehlt diese Einrichtung zur Messung der Flächenhelligkeiten von Sonne und Mond.

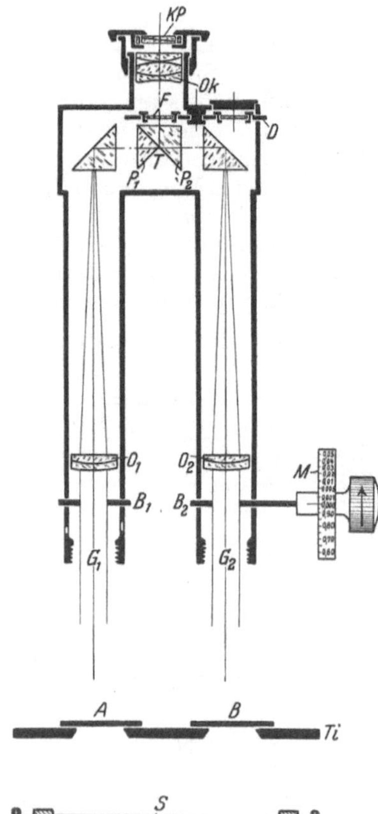

Abb. 51. Stufenphotometer von C. PULFRICH (Z f Instrk 45, S. 37).

Um mit dem ZÖLLNERschen Photometer auch Helligkeiten von Kometen oder planetarischen Nebeln messen zu können, gibt G. MÜLLER[4] dem künstlichen Stern mittels eines einfachen Kunstgriffes — er ersetzt das Lampendiaphragma durch ein auf der einen Seite konkav eingeschliffenes Blendglas — das Aussehen eines nebligen Scheibchens mit sternartigem Kern und zum Rande hin abfallender Helligkeit. Durch Verstellen des Okulares läßt sich das Scheibchen noch diffuser machen und wird dann dem Kopf eines Kometen sehr ähnlich. Mit dieser Einrichtung hat MÜLLER mehrere Kometen während ihrer Sichtbarkeitsdauer photometrisch verfolgt. Als Vergleichsobjekt für den Kometen Pons-Brooks diente ein kleiner kugelförmiger Sternhaufen. Da nicht auf gleiche Flächenhelligkeit, sondern auf gleiche Gesamthelligkeit eingestellt wurde, so liegt ein im eigentlichen Sinne flächenphotometrisches Verfahren offenbar nicht vor.

Ein 1910 von C. WIRTZ[5] hergestelltes, zur Messung der Flächenintensitäten von Nebeln dienendes „gleichmachendes Keilphotometer" unterscheidet sich von dem MÜLLERschen Photometer hauptsächlich in dem hier nicht als wesentlich

---

[1] Z f Instrk 45, S. 35 (1925). [2] L. c. S. 67. [3] Grundzüge, S. 48 (1861).
[4] A N 108, S. 161 (1884). — Weitere Literaturangaben siehe MÜLLER, Phot. d. Gest., S. 534.
[5] Medd fr Lunds Astr Obs, Serie II, Nr. 29 (1923).

zu betrachtenden Punkte, daß zur Abschwächung ein Meßkeil dient. Mit Hilfe eines vor die Lampe gesetzten dunkelblauen Glases, in das eine halbkugelige Höhlung eingeschliffen war, wurde ein künstlicher Vergleichsnebel von 20″ sphärischem Durchmesser erzeugt. Es wurde stets auf gleiche Flächenhelligkeit eingestellt, wobei der zu messende zölestische Nebel — bzw. das extrafokale Bild des Anhaltsternes — abwechselnd oberhalb und unterhalb des künstlichen Nebels gestellt wurde. Bei dieser Art der Vergleichung wird der Untergrund eliminiert. WIRTZ diskutiert die von der relativen Stellung der verglichenen Objekte abhängigen Messungsfehler. Die Genauigkeit ergibt sich größer, als bei der Schwierigkeit der Vergleichung zu erwarten ist: m. F. einer gemessenen Flächenhelligkeit $\pm 0^{m},15$.

Ein vorbildliches Verfahren zur Umwandlung des ZÖLLNERschen Photometers in ein Flächenphotometer hat W. CERASKI[1] angegeben und damit der modernen Entwicklung des Flächenphotometers den Weg gewiesen. CERASKI versieht die Vorderfläche der ZÖLLNERschen Glasplatte mit einer Silberschicht, die nur eine kleine Öffnung von $^1/_2$ oder $^1/_4$ mm Durchmesser frei läßt. Die Linsen werden aus dem Hilfsrohr entfernt. Während der Beobachter durch das seitliche Okular blickt, wird die Öffnung des Spiegels in die Fokalebene des Hauptrohres gebracht und erscheint, durch die Photometerlampe erleuchtet, als kleines helles, aus dem Fokalbilde des zu messenden Objektes herausgeschnittenes Fenster. Durch Drehen des Nikols läßt sich das innere Vergleichsfeld auf die Helligkeit des umgebenden äußeren bringen.

Das Flächenphotometer von J. HARTMANN[2] — hinsichtlich des Vergleichs- sowie des Abschwächungsprinzips dem zur Messung photographischer Schwärzungen dienenden HARTMANNschen Mikrophotometer nahe verwandt — unterscheidet sich von dem CERASKIschen Photometer hauptsächlich dadurch, daß an Stelle der Polarisationseinrichtung ein Meßkeil mit Registriervorrichtung verwendet wird. In den Strahlengang zwischen Glühlampe und Keil lassen sich Blendgläser einschieben. Die unter 45° geneigte Glasplatte ist auf der dem direkten Okular zugekehrten Seite unter Aussparung mehrerer verschieden großer Öffnungen versilbert. Der Beobachter bringt das zu messende Objekt in eine Öffnung von passender Größe und gibt dann dem Keil diejenige Stellung, bei welcher Objekt und umgebendes, von der Lampe gleichmäßig erleuchtetes Vergleichsfeld gleiche Helligkeit haben.

Bei der Reduktion der Messungen ist zu beachten, daß auch der unbelegte Teil der Glasplatte einen geringen Bruchteil des künstlichen Lichtes reflektiert. Man überzeugt sich aber leicht, daß die Gleichungen (24) Ziff. 33 erhalten bleiben, wenn man unter l' die Differenz der künstlichen Leuchtdichten für den belegten und den unbelegten Teil der CERASKI-Platte versteht. Die gemessene Differenz der Flächenhelligkeiten von zwei zölestischen Objekten ist also durch die Gleichung bestimmt:

$$m_1 - m_2 = -2^{m},5 \log (A_1 - \bar{A}) + 2^{m},5 \log (A_2 - \bar{A}),$$

worin $\bar{A}$ der der Messung des Himmelsgrundes entsprechende Abschwächungsfaktor ist.

HARTMANN führt unter Benutzung eines zehnzölligen Refraktors Messungen der Flächenhelligkeit des HALLEYschen Kometen aus, indem er verschiedene Stellen des Kometenbildes an die Mitte der Jupiterscheibe anschließt. Er bestimmt die Flächenintensität des Jupiter auch in irdischem Maß durch Anschluß an die HEFNER-Kerze.

---

[1] A N 172, S. 23 (1906); 174, S. 187 (1907).

[2] A N 185, S. 233 (1910).

Das 1909 konstruierte Flächenphotometer von H. Rosenberg[1] (Abb. 52a, b) besitzt eine doppelte Abschwächungsvorrichtung, nämlich Nikolsatz und Meßkeil, während die Vergleichsvorrichtung in einem Lummer-Brodhunschen Prisma besteht. Das Licht einer 4 Volt-Glühlampe, die durch einen Rheostaten nebst Milliampèremeter konstant gehalten wird, fällt durch eine Öffnung der Revolverblende Bl auf die Mattscheibe M, geht weiter durch die beiden Nikols N_1 und N_2, von denen der erste fest, der zweite drehbar ist, durchsetzt das Lummer-Prisma P und tritt schließlich durch die Okulare O_1 und O_2 aus. Der Würfel P ist aus zwei verkitteten rechtwinkligen Prismen zusammengesetzt, die in der Mitte einen beiderseitig polierten kleinen Silberspiegel tragen. Bei dem einen der beiden verfügbaren Würfel hat der Spiegel die Form eines Kreises von 0,5 mm Durchmesser, bei dem anderen die Form eines Quadrates von nur 0,1 mm Seitenlänge. Die orthoskopischen Okulare O_1 und O_2, die zur Fixierung der Lage des Auges durch eine enge zentrierbare Austrittsblende abgeschlossen sein müssen, werden auf den von der Lampe bzw. vom Objekt erhellten kleinen Spiegel scharf eingestellt.

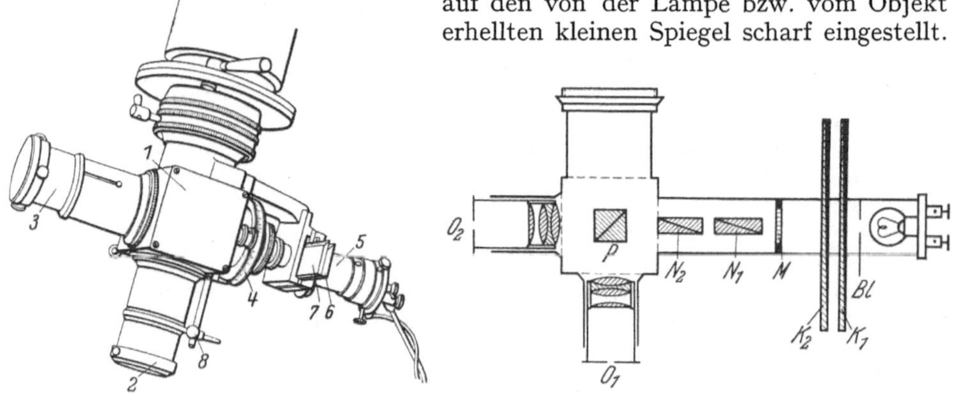

Abb. 52a. Flächenphotometer von H. Rosenberg, Gesamtansicht (A N 214, S. 144).

Abb. 52b. Flächenphotometer von H. Rosenberg, schematisch (A N 214, S. 144).

An Stelle der Mattscheibe M läßt sich auch ein fokussierbares Mikroskopobjektiv einsetzen, das in der Halbierungsebene des Prismas P ein scharfes Bild der mit einem Mattglas bedeckten Blendenöffnung Bl entwirft. Zur vorbereitenden Regelung von Helligkeit und Farbe des Vergleichslichtes dienen die beiden Keile K_1 und K_2, von denen der erste aus Neutralglas, der zweite aus blauem Kobaltglas gefertigt ist. Der Neutralkeil kann bequem mit Hilfe der Nikols geeicht werden und dient dann zur Erweiterung des Meßbereiches, der für die Nikols allein nur etwa 4^m umfaßt.

Beiläufig sei noch erwähnt, daß sich das beschriebene Flächenphotometer durch Auswechseln verschiedener Teile leicht in ein Zöllnersches Punktphotometer verwandeln läßt.

Rosenberg hat die Flächenintensitäten verschiedener Stellen der Vollmondscheibe gemessen und dabei eine sehr befriedigende Genauigkeit erzielt.

Ein am Potsdamer Observatorium befindliches Rosenbergsches Flächenphotometer[2] unterscheidet sich von dem Originalphotometer in dem Punkte, daß der drehbare Nikol zwischen zwei feste gelegt ist. Das auf den Photometerwürfel auffallende künstliche Licht ist dann stets in ein und derselben Ebene polarisiert. Da die Hauptschnitte der beiden festen Nikols einander parallel

[1] A N 214, S. 144 (1921). [2] Vgl. V J S 49, S. 189 (1914).

stehen, so ist, wie leicht einzusehen, die Lichtstärke des künstlichen Vergleichsobjektes nicht mehr $\cos^2\varphi$, sondern $\cos^4\varphi$ proportional, wenn mit φ der Neigungswinkel der Hauptschnitte von drehbarem und festen Nikols bezeichnet wird.

Das bereits in Ziff. 35, ζ beschriebene Universalphotometer von K. GRAFF[1] (vgl. Abb. 45) läßt sich mit wenigen Handgriffen in ein Flächenphotometer umwandeln. An Stelle der ZÖLLNERschen Glasplatte wird ein LUMMER-BRODHUNsches Prisma oder auch eine CERASKIsche Glasplatte eingesetzt. Das kleine Objektiv M wird mit einem hellen Milchglas vertauscht und ferner die größte Öffnung der Rotationsblende R in den Strahlengang gebracht. Soll das Photometer speziell zur Messung ausgedehnter Flächen, wie z. B. der Milchstraße oder des Zodiakallichtes Verwendung finden, so läßt sich bei G ein ein Mikroskopobjektiv tragendes kurzes Rohrstück anschrauben. Bei der dieser Anordnung entsprechenden schwachen Vergrößerung umfaßt das Gesichtsfeld mehrere Quadratgrad des Himmels. GRAFF hat mit dem so modifizierten Photometer die Flächenhelligkeit der Milchstraße gemessen[2].

Das „optische Mikrophotometer" von E. SCHOENBERG[3] (Abb. 53) beruht auf den gleichen Prinzipien wie die Photometer von HARTMANN und ROSENBERG, weist aber verschiedene charakteristische Einzelheiten der Konstruktion auf.

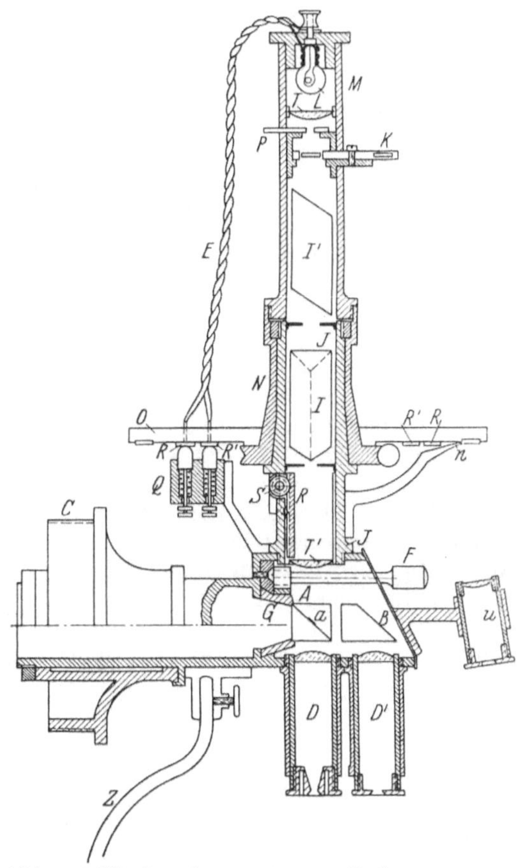

Abb. 53. Flächenphotometer von E. SCHOENBERG (Dorpat Publ 24).

Das durch die plankonvexe Linse T näherungsweise parallel gemachte Licht der Vergleichslampe passiert die Diaphragmenscheibe P sowie die mit Blaugläsern verschiedener Dicke ausgerüstete Scheibe K und fällt durch den beweglichen Nikol I' und den festen I auf die plankonvexe Linse T', die auf der Diagonalfläche des LUMMER-Prismas A ein scharfes Bild der Diaphragmenöffnung entwirft. Die Linse T' läßt sich mit Hilfe der Schraube S verstellen. Der feststehende Kontakt Q schleift an den Metallringen R und R', die in die den Intensitätskreis tragende Scheibe O eingelassen und von ihr isoliert sind.

Bei dem einen der beiden vorhandenen LUMMER-Prismen sind fünf kleine, elliptische, auf beiden Seiten polierte Silberspiegel — der kleinste hat einen Durchmesser von nur 0,1 mm — zwischen die Prismenhälften gepreßt. Bei dem zweiten Prisma befindet sich zwischen den Diagonalflächen eine Silberschicht mit fünf elliptischen Öffnungen mit Durchmessern zwischen 0,03 und 2,1 mm.

[1] Z f Instrk 35, S. 1 (1915). [2] Bergedorf Abh., II, Nr. 5 (1920).
[3] Dorpat Publ 24, S. 3 (1917) (russisch).

Mittels des Triebes F lassen sich die verschiedenen Öffnungen in die Mitte des Gesichtsfeldes bringen.

Bemerkenswert ist die zum Hauptrohr rechtwinklige Anordnung der beiden Okulare D und D'. Bei Benutzung des zweiten Prismas erscheint, durch D betrachtet, die Öffnung des Spiegels, durch D' betrachtet, der ringförmige Spiegel selbst durch die künstliche Lichtquelle erleuchtet. Bei Benutzung des ersten Prismas ist das Umgekehrte der Fall.

SCHOENBERG hat mit seinem Photometer u. a. Flächenintensitäten auf dem Saturnringe, auf den Scheiben von Jupiter und Saturn sowie auf der Scheibe des Vollmondes[1] gemessen. Ferner hat er die Intensitäten veränderlicher Sterne durch flächenphotometrischen Vergleich ihrer extrafokalen Bilder bestimmt[2]. Die Genauigkeit dieser Messungen wird durch die Schwankungen der atmosphärischen Extinktion wesentlich beeinträchtigt. Als Maß der durchschnittlichen Genauigkeit einer auf 8 + 8 Einstellungen beruhenden Größendifferenz ist nach SCHOENBERG der m. F. $\pm 0^M{,}035$ anzusehen. Eine entsprechende Genauigkeit wurde bei den Messungen der Flächenhelligkeit von Jupiter und Saturn erzielt.

38. Flächenphotometer, bei denen extrafokale Bilder, meist von Fixsternen, seltener vom Himmelsgrunde, zur Vergleichung gelangen („Extrafokalphotometer"). Die Möglichkeit, die Intensitäten von Fixsternen mit Flächenphotometern zu bestimmen, beruht darauf, daß die Leuchtdichten l_0 der in einer festen Entfernung a_0 vom Fokus entstehenden extrafokalen Bilder den Sternintensitäten J proportional sind[3]. Man kann also durch Messung der Leuchtdichten l_0 die Intensitäten J bestimmen. Gegenüber den in Ziff. 34 und 35 dargelegten Meßmethoden hat dieses Verfahren den Vorteil, daß die weniger genaue Punktvergleichung durch die genauere Flächenvergleichung ersetzt ist, aber den Nachteil, daß die extrafokalen Bilder der schwächeren Sterne außerordentlich lichtschwach sind. Man hat infolgedessen mit dem Auftreten von PURKINJE-Fehlern zu rechnen, und zwar bereits bei der Messung solcher Sterne, die bei fokaler Abbildung noch bequem fixiert werden können.

Die im folgenden behandelten Typen von Flächenphotometern sind ausschließlich zur Messung extrafokaler Bilder, in erster Linie von Fixsternen, bestimmt und geeignet („Extrafokalphotometer"). Es sei jedoch ausdrücklich darauf hingewiesen, daß auch die meisten der in Ziff. 37 behandelten Flächenphotometer zur Messung von Sternen im extrafokalen Bilde verwendet werden können.

α) Das älteste der hierher gehörigen Photometer ist das von C. A. STEINHEIL konstruierte „Prismenphotometer". Die Lektüre der preisgekrönten Abhandlung[4], in der dieses Instrument sowie das bereits in Ziff. 37 behandelte Flächenphotometer beschrieben sind, bietet noch heute reiche Anregung. Das Prismenphotometer ist vom theoretischen Standpunkt aus als einwandfrei zu betrachten, und auch seine praktische Brauchbarkeit ist durch die vortrefflichen Ergebnisse, welche L. SEIDEL[5] mit seiner Hilfe erhalten hat, hinlänglich erwiesen. Wenn das STEINHEILsche Photometer trotzdem nur wenig Verbreitung gefunden hat, so dürfte das wohl hauptsächlich der Kompliziertheit seiner Konstruktion sowie einer gewissen Umständlichkeit des Meßverfahrens zuzuschreiben sein.

Das auf der Münchener Sternwarte befindliche STEINHEILsche Originalphotometer, mit dem auch SEIDEL gemessen hat, ist in Abb. 54 dargestellt.

---

[1] Annal. Acad. Scient. Fennicae 16, Nr. 5 (1921); Acta Soc Scient Fennicae 50, Nr. 9 (1925).

[2] Soc Scient Fenn Comm Phys Math I, 30 (1922).

[3] Vgl. Ziff. 25, δ.

[4] Elemente der Helligkeitsmessungen am Sternenhimmel. München 1836.

[5] Abh der Münchener Akad 1862 u. 1867.

Das Photometer ist azimutal montiert und besitzt zwei gleichberechtigte Abbildungssysteme. Stern und Vergleichsstern werden also direkt miteinander verglichen und können zur Elimination der Systemfaktoren miteinander vertauscht werden. Das Objektiv ($d = 35$, $f = 360$) ist nach Art des Heliometerobjektives diametral durchschnitten, und die beiden Objektivhälften lassen sich innerhalb des Hauptrohres unabhängig voneinander verschieben. Ihre Stellung läßt sich an zwei außen angebrachten Skalen ablesen. Der Würfel *d* enthält ein vor der einen Objektivhälfte angebrachtes totalreflektierendes Prisma, durch welches ein Stern, auf den der Sucher *e* gerichtet ist, ins Gesichtsfeld gespiegelt wird. Hat man also durch Drehen des Instrumentes um die Achsen *a* und *c* den Sucher *e* auf einen bestimmten Stern gerichtet, so erscheint dieser auch im Gesichtsfeld des Hauptfernrohres. Um nun einen zweiten Stern durch die andere Objektivhälfte abbilden zu können, ist vorne am Fernrohr ein zweites, die ganze Objektivöffnung ausfüllendes Reflexionsprisma *f* angebracht, welches an dem ersten Prisma vorbei Licht auf die zweite Objektivhälfte sendet. Zur Einstellung des letzteren Sternes sind zwei Drehungen nötig, einmal die Drehung des Prismas *f* in dem mit Teilung versehenen Ringe *g* und ferner die Drehung des Fernrohres um die dem Sucher parallele Achse *h*. Um die beiden Sterne während der Dauer der Messung im Gesichtsfeld halten zu können, hat man um alle drei Achsen des Instrumentes zugleich Bewegungen auszuführen. Bei einem auf der Wiener Sternwarte befindlichen parallaktisch montierten Prismenphotometer[1] ist nur Drehung um eine Achse, nämlich die Stundenachse, erforderlich.

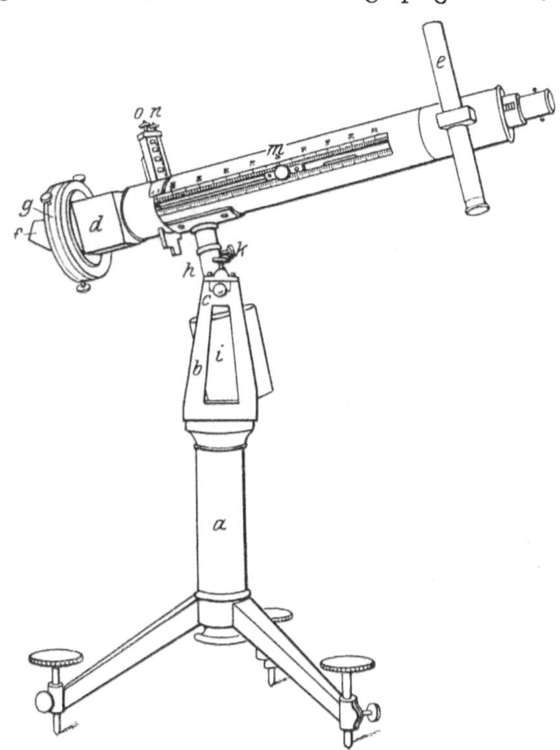

Abb. 54. Prismenphotometer von C. A. STEINHEIL (MÜLLER, Phot. d. Gest., S. 206).

Das Meßverfahren ist folgendes: Nachdem man die Objektivhälften in ihre Normalstellung gebracht und die zu vergleichenden Sterne eingestellt hat, bringt man die Bilder der letzteren im Mittelpunkt des Gesichtsfeldes zur Koinzidenz. Sodann verschiebt man die den helleren Stern abbildende Objektivhälfte in positiver Richtung, d. h. vom Okular weg, bis zur Endstellung und hierauf die andere Objektivhälfte in derselben Richtung, bis die beiden halbkreisförmigen, sich im Schnittdurchmesser berührenden extrafokalen Bilder gleiche Flächenhelligkeit haben. Hierauf erfolgt Ablesung der Skalen. Die Messung wird sodann unter Verschiebung der Objektivhälften zum Okular hin wiederholt.

[1] Abbildung siehe MÜLLER, Phot. d. Gest., S. 210.

Die scheinbaren Flächen der auf gleiche Flächenhelligkeit gebrachten Bilder sind einander nicht gleich, sondern voneinander um so mehr verschieden, je größer der Helligkeitsunterschied der Sterne ist. Um nun auch Gleichheit der scheinbaren Flächen zu erzielen, hat STEINHEIL bei o und n zwei Objektivschieber eingefügt. Jeder derselben besteht aus zwei mittels einer Schraube mit Links- und Rechtsgewinde gegeneinander verschiebbaren Metallplatten, die stets einen Ausschnitt von der Form eines gleichseitigen rechtwinkligen Dreiecks offen lassen. Sind Objektivhälften und Schieber richtig eingestellt, so erscheint im Gesichtsfelde ein gleichmäßig helles Quadrat, in dem die diagonale Trennungslinie der beiden Bilder gänzlich verschwunden ist.

Die Helligkeit des Himmelsgrundes bleibt auf die Messungen ohne Einfluß, da die durch die Objektivhälften erzeugten Bilder desselben — und zwar jedes Bild für sich — das ganze Gesichtsfeld und demnach auch die extrafokalen Bilder der Sterne gleichmäßig überlagern[1].

Reduktion der Messungen. Nennen wir $\varkappa_1$ bzw. $\varkappa_2$ die Durchlässigkeitskoeffizienten von Prisma + Objektivhälfte, f_1 bzw. f_2 die zugehörigen Brennweiten, ferner a_1, a_2 bzw. b_1, b_2 die positiv bzw. negativ gerichteten Verschiebungen der Objektivhälften gegen ihre Normalstellung, so entsprechen den beiden Vergleichungen gemäß Ziff. 25 Gleichung (13) die Gleichungen:

$$\left.\begin{aligned} l_1 &= \sin^2 1'\varkappa' f'^2 \varkappa_1 f_1^2 a_1^{-2} J_1 & \qquad l_1 &= l_2 \\ l_2 &= \sin^2 1'\varkappa' f'^2 \varkappa_2 f_2^2 a_2^{-2} J_2 & \qquad \frac{J_1}{J_2} &= \frac{\varkappa_2 f_2^2}{\varkappa_1 f_1^2}\frac{a_1^2}{a_2^2}, \end{aligned}\right\} \quad \begin{array}{c} 1.\ \text{Vergleichung} \\ a_1 > 0 \qquad a_2 > 0, \end{array}$$

$$\left.\begin{aligned} l_1' &= \sin^2 1'\varkappa' f'^2 \varkappa_1 f_1^2 b_1^{-2} J_1 & \qquad l_1' &= l_2' \\ l_2' &= \sin^2 1'\varkappa' f'^2 \varkappa_2 f_2^2 b_2^{-2} J_2 & \qquad \frac{J_1}{J_2} &= \frac{\varkappa_2 f_2^2}{\varkappa_1 f_1^2}\frac{b_1^2}{b_2^2}. \end{aligned}\right\} \quad \begin{array}{c} 2.\ \text{Vergleichung} \\ b_1 < 0 \qquad b_2 < 0. \end{array}$$

Sind die der Normalstellung der Objektivhälften entsprechenden Skalenablesungen nicht bekannt, so liefern die Messungen die Verschiebungsstrecken a und b nicht einzeln, sondern nur die Gesamtverschiebungen $a - b$. Setzt man in diesem Falle unter Vernachlässigung der Beobachtungsfehler die aus den beiden Vergleichungen folgenden Werte von $J_1 : J_2$ einander gleich, so erhält man die Proportion:

$$\frac{a_1}{a_2} = \frac{b_1}{b_2} = \frac{a_1 - b_1}{a_2 - b_2}$$

und hieraus bis auf Größen von der Ordnung der Beobachtungsfehler streng:

$$J_1 : J_2 = \frac{\varkappa_2 f_2^2}{\varkappa_1 f_1^2}\frac{(a_1 - b_1)^2}{(a_2 - b_2)^2}. \tag{35}$$

Den wenig von 1 verschiedenen Faktor $(\varkappa_2 f_2^2) : (\varkappa_1 f_1^2)$ kann man entweder dadurch bestimmen, daß man ein und denselben Stern in beiden Objektivhälften abbildet und die beiden Bilder miteinander vergleicht, oder besser dadurch eliminieren, daß man nach Vertauschung der Sterne zwei neue Vergleichungen ausführt. Es gehören also zu einer vollständigen Messung stets vier Vergleichungen.

Systematische und zufällige Fehler. STEINHEIL[2] hat sein Photometer durch Messungen an künstlichen Sternen von bekannter Lichtstärke geeicht und gefunden, daß die auf dem geometrischen Abschwächungsgesetz beruhende Reduktionsformel (35) die wahren Intensitätsverhältnisse gibt, oder anders ausgedrückt, daß die instrumentell oder physiologisch bedingten systematischen Messungsfehler vernachlässigt werden können.

[1] Vgl. Elemente, S. 92 u. 132. [2] Elemente, S. 91.

Was die durchschnittliche Genauigkeit der Messungen anbetrifft, so leitet L. SEIDEL[1], der in den Jahren 1852 bis 1860 mit dem Prismenphotometer die Helligkeiten von 208 Sternen gemessen hat, für den w. F. einer auf 4 Vergleichungen (s. oben) beruhenden Größendifferenz den Wert $\pm 0^M{,}06$ ab. Dieser Fehler erscheint für ein flächenphotometrisches Verfahren ziemlich hoch. Doch ist zu bedenken, daß neben der Luftunruhe vor allem die schwierige Handhabung des Instrumentes und zum Teil auch die Lichtschwäche der Bilder erhöhend auf den Fehler einwirken mußten. SEIDEL vermochte seine Messungen kaum bis zu den Sternen der 5. Größe auszudehnen, während mit 35 mm Öffnung bei durchsichtiger Luft im Fokus noch Sterne der 10. Größe sichtbar sind.

A. PANNEKOEK[2] findet auf Grund einer Vergleichung der SEIDELschen Größen mit den Helligkeiten der R. H. P. und der P. D., daß jene Größen zwar keine merkliche Helligkeitsgleichung, wohl aber eine sehr beträchtliche Farbengleichung aufweisen. Während die Helligkeitsskala für Sterne gleicher Farbe ziemlich richtig verläuft, sind die roten Sterne, verglichen mit den weißen, viel zu schwach gemessen. Die Erklärung dürfte teils in der Selektivität des grünlich gefärbten Objektivglases, teils auf physiologischem Gebiet zu suchen sein. Werden nämlich sehr lichtschwache Bilder miteinander verglichen, so müssen die gemessenen Intensitäten mit einem PURKINJE-Fehler behaftet sein bzw. sich auf die spektrale Empfindlichkeit der Stäbchen beziehen.

β) 23 Jahre später beschreibt C. A. STEINHEIL[3] ein ansetzbares, zur Messung schwacher Sterne bestimmtes Hilfssystemphotometer, welches hinsichtlich des photometrischen Prinzips völlig mit dem Prismenphotometer übereinstimmt. Das im Seitenrohr befindliche kleine Objektiv bildet mit Hilfe eines drehbaren Objektivprismas und eines FRAUNHOFERschen Prismas den natürlichen Vergleichsstern im Gesichtsfelde ab. Das Hilfsobjektiv läßt sich im Photometerrohr, der ganze aus Okularrohr und Photometerrohr bestehende Apparat gegen das Hauptobjektiv meßbar verschieben. Das durch letzteres entworfene extrafokale Bild des zu messenden Sternes wird mit dem extrafokalen Bilde des hellen Hilfssternes, der als Zwischenstern dient, verglichen. Sind die halbkreisförmigen Bilder mit ihren Durchmessern in Berührung gebracht, so erfolgt die Einstellung auf gleiche Flächenhelligkeit durch Verschiebung des Okularauszuges.

Den Einfluß des Himmelsgrundes eliminiert STEINHEIL dadurch, daß er das FRAUNHOFERsche Prisma nicht in der Fokalebene des Okulares, sondern etwas vor ihr anbringt. Die Bilder der beiden Himmelsgründe überdecken sich dann, und die Reduktion erfolgt nach den Formeln[4]:

$$l_1 A_1 = l', \qquad A_1 = a_1^{-2} a_0^2, \qquad l_1 : l_2 = J_1 : J_2 = a_1^2 : a_2^2,$$
$$l_2 A_2 = l', \qquad A_2 = a_2^{-2} a_0^2, \qquad M_1 - M_2 = -5 \log a_1 + 5 \log a_2,$$

worin a_1 und a_2 die gemessenen Verschiebungen des Okularauszuges sind.

Bei dem bereits unter Ziff. 37, α beschriebenen Flächenphotometer von E. C. PICKERING ist das FRAUNHOFERsche Prisma wie gewöhnlich in der Fokalebene des Okulares angebracht, und die Gleichheit des Untergrundes in den beiden Feldhälften wird dadurch erreicht, daß Haupt- und Hilfssystem gleich große Austrittspupillen haben.

γ) Auch bei den Sternphotometern von M. MAGGINI und H. J. GRAMATZKI erfolgt die Abschwächung der extrafokalen Sternbilder durch meßbare Verschiebung des Okulares. Das Vergleichsobjekt ist aber bei beiden Photometern ein künstliches.

---

[1] Abh d Münchener Akad 1862 u. 1867.

[2] Untersuchungen über den Lichtwechsel Algols. Leiden 1902. S. 165.

[3] A N 48, S. 373 (1858); Abbildung Tafel I.

[4] Vgl. Ziff. 33, β und Ziff. 25 Gleichung (14).

Die wesentlichen Teile des Photometers von M. MAGGINI[1] (Abb. 55) sind: L Glühlampe; D Diaphragmenöffnung und Mattscheibe; W photographischer Keil zur Regulierung des Vergleichslichtes; M Projektionslinse zur Abbildung der Öffnung D auf ein versilbertes Flächenstück (Kreis von 0,5 oder 0,3 mm Durchmesser) der Planglasplatte F. Das Okularrohr A trägt eine Millimeterskala, an der sich der Betrag der Verschiebung gegen die Nullstellung unmittelbar ablesen läßt.

Messung und Reduktion. Das Okular wird um a_1 mm verschoben und das extrafokale Bild des Sternes konzentrisch zu dem ellipsenförmigen Vergleichsfelde gestellt. Dieses wird mit Hilfe des Keiles auf die Helligkeit des ringförmigen Sternbildes gebracht. Nun wird das Fernrohr auf den zweiten Stern gerichtet, und es wird, während jetzt der Keil in Ruhe bleibt, durch Verschiebung des Okularauszuges Helligkeitsgleichheit hergestellt. Ist bei beiden Vergleichungen die Öffnung der Augenblende kleiner

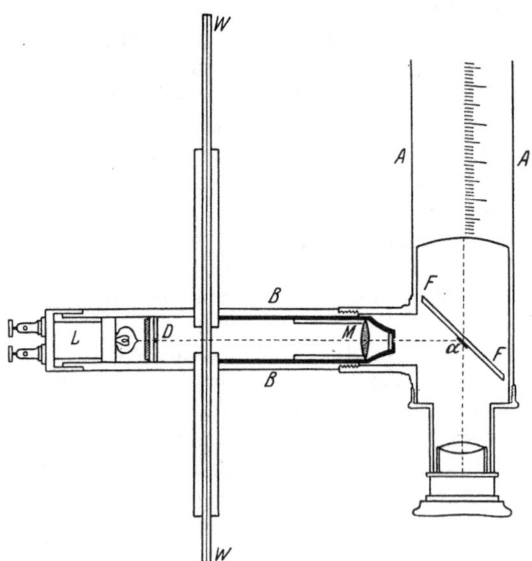

Abb. 55. Extrafokalphotometer von M. MAGGINI (Pop Astr 26, S. 380).

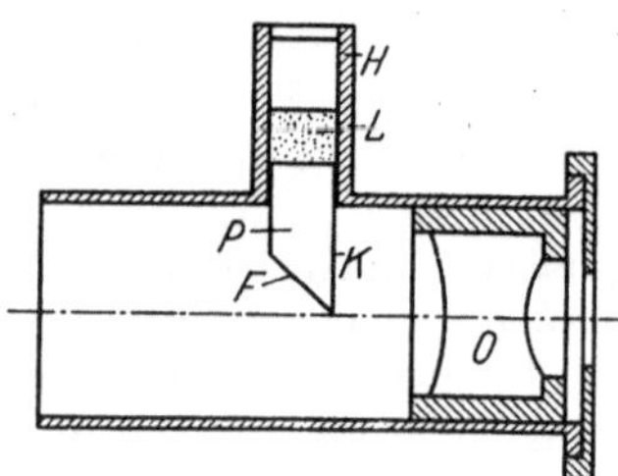

Abb. 56. Extrafokalphotometer von H. J. GRAMATZKI (A N 217, S. 453).

als die Austrittspupille und bleibt folglich die Leuchtdichte $\bar{l}$ des Himmelsgrundes konstant, so entsprechen den beiden Vergleichungen nach Ziff. 33 Gleichung (28) und Ziff. 25 Gleichung (14) die Beziehungen:

$$l_1 a_0^2 a_1^{-2} + \bar{l} = l', \qquad J_1 : J_2 = a_1^2 : a_2^2,$$
$$l_2 a_0^2 a_2^{-2} + \bar{l} = l', \qquad M_1 - M_2 = -5^M \log a_1 + 5^M \log a_2 .$$

MAGGINI hat nach der beschriebenen Methode mit einem 120 mm-Refraktor die Lichtkurve von Algol in zwei verschiedenen Spektralbezirken festgelegt. Dabei diente ihm die CERASKIsche Glasplatte, die aus rotem oder blauem Glase hergestellt war, als Lichtfilter.

H. J. GRAMATZKI[2] hat sein Photometer (Abb. 56), das sich durch Einfachheit der Konstruktion auszeichnet, in Verbindung mit einem sechszölligen Reflektor benutzt. Als künstliche Lichtquelle kommt ein Mesothoriumleuchtstoff in Anwendung, dessen effektive Wellenlänge bei 0,546 μ liegt und der von einer bemerkenswerten Konstanz ist, indem der Intensitätsabfall im Zeitraum von drei Jahren nur etwa 20% beträgt. Die in einer Glasröhre enthaltene Leuchtsubstanz L beleuchtet nach totaler Reflexion an der Fläche F des Prismas P die mit der vorderen Prismenfläche K zusammenfallende Gesichtsfeldhälfte. Die Kante

[1] C R 166, S. 284 (1918); Pop Astr 26, S. 380 (1918).
[2] A N 217, S. 453 (1923).

des Prismas bildet also die Grenzlinie zwischen den vom künstlichen und vom natürlichen Licht erleuchteten Feldhälften. Da die Oberfläche der Leuchtsubstanz sich außerhalb der Fokalebene befindet, so kann die typische Szintillation des Präparates keinerlei störenden Einfluß ausüben.

Die Messung geht so vor sich, daß das halbkreisförmige Extrafokalbild des Sternes durch Herausziehen des Okularauszuges so weit abgeschwächt wird, daß die Trennungslinie zwischen der zentralen Zone des Bildes und der Vergleichsfläche verschwindet bzw. nur noch als matter Schatten sichtbar bleibt. Der Betrag der Verschiebung wird an einer mit der Triebschraube verbundenen geteilten Scheibe abgelesen. Eine Änderung der Leuchtdichte des Untergrundes läßt sich wieder durch passende Wahl der Augenblende vermeiden. Sind a_1 und a_2 die gemessenen Verschiebungsstrecken für zwei nacheinander verglichene Sterne, so gilt wieder die Reduktionsformel:

$$M_1 - M_2 = -5^M \log a_1 + 5^M \log a_2 .$$

Diese auf dem geometrischen Abschwächungsgesetz beruhende Beziehung erwies sich bei dem verwendeten sechszölligen Reflektor als streng erfüllt.

Für den m. F. einer Einstellung auf die Vergleichsfläche gibt GRAMATZKI den Wert $\pm 0^m{,}03$ an. Dieser Fehler bezieht sich auf ein helles Extrafokalbild und entsprechend helle Vergleichsfläche. Für Sterne unterhalb 4^M nimmt die Genauigkeit der Einstellung mit abnehmender Helligkeit der Sterne schnell ab. Messungen des Veränderlichen α Urs. min., den GRAMATZKI an den um durchschnittlich $0^M{,}2$ schwächeren Vergleichsstern β Cassiop. anschließt, sind sehr genau, indem der m. F. einer auf 10 + 10 Einstellungen beruhenden Größendifferenz noch unterhalb $\pm 0^M{,}02$ bleibt.

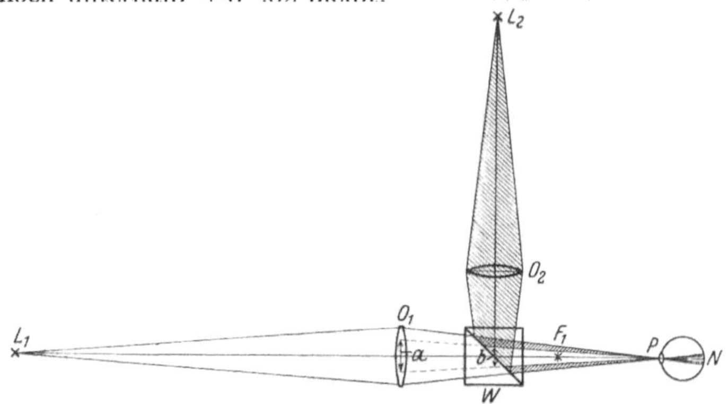

Abb. 57. Abbildungsprinzip des Photometers von GEHLHOFF u. SCHERING (Z f techn Phys 1, S. 248).

δ) Das Photometer von G. GEHLHOFF und H. SCHERING[1] ist gleichfalls ein zur Messung der Leuchtdichten extrafokaler Bilder dienendes Flächenphotometer. Letztere Bilder werden aber nicht durch ein Okular, sondern unmittelbar mit dem Auge betrachtet, dessen Pupille an den Ort des scharfen Bildes der Lichtquelle gebracht wird. Dieses Prinzip der Abbildung ist übrigens nicht neu, sondern bereits um 1860 von C. MAXWELL[2] in die Spektralphotometrie eingeführt worden.

Die Abbildungs- sowie die Vergleichseinrichtung des Photometers werden durch Abb. 57 veranschaulicht. Die von den Objektiven O_1 und O_2 erzeugten

[1] Z f techn Phys 1, S. 247 (1920); Phys Z 22, S. 71 (1921).
[2] Phil Trans 150, S. 57 (1860).

Bilder der Lichtquellen L_1 und L_2 fallen in P zusammen. Das Auge akkommodiert auf die Diagonalfläche des LUMMER-BRODHUNschen Würfels W und sieht das innere Vergleichsfeld von der zu messenden Lichtquelle L_1, das äußere von der Vergleichslichtquelle L_2 erleuchtet. Kurz gesagt: das Auge betrachtet vom gemeinsamen Bildpunkt P aus die in der Halbierungsebene des Würfels liegenden Zerstreuungsbilder. Durch meßbare Abschwächung der Vergleichslichtquelle — etwa mit Hilfe von Nikols — lassen sich diese Bilder auf gleiche Helligkeit bringen.

GEHLHOFF und SCHERING haben unter Verwendung des MAXWELLschen Abbildungsprinzipes zwei wesentlich verschiedene Photometer konstruiert, die an Fernrohre von beliebiger Öffnung und Brennweite angesetzt werden können. Der erste ganz nach dem Schema der Abb. 57 konstruierte Apparat soll hier nicht im einzelnen beschrieben werden, da er in erster Linie Aufgaben der technischen Photometrie dient. Indessen sollen die wesentlichen Züge seiner Bauart an Hand des in Ziff. 37, β beschriebenen Photometers von ROSENBERG (siehe Abb. 52) entwickelt werden, das sich auf Grund der folgenden kleinen Abänderungen in ein Photometer nach GEHLHOFF-SCHERING umwandeln ließe. Nachdem die beiden Okulare entfernt sind, wird die Augenblende O_1 in den Abstand der deutlichen Sehweite vom Photometerwürfel gebracht. Sodann wird an Stelle der Mattscheibe M ein kleines Projektionsobjektiv eingesetzt, das die möglichst eng zu wählende Öffnung der Lampenblende in O_1 abbildet. Schließlich wird der Fokus des Hauptfernrohres gleichfalls nach O_1 verlegt.

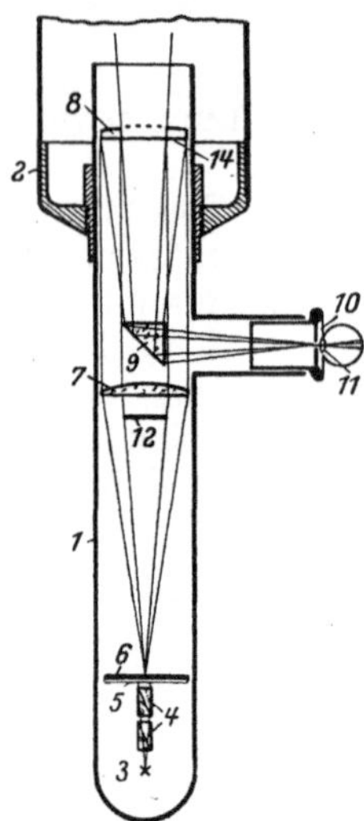

Abb. 58. Sternphotometer von GEHLHOFF und SCHERING (Phys Z 22, S. 72).

Der zweite von GEHLHOFF und SCHERING speziell für astrophotometrische Zwecke konstruierte Apparat (Abb. 58) überrascht einerseits durch die Anordnung des Photometerrohres in der Verlängerung des Hauptrohres, andererseits durch die eigenartige Vergleichsvorrichtung. Das durch die Linse *7* parallel gemachte Licht der Blendenöffnung *6* wird durch einen ringförmigen Hohlspiegel *8* nach Reflexion an dem Prisma *9* in der Mitte der Augenblende ***10*** vereinigt. Das auf den Hohlspiegel akkommodierende Auge sieht dann das vom Hauptobjektiv erzeugte extrafokale Bild des Sternes umgeben von dem ringförmigen Bilde der Vergleichslichtquelle *3*. Zur meßbaren Abschwächung der letzteren dienen die Nikols *4*.

Werden die Durchlässigkeitskoeffizienten von Objektiv O_1 und Würfel W (bzw. Reflexionsprisma *9*) mit $\varkappa_1$ und $\varkappa_2$ bezeichnet, so ist die Leuchtdichte des extrafokalen Bildes eines Fixsternes nach Ziff. 21 Gleichung (26) durch den Ausdruck gegeben:

$$l = \sin^2 1' \varkappa_1 \varkappa_2 f^2 J ,$$

in welchem der Durchmesser d des Objektives nicht auftritt. Diese Leuchtdichte ist für einen gegebenen Stern um so größer — und man wird demgemäß um so schwächere Sterne messen können —, je länger man die Brennweite f des Objektives wählt. Für einen Refraktor vom normalen Öffnungsverhältnis 1 : 15 hat das vom Brennpunkt aus betrachtete extrafokale Bild einen scheinbaren Durchmesser von 3°,8. Der Netzhautbezirk, über den sich das Licht des Sternes ausbreitet, ist also verhältnismäßig weit und die Flächenhelligkeit dementsprechend gering. Hätte hingegen das extrafokale Bild einen scheinbaren Durchmesser von nur 1°, was für die Vergleichung völlig ausreichend sein würde, so würde die Flächenhelligkeit um rund -3^m höher liegen. Das ließe sich bei Benutzung eines

Okulares ohne weiteres erreichen, würde aber bei der GEHLHOFF-SCHERINGschen Anordnung ein Öffnungsverhältnis von 1 : 57 erfordern. Letztere Methode erlaubt also nicht, die Öffnung der gebräuchlichen Refraktoren voll auszunutzen.

Da die extrafokalen Bilder nahe beieinander stehender Sterne sich zum großen Teil überdecken, so ist es notwendig, die Öffnung der Augenblende möglichst eng zu wählen, um so die Fokalbilder störender Nachbarsterne von der Pupille auszuschließen. Man gewinnt damit zugleich den Vorteil, daß die Leuchtdichte

$$\bar{l} = \varkappa_1 \varkappa_2 \frac{\pi}{4} \delta^2 j$$

des Himmelsgrundes [vgl. Ziff. 22 Gleichung (33)], dessen Bild sich über das extrafokale Bild des Sternes lagert, stark abgeschwächt wird.

Messung und Reduktion. Die Messung einer Größendifferenz erfordert im allgemeinen drei Vergleichungen; denn nicht nur die extrafokalen Bilder der beiden Sterne, sondern auch der Untergrund muß mit dem Zwischenlicht verglichen werden. Wird die Leuchtdichte der unabgeschwächten Vergleichsfläche mit l' bezeichnet, so haben wir:

$$\sin^2 1' \varkappa_1 \varkappa_2 f^2 J_1 + \bar{l} = l' A_1 \quad \text{(Vergleichung des ersten Sternes,}$$
$$\sin^2 1' \varkappa_1 \varkappa_2 f^2 J_2 + \bar{l} = l' A_2 \quad \text{,, ,, zweiten Sternes,}$$
$$\bar{l} = l' \bar{A} \quad \text{,, ,, Himmelsgrundes)}$$

und hieraus folgend als Ergebnis der Messung:

$$J_1 : J_2 = (A_1 - \bar{A}) : (A_2 - \bar{A})$$
$$M_1 - M_2 = -2^M{,}5 \log (A_1 - \bar{A}) + 2^M{,}5 \log (A_2 - \bar{A}) \, .$$

GEHLHOFF und SCHERING, die allerdings nur sehr wenige Messungen an Sternen ausgeführt haben, halten die astrophotometrische Anwendung ihrer Methode für aussichtsreich. Dieses günstige Urteil wird im wesentlichen durch J. HOPMANN[1] bestätigt, der mit Refraktor ($d = 150$, $f = 2500$) und selbstgefertigtem Photometer eine Anzahl von Probemessungen ausgeführt hat. HOPMANN gibt an, daß sich mit dem betreffenden Instrument (Grenzgröße 12^M) Sterne 9^M eben noch messen lassen und leitet

$$\pm 0^M{,}025$$

als w. F. einer gemessenen Größendifferenz ab.

ε) Auch bei dem ,,photomètre universel sans écran diffusant" von CH. FABRY und H. BUISSON[2] werden die zu vergleichenden Lichtquellen in der Pupille des Auges abgebildet. Das in erster Linie Zwecken der Technik dienende Photometer unterscheidet sich von dem GEHLHOFF-SCHERINGschen Photometer hauptsächlich durch die abweichende Anordnung der abbildenden Linsen sowie durch die Verwendung eines Meßkeiles.

Das azimutal montierte Photometer von J. DUFAY[3] (Abb. 59) ist nach dem Vorbilde des FABRY-BUISSONschen Photometers konstruiert. Nur ist der LUMMER-Würfel durch den matt reflektierenden Schirm D ersetzt. Das Mikroskopokular L_2 projiziert ein sehr kleines Bild des Fadens der Glühlampe S auf den photometrischen Keil C. Das aus der Linse L_1 parallel austretende Strahlenbündel beleuchtet den als Vergleichsfläche dienenden Schirm D. In den Tubus T lassen sich Objektive L von 30 bzw. 60 cm Brennweite einschieben. Das Auge befindet

[1] V J S 62, S. 65 (1927); 65, S. 105, 236 (1930).

[2] Revue d'optique 1, S. 1 (1922); J phys radium (6) 1, S. 25 (1922); Referat von H. KRÜSS in Z f Instrk 42, S. 313 (1922).

[3] Recherches sur la lumière du ciel nocturne, S. 20. 1928.

sich im Fokus des Objektives L und akkommodiert auf letzteres. — DUFAY hat mit diesem Instrument Messungen der Leuchtdichte des Himmelsgrundes ausgeführt, wobei das extrafokale Bild von Polaris als Vergleichsobjekt diente.

Das von M. COUDER konstruierte, an jeden Refraktor ansetzbare Photometer[1] (Abb. 60) beruht auf dem gleichen Prinzip wie das DUFAYsche Photometer. C ist der bewegliche Keil, R die Skala, L eine Ableselupe, bei A lassen sich Blendgläser einschieben. Das totalreflektierende Prisma P wirft das durch den Keil abgeschwächte Licht der Vergleichslampe S auf den innerhalb des Fernrohres unmittelbar hinter dem Objektiv angebrachten streifenförmigen matten Schirm cd, der als Vergleichsfläche dient. Das Auge befindet sich wieder im Brennpunkte des Objektives und akkommodiert auf die Ebene des letzteren. — J. DUFAY hat mit diesem Photometer ($d = 120$, $f = 1160$) einerseits Messungen des Himmelsgrundes ausgeführt, andererseits die Lichtkurve von Polaris durch Anschlüsse an den Vergleichsstern β Urs. min. mit bemerkenswerter Genauigkeit festgelegt[2].

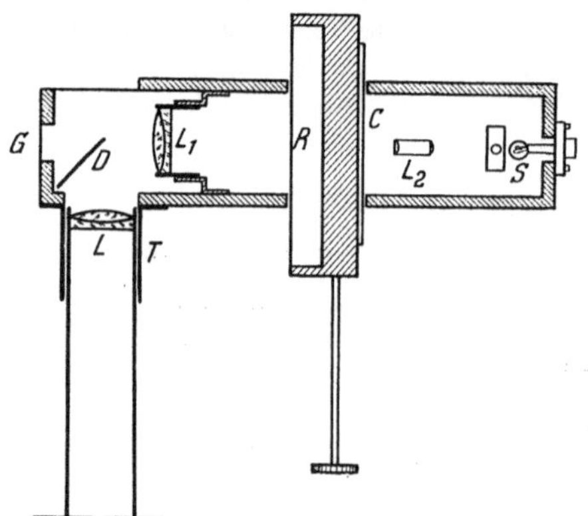

Abb. 59. Photometer von J. DUFAY (Recherches sur la lumière du ciel nocturne, S. 20).

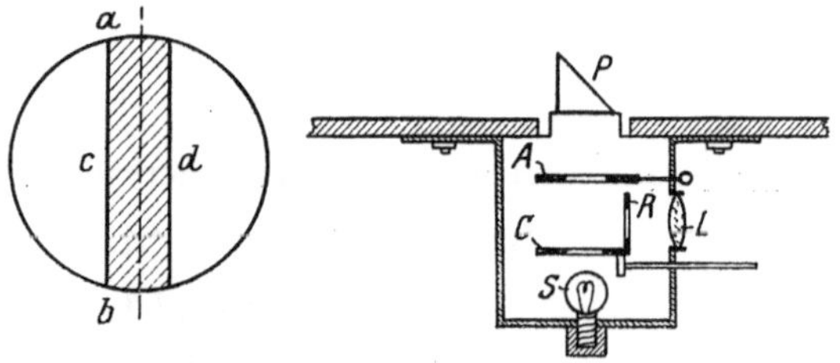

Abb. 60. Photometer von M. COUDER (DUFAY, Recherches sur la lumière du ciel nocturne, S. 22).

Das von L. YNTEMA[3] nach Angaben J. C. KAPTEYNS konstruierte Photometer (Abb. 61) dient dazu, die relative Flächenhelligkeit verschiedener Bezirke des Nachthimmels zu messen. Das Meßprinzip ist äußerst einfach. Ein unscharfes (extrafokales) Bild des direkt betrachteten Himmelsgrundes wird mit einer von der Vergleichslampe beleuchteten mattweißen Fläche verglichen. Das Photometer ist darin eigenartig, daß es weder Linsen noch Tuben besitzt. Der Beobachter blickt durch die seitlich angeordnete Öffnung S unter einem Winkel von $10°$ aus 40 cm Entfernung auf den ringförmigen mattweißen Schirm Q, der von der Glühlampe M beleuchtet wird. Um von Q störendes Licht abzuhalten, wird zwischen Q und S nahe bei S der Kasten TT befestigt. Die meßbare Abschwächung der ringförmigen Vergleichsfläche Q erfolgt durch Verschiebung des Lampenhalters M längs eines mit Zentimetereinteilung versehenen Stabes (Gasrohres) von 170 cm Länge. Vermöge Drehung des Instrumentes um die Achsen G und HH läßt sich die Absehenslinie SQ auf jeden Punkt des Himmels richten. Die scheinbaren Durchmesser der den Schirm Q begrenzenden Kreise betragen $2°{,}7$ bzw. $6°$. Mit Hilfe eines vor die Glühlampe geschalteten Blauglases läßt sich die Farbe des Schirmes völlig der des Himmelsgrundes angleichen. — Jede Messung bestand aus 6 Einstellungen, je 3 in entgegengesetzten Richtungen der Verschiebung. Die innere Meßgenauigkeit ist hoch, indem der m. F. einer Doppeleinstellung im Durchschnitt nur $\pm 0^m{,}015$ beträgt.

---

[1] Ibidem, S. 23. [2] Ibidem, S. 174; vgl. auch Lyon Bull 11, S. 261, 269 (1929).
[3] On the Brightness of the Sky and Total Amount of Starlight (Publ Astron Laboratory Groningen Nr. 22, 1909).

Zur Bestimmung der absoluten Himmelshelligkeit in Sterngrößen bedient sich YNTEMA einer ziemlich schwerfälligen Apparatur. Einfacher wäre das folgende Verfahren gewesen: Man bringt den Schirm Q in eine solche Entfernung vom Auge, daß er sternförmig erscheint und vergleicht ihn dann unmittelbar mit einem passend gewählten Vergleichsstern.

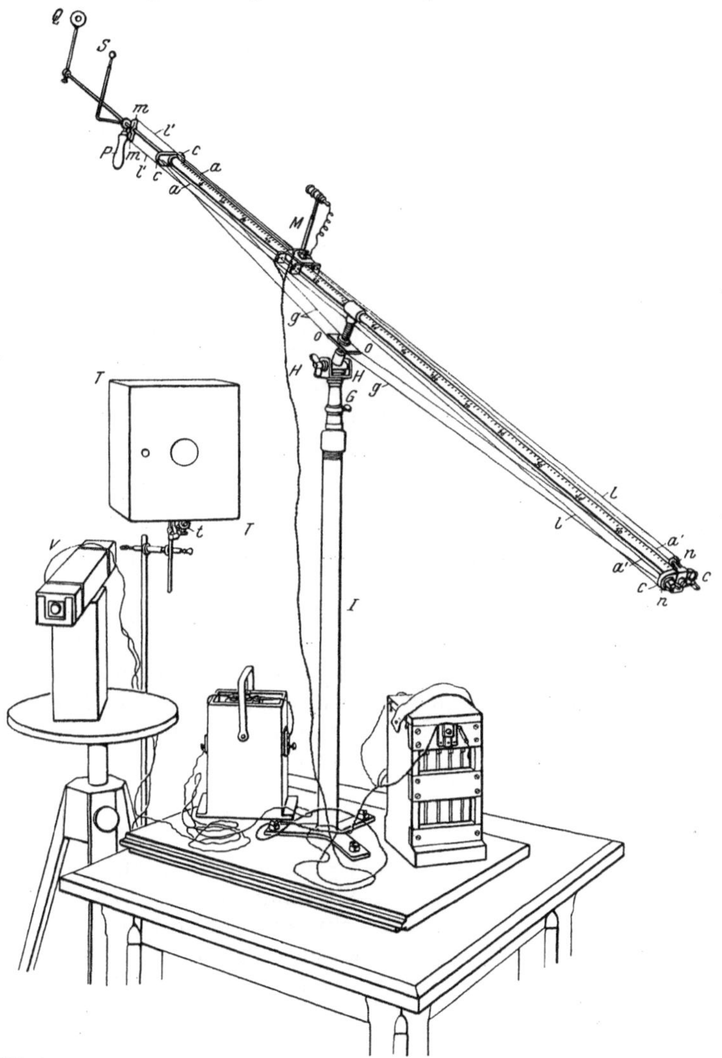

Abb. 61. Photometer von L. YNTEMA (Publ. of the Astron. Lab. at Groningen Nr. 22).

Mit dem beschriebenen Photometer haben außer YNTEMA auch C. G. ABBOT[1] und P. J. VAN RHIJN[2] Beobachtungsreihen angestellt.

Das gleichfalls zur Messung der Helligkeit des Nachthimmels dienende „Lumeter" von G. J. BURNS[3] beruht auf ähnlichen Prinzipien wie das Photometer von YNTEMA.

[1] A J 27, S. 20 (1911); Ann Astrophys Obs Smithsonian Inst 3. Washington 1914.
[2] Ap J 50, S. 356 (1919); Publ Astron Lab Groningen Nr. 31, 1921.
[3] J B A A 22, S. 233 (1912).

39. Flächenphotometrische Methoden zur Messung der Gesamtintensitäten heller Objekte auf Grund der von letzteren auf matten Flächen hervorgebrachten Beleuchtung. Die scheinbare Intensität eines, sei es zölestischen, sei es künstlichen, Objektes läßt sich auf indirektem Wege durch Messung der Leuchtdichte eines diffus reflektierenden oder diffus durchlässigen Schirmes bestimmen, der von dem Objekte bestrahlt und von einem festen Punkte aus betrachtet wird. Je nachdem der Schirm, von einer gemischten Lichtstrahlung getroffen, gleiche oder ungleiche Bruchteile der homogenen Komponenten der Strahlung reflektiert bzw. hindurchläßt, bezeichnet man ihn als neutral (grau, weiß, farblos) oder als selektiv (farbig). Die gebräuchlichen Schirme aus weißem Papier, Milchglas, Gips usw. sind nur näherungsweise neutral. Da die vom Schirm in einer bestimmten Richtung zurückgeworfene bzw. hindurchgelassene Lichtstrahlung infolge der diffusen Zerstreuung des Lichtes stets nur einen geringen Bruchteil der auffallenden Lichtstrahlung ausmacht, so ist die indirekte Methode naturgemäß nur auf ausgesprochen helle Objekte anwendbar. In erster Linie kommen Sonne, Mond und Tageshimmel in Frage.

P r i n z i p i e n d e r i n d i r e k t e n M e t h o d e. Wird ein diffus reflektierender Schirm von einer in der Richtung R und in der Entfernung r gelegenen Lichtquelle bestrahlt und von einem festen Punkte A aus betrachtet, so ist die physiologische Leuchtdichte des Schirmes durch den Ausdruck darstellbar[1]:

$$l = m\Pi B K\,, \tag{1}$$

worin m ein Proportionalitätsfaktor, Π die Öffnung der Iris oder des Diopters, B die Bestrahlungsstärke des Schirmes und K der dem Spektrum der Lichtquelle entsprechende Empfindlichkeitskoeffizient des beobachtenden Auges ist. Der Proportionalitätsfaktor m ändert sich im allgemeinen mit der Richtung R, aus der der Schirm bestrahlt wird, (sowie mit der Richtung, aus der er betrachtet wird,) und ist außerdem bei Selektivität des Schirmes vom Spektrum der Lichtquelle abhängig. Für den gewöhnlich vorliegenden Fall, daß ein neutraler Schirm aus einer festen Richtung bestrahlt wird, ist m als konstant zu betrachten. Das Produkt BK wird gewöhnlich als „Beleuchtungsstärke" bezeichnet. Nach Ziff. 3 Gleichung (9) und (10) gelten die Beziehungen:

$$BK = J_0\left(\frac{r_0}{r}\right)^2\cos i = J\cos i\,, \tag{2}$$

worin r der Abstand der Lichtquelle vom Schirm, i der Einfallswinkel, J_0 bzw. J die scheinbaren Intensitäten der im Normalabstand r_0 bzw. im Abstand r befindlichen (also vom Schirm aus betrachteten) Lichtquelle sind.

Der Hauptfall der Anwendung der indirekten Methode ist der Vergleich der Gesamtintensität eines zölestischen Objektes (z. B. der Sonne) mit der einer als Vergleichslichtquelle dienenden Normalkerze. Zwei, wenn möglich, einander berührende Stellen C und C' eines neutralen Schirmes (vgl. Abb. 62) werden aus der gleichen Richtung R (oder wenigstens unter gleichen Einfallswinkeln i) von der Sonne bzw. der Kerze beleuchtet. Man verschiebt nun die Kerze längs eines Maßstabes, bis dem von dem festen Punkte A aus auf den Schirm blickenden Auge die beiden Vergleichsfelder C und C' gleich hell erscheinen. Werden die Leuchtdichten der von der Sonne (Intensität J) bzw. von der Kerze (Intensität J_0 im Abstand r_0) bestrahlten Felder mit l und l' bezeichnet, so gelten gemäß (1) und (2) die Ausdrücke:

$$l = m\Pi B K = m\Pi J\cos i\,,\qquad l' = m\Pi' B' K' = m\Pi' J_0\left(\frac{r_0}{r}\right)^2\cos i\,. \tag{3}$$

[1] Vgl. Ziff. 25, α.

Sind die Felder gleich hell, so kann man $l = l'$ und zugleich $\Pi = \Pi'$ setzen und erhält dann die Beziehungen:

$$BK = B'K', \qquad J = J_0\left(\frac{r_0}{r}\right)^2, \tag{4}$$

worin r der gemessene Abstand der Kerze vom Schirm ist.

Um bei der Vergleichung der Felder eine möglichst hohe Genauigkeit zu erzielen, empfiehlt es sich, durch Vorschalten farbiger Gläser oder Filter vor die Vergleichslichtquelle eine möglichst weitgehende Übereinstimmung der Farben herzustellen. Werden sehr schwache Felder notgedrungen extrafoveal verglichen, so tritt bei Ungleichheit der Spektren ein PURKINJE-Fehler auf.

Der Anschluß eines zölestischen Objektes an eine irdische Lichtquelle hat nur dann wissenschaftlichen Wert, wenn es sich bei letzterer um eine wohldefinierte, jederzeit reproduzierbare Normalkerze handelt. Eine Kerze, die diese Bedingung nicht erfüllt, darf nur als Zwischenlichtquelle verwendet werden. Hat man neben dem ersten Objekt (Sonne) noch ein zweites (Mond) mit der Kerze verglichen, so kann man aus den Gleichungen:

$$J_1 = J_0\left(\frac{r_0}{r_1}\right)^2, \qquad J_2 = J_0\left(\frac{r_0}{r_2}\right)^2,$$

in denen r_1 und r_2 die gemessenen Abstände bedeuten, die Intensität J_0 der Kerze eliminieren und erhält zur Bestimmung des Verhältnisses der beiden zölestischen Intensitäten die Gleichung:

$$J_1 : J_2 = r_1^{-2} : r_2^{-2}. \tag{5}$$

Im Fall der Selektivität des Schirmes treten an Stelle der Gleichungen (4) die allgemeineren Gleichungen:

$$mBK = m'B'K', \qquad mJ = m'J_0\left(\frac{r_0}{r}\right)^2. \tag{6}$$

Das Verhältnis $J : J_0$ läßt sich also ohne Kenntnis der Proportionalitätsfaktoren m nur in dem Falle bestimmen, wenn $m = m'$ wird, was insbesondere dann eintritt, wenn die verglichenen Lichtquellen gleiches Spektrum haben. Werden andererseits zwei zölestische Objekte von gleichem Spektrum durch Vermittlung einer Zwischenlichtquelle von beliebigem Spektrum aneinander angeschlossen, so lassen sich — das Nichtauftreten von PURKINJE-Fehlern vorausgesetzt — die Konstanten m und m' eliminieren, und es gilt wieder Proportion (5).

Die vorstehenden Entwicklungen finden ohne weiteres auch auf den Fall Anwendung, daß ein diffus durchlässiger Schirm von der einen Seite beleuchtet, von der anderen betrachtet wird.

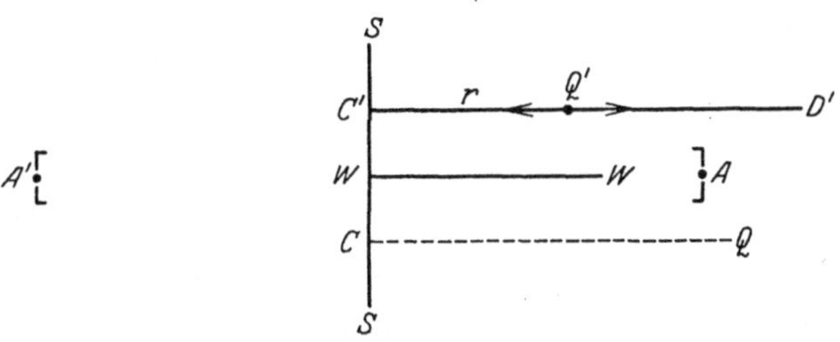

Abb. 62. Beleuchtungsphotometer von BOUGUER.

α) Photometer, bei denen das Auge auf den diffus reflektierenden bzw. durchscheinenden Schirm akkommodiert. Methode von

BOUGUER. Die photometrische Einrichtung, mit deren Hilfe P. BOUGUER[1] 1725 die Lichtstärken der Sonne und des Vollmondes mit der Lichtstärke einer Kerze verglich, ist in Abb. 62 schematisch dargestellt. Die Lichtquellen Q und Q' werfen ihr Licht senkrecht auf den neutralen Schirm SS. WW ist eine geschwärzte Scheidewand. Die Vergleichslichtquelle Q' läßt sich längs des Maßstabes $C'D'$ verschieben. BOUGUER läßt das Sonnenlicht nicht direkt auf den Schirm fallen, sondern zunächst auf eine kleine, in die Wand eines dunklen Zimmers eingesetzte Konkavlinse ($d = 2{,}25$ mm), deren Fokus vom Schirm 1800 mm Abstand hatte. Da sich das Licht der Sonne (Intensität J_1) gleichmäßig über eine Kreisfläche von 243 mm Durchmesser ausbreitet, so berechnet sich die Beleuchtungsstärke in C unter Vernachlässigung des beim Durchgang durch die Linse stattfindenden Lichtverlustes nach der Formel:

$$BK = J_1 \left(\frac{2{,}25}{243}\right)^2.$$

Andererseits brachte eine im Abstande $C'Q' = 433$ mm vom Schirm aufgestellte Wachskerze (Intensität J_0 für $r_0 = 1000$ mm) in C' die Beleuchtungsstärke hervor:

$$B'K' = J_0 \left(\frac{1000}{433}\right)^2.$$

Da die Vergleichsfelder (von A aus betrachtet) gleich hell erschienen, so dürfen die Beleuchtungsstärken einander gleich gesetzt werden, und es ergibt sich: $J_1 = J_0 \cdot 62200$. Die scheinbare Intensität der Sonne ist also gleich der scheinbaren Intensität einer in 1 m Abstand befindlichen Lichtquelle von 62000 Kerzen.

Bei der Messung des Vollmondes (Intensität J_2) verfuhr BOUGUER entsprechend — nur ließ er das Mondlicht direkt auf den Schirm fallen — und erhielt als Ergebnis: $J_2 = J_0 \cdot 0{,}21$. Da beide Körper bei der Beobachtung in ungefähr gleicher Zenitdistanz standen, so folgt schließlich für das Verhältnis der auf den Zenit reduzierten Intensitäten: $J_1 : J_2 = 300000$.

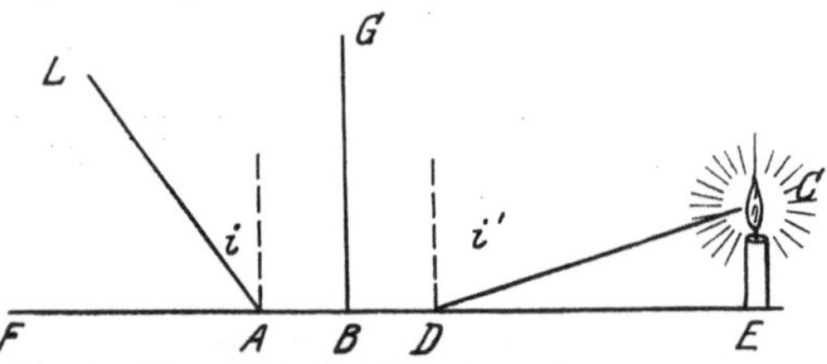

Abb. 63. Vergleich des Mondes mit einer Kerze nach LAMBERT (MÜLLER, Phot d. Gest., S. 337).

Methode von LAMBERT. Nach einer der BOUGUERschen ähnlichen Methode, bei der aber die Beleuchtung des Schirmes in schrägen Richtungen erfolgte, hat H. J. LAMBERT[2] (Abb. 63) den Vollmond mit einer Kerze verglichen. Das vom Monde unter dem Inzidenzwinkel $i = 27°$ beleuchtete Feld A erschien ebenso hell wie das von der Kerze unter $i' = 77°{,}5$ aus 1 m Abstand beleuchtete Feld D. Nimmt man mit LAMBERT an, daß der in (1) auftretende Faktor m vom Inzidenzwinkel i unabhängig sei — diese Annahme ist, wie wir heute wissen, im allgemeinen nicht zulässig — so kann man die beiden Beleuchtungsstärken:

$$BK = J_2 \cos 27°, \qquad B'K' = J_0 \cos 77°{,}5$$

einander gleich setzen und erhält für das gesuchte Verhältnis der Intensitäten: $J_2 : J_0 = 0{,}24$. Die Intensität des Mondes ist also gleich der einer Lichtquelle von $^1/_4$ Kerzen in 1 m Abstand.

Anwendung des LAMBERT-RUMFORDschen Schattenphotometers. Der den Vorrichtungen BOUGUERS und LAMBERTS anhaftende Nachteil, daß

[1] Traité d'optique 1760, S. 85; vgl. MÜLLER, Phot. d. Gest., S. 308.

[2] Photometria sive de mensura et gradibus luminis, colorum et umbrae 1760. Deutsche Ausgabe von E. ANDING 1892 (§ 1075).

die Vergleichsfelder nicht unmittelbar aneinander stoßen, ist bei dem auf H. J. LAMBERT[1] zurückgehenden, aber gewöhnlich nach B. TH. RUMFORD[2] benannten „Schattenphotometer" (Abb. 64) vermieden. Wird der zylindrische Stab C durch die Lichtquellen Q und Q' beleuchtet, so entstehen auf dem Schirm SS zwei einander berührende Schattenstreifen s' und s. s erhält nur von Q, s' nur von Q' — und zwar unter gleichen Inzidenzwinkeln — Licht. Hat man durch Verschieben der Lichtquelle Q' das Vergleichsfeld s' auf die Helligkeit des Feldes s gebracht, so kann man die Beleuchtungsstärken:

$$BK = J\left(\frac{r_0}{r}\right)^2 \cos i\,, \qquad B'K' = J'\left(\frac{r_0}{r'}\right)^2 \cos i$$

einander gleich setzen und erhält:

$$J : J' = r^2 : r'^2\,.$$

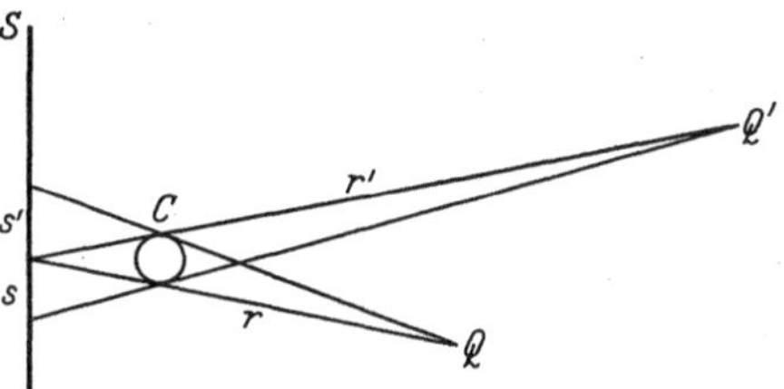

Abb. 64. LAMBERT-RUMFORDsches Schattenphotometer.

Auf Grund dieses Prinzips haben H. W. WOLLASTON[3] (1799), W. THOMSON[4] (1883) und W. H. PICKERING[5] (1901) die Lichtstärken von Sonne und Mond gemessen. Die beiden erstgenannten Forscher lassen das Licht der Sonne durch eine sehr enge Öffnung in ein dunkles Zimmer fallen. Es wird also nur die Intensität eines kleinen Ausschnittes aus der Sonnenscheibe gemessen, und man bedarf zur Ableitung ihrer Gesamtintensität des Sonnendurchmessers. — Letzteres gilt auch für das von PICKERING angewandte Verfahren. Dieser fängt das durch ein Objektiv ($d = 320$, $f = 4400$) erzeugte Fokalbild der Sonne auf dem Schirm auf, blendet das Objektiv auf 1 mm Durchmesser ab und vergleicht die Beleuchtung im Zentrum des Bildes mit der Beleuchtung, welche eine mit blauem Filter versehene Pentanlampe auf dem Schirm hervorbringt. In analoger Weise werden in der auf die Tagesbeobachtung folgenden Nacht die durch die volle Öffnung erzeugten Extrafokalbilder von Fixsternen mit der Lampe verglichen. Es ergibt sich so zunächst die Flächenintensität im Zentrum der Sonne und weiter mit Hilfe des Sonnendurchmessers die Gesamtintensität der Sonne in Sterngrößen. Aus 10 Messungen ergab sich für die Sterngröße der Sonne der Wert: $-26^M{,}83$, während der durchschnittliche Fehler der einzelnen Bestimmung $\pm 0^M{,}19$ betrug. Bei der Messung der Lichtstärke des Mondes verfuhr PICKERING insofern anders, als er einerseits Mond und Vergleichslampe unmittelbar auf den Schirm scheinen ließ, andererseits mit freiem Auge den als Vergleichsstern dienenden Arcturus mit der in eine passende Entfernung (200 m) gebrachten Lampe verglich.

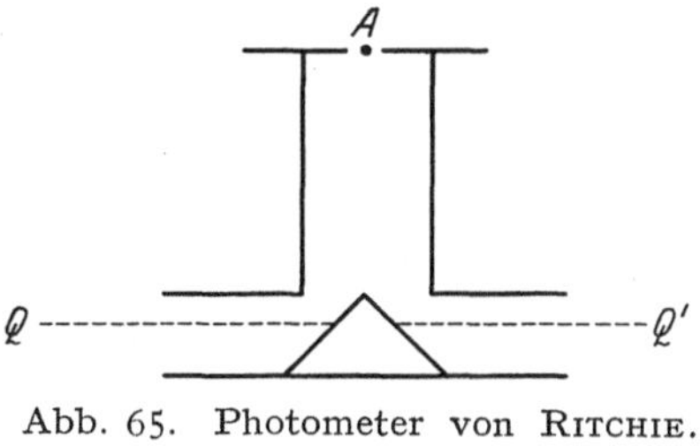

Zu erwähnen ist ferner, daß J. I. PLUMMER[6] die RUMFORDsche Schattenmethode bei der Vergleichung des Planeten Venus mit einer Kerze angewendet hat.

Abb. 65. Photometer von RITCHIE.

Eines RITCHIEschen Photometers mit Gipskeil (Abb. 65) hat sich F. EXNER[7] bei seiner Vergleichung der Sonne mit einer Normalkerze bedient.

[1] L. c. § 58. [2] Phil Trans 84, S. 67 (1794); Gilberts Ann 46, S. 230 (1814).
[3] Phil Trans 119, S. 19, 27 (1829). [4] Nature 27, S. 277 (1883).
[5] Harv Ann 61, S. 56 (1908); vgl. auch Ap J 43, S. 105, 112, 124 (1916).
[6] M N 36, S. 351 (1876).
[7] Sitzber Akad Wiss Wien, Math-naturw Kl 94, S. 345 (1886); vgl. MÜLLER, Phot. d. Gest., S. 311.

Die Sonnenstrahlung wurde mittels eines rotierenden Sektors in meßbarem Betrage abgeschwächt. Zwischen Prisma und Auge ließen sich Farbenfilter einschalten. Die Intensität der Sonne wurde in drei verschiedenen, den Farben Rot, Grün und Blau entsprechenden Spektralbereichen gemessen. Der Wert der an sich sehr sorgfältigen Bestimmung wird dadurch beeinträchtigt, daß die Normalkerze nicht ausreichend definiert ist.

Anwendung des BUNSENschen Fettfleckphotometers. Bei diesem Photometer wird, abweichend von den bisher besprochenen Methoden, eine in durchgehendem Lichte leuchtende Stelle des Schirmes mit ihrer in reflektiertem Lichte leuchtenden Umgebung verglichen. Die Messung ist im Prinzip folgende: Ein mit einem kreisförmigen Fettfleck versehener Papierschirm wird auf der einen Seite durch die zu messende zölestische Lichtquelle Q, auf der anderen Seite, auf welche auch das Auge blickt, durch die Vergleichslichtquelle Q' in senkrechter Richtung beleuchtet. Man bringt nun letztere in eine solche Entfernung r vom Schirm, daß der Fettfleck — der sich, nur von Q' beleuchtet, als dunkler Fleck aus seiner Umgebung herausheben würde — verschwindet. Werden die durch die Lichtquellen Q und Q' auf dem Schirm hervorgebrachten Beleuchtungsstärken mit BK bzw. $B'K'$ bezeichnet, so erhält man, wenn man die Leuchtdichte des Fettflecks und die seiner Umgebung einander gleich setzt, die leicht zu beweisende Beziehung:

$$BK = n B'K' \qquad n < 1,$$

worin n ein Proportionalitätsfaktor, kleiner als 1, ist, und weiter:

$$J = n J_0 \left(\frac{r_0}{r}\right)^2.$$

Man kann n entweder durch Messung einer Lichtquelle Q von bekannter Intensität J/J_0 bestimmen oder aber nebst J_0 und r_0 dadurch eliminieren, daß man die Lichtquelle Q' nur als Zwischenlichtquelle verwendet.

J. I. PLUMMER[1] hat sich bei seiner Vergleichung des Vollmondes mit einer Kerze der BUNSENschen Methode bedient. — Ferner ist diese Methode von W. O. ROSS[2] u. a. zur Bestimmung der Gesamtintensität der Korona während totaler Sonnenfinsternisse angewendet worden. Der mit Fettfleck versehene Schirm war am unteren Ende eines auf die Sonne gerichteten, im Innern sorgfältig geschwärzten Rohres angebracht.

Schließlich sei noch erwähnt, daß die BUNSENsche Methode auch bei der Messung von Flächenintensitäten Anwendung gefunden hat. Während E. C. PICKERING und D. P. STRANGE[3] Intensitäten auf der Sonnenscheibe gemessen haben, hat T. E. THORPE[4] die Leuchtdichte der Korona während einer totalen Sonnenfinsternis (1886) bestimmt. Bei diesen Beobachtungen wurde auf dem Schirm ein fokales Sonnenbild entworfen.

β) Photometer, bei denen das Auge auf die zwischen Schirm und Auge befindliche Vergleichsvorrichtung akkommodiert. Polarisations-Flächenphotometer von F. ZÖLLNER[5]. Mit diesem Photometer (Abb. 66) hat ZÖLLNER[6] 1864 (März bis Juli) eine Messungsreihe zur Bestimmung des Intensitätsverhältnisses von Sonne und Vollmond ausgeführt und dabei ausgezeich-

[1] M N 36, S. 351 (1876).

[2] U S Coast Survey Report 1870, S. 173; weitere Literaturangaben s. MÜLLER, Phot. d. Gest., S. 330.

[3] Proc Amer Acad Arts Sciences 2, S. 428 (1874/75); vgl. MÜLLER, Phot. d. Gest., S. 320.

[4] Phil Trans 1889 A, S. 363; vgl. MÜLLER, Phot. d. Gest., S. 331.

[5] Pogg Ann 100, S. 381 (1857); siehe auch MÜLLER, Phot. d. Gest., S. 244.

[6] Photometrische Untersuchungen, S. 81 ff.; vgl. auch Ap J 43, S. 124 (1916).

nete Ergebnisse erzielt. Da das ganze Instrument um eine vertikale Achse, der Tubus DE um die horizontale Achse AB drehbar ist, so läßt sich letzterer auf jeden Punkt des Himmels richten. Das durch ein Blauglas weißlich gefärbte und durch die Linse b parallel gemachte Licht der Petroleumflamme a fällt auf den Silberspiegel c und weiter auf den Polarisationsspiegel f aus schwarzem Glase, dessen Normale mit der optischen Achse DE den Polarisationswinkel[1] ($i_0 = 56°$) einschließt. Das Auge blickt durch den drehbaren Nikol h und die Lupe g auf den durch die Flamme gleichmäßig erleuchteten FRAUNHOFERschen Spiegel f, dessen Kante das Gesichtsfeld halbiert. Das Licht der zu messenden Lichtquelle fällt zunächst auf eine — zerstreuend und depolarisierend wirkende — Mattglasplatte, sodann auf den Polarisationsspiegel d, dessen Normale mit DE den Polarisationswinkel bildet, passiert die dünne Planglasplatte e und erleuchtet schließlich die rechte Hälfte des Gesichtsfeldes, in der also ein Zerstreuungsbild der Mattscheibe entsteht. Da das künstliche Vergleichslicht in der Ebene der Zeichnung, das zu messende Licht in der durch DE gelegten, zu derselben senkrechten Ebene polarisiert ist, so lassen sich die beiden Hälften des Feldes durch Drehen des Nikols h auf gleiche Helligkeit bringen. Bei der Beobachtung der Sonne wurde bei e eine um $+4^m,5$ abschwächende Rauchglasplatte eingeschaltet; hingegen wurde bei der Beobachtung des Mondes dieselbe Platte zur Abschwächung des Lampenlichtes bei b befestigt.

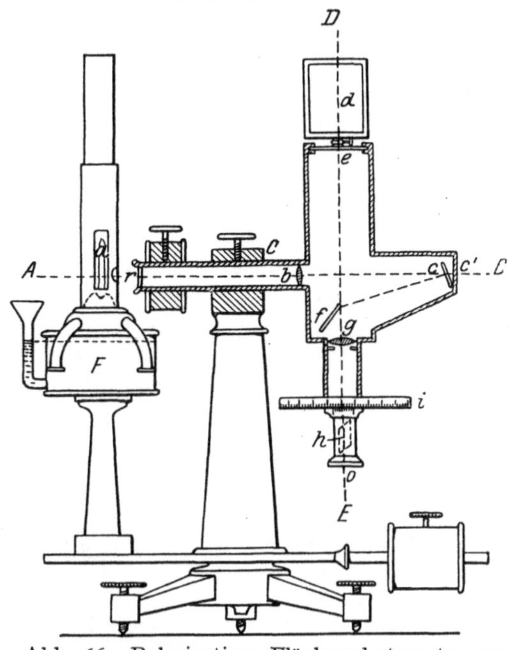

Abb. 66. Polarisations-Flächenphotometer von F. ZÖLLNER (MÜLLER, Phot. d. Gest., S. 245).

Reduktion der Messungen. Wird der Winkel, den der Hauptschnitt des Nikols mit der Ebene der Zeichnung bildet, mit φ bezeichnet, so sind die Leuchtdichten der von natürlichem bzw. künstlichem Licht beleuchteten Feldhälften durch die Ausdrücke gegeben:

$$l' = l \sin^2\varphi , \qquad l_0' = l_0 \cos^2\varphi ,$$

worin l und l_0 die maximalen Leuchtdichten der Vergleichsfelder sind. Jede Messung liefert also eine Gleichung der Form:

$$l = l_0 \cot^2\varphi .$$

Hat man zwei zölestische Objekte mit den Gesamtintensitäten J_1 und J_2 — z. B. Sonne und Mond — gemessen, so kann man die Leuchtdichte l_0 des Vergleichslichtes eliminieren und erhält mit Rücksicht auf die — leicht zu beweisende — Proportionalität der Leuchtdichten l und Intensitäten J:

$$l_1 : l_2 = J_1 : J_2 = \cot^2\varphi_1 : \cot^2\varphi_2 .$$

[1] Vgl. Ziff. 29.

Die mit diesem Photometer erreichbare Genauigkeit ist sehr befriedigend. Aus Messungen der Sonne an 10, des Mondes an 6 Tagen leitet ZÖLLNER für die Größendifferenz von Sonne und Vollmond den Wert ab:

$$M_1 - M_2 = -14^M{,}48 \text{ (w. F. } \pm 0^M{,}02).$$

Anwendung des LUMMER-BRODHUNschen Photometers[1]. Wie aus Abb. 67a u. b hervorgeht, wird das äußere Vergleichsfeld des Photometerwürfels durch Vermittlung des Spiegels *e* und der Fläche λ des undurchsichtigen Gipsschirmes *ik* von der Lichtquelle L_1 erleuchtet, während das innere Vergleichsfeld durch Vermittlung des Spiegels *f* und der Schirmseite *l* von der Lichtquelle L_2 Licht empfängt. Durch Verschieben der Vergleichslichtquelle L_2 läßt sich das innere elliptische Vergleichsfeld auf die Helligkeit des äußeren ringförmigen bringen.

C. FABRY[2] hat unter Anwendung eines solchen Photometers das durch eine Linse von kurzer Brennweite gestreute Licht der Sonne mit dem Licht einer mit Blaufilter versehenen elektrischen Normallampe verglichen. Andererseits

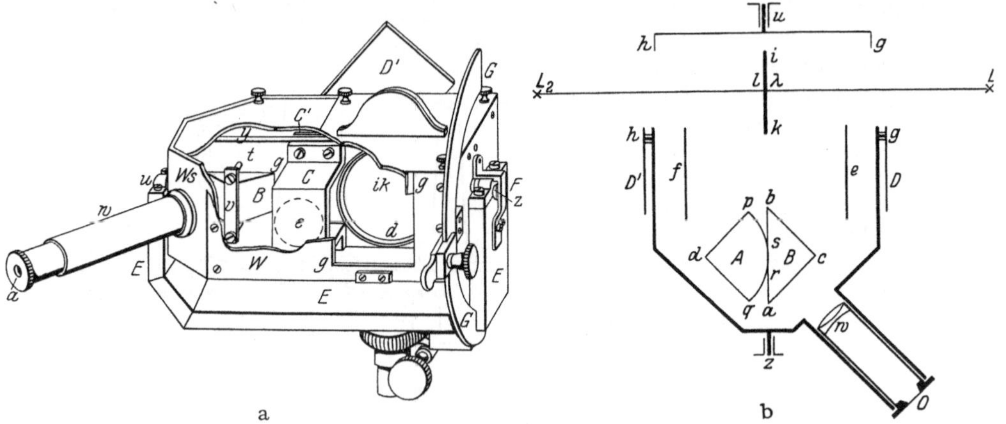

Abb. 67. LUMMER-BRODHUNsches Photometer. a Gesamtansicht, b schematisch. (LIEBENTHAL, Prakt. Photometrie, S. 175).

vergleicht er mit bloßem Auge ein punktförmiges Bild der Lampe mit Vega. Gemäß FABRYS Endresultat ist die Sonne nach der Harvardskala — $26^M{,}94$ Größen heller als Vega, d. h. von der Größe $-26^M{,}8$.

Anwendung des WEBERschen Photometers. Das Glasplattenphotometer von L. WEBER[3] (Abb. 68a u. b) setzt sich zusammen aus einem horizontal liegenden Rohr *A* und einem um dessen Achse drehbaren Rohr *B*. Da das Photometer als Ganzes um eine vertikale Achse drehbar ist, so läßt sich das Rohr *B* auf jeden Punkt des Raumes richten. G_a und *G* sind Milchglasplatten. Während die erste von der künstlichen Vergleichslichtquelle L_a beleuchtet wird und sich längs eines Maßstabes verschieben läßt, erhält die zweite Licht von der zu messenden Lichtquelle. Letztere Glasplatte *G* kann auch — falls die Leuchtdichte einer gleichmäßig leuchtenden Fläche (z. B. des Himmelsgrundes) gemessen werden soll — entfernt bzw. durch Rauchgläser ersetzt werden. Das Auge akkommodiert auf die Diagonalfläche des LUMMER-Würfels *W*.

[1] Ausführliche Beschreibung siehe z. B. LIEBENTHAL, S. 172ff.

[2] Sur l'intensité de l'éclairement produit par le Soleil [C R 137, S. 973, 1242 (1903)]; vgl. Ap J 43, S. 104, 126 (1916).

[3] Wied Ann 20, S. 326 (1883); weitere Literaturangaben und ausführliche Beschreibung siehe LIEBENTHAL, S. 184.

Gesucht sei die Intensität J einer die Glasplatte G beleuchtenden zölestischen Lichtquelle, auf die das Rohr B gerichtet ist. Erscheinen die Photometerfelder gleich hell, so sind die Beleuchtungsstärken BK und $B'K'$ der beiden Glasplatten einander offenbar proportional, und man hat folglich

$$J = n J_0 \left(\frac{r_0}{r}\right)^2 = c r^{-2},$$

worin c eine Konstante und r der gemessene Abstand der beweglichen Glasplatte G_a von der künstlichen Lichtquelle ist.

Das WEBERsche Photometer ist verschiedentlich zur Messung der Intensitäten von Sonne oder Mond und noch häufiger — z. B. schon von L. WEBER[1] selbst — zur Messung der Helligkeit des Himmelsgrundes verwendet worden. P. V. NEUGEBAUER[2] hat während der Sonnenfinsternis 1900 Mai 28 einen von der Sonne beleuchteten Schirm photometriert. — K. GRAFF[3] verglich an fünf sehr klaren Abenden den Vollmond mit der als Photometerlampe dienenden Benzinflamme und diese unmittelbar anschließend mit der Hefnerkerze. Die

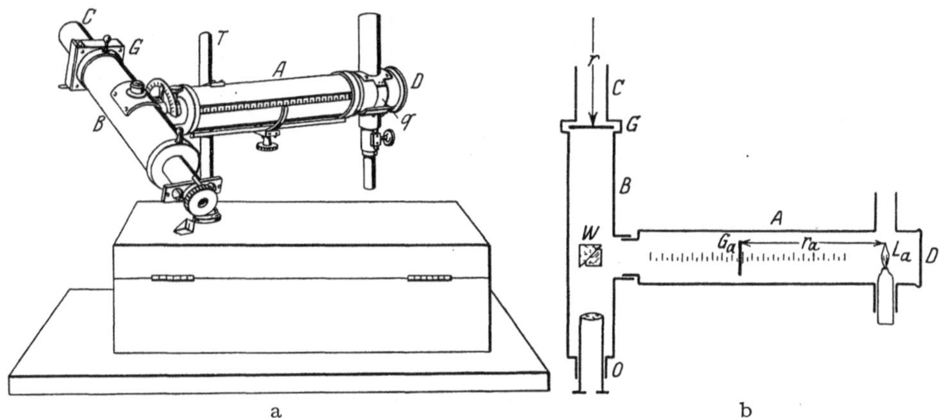

Abb. 68. Milchglasphotometer von L. WEBER. a Gesamtansicht, b schematisch. (LIEBENTHAL, Prakt. Photometrie, S. 185).

Benzinflamme wurde durch Vorschalten eines Kobaltglases auf die mittlere Farbe zwischen Mond und Hefnerkerze abgestimmt. Als Endresultat ergab sich für die auf den Zenit und den mittleren Erdabstand (59,27 Erdhalbmesser) reduzierte Intensität des Vollmondes der Wert:

$$J = 0{,}269 \text{ (m. F. } \pm 0{,}015\text{) Hefnerkerzen in 1 m Abstand.}$$

C. DORNO[4] hat mit dem Glasplattenphotometer in den Jahren 1911 bis 1918 zu Davos zahlreiche Messungen der Sonnenintensität sowie der Himmelshelligkeit ausgeführt.

Eine gewisse Verwandtschaft mit dem WEBERschen Photometer besitzt das speziell zur Messung des Lichtes der Sonnenumgebung bestimmte Photometer von H. DESLANDRES und A. BERNARD[5]. Das Photometer besteht aus zwei Teilen, einem nach dem Prinzip der Lochkamera wirkenden Projektionsapparat

[1] Handbuch der Hygiene 4, S. 75 (1896). [2] Vgl. A J B für 1901, S. 432.

[3] A N 198, S. 11 (1914); vgl. auch Ap J 43, S. 127 (1916).

[4] Himmelshelligkeit, Himmelspolarisation und Sonnenintensität in Davos 1911—1918; Meteorolog Z 36, S. 109 (1919).

[5] Photomètre spéciel destiné à la mesure de la lumière circumsolaire. C R 143, S. 152 (1906); Referat nebst Abbildung siehe Z f Instrk 26, S. 369 (1906).

und dem eigentlichen Meßapparat. Letzterer unterscheidet sich von dem WEBER schen Photometer hauptsächlich dadurch, daß er an Stelle des LUMMER-Würfel eine Mattscheibe enthält, auf der ein kleines totalreflektierendes Prisma aufsitzt durch welches das künstliche Vergleichslicht auf die Mattscheibe gelenkt wird Durch Abblendung der Sonnenscheibe wird erreicht, daß ein Kreis von 10 mn Durchmesser auf der Mattscheibe nur von der Lichtstrahlung einer die Sonn umgebenden ringförmigen Zone (Durchmesser der Begrenzungskreise: 35′ un 57′) bzw. — während totaler Sonnenfinsternisse — nur von der Sonnenkorona be leuchtet wird. Bei dem DESLANDRESschen Photometer liegt insofern eine Über einstimmung mit dem unter α) behandelten Photometertypus vor, als das Aug auf die Mattscheibe akkommodiert.

Endlich hat unter Anwendung des HARTMANNschen Mikrophoto meters[1] J. A. PARKHURST[2] während der totalen Sonnenfinsternis 1925 Jan. 2 das Gesamtlicht der Korona mit dem einer Glühlampe verglichen. Febr. 5 bis 1 wurden nach genau der gleichen Methode Messungen des Mondlichtes ausgeführt Nachdem die Photometerlampe nebst Milchglas entfernt und die Mikroskop in beiden Tuben um den gleichen Betrag aus dem Fokus herausgezogen waren wurde der eine Tubus mit Hilfe eines Suchers auf die Korona, der ander auf die in rund 1 m Entfernung aufgestellte, mit blauem Filter versehene Ver gleichslampe gerichtet. Das Auge akkommodiert auf die in der Diagonalfläch des Photometerwürfels entstehenden extrafokalen Bilder. Durch Verschiebun des photographischen Meßkeiles läßt sich das von der Glühlampe kommend Licht abschwächen und auf solche Weise Helligkeitsgleichheit der Felder her stellen. In völlig entsprechender Weise wurde die Lichtstärke des Himmels grundes in 8° Abstand von der Sonne gemessen und von der gemessenen Licht stärke der Korona in Abzug gebracht. Auf Grund der im Februar nach der gleicher Methode ausgeführten Messungen des Mondes war es möglich, das Verhältnis de Lichtstärken von Korona und Vollmond zu bestimmen, das sich gleich 0,2 ergab.

g) Die Methoden der Größenschätzung.

40. Allgemeine Gesichtspunkte. Als Methoden der unmittelbaren (ab soluten) Größenschätzung bezeichnet man solche Methoden, bei denen die Größe der Sterne unmittelbar (d. h. nicht auf dem Umweg über die Größendifferenzen durch Schätzung bestimmt werden, wobei es prinzipiell gleichgültig ist, ob di Schätzungen mit bewaffnetem oder mit unbewaffnetem Auge erfolgen. Da Beobachtungsverfahren ist im allgemeinen folgendes: Der Beobachter präg sich die Empfindungsstärken gewisser Normalsterne von gegebener Größe ein un schätzt die Größen der übrigen Sterne in die so gewonnene „Gedächtnisskala" ein. Die geschätzten Größen werden als unmittelbares Beobachtungsergebnis i das Beobachtungsbuch eingetragen. Neben der Größenschätzung der Fixsterne auf deren Betrachtung wir uns im folgenden beschränken, spielt die Größenschät zung der — bei hinlänglich starker Vergrößerung — flächenhaft erscheinende Objekte, wie z. B. der Planeten, Kometen und Nebelflecke, nur eine verhältnis mäßig untergeordnete Rolle. Mehr aus dem äußeren Grunde der besseren Über sichtlichkeit wird unten die Größenschätzung mit freiem Auge und die unte Benutzung des Fernrohres in getrennten Abschnitten behandelt.

Die geschätzte Größe als Maß der Helligkeit. Die Einteilung der mi freiem Auge sichtbaren Sterne nach ihrer — von den Alten als „Größe" (μέγεθος

[1] Beschreibung und Abbildung siehe Handbuch Bd. II, 2. Hälfte, S. 440.

[2] A. H. FARNSWORTH, Photometric Observations of the Solar Corona at the Eclipse of January 24, 1925, by the Late JOHN A. PARKHURST [Ap J 64, S. 273 (1926)].

bezeichneten — Helligkeit in sechs Klassen geht mit großer Wahrscheinlichkeit auf HIPPARCH zurück, der die hellsten Sterne in der Größenklasse 1, die schwächsten in der Größenklasse 6 zusammenfaßte. Der zu wählenden Anzahl von Klassen war durch die natürliche Unterschiedsempfindlichkeit des Auges von vornherein eine gewisse Schranke gesetzt. Daß HIPPARCH gerade die Zahl 6 wählt, erklärt H. OSTHOFF[1] durch den Einfluß des babylonischen Kulturkreises, in welchem die 6 als heilige Zahl galt. Offenbar war die Größe eines Sternes ursprünglich nichts anderes als die Nummer der Größenklasse, in die der betreffende Stern eingereiht war, und erst im Laufe einer ganz allmählichen Entwicklung, die erst in den dreißiger Jahren des 19. Jahrhunderts zum Abschluß kam, erlangten die Größen der Sterne die Bedeutung von Maßzahlen zur Angabe der Helligkeit. Bald nach Erfindung des Fernrohres machte sich das Bedürfnis geltend, die Anzahl der Größenklassen zu erhöhen, wobei sich zwischen den von verschiedenen Beobachtern gebrauchten Größenklassen oft beträchtliche Abweichungen ergaben, wofür der Unterschied zwischen den Skalen von J. HERSCHEL und W. STRUVE[2] (12^M Str. $= 20^M$ H.) ein bekanntes Beispiel ist.

Das Vorkommen von Fällen, in denen eine zweifelsfreie Einordnung eines Sternes in eine der 6 Klassen nicht möglich schien, hatte schon im Altertum den Anlaß zu der Einführung von Zwischenklassen gegeben. Während PTOLEMÄUS und AL-SÛFI zur Bezeichnung der Zwischenklasse die Anfangsbuchstaben der Wörter für „größer" und „kleiner" verwenden und TYCHO BRAHE Zeichen benutzt, bürgert sich seit Anfang des 17. Jahrhunderts anscheinend nach dem Vorgange JOH. SCHILLERS[3] die Bezeichnung 4 · 5, 5 · 4 usw. ein. Erst um 1835 tritt fast gleichzeitig bei F. BAILY[4], C. A. STEINHEIL[5] und W. STRUVE[6] die als Bruch bzw. als Dezimalbruch geschriebene Sterngröße auf, wobei der erstgenannte Forscher die neue Schreibweise mit den Worten begründet: „There is no good reason why a whole magnitude ... should not be divided into as many fractional parts as may be found convenient or distinguishable ... In the present catalogue therefore, wherever Flamsteed has used 3 · 4, I have adopted $3^1/_2$; and wherever he has used 4 · 3, I have adopted $3^3/_4$." An Stelle des ursprünglichen Begriffes der „Größenklasse" ist der neue Begriff der „geschätzten Größe" getreten.

Die Schätzungsskala in ihrer Beziehung zur photometrischen Skala. Die stets ausgesprochen subjektive Skala der geschätzten Größen bedarf der Reduktion auf eine Skala photometrischer Größen. Durch Verallgemeinerung der Gleichung (54) Ziff. 16 erkennt man, daß die, sei es mit freiem, sei es mit bewaffnetem Auge, geschätzten Größen M der Sterne der Beziehung genügen:

$$c_1(\mathsf{M} - \mathsf{M}_0) + c_2(\mathsf{M} - \mathsf{M}_0)^2 + \cdots = -2^M{,}5 \log\left(\frac{J}{J_0}\right) = M - M_0 .$$

Hierin sind die der Abweichung vom FECHNERschen Gesetz Rechnung tragenden höheren Glieder in der Regel klein. Da die photometrischen Größen M gemäß ihrer Definition mit den geschätzten Größen näherungsweise übereinstimmen müssen, so sind die Konstanten M_0 und M_0 einander genähert gleich, und die Konstante c_1 ist nur wenig von 1 unterschieden.

Liegen also für eine Anzahl von Sternen verschiedener Helligkeit einerseits geschätzte (M), andererseits photometrische Größen (M) vor und trägt man jene

[1] Himmelswelt 36, S. 223 (1926).

[2] Stellarum duplicium et multiplicium mensurae micrometricae, S. LXVII. Petropoli 1837; vgl. auch A. v. HUMBOLDT, Kosmos, Bd. 3, S. 101 (1850).

[3] Coelum stellatum christianum. 1627.

[4] An Account of the Rev. JOHN FLAMSTEED ... to which is added his British Catalogue of Stars, corrected and enlarged, S. 406. London 1835.

[5] Elemente, S. 24. [6] L. c., S. LXVII (1837).

als Abszissen, diese als Ordinaten eines rechtwinkligen Koordinatensystems auf (vgl. Abb. 69), so erhält man eine Reihe von Punkten, die von der durch den Nullpunkt gehenden Geraden $M = \mathsf{M}$ durchweg nur wenig entfernt liegen und durch eine schwach gekrümmte Kurve dargestellt werden können. Diese Kurve legt die Schätzungsskala in ihrer Beziehung zur photometrischen Skala fest und möge daher im folgenden als „Skalenkurve“ bezeichnet werden, während E. ZINNER[1] die Bezeichnung „Helligkeitskurve“ gebraucht.

Stufenwert und Intervallwert der Schätzungsskala. Der Stufenwert der Schätzungsskala an der Stelle M wird definiert als die einer eben noch wahrnehmbaren konstanten Änderung $\Delta_0\mathsf{M}$ der geschätzten Größe entsprechende photometrische Größendifferenz ΔM und ist dem Differentialquotienten $dM/d\mathsf{M}$ der Skalenkurve sehr nahe proportional. Ferner ist unter dem „Intervallwert der Schätzungsskala“ der dem Intervall $\Delta\mathsf{M} = 1$ der Schätzungsskala entsprechende photometrische Gegenwert $\Delta' M$ zu verstehen. Geometrisch ist der Intervallwert der Tangens des Neigungswinkels der dem Abschnitt $\Delta\mathsf{M} = 1$ der Abszissenachse entsprechenden Kurvensehne, stimmt also näherungsweise mit dem Differentialquotienten $dM/d\mathsf{M}$ der Kurve überein. Je nachdem der Intervallwert >1 oder <1 ist, ist die Schätzungsskala an der betrachteten Stelle weiter (umfassender) oder enger (weniger umfassend) als die photometrische Skala. Im ersten Falle schließt die Sehne der Skalenkurve mit der M-Achse einen Winkel $>45°$, im zweiten Falle einen Winkel $<45°$ ein. Man kann demnach aus einer zur M-Achse konvexen bzw. konkaven Krümmung der Skalenkurve schließen, daß die Schätzungsskala mit zunehmender Sterngröße weiter bzw. enger wird.

41. Die Größenschätzung mit unbewaffnetem bzw. mit Opernglas bewaffnetem Auge. Größenschätzungen mit bloßem Auge werden, schon wegen des Gewinnes an Lichtstärke, in der Regel mit beiden Augen ausgeführt. Bei der Schätzung sehr schwacher Sterne ist die Benutzung eines etwa 2mal vergrößernden Opernglases von Vorteil. Charakteristisch für die Größenschätzung mit freiem Auge bzw. mit Opernglas ist die Leichtigkeit und Raschheit, mit der das Auge von dem gerade betrachteten Stern zu anderen, auch entfernt stehenden Sternen übergehen kann. Der Beobachter hat also jederzeit die Möglichkeit, seine Gedächtnisskala an Sternen von bekannter Größe zu kontrollieren. Ja, in vielen Fällen wird die Schätzung auf einen direkten Vergleich mit letzteren Sternen und unmittelbare Einschätzung der zu bestimmenden Größen in deren Skala hinauslaufen.

Betrachtet man die geschätzten Größen außerhalb der Milchstraße stehender weißer Sterne, die in mondloser Nacht bei einer bestimmten Zenitdistanz (z. B. 0° oder 45°) beobachtet worden sind, als Norm, so ist ohne weiteres klar, daß die unter beliebigen Verhältnissen geschätzten Größen beliebiger Sterne im allgemeinen mit systematischen Fehlern behaftet sein werden, die in erster Linie von der Sternfarbe, der Helligkeit des Untergrundes und der Zenitdistanz abhängig sein werden. Während die hellen Sterne bis etwa $3^M,5$ bei der Beobachtung fixiert werden können, erfolgt die Abbildung der übrigen Sterne an einer um so exzentrischer liegenden Netzhautstelle, je schwächer diese sind. Die geschätzten Größen dieser Sterne müssen also mit einem PURKINJE-Fehler behaftet sein, dessen Vorhandensein sich in der Tat bei den meisten auf freiäugiger Schätzung beruhenden Größenverzeichnissen nachweisen läßt[2].

Einer Aufhellung des Untergrundes, sei es durch Mondschein, sei es durch die Milchstraße, paßt sich das Auge dadurch an, daß einerseits die Pupille enger

[1] Helligkeitsverzeichnis von 2373 Sternen bis zur Größe 5.50, S. 9. Bamberg 1926.
[2] Vgl. z. B. ZINNER, Helligkeitsverzeichnis.

wird, andererseits die Netzhaut, insbesondere die periphere, helladaptiert. Durch beide Ursachen wird die Empfindlichkeit des Auges herabgesetzt, und dieses schätzt infolgedessen die Helligkeiten der Sterne verhältnismäßig zu gering ein. Der Einfluß der Milchstraße kann merkliche Beträge erreichen. Dem Einfluß der Extinktion trägt der Beobachter am besten bei der Beobachtung selbst Rechnung, indem er die Sterne jeweils nach derjenigen Helligkeit einzuschätzen sucht, die sie, in einer festen Zenitdistanz (etwa 0° oder 45°) stehend, haben würden.

Die Schätzung von Sterngrößen mit freiem Auge hat heute kaum noch praktische Bedeutung und sei daher lediglich unter historischen Gesichtspunkten betrachtet. Die unten gegebene Tabelle enthält, mit PTOLEMÄUS beginnend, eine Zusammenstellung der für die Entwicklung der Größenschätzungsmethode bedeutsameren, auf Schätzungen mit freiem Auge bzw. mit Opernglas beruhenden Helligkeitsverzeichnisse. Die einzelnen Spalten geben: die laufende Nummer, den Beobachter, die Epoche der Beobachtungen, den Deklinationsbereich, die Zahl der Sterne, die Einheit der Schätzung bzw. der Größenangabe, den m. F. der Kataloggröße nach E. ZINNER. Die Verzeichnisse der beiden HERSCHEL, sowie die vier an letzter Stelle angeführten Verzeichnisse beruhen auf Stufenschätzungen und sind hier nur mit Rücksicht auf den historischen Zusammenhang mit angeführt. Während bei den alten Beobachtern (AL-SÛFI allenfalls ausgenommen) die Angabe der Größenklasse neben der Festlegung der Position mehr Nebensache war, haben die späteren Beobachter, mit W. HERSCHEL beginnend, das Hauptgewicht auf eine möglichst genaue Bestimmung der Größen gelegt.

Tabelle 9.

Nr.	Beobachter	Epoche	Deklinationsbereich	Sternzahl	Einheit	M. F.
1	PTOLEMÄUS	130	+90° bis −42°	1020	$^1/_3{}^M$	$\pm 0^M,47$
2	AL-SÛFI	964	+90 „ −42	1150	$^1/_3$	0 ,38
3	TYCHO BRAHE	1590	+90 „ −30	1000	$^1/_3$	0 ,54
4	HEVELIUS	1670	+90 „ −30	1564	1	0 ,50
5	HALLEY	1676−1678	0 „ −90	350	1	0 ,42
6	NOËL	1684−1707	0 „ −90	350	1	0 ,45
7	W. HERSCHEL[1]	1781−1798	+90 „ −30	3000		0 ,11
8	J. HERSCHEL[1]	1835−1838	+90 „ −90	923		0 ,07
9	ARGELANDER	1838−1843	+90 „ −35	3256	$^1/_3$	0 ,27
10	HEIS	1845−1872	+90 „ −35	5421	$^1/_3$	0 ,27
11	BEHRMANN[2]	1866−1867	−20 „ −90	2344	$^1/_3$	0 ,34
12	GOULD	1871−1874	+10 „ −90	7756	0,1	0 ,15
13	FLAMMARION[3]	1872−1881	+90 „ −35	1600	0,1	0 ,24
14	HOUZEAU[4]	1875−1876	+90 „ −90	5719	$^1/_2$	0 ,34
15	EDMANDS[5]	1881−1883	+90 „ 0	2750		
16	SAWYER[6]	1882−1890	0 „ −30	3415		
17	WILLIAMS[7]	1885−1886	−30 „ −90	1081		
18	BAILEY[6]	1892−1894	+90 „ −90	5600		

Sämtliche in vorstehender Tabelle enthaltene sowie weitere hier nicht angeführte Größenverzeichnisse hat E. ZINNER in seinem „Helligkeitsverzeichnis" diskutiert. Im folgenden kann nur kurz auf die sechs alten Sternverzeichnisse und etwas genauer auf die Uranometrien von ARGELANDER, HEIS und GOULD eingegangen werden.

[1] Siehe Ziff. 44.
[2] C. BEHRMANN, Atlas des südlichen gestirnten Himmels. Leipzig 1874.
[3] C. FLAMMARION, Les étoiles et les curiosités du ciel. Paris 1896.
[4] J. C. HOUZEAU, Uranométrie générale [Ann Obs Belg 1 (1878)].
[5] Siehe Ziff. 47. [6] Siehe Ziff. 45. [7] Siehe Ziff. 46.

Das Sternverzeichnis des PTOLEMÄUS[1] für das Jahr 130 n. Chr. im 7. Buch seiner „Μεγάλη Σύνταξις“ enthält rund 1020 Sterne, deren Größenklassen durch die Zahlen 1 bis 6, bei etwa 150 meist helleren Sternen unter Beifügung der Buchstaben μ (μείζων, größer) oder ἐ (ἐλάσσων, kleiner), bezeichnet sind. Wie schon mehrfach hervorgehoben, dürften die Größenangaben des PTOLEMÄUS im wesentlichen auf HIPPARCHS Verzeichnis zurückgehen. HIPPARCHS Vorgehen bei der Klasseneinteilung der Sterne wird man sich etwa so vorzustellen haben, daß er zunächst im zirkumpolaren Gebiet des Himmels 6 Sterne als Repräsentanten der von ihm aufgestellten Größenklassen auswählte und dann an Hand dieser Normalsterne, gesondert für jedes Sternbild, die Einreihung der Sterne in die 6 Klassen vornahm.

Das Verzeichnis des Persers ABD-AL-RAHMAN AL-SÛFI[2] für das Jahr 964 stellt eine selbständige Wiederbecbachtung der Örter und Größen des PTOLEMÄIschen Kataloges unter Hinzufügung weiterer Sterne dar. AL-SÛFI gibt die Größen der Sterne in Worten an und bezeichnet die bei ihm häufiger als bei PTOLEMÄUS vorkommenden Zwischenklassen durch Beifügung der arabischen Buchstaben Kāf und Sād.

Die beiden Sternverzeichnisse des TYCHO BRAHE[3] umfassen rund 780 bzw. 1000 Sterne. Das zweite endgültige Verzeichnis gibt nur ganze Größenklassen, das erste auch Zwischenklassen, die von den Hauptklassen durch die beigefügten Zeichen : (heller) bzw. · (schwächer) unterschieden werden.

HEVELIUS[4] gibt mit wenigen Ausnahmen nur ganze Größenklassen und führt für die schwächsten Sterne die Größenklasse 7 ein.

Das Sternverzeichnis von E. HALLEY[5] sowie das zweite Verzeichnis von F. NOËL[6] enthalten je etwa 350 durchweg südliche Sterne. Sowohl HALLEY als NOËL geben hauptsächlich Hauptklassen, selten Zwischenklassen an.

F. ARGELANDERS Uranometria Nova[7] (U. N.) enthält die Helligkeiten aller zu Bonn mit bloßem Auge sichtbaren Sterne. ARGELANDER bezeichnet die geschätzten Helligkeiten durch die Größen 1 bis 6 mit je 2 Zwischenklassen, die er in Form der Symbole 1.2, 2.1 usw. schreibt. Die schwächsten bei durchsichtiger Luft für sein Auge noch deutlich sichtbaren Sterne rechnet er zur 6. Größenklasse. Die Zwischenklassen enthalten im Durchschnitt nur etwa halb soviel Sterne als die Hauptklassen. Wie sehr ARGELANDER noch unter dem Einfluß der überlieferten Größenskala steht, geht daraus hervor, daß er den 9 hellsten Sternen einschließlich Sirius die Größe 1 gibt, obwohl ihm die zwischen den Helligkeiten dieser Sterne bestehenden beträchtlichen Unterschiede natürlich sehr wohl bekannt sind[8].

Was das angewandte Schätzungsverfahren anbetrifft, so bemerkt ARGELANDER in der Einleitung zu der U. N. nur ganz im allgemeinen, daß er bemüht gewesen sei, „durch vielfache, und für die helleren häufig wiederholte Vergleichungen der Sterne untereinander die richtige Größe der einzelnen zu ermitteln“. Man kann aber aus dem Programm, das er nur wenig später[9] für eine Durchmusterung der mit freiem Auge sichtbaren Sterne nach der Stufenschätzungs-

---

[1] C. H. F. PETERS and E. B. KNOBEL. Ptolemys Catalogue of Stars. Washington 1915.

[2] Herausgegeben von H. C. F. C. SCHJELLERUP. St. Petersburg 1874; vgl. auch M N 45, S. 417, 465 (1885).

[3] Opera omnia. Herausgegeben von DREYER Bd. 2 u. 3.

[4] Prodromus Astronomiae. Gedani 1690.

[5] Catalogus stellarum australium. London 1679.

[6] Observationes mathematicae et physicae in India et China factae a Patre Francisco Noël Societatis Jesu, ab anno 1684 usque ad annum 1708. Pragae 1710.

[7] Berlin 1843. [8] Vgl. Aufforderung an Freunde der Astronomie, S. 204 (1844).

[9] Aufforderung, S. 201 (1844).

methode entwickelt, mit ziemlicher Sicherheit auf das bei der Uranometrie angewandte Schätzungsverfahren schließen. Die betreffenden Stellen lauten: „Zuerst untersuche man alle helleren Sterne, etwa bis zur zweiten, dritten Größe hinab durch Vergleichung der nahe gleich hellen untereinander ... Man wiederhole die Vergleichungen sehr oft, vergleiche immer nur bedeutend hoch und nahe in gleichen Höhen stehende ... Die übrigen Sterne wird man nun am besten nach den einzelnen Sternbildern zusammennehmen, doch so, daß die Sterne dritter Größe mit mehreren der früher bestimmten helleren verglichen werden ... An diese reihe man nun die demnächst schwächern des Sternbildes an, und gehe so bis zu den schwächsten mit unbewaffnetem Auge sichtbaren hinab, zu deren Bestimmung man sich, wie früher erwähnt, eines Opernglases wird bedienen müssen ..."

E. HEIS' Atlas Coelestis Novus[1] stellt teils eine Wiederholung der U. N., teils eine Erweiterung derselben zu den schwachen Sternen hin dar. HEIS sieht bei der ungewöhnlichen Schärfe seines Auges fast 2200 Sterne mehr als ARGELANDER und bringt sie größtenteils in der neu hinzugenommenen Größenklasse 6.7 unter. HEIS schätzt im engsten Anschluß an ARGELANDERS Skala. Um bei der Beobachtung ohne künstliche Beleuchtung auskommen zu können, reproduziert er die Karten der U. N. in sehr großem Maßstabe unter Verwendung weißer Sternzeichen auf schwarzem Grunde.

B. GOULDS Uranometria Argentina[2] (U. A.) ist den Uranometrien von ARGELANDER und von HEIS, deren Fortsetzung zum Südpol hin sie bildet, an Genauigkeit der geschätzten Größen weit überlegen, was hauptsächlich der planmäßigen Verwendung von Anhaltsternen zu verdanken ist. Unter Leitung GOULDS wurden von vier Beobachtern (ROCK, THOME, DAVIS, HATHAWAY) 1871 bis 1874 die Größen aller zu Córdoba (450 m Meereshöhe) mit bloßem Auge sichtbaren Sterne, im ganzen 7756 Objekte, in Zehntelgrößen geschätzt. Bei Doppelsternen und sonstigen schwierigen Objekten wurde ein Opernglas oder ein Fernrohr zu Hilfe genommen. Ende 1873 lagen von jedem Stern durchschnittlich 4, zumeist von drei Beobachtern herrührende Schätzungen vor, und während des Jahres 1874 prüfte THOME alle Größenangaben noch einmal durch.

Die Schätzungsskala der U. A. ist auf die Skala der U. N. basiert. Die für ein Auge von normaler Sehschärfe bei sehr klarer Luft noch deutlich sichtbaren Sterne wurden im Einklang mit den Skalen von LALANDE, BESSEL, TAYLOR und der B. D. als $7^{M},0$ bezeichnet und bilden die Kategorie der schwächsten in den Katalog aufgenommenen Sterne. Im Bereich des Gürtels zwischen $+5°$ und $+15°$ Dekl., der für Córdoba und für Bonn gleiche Meridianhöhe erreicht, wurden 722 Sterne, die von sämtlichen 4 Beobachtern genau übereinstimmend geschätzt waren, ausgewählt und als Vergleichssterne bei der Schätzung der übrigen Sterne verwendet. Ferner wurden die in zwei südlichen Feldern ($-55°$ bis $-78°$ Dekl.) enthaltenen Sterne mit besonderer Sorgfalt an jene 722 Sterne angeschlossen und als Anhaltsterne für die südlich von $-40°$ Dekl. gelegenen Sterne benutzt. Grundsätzlich wurden nur in gleicher Höhe und nicht unterhalb $30°$ Höhe stehende Sterne miteinander verglichen

Die nachfolgend für die 6 alten Sternverzeichnisse sowie für die Uranometrien von ARGELANDER, HEIS und GOULD gegebenen Skalentabellen beruhen auf den von E. ZINNER[3] ausgeführten Vergleichungen der Kataloggrößen mit photometrischen Normalgrößen und sind einem Referat von C. WIRTZ[4] entnommen.

---

[1] Köln 1872.

[2] Resultados del Observatorio Nacional Argentino en Córdoba. Vol. 1. Buenos Aires 1879.

[3] Helligkeitsverzeichnis, S. 18ff.

[4] V J S 64, S. 104 (1929).

Tabelle 10.
Skalentabellen (photometrische Größe mit dem Argument Schätzungsgröße).

M	PTOL. (130)	AL-SÛFI (964)	BRAHE (1590)	HEVELIUS (1670)	HALLEY (1677)	NOËL (1695)	ARGEL. (1840)	HEIS (1860)	U. A. (1875)
1^M	$1^M,0$	$0^M,9$	$0^M,9$	$0^M,9$	$0^M,6$	$0^M,5$	$0^M,6$	$0^M,6$	$0^M,8$
	0,7	0,6	0,8	0,8	0,8	1,0	0,9	1,0	0,8
1,5	1,7	1,5	1,7	1,7	1,4	1,5	1,5	1,6	1,6
	0,7	0,6	0,7	0,7	0,7	0,7	0,8	0,7	0,7
2	2,4	2,1	2,4	2,4	2,1	2,2	2,3	2,3	2,3
	0,6	0,6	0,6	0,6	0,7	0,5	0,6	0,6	0,5
2,5	3,0	2,7	3,0	3,0	2,8	2,7	2,9	2,9	2,8
	0,6	0,6	0,5	0,5	0,5	0,4	0,5	0,5	0,5
3	3,6	3,3	3,5	3,5	3,3	3,1	3,4	3,4	3,3
	0,5	0,6	0,4	0,4	0,4	0,4	0,5	0,5	0,5
3,5	4,1	3,9	3,9	3,9	3,7	3,5	3,9	3,9	3,8
	0,4	0,5	0,4	0,4	0,3	0,3	0,4	0,4	0,4
4	4,5	4,4	4,3	4,3	4,0	3,8	4,3	4,3	4,2
	0,3	0,3	0,3	0,4	0,3	0,3	0,4	0,4	0,4
4,5	4,8	4,7	4,6	4,7	4,3	4,1	4,7	4,7	4,6
	0,2	0,2	0,2	0,3	0,2	0,3	0,4	0,4	0,4
5	5,0	4,9	4,8	5,0	4,5	4,4	5,1	5,1	5,0
	0,2	0,2	0,2	0,3	0,2	0,2	0,4	0,4	0,4
5,5	5,2	5,1	5,0	5,3	4,7	4,6	5,5	5,5	5,4
	0,1	0,2	0,2	0,2	0,3	0,2	0,5	0,6	0,5
6	5,3	5,3	5,2	5,5	5,0	4,8	6,0	6,1	5,9
		0,2	0,1	0,3				0,7	0,6
6,5	—	5,5	5,3	5,8	—	—	—	6,8	6,5
									0,6
7	—	—	—	—	—	—	—	—	7,1

Die tabulierten Werte gelten für Sterne von mittlerer Farbe außerhalb der Milchstraße. Den Einfluß der Farbe sowie der Stellung der Sterne relativ zur Milchstraße hat ZINNER eingehend untersucht und in Rechnung gestellt. Bei der Ableitung der Skalentabellen für ARGELANDER und für HEIS, in deren Schätzungen sich ein Einfluß der Extinktion bemerkbar macht, wurden nur die nördlichen Sterne berücksichtigt.

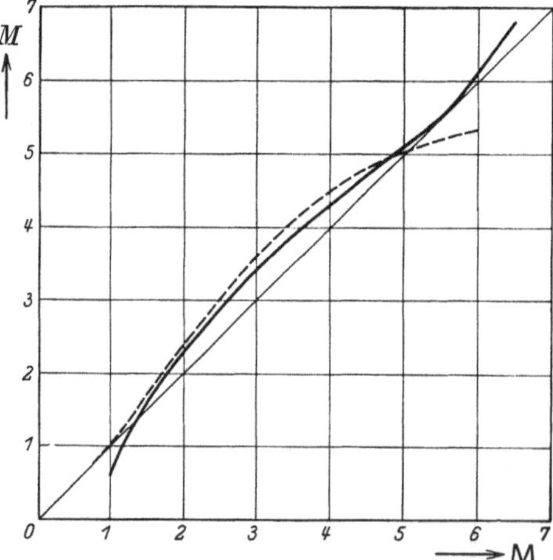

Abb. 69. Skalenkurven für PTOLEMÄUS (– – –) und für HEIS (———).

Die nahe Übereinstimmung, in der sich nach Ausweis dieser Tabellen die Skalen der 6 alten Kataloge miteinander befinden, läßt sich dadurch noch verbessern, daß man die Nullpunkte der Skalen von HALLEY und von NOËL ein wenig verschiebt. Eine fast noch bessere innere Übereinstimmung zeigen die Skalen der drei Uranometrien. Man schließt hieraus einerseits, daß die alten Beobachter sehr stark unter dem Einfluß der PTOLEMÄIschen Größen gestanden haben, andererseits, daß sowohl HEIS als den Beobachtern der U. A. der erstrebte Anschluß an die ARGELANDERsche Skala vollkommen geglückt ist. Hingegen besteht, wie eine Vergleichung der in Abb. 69 dargestellten Skalenkurven für PTOLEMÄUS und für HEIS erkennen läßt, zwischen den Skalen der alten und der neuen Kataloge ein wesentlicher Unterschied. Während die Kurve des PTOLEMÄUS in ihrem ganzen Verlauf gegen die M-Achse konkav gekrümmt ist, was einem stetigen Engerwerden der Skala zu den schwachen Sternen hin entspricht, verläuft die der ARGELANDERschen Skala entprechende HEISsche Kurve im Bereich der Größen $3^{\mathrm{M}},5$ bis $5^{\mathrm{M}},5$ geradlinig, um sich für die hellen Sterne im gleichen, für die schwachen Sterne im entgegengesetzten Sinne zu krümmen wie die PTOLEMÄIsche Kurve. Die ARGELANDERsche Skala schreitet also zwischen $3^{\mathrm{M}},5$ und $5^{\mathrm{M}},5$ gleichmäßig fort (dem Intervall $0^{\mathrm{M}},5$ entspricht das konstante photometrische Intervall $0^{M},4$), um sich sowohl zu den schwachen, als besonders zu den hellen Sternen hin beträchtlich zu erweitern. Wie aus der Neigung der Kurventangente hervorgeht, hat die Skala des PTOLEMÄUS zwischen 3^{M} und $3^{\mathrm{M}},5$, die von HEIS bei $5^{\mathrm{M}},5$ die normale Weite der photometrischen Skala.

Die zur M-Achse konkave Krümmung der PTOLEMÄIschen Kurve bzw. die ihr entsprechende ständige Abnahme des Intervallwertes von den hellen zu den schwachen Sternen hin läßt sich ungezwungen durch die Annahme erklären, daß für die antike Einteilung der Sterne in die 6 Größenklassen nicht ausschließlich die Helligkeit, sondern daneben auch die Anzahl der in jede Klasse einzureihenden Sterne maßgebend war. Die Tendenz, die Anzahl der Sterne für die ersten Klassen nach Möglichkeit zu erhöhen, für die Endklassen möglichst herabzudrücken, mußte ein systematisch fortschreitendes Engerwerden der Größenklassenskala zu den schwachen Sternen hin zur Folge haben.

Im Gegensatz zu der antiken Kurve entspricht der Verlauf der neuzeitlichen Kurve näherungsweise dem normalen Verlauf der Reizempfindungskurve. In dem Bereich zwischen $3^{\mathrm{M}},5$ und $5^{\mathrm{M}},5$, innerhalb dessen die Skalenkurve geradlinig verläuft, ist das FECHNERsche Gesetz erfüllt. Indessen ist in diesem Bereich die Schätzungsskala merklich enger als die photometrische Skala, indem dem geschätzten Intervall $\Delta' \mathrm{M} = 1$ das photometrische Intervall $\Delta M = 0{,}8$ bzw. das logarithmische Intensitätsverhältnis[1] $\log \varrho = 0{,}32$ entspricht. Während sich die konvexe Krümmung der Kurve im Bereich der schwachen Sterne bzw. das entsprechende Anwachsen des Stufenwertes im wesentlichen durch die Abnahme der Unterschiedsempfindlichkeit des Auges mit abnehmender Sternhelligkeit erklären dürfte, ist die gleichfalls ein Anwachsen des Stufenwertes anzeigende konkave Krümmung der Kurve im Bereich der hellen Sterne wohl weniger durch die Zunahme der Sternhelligkeit als durch das korrelative Absinken der Sterndichte bedingt, welches eine Unterschätzung der Helligkeitsunterschiede und damit ein Anwachsen der Intervallwerte zur Folge hat. Ferner dürfte auch der Einfluß der historischen Skala bis zu einem gewissen Grade für den Verlauf der neuzeitlichen Kurve, insbesondere im Bereich der hellen Sterne, mitbestimmend sein.

Genauigkeit der geschätzten Größen. Die in der folgenden Tabelle zusammengestellten m. F. der Größen der einzelnen Sternverzeichnisse hat E. ZINNER[2] durch Vergleich der auf die photometrische Skala reduzierten Schätzungsgrößen mit als fehlerfrei angenommenen photometrischen Normalgrößen abgeleitet.

Tabelle 11.

M	PTOL.	AL-SÛFI	BRAHE	HEVEL	HALLEY	NOËL	$\Delta' M$	ARGEL.	HEIS	U.A.	$\Delta' M$
2^{M}	$\pm 0^{M},60$	$\pm 0^{M},49$	$\pm 0^{M},66$	$\pm 0^{M},52$	$\pm 0^{M},43$ (2–3)	$\pm 0^{M},47$ (2–3)	$1^{M},3$	—	—	$\pm 0^{M},14$	$1^{M},3$
3	,47	,42	,55	,52			1 ,0	$\pm 0^{M},21$	$\pm 0^{M},19$	13	1 ,0
4	,44	,36	,51	,48	,41 (4–5)	,43 (4–5)	0 ,7	22	23	11	0 ,8
5		,38	,43	,37			0 ,5	27	24	14	0 ,8
6				,41			0 ,4	33	34	16	1 ,1

[1] Vgl. Ziff. 16. [2] Helligkeitsverzeichnis, S. 18ff.; vgl. auch V J S 64, S. 105 (1929).

Handelt es sich bei der Skala der geschätzten Größen um eine reine Empfindungsstärkenskala, so muß der zufällige Fehler der geschätzten Größe, in Schätzungsmaß ausgedrückt, für Sterne verschiedener Helligkeit konstant, hingegen, in photometrischem Maß ausgedrückt, dem Stufen- bzw. dem Intervallwert proportional sein. Dabei ist vorausgesetzt, daß jede geschätzte Größe auf der gleichen Anzahl von Einzelschätzungen beruht. Man sieht nun sogleich, daß bei den alten Katalogen die Werte des m. F. den (in Spalte 8 angeführten) Intervallwerten $\Delta'M$ der PTOLEMÄIschen Skala keineswegs proportional sind — wohl aber den in der letzten Spalte angeführten Intervallwerten der ARGELANDERschen Skala, und darf hierin mit Recht einen neuen Beweis dafür erblicken, daß die PTOLEMÄIsche Skala eine eigentliche — d. h. auf reiner Helligkeitsschätzung beruhende — Schätzungsskala überhaupt nicht ist. Die m. F. sind für die 6 alten Kataloge von gleicher Größenordnung.

Mit den Fehlern der Helligkeitsangaben dieser Kataloge verglichen, sind die m. F. der Größen von ARGELANDER, von HEIS sowie besonders der U. A. sehr klein. Der Gang der m. F. mit der Helligkeit entspricht, insbesondere für die letzteren Größen, sehr nahe dem Gang des Intervallwertes $\Delta'M$ (letzte Spalte). Daß sich bei ARGELANDER und bei HEIS der der Sterngröße 3^M entsprechende Fehler als relativ klein erweist, hat wohl hauptsächlich darin seinen Grund, daß die Beobachter die hellen Sterne häufiger nachgesehen haben als die schwachen. — Die Genauigkeit der Größen der U. A. ist der von ARGELANDER und von HEIS erreichten bedeutend überlegen und reicht fast an die Genauigkeit photometrisch bestimmter Größen heran. Hier tritt die Überlegenheit der von GOULD angewandten Methode zutage, die nicht in Schätzungen nach einer Gedächtnisskala, sondern in Vergleichungen mit ausgewählten Anhaltsternen bestand.

42. Die Größenschätzung im Fernrohr. α) Allgemeine Gesichtspunkte. Größenschätzungen im Fernrohr werden fast ausschließlich in Verbindung mit Positionsbestimmungen, sei es am Meridiankreis, sei es am Refraktor, ausgeführt und haben in der Regel einen mehr beiläufigen Charakter. Bei sorgfältiger Ausführung der Schätzungen können indessen die geschätzten Größen ein durchaus wertvolles Material darstellen. Die Gedächtnisskala, auf Grund deren die Schätzungen erfolgen, prägt sich der Beobachter, insbesondere vor Beginn größerer Reihen, zweckmäßig an Hand der Schätzung besonderer Normalsterne ein. Da die für die einzelne Schätzung verfügbare Zeit in der Regel knapp bemessen ist, so kommt eine Vergleichung mit anderen Sternen gewöhnlich nicht in Frage, und die Schätzung ist rein gedächtnismäßig.

Über Wesen und Bedeutung der Größenschätzung im Fernrohr, insbesondere deren Fehlerquellen und Genauigkeit, gibt ARGELANDER[1] das folgende als klassisch zu bezeichnende Urteil ab: „Die Größenschätzung der Sterne im Fernrohr gehört zu den schwierigsten Aufgaben der Astronomie: Der Lichteindruck, den sie auf das Auge machen, ist so sehr durch den Zustand der Atmosphäre, durch die stärkere oder schwächere Erleuchtung des Gesichtsfeldes, durch den Grad der Ermüdung des Auges und andere Zufälligkeiten bedingt, daß dadurch jede Bestimmung sehr schwankend wird. Dazu kommt noch, daß unwillkürlich das uns noch vorschwebende Bild des vorhergehenden Sternes auf die Schätzung des folgenden einwirkt: den auf einen bedeutend schwächeren Stern folgenden helleren werden wir zu hell schätzen, und umgekehrt. Daher kann eine solche Größenschätzung auf große Genauigkeit keinen Anspruch machen, selbst wenn die Grenzen der Größenklassen bestimmter wären, als dies der Fall

[1] Bonner Beob 1, S. XXIV (1846).

ist. Indessen sind die gerügten Übelstände bedeutend geringer bei schwächeren Sternen als bei den helleren, und bei jenen erlangt man durch Übung doch bald eine gewisse Sicherheit . . ." Eine weitere große Schwierigkeit, auf die ARGELANDER an anderer Stelle[1] Bezug nimmt, liegt bei den Größenschätzungen in der richtigen Abschätzung des Einflusses der Extinktion. Nur auf Grund langer Übung und Erfahrung erlangt der Beobachter eine gewisse Sicherheit darin, die Sterne jeweils gemäß derjenigen Helligkeit einzuschätzen, die sie, in einer bestimmten konstanten Zenitdistanz (z. B. 45°) stehend, haben würden.

Die Schätzung von Sternen, welche im Fernrohr wesentlich heller erscheinen als Sterne erster Größe mit bloßem Auge gesehen, ist völlig illusorisch. Daß sich schwache Sterne im allgemeinen genauer einschätzen lassen als hellere, hat seine besonderen Gründe. Bei der Schätzung der ersteren Sterne nimmt nämlich der Beobachter stets bewußt oder unbewußt eine Vergleichung mit dem Himmelsgrunde bzw. mit dem künstlich erleuchteten Untergrunde vor. Ferner wird bei großem Sehfelde des Fernrohres — der bei der nördlichen B. D. benutzte Kometensucher hatte z. B. ein Sehfeld von 6° Durchmesser — die Zuverlässigkeit der Schätzungen infolge der gleichzeitigen Sichtbarkeit anderer Sterne erhöht. Sehr ungünstig auf die Sicherheit der Größenschätzungen pflegt hingegen ein häufigerer Wechsel der Feldbeleuchtung zu wirken, der sich in Fällen, in denen Sterne von sehr verschiedener Helligkeit zur Beobachtung gelangen, nicht gut vermeiden läßt. Daß sich aber umgekehrt aus dem Wechsel der Feldbeleuchtung auch Vorteile für die Größenschätzung ergeben können, geht aus dem von M. J. JOHNSON[2] angewandten Verfahren hervor, der die verschiedenen Grade der Feldbeleuchtung als Anhaltspunkt bei der Schätzung der Sterngrößen verwendet.

Als ein weit wertvolleres Hilfsmittel bei der Größenschätzung im Meridianfernrohr hat sich die von F. KÜSTNER[2] im Jahre 1894 vorgeschlagene und am Bonner sechszölligen Meridiankreis erprobte Anwendung von Objektivgittern erwiesen. Mit Hilfe mehrerer leicht auswechselbarer Gitter, deren Abschwächungswerte genau bekannt sein müssen, läßt sich erreichen, daß alle Schätzungen innerhalb eines Empfindungsstärkenbereiches von 2 bis 3 Größen ausgeführt werden.

Zu beachten ist übrigens, daß die Skala der im Durchgangsinstrument geschätzten Größen im allgemeinen nicht als reine Helligkeitsskala betrachtet werden kann, indem nämlich — wie B. STICKER[3] hervorhebt — die Schätzung vielfach weniger nach dem Helligkeitseindruck als „vielmehr auf Grund der Leichtigkeit oder Schwierigkeit erfolgt, mit der der Stern im Gesichtsfelde eingestellt und zum Zwecke der Taster- oder unpersönlichen Registrierung verfolgt werden kann. An die Einschätzung in diese ‚Schwierigkeitsskala' wird sich der Beobachter ziemlich schnell und sicher gewöhnen."

Die Bedeutung, welche der Größenschätzung am Meridiankreis bei Anwendung einer einwandfreien Methode unter heutigen Verhältnissen zukommt, läßt sich sehr treffend mit den Worten R. PRAGERS[4] kennzeichnen: „Man wird . . . ersehen, daß die Bestimmung von Sternhelligkeiten nach der Gedächtnisskala selbst unter ungünstigen Umständen mit ziemlicher Genauigkeit möglich und bei dem geringfügigen Arbeitsaufwand, den sie erfordert, zu statistischen Zwecken auch heute noch wohl geeignet ist. Voraussetzung ist dabei, daß das Helligkeitsintervall klein ist oder durch Zuhilfenahme von Blendgittern klein gemacht wird, daß die Zahl der Referenzpunkte genügend groß ist, und wenn auch nicht notwendig, so ist es doch vorteilhaft, wenn die Skala von vornherein der photometrischen sich möglichst eng anschließt."

[1] Bonner Beob 2, S. XLVIII (1852). [2] Näheres siehe unter β).
[3] Helligkeitsverzeichnis von 620 Sternen 8. bis 12. Größe, S. 17. Diss. Bonn 1928.
[4] Berlin-Babelsberg Veröff 4, S. XXII (1923).

β) Diskussion der wichtigsten auf Größenschätzungen im Fern rohr beruhenden Helligkeitsverzeichnisse. Für die Diskussion in erste Linie in Frage kommende Verzeichnisse sind einmal die Meridiankataloge, so weit sie geschätzte Originalgrößen enthalten, ferner die großen, auf Beobachtunger zu Bonn und Córdoba beruhenden Durchmusterungskataloge, schließlich Doppel sternverzeichnisse, soweit sie nach dem Vorbilde der W. STRUVEschen Katalog geschätzte Originalgrößen enthalten. Für den Wert eines Größenverzeichnisse maßgebend ist neben der Zuverlässigkeit der geschätzten Größen auch die An zahl der Sterne sowie die Vollständigkeit des Verzeichnisses bis zu einer bestimm ten Grenzgröße hinab. Im folgenden können nur diejenigen Helligkeitsverzeich nisse erwähnt und mehr oder weniger eingehend besprochen werden, die für di Entwicklung der Größenschätzungsmethode eine besondere Bedeutung haben Da es infolge des Fehlens kritischer Vorarbeiten schwierig ist, sich über der relativen Wert der verschiedenen Größenverzeichnisse ein maßgebendes Urtei zu bilden, so ist die hier getroffene Auswahl nicht als endgültig zu betrachten sondern wird noch in mancher Hinsicht der Ergänzung bedürfen.

J. FLAMSTEED[1], der 1689 bis 1719 zu Greenwich die Örter von 3300 Sterner im Meridian beobachtete, war der erste, der planmäßig die Größen der Sterne während ihres Meridiandurchganges im Fernrohr schätzte. Er gab ganze und halbe Größenklassen bis zur Endklasse 8 an. Die Größen der helleren Sterne schätzte er teils mit unbewaffnetem Auge, teils nahm er sie nach älteren Verzeichnissen an. Nach F. BAILY[2], der FLAMSTEEDS Historia Coelestis Britannica 1835 neu herausgab, würden sich die ursprünglich geschätzten Größen nur durch Zurückgehen auf die Originalmanuskripte ermitteln lassen.

N. L. DE LACAILLE[3] beobachtete 1746 bis 1750 zu Paris und 1751 bis 1752 am Kap mit Meridianfernrohren von 7 bzw. 3 Fuß Länge ($d = 13$ mm) die Örter von rund 10000 südlichen Sternen. Während er die Größen der helleren Sterne bis 5^M mit bloßem Auge schätzte, aber an Stelle der geschätzten Helligkeiten die Größen HALLEYS in seinen Katalog aufnahm, schätzte er die Größen der schwächeren Sterne im Fernrohr ohne Feldbeleuchtung in ganzen und halben Größenklassen und brachte die schwächsten Sterne (etwa 7^M bis 9^M) in der Sammelklasse 7 unter.

J. BRADLEYS[4] Größenschätzungen sind nicht zahlreich, bedeuten aber hinsichtlich der erzielten Genauigkeit einen Fortschritt. BRADLEY schätzte 1750 bis 1762 unter Assistenz von G. MORRIS mit Meridianfernrohren von $1^1/_2$ Zoll Öffnung die Größen von nahezu 400 nicht bei FLAMSTEED vorkommenden schwachen Sternen in Viertelgrößen und bezeichnete die drei von ihm verwendeten Zwischenklassen durch die Symbole: 5^m- ($5^1/_4$); $5{,}6^m$ ($5^1/_2$); 6^m+ ($5^3/_4$). A. AUWERS[4] hat die Mittelwerte der von BRADLEY und MORRIS geschätzten Größen zusammengestellt und auf die Skala der ARGELANDERschen U. N. reduziert.

J. DE LALANDES[5] Katalog, herausgegeben von F. BAILY[6], enthält die in den Jahren 1789 bis 1800 mit einem Meridianfernrohr von 3 Zoll Öffnung beobachteten Größen und Örter von 47390 Sternen. Die Beobachter (LE FRANÇAIS DE LALANDE

[1] Historia Coelestis Britannica. London 1725.

[2] FRANCIS BAILY, An Account of the Rev. JOHN FLAMSTEED ... to which is added his British Catalogue of Stars, corrected and enlarged. London 1835.

[3] Caelum australe stelliferum, Paris 1763; F. BAILY, A Catalogue of 9766 Stars in the Southern Hemisphere ... of the Abbé de Lacaille. London 1847.

[4] A. AUWERS, Neue Reduktion der Bradleyschen Beobachtungen Bd. 3, S. 6.

[5] Histoire céleste française. Paris 1801.

[6] A Catalogue of those Stars in the Histoire Céleste Française of Jérome Delalande, for which Tables of Reduction to the Epoch 1800 have been published by Professor Schumacher. London 1847.

und BURCKHARDT) schätzten mit großer Sorgfalt und gaben die Größen in ganzen und halben Klassen bis zu der selten vorkommenden Endklasse 10 an. Nach ARGELANDER[1] sind die helleren Sterne durchschnittlich stark überschätzt worden.

BESSELS Zonen, reduziert von M. WEISSE[2], enthalten zwischen $-15°$ und $+15°$ (Epoche 1821 bis 1825) 31000 und zwischen $+15°$ und $+45°$ (Epoche 1825 bis 1833) 31500 Sterne. BESSEL schätzt sehr sorgsam in ganzen und halben Klassen (welch letztere allerdings sehr selten vorkommen) in Anlehnung an LALANDES Skala[3]. Die schwächsten Sterne, die im erleuchteten Felde des Königsberger Meridianfernrohres von 4 Zoll Öffnung noch auf den ersten Blick auffallen, bezeichnet er als 9^M, noch schwächere und daher schwieriger aufzufindende Sterne als 9.10^M. Die hellen Sterne hat BESSEL wesentlich schwächer eingeschätzt als LALANDE.

W. STRUVE[4] hat die Größen der Komponenten von Doppel- und vielfachen Sternen am Dorpater 240 mm-Refraktor mit großer Sorgfalt geschätzt. Er legt den schwächsten im dunklen Felde bei normal durchsichtiger Luft sichtbaren Sternen die Größe 12 bei. STRUVE schätzt in ganzen und halben Größen und gibt noch feinere Unterschiede in Worten an. Er bildet die Mittelwerte der geschätzten Größen auf 0,1. — Nach E. C. PICKERING[5] stimmt die Skala der STRUVEschen Größen für das Intervall 6^M bis 9^M mit der photometrischen Skala überein und wird sowohl zu den hellen (3^M,0 STRUVE = 3^M,4 PICKERING) als zu den schwachen Sternen hin (11^M,0 STRUVE = 10^M,5 PICKERING) enger.

Die auf Meridianbeobachtungen (seit 1840) mit einem Fernrohr von 4 Zoll Öffnung beruhenden Radcliffekataloge[6] enthalten ein wertvolles Material an geschätzten Größen. Von Interesse ist das von M. J. JOHNSON[7] bei den Schätzungen zu Hilfe genommene „rohe photometrische Verfahren“: Als 10^M gilt ein Stern, der im schwach erleuchteten Felde bei sehr klarer Luft eben noch beobachtet werden kann. — Ein Stern 9^M ist unter gleichen Umständen ein weniger schwieriges Objekt. — 8^M kann bei mittelmäßiger Feldbeleuchtung beobachtet werden. — 7^M kann im voll erleuchteten Felde gesehen werden, wird aber bei etwas abgeschwächter Beleuchtung beobachtet. — 6^M wird im voll erleuchteten Felde beobachtet. — 5^M zeigt eine kleine, aber wohl definierte, 4^M eine größere, mehr ins Auge fallende Korona. — Noch hellere Sterne lassen sich nicht mehr mit Sicherheit schätzen. Als Schätzungseinheit diente anfänglich die Drittel-, später die Fünftelgröße. In den Katalogen sind die Mittelwerte der geschätzten Größen auf 0,1 gegeben.

Arbeiten ARGELANDERS und seiner Schüler. ARGELANDER[8] hat in den Jahren 1841 bis 1867 bei den Zonenbeobachtungen am 4zölligen Meridiankreise eine außerordentlich große Anzahl von Größenschätzungen ausgeführt und auf diese Schätzungen stets große Sorgfalt verwandt. Er legt seinen Schätzungen die Skala der Größen in BESSELS Zonen zugrunde und schätzt bis 1853 auf halbe Größen, später auf Zehntelgrößen.

---

[1] Erg.-Heft zu A N 29, S. 31 (1849).

[2] Positiones mediae stellarum fixarum in zonis Regiomontanis a Besselio inter $-15°$ et $+15°$ declinationis observatarum. Petropoli 1846 — ... inter $+15°$ et $+45°$ declinationis observatarum. Petropoli 1863.

[3] A N 1, S. 262 (1822).

[4] Stellarum duplicium et multiplicium mensurae micrometricae. Petropoli 1837 (S. LXVII); vgl. auch Dun Echt Obs Publ 1 (1876).

[5] Harv Ann 14, S. 357 (1884).

[6] Äquinoktien der Kataloge: 1845, 1860, 1875, 1890, 1900.

[7] Radcl Obs 12, Appendix (1853).

[8] Bonner Beob 1 ($+80°$ bis $+45°$, 1841—1844, 21700 Sterne); 2 ($-15°$ bis $-31°$, 1849—1852, 18000 Sterne); 6 ($+90°$ bis $-31°$, 1845—1867, 33800 Sterne); vgl. auch E. WEISS, Katalog der Argelanderschen Zonen. Wiener Ann. Suppl.-Bd. 1 u. 2.

Für den w. F. der einzelnen Größenschätzung leitet ARGELANDER aus der inneren Übereinstimmung der geschätzten Größen die folgenden Werte ab:

Bonner Beob. 1, Sterne +80° bis +45°: w. F. $\pm 0^{M},23$,
„ „ 2, Sterne −15° bis −31°: w. F. $\pm 0^{M},30$.

Daß der Fehler für die südlichen Sterne beträchtlich größer als für die nördlichen ist, dürfte hauptsächlich dem Einfluß der Extinktion zuzuschreiben sein. Ferner ergeben sich für die in Bd. 6 enthaltenen Sterne folgende Werte des w. F.:

Sterne bis $8^{M},4$: w. F. $\pm 0^{M},16$; Sterne $8^{M},5$ bis $9^{M},1$: w. F. $\pm 0^{M},09$.

Daß die w. F. so stark herabgegangen sind, dürfte seinen Grund hauptsächlich in der Anwendung der kleineren Schätzungseinheit 0,1 haben. ARGELANDER gibt in Bd. 1 und 2 Vergleichungen seiner Schätzungsskala mit den Skalen BESSELS, LACAILLES und LALANDES.

Die Bonner nördliche Durchmusterung[1] (B. D.), unter Leitung ARGELANDERS in den Jahren 1852 bis 1859 durchgeführt, enthält die genäherten Positionen und geschätzten Größen von rund 320000 Sternen bis zur Endgröße $9^{M},5$ zwischen dem Nordpol und −2° Dekl. Als Beobachtungsinstrument diente ein FRAUNHOFERscher Kometensucher von 34 Linien (= 76 mm) Öffnung, 24 Zoll (= 650 mm) Brennweite und 10facher Vergrößerung. Das Sehfeld hatte 6° Durchmesser. Als Beobachter waren THORMANN, SCHÖNFELD und KRUEGER tätig, der erstgenannte nur bis Mai 1853. Die Beobachtung erfolgte stets im dunklen Felde und in Anbetracht dessen, daß die Bestimmung der Positionen die wichtigere Aufgabe war, auch in Nächten mit leicht verschleiertem Himmel oder hellem Mondschein. Jeder Stern wurde in 2 bis 3 Zonen beobachtet. Dem Einfluß der Extinktion trugen die Beobachter grundsätzlich bei der Schätzung selbst Rechnung.

Eine Sonderbehandlung erfuhr die Polarzone +80° bis +90°. Während die Positionen der in dieser Zone enthaltenen Sterne CARRINGTONS Kataloge entnommen wurden, beruhen die Größen auf Schätzungen, die SCHÖNFELD 1859 Mai bis August mit einem lichtstarken Kometensucher (d = 97 mm, V = 12) ausgeführt hatte.

Die Skala der Bonner Schätzungen schließt sich für die hellen Sterne an die Größen der U. N., für die schwachen Sterne an die Größen LALANDES, BESSELS sowie vor allem W. STRUVES an. Die Größen der B. D. sind in Zehnteln angegeben, welch letztere aber teilweise nur durch die Mittelung von Schätzungen entstanden sind, die in halben oder Sechstelgrößen ausgeführt waren. Nach SCHÖNFELD[2] sind bei den Schätzungen drei Perioden zu unterscheiden. In der ersten Periode (1852 bis 1854), welche etwa 20% aller Beobachtungen umfaßt, erfolgten die Schätzungen in halben Größen (7, 7−8, 8, 8−9 usw.). In der zweiten Periode (1854 bis 1857), in welche fast 50% aller Schätzungen fallen, haben die Beobachter noch je zwei Zwischenklassen eingeschoben und mit Hilfe der Buchstaben *s* (schwächer) und *gt* (gut, d. h. heller) unterschieden, so daß beispielsweise 7 (= 7,0), 7 *s* (= 7,2), 7−8 *gt* (= 7,3), 7−8 (= 7,5) usw. aufeinanderfolgende Schätzungsgrade sind. Endlich sind in der die restlichen 30% der Beobachtungen umfassenden dritten Periode (1857 bis 1859, Sterne nördlich von +50°) die Schätzungen direkt in Zehnteln ausgeführt worden. Das Größenmaterial der B. D. ist also keineswegs homogen, und die Größenskala auch insofern ungleichmäßig, als die verschiedenen Zehntel im Kataloge in sehr ungleicher Anzahl vorkommen. Nach den Zählungen K. VON LITTROWS[3] kommen die

[1] Bonner Beob 3 (1859); 4 (1861); 5 (1862).
[2] Brief an C. S. PEIRCE [Harv Ann 9, S. 27 (1878)].
[3] Sitzber Wiener Akad Wiss Cl II 59, S. 569 (1869); 61, S. 263 (1870).

Zehntel 0 und 5 am häufigsten vor, dann die Zehntel 2, 3, 7, 8, am seltensten 1, 4, 6, 9. Vollständigkeit der Sterne wurde von den Beobachtern bis zu der Größe $9^M,3$ erstrebt. Die beiden letzten Klassen $9^M,4$ und $9^M,5$ sind Sammelklassen, in denen zahlreiche, zum Teil sehr schwache Sterne bis zur photometrischen Größe 11^M oder $11^M,5$ untergebracht sind.

Die Bonner südliche Durchmusterung[1] (S. D.), von SCHÖNFELD 1876 bis 1881 durchgeführt, enthält die genäherten Positionen und geschätzten Größen von 133659 Sternen zwischen $-2°$ und $-23°$ Dekl. bis zur Endgröße 10. Das Beobachtungsinstrument war ein äquatoreal aufgestellter Refraktor ($d = 159$, $f = 1930$, $V = 26$). Das Sehfeld hatte $1° 44'$ Durchmesser. Das Beobachtungsverfahren war dem bei der nördlichen Durchmusterung angewandten sehr ähnlich. Eine wesentliche Abweichung bestand darin, daß SCHÖNFELD stets bei schwacher roter Feldbeleuchtung beobachtete. Jeder Stern wurde programmmäßig in 2 Zonen beobachtet. Die Schätzungen erfolgten in Zehntelgrößen in engem Anschluß an die Skala der B. D. Nur wurde letztere Skala durch Hinzufügen der Klassen 9,6 bis 10,0 erweitert, welche hinsichtlich der Helligkeit der in ihnen enthaltenen Sterne ungefähr der Klasse 9,5 der B. D. entsprechen. Vollständigkeit wurde wie bei der nördlichen Durchmusterung nur bis zu den Sternen $9^M,2$ oder $9^M,3$ erstrebt. Nach den von A. PANNEKOEK[2] vorgenommenen Zählungen verhalten sich in der S. D. die Dezimalen der Kataloggrößen nach der relativen Häufigkeit ihres Vorkommens sehr ähnlich wie in der B. D.

Systematische und zufällige Fehler der B. D. und der S. D. Über die Größenskalen der beiden Durchmusterungen, insbesondere der nördlichen, liegen zahlreiche Untersuchungen[3] vor. Wir beschränken uns im folgenden darauf, einerseits auf die von G. MÜLLER und P. KEMPF auf Grund von Vergleichungen mit den Potsdamer Größen erhaltenen Ergebnisse, andererseits auf die neuerdings erschienenen Untersuchungen A. PANNEKOEKS einzugehen, welch letztere auf den Arbeiten E. C. PICKERINGS fußen.

In der linken Hälfte der folgenden Tabelle 12 sind die von MÜLLER und KEMPF[4] zur Reduktion der Skala der B. D. auf die Skala der P. D. gegebenen Korrektionen zusammengestellt sowie ferner die neuerdings von B. STICKER[5] durch Vergleich mit den Größen der P. D. P.[6] ermittelten, für die schwachen Sterne der B. D. innerhalb der Polarzone $+80°$ bis $+90°$ geltenden Skalenkorrektionen. Die Deklinationsbereiche $0°$ bis $20°$ und $20°$ bis $90°$ sind aus Gründen, auf die wir unten noch zu sprechen kommen, getrennt behandelt.

Daß die Reduktion der B. D.-Skala (Zone $20°$ bis $90°$) für die BD-Größe $5^M,7$ gleich 0 wird, hat seinen Grund einfach darin, daß gemäß Definition der Potsdamer Skala die Größen der P. D. bei $6^M,0$ definitionsgemäß mit den Größen der B. D. zusammenfallen. Die Skalenreduktion wächst sowohl mit zunehmender als mit abnehmender Helligkeit der Sterne ziemlich gleichmäßig auf den maximalen Betrag $+0^M,3$ an. Wie die dem Schätzungsintervall $0^M,5$ entsprechenden Intervallwerte $\Delta' M$ zeigen, verläuft die Schätzungsskala sowohl für die hellen Sterne ($<5^M,7$) als für die schwachen Sterne ($>5^M,7$) ziemlich gleichmäßig, ist aber im Bereich der ersteren Sterne merklich enger (mittlerer Intervallwert $0^M,90$), im Bereich der letzteren Sterne erheblich weiter (mittlerer Intervallwert $1^M,18$) als

[1] Bonner Beob 8 (1886).

[2] Publ Astron Inst Univ Amsterdam Nr. 1, S. 46 (1924).

[3] Vgl. J. HOPMANN, Neue Untersuchungen über die Größenskala der schwachen Sterne der nördlichen Bonner Durchmusterung (Diss. Bonn 1914).

[4] Potsdam Publ 9, S. 487 (1894); 13, S. 454 (1899); 14, S. 438 (1903); 16, S. 263 (1906).

[5] V J S 64, S. 60 (1929).

[6] Photometrische Durchmusterung der BD-Sterne von $7^m,5$ bis $9^m,5$ innerhalb der Polarzone $+80°$ bis $+90°$ [Potsdam Publ Nr. 85 (1927)].

Tabelle 12.

B. D.-Größe	P. D. – B. D.			P. D. P. – B. D.		Harv. – B. D.			Harv. – S. D.	
	0° bis +20°	+20° bis +90°		+80° bis +90°		−2° bis +10°	+10° bis +90°		−2° bis −23°	
	ΔM (0^M,01)	ΔM (0^M,01)	$\Delta' M$	ΔM (0^M,01)	$\Delta' M$	ΔM (0^M,01)	ΔM (0^M,01)	$\Delta' M$	ΔM (0^M,01)	$\Delta' M$
2^M,7 [1]	+55	+31								
			0^M,46							
3 ,2	+42	+27								
			0 ,43							
3 ,7	+36	+20								
			0 ,53							
4 ,2	+19	+23								
			0 ,41							
4 ,7	+08	+14								
			0 ,39							
5 ,2	+04	+03								
			0 ,47							
5 ,7	−06	00								
			0 ,59							
6 ,2	+01	+09								
6 ,5			0 ,62			−44	−10		−24	
6 ,7	+06	+21						0^M,59		0^M,58
7 ,0			0 ,56			−42	−01		−16	
7 ,2	+02	+27						0 ,54		0 ,57
7 ,5	−03	+29		+02		−38	+03		−09	
					0^M,57			0 ,52		0 ,55
8 ,0				+09		−28	+05		−04	
					0 ,60			0 ,55		0 ,57
8 ,5				+19		−09	+10		+03	
					0 ,71			0 ,63		0 ,65
9 ,0				+40		+16	+23		+18	
					0 ,16			0 ,19		0 ,23
9 ,1				+46		+32			+31	
					0 ,19			0 ,18		0 ,21
9 ,2				+55		+40			+42	
					0 ,20			0 ,25		0 ,27
9 ,3				+65		+55			+59	
					0 ,25			0 ,29		0 ,27
9 ,4				+80		+74			+76	
					0 ,35			0 ,45		0 ,24
9 ,5				+105		+109			+90	
										0 ,20
9 ,6									+100	
										0 ,17
9 ,7									+107	
										0 ,15
9 ,8									+112	
										0 ,14
9 ,9									+116	
										0 ,12
10 ,0									+118	

die photometrische Skala. — Für Sterne schwächer als $7^M,5$ findet nach Ausweis der für die Polarzone geltenden Werte ein rasches Anwachsen der Skalenreduktion statt. Der geschätzten Größe $9^M,5$ entspricht die photometrische Größe $10^M,55$. Entsprechend wird die Schätzungsskala zunächst langsam, dann in zunehmendem Maße weiter. Der dem Schätzungsintervall $0^M,1$ entsprechende Intervallwert wächst von $0^M,11$ bei $7^M,5$ auf $0^M,35$ bei $9^M,5$ an.

[1] Sterne bis 3^M.

Farbengleichung. Faßt man wieder die Sterne zwischen 0° und 20° einerseits, zwischen 20° und 90° andererseits zusammen, so erhält man nach MÜLLER für vier verschiedene Farbengruppen die folgenden Reduktionen auf das Potsdamer System (im Sinne P. D. — B. D.):

Farbe	Weiß	Gelblichweiß	Weißlichgelb	Gelb bis Rot
Dekl. 0° bis +20°	$+0^M,09$	$+0^M,08$	$-0^M,02$	$-0^M,11$
+20° „ +90°	$+0\ ,35$	$+0\ ,31$	$+0\ ,14$	$-0\ ,02$

In beiden Deklinationsgebieten sind also die roten Sterne im Vergleich zu den weißen um Beträge von $0^M,20$ bzw. $0^M,37$ unterschätzt worden. Vermutlich liegt ein PURKINJE-Fehler der B. D.-Größen vor, worüber freilich nur auf Grund einer Ableitung der Farbenhelligkeitsgleichung dieser Größen Gewißheit zu erlangen wäre.

Genauigkeit. Für den durchschnittlichen bzw. den mittleren Fehler einer (durchschnittlich auf ungefähr 2,5 Einzelschätzungen beruhenden) B. D.-Größe leiten MÜLLER und KEMPF durch Vergleich mit den Größen der P. D. die für helle Sterne bis $7^M,5$ gültigen Werte ab: d. F. $\pm 0^M,27$; m. F. $\pm 0^M,34$. Die Fehler zeigen weder mit der Deklination, noch mit der Helligkeit, noch mit der Farbe der Sterne einen merklichen Gang.

Untersuchungen von A. PANNEKOEK[1]. In der rechten Hälfte der Tabelle 12 sind die für die Skalen der B. D. und der S. D. geltenden, von PANNEKOEK durch Vergleich mit den Größen des Harvard-Systems (Harv Ann 24, 45, 50, 70) abgeleiteten Reduktionen zusammengestellt. Bezüglich der B. D.-Skala werden die von MÜLLER und STICKER erhaltenen Ergebnisse völlig bestätigt. Zwischen +10° und +15° Dekl. weist die Schätzungsskala eine Unstetigkeit auf, die wahrscheinlich auf den Wechsel der Beobachter (THORMANN bis Mai 1853, SCHÖNFELD und KRUEGER seit Februar bzw. seit August 1853) zurückzuführen ist, während, wie die geringe Änderung der Skalentabellen mit der Deklination innerhalb des Deklinationsbereiches +15° bis +90° einwandfrei zeigt, Extinktionsfehler nur eine untergeordnete Rolle spielen. — Die Skala der S. D. stimmt bis zu der Schätzungsgröße $9^M,4$ mit der Skala der B. D. nahe überein. Sie erreicht bei $9^M,3$ ihre größte Weite ($0^M,1 = 0^M,27$) und wird im Bereich der Größen $9^M,4$ bis $10^M,0$ wieder enger. Aus den Reduktionen geht klar hervor, daß die Sterne $9^M,4$ bis $10^M,0$ der S. D. den Sternen der Sammelklasse $9^M,5$ der B. D. hinsichtlich der Helligkeit entsprechen. PANNEKOEK stellt die Ergebnisse seiner Untersuchungen auch graphisch in der Form von Skalenkurven dar.

Dezimal- und Dichtigkeitsfehler. Die Methoden, nach denen PANNEKOEK diese Fehler untersucht und eliminiert, sind vorbildlich. Als Hauptursache des Dezimalfehlers ist die Bevorzugung gewisser Zehntel bei den Schätzungen anzusehen. Durch Vergleich der die Gesamtanzahl der katalogisierten Sterne bis herab zu einer bestimmten Größe M angebenden Zahlen mit den entsprechenden aus der VAN RHIJNschen[2] Häufigkeitsfunktion berechneten Zahlen werden zunächst für die einzelnen B. D.-Größen die zugeordneten „statistischen Größen" und sodann auf Grund der letzteren die Dezimalkorrektionen abgeleitet, die im Maximum den Betrag $0^M,035$ erreichen. — Der von der örtlichen Sterndichte bzw. von der Stellung der Sterne relativ zur Milchstraße abhängige Dichtigkeitsfehler beruht auf zwei verschiedenen, aber in gleichem Sinne wirkenden Ursachen. Einerseits werden, da in allen Gegenden des Himmels durchschnittlich die gleiche Anzahl von Sternen pro Quadratgrad zur Beobachtung gelangt, in den stern-

[1] Publ Astron Inst Univ Amsterdam Nr. 1, S. 28, 46 (1924).
[2] A N 213, S. 45 (1920).

reichen Gegenden in die einzelnen Klassen — insbesondere in die Klassen $9^M,0$ bis $9^M,5$ bzw. $10^M,0$ — relativ hellere Sterne eingereiht als in den sternarmen Gegenden; andererseits wirkt eine Aufhellung des Himmelsgrundes bzw. eine hohe Gesamthelligkeit der im Gesichtsfelde befindlichen Sterne auf die Empfindlichkeit des Auges herabsetzend ein, und es werden infolgedessen die Sterne zu schwach eingeschätzt. Die geschätzten Größen der in der Milchstraße stehenden Sterne bedürfen infolgedessen durchweg einer negativen Korrektion. Überraschenderweise fällt diese Korrektion für die S. D., obwohl SCHÖNFELD mit Feldbeleuchtung gearbeitet hat, beträchtlich größer aus als für die B. D.

Genauigkeit. PANNEKOEK hat für den m. F. einer Größe der B. D. bzw der S. D. für Sterne verschiedener Helligkeit folgende Werte abgeleitet:

M =	6,5	7,0	7,5	8,0	8,5	9,0	9,1	9,2	9,3	9,4	9,5	9,6	9,7	9,8	9,9	10,0
B.D.	$\pm 0^M,35$	33	30	27	25	24	25	28	32	37	44	—	—	—	—	—
S.D.	$\pm 0\ ,35$	33	32	31	30	29	30	32	35	38	41	44	46	48	50	52

In beiden Durchmusterungen ist hiernach die Genauigkeit der geschätzten Größen für die Sterne $9^M,0$ am höchsten, um sowohl mit zunehmender als mit abnehmender Helligkeit der Sterne, dort langsam, hier rasch, abzunehmen. Für Sterne mittlerer Helligkeit ist der m. F. für die S. D. merklich größer als für die B. D.

Arbeiten B. GOULDs und seiner Schüler. Der auf Meridianbeobachtungen zu Córdoba 1872 bis 1880 beruhende Catalogo General Argentino[1] enthält die geschätzten Größen von 32500 südlichen Sternen. Während die Größen der helleren Sterne der U. A. entnommen und in $0^M,1$ angegeben sind, sind die Helligkeiten der schwächeren Sterne bis zur Endgröße 10^M in der Einheit $^1/_4{}^M$ angegeben. Die Schätzungen, auf denen die letzteren Größen beruhen, sind nur zum Teil am Meridianfernrohr ($d = 122$), zum anderen Teil an dem bei der U. A. hilfsweise verwendeten Refraktor ausgeführt worden. Lagen mehrere Schätzungsgrößen vor, so wurde der jeweils zuverlässigste Wert, nicht der Mittelwert, in den Katalog aufgenommen.

Die Córdobaer Durchmusterung[2] (Co. D.) bildet eine Fortsetzung der Bonner S. D. zum Südpol hin und ist von J. THOME und seinen Mitarbeitern in den Jahren 1885 bis etwa 1905 für den Deklinationsbereich $-22°$ bis $-62°$ durchgeführt worden. Der Durchmusterungskatalog enthält rund 580000 Sterne und gibt für die hellen Sterne die Größen der U. A. Beobachtet wurde mit einem Refraktor ($d = 125$, $f = 1680$, $V = 15$) ohne Feldbeleuchtung. Das Sehfeld betrug 80′. Das Beobachtungsverfahren wich nur in einigen unwesentlichen Punkten — so wurde die Durchgangszeit registriert — von dem bei der Bonner Durchmusterung angewandten Verfahren ab. Die Schätzungen wurden in $^1/_4$-Größen bis zu der Endgröße 10^M ausgeführt und erfolgten fast ausnahmslos bei Zenitdistanzen zwischen 35° und 45°. Auf jeden Stern kommen durchschnittlich 3, mindestens aber 2 Schätzungen. Bei der Mittelbildung erhielten die Dezimalen 3 und 7 vor 2 und 8 den Vorzug. Am seltensten kommen, wie in der B. D., die Dezimalen 1, 4, 6 und 9 vor.

Hinsichtlich der den Schätzungen zugrunde liegenden Skala ist die Co. D. nicht homogen. THOME hatte anfänglich seine Schätzungsskala der Skala der S. D. in der beiden Durchmusterungen gemeinsamen Zone $-22°$ angepaßt. Allmählich bildete er sich eine eigene, hauptsächlich an den GOULDschen Meridian

[1] Resultados del Observatorio Nacional Argentino 14 (1886); vg. auch 2, S. LXI (1881).

[2] Resultados del Observatorio Nacional Argentino 16, 17 ($-22°$ bis $-42°$, 1885—1891, 340215 Sterne); 18 ($-42°$ bis $-52°$, 1894—1897, 149447 Sterne); 21 ($-52°$ bis $-62°$, 89140 Sterne).

zonen (s. o.) orientierte Skala. In der zweiten Hälfte der Durchmusterung (—42° bis —62°) sind die geschätzten Größen stark durch die Harvardgrößen beeinflußt.

A. PANNEKOEK hat, auf den Arbeiten E. C. PICKERINGS[1] fußend, die Skala der Co. D. durch Vergleich mit den Harvardgrößen (Harv Ann 34, 50, 54, 72) eingehend untersucht. Er leitet zunächst Korrektionen zur Elimination des Dezimal- und des Dichtigkeitsfehlers ab und stellt dann für die verschiedenen Deklinationsstreifen von 5° Breite Skalentabellen auf, die hier in zusammengezogener Form wiedergegeben seien:

Tabelle 13.

Co. D.-Größe	Harvardgröße		M.F.
	-22° bis -42°	-42° bis -62°	(-22° bis -42°)
6^{M},5	6^{M},22	6^{M},24	$\pm 0^{M}$,21
	0^{M},62	0^{M},67	
7 ,0	6 ,84	6 ,91	25
	0 ,67	0 ,59	
7 ,5	7 ,51	7 ,50	29
	0 ,66	0 ,51	
8 ,0	8 ,17	8 ,01	34
	0 ,67	0 ,51	
8 ,5	8 ,84	8 ,52	38
	0 ,73	0 ,55	
9 ,0	9 ,57	9 ,07	41
	[0 ,63]	[0 ,45]	
9 ,35	10 ,20	9 ,52	42

Gemäß dieser Tabelle sind die Abweichungen der Schätzungsskala von der photometrischen für den ersten Abschnitt der Co. D. sehr beträchtlich, für den zweiten Abschnitt wesentlich geringer. Nach Ausweis der Intervallwerte ist die Schätzungsskala im ersten Abschnitt durchweg wesentlich weiter als die photometrische Skala, im zweiten Abschnitt stimmt sie zwischen 7^{M},5 und 8^{M},5 mit der Harvardskala überein und wird sowohl mit zunehmender als mit abnehmender Helligkeit der Sterne rasch weiter.

Die letzte Spalte enthält die von PANNEKOEK durch Vergleich mit den Harvardgrößen abgeleiteten m. F. der Co. D.-Größen für die Zone —22° bis —42°. Diese Fehler sind von der gleichen Größenordnung wie die Fehler der B. D. bzw. der S. D., wachsen aber im Gegensatz zu dem Verhalten dieser letzteren mit abnehmender Sternhelligkeit an.

Die Zonenkataloge der Astronomischen Gesellschaft geben — mit Ausnahme der Kataloge Leiden (+30° bis +35°) und Straßburg (—2° bis —6°), in denen die Durchmusterungsgrößen abgedruckt sind, — für die helleren Sterne bis zur Größe 9^{M},0 der B. D. bzw. der S. D. geschätzte Größen, die je nach dem Grade der auf die Schätzungen verwendeten Sorgfalt ein an Wert sehr verschiedenes Beobachtungsmaterial darstellen. In seinem „Programm für die Beobachtung der Sterne bis zur neunten Größe“[2] stellt A. v. AUWERS für die Schätzung und Reduktion der Sterngrößen folgende Richtlinien auf: „Bei jeder Beobachtung muß, wenn nicht besondere Umstände daran hindern, eine möglichst sorgfältige Schätzung der Größe der beobachteten Sterne vorgenommen werden. Um in bezug auf die Größe der Sterne die größtmögliche Übereinstimmung zwischen den einzelnen Teilen der Arbeit zu erzielen, ist es wünschenswert, daß die Teilnehmer, wenigstens im Fall sie sich nicht bereits an eine andere Skale sicher gewöhnt haben, sich für ihre Schätzungen die Skale der Bonner Durch-

[1] Harv Ann 72, Nr. 7 (1913); 80, Nr. 7 (1916). [2] V J S 4, S. 309 (1869).

Katalog	Zone	Herausgeber	Epoche	$6^M,5$	$7^M,0$	$7^M,5$	$8^M,0$	$8^M,5$	$9^M,0$	$9^M,3$
Berlin A	+15° bis +20°	A. Auwers	1869–1874	—	$\pm 0^M,33$	$\pm 0^M,27$	$\pm 0^M,24$	$\pm 0^M,23$	$\pm 0^M,15$	—
Berlin B	+20 „ +25	E. Becker	1879–1883	$\pm 0^M,51$	—	$\pm 0,31$	—	$\pm 0,16$	—	$\pm 0^M,12$
Bonn	+40 „ +50	F. Deichmüller	1869–1891		$\pm 0,30$ (Sterne $< 8^M,0$)			$\pm 0,21$ (Sterne $> 8^M,0$)		
Harvard	−10 „ −14	A. Searle	1888–1898	—	$\pm 0,44$	—	—	—	$\pm 0,11$	—

musterung möglichst anzueignen suchen. Wo eine fixierte Skale bereits vorhanden ist, muß die Relation derselben zu der Argelanderschen bestimmt werden.“ Ferner war vorgeschrieben, daß jeder Stern zweimal beobachtet werden sollte, und daß unter den in der B. D. schwächer als $9^M,0$ geschätzten Sternen nur die in Lalandes, Bessels oder Argelanders Zonen vorkommenden mitgenommen werden sollten.

Das Auwerssche Programm ist hinsichtlich der Schätzung der Sterngrößen für alle Zonen, mit Ausnahme der beiden schon oben erwähnten, im wesentlichen durchgeführt worden. Einige Kataloge — in erster Linie der von Auwers 1896 herausgegebene Katalog Berlin A — bringen auch Untersuchungen über die Skala bzw. die Genauigkeit der geschätzten Größen. In der nebenstehenden Tabelle sind für die vier hier in Frage kommenden Kataloge die aus der inneren Übereinstimmung der Einzelschätzungen berechneten m. F. einer Kataloggröße zusammengestellt.

Die Fehler werden mit abnehmender Helligkeit der Sterne durchweg rasch kleiner. Indessen ist in Anbetracht dessen, daß die auf der B. D.-Skala beruhenden Schätzungsskalen für die schwachen Sterne erheblich weiter sind als für die hellen, die Abnahme der Fehler in Wirklichkeit merklich geringer.

Neubeobachtung der A.G.-Kataloge. Gemäß den von J. Bauschinger[1] gegebenen Richtlinien sollen die helleren der am Meridiankreis zu beobachtenden Sterne mit Hilfe von Gitterblenden im Durchschnitt auf die Helligkeit von Sternen $8^M,5$ abgeblendet werden, während über die Schätzung der Größen gesagt wird: „Die Beobachter schätzen die Helligkeiten der Katalogsterne in einer photometrischen Skala, wofür die Angaben des Küstnerschen Kataloges von 10663 Sternen[2] empfohlen werden.“

Objektivgittermethode von F. Küstner[2]. Dieser schwächt die am Bonner sechszölligen Meridiankreis beobachteten Sterne mit Hilfe photometrisch geeichter Objektivgitter auf eine durchschnittliche Helligkeit gleich derjenigen der Sterne $8^M,5$ ab und schätzt dann ihre Größen nach einer Gedächtnisskala. Über das bei den Schätzungen angewandte Verfahren, insbesondere über die Entstehung der Gedächtnisskala, sagt Küstner[3]: „Meine Gedächtnisskale habe ich für den Repsoldschen Meridiankreis durch einige vor Beginn dieser Reihe besonders zu diesem Zwecke angestellte Schätzungen und Vergleichungen der Skale der B. D. nahe angeschlossen . . . Wäre damals (1894) der 1. Teil der fundamentalen P. D. bereits veröffentlicht gewesen, so würde ich vorgezogen haben, dieser die Gedächtnisskale von vornherein möglichst nahe anzuschließen, unter normaler Fortsetzung für die schwächeren Sterne, was mit

[1] V J S 62, S. 242 (1927).

[2] Katalog von 10663 Sternen zwischen 0° und 51° nördlicher Deklination für das Äquinoktium 1900 nach den Beobachtungen am Repsoldschen Meridiankreise . . . 1894 bis 1903 [Veröff d K Sternw zu Bonn Nr. 10 (1908)].

[3] Bonner Veröff Nr. 4, S. 48 (1900).

Hilfe der Gitter leicht und sicher hätte geschehen können. Die einzelnen Schätzungen sind sowohl von den Angaben der B. D. als auch voneinander durchaus unabhängig ausgeführt, da in die Arbeitsliste keine Größenangaben aufgenommen waren." Bei der Beobachtung der schwachen Sterne unterhalb 9^M wurde die Feldbeleuchtung stark gedämpft. Die Schätzungen erfolgten in Zehntelgrößen.

Die angewandten drei Objektivgitter sind aus einem feinen, völlig gleichförmigen Gewebe von undurchsichtigen und gut geschwärzten Drähten hergestellt. Die Gitter schwächen neutral und ohne das Aussehen des Sternbildes zu ändern. Die seitlich gebeugten Bilder werden bei Beobachtung des zentralen Bildes mit starker (140facher) Vergrößerung und im hellen Felde nicht bemerkt. Die nach drei verschiedenen Methoden — aus den Größenschätzungen selbst, aus Stufenschätzungen im dunklen Felde und aus photometrischen Messungen — bestimmten Blendwerte B der Gitter betragen: $+2^M,03$ (I), $+4^M,22$ (II), $+6^M,36$ (III). Durch Vergleich der geschätzten Größen mit den — gegebenenfalls um $+B$ zu korrigierenden — Größen der P. D. leitet KÜSTNER Tafeln ab, welche die allgemeine Skalenkorrektion S mit den Argumenten: geschätzte Größe und Deklination, und ferner für jede Zone eine spezielle „Zonenkorrektion" Z geben. Die definitive, auf das System der P. D. reduzierte Größe ist dann durch $M = \mathsf{M} + S + Z - B$ gegeben.

Das von KÜSTNER erstrebte Ziel, in den nach dem skizzierten Verfahren geschätzten Größen eine normale Fortsetzung der Potsdamer Photometrischen Durchmusterung bis zur 10. Größe zu geben, ist nicht vollkommen erreicht worden. Nach B. STICKER[1] hat man an die Größen M des KÜSTNERschen Kataloges zur Reduktion auf das Potsdamer System folgende Korrektionen ΔM anzubringen:

$M =$	$5^M,0$	5,5	6,0	6,5	7,0	7,5	8,0	8,5	9,0	9,5	10,0	10,4
$\Delta M =$	$-0^M,06$	−06	−05	00	+04	+10	+20	+32	+45	+58	+69	+78

Offenbar sind die ohne Gitter beobachteten schwachen Zonensterne im Durchschnitt heller eingeschätzt worden als die objektiv gleich hellen Gitterbilder der Anhaltsterne, und zwar in um so stärkerem Maße heller, je lichtschwächer die Sterne waren. Vielleicht erklärt sich dieses abweichende Verhalten dadurch, daß die Zonensterne im Durchschnitt auf wesentlich schwächer erleuchtetem Untergrunde gestanden haben als die Anhaltsterne.

Genauigkeit. Für die innere Genauigkeit einer auf 2 Schätzungen beruhenden Kataloggröße leitet KÜSTNER die Werte ab:

w. F. $\pm 0^M,075$ (Sterne $< 9^M$), $\pm 0^M,062$ ($9^M,0$ bis $10^M,0$), $\pm 0^M,086$ ($> 10^M$)

und ferner durch Vergleich mit den P.D.-Größen für die „vollständige Genauigkeit" einer durchschnittlich auf $2^1/_3$ Schätzungen beruhenden Kataloggröße den für alle Helligkeiten gültigen Wert:

w. F. $\pm 0^M,095$.

R. PRAGER[2] hat bei seinen nach der KÜSTNERschen Methode unter etwas weniger günstigen Bedingungen ausgeführten Größenschätzungen die innere Genauigkeit des KÜSTNERschen Kataloges nicht ganz erreichen können, indem

[1] Helligkeitsverzeichnis von 620 Sternen 8. bis 12. Größe. Vergleichende Untersuchungen über das Küstnersche Größensystem. Berlin u. Bonn 1928.

[2] Katalog von 8803 Sternen zwischen 31° und 40° nördlicher Deklination [Berlin-Babelsberg Veröff 4 (1923)].

er für den w. F. einer auf 2 Schätzungen beruhenden Kataloggröße den Wert ableitet:

$$\text{w. F. } \pm 0^M{,}090 \quad (\text{m. F. } \pm 0^M{,}133)\,.$$

Eine Weiterentwicklung der KÜSTNERschen Methode stellt das Verfahren von H. R. MORGAN und U. S. LYONS[1] dar. Diese Forscher verwenden bei ihren Beobachtungen am neunzölligen Durchgangsinstrument des U. S. Naval Observatory ein Gittersystem, das sich aus zwei Gittern aus feiner Drahtgaze sowie einem verstellbaren zellenförmigen Gitter (nach F. B. LITTELL) zusammensetzt. Die durch das Gesichtsfeld laufenden Sterne werden mit Hilfe dieses Gittersystems auf die Empfindungsstärke von Sternen zwischen $9^M{,}0$ und $9^M{,}5$ gebracht. Hierauf wird die Skala des verstellbaren Gitters abgelesen. Die Größen der Sterne lassen sich so mit einem w. F. von $\pm 0^M{,}2$ bestimmen. Offenbar nimmt dieses Verfahren eine Zwischenstellung zwischen Schätzung und Messung ein.

h) Die Methoden der Stufenschätzung.

43. Historische Bemerkungen. Definition der Grundbegriffe. Die Stufenschätzungsmethoden verdanken ihr Entstehen dem schon früh sich geltend machenden Bestreben, kleine Helligkeitsunterschiede zwischen benachbarten Sternen, insbesondere Veränderlichen und ihren Vergleichssternen, präziser anzugeben, als das auf Grund der unmittelbaren Größenschätzung möglich war. Ursprünglich pflegte man kleine Helligkeitsunterschiede in Worten zu beschreiben. So gebrauchte E. PIGOTT[2] um 1786 die Ausdrücke: if any difference, rather, almost — a little — certainly, evidently — much — considerably, die ungefähr den ARGELANDERschen Stufen 1 bis 5 entsprechen. W. HERSCHEL bezeichnete seit 1783 die geschätzten Helligkeitsintervalle durch Symbole und verband diese Art der Stufenschätzung mit einer „Reihung" der Sterne. F. ARGELANDER brachte das Feinschätzungsverfahren dadurch auf eine hohe Stufe der Vollkommenheit, daß er an Stelle der HERSCHELschen Symbole Zahlen einführte, die als Vielfache des kleinsten erkennbaren Helligkeitsunterschiedes, der „Stufe", definiert werden. Um die Ausbildung verwandter Methoden machten sich in erster Linie N. POGSON und E. C. PICKERING verdient.

Während sich W. HERSCHEL die Bestimmung der Helligkeiten der in FLAMSTEEDS Kataloge vorkommenden Sterne zur Hauptaufgabe gemacht hatte, wandte ARGELANDER seine Methode von vornherein hauptsächlich auf die Beobachtung veränderlicher oder der Veränderlichkeit verdächtiger Sterne an. Ein ins einzelne gehender Plan, den er 1844 in seiner „Aufforderung"[3] zu einer Durchmusterung des ganzen Himmels nach dem Stufenschätzungsverfahren entwickelt hatte, ist erst 50 Jahre später durch S. I. BAILEY[4] verwirklicht worden. Der Schwerpunkt der Anwendung der Stufenschätzungsmethoden lag aber nach wie vor bei den veränderlichen Sternen. Auf diesem Gebiet können die Stufenschätzungsmethoden, bei denen zwar zahlreiche systematische Fehlerquellen persönlicher Natur auftreten, die aber ein bequemes, rasches und genaues Arbeiten gestatten, in vielen Fällen durchaus erfolgreich mit den Methoden der photometrischen Messung konkurrieren. Die Anwendung der Stufenschätzungsmethoden auf die Beobachtung der veränderlichen Sterne hat J. G. HAGEN in seinem großen Handbuch[5] nach der geschichtlichen und technischen Seite hin mit besonderer Ausführlichkeit behandelt.

---

[1] Pop Astr 36, S. 291 (1928). [2] Phil Trans 76, S. 189 (1786).

[3] Aufforderung an Freunde der Astronomie zur Anstellung von ... Beobachtungen über mehrere wichtige Zweige der Himmelskunde. Schumachers Jahrbuch für 1844, S. 122—254.

[4] Harv Ann 50, S. 13 (1908); Näheres siehe Ziff. 45.

[5] Die veränderlichen Sterne. Erster Band. Geschichtlich-technischer Teil. Freiburg 1914—1921.

Die Stufenschätzungsmethode ist gelegentlich auch zu der Bestimmung der Gesamt- bzw. der Flächenintensitäten flächenhafter Objekte angewandt worden. Als Objekte kommen in erster Linie Kometen, Nebelflecke und Milchstraße[1] in Frage.

Grundlegende Definitionen (Stufe, Stufenhelligkeit, Stufenwert). Werden mit E' und E die Empfindungsstärken, mit L' und L die Lichtstärken von zwei mit freiem oder bewaffnetem Auge betrachteten Sternen bezeichnet, so gilt gemäß Ziff. 15 Gleichung (49) innerhalb der Grenzen E_1 und E_2 des FECHNER-Bereiches die Gleichung:

$$c\,(E'-E) = \log\left(\frac{L'}{L}\right), \qquad E_1 < \{E', E\} < E_2, \qquad L_1 < \{L', L\} < L_2. \quad (1)$$

Sind beide Sterne im gleichen System abgebildet, so daß $\Sigma' = \Sigma$ bzw. $\Pi' = \Pi$ zu setzen ist, so können wir an Stelle von (1) auch schreiben:

$$-2^M{,}5\,c\,(E'-E) = -2^M{,}5\log\left(\frac{J'}{J}\right) = M' - M, \qquad M_1 < \{M', M\} < M_2. \quad (2)$$

Hierin ist c nicht nur von der Größe, sondern auch vom Spektraltypus der Sterne unabhängig.

In seiner allgemeinsten Form besteht das Stufenschätzungsverfahren darin, daß der Beobachter den Helligkeitsunterschied $E' - E$ der beiden jeweils verglichenen Sterne durch Symbole ausdrückt, wobei gleiche Helligkeitsunterschiede durch gleiche Symbole bezeichnet werden. Der einem bestimmten Symbol entsprechende Größenunterschied $M' - M$ werde als Symbolwert W bezeichnet. Erfüllen die geschätzten Empfindungsunterschiede $E' - E$ das FECHNERsche Gesetz, so sind die Symbolwerte gemäß (2) Konstanten.

Bei der ARGELANDERschen Stufenschätzungsmethode werden die Empfindungsunterschiede $E' - E$ durch Zahlen n ausgedrückt, die als Vielfache eines eben erkennbaren Empfindungsunterschiedes, der „Stufe", definiert sind und „Stufenzahlen" genannt werden. Bezeichnen wir die in dieser Einheit ausgedrückten Empfindungsstärken als „Stufenhelligkeiten s" und den der Stufendifferenz $\Delta s = 1$ entsprechenden Größenunterschied als „Stufenwert S_0", so genügen die $s' - s$ der der FECHNERschen Gleichung (2) entsprechenden Beziehung:

$$S_0(s' - s) = M' - M, \qquad M_1 < \{M', M\} < M_2. \quad (3)$$

S_0 ergibt sich also als Quotient entsprechender Größen- und Stufenunterschiede.

44. Die Methoden der beiden HERSCHEL. W. HERSCHEL schätzte 1781 bis 1798 — meist mit bloßem Auge — die Helligkeiten aller in FLAMSTEEDS Kataloge vorkommenden Sterne und führte außerdem zahlreiche Vergleichungen veränderlicher und der Veränderlichkeit verdächtiger Sterne aus. HERSCHELS Beobachtungsmaterial — von ihm selbst nur teilweise veröffentlicht — liegt heute vollständig vor[2]. Als Bearbeiter HERSCHELscher Schätzungen sind neben C. S. PEIRCE[3] und C. PRITCHARD[4] vor allem E. C. PICKERING[5] und E. ZINNER[6] zu nennen.

HERSCHELS Verfahren bestand anfänglich (1781 bis 1783) in einfacher Reihung der Sterne, d. h. er verglich die Sterne innerhalb jedes Sternbildes miteinander und notierte sie in der Reihenfolge ihrer Helligkeiten. Mit den hellsten Sternen beginnend, setzte er die Bezeichnungen (BAYERsche Buchstaben oder

[1] Vgl. die betreffenden Abschnitte des Handbuches.
[2] The Scientific Papers of Sir William Herschel, I—II. London 1912; M N 78, S. 554 (1918).
[3] Harv Ann 9, S. 56 (1878).
[4] Mem R A S 47, S. 359 (1883).
[5] Harv Ann 14, S. 345 (1884); 23, S. 185 (1890).
[6] Helligkeitsverzeichnis, S. 38.

FLAMSTEEDsche Nummern) nahe gleich heller Sterne unmittelbar nebeneinander, trennte aber ungleich helle Sterne durch Striche, z. B. $\alpha - \gamma\beta - \varepsilon\delta - \varepsilon\eta\zeta$. Seit 1783 wandte er ein feineres Verfahren an, indem er die Helligkeitsunterschiede zwischen den einzelnen Sternen abschätzte und durch Symbole bezeichnete, die er zwischen die Sternbezeichnungen setzte. Die am häufigsten angewandten Symbole nebst Kennzeichnung in Worten sowie die zugehörigen Symbolwerte W in Sterngrößen nach PICKERING und nach ZINNER sind in nachfolgender Tabelle gegeben:

Tabelle 14.

Symbol	Kennzeichnung	Beispiel	W (PICK.)	W (ZINNER)				J. HERSCHELS Symbol	ARGELANDERS Stufe
				2,0—2,9	3,0—3,9	4,0—4,9	5,0—5,5		
.	(approaching) equality	30. 24 Leonis	$0^M,06$	$0^M,03$	$0^M,05$	$0^M,07$	$0^M,08$		0
;	—	—	0 ,07	0 ,06	0 ,09	0 ,13	0 ,17		0,5
,	least perceptible difference	41, 94 Leonis	0 ,23	0 ,09	0 ,13	0 ,19	0 ,25	|	1
$\bar{,}$	—	—	0 ,33	0 ,14	0 ,21	0 ,29	0 ,36		1,5
—	very small difference	17 — 70 Leonis	0 ,38	0 ,19	0 ,29	0 ,40	0 ,47	||	2
—,	small difference	—	0 ,57	0 ,30	0 ,48	0 ,64	0 ,78	|||	3
— —	considerable diff.	32 — — 41 Leo	—	0 ,42	0 ,67	0 ,91	1 ,09		4
— — —	—	16 — — — 29 Boo	—	—	—	—	—		5

Sehr auffallend ist das starke Anwachsen der Symbolwerte mit zunehmender Größe. Z. B. wachsen die dem Stufenwert entsprechenden Zahlen der dritten Zeile von $0^M,09$ auf $0^M,25$. Von einer Konstanz des Stufenwertes (d. h. Gültigkeit des FECHNERschen Gesetzes) kann also nicht die Rede sein.

Nach ZINNER sind zur Reduktion der von HERSCHEL geschätzten Helligkeiten farbiger Sterne (Farbenindex I) auf weiße Sterne (I_0) folgende Korrektionen erforderlich:

$I - I_0$	$M = 2^M,0 - 2^M,9$	$3^M,0 - 3^M,9$	$4^M,0 - 4^M,9$	$5^M,0 - 5^M,5$
$+0^M,4$ bis $+0^M,8$	$-0^M,03$	$-0^M,06$	$-0^M,11$	$-0^M,16$
+0 ,9 „ +1 ,7	−0 ,03	−0 ,08	−0 ,17	−0 ,24

HERSCHEL schätzt also die farbigen Sterne im Vergleich zu den weißen um so schwächer ein, je röter bzw. je schwächer die ersteren Sterne sind. Es liegt also offenbar ein PURKINJE-Fehler vor.

Der m. F. einer reduzierten Schätzung W. HERSCHELS beträgt nach ZINNERS Untersuchungen im Durchschnitt $\pm 0^M,17$.

J. HERSCHELS „Method of Sequences“[1]. Die Beobachtungsmethode J. HERSCHELS besteht ähnlich der seines Vaters in einer Reihung der Sterne nach ihrer Helligkeit, aber ohne Verwendung von Symbolen. Da die Anzahl der in eine Sequenz zusammengefaßten Sterne in der Regel hoch ist (bis zu 80), so bilden ihre Helligkeiten eine Stufenleiter von zwar nicht völlig gleichmäßiger, aber durchweg sehr geringer Stufenhöhe. Die schwächeren Sterne faßte HERSCHEL, ohne sie zu reihen, in Gruppen von annähernd gleicher Helligkeit zusammen. Er beobachtete stets mit freiem Auge.

[1] Results of Astron. Obs. made during the Years 1834, 5, 6, 7, 8 at the Cape of Good Hope, S. 304ff. London 1847.

HERSCHEL leitete aus seinen Schätzungen mittels eines graphischen Ausgleichungsverfahrens einen Katalog[1] von 260 meist südlichen Sternen 1. bis 5. Größe ab. Neureduktionen der HERSCHELschen Reihungen unter Verwertung des gesamten Materiales gaben W. DOBERCK[2] und neuerdings E. ZINNER[3].

Vor dem DOBERCKschen Reduktionsverfahren besitzt das von ZINNER angewandte den Vorzug, daß letzterer sowohl den Einfluß der Stellung der Sterne relativ zur Milchstraße als vor allem den Einfluß der Sternfarbe berücksichtigt. Der Gang der an farbige Sterne zur Reduktion auf weiße anzubringenden Korrektionen:

M	$2^M,25$	$2^M,75$	$3^M,25$	$3^M,75$	$4^M,25$	$4^M,75$	$5^M,25$
ΔM	$-0^M,03$	$-0^M,08$	$-0^M,14$	$-0^M,19$	$-0^M,24$	$-0^M,30$	$-0^M,36$

läßt auf die Einwirkung eines PURKINJE-Fehlers schließen. Die Genauigkeit der Schätzungen J. HERSCHELS übertrifft die von W. HERSCHEL erzielte Genauigkeit gemäß der folgenden Übersicht beträchtlich:

Größe:	0^M	1^M	2^M	3^M	4^M	5^M
m. F. einer Größe:	$\pm 0^M,15$	$\pm 0^M,12$	$\pm 0^M,09$	$\pm 0^M,09$	$\pm 0^M,12$	$\pm 0^M,18$

Der Gang des m. F. mit der Sterngröße scheint darauf hinzudeuten, daß die Unterschiedsempfindlichkeit des beobachtenden Auges für die mittleren Helligkeiten 2^M bis 3^M am höchsten war. Indessen ist zu bedenken, daß die Schätzung der hellsten Sterne mangels nahe gelegener Vergleichssterne stets sehr schwierig und demgemäß unsicher ist.

Wegen der Analogie mit der später von ARGELANDER gebrauchten Bezeichnungsweise ist eine von J. HERSCHEL[4] gelegentlich seiner Schätzungen von α Orionis gebrauchte symbolische Bezeichnungsweise von Interesse, die er an Hand des Beispieles:

Capella || α Orionis | Rigel || Procyon ||| Aldebaran | Pollux

mit den Worten erläutert: „The number of vertikal strokes between the names indicates ... the grades or steps of magnitude, by which the stars differ." Hier tritt zum erstenmal der Kunstausdruck „Stufe" (step) auf, den ARGELANDER offenbar von HERSCHEL übernommen hat.

45. Die ARGELANDERsche Methode. ARGELANDERS Vergleichungen veränderlicher oder verdächtiger Sterne mit Nachbarsternen von wenig unterschiedlicher Helligkeit beginnen mit dem Jahre 1839. ARGELANDER beobachtete in den ersten Jahren gewöhnlich mit freiem (bzw. mit Brille bewaffnetem) Auge, seit 1843 meist mit einem zweifach vergrößernden Feldstecher. Zur Bezeichnung der geschätzten Helligkeitsunterschiede gebrauchte er anfänglich Worte, aber schon wenig später (seit November 1840) nach dem Vorbilde W. HERSCHELS Zeichen. Endlich von 1842 März 5 an verwendete er an Stelle der Zeichen die Ziffern 1 bis 4, die er als „Stufen" bezeichnete. Wie nahe sich ARGELANDER bei der Definition seiner Stufen an W. HERSCHEL angeschlossen hat, geht aus der folgenden im wesentlichen J. G. HAGEN[5] entlehnten Gegenüberstellung hervor:

Stufe 0 (Symbol .).

HERSCHEL[6]: „When two stars are perfectly alike in brightness, so that by looking often and a long while at them, I either cannot tell which is the brightest,

[1] Ibidem, S. 337.
[2] Ap J 11, S. 192, 270 (1900); Harv Ann 41, S. 213 (1902) (Katalog von 923 Sternen).
[3] Helligkeitsverzeichnis, S. 46.
[4] Mem R A S 11, S. 270 (1840).
[5] Die veränderlichen Sterne, S. 246ff.
[6] Phil Trans 86, S. 181 (1796).

or occasionally think one the largest, and sometimes, not long after, give the preference to the other, I put down their numbers together, only separated by a point. For instance, 30 . 24 Leonis.

However, it can happen but very seldom that the equality in the lustre of two neighbouring stars is so perfect as not to leave an inclination to prefer one to the other; therefore I place that first which may probably be the largest, even though I do not particularly judge it to be so.“

ARGELANDER[1]: „Erscheinen mir beide Sterne entweder immer gleich hell oder möchte ich bald den einen, bald den anderen ein wenig heller schätzen, so nenne ich sie gleich hell und bezeichne dies dadurch, daß ich ihre Zeichen unmittelbar nebeneinander setze, wobei es gleichgültig ist, welches Zeichen vorsteht; sind also die Sterne a und b verglichen, so schreibe ich entweder ab oder ba.“

Stufe 1 (Symbol ,).

HERSCHEL: „When two stars are so nearly alike in their lustre that they may be almost called equal, and even now and then leave us doubtful to which to give the preference; but when upon a longer inspection of them we always return to decide it in favour of the same, I separate the numbers, that denote these stars by a comma. For instance, 41, 94 Leonis.“

ARGELANDER: „Kommen mir auf den ersten Anblick zwar beide Sterne gleich hell vor, erkenne ich aber bei aufmerksamer Betrachtung und wiederholtem Übergange von a zu b und b zu a entweder immer oder doch nur mit sehr seltenen Ausnahmen a für eben bemerkbar heller, so nenne ich a um eine Stufe heller als b und bezeichne dies durch $a1b$, ist hingegen b der hellere, durch $b1a$, so daß immer der hellere vor, der schwächere hinter der Zahl steht.“

Stufe 2 (Symbol —).

HERSCHEL: „When two stars differ but very little in brightness, but so that even a doubt cannot arise to which the preference ought to be given, I separate the numbers, by which they are to be found in the catalogue, by a short line. For instance, 17 — 70 Leonis.“

ARGELANDER: „Erscheint der eine Stern stets und unzweifelhaft heller als der andere, so wird dieser Unterschied für zwei Stufen angenommen und durch $a2b$ bezeichnet, wenn a, hingegen durch $b2a$, wenn b der hellere ist.“

Stufe 3 und 4 (Symbol —, und — —).

HERSCHEL: „When two stars differ so much in brightness that one or two other stars might be put between them, and still leave sufficient room for distinction, they become partly unfit for standards by which the lustre of other stars can be ascertained. But as proper intermediate stars sometimes cannot conveniently be had, we are often obliged to retain them; and in that case I distinguish them by a line and comma —, or by two lines, as 32 — — 41 Leonis.“

ARGELANDER: „Eine auf den ersten Anblick ins Auge fallende Verschiedenheit gilt für drei Stufen und wird durch $a3b$ oder $b3a$ bezeichnet.

Endlich bedeutet $a4b$ eine noch auffallendere Verschiedenheit zugunsten von a.“

Daß die Stufe als die Einheit aufzufassen ist, in der die Helligkeitsunterschiede geschätzt werden, kommt klarer als in den vorstehenden Definitionen in den Worten zum Ausdruck, mit denen E. SCHÖNFELD[2] ARGELANDERS Methode

[1] Aufforderung S. 198, 229.

[2] Beob. von veränd. Sternen. Sitzber. d. K. Akad. d. Wiss. zu Wien, math.-naturw. Kl. Bd. 42, S. 148 (1860).

erläutert: „Die an sich willkürliche Einheit, auf die sich die niedergeschriebenen, den Lichtunterschied repräsentierenden Zahlen beziehen, nennt ARGELANDER eine Stufe und versteht darunter eine eben mit Sicherheit bemerkbare Helligkeitsdifferenz.“

An Stelle der ARGELANDERschen Bezeichnung ab für gleiche Helligkeit von a und b haben SCHÖNFELD[1] u. a. die Schreibweise $a = b$ gebraucht. Noch besser ist die Bezeichnung $a\,0\,b$, die auch von HAGEN empfohlen wird.

Außer den ganzen Stufen schätzt ARGELANDER auch halbe, deren Bedeutung er folgendermaßen erklärt: „Außer den ganzen Stufen schätze ich noch halbe, wenn mir der Unterschied zu groß, um ihn zu der einen, zu klein, um ihn zu der nächst größeren zu rechnen. Diese bezeichne ich auf eben die Weise wie die ganzen; ich schreibe also $a\,2{,}5\,b$, wenn mir a mehr als zwei, aber weniger als drei Stufen heller vorkommt als b.“ Dem Beispiel ARGELANDERS, in halben Stufen zu schätzen, folgten E. HEIS, E. SCHÖNFELD sowie die meisten späteren Beobachter. In der Folgezeit finden sich auch häufig Schätzungen der Form: $a\,1{,}5-2\,b$, aus denen hervorgeht, daß in vielen Fällen selbst die halbe Stufe ein noch zu grobes Maß darstellte. — Will der Beobachter sich darauf beschränken, in ganzen Stufen zu schätzen, so wird er (wegen des kleinen Stufenwertes) im allgemeinen nicht vermeiden können, über die von ARGELANDER[2] für zulässig gehaltene Anzahl von 4 oder höchstens 5 Stufen hinauszugehen.

Stufenschätzung veränderlicher Sterne. Für den Anschluß eines Veränderlichen an seine Vergleichssterne gibt ARGELANDER (mit W. HERSCHEL übereinstimmend) die Vorschrift: „Von diesen Vergleichssternen vergleiche man bei jeder Beobachtung so viele, als sich, ohne zu große Stufenweiten zu schätzen, tun läßt, wenigstens aber immer einen hellern und einen schwächern, auch dann, wenn der Veränderliche einem andern vollkommen oder sehr nahe gleich erscheint.“

Hat man den Veränderlichen V mit zwei Vergleichssternen a und b verglichen und um m Stufen schwächer als a, hingegen um n Stufen heller als b geschätzt, so schreibt man diese Doppelschätzung nach ARGELANDER in der Form:

$$amV,\ Vnb\,. \tag{4}$$

Der Stufenunterschied p zwischen a und b kann entweder zur Kontrolle mitgeschätzt oder als Summe: $p = m + n$ berechnet werden. Sind die Größen M_a und M_b der Vergleichssterne bekannt, so ergeben sich der Stufenwert S_0 und die Größe M des Veränderlichen aus den Formeln [vgl. Ziff. 43 Gleichung (3)]:

$$S_0 = \frac{M_a - M_b}{m+n}\,, \qquad M = M_a - mS_0 = M_b + nS_0\,. \tag{5}$$

Das Vorzeichen von S_0 ist negativ. Wird $|S_0|$, dem mittleren Stufenwert ARGELANDERS entsprechend, $= 0^M{,}15$ angenommen, so lassen sich mit Hilfe von 4 Stufen Helligkeitsunterschiede bis zu $0^M{,}6$ überbrücken.

Zwei von (4) abweichende Arten der Vergleichung, nämlich die ARGELANDERsche „Differenzmethode“ (so von HAGEN genannt) und die SCHÖNFELDsche „Mittelwertmethode“[3], haben heute fast nur noch historisches Interesse. Während bei dem gewöhnlichen Verfahren die Helligkeiten selbst zur Vergleichung gelangen, werden bei der Differenzmethode die beiden Helligkeitsunterschiede $a - V$ und $V - b$ gegeneinander abgeschätzt. Der Sinn des Verfahrens wird sofort verständlich, wenn man an Stelle der von ARGELANDER gebrauchten Bezeichnungsweise:

$$Vm\,(ab) \quad \text{bzw.} \quad (ab)\,mV$$

unmittelbar anschaulich schreibt:

$$(V - b)\,m\,(a - V) \quad \text{bzw.} \quad (a - V)\,m\,(V - b)\,.$$

[1] Ebenda S. 148. [2] Vgl. Aufforderung, S. 205. [3] Vgl. HAGEN, S. 274ff.

SCHÖNFELDS Mittelwertmethode besteht darin, den Veränderlichen gemäß der Formel:

$$V n \left(\frac{a+b}{2}\right) \quad \text{bzw.} \quad \left(\frac{a+b}{2}\right) n V$$

„mit dem Mittel zwischen zwei Sternen" zu vergleichen. Da auch die Differenzenmethode auf einen Anschluß an $\frac{a+b}{2}$ hinausläuft, so besteht zwischen beiden Methoden ein naher Zusammenhang.

Die ARGELANDERsche Methode dürfte unter den Feinschätzungsmethoden die am häufigsten angewandte sein. Auf die Technik ihrer Anwendung bei der Beobachtung veränderlicher Sterne kommen wir unten ausführlich zurück. Hingegen sollen zwei Durchmusterungsarbeiten, bei denen sie dem ursprünglichen Plane ARGELANDERS gemäß gedient hat, schon hier besprochen werden.

E. F. SAWYER[1] bestimmte 1882 bis 1890 durch Stufenschätzung die Helligkeiten von 3415 zwischen 0° und —30° gelegenen Sternen bis zur Größe $7^M,0$. SAWYER beobachtete mit Opernglas bzw. Feldstecher, und zwar durchweg bei leicht extrafokaler Abbildung der Sterne. Diese wurden in Sequenzen von durchschnittlich 10 Sternen gereiht und die Helligkeitsunterschiede in Stufen geschätzt. Die geschätzten Helligkeiten wurden auf graphischem Wege an die Größen der Uranometria Argentina angeschlossen. Für den durchschnittlichen Fehler einer auf 4 Schätzungen beruhenden Kataloggröße ergibt sich der Wert $\pm 0^M,06$.

Das von ARGELANDER 1844 in seiner „Aufforderung"[2] ausführlich entwickelte Programm zu einer Durchmusterung des ganzen Himmels nach der Stufenmethode ist genau 50 Jahre später von S. I. BAILEY[3], der 1892 bis 1894 in Cambridge und Arequipa beobachtete, durchgeführt worden. BAILEYS Uranometrie umfaßt 5600 Sterne bis zur Größe 6^M, deren geschätzte Helligkeiten in der Revised Harvard Photometry[4] mitgeteilt sind. BAILEY beobachtete die helleren Sterne mit bloßem Auge, die schwächeren mit Opernglas. Jeder Stern wurde mit einem helleren und einem schwächeren Vergleichsstern verglichen. Die endgültigen Schätzungsgrößen wurden in engem Anschluß an die photometrischen Größen durch zweimalige Ausgleichung ermittelt.

46. Die POGSONsche Methode. Bei dieser Methode erfolgt wie bei der ARGELANDERschen die Schätzung in Stufen, doch wird die Stufe nicht als eben erkennbarer Helligkeitsunterschied, sondern vielmehr als Empfindungsunterschied von zwei Sternen definiert, deren photometrische Größen sich um $0^M,1$ unterscheiden. POGSONS Methode setzt also die Kenntnis photometrischer Größen voraus. Während N. POGSON selbst seine Methode in den Noten zu seinem „Catalogue of 53 Known Variable Stars"[5] nur kurz mit den Worten kennzeichnet „I . . . record the differences of magnitude (to 10ths) between the next less and next greater comparison stars and the Variable," geben G. KNOTT und J. BAXENDELL[6] eine wesentlich genauere Beschreibung seines Verfahrens: „Thus furnished the observer compares the ‚variable' with two or more of the stars on his list which differ least from it in brightness, and carefully estimates the differences in tenths of a magnitude, being guided in his estimations by reference to the known differences of the comparison stars."

POGSON pflegte in die von ihm bei der Beobachtung benutzten Sternkarten die photometrischen Größen der Vergleichssterne einzutragen, und zwar

[1] Catalogue of the Magnitudes of Southern Stars from 0° to — 30° Declination, to the Magnitude 7,0 inclusive. Mem. Amer. Acad. of Arts and Sciences 12, S. 1 (1892).

[2] S. 201 ff.

[3] Harv Ann 29, S. 171 (1893); 50, S. 13 (1908).

[4] Harv Ann 50 (1908).

[5] Radcl Obs 15, S. 295 (1854).

[6] On the Method of Observing Variable Stars. London 1863.

um Verwechslungen mit den Sternzeichen vorzubeugen, unter Weglassung der Dezimalpunkte. Als Beispiel einer POGSONschen Schätzung sei die folgende auf R Cygni[1] bezügliche angeführt:

1853 Juli 22 99 + 3 104 − 5 || 10,2 9,9 | Mittel: 10,1.

Offenbar handelt es sich hier um zwei voneinander unabhängige, in Zehntelgrößen ausgeführte Schätzungen.

A. S. WILLIAMS[2] hat bei seinen 1885 bis 1886 mit Opernglas ausgeführten Schätzungen von 1081 südlichen Sternen die POGSONsche Methode angewandt. Als Vergleichssterne dienten 50 Sterne 0^M bis 6^M, deren Größen der Harvard Photometry[3] entnommen waren. Die Genauigkeit der sehr sorgfältig ausgeführten Schätzungen erwies sich als befriedigend. — Ein weiteres Beispiel der Anwendung der POGSONschen Methode bilden die von L. CAMPBELL[4] 1902 bis 1905 ausgeführten Schätzungen langperiodischer Variabler.

In neuerer Zeit ist die POGSONsche Methode, abweichend von ihrem ursprünglichen Sinne, meist als Interpolationsverfahren aufgefaßt worden. Nach E. C. PICKERING[5] denkt sich der Beobachter das Helligkeitsintervall zwischen den Vergleichssternen in Zehntelgrößen eingeteilt und schätzt den Veränderlichen in diese Skala ein. Die Schätzung liefert also nur e i n e Größe, die unmittelbar in das Beobachtungsbuch eingetragen wird. Die so abgeänderte Methode ist u. a. von R. T. INNES[6] am Kap-Observatorium und von L. CAMPBELL[7] in Zusammenarbeit mit zahlreichen anderen Beobachtern an verschiedenen Observatorien angewandt worden. Auch die Mitglieder der British Astronomical Association beobachten vielfach nach diesem Verfahren.

Die POGSONsche Methode besitzt den Vorzug, daß sie keinerlei Reduktionsrechnungen erfordert und daher zur Bewältigung von Massenmaterial sehr geeignet ist. An Genauigkeit steht sie der ARGELANDERschen Methode wesentlich nach, hauptsächlich aus dem Grunde, weil die Fehler der photometrischen Größen der Vergleichssterne sich fast unabgeschwächt auf die geschätzten Größen übertragen.

47. Die PICKERINGsche Interpolationsmethode. Nach HAGEN[8] hat man zwischen der allgemeinen „Bruchmethode" und der spezielleren „Dezimalmethode" zu unterscheiden. Die erstere beschreibt E. C. PICKERING[9] folgendermaßen: „The observer selects two comparison stars, one a little brighter, the other a little fainter, than the star to be observed, and estimates its difference in magnitudes from the brighter component with the difference between the two comparison stars." Die Bruchmethode wird zur Dezimalmethode, wenn man das Intervall zwischen den Vergleichssternen gleich 10 nimmt. Für diesen Fall schlägt PICKERING eine besonders einfache Bezeichnungsweise vor: „Thus, a 4 b will denote that the intervall between the bright comparison star a and the variable is estimated at only four-tenths of that between the two comparison stars." Nach E. E. MARKWICK[10] ist bei kleiner Helligkeitsdifferenz der Vergleichssterne die allgemeine Methode der Dezimalmethode vorzuziehen: „But I think that, where the difference of the two comparison stars is small, it will be sometimes permissible to take simpler fractions of the whole intervall in the observation than division into tenths. Thus a 1 V 3 b means that the variable is $^1/_4$ the light difference from a to b, or $^3/_4$ from b to a."

---

[1] Nach C. L. BROOK [Mem R A S 58, S. 120 (1908)].

[2] A Catalogue of the Magnitudes of 1081 Stars lying between −30° Decl. and the South Pole. London 1898.

[3] Harv Ann 14 (1884).

[4] Harv Ann 57 I (1907).

[5] Harv Circ 112 (1906).

[6] Results of Observations of Variable Stars. Ann Cape Obs 9 II (1903).

[7] Harv Ann 63 I (1912).

[8] Die veränderlichen Sterne, S. 278ff.

[9] Proc Amer Acad 16, S. 280 (1881).

[10] B A A Circ 32 (Okt. 1901).

Die hier von MARKWICK angewendete Schreibweise:

$$a\,m\,V\,n\,b \tag{6}$$

ist als die der Interpolationsmethode angemessene Bezeichnungsweise zu betrachten. Diese Schreibweise ist auch dann anzuwenden, wenn man nicht $(a-V):(V-b)$, sondern $(a-V):(a-b)$ bzw. $(V-b):(a-b)$ geschätzt hat. Sind die Größen M_a und M_b der Vergleichssterne bekannt, so folgt die Größe M des Variablen aus der Interpolationsformel:

$$M = M_a \frac{n}{m+n} + M_b \frac{m}{m+n}. \tag{7}$$

Da die Schätzungen der Form (6) im Gegensatz zu den ARGELANDERschen Vergleichungen (4) kein Material zur Bestimmung der Intervalle zwischen den Vergleichssternen liefern, so müssen diese Intervalle durch besondere Verbindungen von je drei von diesen Sternen bestimmt werden. An Genauigkeit kommt die Interpolationsmethode der ARGELANDERschen ungefähr gleich und hat außerdem den Vorzug, daß das Größenintervall $M_a - M_b$ der Vergleichssterne größer gewählt werden kann als bei jener. Auch ist die Reduktion einfacher, da die Untersuchung über den Stufenwert fortfällt.

Für die Anwendung der PICKERINGschen Methode seien folgende Beispiele angeführt: J. R. EDMANDS[1] und mehrere andere Beobachter schätzten in den Jahren 1881 bis 1883 zur Kontrolle der gleichzeitigen Messungen mit dem Meridianphotometer die Helligkeiten aller nördlichen Sterne bis zur Größe 6^M nach der Dezimalmethode. 154 photometrisch gut bestimmte Sterne dienten als Vergleichssterne. Jeder Stern wurde von jedem der drei Beobachter je einmal geschätzt. Die Schätzungen der helleren Sterne erfolgten mit freiem Auge, die der schwächeren mit Opernglas. Über die Reduktion der Schätzungen werden ausführliche Angaben gemacht. — A. PANNEKOEK[2] führte 1891 bis 1898 Schätzungen von Algol nach der allgemeinen Interpolationsmethode aus. Mittels besonderer Schätzungsreihen wurden auch die Helligkeiten der Vergleichssterne bestimmt.

E. PEREPELKIN[3] macht — wie mehr beiläufig erwähnt sei — auf die Vorteile der Schätzung:

$$V\;m\;b\;n\;a \qquad (m+n=10)$$

aufmerksam, die er als „PICKERINGsche Methode mit Extrapolation" bezeichnet. Während der zufällige Fehler der Bestimmung von V, falls $a > 4$, also $b:a < 1{,}5$ bleibt, gegenüber der Interpolationsmethode nicht wesentlich erhöht wird, ergibt sich der Vorteil, daß sich eine etwaige Veränderlichkeit des Sternes b sehr stark auf V überträgt und infolgedessen erkennbar wird. „Die Extrapolations-Methode gibt also ein Kriterium der Unveränderlichkeit der Helligkeit des mittleren Vergleichssternes."

48. Verbindung der ARGELANDERschen mit der Interpolationsmethode. Die ARGELANDERsche Methode kommt vielfach nicht in der reinen Form, bei der die Intervalle $a-V$ und $V-b$ völlig unabhängig voneinander geschätzt werden, zur Anwendung, sondern in Kombination mit der Interpolationsmethode. E. SCHÖNFELD[4] beschreibt dieses kombinierte Verfahren, das er regelmäßig anwendet, folgendermaßen: „Wenn der Veränderliche mit zwei Sternen, einem helleren und einem schwächeren, verglichen wurde, so setzte ich zuerst auf die angegebene Weise den Stufenunterschied gegen jeden Stern einzeln fest, dann ging ich aber auch wiederholt von dem hellern Vergleichsstern durch den Ver-

[1] Harv Ann 14, S. 70 (1884).
[2] Untersuchungen über den Lichtwechsel Algols, S. 96.
[3] A N 222, S. 203 (1923).
[4] Beobachtungen von veränderlichen Sternen, S. 149 (1860).

änderlichen zum schwächern über, und umgekehrt, um das Verhältnis beider Stufenunterschiede genauer beurteilen zu können. Dadurch treten freilich die beiden Schätzungen in noch größere Abhängigkeit voneinander, als dies wohl auch sonst schon der Fall ist; aber die Bestimmung der relativen Helligkeit des Veränderlichen hat ohne Zweifel dadurch gewonnen." — Ferner sei erwähnt, daß HAGEN[1] bei seinen Schätzungen nach der ARGELANDERschen Methode stets das Verhältnis $m:n$ der zunächst unabhängig voneinander geschätzten Stufenzahlen zur Kontrolle nachprüft. Er bringt dies auch in der Schreibweise: $a\ m\ V\ n\ b$ zum Ausdruck.

Während SCHÖNFELD und HAGEN das Verhältnis der Intervalle lediglich zur Kontrolle mitschätzen, wird dieses Verhältnis bei der Methode von A. A. NIJLAND zur Hauptsache. Das Wesen dieser „zu Utrecht regelmäßig angewendeten Methode" präzisiert NIJLAND[2] wie folgt: „Die Schätzung [a 2 v 4 b] ist so zu verstehen, daß ein auf etwa 6 Stufen geschätztes Intervall ab vom Variablen in zwei Teile geteilt wird, welche sich wie 1 zu 2 verhalten. Dieses Verfahren ist auch Grund dafür, daß in verhältnismäßig vielen Fällen mit halben Stufen geschätzt wird. Eine Schätzung a 1,5 v 3,5 b ist nicht buchstäblich so aufzufassen, daß man bei der Schätzung der Intervalle av und bv immer zwischen 1 und 2 Stufen bzw. 3 und 4 Stufen im Zweifel bleibt, sondern eher so, daß das auf 5 Stufen geschätzte Intervall ab sich besser durch 1,5 und 3,5 als durch ganze Zahlen, etwa 2 und 3, oder 1 und 4, in das richtige Verhältnis verteilen läßt." — Als direkt beobachtete Werte sind bei NIJLAND (Schreibweise: $a\ m\ V\ n\ b$) nicht m und n, sondern vielmehr $m+n$ und $m:n$ zu betrachten. Zur Reduktion dient also die Interpolationsformel (7). NIJLAND, dessen mittlerer Stufenwert $0^M,10$ beträgt, geht bei seinen Schätzungen bis zu 7 oder 8 Stufen, ohne daß ein merklicher Intervallfehler[3] auftritt bzw. die Sicherheit der Schätzungen merklich nachläßt.

49. Stufenskala der Vergleichssterne. Stufenhelligkeit des Veränderlichen. Die planmäßige Beobachtung eines Veränderlichen nach der ARGELANDERschen oder NIJLANDschen Methode führt stets zu der Aufstellung einer durch die Stufenhelligkeiten der Vergleichssterne festgelegten „Stufenskala". Bei der Auswahl der Vergleichssterne lasse man sich von dem Gesichtspunkt leiten, daß diese dem Veränderlichen in Position, Helligkeit und Farbe möglichst nahestehen sollen. Die Unterschiede aufeinanderfolgender Größen der Vergleichssternsequenz sollen $0^M,6$ ($= 5-10^{st}$) möglichst nicht übersteigen. Während also bei geringer Amplitude des Helligkeitswechsels bereits 2 Vergleichssterne ausreichend sein können, sind bei großen Amplituden von 5^M und darüber mindestens 10 Vergleichssterne erforderlich. Übereinstimmung der Farben wird in vielen Fällen nicht zu erreichen sein. Jedenfalls vermeide man, einen roten Veränderlichen an extrem weiße Sterne anzuschließen.

Im folgenden soll stets vorausgesetzt werden, daß bei den Stufenschätzungen gewisse dem Normalfall entsprechende Bedingungen[4] erfüllt seien. Der Beobachter besitze ein normales Auge und verfüge über eine ausreichende Übung im Stufenschätzen. Er sei ausgeruht und vermeide gezwungene Körper- und Kopfhaltungen. Das Auge sei gegen fremdes Licht gehörig geschützt. Insbesondere mache der Beobachter Ablesungen und Notizen bei möglichst schwacher Beleuchtung. Die Luft sei durchsichtig, die Bilder von mindestens mittlerer Güte. Auch herrsche weder Dämmerung noch heller Mondschein. Endlich sei

[1] Observations of Variable Stars made in the Years 1884—1890. Georgetown Coll Obs 1901.

[2] Rech Astr Obs Utrecht 8 I, S. 12 (1923).

[3] Siehe Ziff. 53, β.

[4] Vgl. HAGEN, Kap. 6 (Vorsichtsmaßregeln), S. 156ff.

der Beobachter bei der Schätzung völlig unbefangen, d. h. durch keinerlei vorgefaßte Meinung über das zu erwartende Ergebnis beeinflußt.

Jede vollständige Stufenschätzung des Veränderlichen, mag sie nun mit freiem oder mit bewaffnetem Auge, nach ARGELANDERS (amV, Vnb) oder nach NIJLANDS ($amVnb$) Methode ausgeführt sein, liefert für die Stufendifferenz $\Delta s = a - b$ der Vergleichssterne den Wert: $\Delta s = m + n$ Stufen. Liegen nur wenige Anschlüsse des Veränderlichen an a und b vor, so legt man zweckmäßig $a - b$ auch durch besondere Vergleichungen von a und b fest. Setzt man noch voraus, daß die beobachteten Stufenzahlen nach den unten zu gebenden Regeln von systematischen Fehlern (einschließlich der Extinktion) befreit seien, so kann man die Einzelwerte von $a - b$ zu einem Mittelwert: $\Delta s = \mathsf{M}(m + n)$ vereinigen. Hat man ferner entsprechende Mittelwerte für die Stufenunterschiede Δs der übrigen Vergleichssternpaare erhalten, so ist man nunmehr in der Lage, durch Aneinanderfügen der Δs eine „Stufenskala" der Vergleichssternhelligkeiten zu bilden.

In dem nachfolgend gegebenen Beispiel einer solchen Skala sind die Stufenhelligkeiten s als mit der Empfindungsstärke wachsend angenommen; der in der Mitte der Sequenz stehende Vergleichsstern d hat die Stufenhelligkeit 0 erhalten:

Stern:	a		b		c		d		e		f		g
Stufenunterschied Δs:		3,6		4,1		4,5		3,2		5,0		4,8	
Stufenhelligkeit s:	+12,2		+8,6		+4,5		0,0		−3,2		−8,2		−13,0

Welche Stufenhelligkeit V erhält nun in dieser Skala der Veränderliche? Hat man nach der ARGELANDERschen Methode geschätzt und nimmt an, daß die geschätzten Stufenzahlen m und n gleiches Gewicht haben, so kann man die beiden Einzelbestimmungen: $V_1 = a - m$ und $V_2 = b + n$ (worin a und b die Stufenhelligkeiten der Vergleichssterne bedeuten) einfach mitteln und erhält:

$$V_I = \frac{(a - m) + (b + n)}{2} = \frac{a + b}{2} + \frac{n - m}{2}. \tag{8}$$

Hat man hingegen NIJLANDS Verfahren angewendet, also das Verhältnis $m:n$ bestimmt, so ergibt sich der Wert von V aus der Interpolationsformel:

$$V_{II} = \frac{an + bm}{m + n} = \frac{(a - m)\,n + (b + n)\,m}{m + n}. \tag{9}$$

Diese Formel kann nun unter gewissen Voraussetzungen auch zur Reduktion der nach ARGELANDERS Methode ausgeführten Schätzungen dienen. Nimmt man nämlich an, daß kleine Stufenzahlen sicherer geschätzt werden als große, so trifft die oben gemachte Annahme gleicher Gewichte von m und n nicht mehr zu. Verhalten sich z. B. die mittleren zufälligen Fehler von m und n wie $\sqrt{m} : \sqrt{n}$, haben also die Stufenzahlen m und n die Gewichte n und m, so hat man V_{II} anzuwenden. Dieser Wert ist ferner auch dann zutreffend, wenn der Widerspruch zwischen $m + n$ und $a - b = \mathsf{M}(m + n)$ lediglich davon herrührt, daß m und n an dem betreffenden Abend in einer von der durchschnittlichen abweichenden Stufeneinheit („Stufenwert des Abends"[1]) geschätzt sind. Das Verhältnis $m:n$ ist dann als fehlerfrei anzusehen, und es findet dementsprechend der Ausdruck V_{II} Anwendung. Der Nachweis hierfür läßt sich auch so erbringen, daß man im Ausdruck V_I das Glied $\frac{n - m}{2}$ mit dem Korrektionsfaktor $\frac{a - b}{m + n}$ multipliziert, wodurch V_I in V_{II} übergeht. Kurz, auch bei Anwendung des

[1] Siehe Ziff. 51.

ARGELANDERschen Verfahrens sprechen verschiedenerlei Gründe für die Reduktion nach (8).

ARGELANDER[1] und SCHÖNFELD[2] geben übereinstimmend die Vorschrift, die Werte V_I und V_{II} zu mitteln, also den dritten Wert

$$V_{III} = (a - m)\frac{m + 3n}{4(m+n)} + (b + n)\frac{3m + n}{4(m+n)}$$

zu bilden, der einer Mittelung der Einzelwerte $V_1 = a - m$ und $V_2 = b + n$ unter Beilegung der Gewichte $m + 3n$ und $3m + n$ entspricht. Das Verhältnis dieser Gewichte ist mit dem Argument $m:n$ in der folgenden kleinen Tabelle gegeben:

$m:n$	$(m+3n):(3m+n)$
1:1	1:1
1:2	7:5
1:3	10:6
1:4	13:7
1:5	16:8
...	...
1:∞	3:1

In der Praxis dürften die Unterschiede zwischen den Werten V_I und V_{II} selten 0,5 Stufen erreichen. Man kann sich daher im allgemeinen mit dem abgekürzten Verfahren begnügen, den kleinen Stufenzahlen volles Gewicht, hingegen den größeren Stufenzahlen (etwa $n > 3$) das Gewicht $1/2$ zu geben[3].

50. Übersicht über die systematischen Schätzungsfehler. Gleichung (3) Ziff. 43, in der S_0 eine Konstante, $s' - s = n$ die geschätzte Anzahl von Stufen, $M' - M = \Delta M$ die photometrische Größendifferenz ist, ist aus doppeltem Grunde stets nur näherungsweise erfüllt. Einmal gilt diese dem FECHNERschen Gesetz entsprechende Gleichung nur innerhalb eines ziemlich engen Bereiches der fovealen Empfindungsstärke und verliert ihre Gültigkeit, sobald dieser Bereich überschritten bzw. sobald extrafoveal beobachtet wird. Ferner dürfen die in Stufen geschätzten Helligkeitsunterschiede $s' - s$, insofern sie mit systematischen (und zufälligen) Schätzungsfehlern behaftet sind, nicht ohne weiteres als Empfindungsunterschiede im Sinne des FECHNERschen Gesetzes aufgefaßt werden. So wird z. B., auch wenn sämtliche Helligkeiten im FECHNER-Bereich liegen, eine Größendifferenz, die doppelt so groß ist als eine zweite, keineswegs auch immer durch die doppelte Anzahl von Stufen ausgedrückt wie letztere. Man spricht dann vom Auftreten eines „Intervallfehlers“[4].

Um dem Einfluß der systematischen Fehler Rechnung zu tragen, wollen wir die linke Seite der Gleichung (3) durch ein zu der geschätzten Stufenzahl $s' - s = n$ hinzugefügtes, nach Potenzen von n entwickeltes Korrektionsglied ergänzen. Gemäß der Gleichung

$$(n + c_0 + c_1 n + c_2 n^2 + \cdots)\, S_0 = \Delta M \tag{10}$$

ergibt sich die als gesucht zu betrachtende Größendifferenz ΔM, wenn man die verbesserte Stufenzahl

$$v = n + c_0 + c_1 n + \cdots$$

mit dem konstanten „mittleren Stufenwert“ S_0 multipliziert. Schreibt man andererseits Gleichung (10) in der Form:

$$c_0 S_0 + n S_0 (1 + c_1 + c_2 n + \cdots) = \Delta M, \tag{11}$$

[1] Aufforderung, S. 232. [2] Beobachtungen von veränderlichen Sternen, S. 154.
[3] Aufforderung, S. 205; vgl. auch Sirius 44, S. 168 (1916). [4] Siehe Ziff. 53, β.

so kann man das von n unabhängige Korrektionsglied $c_0 S_0$ als „konstante Korrektion“, den Faktor von n:

$$S = S_0(1 + c_1 + c_2 n + \cdots) \tag{12}$$

als „Stufenwert der Beobachtung“ bezeichnen. Gemäß der Beziehung:

$$S = \frac{\Delta M - c_0 S_0}{n}$$

ist S gleich der wegen des konstanten Fehlers korrigierten Größendifferenz, geteilt durch die beobachtete Stufenzahl n. Die Glieder:

$$c_1 + c_2 n + \cdots$$

stellen den systematischen Fehler des relativen Stufenwertes S/S_0 dar.

Die Übersicht über die zahlreichen bei der Schätzung der Helligkeitsunterschiede von Sternen auftretenden systematischen Fehler wird sehr erleichtert, wenn man diese Fehler nach denjenigen Sterndaten, von welchen sie in erster Linie abhängen, in verschiedene Kategorien einteilt. Man unterscheidet sinngemäß: 1. die von den absoluten bzw. den relativen Koordinaten der Sterne abhängigen Fehler (Zenitdistanz- und Azimutfehler; Positionswinkel- und Distanzfehler); 2. die von den physiologischen Helligkeiten der Sterne abhängigen Fehler (Helligkeits- und Intervallfehler); 3. die von den Spektren bzw. den Farben der Sterne abhängigen Fehler (Farbenintervallfehler des Stufenwertes, PURKINJE-Fehler u. a. m.).

Gemäß (11) ist das konstante Korrektionsglied $c_0 S_0$ gleich der Größendifferenz $\Delta_0 M$ von zwei Sternen, deren Stufendifferenz $= 0$ geschätzt wird. Die Erfahrung lehrt, daß $\Delta_0 M$ in erster Linie eine Funktion des Positionswinkels ist, unter dem die Verbindungslinie der Sterne dem Auge erscheint. Ferner wird, wie das PURKINJE-Phänomen lehrt, die Größendifferenz $\Delta_0 M$ von zwei Sternen von ungleichem Spektraltypus, die, an der gleichen extrafovealen Netzhautstelle abgebildet, dem Auge gleich hell erscheinen, im allgemeinen $\neq 0$ sein. Der konstante Fehler $c_0 S_0 = \Delta_0 M$ setzt sich also in erster Linie aus einem Positionswinkelfehler und einem PURKINJE-Fehler zusammen.

Weit zahlreicher als die systematischen Fehler der Ordnung 0 sind die Fehler des Stufenwertes. Nach dem in Ziff. 15 Gesagten ist der Stufenwert einerseits der relativen Unterschiedsschwelle des Auges, andererseits dem bei der Schätzung begangenen zufälligen Fehler näherungsweise proportional. Hieraus läßt sich folgern, daß der Stufenwert zunächst von der Person des Beobachters abhängig ist, und ferner, daß er auch für ein und denselben Beobachter sehr verschiedene, und zwar um so kleinere Werte annimmt, je günstiger für die Vergleichung die Sterne (bzw. ihre Bilder) hinsichtlich ihrer Örter, Helligkeiten und Farben dem Auge sich darbieten und je leichter und sicherer demgemäß die Helligkeitsunterschiede der Sterne sich abschätzen lassen. Unter den von der absoluten bzw. der relativen Stellung der verglichenen Lichtpunkte abhängigen Fehlern des Stufenwertes ist der Distanzfehler der wichtigste. Der Abhängigkeit des Stufenwertes von den Helligkeiten der Sterne entspringen zwei verschiedene Fehler, nämlich der von der mittleren Helligkeit der verglichenen Sterne abhängige Helligkeitsfehler und der vom Helligkeitsintervall der Sterne abhängige Intervallfehler. Während letzterer Fehler ein eigentlicher, d. h. im wesentlichen psychologisch bedingter Schätzungsfehler ist, beruht der erstere auf der Abweichung der Reizempfindungsfunktion des Auges vom FECHNERschen Gesetz, kann also als „physiologischer Fehler (Empfindungsfehler)“ bezeichnet werden. Die Abhängigkeit des Stufenwertes von den Farben der Sterne äußert sich darin, daß der Stufenwert bei gleicher Farbe der Sterne am kleinsten ist und mit zunehmendem Farbenunterschied größer wird. Schließlich erweist sich der Stufenwert auch abhängig von dem Instrument, mit dem die Beobachtung ausgeführt wird, und unterliegt außerdem zeitlichen Änderungen, sei es von Abend zu Abend, sei es im Lauf der Monate und Jahre. Diese beiden letzterwähnten Abhängigkeiten seien zunächst ins Auge gefaßt.

51. Abhängigkeit des Stufenwertes von dem benutzten Instrument und der Beobachtungsepoche. Stufenwert des Instrumentes. Der Stufenwert wird erfahrungsgemäß verschieden gefunden, je nachdem die Schätzungen mit unbewaffnetem Auge bzw. unter Anwendung dieses oder jenes Instrumentes ausgeführt werden. Man spricht demgemäß von einem „Stufenwert des bloßen Auges, des Opernglases, dieses oder jenes Refraktors". Bequeme Körper- und Kopfhaltung, Handlichkeit des Instrumentes, beidäugiges Sehen und sonstige vorteilhafte Umstände pflegen auf den Stufenwert herabsetzend einzuwirken, indem sie einerseits die Leistungsfähigkeit des Beobachters allgemein erhöhen, andererseits im besonderen ein rascheres Übergehen des Auges von dem einen zum andern der verglichenen Sterne ermöglichen. Bei Benutzung des Fernrohres gilt als Regel, daß die zu vergleichenden Sterne möglichst in den Mittelpunkt des Gesichtsfeldes oder wenigstens in symmetrische Lagen zu demselben gebracht werden sollen. Ist der Abstand der Bilder größer als etwa der halbe Durchmesser des Feldes, so wird es notwendig, das Instrument während der Vergleichung zwischen den Sternen hin und her zu bewegen, worunter die Sicherheit der Schätzung naturgemäß leidet.

Nach dem vorstehend Gesagten ist es ohne weiteres verständlich, daß der Stufenwert des bloßen Auges bzw. des Opernglases in der Regel niedriger gefunden wird als der des Fernrohres, der Stufenwert des kleinen Refraktors niedriger als der des großen. Dabei ist natürlich vorausgesetzt, daß die mit verschiedenen Öffnungen beobachteten Sterne im Durchschnitt näherungsweise die gleiche physiologische Helligkeit haben.

P. Guthnick[1] stellte bei der Bearbeitung der Beobachtungsreihen von Mira Ceti fest, daß bei fast allen Beobachtern der mittlere Stufenwert für die hellen, dem bloßen Auge sichtbaren Sterne sich wesentlich kleiner ergab als für die teleskopischen Sterne. Besonders stark weichen die entsprechenden Stufenwerte J. Schmidts — $0^M,18$ für die hellen, $0^M,28$ für die teleskopischen Sterne — voneinander ab.

Die systematischen Unterschiede zwischen den Stufenwerten verschiedener, von demselben Beobachter verwendeter Refraktoren pflegen weniger ausgeprägt zu sein. So findet A. A. Nijland[2] die Stufenwerte des Refraktors R ($d = 261$, $f = 3190$) und des zugehörigen Suchers S ($d = 74$, $f = 1130$) völlig übereinstimmend gleich $0^M,11$.

Stufenwert des Abends. Vergleicht man den aus der Stufenschätzung:

$$a m V,\quad V n b$$

eines einzelnen Abends berechneten Stufenwert:

$$S = \frac{\Delta M}{m+n}$$

mit dem aus den sämtlichen, an verschiedenen Abenden erhaltenen Anschlüssen des Veränderlichen an a und b abgeleiteten mittleren Stufenwert:

$$S_0 = \frac{\Delta M}{\mathsf{M}(m+n)}$$

[1] Neue Untersuchungen über den veränderlichen Stern o (Mira) Ceti, S. 99. Halle 1901.
[2] Utrecht Rech 8 I, S. 26 (1923).

und bildet den Quotienten:

$$S : S_0 = \mathsf{M}(m + n) : (m + n), \tag{13}$$

so kann letzterer nach J. A. C. OUDEMANS[1] und E. SCHÖNFELD[2] als „(relativer) Stufenwert des Abends" bezeichnet werden. Der Unterschied zwischen S und S_0 kann zufälligen Charakter haben, erweist sich aber oft, insofern er bei den Schätzungen aller an dem betreffenden Abend beobachteter Veränderlicher in dem gleichen Sinne auftritt, als systematischer Natur. Im letzteren Falle kommen als Ursachen der Abweichung vom mittleren Stufenwert in Frage: einerseits „eine größere oder geringere Empfindlichkeit des Auges an dem betreffenden Abend"[2], andererseits ein vom durchschnittlichen abweichender Zustand der Atmosphäre. Betreffs des letzteren Punktes bemerkt OUDEMANS[1]: „Je dunkler und heiterer die Luft ist, desto leichter fasse ich einen kleinen Lichtunterschied, desto kleiner also sind meine Stufen."

Stufenwert des Jahres. Bei längeren, sich über mehrere Monate oder auch Jahre erstreckenden Schätzungsreihen treten bisweilen erhebliche Änderungen des Stufenwertes auf, die von dem Beobachter keineswegs beabsichtigt und ihm daher selbst oft völlig überraschend sind. Als Ursachen kommen in Frage: unbewußte Änderungen der Art des Sehens oder Schätzens, zunehmende oder abnehmende Sehschärfe, wachsende Übung u. a. m. Die Schwankungen des Stufenwertes können entweder sprunghaft auftreten oder einen mehr stetigen Verlauf nehmen. Dem ersten Fall entsprechen die von J. PLASSMANN[3], dem zweiten die von J. G. HAGEN[4] gemachten Erfahrungen. Ersterer bemerkt: „In einer dreißigjährigen Beobachtungstätigkeit glaube ich erfahren zu haben, daß sich die Empfindlichkeit für feine Lichtunterschiede ... nicht etwa in einer Wellenlinie ändert, sondern daß ziemlich plötzlich, in einer dem Beobachter selbst verdrießlichen Weise, sich das neue Maß einstellte, besonders das gröbere, das die kleineren Zahlen liefert." — Andererseits zeigen die in der folgenden Tabelle zusammengestellten Jahresmittel der Stufenwerte HAGENs eine allmähliche — wohl hauptsächlich der wachsenden Übung zu verdankende — Abnahme, gefolgt von einer ebenso stetigen Zunahme. Die Stufenwerte sind aus den Schätzungen der auf den Karten des Atlas Stellarum Variabilium[5] enthaltenen B. D.-Sterne abgeleitet und beruhen auf einem vollkommen homogenen Schätzungsmaterial.

Jahr	S	S/S_0	Jahr	S	S/S_0	Jahr	S	S/S_0
1893	$0^M,060$	1,67	1897	$0^M,031$	0,86	1901	$0^M,027$	0,75
1894	51	1,42	1898	28	0,78	1902	29	0,81
1895	46	1,28	1899	22	0,61	1903	32	0,89
1896	38	1,06	1900	25	0,69	1905	40	1,11

In den mittleren Jahren hat HAGEN nach seiner eigenen Angabe die Stufe enger genommen, als der natürlichen Unterschiedsempfindlichkeit seines Auges entsprach. Die dritte Spalte gibt den „relativen Stufenwert", bezogen auf den Mittelwert $S_0 = 0^M,036$ der sämtlichen Jahreswerte.

52. Die von den Örtern der Sterne abhängigen Schätzungsfehler („Positionsfehler"). Die Positionsfehler lassen sich einteilen in Zenitdistanz- und Azimutfehler auf der einen, Positionswinkel- und Distanzfehler auf der anderen Seite.

[1] Zweijährige Beobachtungen der meisten jetzt bekannten veränderlichen Sterne S. 7. Amsterdam 1856.

[2] Beobachtungen von veränderlichen Sternen, S. 154.

[3] Astronomie und Psychologie [Z f Psych 49, S. 254 (1908)].

[4] Die veränderlichen Sterne, S. 269.

[5] Siehe Handb. der Astrophysik Bd. 6, Kap. 2, S. 54.

Unter dem „scheinbaren Positionswinkel“ P sei der Winkel verstanden, den die Richtung vom Vergleichsstern zum Veränderlichen mit der „scheinbaren Vertikalen“ bildet. Wird mit p der auf den Deklinationskreis bezogene Positionswinkel, mit q der parallaktische Winkel und mit ν der Winkel der seitlichen Neigung des Kopfes bezeichnet, so ist

$$P = (p - q) - \nu \tag{14}$$

der scheinbare Positionswinkel. Da gemäß den Formeln:

$$\left.\begin{aligned}
\sin z \cos a &= -\cos\varphi \sin\delta + \sin\varphi \cos\delta \cos\tau \\
\sin z \sin a &= \cos\delta \sin\tau \\
\sin z \cos q &= \sin\varphi \cos\delta - \cos\varphi \sin\delta \cos\tau \\
\sin z \sin q &= \cos\varphi \sin\tau \\
\cos z &= \sin\varphi \sin\delta + \cos\varphi \cos\delta \cos\tau
\end{aligned}\right\} \tag{15}$$

Zenitdistanz z, Azimut a und parallaktischer Winkel q für die feste Polhöhe φ und für ein bestimmtes Sternpaar (α, δ) Funktionen des Stundenwinkels τ sind, so können Zenitdistanz-, Azimut- und Positionswinkelfehler auch unter der gemeinsamen Bezeichnung „Stundenwinkelfehler“ zusammengefaßt werden. Die verschiedenen Arten des Stundenwinkelfehlers werden sich stets bis zu einem gewissen Grade miteinander vermischen.

α) Zenitdistanz- und Azimutfehler. Die Sicherheit, mit der ein Beobachter kleine Helligkeitsunterschiede abschätzt, ist um so größer, je ungezwungener seine Körper- und Kopfhaltung ist. Da nun die Beobachtung bei kleinen Zenitdistanzen meist unbequemer ist als bei größeren, so wird sich der Stufenwert im allgemeinen um so größer ergeben, je näher dem Zenit der Veränderliche steht. In diesem Sinne kann man von einem „Zenitdistanzfehler des Stufenwertes“ sprechen.

Eine wichtigere Rolle spielen die durch den Zustand der Atmosphäre bedingten Zenitdistanzfehler. Da die Bilder mit der Annäherung an den Horizont sich zu verschlechtern pflegen, so wird die Schätzung bei tiefem Stande der Sterne im allgemeinen ungenauer werden, die Stufenweite entsprechend größer ausfallen als bei der Beobachtung in mittleren Höhen. Ferner kann die ungleiche Helligkeit des Himmelsgrundes in verschiedenen Höhen auf die Vergleichungen — insbesondere ungleich gefärbter Sterne — von Einfluß sein. Schließlich sind auch vom Azimut abhängige Schätzungsfehler denkbar, falls der Zustand der Atmosphäre nicht in allen Azimuten derselbe ist.

Extinktionsfehler. Gleichfalls von der mittleren Zenitdistanz der Sterne und außerdem von der Differenz ihrer Zenitdistanzen abhängig ist der Extinktionsfehler, der kein persönlicher Fehler, sondern ein rein objektiver Fehler der Ordnung Null ist. Werden die einer mittleren Extinktionstafel entnommenen Korrektionen mit $\varphi(z_1)$ und $\varphi(z_2)$, die wahren Extinktionswerte mit $\psi(z_1)$ und $\psi(z_2)$ bezeichnet, so stellt die Differenz:

$$[\varphi(z_1) - \varphi(z_2)] - [\psi(z_1) - \psi(z_2)]$$

den Extinktionsfehler dar. Dieser läßt sich dadurch auf Null herabdrücken, daß man nur in gleicher Zenitdistanz stehende Sterne miteinander vergleicht.

Endlich sei noch erwähnt, daß bei der Vergleichung ungleich gefärbter Sterne in niedrigen Höhen indirekt dadurch ein Purkinje-Fehler entstehen kann, daß der Beobachter infolge der allgemeinen Abschwächung der Sterne zu extrafovealer Beobachtung übergeht.

β) Parallaktischer oder Positionswinkelfehler. Es werde vorausgesetzt, daß der von der relativen Position der verglichenen Sterne abhängige Fehler der Stufenzahl sich gemäß der Beziehung [vgl. Ziff. 50 Gleichung (11)]:

$$c_0 S_0 + (s' - s) S_0 (1 + c_1) = M' - M$$

aus einem Fehler c_0 der Ordnung 0 und einem Fehler $(s' - s) c_1$ der Ordnung 1 zusammensetzt. Man kann dann c_0 bzw. c_1 als Funktion des scheinbaren Positionswinkels P des Veränderlichen in bezug auf den Vergleichsstern sowie der Distanz D der Sterne ganz allgemein in Form der trigonometrischen Reihe ansetzen:

$$c = f_0(D) + f_1(D) \cos P + g_1(D) \sin P + f_2(D) \cos 2P + g_2(D) \sin 2P + \cdots,$$

worin die Funktionen $f_0(D)$, $f_1(D)$ usw. der Einfachheit wegen als unabhängig von der mittleren Helligkeit und den Farben der Sterne betrachtet werden mögen.

Man erkennt leicht, daß c_0 nur ungerade, c_1 nur gerade Glieder enthalten kann. Schätzt man nämlich die Empfindungsdifferenz von zwei objektiv gleich hellen Sternen ($M' = M$) ab, so schätzt man im Positionswinkel P: $s' - s = n$ und nach Vertauschung der Sterne, d. h. im Positionswinkel $P + 180°$: $s' - s = -n$ und schließt daraus, daß die Korrektion c_0 ihr Vorzeichen umkehrt, wenn sich P um 180° ändert. Andererseits darf man von vornherein annehmen, daß die Sicherheit der Schätzung und demgemäß auch der Stufenwert $S_0(1 + c_1)$ nur von Richtung und Länge der Verbindungslinie der Sterne, nicht aber davon abhängig ist, ob der hellere Stern rechts oder links, oberhalb oder unterhalb des schwächeren steht. Der Fehler c_1 des Stufenwertes bleibt demnach ungeändert, wenn man die Sterne miteinander vertauscht, d. h. wenn P sich um 180° ändert.

Der Fehler c_0 kann, insofern er ein nur von der Distanz der Sterne abhängiges Glied nicht enthält, als „parallaktischer" oder „Positionswinkelfehler" bezeichnet werden. Beschränkt man sich auf die beiden ersten Glieder der Entwicklung, so gelangt man zu folgender Darstellung des Fehlers:

$$c_0 = \Delta(D, P) = f(D) \cos P + g(D) \sin P. \qquad (16)$$

Der parallaktische Fehler scheint zuerst von W. GOODRICKE[1] erkannt worden zu sein, ist aber erst rund 70 Jahre später von J. SCHMIDT[2] genauer untersucht worden. Letzterer erkannte richtig, daß bei der Beobachtung zirkumpolarer Sternpaare durch den parallaktischen Fehler ein in der Periode eines Jahres verlaufender Helligkeitswechsel vorgetäuscht werden kann, und stellte bei der Vergleichung von α und β Urs. min. sowie bei der Beobachtung der unregelmäßigen Veränderlichen α Cassiop. und μ Ceph. einen solchen Pseudolichtwechsel fest. Auch bei den meisten übrigen Schätzungsreihen SCHMIDTS spielt, wie verschiedene Bearbeiter derselben festgestellt haben, der parallaktische Fehler eine wichtige Rolle.

Positionswinkelfehler treten erfahrungsgemäß stets dann auf, wenn der Beobachter die Sterne bei der Vergleichung simultan ins Auge faßt — was übrigens bei SCHMIDT stets der Fall war —, und erreichen in diesem Falle oft hohe Beträge bis $0^M{,}5$ und darüber. Als Hauptursache des Fehlers ist die ungleiche Empfindlichkeit verschiedener Stellen der Netzhaut anzusehen.

Werden hingegen die Sterne nach ARGELANDERS Vorschrift bei der Vergleichung abwechselnd fixiert (was natürlich nur bei ausreichender Helligkeit derselben möglich ist), so erreichen die parallaktischen Fehler im allgemeinen

[1] Phil Trans 75, S. 154 (1785).

[2] A N 45, S. 129, 206 (1856); 46, S. 293 (1856).

nur geringe Beträge. Indessen müssen sie grundsätzlich bei jeder Schätzung auftreten, bei der einer der Sterne vor dem anderen in irgendeiner Weise bevorzugt wird. So ist z. B. denkbar, daß von zwei horizontal nebeneinander stehenden Sternen stets der rechte länger fixiert wird als der linke oder daß das Auge vom rechten zum linken Stern schneller übergeht als umgekehrt.

Der Positionswinkelfehler scheint insofern einer gewissen Gesetzmäßigkeit zu unterliegen, als fast alle Beobachter bei gleicher Helligkeit der verglichenen Sterne einen rechts unten stehenden Stern heller sehen als einen links oben stehenden. Unterschiede sind freilich insofern vorhanden, als die einen Beobachter bei richtiger Einschätzung vertikal stehender Sterne stets den rechten von zwei horizontal stehenden Sternen überschätzen, während den anderen bei richtiger Beurteilung horizontal stehender Sterne ein unten stehender Stern stets heller erscheint als ein oben stehender.

Nach A. W. ROBERTS[1] tritt der Positionswinkelfehler bei der Schätzung mit dem rechten oder mit dem linken Auge in gleichem Sinne und Betrage auf. Vielleicht handelt es sich nur um eine Anomalie der Augen V. ŠAFAŘÍKS[2], wenn dieser die relative Helligkeit horizontal stehender Sterne je nach Gebrauch des rechten oder des linken Auges verschieden beurteilt.

Rechnerische Behandlung des parallaktischen Fehlers. Um den parallaktischen Fehler numerisch auswerten zu können, ordnet man die geschätzten Stufenunterschiede $s' - s$ von zwei möglichst unveränderlichen Sternen nach den scheinbaren Positionswinkeln P oder — wenn man gemäß einem von H. LUDENDORFF[3] bei seiner Bearbeitung der SCHMIDTschen Schätzungen von ε Aurigae angewandten Verfahren auch die übrigen Stundenwinkelfehler erfassen will — nach dem Stundenwinkel τ. Hierauf legt man, am besten auf Grund eines graphischen Verfahrens, die Abhängigkeit der $s' - s$ von P oder τ durch eine Kurve bzw. durch eine Formel fest.

Für die Darstellung des Positionswinkelfehlers in der trigonometrischen Form (16) seien folgende Beispiele gegeben:

E. C. PICKERING[4] stellt die von A. SEARLE geschätzten Helligkeitsunterschiede des Polarsternes (Größe M') gegen β Urs. min., ε Urs. min. und γ Cassiop. (Größe M) durch die Formel dar:

$$-(s' - s)\, 0^M{,}10 = M' - M + 0^M{,}18 \cos P\,.$$

P ist der von oben über links nach unten gezählte Positionswinkel des Veränderlichen (s', M') gegen den Vergleichsstern (s, M).

A. W. ROBERTS[5] stellt den P. W.-Fehler durch die Formel dar:

$$c_0 = f(D) \cos(P + 25^\circ)\,.$$

Ein links unten stehender Stern wird überschätzt. Der Faktor $f(D)$ ändert sich stark mit D und erreicht Werte bis zu $0^M{,}75$.

W. HASSENSTEIN[6] stellt die von J. SCHMIDT geschätzten Unterschiede $s' - s$ des Pseudoveränderlichen R Cephei gegen die beiden Vergleichssterne a und b durch die Formeln dar:

$$R - a: \quad s' - s = -1^{st}{,}35 - 1^{st}{,}25 \cos P$$
$$R - b: \quad s' - s = +1^{st}{,}85 - 1^{st}{,}65 \cos P$$

[1] M N 59, S. 524 (1899).

[2] A N 101, S. 21 (1881); L. PRAČKA, Untersuchungen über den Lichtwechsel älterer veränderlicher Sterne nach den Beobachtungen von Prof. Dr. VOJTĚCH ŠAFAŘÍK. Prag 1910.

[3] A N 192, S. 389 (1912).

[4] Harv Ann 14, S. 36 (1884).

[5] M N 59, S. 524 (1899).

[6] Potsd Publ Nr. 79, S. 20 (1922).

oder in Größen ($S_0 = -0^M,33$):

$$R-a: \quad (s'-s)S_0 = +0^M,45 + 0^M,42 \cos P$$
$$R-b: \quad (s'-s)S_0 = -0^M,62 + 0^M,55 \cos P.$$

Ein unten stehender Stern wird zu hell eingeschätzt. Da R von a 10′, von b 15′ Abstand hat, so wächst der P. W.-Fehler mit der Distanz der Sterne.

Elimination des P. W.-Fehlers. Einfacher als die nachträgliche rechnerische Berücksichtigung des Fehlers ist seine Verhütung bzw. Elimination bei der Beobachtung selbst. Ein vielfach erprobtes Mittel, eine gegenseitige Beeinflussung der verglichenen Sterne und damit das Auftreten des P. W.-Fehlers zu verhüten, besteht darin, daß man während der Vergleichung den jeweils nicht ins Auge gefaßten Stern verdeckt. — E. C. PICKERING[1] empfiehlt, die Verbindungslinie der Sterne durch Neigen des Kopfes jeweils scheinbar horizontal zu stellen. Durch dieses Verfahren wird aber der P. W.-Fehler keineswegs verhütet, sondern günstigsten Falles für ein und dasselbe Sternpaar konstant gemacht. Auch ist dieses Verfahren wegen der gezwungenen Haltung des Kopfes nicht ohne Bedenken.

Eine Elimination des P. W.-Fehlers läßt sich dadurch erzielen, daß man den Veränderlichen an zwei symmetrisch zu ihm liegende Vergleichssterne anschließt. Indessen dürften passende Sterne nur verhältnismäßig selten zu finden sein. — Endlich schlagen A. W. ROBERTS[2] u. a. vor, den Fehler auf die Weise zu eliminieren, daß man nach einer ersten Vergleichung die relative Stellung der Bilder mit Hilfe eines Reversionsprismas umkehrt und dann die Schätzung wiederholt.

γ) Distanzfehler des Stufenwertes. Schon oben war gesagt, daß der in Form einer FOURIERschen Reihe dargestellte Fehler c_1 des Stufenwertes nur gerade Glieder enthalten kann, also nur von der Lage der Verbindungslinie und der Distanz der Sterne abhängig ist. Da nun die Sicherheit, mit der ein Beobachter schätzt, im allgemeinen nur wenig von der Lage der Verbindungslinie der Sterne abhängen wird, so dürfte es in den meisten Fällen erlaubt sein, den Fehler c_1 als reinen Distanzfehler aufzufassen und demgemäß zu schreiben:

$$c_1 = f(D), \qquad S = S_0[1 + f(D)]. \tag{17}$$

Man kann ferner annehmen, daß der (positiv genommene) Stufenwert für eine ziemlich kleine, ein bequemes Vergleichen ermöglichende Distanz D_0 am kleinsten ist [$f(D_0) = 0$] und sowohl mit zunehmender als mit abnehmender Distanz anwächst [$f(D) > 0$]. Der Fehler $f(D)$ dürfte insbesondere dann merklich werden, wenn das Fernrohr während der Vergleichung hin und her bewegt werden muß.

Auf das Auftreten des Distanzfehlers beziehen sich die folgenden Erfahrungen verschiedener Beobachter: T. W. BACKHOUSE[3] erwähnt als Fehlerquelle bei den Stufenschätzungen „the distance apart of the stars, for the nearer they are together the easier they are to compare“. V. ŠAFAŘÍK[4] findet, daß die geschätzte Helligkeitsdifferenz zweier Sterne a und b um so kleiner, die Stufenweite also um so größer ausfällt, je mehr Zeit er braucht, um das Auge von a nach b zu wenden. K. GRAFF[5] stellt bei der Durchschätzung der Vergleichssterne für die Nova Persei (7^M bis 13^M) eine Abnahme des Stufenwertes von $0^M,16$ für Sterne 9^M auf $0^M,08$ für Sterne 12^M bis 13^M fest und erklärt dieses Verhalten dadurch, „daß bei den

[1] Variable Stars of Long Period, S. 3, Cambridge 1891; vgl. auch die Bemerkungen von J. SCHMIDT [A N 46, S. 297 (1856)].

[2] M N 63, S. 537 (1903). [3] West Hendon House Publ 3, S. V (1905).

[4] A N 101, S. 21 (1881); vgl. auch L. PRAČKA, Beiträge zur Untersuchung des Lichtwechsels veränderlicher Sterne 1, S. 2 (1909).

[5] Mitt Hamb Sternw Nr. 11 (1907); vgl. auch A N 197, S. 75 (1913).

am Himmel viel dichter stehenden schwächeren Sternen noch Unterschiede bemerkt werden, die bei den wesentlich weiter voneinander getrennten Objekten der 10., 9. und 8. Größenklasse dem Beobachter gänzlich entgehen".

53. Die von den Helligkeiten der Sterne abhängigen Schätzungsfehler. α) Der Helligkeitsfehler des Stufenwertes. Unter dem Helligkeitsfehler des Stufenwertes ist die Änderung zu verstehen, die der einer mittleren physiologischen Helligkeit der verglichenen Sterne entsprechende Stufenwert beim Übergang zu helleren bzw. zu schwächeren Sternpaaren erfährt. Gemäß der nach Ziff. 15 Gleichung (44) zwischen dem Stufenwert $\Delta M = S$ und der relativen Unterschiedsschwelle $\Delta L/L$ bestehenden Beziehung

$$S = -2^M{,}5\,\Delta \log L = -2^M{,}5 \log\left(1 + \frac{\Delta L}{L}\right) \tag{18}$$

kann man aus dem Gang der Relativschwelle mit der Empfindungsstärke auf das Verhalten des Helligkeitsfehlers schließen. Nach Tabelle 3 Ziff. 15 nimmt die Relativschwelle mit abnehmender Empfindungsstärke zunächst von 0,036 auf 0,018 ab, bleibt im FECHNER-Bereich konstant und nimmt dann rasch bis auf 0,695 bei der geringsten Empfindungsstärke zu. Diesen Werten entspricht eine anfängliche Abnahme des Stufenwertes von $0^M{,}038$ auf $0^M{,}019$, hierauf Konstanz im FECHNER-Bereich und anschließend eine Zunahme auf $0^M{,}57$. Der sich in diesen Zahlen ausdrückende Helligkeitsfehler des Stufenwertes ist kein eigentlicher Schätzungsfehler, sondern ein durch die Abweichung der Reizempfindungsfunktion des Auges vom FECHNERschen Gesetz bedingter „Empfindungsfehler".

Der Ausdruck (18) für den Stufenwert läßt sich gemäß Ziff. 15 Gleichung (50) in eine nach Potenzen der Empfindungsstärke E fortschreitende Reihe entwickeln. Sind sämtliche Stufenschätzungen mit demselben Fernrohr ausgeführt, so kann man für die Empfindungsstärke E auch die Stufenhelligkeit s einsetzen und gelangt dann zu folgender Entwicklung für den Stufenwert:

$$S = S_0 + 2\,S_1\,s + 3\,S_2\,s^2 + \cdots = S_0 + \Delta S\,. \tag{19}$$

Wird die Stufenhelligkeit $s = 0$ in der Mitte des FECHNERschen Bereiches liegend angenommen, so ist $S = S_0$ der diesem Bereich entsprechende Stufenwert und ΔS der Helligkeitsfehler des Stufenwertes. Betreffs der praktischen Anwendung des Ansatzes (19) sei auf Ziff. 55, β verwiesen.

Da bei den Stufenschätzungen der Gültigkeitsbereich des FECHNERschen Gesetzes in der Regel nur wenig überschritten wird, indem der Beobachter Vergleichungen bei sehr hohen bzw. bei sehr niedrigen Empfindungsstärken nach Möglichkeit vermeidet, so sind Beispiele von Schätzungsreihen, bei denen das Anwachsen des Stufenwertes sowohl zu den großen als zu den geringen Helligkeiten hin rein hervortritt, nur selten zu finden. Dabei spricht auch der Umstand mit, daß der Stufenwert durch die Änderung der Empfindungsstärke nicht nur unmittelbar, sondern auch mittelbar — und dann bisweilen im entgegengesetzten Sinne — beeinflußt werden kann. So hat z. B. bei den in Ziff. 52, γ erwähnten Schätzungen K. GRAFFS die Zunahme der Sternhäufigkeit ein Kleinerwerden des Stufenwertes mit abnehmender Sternhelligkeit zur Folge gehabt.

Als Beispiel eines dem natürlichen Verlauf der Reizempfindungsfunktion entsprechenden Helligkeitsfehlers seien hier die Stufenwerte zusammengestellt, die W. RABE[1] auf Grund einer im wesentlichen mit freiem Auge angestellten Schätzungsreihe der Nova Aquilae 3 (1918) abgeleitet hat.

[1] A N 208, S. 307 (1919).

Datum	Beob.-Ort	Mittl. Sterngröße	Mittl. Stufenwert
1918			
Juni 10 bis 17	Scheldewindeke	$0^M,9$	$0^M,134 \pm 0^M,003$
Juni 22 bis 30	Scheldewindeke	3 ,1	,093 ± ,006
Juli 4 bis 17	Breslau	3 ,3	,080 ± ,010
Juli 27 bis Aug. 24	Scheldewindeke	3 ,9	,090 ± ,004
Sept. 1 bis Nov. 4	Scheldewindeke und Düsseldorf	4 ,8	,100 ± ,003

Inwieweit die Änderung des Stufenwertes durch die Änderung der physiologischen Helligkeit unmittelbar verursacht ist, muß freilich dahingestellt bleiben. Zu bedenken ist nämlich, daß die Schätzungen nicht nur zu verschiedenen Zeiten sondern teilweise auch an verschiedenen Orten angestellt sind. Zudem sind bei den einzelnen Reihen natürlich ganz verschiedene Vergleichssterne verwendet worden, so daß die Stufenwerte auch mit Distanzfehlern, Intervallfehlern oder sonstigen Schätzungsfehlern behaftet sein können.

Erwünscht und nicht schwierig durchzuführen wäre eine experimentelle Bestimmung des Helligkeitsfehlers.

β) Der Intervallfehler. Die meisten Beobachter schätzen ungleich weite Helligkeitsintervalle nicht ihren wahren Verhältnissen entsprechend ein, sondern drücken die großen Intervalle im Vergleich zu den kleinen durch eine zu geringe Anzahl von Stufen aus. Dieser als „Intervallfehler“ bezeichnete Schätzungsfehler dürfte im wesentlichen psychologisch bedingt und etwa so zu erklären sein, daß sich der Beobachter bei der Schätzung größerer Helligkeitsintervalle unsicher fühlt und daher das als Einheit dienende Helligkeitsintervall unwillkürlich größer nimmt als bei der Schätzung kleiner Intervalle. Da übrigens ein entsprechender Fehler auch bei rein interpolatorischen Schätzungen auftreten dürfte („Interpolationsfehler“), so kann der Intervallfehler nicht ausschließlich durch eine fehlerhafte Annahme der Schätzungseinheit verursacht sein. Jedenfalls läßt er sich aber vom formalen Standpunkt ohne weiteres als ein Fehler des Stufenwertes auffassen und kann dann folgendermaßen definiert werden: „Der Intervallfehler des Stufenwertes ist die Abweichung des der geschätzten Stufenzahl n entsprechenden Stufenwertes $S = \frac{\Delta M}{n}$ von dem einer mittleren Stufenzahl n_0 entsprechenden Stufenwerte $S_0 = \frac{\Delta_0 M}{n_0}$.“

Schon ARGELANDER[1] hatte die Erfahrung gemacht, daß bei der Schätzung der Helligkeitsintervalle von drei Sternen a, b, c die den Intervallen $a-b$, $b-c$ und $a-c$ beigelegten Stufenzahlen in der Regel im Widerspruch miteinander stehen. Den Schätzungen:

$$a\,p\,b, \qquad b\,q\,c, \qquad a\,r\,c$$

entsprechen die Stufenunterschiede:

$$a - b = p, \qquad b - c = q, \qquad a - c = r.$$

Der Intervallfehler bewirkt, daß r systematisch $< p + q$ ausfällt. Würde der Widerspruch zwischen r und $p + q$ lediglich von zufälligen Schätzungsfehlern herrühren, so könnte man ihn durch Ausgleichung beseitigen und erhielte bei Anwendung der Methode der kleinsten Quadrate bei Annahme gleicher Gewichte:

$$p' = p - \frac{p+q-r}{3}, \qquad q' = q - \frac{p+q-r}{3}, \qquad r' = r + \frac{p+q-r}{3}$$

$$\text{(Beispiel:} \quad p' = 2 - \tfrac{1}{3}, \qquad q' = 3 - \tfrac{1}{3}, \qquad r' = 4 + \tfrac{1}{3}).$$

[1] Aufforderung, S. 199.

Sind indessen die p, q, r mit systematischen Intervallfehlern behaftet, so ist diese Lösung nicht brauchbar.

Nach dem Vorgange ARGELANDERS haben die meisten späteren Beobachter, OUDEMANS und SCHÖNFELD[1] an der Spitze, ihre Schätzungen auf das Vorhandensein von Intervallfehlern durchgeprüft. Dabei ergab sich, daß das Auftreten des Intervallfehlers als Regel, sein Fehlen als Ausnahme gelten kann. Fälle, in denen die Schätzungen eines Beobachters vom Intervallfehler frei sind, sind daher stets bemerkenswert. A. A. NIJLAND[2] findet zu seiner „großen Überraschung" die Stufenwerte, die er aus fast 400 geschätzten Intervallen zwischen 1 und 8 Stufen ableitet, vom Intervallfehler frei: „Wahrscheinlich habe ich mich unbewußt im Laufe der Jahre daran gewöhnt, ein Korrektiv anzuwenden, indem ich eine Stufenzahl, welche beim ersten Anschauen z. B. auf 4 geschätzt wird, bis etwa 5 oder 6 erhöhe."

Berücksichtigung des Intervallfehlers bei Aufstellung der Vergleichssternskala. E. SCHÖNFELD[3] rät, jeweils nur die gegenseitigen Anschlüsse an Helligkeit nächststehender Sterne zu verwerten und die übrigen Verbindungen „nur durch eine Art von Überschlag mit zum Resultate stimmen" zu lassen. Auch HAGEN[4] tritt sehr entschieden für dieses Verfahren ein. Andere Bearbeiter, wie z. B. P. GUTHNICK[5] und H. ROSENBERG[6] in ihren Monographien über o Ceti und χ Cygni, haben hingegen sämtliche geschätzte Intervalle ihrem Gewicht entsprechend verwertet und die Stufendifferenzen der Vergleichssternkette unter Anwendung der Methode der kleinsten Quadrate berechnet.

Unbedingt stichhaltig dürfte folgendes Verfahren sein: Man sieht Intervalle von mittlerer Stufenzahl (etwa $n_0 = 3$ bis 4 Stufen), gleichviel, ob es sich um einfache oder um übergreifende Intervalle handelt, als richtig geschätzt an und leitet für alle übrigen Intervalle auf Grund der Überbestimmungen empirische Korrektionen ab. Sind die geschätzen Stufenzahlen p und q der einfachen Intervalle kleiner, die geschätzte Stufenzahl r des zusammengesetzten Intervalles größer als n_0, so gibt — an vorstehender Regel gemessen — die strenge Ausgleichung bessere Werte als die ausschließliche Berücksichtigung der einfachen Intervalle.

S. C. CHANDLER[7] verwertet bei der Ableitung des Stufenintervalles $a - b$ von zwei Vergleichssternen mit Rücksicht auf den Intervallfehler nur solche Anschlüsse:

$$amV, \quad Vnb$$

des Veränderlichen, bei denen sowohl m als $n \leqq 2$ sind. Das Besondere an seinem Verfahren ist, daß er nicht nur gleichzeitige Anschlüsse des Veränderlichen an a und b verwendet, sondern auch Schätzungen amV und Vnb kombiniert, die an verschiedenen Abenden ausgeführt sind, aber gleichen Phasen des Lichtwechsels, also gleichen Stufenhelligkeiten V entsprechen. Dieses Verfahren setzt eine strenge Periodizität der Lichtkurve sowie Kenntnis der Periode voraus, während die Gestalt der Lichtkurve nicht bekannt zu sein braucht.

Rechnerische Behandlung des Intervallfehlers. Wird die geschätzte Stufenzahl mit n, der einer mittleren Stufenzahl n_0 entsprechende Stufenwert mit S_0 bezeichnet, so kann man dem Intervallfehler durch den Ansatz Rechnung tragen[8]:

$$n S_0[1 + b_1(n - n_0) + b_2(n^2 - n_0^2) + \cdots] = n S_0(a + b_1 n + b_2 n^2 + \cdots) = \Delta M. \quad (20)$$

[1] Beob. von veränd. Sternen, S. 153 (1860). [2] Utrecht Rech 8 I, S. 26 (1923).
[3] l. c., S. 152. [4] Die veränderlichen Sterne, S. 344ff.
[5] Neue Untersuchungen über ... o (Mira) Ceti, S. 7.
[6] Der Veränderliche χ Cygni, S. 142. [7] A J 7, S. 137 (1887); vgl. HAGEN, S. 352.
[8] Vgl. Ziff. 50 Gleichung (11).

Hierin kann entweder $n(a + \cdots)$ als die wegen des Intervallfehlers korrigierte Stufenzahl oder aber $S_0(a + \cdots)$ als der mit dem Intervallfehler behaftete Stufenwert aufgefaßt werden. In der Praxis dürfte im allgemeinen eines der mit den b_i multiplizierten Glieder zur Darstellung des Fehlers genügen.

Die Berechnung des Intervallfehlers gestaltet sich am einfachsten, wenn man die geschätzten Stufenunterschiede n direkt mit den entsprechenden photometrisch bestimmten Größendifferenzen ΔM vergleichen kann. Ein lehrreiches Beispiel liefern G. MÜLLERS[1] gleichzeitige Schätzungen und Messungen der Helligkeit von Algol. Den Stufenzahlen n entsprechen die mittleren Größendifferenzen ΔM:

Tabelle 15.

n	ΔM	S (Beob.)	S (Rechn.)	B.—R.
1	$0^M,06$	$0^M,060$	$0^M,059$	$+0^M,001$
2	13	65	68	— 3
3	23	77	77	0
4	34	85	86	— 1
5	48	96	95	+ 1

Der Stufenwert der Beobachtung $S = \frac{\Delta M}{n}$ ist, wie man sieht, mit einem beträchtlichen Intervallfehler behaftet. Wird letzterer als linear in n angenommen, so kann man ansetzen:

$$S = S_0[1 + b(n - n_0)] .$$

Wird der Stufenwert S_0 gleich dem Mittel der S, d. h. $= 0^M,077$, die Stufenzahl n_0, für die der Intervallfehler $= 0$ wird, gleich dem Mittel der n, d. h. $= 3$ angenommen, so läßt sich der Koeffizient b des Intervallfehlers durch Ausgleichung ermitteln. Man findet $b = 0{,}12$ und damit die in den beiden letzten Spalten gegebene Darstellung.

Besonders eingehende Untersuchungen über den Intervallfehler hat A. PANNEKOEK[2] angestellt. Er zeigt, wie man auf Grund der an verschiedenen Abenden erhaltenen Anschlüsse

$$a m V, \quad V n b$$

eines Veränderlichen auch ohne Kenntnis der photometrischen Größen von a und b den Intervallfehler berechnen kann.

Einer der von PANNEKOEK behandelten Fälle bezieht sich auf ARGELANDERS Schätzungen des Veränderlichen α Herculis. Die Vergleichungen von α mit den Vergleichssternen β und $\varkappa$ Ophiuchi haben die Form:

$$\beta n_1 \alpha, \quad \alpha n_2 \varkappa .$$

Für die wegen des Intervallfehlers verbesserten Stufenzahlen v_1 und v_2 setzt PANNEKOEK entsprechend (20) die Ausdrücke an:

$$v_1 = a n_1 \left(1 + \frac{b}{a} n_1\right) = \frac{M_\beta - M_\alpha}{S_0}, \qquad v_2 = a n_2 \left(1 + \frac{b}{a} n_2\right) = \frac{M_\alpha - M_\varkappa}{S_0}$$

und erhält durch Addition die Fehlergleichungen:

$$(n_1 + n_2) + \frac{b}{a}(n_1^2 + n_2^2) = \frac{M_\beta - M_\varkappa}{a S_0} + \varepsilon . \tag{21}$$

Da der Koeffizient von b/a, wie aus der Beziehung

$$n_1^2 + n_2^2 = \tfrac{1}{2}(n_1 + n_2)^2 + \tfrac{1}{2}(n_1 - n_2)^2$$

[1] A N 156, S. 177 (1901).

[2] Untersuchungen über den Lichtwechsel Algols, S. 65ff., 115ff.

hervorgeht, mit zunehmendem Betrag von $|n_1 - n_2|$ rasch anwächst, so ordnet PANNEKOEK die Gleichungen (21) zunächst nach $|n_1 - n_2|$, teilt sie sodann in fünf Gruppen ein und bildet die Gruppenmittel. Die beiden Unbekannten $\frac{b}{a}$ und $x = \frac{M_\beta - M_\varkappa}{a S_0}$ lassen sich durch Ausgleichung ermitteln. Wird schließlich noch $a = 0{,}8$ (d. h. $n_0 = 3{,}21$) gewählt, so ergibt sich folgende Darstellung der wegen des Intervallfehlers verbesserten Stufenzahl v:

$$v = 0{,}8\, n\,(1 + 0{,}0765\, n)\,.$$

Den beobachteten Stufenzahlen 1 bis 5 entsprechen also die verbesserten: 0,86 (1), 1,84 (2), 2,95 (3), 4,17 (4), 5,53 (5).

Ferner stellt PANNEKOEK bei der Bearbeitung der von J. PLASSMANN ausgeführten Stufenschätzungen Algols die wegen des Intervallfehlers verbesserte Stufenzahl durch den Ansatz dar:

$$v = a n\left(1 + \frac{b}{a} n^3\right).$$

Jeder Anschluß Algols an zwei Vergleichssterne liefert dann eine Fehlergleichung von der Gestalt:

$$(n_1 + n_2) + \frac{b}{a}(n_1^4 + n_2^4) - \frac{1}{a}\frac{\varDelta M}{S_0} = \varepsilon$$

und jede einem Wertebereich von $|n_1 - n_2|$ entsprechende Gruppe von solchen Gleichungen eine neue Gleichung:

$$\mathsf{M}(n_1 + n_2) + \frac{b}{a}\mathsf{M}(n_1^4 + n_2^4) - \frac{1}{a}\frac{\varDelta M}{S_0} = \varepsilon\,.$$

Für jedes der 6 Vergleichssternpaare ergeben sich 4 solcher Gleichungen. Zur Bestimmung der 7 Unbekannten, nämlich des Fehlerkoeffizienten $\frac{b}{a}$ und der 6 mittleren Stufendifferenzen $\frac{1}{a}\frac{\varDelta M}{S_0}$ stehen also 24 Gleichungen zur Verfügung. Der Parameter a ist durch die Bedingung bestimmt, daß der Mittelwert der 6 verbesserten Stufenintervalle $\frac{\varDelta M}{S_0}$ mit dem Mittelwert der 24 Gruppenmittel $\mathsf{M}(n_1 + n_2)$ übereinstimmen soll. Ergebnis der Ausgleichung ist folgender Ausdruck für die verbesserte Stufenzahl:

$$v = 0{,}605\, n\,(1 + 0{,}00514\, n^3) = n\,[1 + 0{,}00311\,(n^3 - 5{,}03^3)]\,.$$

Den beobachteten Stufenzahlen 1 bis 6 entsprechen also die verbesserten: 0,61 (1), 1,26 (2), 2,07 (3), 3,22 (4), 4,97 (5), 7,66 (6), 11,69 (7).

Bestimmung des Intervallfehlers auf Grund der mittleren Lichtkurve eines periodischen Veränderlichen. Diese gleichfalls von A. PANNEKOEK[1] angegebene Methode beruht auf der Voraussetzung, daß eine von systematischen Fehlern freie mittlere Lichtkurve vorliegt. Es ist also für jede Schätzung VnA die Stufenhelligkeit V bekannt, und jede solche Schätzung liefert daher, wenn die wegen des Intervallfehlers verbesserte Stufendifferenz in der Form

$$v = a n\left(1 + \frac{b}{a} n^3\right)$$

angesetzt wird, eine Fehlergleichung von der Form:

$$A + a n + b n^4 = V + \varepsilon\,,$$

worin die Stufenhelligkeit A des Vergleichssternes und die Koeffizienten a und b des Intervallfehlers als Unbekannte zu betrachten sind.

[1] Ebenda, S. 66 ff.

PANNEKOEK wendet diese Methode, deren Voraussetzungen er sehr eingehend diskutiert, auf die Reduktion der PLASSMANNschen Schätzungen von Algol an. Das Ergebnis der Ausgleichung:

$$v = 0{,}579\, n\, (1 + 0{,}00487\, n^3)$$

stimmt sehr nahe mit der nach der vorhergehend beschriebenen Methode erhaltenen Darstellung überein.

γ) Der Interpolationsfehler. Bei der PICKERINGschen Interpolationsmethode, bei der zwei im allgemeinen ungleiche Helligkeitsintervalle gegeneinander abgeschätzt werden, ist das Auftreten eines von diesen Intervallen bzw. von ihrem Verhältnis abhängigen Schätzungsfehlers denkbar, der sich als „Interpolationsfehler" bezeichnen läßt. Da der nach dem PICKERINGschen Verfahren arbeitende Beobachter die beiden gegeneinander abzuschätzenden Intervalle direkt vor Augen hat, so dürfte der Interpolationsfehler im allgemeinen innerhalb engerer Grenzen bleiben als der ihm verwandte Intervallfehler. Der erstgenannte Fehler scheint bisher nicht näher untersucht worden zu sein.

Nehmen wir an, daß das Verhältnis von zwei gleichen Größenintervallen richtig = 1 geschätzt wird, so können wir, wenn m/n ($m \leqq n$) das geschätzte Verhältnis von zwei beliebigen Intervallen, $[m/n]$ das wegen des Interpolationsfehlers korrigierte Verhältnis ist, ansetzen:

$$\left[\frac{m}{n}\right] = \frac{m}{n}\left\{1 - a\left(1 - \frac{m}{n}\right)\right\} = \frac{m}{n} - a\,\frac{m}{n}\left(1 - \frac{m}{n}\right).$$

Der Ausdruck:

$$\Delta = \frac{m}{n} - \left[\frac{m}{n}\right] = a\,\frac{m}{n}\left(1 - \frac{m}{n}\right)$$

stellt dann den Interpolationsfehler dar. — Das Verhalten dieses Fehlers ist aus der folgenden Tabelle ersichtlich, in der für $a = 0{,}3$ die Werte von Δ gegeben sind:

Tabelle 16.

m/n	0,0	0,1	0,2	0,3	0,4	0,5	0,6	0,7	0,8	0,9	1,0
$[m/n]$	0,00	0,07	0,15	0,24	0,33	0,425	0,53	0,64	0,75	0,87	1,00
Δ	0,00	+0,03	+0,05	+0,06	+0,07	+0,075	+0,07	+0,06	+0,05	+0,03	0,00

Das Maximum des Interpolationsfehlers tritt für $m/n = 0{,}5$ ein und beträgt: $\Delta = a/4$.

δ) Der Dezimalfehler[1] ist kein eigentlicher Schätzungsfehler, sondern ein psychologischer Fehler, der dadurch entsteht, daß der Beobachter bei der zahlenmäßigen Angabe der Schätzung gewisse Zahlen bevorzugt, und zwar, wie HAGEN[1] sich ausdrückt, infolge „einer unbewußten Vorliebe für gewisse Zahlen zum Nachteil der übrigen". Bei der Stufenschätzung nach ARGELANDER scheint der Fehler meist eine mehr untergeordnete Rolle zu spielen. Als Beispiel für sein Auftreten sei angeführt, daß E. SCHÖNFELD nach E. v. ARETIN[2] die Stufenzahlen 0 und $\frac{1}{2}$ weit seltener gebraucht als die Stufenzahl 1. Übrigens ist zu beachten, daß es auch einen unechten, durch den Intervallfehler vorgetäuschten Dezimalfehler gibt. Ist nämlich ein erheblicher Intervallfehler vorhanden, so müssen, insofern der Stufenwert mit der Stufenzahl wächst, große Stufenzahlen häufiger vorkommen als kleine. Da nun aber andererseits kleine Helligkeitsintervalle häufiger zur Abschätzung gelangen als große, so muß die Häufigkeitszahl des Vorkommens der verschiedenen Stufenzahlen für eine mittlere Stufen-

[1] Vgl. HAGEN, S. 218ff.
[2] Astron. Mitt. d. K. Sternwarte zu Göttingen Nr. 15, S. 41 (1913); vgl. HAGEN, S. 219.

zahl ein Maximum haben. Nach A. PANNEKOEK[1] ergeben sich für J. PLASSMANNS Beobachtungen der Algolminima folgende Häufigkeitszahlen für das Vorkommen der in Klammern beigesetzten Stufenzahlen:

36 (0)	36 (1)	61 (2)	122 (3)	87 (4)	94 (5)	53 (6)	22 (7)
3 (½)	4 (1½)	10 (2½)	34 (3½)	55 (4½)	59 (5½)	24 (6½)	0 (7½)

Wie man sieht, kommen infolge des starken Intervallfehlers der PLASSMANNschen Schätzungen die Stufenzahlen 3, 4 und 5 weit häufiger vor als die kleineren. Hingegen hat man in der Tatsache, daß die halben Stufenzahlen weit seltener vorkommen als die ganzen, einen echten Dezimalfehler zu erblicken.

Bei der PICKERINGschen Dezimalmethode, bei der die Schätzung durch eine der Zahlen 0 bis 9 angegeben wird, tritt notwendig eine Vermischung von Dezimal- und Interpolationsfehler ein.

54. Vom Spektrum bzw. von der Farbe abhängige Schätzungsfehler[2]. α) Farbenintervallfehler des Stufenwertes. Erfahrungsgemäß wird der Helligkeitsunterschied von zwei Sternen bestimmter Größe mit der gleichen Sicherheit abgeschätzt und dementsprechend durch die gleiche Anzahl von Stufen ausgedrückt, ob es sich nun um zwei weiße oder um zwei rote Sterne handelt. Der Stufenwert ist also bei der Schätzung gleichfarbiger Sterne von der Sternfarbe praktisch unabhängig. Werden hingegen Sterne von erheblich verschiedener Farbe miteinander verglichen, so pflegt die Vergleichung um so schwieriger und unsicherer zu sein und der Stufenwert dementsprechend um so größer auszufallen, je stärker die Farben der Sterne voneinander abweichen. Als Beleg hierfür seien zwei Zeugnisse aus der älteren Literatur angeführt. Bei SCHÖNFELD[3] findet sich die Bemerkung: „Juli 26 ist die rote Farbe von Mira im Fünffüßer sehr störend und erschwert die Schätzung"; andererseits hebt ARGELANDER[4] in bezug auf zwei Vergleichssterne von *R* Leonis den Umstand hervor, „daß der Unterschied zwischen *A* und *ν* sehr unsicher bestimmt ist; der erstere Stern ist rot, der letztere glänzend weiß und deshalb ihre relative Helligkeit zu verschiedenen Zeiten sehr verschieden geschätzt; die Unterschiede gehen von 3 bis 8 Stufen". Nimmt man die Größendifferenz der Sterne nach der P. D. zu $1^M,14$ an, so erkennt man, daß der Stufenwert des Beobachters bei diesen Schätzungen zwischen $0^M,38$ und $0^M,14$ geschwankt hat. Da nun der zweite dieser Werte dem mittleren Stufenwert ARGELANDERS entspricht, so ist klar, daß der Stufenwert infolge des Farbenunterschiedes der Sterne erheblich erhöht war.

Wenn bei der Vergleichung roter Sterne mit weißen stets eine gewisse Unsicherheit besteht, so dürfte dabei auch der von verschiedenen Beobachtern bemerkte und als störend empfundene Umstand mitsprechen, daß die roten Sterne im Gegensatz zu den weißen nicht auf den ersten Blick, sondern erst nach einer gewissen Zeitdauer des Fixierens ihre volle Helligkeit erlangen[5]. An einer stichhaltigen Erklärung für dieses eigentümliche Verhalten scheint es noch zu fehlen.

Die vom Farbenunterschied der verglichenen Sterne abhängige Änderung des Stufenwertes kann als „Farbenintervallfehler des Stufenwertes" bezeichnet werden. Da die Farben der Sterne bei einer mittleren Empfindungsstärke den

---

[1] Algol, S. 85; vgl. HAGEN, S. 220.

[2] Siehe HAGEN, S. 207ff; vgl. auch H. OSTHOFF, Bemerkungen zu Argelanders Methode des Schätzens der Sternhelligkeiten [A N 205, S. 1 (1917); 219, S. 117 (1923)].

[3] Beob. von veränd. Sternen, S. 194 (1860).

[4] Beob. u. Rechn. über veränd. Sterne, S. 47 (1869).

[5] Siehe HAGEN, S. 212 u. 214 (Erfahrungen von E. SCHÖNFELD, V. ŠAFAŘÍK, J. PLASSMANN); ferner A N 205, S. 11 (1917); 219, S. 120 (1923) (H. OSTHOFF); Utrecht Rech 8 I, S. 17 (1923) (A. A. NIJLAND).

Höchstgrad ihrer Sättigung haben, um bei Abschwächung oder Aufhellung der Sterne abzublassen, so dürfte der genannte Fehler — auch bei streng fovealer Vergleichung — außer vom spektralen Unterschied der Sterne auch von ihrer physiologischen Helligkeit abhängig sein.

Als Mittel, das Auftreten des Farbenintervallfehlers zu verhüten, empfiehlt J. PLASSMANN[1] die Anwendung eines roten Blendglases, durch welches die verglichenen Sterne auf die gleiche rötliche Farbe gebracht werden. Gewisse mit einem solchen Verfahren verknüpfte Nachteile kamen schon in Ziff. 33, α zur Sprache. Vorteilhafter ist der — auch von H. OSTHOFF[2] empfohlene — Weg, ein verhältnismäßig lichtschwaches Instrument zu wählen, in dem die Farben der Sterne nicht mehr störend hervortreten, während ein foveales Beobachten noch möglich ist — wozu erläuternd bemerkt sei, daß die Grenze des Farbensehens etwas oberhalb der fovealen Grenzhelligkeit zu liegen pflegt. Indessen darf man das Instrument auch nicht so lichtschwach wählen, daß nur noch ein extrafoveales Vergleichen möglich ist, denn damit würde man die Gefahr des Auftretens von PURKINJE-Fehlern herbeiführen.

β) PURKINJE-Fehler entstehen, wenn Sterne von verschiedenem Spektraltypus an extrafovealen Netzhautstellen abgebildet werden; denn die Empfindungsunterschiede sind dann andere und werden dementsprechend auch anders eingeschätzt, als wenn die Sterne bei der Vergleichung fixiert werden. Der PURKINJE-fehler ist hiernach kein eigentlicher Schätzungsfehler, sondern ein auf der Änderung des spektralen Empfindlichkeitskoeffizienten beruhender physiologischer Fehler.

Erscheinen im besonderen ein roter und ein weißer Stern extrafoveal betrachtet gleich hell und geht man dann — evtl. nach Heraufsetzung der Strahlungsstärken — zu fovealer Betrachtung über, so erscheint der rote Stern merklich heller als der weiße. Im Einklang mit dieser Beobachtung steht die häufig gemachte Erfahrung, daß farbige Sterne relativ zu weißen mit bewaffnetem Auge heller geschätzt werden als mit unbewaffnetem bzw. schwächer bewaffnetem Auge oder in ARGELANDERS[3] Ausdrucksweise: „Es ist eine Eigentümlichkeit der roten Sterne, daß sie um so heller erscheinen, gegen weiße gehalten, je schärfere Hilfsmittel man zu ihrer Beobachtung anwendet." Auf diese Weise erklären sich auch die starken systematischen Unterschiede, die bei der Bearbeitung roter Veränderlicher zwischen den mit verschiedenen Öffnungen erhaltenen Schätzungsreihen bisweilen zutage treten[4].

Analytische Darstellung des PURKINJE-Fehlers. Werden Größe und Farbenindex eines an der extrafovealen Netzhautstelle N abgebildeten Sternes mit M und I bezeichnet und ferner die Größe eines in gleicher Weise abgebildeten, ebenso hell erscheinenden fiktiven Sternes vom mittleren Farbenindex I' mit M', so kann $M - M'$ als PURKINJE-Korrektion betrachtet werden. Diese Korrektion läßt sich gemäß Ziff. 15 Gleichung (51) in der Form darstellen:

$$M - M' = -a(I - I')(M - M_0),$$

worin a eine positive Konstante und M_0 die Sterngröße ist, bei der das Auge von der fovealen zur extrafovealen Betrachtung übergeht. Weiter ergibt sich für die an die beobachtete Größendifferenz $M_1' - M_2'$ von zwei miteinander verglichenen Sternen (M_1, I_1; M_2, I_2) anzubringende PURKINJE-Korrektion der Ausdruck:

$$(M_1 - M_2) - (M_1' - M_2') = -a(I_1 - I_2)\left(\frac{M_1 + M_2}{2} - M_0\right) - a\left(\frac{I_1 + I_2}{2} - I'\right)(M_1 - M_2). \quad (22)$$

---

[1] Wochenschrift für Astronomie, S. 1. Halle 1890.
[2] A N 205, S. 10 (1917).
[3] A N 44, S. 200 (1856).
[4] Vgl. z. B. J B A A 20, S. 131 (1909) (A. A. NIJLAND); Potsd Publ Nr. 83, S. 10 (1926) (W. HASSENSTEIN).

Man erhält $M_1' - M_2'$, indem man die Stufenschätzung so reduziert, als ob die beiden Sterne den gleichen Farbenindex I' hätten. Das — als Hauptglied zu betrachtende — erste Glied des Ausdrucks (22) verschwindet, wenn die verglichenen Sterne gleichen Farbenindex haben, das zweite, wenn die Sterne gleich hell sind oder wenn das Mittel ihrer Farbenindizes gleich I' ist.

γ) Von der Helligkeit des Untergrundes abhängige Farbenfehler. Eine Aufhellung des Himmelsgrundes durch Dämmerung oder Mondschein pflegt die Wirkung zu haben, daß rote Sterne relativ zu weißen heller erscheinen als auf dunklem Himmelsgrunde. Diese Beobachtung erklärt sich für extrafoveales Sehen zwanglos dadurch, daß sich die spektrale Empfindlichkeit einer Zapfen-Stäbchen-Stelle der Netzhaut, sobald eine Helladaptation der Stäbchen eintritt, zugunsten der Zapfen verschiebt. Überraschenderweise tritt aber nach H. Osthoff[1] ein völlig entsprechender Effekt auch dann auf, wenn helle Sterne foveal betrachtet werden: Rote Sterne erscheinen auf hellem Untergrunde heller, weiße schwächer, als auf dunklem Untergrunde.

Einen besonders starken Einfluß der Dämmerung bzw. des Mondscheins auf die von ihm geschätzten Stufenhelligkeiten farbiger Sterne stellte J. Schmidt[2] fest. Der Einfluß des Mondscheines kann sogar — wie sich bei der Bearbeitung der Schätzungen von R Scuti[3] herausstellte — einen periodischen Lichtwechsel vortäuschen: „Unter dem Einfluß des starken Mondscheins resultierten Wellenkurven mit Perioden von 29 bis 30 Tagen." — Nach P. Guthnick[4] erfordern die von Argelander bei Mondschein geschätzten Stufenhelligkeiten der rötlichen Mira Ceti (6^c nach Osthoff) die durchschnittliche Korrektion $-0{,}4$ Stufen $(=+0^M{,}06)$.

Als Folgerung aus dem Vorhergehenden ergibt sich, daß auch die Okularvergrößerung auf die relative Helligkeit weißer und roter Sterne von Einfluß sein muß. Denn mit zunehmender Vergrößerung nimmt die Helligkeit des Untergrundes ab. A. Winnecke[5] und A. v. Auwers[6] haben den betreffenden Einfluß der Vergrößerung unabhängig voneinander festgestellt und dadurch vermieden, daß sie sich stets desselben Okulares bedienten.

55. Reduktion der Stufenskala auf die photometrische Skala. Rechnerisches Verfahren. α) Reduktion der Stufenskala auf die Größenskala, wenn beide als frei von systematischen Fehlern vorausgesetzt werden. Die aus einer homogenen Schätzungsreihe abgeleiteten Stufenhelligkeiten der Vergleichssterne:

$$s_1 \quad s_2 \quad s_3 \quad s_4 \quad s_5 \quad \ldots$$

mögen eine mit der Sternintensität fortschreitende Sequenz bilden. Wird beispielsweise $s_3 = 0$ gesetzt, so sind s_1 und s_2 negative, s_4 und s_5 positive Zahlen.

Liegen photometrische Größen M_i der Vergleichssterne vor, so lassen sich auf Grund einer Ausgleichung, bei der der Stufenwert S_0 und die dem Nullpunkt der Stufenskala entsprechende photometrische Größe M_0 als Unbekannte einzuführen sind, die Stufenhelligkeiten s_i auf Größen M_i' einer photometrischen Skala reduzieren.

1. Fall: Ausgleichung der Fehler μ_i der photometrischen Größen M_i. Wir betrachten zunächst den Fall, daß die zufälligen Fehler der Stufenhelligkeiten s_i gegenüber den Fehlern μ_i der photometrischen Größen M_i vernachlässigt werden können. In der Tat werden die s_i oft auf Grund zahlreicher Einzelschätzungen abgeleitet sein, während die M_i vielleicht nur auf wenigen

[1] A N 205, S. 19 (1917).
[2] A N 45, S. 129 (1856).
[3] A N 104, S. 304 (1883).
[4] Mira Ceti, S. 238.
[5] A N 51, S. 375 (1859).
[6] A N 52, S. 209 (1860).

Messungen beruhen. Die verschiedenen Wertepaare s_i, M_i liefern dann zur Bestimmung der Unbekannten M_0 und S_0 die Fehlergleichungen:

$$M_0 + s_i S_0 = M_i + \mu_i = M_i'. \tag{23}$$

Das Vorzeichen von S_0 ist negativ. Da die oben gemachte Voraussetzung, daß die s_i und M_i von systematischen Fehlern frei seien, kaum jemals streng erfüllt sein dürfte, so kann an die Stelle der strengen Ausgleichung auch ein beliebiges Näherungsverfahren[1] treten. Bei Anwendung der Methode der kleinsten Quadrate ($\Sigma \mu_i^2 = \text{Min.}$) erhält man die Lösung:

$$\left.\begin{aligned} S_0 \sum^i (s_i - \mathsf{M} s_i)^2 &= \sum^i (s_i - \mathsf{M} s_i)(M_i - \mathsf{M} M_i) \\ M_0 &= \mathsf{M} M_i - S_0 \mathsf{M} s_i . \end{aligned}\right\} \tag{24}$$

Nach der Ausgleichung lassen sich die Stufenhelligkeiten s_i der Vergleichssterne bzw. des Veränderlichen mittels der Formel:

$$M_0 + s_i S_0 = M_i'$$

auf photometrische Größen reduzieren[2].

Handelt es sich darum, die Skala der Stufenhelligkeiten s_i nicht auf eine photometrische Skala, sondern auf die Stufenskala eines anderen Beobachters (Stufenhelligkeiten t_i) zu reduzieren, so treten an Stelle der Fehlergleichungen (23) die analogen Gleichungen:

$$t_0 + s_i R_0 = t_i + \tau_i = t_i',$$

in denen t_0 die der Stufenhelligkeit $s_i = 0$ entsprechende Stufenhelligkeit in der neuen Skala und $R_0 = S_0 : T_0$ der relative Stufenwert der alten in bezug auf die neue Skala ist. Zahlreiche Beispiele für die Reduktion verschiedener Stufenskalen aufeinander findet man in P. GUTHNICKS[3] Bearbeitung der Schätzungsreihen von Mira Ceti.

2. Fall: Ausgleichung der Fehler σ_i der Stufenhelligkeiten s_i. Beruhen die Stufenhelligkeiten s_i der Vergleichssterne auf nur wenigen Schätzungen, sind andererseits die photometrischen Größen M_i speziell für den Veränderlichen mit besonderer Sorgfalt gemessen, so können die Fehler μ_i der M_i gegenüber den Fehlern σ_i der s_i vernachlässigt werden. Erteilt man allen s_i gleiches Gewicht, so lauten die Fehlergleichungen, den Gleichungen (23) entsprechend:

$$-\frac{M_0}{S_0} + M_i S_0^{-1} = s_i + \sigma_i = s_i'. \tag{25}$$

Hierin sind die der photometrischen Größe $M_i = 0$ entsprechende Stufenhelligkeit $-\frac{M_0}{S_0} = s_0$ sowie der reziproke Stufenwert S_0^{-1} die beiden Unbekannten. Die Ausgleichung nach der Methode der kleinsten Quadrate führt auf die den Gleichungen (24) analoge Lösung:

$$\left.\begin{aligned} S_0^{-1} \sum^i (M_i - \mathsf{M} M_i)^2 &= \sum^i (M_i - \mathsf{M} M_i)(s_i - \mathsf{M} s_i) \\ -\frac{M_0}{S_0} &= \mathsf{M} s_i - S_0^{-1} \mathsf{M} M_i . \end{aligned}\right\} \tag{26}$$

Bei der Reduktion der Schätzungen des Veränderlichen hat man die verbesserten Stufenhelligkeiten s_i' der Vergleichssterne zugrunde zu legen. Hat man nach

[1] Ein Beispiel für die Anwendung des CAUCHYschen Näherungsverfahrens gibt HAGEN S. 376.

[2] Die ausführliche Durchrechnung eines Beispieles findet man bei P. GUTHNICK, Ein lohnendes Arbeitsfeld für beobachtende Freunde der Astronomie [Sirius 49, S. 114 (1916)].

[3] Mira Ceti, S. 83ff.

NIJLANDS Verfahren geschätzt, so kann man einfach zwischen den M_i interpolieren.

Die der Lösung (26) zugrunde liegende Annahme gleicher Gewichte der s_i trifft, da ja die s_i an Zahl der Posten sehr verschiedene Summen von Stufenunterschieden Δs von je zwei Vergleichssternen sind, bei etwas größerer Anzahl der letzteren nicht mehr zu. Anstatt nun den Gleichungen (25) verschiedene Gewichte zu geben, könnte man den Stufenwert S_0 auch auf Grund einer Ausgleichung der Δs selbst ermitteln. Doch soll auf diesen weniger wichtigen Fall hier nicht näher eingegangen werden.

3. Fall. Simultane Ausgleichung der σ_i und μ_i. Dem Fall, daß sowohl die s_i als die M_i mit zufälligen Fehlern behaftet sind, entspricht der Ansatz:

$$M_0 + (s_i + \sigma_i) S_0 = M_i + \mu_i . \tag{27}$$

Setzt man voraus, daß einerseits alle s_i, andererseits alle M_i von gleicher Genauigkeit sind, so lassen sich die Gleichungen (27) lösen, falls das Verhältnis $\varepsilon_s : \varepsilon_M$ der mittleren Fehler bzw. $g_s : g_M$ der Gewichte bekannt ist. Setzen wir also:

$$\varepsilon_s : \varepsilon_M = \operatorname{tg}\gamma, \qquad g_s = \cos^2\gamma, \qquad g_M = \sin^2\gamma,$$

so ist γ als gegeben zu betrachten.

Wir wollen nun analog der Methode der kleinsten Quadrate fordern, daß die Summe der mit den Gewichten multiplizierten Quadrate der übrigbleibenden Fehler ein Minimum werden soll, d. h. wir wollen die Ausgleichung auf die Bedingung gründen:

$$\sum^{i}(\cos^2\gamma\,\sigma_i^2 + \sin^2\gamma\,\mu_i^2) = \text{Min.} \qquad i = 1 \ldots n . \tag{28}$$

Werden neben M_0 und S_0 die Fehler σ_i als Unbekannte betrachtet, so lauten die $n+2$ Normalgleichungen:

$$\frac{\partial \sum^{i}}{\partial M_0} = 0, \qquad \frac{\partial \sum^{i}}{\partial S_0} = 0, \qquad \frac{\partial \sum^{i}}{\partial \sigma_k} = 0 \qquad (k = 1 \ldots n).$$

Diese Gleichungen haben die Lösung:

$$\left.\begin{aligned}
(S_0 \operatorname{tg}\gamma)^{-1} - S_0 \operatorname{tg}\gamma &= \frac{\cot\gamma \sum^{i}(s_i - \mathsf{M}s_i)^2 - \operatorname{tg}\gamma \sum^{i}(M_i - \mathsf{M}M_i)^2}{\sum^{i}(s_i - \mathsf{M}s_i)(M_i - \mathsf{M}M_i)}\\
M_0 &= \mathsf{M}M_i - S_0\,\mathsf{M}s_i\\
\sigma_i : \mu_i &= -S_0 \operatorname{tg}^2\gamma .
\end{aligned}\right\} \tag{29}$$

Bei der Reduktion der Schätzungen des Veränderlichen hat man die verbesserten Stufenhelligkeiten $s_i + \sigma_i$ zugrunde zu legen.

Die vorstehend gegebene Lösung linearer Fehlergleichungen der Form

$$x + b\,y = c,$$

worin x und y die Unbekannten, b und c die mit Beobachtungsfehlern behafteten Koeffizienten sind, erweist sich als identisch mit einer von E. HERTZSPRUNG[1] auf anderem Wege und zu anderen Zwecken abgeleiteten Lösung. Eine geometrische Deutung wird unten in Ziff. 56 gegeben werden.

Wir wenden unsere Lösung (29) auf folgende drei Spezialfälle an:

a) Nur die M_i sind mit Fehlern behaftet ($\varepsilon_s = 0$, $\gamma = 0°$). Aus (29) folgt dann übereinstimmend mit der oben gegebenen Lösung (24):

$$S_0 = \frac{\sum(s_i - \mathsf{M}s_i)(M_i - \mathsf{M}M_i)}{\sum(s_i - \mathsf{M}s_i)^2}, \qquad \sigma_i = 0 .$$

[1] Leiden Ann 14 (1), S. 5 (1922).

b) Nur die s_i sind mit Fehlern behaftet ($\varepsilon_M = 0$, $\gamma = 90°$). Übereinstimmend mit (26) ergibt sich:

$$S_0 = \frac{\sum (M_i - \mathrm{M} M_i)^2}{\sum (s_i - \mathrm{M} s_i)(M_i - \mathrm{M} M_i)}, \qquad \mu_i = 0\,.$$

c) Sowohl die s_i als die M_i sind mit Fehlern behaftet, und zwar in solchem Verhältnis, daß die M_i und die auf ihr System reduzierten Stufenhelligkeiten $s_i S_0$ gleiches Gewicht haben ($\varepsilon_M = \varepsilon_s S_0$, $\cot\gamma = S_0$). Die zugehörige Lösung ist:

$$S_0 = \left(\frac{\sum (M_i - \mathrm{M} M_i)^2}{\sum (s_i - \mathrm{M} s_i)^2}\right)^{\frac{1}{2}}, \qquad \sigma_i S_0 = -\mu_i\,.$$

Die Tatsache, daß sich S_0 hier als geometrisches Mittel der beiden voranstehenden Lösungen ergibt, kann als eine nachträgliche Bestätigung der Brauchbarkeit des angewandten Ausgleichungsverfahrens angesehen werden.

β) Reduktion der Stufenskala unter Berücksichtigung von Helligkeits- und Farbenfehlern. Weisen die Stufenschätzungen des Veränderlichen und seiner Vergleichssterne größere zeitliche Unterbrechungen auf oder sind sie unter Verwendung verschiedener Instrumente ausgeführt worden oder liegen sonstige Gründe vor, zufolge deren die Schätzungsreihe nicht als homogen angesehen werden kann, so wird man den Stufenwert nicht mehr als konstant annehmen dürfen, sondern wird mit der Möglichkeit unstetiger Änderungen desselben rechnen müssen. Gegebenen Falles empfiehlt es sich, die Stufenskala der Vergleichssterne für jede Teilreihe gesondert aufzustellen und jede Einzelskala für sich auszugleichen. So ist z. B. H. ROSENBERG[1] bei seiner Bearbeitung der Schätzungsreihen von χ Cygni vorgegangen.

Hat man die aus einer homogenen Schätzungsreihe hergeleiteten Stufenhelligkeiten s_i der Vergleichssterne auf Grund einer Ausgleichung der Form (23) auf photometrische Größen M_i' reduziert, so kann man aus der Verteilung der übrigbleibenden Fehler μ_i nachträglich erkennen, ob die Annahme einer linearen Beziehung zwischen den s_i und den M_i berechtigt war oder ob Gleichung (23) durch Einführung weiterer Glieder ergänzt werden muß. Prinzipiell genommen, hat man die Möglichkeit — indem ja die s_i Summen von direkt geschätzten Stufenunterschieden sind —, die Koeffizienten beliebiger systematischer Schätzungsfehler als Unbekannte in die Gleichungen (23) einzuführen. So wäre es — insbesondere, wenn die Helligkeitsunterschiede der Vergleichssterne (gemäß der NIJLANDschen Methode) direkt geschätzt sind — z. B. lohnend, auf diese Weise den Intervallfehler zu eliminieren. In der Literatur scheinen sich nur Fälle der Ausgleichung unter Berücksichtigung des Helligkeitsfehlers des Stufenwertes sowie der Farbengleichung zu finden.

Die Berücksichtigung des Helligkeitsfehlers beruht auf folgendem Ansatz für den Stufenwert [vgl. Ziff. 53 Gleichung (19)]:

$$S = S_0 + 2 S_1 s + 3 S_2 s^2 + \cdots = S_0 + \varDelta S\,. \tag{30}$$

$\varDelta S$ ist nur dann ein eigentlicher Helligkeitsfehler, wenn sämtliche Schätzungen mit dem gleichen Instrument ausgeführt und demgemäß die s als physiologische Helligkeiten zu betrachten sind. Andernfalls ist $\varDelta S$ ein von der Sterngröße $(M_i - M_0)$ abhängiger Fehler. Durch den Ansatz (30) werden natürlich auch alle diejenigen Fehler, deren Argumente mit den s in Korrelation stehen, mitberücksichtigt.

An Stelle des Termes $s_i S_0$ in (23) tritt das Integral:

$$\int\limits_0^{s_i} S\,ds = s_i S_0 + s_i^2 S_1 + \cdots\,.$$

[1] Der Veränderliche χ Cygni, S. 167.

Beschränkt man sich, was für die Praxis im allgemeinen ausreichend sein dürfte, auf die beiden ersten Glieder, so treten an Stelle von (23) die erweiterten Gleichungen:

$$M_0 + s_i S_0 + s_i^2 S_1 = M_i + \mu_i = M_i'. \tag{31}$$

H. ROSENBERG[1] hat auf Grund eines solchen Ansatzes die von ARGELANDER aufgestellte Stufenskala der Vergleichssterne von χ Cygni auf die Harvardskala reduziert. Die aus der Ausgleichung resultierenden Werte:

$$S_0 = -0^M,151, \qquad S_1 = +0^M,002$$

geben eine sehr befriedigende Darstellung.

Eine fast noch wichtigere Rolle als der Helligkeitsfehler spielen bei der Vergleichung von Stufen- und photometrischen Skalen die vom Spektrum bzw. von der Farbe abhängigen Fehler. Man stellt das Vorhandensein systematischer Farbenfehler dadurch fest, daß man die übriggebliebenen Fehler μ nach Spektrum, Farbenindex oder Farbe ordnet. Die relative Farbengleichung rührt einerseits von der Verschiedenheit der spektralen Empfindlichkeitsfunktionen (evtl. auch der Sehweisen) der Beobachter her, andererseits von den chromatischen Unterschieden der benutzten Instrumente. In dem idealen Falle, daß die Helligkeiten der Vergleichssterne von demselben Beobachter am gleichen Fernrohr sowohl durch Schätzungen als durch photometrische Messungen bestimmt werden, ist die Einführung einer Farbenkorrektion nicht erforderlich.

Wird der Farbenindex bzw. die Farbenzahl mit c, ein mittlerer Index mit c' bezeichnet, so läßt sich die Farbenkorrektion — wenn man sie als unabhängig von der Helligkeit annimmt, also insbesondere einen PURKINJE-Fehler nicht in Betracht zieht — in der Form ansetzen:

$$C_0(c - c') + C_1(c - c')^2 + \cdots,$$

worin die C Konstanten sind. Berücksichtigt man nur das lineare Glied, so lauten die Gleichungen (31), durch dasselbe vervollständigt:

$$M_0 + s_i S_0 + s_i^2 S_1 + (c_i - c') C_0 = M_i + \mu_i.$$

A. PANNEKOEK[2] hat bei der Bearbeitung der Schätzungen von Algol auf Grund eines entsprechenden Ansatzes die Stufenskalen von PLASSMANN, PANNEKOEK, NIJLAND und SCHÖNFELD auf eine photometrische Normalskala reduziert. PANNEKOEK setzt in Anbetracht der geringen Amplitude Algols $S_1 = 0$, nimmt für die c die OSTHOFFschen Farbenzahlen an ($c' = 4$) und gleicht nach der Methode der kleinsten Quadrate aus.

Um die Homogenität einer Schätzungsreihe bezüglich der Farbengleichung zu wahren, ist es in vielen Fällen, insbesondere auch bei starker Färbung des Veränderlichen, ratsam, die Farbenauffassung der Schätzungsreihe beizubehalten. Das Glied $(c_i - c')C_0$ stellt dann eine an die photometrische Größe M_i anzubringende Korrektion dar. Ein Beispiel hierzu bildet das von A. A. NIJLAND[3] bei der Reduktion seiner Stufenschätzungen von kurzperiodischen Veränderlichen angewandte Verfahren.

56. Reduktion der Stufenskala auf die photometrische Skala. Graphisches Verfahren. Bei der Festlegung der Beziehung zwischen Stufen- und photometrischer Skala verdienen die graphischen Methoden, die in der Regel nicht nur leistungsfähiger, sondern auch leichter zu handhaben sind als die rechnerischen,

---

[1] l. c. S. 144. — Durch Annahme des berichtigten Wertes $S_0 = -0^M,151$ (an Stelle von $-0^M,138$) läßt sich ROSENBERGS Darstellung wesentlich verbessern.

[2] Algol, S. 171ff.

[3] Beobachtungen von Cepheiden [Utrecht Rech 8 I, S. 21 (1923)].

in den meisten Fällen vor letzteren den Vorzug. Als Beispiele planmäßiger Anwendung graphischer Methoden lassen sich Arbeiten von O. C. WENDELL[1], E. KRON[2] und A. A. NIJLAND[3] anführen.

Die Technik des Verfahrens ist folgende. Man trägt die Stufenhelligkeiten s_i der Vergleichssterne als Abszissen, die zugehörigen photometrischen Größen M_i als Ordinaten eines rechtwinkligen Koordinatensystems (Abb. 70) auf, wobei der Maßstab der Zeichnung zweckmäßig so gewählt wird, daß der Maßeinheit (z. B. 1 cm) 10 Stufen bzw. 1^M entsprechen. Wegen der genäherten Proportionalität konjugierter Δs und ΔM werden dann die den einzelnen Vergleichssternen entsprechenden Punkte $P(s_i, M_i)$, abgesehen von kleinen, zufälligen Verschiebungen, auf einer um 30° bis 60° gegen die Abszissenachse geneigten geraden Linie bzw. auf einer schwach gekrümmten Kurve liegen. Ehe man diese Kurve definitiv festlegt, prüfe man, ob sich die Darstellung durch Anbringung von Farbenkorrektionen verbessern läßt. Je nachdem man die Farbenabhängigkeit der Schätzungsreihe beibehalten oder die der Messungsreihe zugrunde legen will,

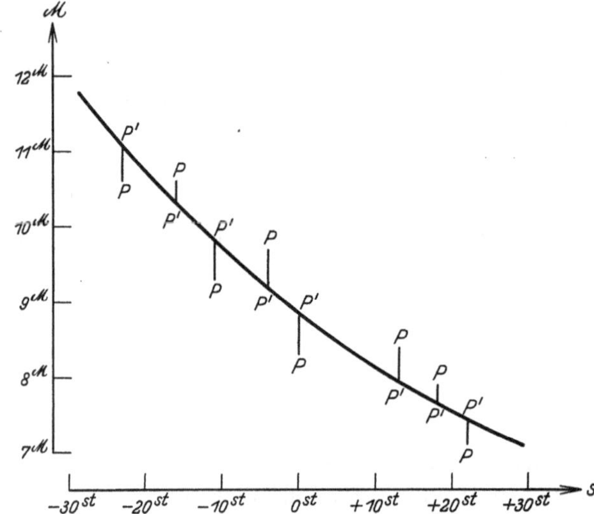

Abb. 70. Reduktion der Stufenskala auf die photometrische Skala.

erteilt man den Punkten P entweder in Richtung der M-Achse oder in Richtung der s-Achse passende, den Farbenzahlen $c_i - c'$ proportionale Verschiebungen. Hierauf kann die Kurve definitiv gelegt werden.

Werden dem gewöhnlichen Fall entsprechend die M_i als fehlerhaft angenommen, so hat man die Kurve so zu legen, daß die Abstände PP' der Punkte P von den auf der Parallelen zur M-Achse liegenden konjugierten Punkten P' der Kurve — bzw. die Quadrate dieser Abstände — möglichst klein werden. Die den Stufenhelligkeiten der Vergleichssterne bzw. des Veränderlichen entsprechenden photometrischen Größen können der definitiv gezeichneten Kurve unmittelbar entnommen werden. Der Differentialquotient der Kurve liefert den Stufenwert.

Ein besonderes — allerdings mehr theoretisches — Interesse beansprucht der Fall, daß beide Koordinaten mit Fehlern behaftet sind. Wir beschränken uns auf die Betrachtung des oben analytisch behandelten Spezialfalles, daß

[1] Harv Ann 37 II (1902).
[2] Über den Lichtwechsel von XX Cygni [Potsd Publ Nr. 65 (1912)].
[3] Beobachtungen von Cepheiden [Utrecht Rech 8 I (1923)].

zwischen den s_i und den M_i eine lineare Beziehung besteht. Um das dort gegebene Ausgleichungsverfahren [Gleichungen (27) bis (29)] geometrisch deuten zu können, wollen wir an Stelle der Größen s_i, σ_i und S_0 die neuen Variablen einführen:

$$x_i = s_i \cot\gamma\,, \qquad \xi_i = \sigma_i \cot\gamma\,, \qquad \operatorname{tg}\alpha = -S_0 \operatorname{tg}\gamma\,.$$

Dann nehmen obige Gleichungen die Form an:

$$M_0 - (x_i + \xi_i)\operatorname{tg}\alpha = M_i + \mu_i\,. \tag{32}$$

$$\sum(\xi_i^2 + \mu_i^2) = \text{Min.} \tag{33}$$

$$\left.\begin{aligned} \operatorname{tg}\alpha - \cot\alpha &= \frac{\sum(x_i - \mathsf{M}x_i)^2 - \sum(M_i - \mathsf{M}M_i)^2}{\sum(x_i - \mathsf{M}x_i)(M_i - \mathsf{M}M_i)}\,.\\ M_0 &= \mathsf{M}M_i + \operatorname{tg}\alpha\,\mathsf{M}x_i\,.\\ \xi_i : \mu_i &= \operatorname{tg}\alpha\,. \end{aligned}\right\} \tag{34}$$

Betrachtet man nun die x_i und M_i als rechtwinklige Koordinaten von Punkten P in einer Ebene und trägt man beide Koordinaten in gleichem Maßstab auf

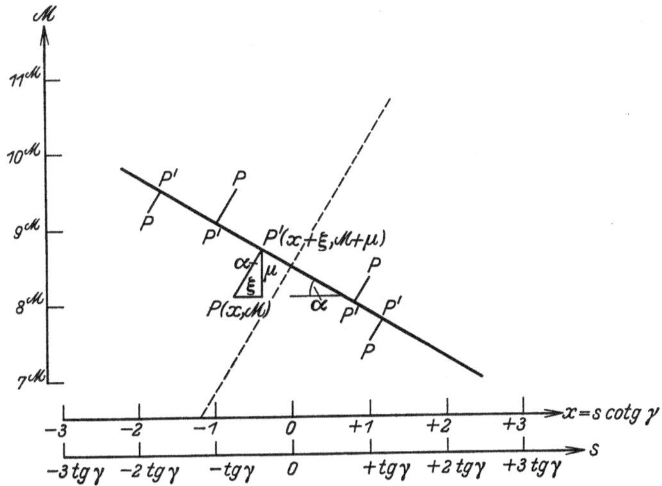

Abb. 71. Reduktion der Stufenskala auf die photometrische Skala nach NIJLAND.

(Abb. 71), so erkennt man leicht, daß sich das durch die Gleichungen (32) und (33) definierte Problem in folgender Weise geometrisch deuten läßt: „Es sollen den gegebenen Punkten $P(x_i, M_i)$ Punkte $P'(x_i + \xi_i, M_i + \mu_i)$ einer Geraden so zugeordnet werden, daß die Summe der Quadrate der Abstände PP' zu einem Minimum wird.“ Man erkennt sofort, daß die konjugierten Punkte P' nur die Fußpunkte der von den P auf die Gerade gefällten Lote sein können, und diese Voraussetzung wird durch das Ergebnis der Ausgleichung ($\xi_i : \mu_i = \operatorname{tg}\alpha$) bestätigt. Die Gleichungen (32) und (34) definieren zwei aufeinander senkrecht stehende Gerade, von denen die eine dem Minimum, die andere, hier nicht verwendbare, dem Maximum von $\Sigma(\xi^2 + \mu^2)$ entspricht.

Wie das Verfahren praktisch zu handhaben ist, ergibt sich aus dem Vorhergehenden ohne weiteres. Man trage die $x_i = s_i \cot\gamma$ und die M_i im gleichen Maßstab als Koordinaten von Punkten P auf und lege eine Gerade so, daß die Summe der Quadrate der von den P auf diese Gerade gefällten Lote PP' möglichst klein wird. Versieht man die Abszissenachse mit einer zweiten Teilung, an der sich die $s_i = x_i \operatorname{tg}\gamma$ ablesen lassen (vgl. Abb. 71), so kann man die verbesserten Stufenhelligkeiten s' bzw. Größen M' der Vergleichssterne als Ko ordinaten der Fußpunkte P' der Lote PP' unmittelbar aus der Figur ablesen Der Neigungswinkel α der Geraden liefert auf Grund der Formel:

$$S_0 = -\operatorname{tg}\alpha \cot\gamma$$

den Stufenwert.

Die photometrischen Größen M' des Veränderlichen können entweder mi dem Argument s' aus der Figur abgelesen oder — wenn das Verhältnis m/n de Stufenunterschiede geschätzt ist — durch Interpolation zwischen den Punkten P der Geraden erhalten werden. Man kann natürlich auch die verbesserten Stufen helligkeiten s_i' und Größen M_i' der Vergleichssterne (d. h. die Koordinaten de Punkte P') in Tabellenform zusammenstellen und die Reduktion der Schätzunge des Veränderlichen auf Grund dieser Tabelle vornehmen.

A. A. NIJLAND[1] hat bei Aufstellung der Vergleichssternskalen für Ver änderliche von kleiner Amplitude ein dem vorstehend beschriebenen völlig ent sprechendes Verfahren angewandt. Den Maßstab der Figur wählt er so, daß 1^s und $0^M,1$ der Längeneinheit (z. B. 5 mm) entsprechen. Für $\cot\gamma$ $(= \varepsilon_M : \varepsilon_s)$ is also der Wert 0,1 angenommen. Da dieser Wert mit dem durchschnittliche Stufenwert NIJLANDs übereinstimmt, so haben die reduzierten Stufenhelligkeite $s_i S_0$ und die photometrischen Größen M_i gleiches Gewicht erhalten.

Literaturverzeichnis.

I. Zusammenfassende Darstellungen.

E. BRODHUN, Photometrie. Handb. der Physik. Herausgegeben von H. GEIGER u. KAR SCHEEL XIX, S. 468—538. Berlin 1928.

S. CZAPSKI u. O. EPPENSTEIN, Grundzüge der Theorie der optischen Instrumente nach ABBE Leipzig 1924.

H. ERGGELET, M. v. ROHR u. E. SCHRÖDINGER, Das Auge und die Gesichtsempfindungen Müller-Pouillets Lehrbuch der Physik, 11. Aufl., II, S. 391—560 (1926)

CH. FABRY, Introduction générale à la photométrie. Encyclopédie photométrique. Premièr section, I (1927).

K. GRAFF, Grundriß der Astrophysik. Abschnitt IV: Die Photometrie, S. 201—259. Leipzig Berlin 1928.

J. G. HAGEN, Die veränderlichen Sterne. Erster Band. Geschichtlich-technischer Teil Freiburg 1914/21.

H. v. HELMHOLTZ, Handb. der physiologischen Optik, 3. Aufl., I/III. Herausgegeben vo A. GULLSTRAND, J. v. KRIES u. W. NAGEL. Hamburg u. Leipzig 1909/10.

H. KOHN, Photometrie. Müller-Pouillets Lehrbuch der Physik, 11. Aufl., II, S. 1104—132 (1929).

E. LIEBENTHAL, Praktische Photometrie. Braunschweig 1907.

G. MÜLLER, Die Photometrie der Gestirne. Leipzig 1897.

K. STREHL, Theorie des Fernrohrs auf Grund der Beugung des Lichts. Leipzig 1894.

J. W. T. WALSH, Photometry. London 1926.

II. Spezielle Schriften.

F. ARAGO, Sieben Abhandlungen über Photometrie. Aragos sämtliche Werke. Deutsch Ausgabe von W. G. HANKEL, X, S. 134—243 (1859).

F. ARGELANDER, Neue Uranometrie (Uranometria Nova). Darstellung der im mittlere Europa mit bloßem Auge sichtbaren Sterne nach ihren wahren, unmittelbar vom Himme entnommenen Größen. Sternverzeichnis. Berlin 1843.

F. ARGELANDER, Aufforderung an Freunde der Astronomie zur Anstellung von ebenso inter essanten und nützlichen, als leicht auszuführenden Beobachtungen über mehrere wich tige Zweige der Himmelskunde. Schumachers Jahrbuch für 1844.

F. ARGELANDER, Bonner Durchmusterung des nördlichen Himmels (Bonner Beob. Bd. 3—5) Zweite berichtigte Auflage, unter Mitwirkung von F. DEICHMÜLLER, bearbeitet vo F. KÜSTNER. Bonn 1903.

F. BECKER, A Preparatory Catalogue for a Durchmusterung of Nebulae. The General Cata logue. Pubblicazioni della Specola Astronomica Vaticana II, 6 B. Edinburgh 1928.

[1] Utrecht Rech 9 I, S. 3 (1923); vgl. auch 8 I, S. 21 (1923).

G. P. BOND, On the light of the Moon and of the Planet Jupiter. Mem Amer Acad Arts Sciences 8 I, S. 221 (1861).
G. P. BOND, Comparison of the Light of the Sun and Moon. Mem Amer Acad Arts Sciences 8 I, S. 287 (1861).
M. BOUGUER, Traité d'optique sur la gradation de la lumière. Ouvrage posthume, publié par M. l'Abbé DE LA CAILLE. Paris 1760.
W. CERASKI, Détermination photométrique de la grandeur stellaire du Soleil. Ann Obs astr Moscou II 5, S. 1 (1911).
A. DANJON, Recherches de photométrie astronomique. Strasbourg Ann 2, S. 1 (1928).
J. DUFAY, Recherches sur la lumière du ciel nocturne. 1928.
G. TH. FECHNER, Über ein psychophysisches Grundgesetz und dessen Beziehung zur Schätzung der Sterngrößen. Abh Sächs Ges Wiss 4, S. 455 (1859). — Nachtrag. Ber Sächs Ges Wiss Leipzig Math.-phys Kl 11, S. 58 (1859).
G. TH. FECHNER, Über die Frage des psychophysischen Grundgesetzes mit Rücksicht auf Auberts Versuche. Ber Verh Sächs Ges Wiss Leipzig Math.-phys Kl 16, S. 1 (1864).
B. A. GOULD, Uranometria Argentina. Brightness and position of every fixed star, down to the seventh magnitude, within one hundred degrees of the south pole. Resultados del Observatorio Nacional Argentino en Córdoba I (1879).
P. GUTHNICK, Neue Untersuchungen über den veränderlichen Stern *o* (Mira) Ceti. Abh Leop.-Carol Dtsch Akad Naturf 79, Nr. 2 (1901).
P. GUTHNICK, Ein lohnendes Arbeitsfeld für beobachtende Freunde der Astronomie. Sirius 49, S. 73 (1916).
W. HERSCHEL, The scientific papers of Sir William Herschel. Collected and edited ... by J. L. E. DREYER, I, II. London 1912.
J. HERSCHEL, Results of astronomical observations made during the years 1834, 5, 6, 7, 8 at the Cape of Good Hope. London 1847.
C. HOFFMEISTER, Beitrag zur Photometrie der südlichen Milchstraße und des Zodiakallichtes. Veröff Univ.-Sternw Berlin-Babelsberg 8, Heft 2 (1930).
A. KÜHL, Das Fernrohr und die scheinbare Helligkeit der Sterne. Sirius 51, S. 101 (1918).
F. KÜSTNER, Katalog von 10663 Sternen zwischen 0° und 51° nördlicher Deklination für das Äquinoktium 1900 nach den Beobachtungen am Repsoldschen Meridiankreise ... 1894 bis 1903. Veröff Sternw Bonn Nr. 10 (1908).
J. H. LAMBERT, Photometria sive de mensura et gradibus luminis, colorum et umbrae (1760). Deutsch herausgegeben von E. ANDING. Leipzig 1892.
G. MÜLLER, Photometrische Untersuchungen. Potsdam Publ 3, S. 227 (1883).
G. MÜLLER, Photometrische und spektroskopische Beobachtungen, angestellt auf dem Gipfel des Säntis. Potsdam Publ 8, S. 1 (1891).
G. MÜLLER, Helligkeitsbestimmungen der großen Planeten und einiger Asteroiden. Potsdam Publ 8, S. 193 (1893).
G. MÜLLER u. P. KEMPF, Untersuchungen über die Absorption des Sternenlichtes in der Erdatmosphäre, angestellt auf dem Ätna und in Catania. Potsdam Publ 11, S. 209 (1898).
G. MÜLLER u. P. KEMPF, Photometrische Durchmusterung des nördlichen Himmels, enthaltend die Größen und Farben aller Sterne der B. D. bis zur Größe 7,5. Potsdam Publ 9 (1894) (Zone 0° bis + 20°); 13 (1899) (+ 20° bis + 40°); 14 (1903) (+ 40° bis + 60°); 16 (1906) (+ 60° bis + 90°); 17 (1907) (Generalkatalog).
G. MÜLLER u. P. KEMPF, Bestimmungen der Helligkeit von 96 Plejadensternen. A N 150, S. 193 (1899).
G. MÜLLER, Photometrische Durchmusterung der B. D.-Sterne von $7^m,5$ bis $9^m,5$ innerhalb der Polarzone + 80° bis + 90°. Bearbeitet und herausgegeben von W. HASSENSTEIN. Potsdam Publ 26, Nr. 85 (1927).
A. A. NIJLAND, Beobachtungen von Cepheiden. Recherches astron Obs Utrecht 8, S. 1 (1923).
H. OSTHOFF, Bemerkungen zu Argelanders Methode des Schätzens der Sternhelligkeiten. A N 205, S. 1 (1917); 219, S. 117 (1923).
A. PANNEKOEK, Untersuchungen über den Lichtwechsel Algols. Leiden 1902.
J. A. PARKHURST, Researches in Stellar Photometry during the years 1894 to 1906, made chiefly at the Yerkes Observatory. Washington 1906.
E. C. PICKERING, aided by ARTHUR SEARLE and WINSLOW UPTON, Photometric Observations. Harv Ann 11, Teil I, II (1879).
E. C. PICKERING, A. SEARLE and O. C. WENDELL, Observations with the Meridian Photometer during the years 1879—1882. Harv Ann 14, Teil I (1884); Teil II (1885).
E. C. PICKERING and O. C. WENDELL, Discussion of observations made with the Meridian Photometer during the years 1882—1888. Harv Ann 23, Teil 1 (1890); Teil II (1899).
E. C. PICKERING, Revised Harvard Photometry. A catalogue of the positions, photometric magnitudes and spectra of 9110 stars, mainly of the magnitude 6,50, and brighter, observed with the 2 and 4 inch Meridian Photometers. Harv Ann 50 (1908).

E. C. PICKERING, A catalogue of 36682 stars fainter than the magnitude 6,50 observed with the 4-inch Meridian Photometer, forming a Supplement to the Revised Harvard Photometry. Harv Ann 54 (1908).
E. C. PICKERING, Durchmusterung Zones observed with the twelve inch Meridian Photometer. Harv Ann 70 (1909).
N. POGSON, Catalogue of 53 known variable stars, with notes. Radcliffe Obs 15, S. 281 (1856).
C. PRITCHARD, Uranometria Nova Oxoniensis. A photometric determination of the magnitudes of all stars visible to the naked eye from the Pole to ten degrees south of the Equator. Oxford 1885.
N. RICHTER, Über systematische Fehler bei der Messung schwacher Flächenhelligkeiten. Mitt Sternw Sonneberg Nr. 18 (1930).
H. ROSENBERG, Der Veränderliche χ Cygni. Abh Leop.-Carol Dtsch Akad Naturf 85, Nr. 2 (1906).
H. N. RUSSELL, The stellar magnitudes of the sun, moon, and planets. Ap J 43, S. 103 (1916).
K. SCHILLER, Eine einfache Registriervorrichtung für das Zöllnersche Photometer. Z f Instrk 41, S. 187 (1921).
E. SCHÖNFELD, Beobachtungen von veränderlichen Sternen. Sitzber Akad Wiss Wien, Math.-naturw Kl 42, S. 146–288 (1860).
E. SCHÖNFELD, Bonner Sternverzeichnis. Vierte Sektion, enthaltend die genäherten mittleren Örter für den Anfang des Jahres 1855 von 133659 Sternen zwischen 2 und 23 Grad südlicher Deklination. Bonner Beob 8 (1886).
F. H. SEARES, Photometric investigations. Bull Laws Obs 1, S. 91 (1905).
F. H. SEARES, Some relations between magnitude scales. Ap J 61, S. 284 (1924).
L. SEIDEL, Resultate photometrischer Messungen an zweihundertundacht der vorzüglichsten Fixsterne. Abh Münch Akad II. Kl 9, S. 421 (1863).
L. SEIDEL, Untersuchungen über die Lichtstärke der Planeten Venus, Mars, Jupiter und Saturn, verglichen mit Sternen, und über die relative Weiße ihrer Oberflächen. München 1859.
C. A. STEINHEIL, Elemente der Helligkeitsmessungen am Sternenhimmel. München 1836.
A. TASS u. L. TERKÁN, Photometrische Durchmusterung des südlichen Himmels. Teil I. Zone 0° bis −10° Deklination. Publ Ógyalla 1 (1916).
J. M. THOME, Córdoba Durchmusterung. Brightness and position of every fixed star down to the tenth magnitude . . . between 22 and 32 degrees of south declination for the mean equinox of 1875,0. Res Obs Nac Arg 16 (1892); 32° bis 42°, 17 (1894); 42° bis 52°, 18 (1900); 52° bis 62°, 21 (1914).
O. C. WENDELL, Photometric observations made with the fifteen inch East Equatorial during the years 1892 to 1902. Harv Ann 69, Teil I (1909); . . . during the years 1903 to 1912. Harv Ann 69, Teil II (1913).
C. WIRTZ, Über Helligkeitsschätzungen von Nebelflecken. A N 204, S. 189 (1917).
C. WIRTZ, Flächenhelligkeiten von 566 Nebelflecken und Sternhaufen. Nach photometrischen Beobachtungen am 49 cm-Refraktor der Universitätssternwarte Straßburg 1911–1916. Lund Medd (2) Nr. 29 (1923).
E. ZINNER, Über das Reizempfindungsgesetz und die Farbengleichung. Probleme der Astronomie. Festschrift für Hugo v. Seeliger (1924), S. 354.
E. ZINNER, Helligkeitsverzeichnis von 2373 Sternen bis zur Größe 5,50. Veröff Remeis-Sternw Bamberg 2 (1926).
F. ZÖLLNER, Grundzüge einer allgemeinen Photometrie des Himmels. Berlin 1861.
F. ZÖLLNER, Photometrische Untersuchungen mit besonderer Rücksicht auf die physische Beschaffenheit der Himmelskörper. Leipzig 1865.

Das vorstehende Literaturverzeichnis bringt aus der äußerst umfangreichen Literatur über visuelle Photometrie nur eine kleine Auswahl.

Sachverzeichnis.